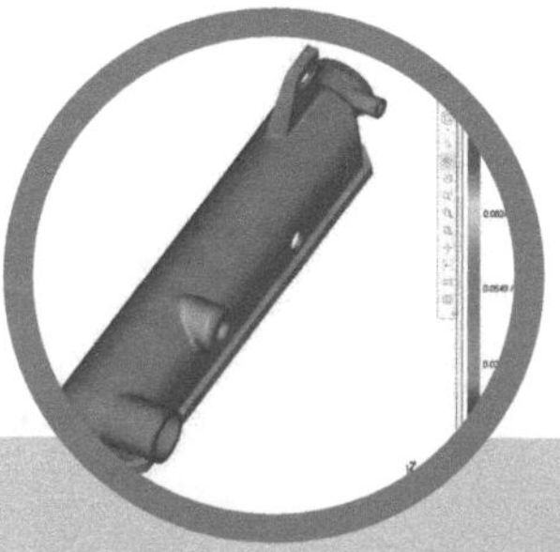

예제와 함께하는
사출성형해석
Autodesk Moldflow Insight 활용

한성렬 · 박태원 · 권윤숙 · 문영배 지음

감수 정영득 · 강승규

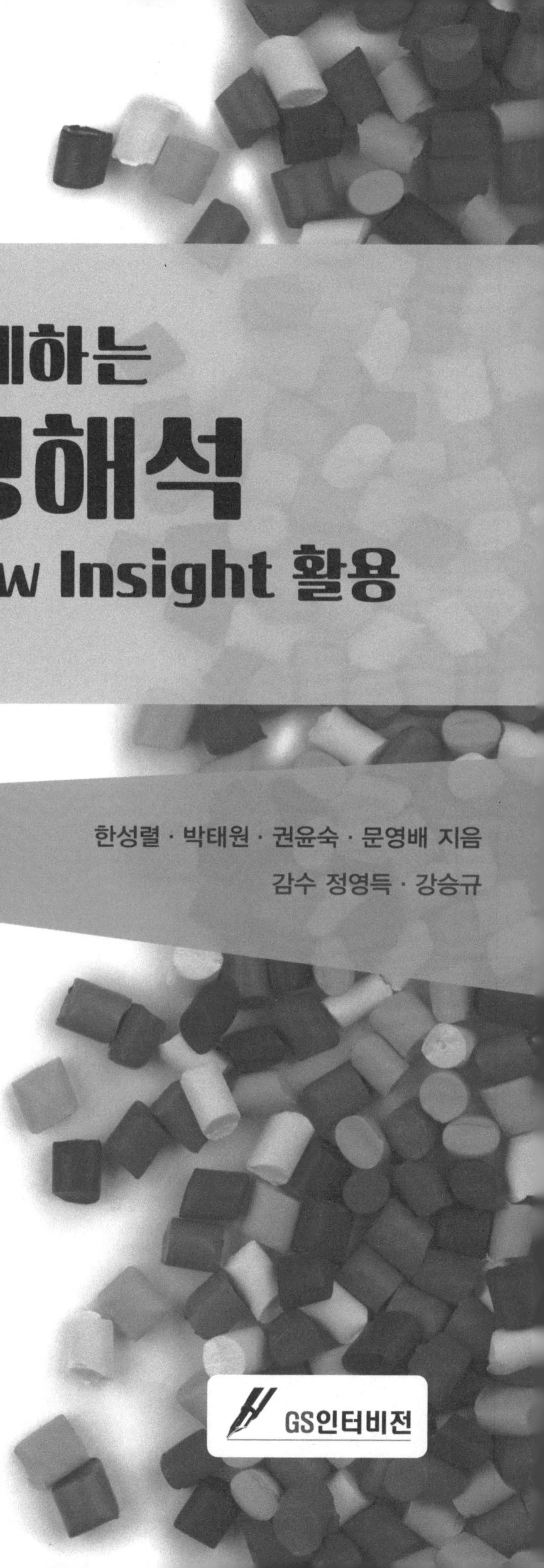

GS인터비전

머리말

오늘날 사출성형제품을 개발하는 과정에서 사출성형 CAE의 활용은 보편화되어 있으며, 그 활용도를 높이기 위한 방법을 모색하고 많은 노력과 비용을 지출하고 있다. 플라스틱 공업에서 사출성형 CAE에 대한 중요성이 인식되어 활용되고 있지만, CAE 프로그램을 익혀서 플라스틱 성형해석 엔지니어가 되고자하는 이에게 도움이 될 수 있는 예제 중심의 실무형 해석교재를 쉽게 찾을 수 없는 것이 애로점으로 지목되고 있다.

이 책은 대표적인 사출해석용 CAE 프로그램인 Moldflow를 활용하려는 이들을 위해 예제를 중심으로 학습자가 따라하면 학습이 될 수 있도록 구성하였다. 이 책의 주요 학습내용은 다음과 같다.

제 1장은 사출성형제품의 개발단계와 CAE의 활용방안, 사출성형 공정, 플라스틱재료의 유동특성, 사출성형 조건에 따른 성형특성, CAE 관련 재료의 물성치, 수축특성 및 기계적 특성에 대해 소개하였다. 이러한 내용은 CAE 해석자가 먼저 이해해야 할 성형공정과 플라스틱재료 물성의 이해에 관한 것이다.

제 2장은 사출성형용 금형의 구조와 유동시스템의 설계, 플라스틱 재료의 특성, 사출 성형기 및 성형불량에 대한 내용으로 구성하였다. 이 장은 CAE 해석자가 해석수행 시 반드시 입력해야 할 사출성형 3요소인 플라스틱 재료, 사출 금형, 사출 성형기를 학습할 수 있다.

제 3장은 Moldflow 프로그램의 실제적인 구성내용을 소개한 장으로, 전문해석모듈인 Moldflow Insight(MFI) 를 대상으로 하여 성형해석 순서를 사례를 들어 구체적으로 소개 하였다. 주된 내용은 금형의 러너 시스템 및 냉각 시스템의 메쉬 모델 생성이며, 프로그램의 메뉴를 대상으로 따라하면 학습될 수 있도록 하였다. 또한, 메쉬 품질의 체크기능과 해석결과로 활용되는 각종 결과 값들을 학습하도록 하였다. 이 장은 학습자가 해석기술을 배우는데 필수적인 기본과정이라 할 수 있다.

제 4장은 사출성형해석을 실제 예제를 통해 학습할 수 있는 사출성형해석의 실무내용을 다루었다. 게이트 위치선정을 위한 해석, 최적 사출성형 조건 선정을 위한 해석, 냉각시스템의 개선을 위한 해석, 제품의 변형 최소화를 위한 해석을 구체적으로 설명한 장으로 이 책의 가장 특징적인 장이라 할 수 있다.

이 책이 완성되기까지 편집회의 등을 통해 많은 도움을 주신 강승규, 정영득 두 분 감수자에게 감사드리며, 출판에 협조해 주신 도서출판 GS 인터비전의 송기수 대표님, 김명신 실장님 외 관계자 여러분께 감사드린다.

2016년 2월

저자대표

index

사출성형 CAE 개요

CHAPTER 1

1.1 사출성형 제품의 개발

1.2 사출성형

1.3 사출성형 CAE 물성치

1.1 사출성형 제품의 개발

1.1.1 사출성형 CAE

사출성형 CAE(Computer Aided Engineering)는 사출성형공정에 대한 이론적 지배방정식과 축적된 데이터베이스로 성형거동을 수학적으로 모사화 하여, 결과를 컴퓨터를 이용하여 사용자가 보기 쉽도록 표현해 주는 컴퓨터 응용공학이다.

사출성형 해석용 CAE로 상용화하여 사용하고 있는 프로그램 중에 가장 많이 사용되고 있는 것으로 Moldflow를 들 수 있다.

대부분의 CAE 기술은 컴퓨터가 인식할 수 있는 제품 모델을 유한요소 모델로 생성하여 시작한다. 이 모델의 적용기술로 2D 레이플레이트 기술에서 시작하여 2.5D 중립면 유한요소 모델를 거쳐 최근에는 완전 3D 유한요소 모델을 사용하고 있어 해석의 정밀도를 높여주고 있다. 사출성형 CAE프로그램은 엔지니어에게 유용한 개발도구이지만, 해석프로그램은 수학적 과정에 기반을 두고 있다는 사실을 명심해야 한다. 이러한 가정은 해석수행 시간을 줄이고 사용자 편의성을 높이기 위해 단순한 가정을 적용한다.

사출 성형해석의 성공적 활용을 위해서는 적절한 모델링을 수행하고 사출성형 분야의 지식을 가지고 해석 결과에 대한 정확한 판단을 내릴 수 있는 능력을 확보해야 한다. 또한 해석 프로그램 자체도 제품 형상모델의 에러 없는 변환 해석기법의 불완전 요소의 최소화, 수지 물성치의 정확성 등을 갖추어야한다. CAE 해석자는 프로그램의 수행능력 뿐만 아니라, 플라스틱 재료, 제품설계, 금형설계 및 성형공정에 대해서 숙지하는 것이 성공적 해석 활용에 도움이 된다.

1.1.2 사출성형 제품 개발

사출성형으로 얻어지는 제품 또는 부품은 플라스틱 제품으로 기업에서 상품기획 단계에서 확정된 제품의 상세설계 결과에서 확정된다. 이렇게 확정된 플라스틱 제품은 제품도에 그 형상과 정밀도 및 재료 정보가 기재된다. 제품도의 형상과 품질을 실현하기 위해서는 금형 설계 및 제작이란 과정을 거치게 된다. 금형은 제품 설계에서 요구되는 품질을 최고의 생산성으로 성형할 수 있도록 설계되고 제작되어야 한다. 금형제작이 끝나면 제작된 금형을 사출성형기에 부착하여 시험성형을 행한다. 이 과정에서 부적절한 금형구조, 금형상의 가공 및 적절성 등을 검토하게 된다.

이러한 과정에서 관련 엔지니어들이 기술회의를 통해 각 부문에 조처를 행한 후 재 트라이를 행하게 된다. 이 과정은 통상 몇 차례 반복되며 이 횟수를 줄이는 것이 개발 비용 및 기간을 줄이는데 기여하게 된다. 이 과정을 거치면 실제 생산할 공장에서 파이롯트 생산을 거쳐 생산을 하게 된다.

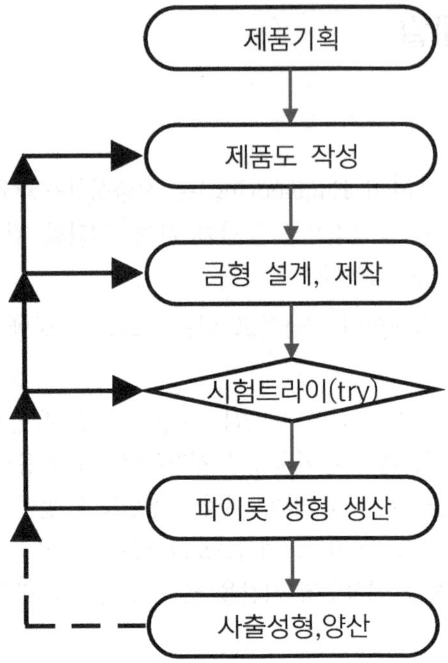

그림 1.1 사출 성형 제품 개발 과정

사출 성형 제품개발 흐름도는 그림 1.1과 같다. 이상에서 살펴본 개발과정은 각 단계가 분리되어 있고 수직적인 연결 과정을 이루고 있어, 개발기간 단축에 효과적으로 대처할 수 없으며 품질확보 및 원가 절감에도 비용이 많이 들게 된다.[1)]

1.1.3 CAE를 활용한 통합적 사출성형 제품 개발

1.1.2 절에서 살펴본 바와 같이 사출성형 CAE를 활용하기 전인 종래의 제품개발은 각 단계가 격리되어 있는 소위 칸막이식 엔지니어링이다(그림 1.2).

사출성형 CAE를 활용한 제품개발은 그림 1.3과 같은 유연한 개발 방식으로 소위 동시공학적(Concurrent Engineering)적 통합적 개발방식이다.

이 방식은 제품의 품질을 정확하게 예측할 수 있으며, 불량요인을 사전에 해결 할 수 있어 원가절감을 충분히 고려한 경제성 검토가 가능하여 제품개발 기간의 단축은 물론 개발비용을 절감할 수 있어 CAE 활용은 당연시 되고 있다.

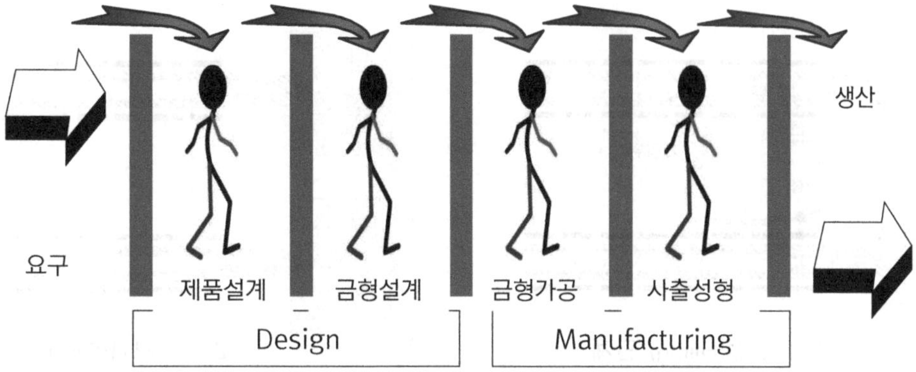

그림 1.2 종래의 '칸막이' 식 제품 개발 과정

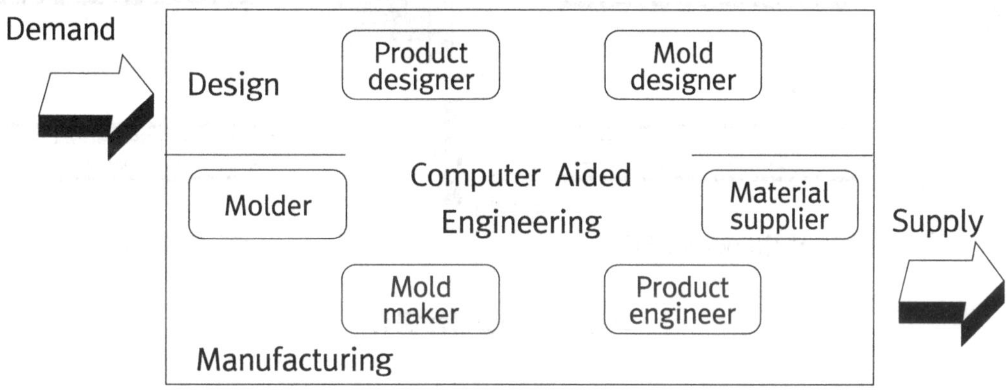

그림 1.3 CAE활용 동시공학적 제품개발[2)]

1.2 사출성형

1.2.1 사출성형 공정

사출성형이란 플라스틱을 녹여서(melting), 압력을 가해 캐비티에 흘려 보낸후(flow), 어떤 냉각 수단을 사용하여 일정한 형태로 고화(freezing) 시키는 과정(process)이다. 사출성형은 아래와 같은 5단계의 과정을 거친다.[3)]

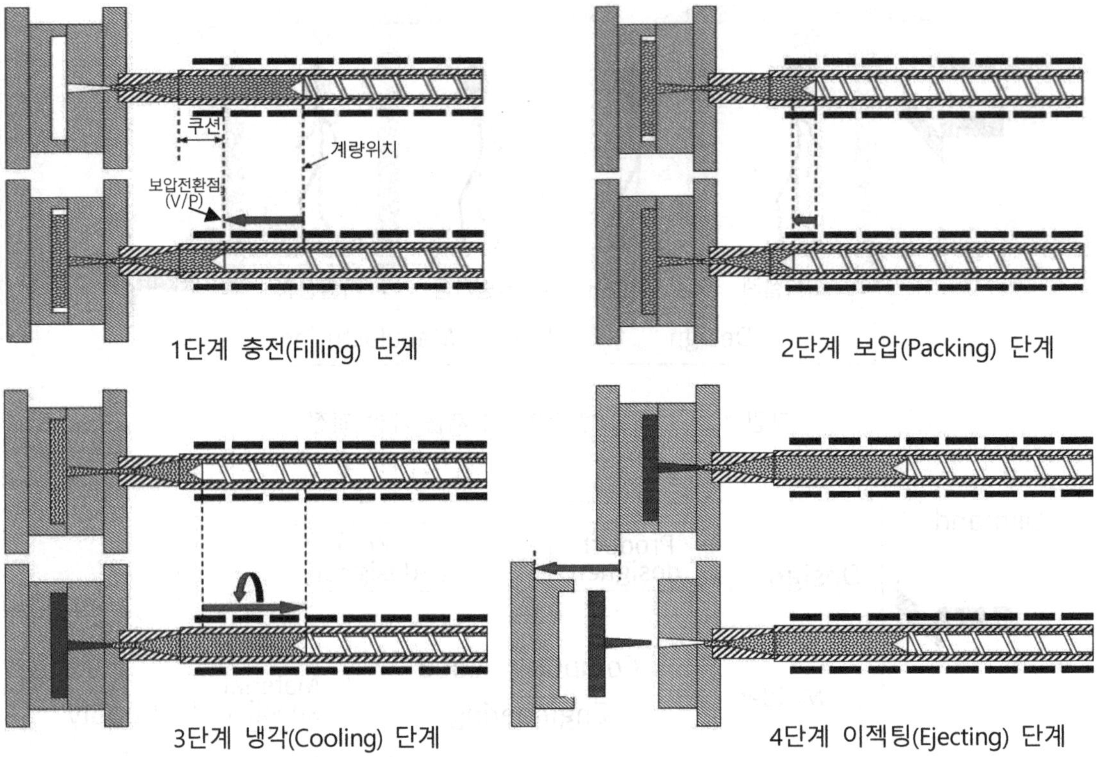

그림 1.4 사출성형 공정

(1) 충전(Filling) 단계 : 사출기 스크류가 전진되어 용융된 수지가 금형내로 충전되는 단계이다. 이 단계는 단지 용융 수지가 금형내에 충전되는 단계이다.

(2) 승압(Pressure) 단계 : 스크류가 계속 전진하여 금형 내부에 압력이 상승하는 단계이다. 플라스틱은 압축성이 있으므로 스크류가 조금 더 전진할 수 있다.

(3) 보압(Packing) 단계 : 승압 단계 이후에 스크류는 계속 전진상태로 유지되는데, 이는 플라스틱이 용융상태에서 냉각 후 고체상태로 변화하면서 체적이 감소하는 현상이 발생하는데, 이와 같은 수축을 보상하기 위하여 압력을 계속 유지하는 단계이다.

(4) 냉각(Cooling) 단계 : 보압 단계는 물론이며, 그 이후에도 성형품이 금형 캐비티 내에서 취출할 수 있을 정도의 강도를 가질 때 까지 일정한 냉각시간이 필요하다. 이 단계를 냉각단계라 한다.

(5) 이젝팅(Ejecting) 단계 : 형개(mold open)한 후 캐비티 내에서 플라스틱 성형품을 취출해 내는 단계이다.

1.2.2 플라스틱 유동의 특성

플라스틱 재료인 수지는 용융되어 유동될 때 나타나는 특성으로 다음과 같은 비뉴턴 유동, 층류유동, 분수유동 3가지를 들 수 있다.

(1) 비뉴턴 유동

용융 플라스틱의 유동은 비뉴턴 유동(Non-Newtonian ; 점도가 전단률의 변화에 따라 변화되는 유동) 이므로 금형내로 충전될 때 복잡한 변화가 있다. 즉, 용융 플라스틱의 점도는 온도, 압력, 전단변형률에 의해서 영향을 받는다.

다음 식은 Cross의 점도 수식 모델을 나타낸 것이며, 여기서 점도(η)는 전단율($\dot{\gamma}$)이 증가할수록 점차 감소하는 소위 전단감소(shear thinning) 현상이 일어나므로, 사출속도를 빠르게 할수록 유동길이는 더 길어지게 됨을 알 수 있다.

$$\eta = \frac{\eta_0}{1 + \left[\frac{\eta_0 \dot{\gamma}}{\tau^*}\right]^{1-n}}$$

여기서,

$\dot{\gamma}$: 전단율$(1/s)$

τ^* : 뉴튼 특성에서 비뉴튼 특성으로 천이 될 때의 전단응력(Pa)

n : 비뉴튼지수

$\eta_{(0)}$: 제로 전단율에서의 점도$(Pa \cdot s)$

(2) 층류유동 (laminar flow)

플라스틱은 유동시 높은 점도 때문에 거의 층류를 이룬다. 게이트와 같은 아주 좁은 유동통로를 흐를 때에도 레이놀즈 수는 보통 1미만으로 알려져 있다. 이와 같은 층류 유동의 특성은 사출성형시 2중(색) 사출이 가능하게 하는 원인이 된다.

(3) 분수유동 (fountain flow)

용융수지가 차가운 금형 표면과 접촉되면 빠르게 냉각되어 고화되지만 중심층은 여전히 용융상태를 유지하면서 충전된다. 고화층과 유동 수지 사이의 전단층에 높은 전단력이 발생되고, 이로 인하여 전단 응력(shear stress), 배향(orientation), 마찰열(frictional heat) 등이 발생되면서 충전된다. 이와 같이 유동 선단이 분수와 같이 고화층을 향해 흐르므로 먼저 충전된 수지는 표면층(skin layer)을 이루며, 나중에 충전된 수지는 코어층(core layer)를 이루게 된다. 그림 1.5는 분수유동을 설명한 것이다. 플라스틱의 분수유동 특성은 사출성형시 이중(2색)사출을 가능케 한다.

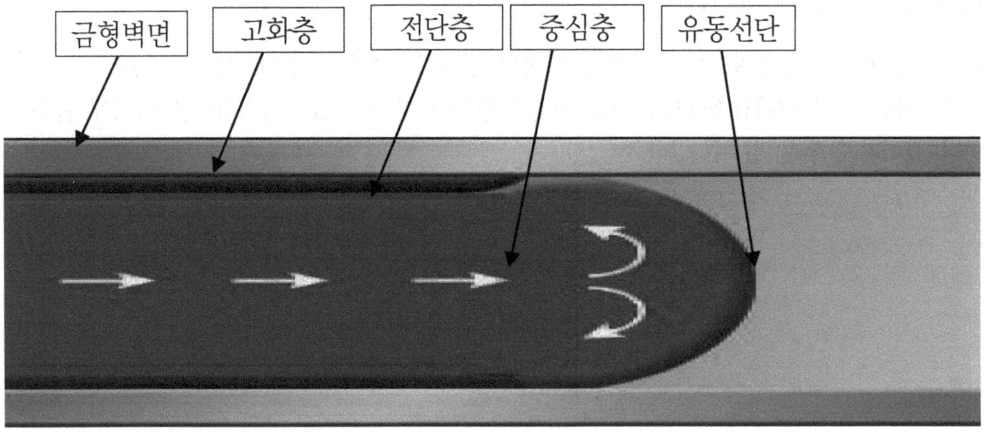

그림 1.5 용융 수지의 분수 유동

1.2.3 사출성형 조건의 이해

사출성형에는 여러 가지의 성형조건이 적용된다. 성형조건에는 사출압력(injection pressure), 보압(holding pressure), 성형온도(melt temperature), 금형온도(mold temperature), 사출시간(injection time) 등이 있다. 이러한 여러 가지 성형조건이 적절하게 조합되었을 때 최상의 성형품을 얻을 수 있다. 다음은 사출성형 조건의 주요 성형특성을 설명한 것이다.

(1) 성형온도(melt temperature) : 성형온도 즉 수지의 온도가 증가하면 금형 내부에서 유동 저항이 감소하여 잔류 응력이 감소하지만, 성형온도가 너무 높으면 수지가 열화되어 가스가 발생하기 쉽고, 제품 외관에 불량이 발생한다. 그리고 높은 성형온도는 무엇보다 냉각시간이 길어져서 사이클 타임(cycle time)을 길어지게 하는 단점이 있다.

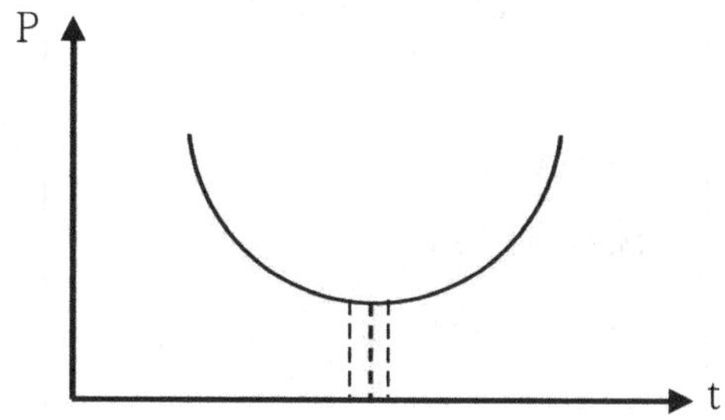

그림 1.6 사출시간과 사출압력

(2) 금형온도(mold temperature) : 금형온도의 증가는 성형온도의 증가와 유사한 영향을 나타내지만 그 영향은 비교적 적다. 금형온도가 증가하면 성형시 고화층이 얇아지므로 러너의 실제 직경이 상대적으로 커져서 유동 저항이 감소한다. 그러나 금형온도가 너무 높으면 성형온도가 높을 때와 같이 사이클 타임이 길어진다.

(3) 사출시간(injection time) : 사출시간이 짧으면 전단율이 증가하여 높은 사출압력이 요구되며, 이와 반대로 사출시간을 길게 하면 전단율은 감소하지만 용융 수지의 온도가 감소하여 사출압력이 증가하여 성형이 어렵게 된다. 따라서, 그림 1.6과 같은 사출시간과 사출압력과의 관계는 일반적으로 'U'자형 그래프를 나타내며, 사출압력이 최소로 되는 사출시간을 설정하는 것이 중요하다.

1.3 사출성형 CAE 관련 플라스틱 물성치

1.3.1 수지의 점도

(1) 온도 영향

수지는 온도의 증가에 따라 점도가 감소한다. 이러한 현상은 열에 의해 수지의 분자 체인의 2차 결합력은 약해지고, 그 결합 길이는 길어진다. 일반적인 성형온도에서 이렇게 약화된 결합들은 운동의 자유도가 증가하면서 점도의 감소효과를 가져온다(그림 1.7).

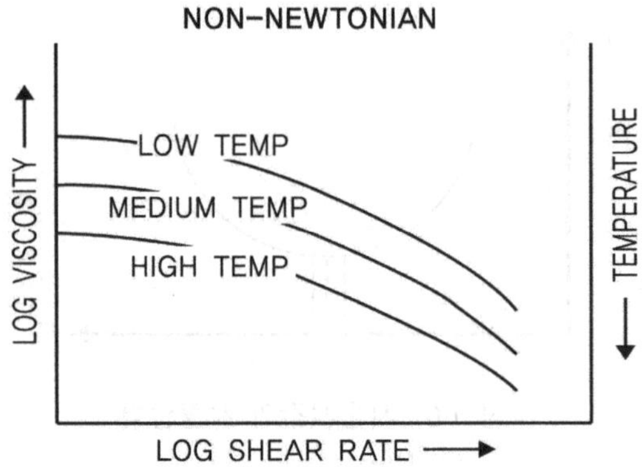

그림 1.7 점도에 대한 온도와 전단율의 영향

(2) 전단률에 의한 영향

수지는 금형내 충전시 층류로 나타난다. 층류의 층 사이의 상대운동에 대한 변화의 비율을 전단율(shear rate)이라 하여 다음과 같이 표현된다.

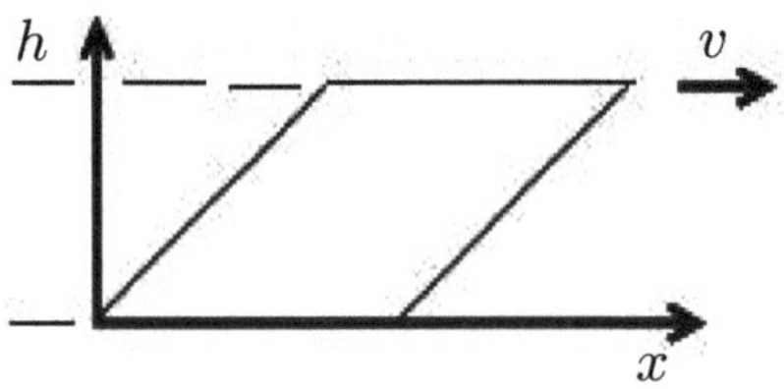

$$\frac{1}{h}\frac{dx}{dt} = \frac{v}{h} = \dot{\nu}$$

여기서, t는 시간, v는 속도, h는 유동채널의 수직 방향으로의 두께 즉 직경이며, x는 유동채널의 길이 방향의 거리이다. 전단율은 s^{-1}로 표현된다.

그림 1.8은 층들을 유한 개수로 나누어 전단율의 파형을 나타낸 것이다. 금형벽면과 유동채널의 중앙에서의 전단율은 0이다. 최대 전단율은 금형벽면의 인접지역에서 나타난다.

수지의 전단 점성은 전단율이 커지면 전단감소(shearthining)거동을 보이고 온도와 압력에 따라 크게 변한다. 점성 모델링에서 전단율은 다음과 같은 modified Cross식으로 나타내었다.

$$\eta(\dot{r}, T, P) = \frac{\eta_{0(T,P)}}{1 + (\frac{\eta_0 \gamma}{\tau^*})^{1-n}}$$

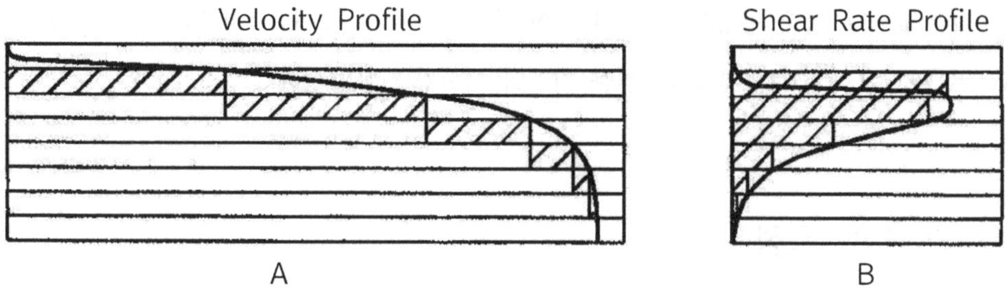

그림 1.8 수지 점도 선단의 예

여기서, n : power-law index 이며, 전단 점성과 전단율과의 관계는 위의 수식과 같다. 반 결정성 수지의 경우, $\eta_0(T,P)$는 다음과 같이 압력에 대해 지수적으로 변화하는 Arrhenius 형태의 함수를 표현할 수 있다. T_b 는 η_0 에 대한 온도의 민감 정도를 나타내며, β 는 η_0 의 압력의 존재 계수이다. 점성은 결정화 온도 이하에서는 무한히 크다.

$$\eta_0(T,P) = D_1 \exp\left(-\frac{A_1(T-T^*)}{A_1+T-T^*}\right) \qquad T > T^*$$

$$T^*(P) = D_2 + D_3 P$$

$$A_x = \overline{A_2} + D_3 P$$

$$\eta_0(T,P) = \infty \qquad T \le T^*$$

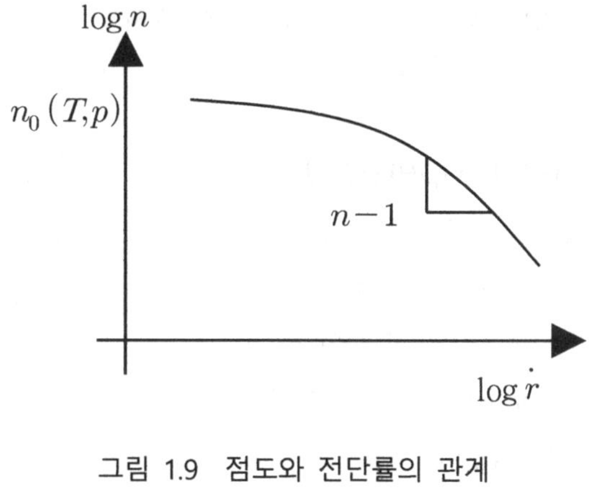

그림 1.9 점도와 전단률의 관계

T^*는 $P-v-T$ 상태 방정식으로부터 얻어지는 유리전이온도이다. 그 밖의 상수 $(\eta, \tau^*, B, T_b, \beta)$ 혹은 $(n, \tau^*, D_1, D_2, D_3, A_1, \overline{A_2})$ 는 전단 점성의 실험값으로 결정한다.[4)]

1.3.2 수지의 수축 특성

수지는 다른 재료와 같이 용융 상태에서 냉각시키면 수축하며, 결정성 수지와 비결정성 수지에 따라 수축되는 양상이 다르게 나타난다. 이러한 수축현상을 잘 나타내는 선도가 pvT 선도이며 온도와 압력에 따라 변하는 밀도의 관계를 나타난다.

그림 1.10은 일반적인 수지의 pvT 선도를 나타낸 것이다.

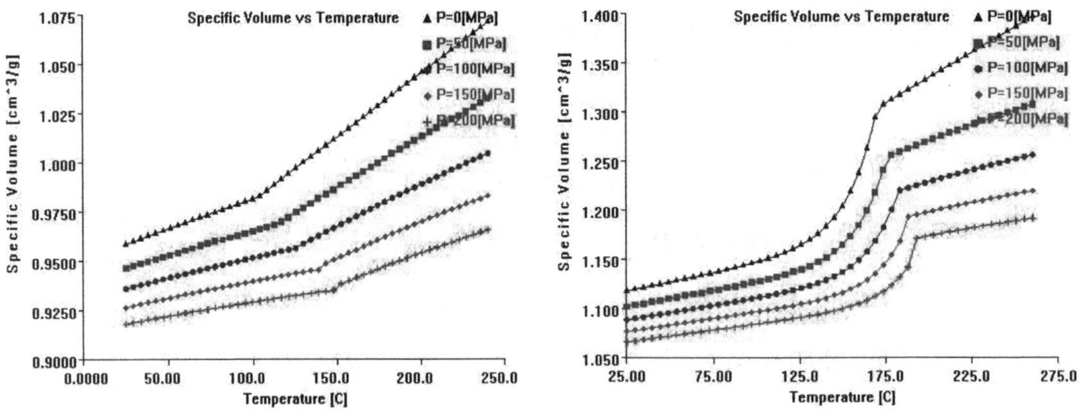

(a) 비결정성 수지 (b) 결정성 수지

그림 1.10 비결정성 수지와 결정성 수지의 PVT 선도

1.3.3 열적 특성(Thermal properties)

(1) 비열(Specific heat : Cp) : 1g 의 수지를 1℃ 올리는 데 드는 열량, 예를 들어, 1g의 물을 1℃ 올리는 데 드는 열량은 1cal 이고 1g의 구리를 1℃ 올리는데 드는 열량은 0.0924cal이다. 이는 물질이 갖는 고유한 특성 중의 하나이다.

(2) 열전도율(Thermal conductivity) : 단위 시간당 전달되는 열전도율 간단히 전도율이라 한다.

(3) 열확산도(Thermal diffusivity) : 온도의 분포가 일정하지 않으면 열전도율 외에 비열 Cp 와

밀도 ρ 가 열의 이동에 중요한 변수가 된다. 가열된 물체가 냉각 되었을 때, 물체의 형상과 표면 상황을 일정하게 하여 비교하면, 열확산은 밀도와 비열에 반비례 관계가 나타나 아래와 같은 식으로 표현 할 수 있다.

$$\alpha = \frac{k}{\rho Cp}$$

1.3.4 유변학적 특성(Rheological properties)

(1) **점도**(Viscosity) : 재료의 흐름의 저항 정도를 나타난다.

(2) **천이 온도**(Transition temperature) : 수지가 용융 상태에서 고체화가 되는 온도, 천이 온도는 비결정성 수지(무정형 수지)의 경우 유리전이온도(Tg)가 해당되고, 결정성수지(반결정성 수지)는 결정화온도가 천이 온도에 해당된다.

(3) **용융 지수**(Melt flow rate : MFR) : Melt Index라고도 하며 고분자 산업에서 수지의 유동 흐름을 쉽게 측정할 수 있도록 만든 표준으로 실제 사출 성형의 용융 점도를 평가하기에는 낮은 전단율로 적용한다.

1.3.3 기계적 특성(Mechanical properties)

(1) **탄성 계수**(Elastic modulus) : 물체가 외부로부터의 힘을 받게 되면, 탄성 한도 범위에서는 인장과 압축 등과 같은 수직 응력 σ 와 변형 ε 가 비례하므로 $\sigma = E \cdot \varepsilon$ 의 관계가 성립한다. E는 탄성계수라 한다.

(2) **포아송 비**(Poission's ratio) : 재료는 탄성범위 내에서는 횡변형(하중과 직각방향의 변형)과 종변형(하중방향의 변형)은 상호 비례하는 성질이 있으며, 이 2개 변형의 비 ϵ_1/ϵ 는 탄성한도 내(비례 한도 내가 아니라는데 주의)에서는 재료에 의해서 일정한 값을 갖는 것이 알려져 있습니다. 이 비를 포아송비라 하며 1/m로 표시하며 1/m의 역수 m을 프아송 수라고 한다.

$$\frac{\epsilon_1}{\epsilon} = \frac{1}{m}, \quad \epsilon_1 = \frac{\sigma}{mE} = \frac{d-d_1}{d} = \frac{\delta}{d}$$

ϵ : 종변형, ϵ_1 : 횡변형, δ : 변형량, d : 직경

σ : 수직변형, d_1 : 변형량의 직경, E : 종탄성계수

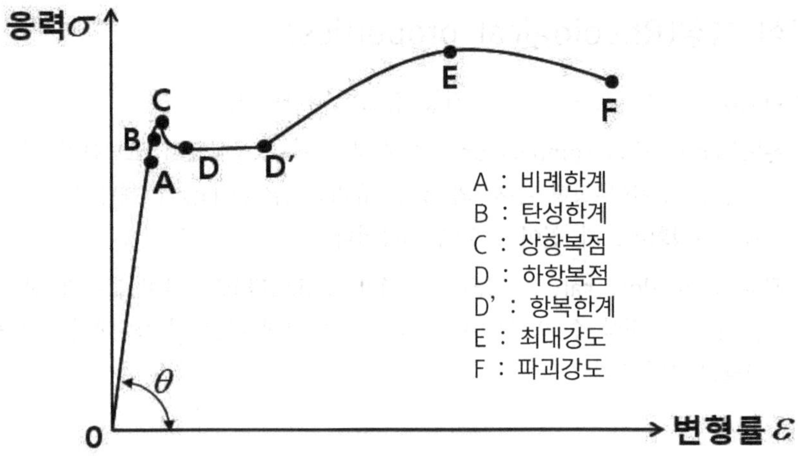

그림 1.11 응력 변형도 곡선

참 고 문 헌

1) 사출성형 CAE 기술, MOLDFLOW KOREA, pp5~6.
2) 예제로 쉽게 배우는 사출성형 CAE Moldflow MPI 6.0 ~ 6.1, 정영득, 인터비젼, 2007.
3) 사출성형해석에 의한 제품 및 금형설계, 정영득, 구본흥, 인터비젼, 2005.
4) 사출성형CAD 실천 메뉴얼, 정영득, GMK, 2007.
5) 플라스틱 사출성형 엔지니어를 위한 MOLDFLOW BASIC COURSE, 황순원 외4인, 청담북스, 2014.

사출성형의 기본요소

CHAPTER

2

2.1 사출성형 금형의 구조

2.2 플라스틱의 종류 및 특징

2.3 사출성형기

2.4 사출성형 불량

2.1 사출성형 금형의 구조

사출성형법은 멀리 1849년까지 거슬러 올라갈 수 있지만 1929년에 미국에서 자동성형기가 개발되면서부터 본격화한 성형법으로 압축성형법, 이송성형법에 비하여 새로운 성형법이다. 사출성형기는 플라스틱 재료의 공급, 가소화, 혼련, 사출, 제품 뽑기 등 각 기능을 가지고 금형과 일체가 되어 그 기본적인 목적을 다하는 것이다.

사출성형의 기초는 플라스틱재료의 용융, 유동, 고화의 프로세스에 있다. 이 때문에 재료에 알맞은 기계 및 금형이 중요하며, 이것을 사출성형의 3요소(3M: Material, Machine, Mold)라 할 수 있다. 이 프로세서에 의해서 능숙하게 성형품을 만들기 위하여 제어해야 할 요소는 온도, 속도, 압력으로 이것을 사출성형의 3조건이라고 부른다. 그리고 목표로 하고 있는 강도, 외관, 경제성을 만족시키기 위한 개량, 개발이 계속되어 차례차례로 높은 요구에 도전하고 있다. 이 때문에 재료 변형의 프로세스를 합리적으로 할 수 있도록 성형기와 금형의 다목적·다기능 적 복합화나 타 분야의 기술로부터 사출성형에 대한 테크놀로지·트랜스퍼가 중요한 포인트가 되고 있다. 이와 함께 재료의 복합화, 성형품의 복합화가 진행되고 있다.

2.1.1 사출금형 종류

(1) 2단 플레이트 금형

2단 금형은 파팅라인에 의해서 고정측과 가동측으로 나누어지는 금형으로, 게이트방식도 다이렉트 게이트, 사이드게이트, 서브마린 게이트 등이 있다.

(2) 3단 플레이트 금형

3단 금형은 고정측 부착판과 고정측 형판 사이에 러너 스트리퍼 플레이트를 설정하여, 금형을 열 때마다 이 플레이트를 열고 러너를 꺼내는 것이다. 그림 2.2는 핀 포인트 게이트금형을 나타낸 것이다. 형이 열릴 때 게이트가 자동적으로 절단되고, 게이트 자국도 작으며, 다수개 빼기에 가능하다. 유동저항이 크고, 형 구조도 복잡하여, 적용수지에 제한이 있다.

(3) 특수 금형

특수금형은 언더컷이 있는 제품을 성형하는 경우의 금형으로서 분할형, 슬라이드 코어방식의 것이 있다. 그림 2.3은 분할형의 금형을 나타낸 것으로 형이 열릴 때에 성형품이 취출되도록 분할형의 블록이 좌우로 작동되는 기구를 갖는 타입이다. 그 반대로 사이드 코어가 가동측에 있는 경우도 있다. 제품의 옆 측면의 언더컷을 성형하기 위해 사이트 코어가 좌우로 이동한다.

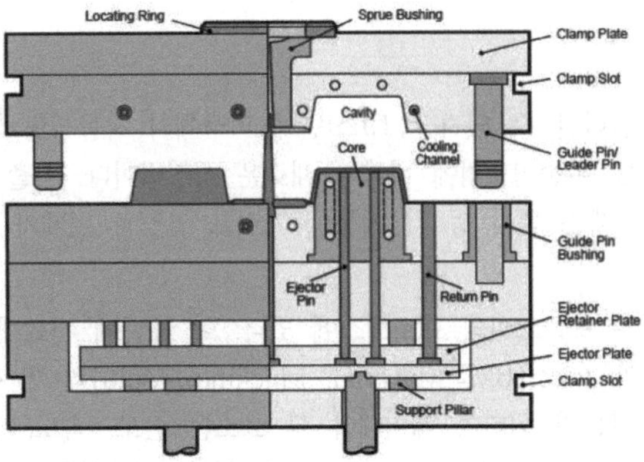

그림 2.1 2단 금형

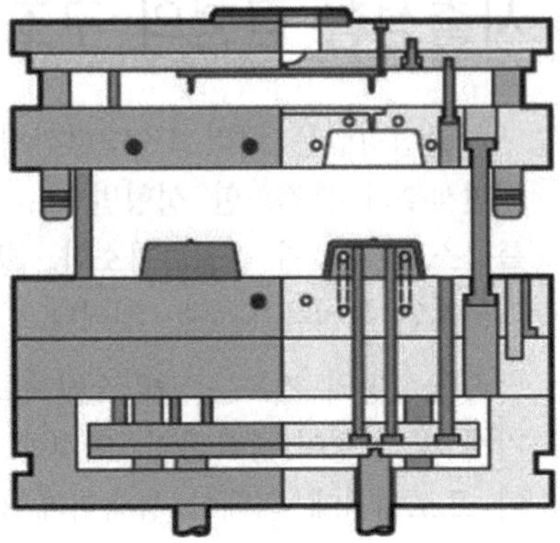

그림 2.2 3단 금형

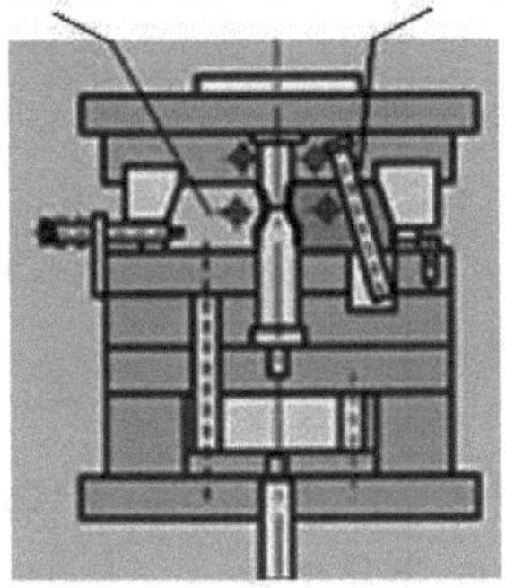

그림 2.3 특수금형 예

2.1.2 금형구조와 각 부품의 기능

(1) 고정측 설치판

금형을 구성하는 판 모양의 부품으로 사출성형기의 고정측 부착판에 금형을 설치하여 고정하는 판으로 상부 고정판이라고도 한다. 로케이트 링 및 스프루 부시 등의 위치를 결정하게 되며, 스프루 부시의 센터는 사출기의 노즐 센터 위치와 일치해야 한다.

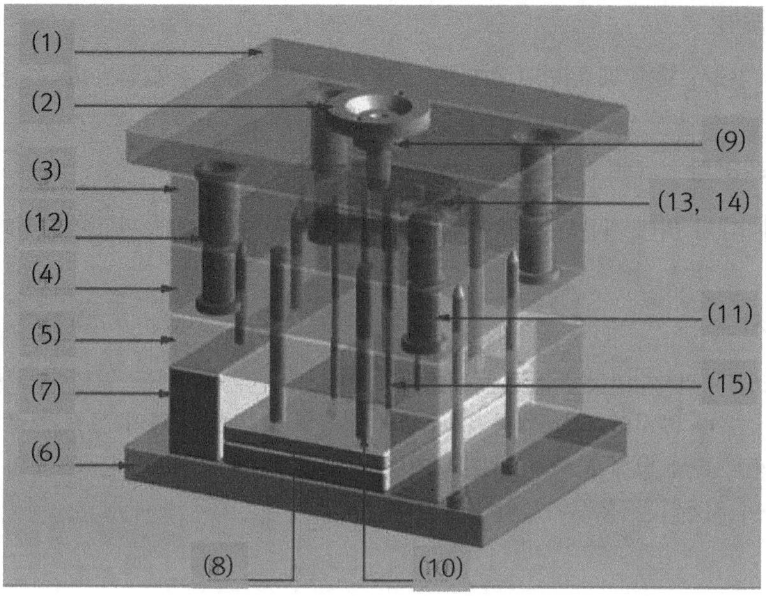

그림 2.4 표준금형의 형상

(3) 고정측 형판

성형품을 성형하는 공간을 이루는 형판 중 고정측에 있는 형판을 말하며 캐비티 부가 내재하며 스프루 부싱 등을 고정시킨다.

(4) 가동측 형판

성형품을 성형하는 공간을 이루는 형판 중 금형의 가동 측에 있는 판을 말하며 코어가 내재하며 가이드 핀을 고정시킨다.

(5) 받침판

금형을 구성하는 형판 중 가동 측에 설치되고 사출 성형시 고압 및 반복 작업에 의한 가동 측 형판의 휨이 일어나지 않게 받쳐주는 판이다.

(6) 가동측 설치판

금형을 구성하는 부품 중 맨 아래에 있는 판 모양의 부품으로 사출성형기의 가동측 부착판에 금형을 설치하여 고정하는 판이다.

(7) 스페이스 블록

성형품을 금형에서 빼낼 때 밀판이 상하로 움직일 수 있게 공간을 만들어 주는 블록이다.

(8) 이젝터 플레이트

성형품을 밀어내기 위해 사용하는 금형 내의 장치의 일부이며 이젝터 핀들이 고정되어 있다.

(9) 스프루 부시

사출기의 노즐과 밀착되어있어 재료가 노즐에서 러너로 흘러 들어가는 원뿔 형태를 가지고 있는 주입구 통이다. 스프루 부시의 역할은 사출기로부터 용융된 수지를 금형의 틀 안으로 안내하는 역할을 하므로, 수지의 흐름에 방해가 되지 않도록 경면 사상을 해 주며, 최근에는 부품의 표준화로 인하여 제품을 구매하여 사용하는 경우가 늘어나고 있다.

(10) 리턴 핀

이젝터 플레이트에 고정되어 있으며 금형이 닫힐 때 이젝터 핀이나 스프루 로크 핀을 보호하여 원위치로 정확히 돌아가게 하도록 작용하는 핀이다.

(11) 가이드 핀

금형을 열고 닫을 때 고정측 형판과 가동측 형판이 정확하게 맞추어지도록 안내 역할을 하는 핀이다.

(12) 가이드 핀 부시

고정측 형판에 고정되어 가이드핀이 움직일 때 저항이 적도록 베어링의 역할을 해주는 부품으로 금형구조에 따라 여러 형태가 있다.

(13) 캐비티 (상 · 하 코어)

성형용 금형에서 성형되는 공간 부분을 캐비티라고 하며, 하나의 금형에 몇 캐비티가 가공되는지에 따라 생산성이 달라지고, 금형의 난이도, 가격 등이 결정된다.

(14) 슬라이드코어 및 기타 코어

성형품의 측면 및 내면을 형성하기 위한 금형의 돌출부분, 즉 플런저, 언더컷 부를 성형하기 위해서 사용되는 금형부품이다.

(15) 이젝터 핀

밀판에 고정되어 있으며 성형품이 금형 밖으로 빠지도록 밀어내는 기능을 가진 핀으로 가장 일반적인 취출 방법이다.

2.1.3 유동 시스템 설계

유동 시스템은 게이트(Gate), 러너(Runner), 스프루(Sprue), 콜드 슬러그 웰(Cold slug well)로 되어 있다.

(1) 게이트 설계

게이트는 성형품에 수지가 흘러 들어가기 위한 입구이며 위치, 형상, 제품 수량에 따라 제품에 영향을 준다. 게이트의 특징은 다음과 같다.

1) 러너의 마지막 지점이고 캐비티의 입구이다.
2) 응력집중을 최소화 할 수 있고 배향에 의한 변형이 적은 형상을 선택하여야 한다.
3) 게이트의 단면적이 크면 충전성은 좋으나 게이트 부 냉각 시간이 길다.
4) 수지의 흐름 방향, 웰드라인의 생성, 게이트 처리 등을 고려해서 게이트의 종류와 위치 선정이 필요하다.
5) 게이트의 위치, 개수, 형상, 치수는 제품 성형시 성형품의 외관이나 성형효율 및 치수 정밀도에 큰 영향을 준다.
6) 게이트를 충분히 고화시켜 수지가 역류되지 않도록 설계한다.
7) 게이트에서 수지가 제품으로 충전되는 과정에서 제팅 등의 불량이 생기지 않도록 한다.
8) 사출성형 후 취출된 제품의 게이트 분리 작업을 용이하게 한다.

(2) 게이트 종류

1) 다이렉트 게이트

다이렉트 게이트는 스프루 게이트라고도 하며 그림 2.5와 같다

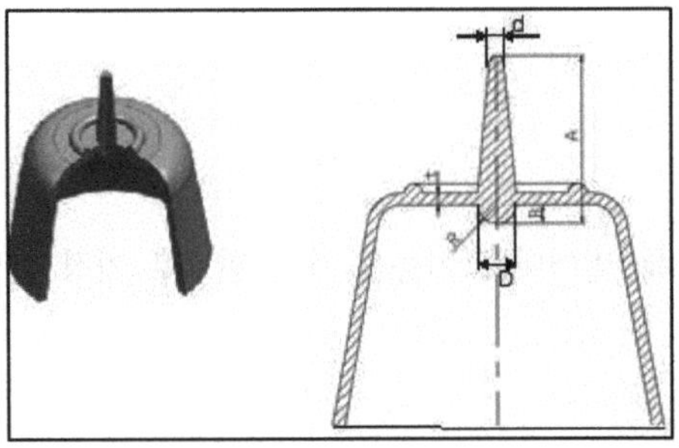

그림 2.5 다이렉트 게이트

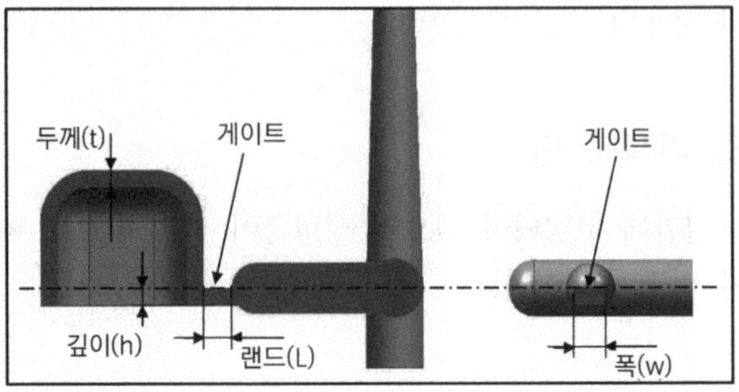

그림 2.6 표준 게이트

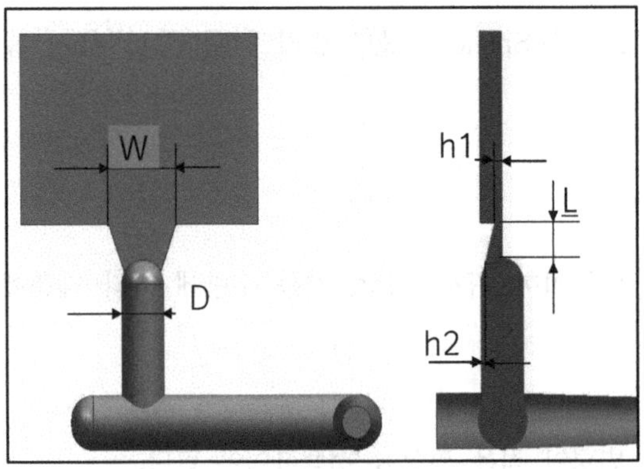

그림 2.7 팬 게이트

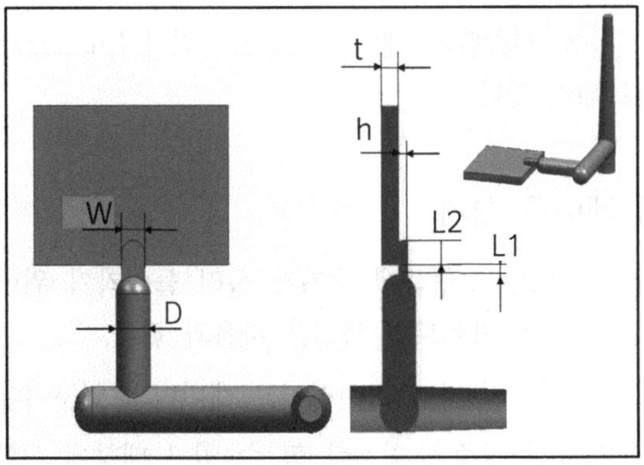

그림 2.8 오버랩 게이트

2) 표준 게이트

표준 게이트는 수지의 유동성이 좋은 경우에 많이 이용되며 일반적인 성형품에 광범위하게 적용되고 있다. 표준 게이트는 사이드 게이트라고도 하며 가장 일반적으로 널리 쓰이는 게이트로 그림 2.6에서 보는 것과 같으며 원형이나 반원형, 또는 사다리꼴 러너를 많이 사용한다.

3) 팬 게이트

팬 게이트는 면적이 큰 성형품에 적용된다. 또한 폭이 좁고 기포나 플로우 마크가 생길 우려가 있을 때 사용하며 흐름이 균일하고 얼룩이 없는 제품을 생산에 사용되고 있다(그림 2.7).

4) 오버랩 게이트

오버랩 게이트는 그림 2.8에 보는 바와 같이 형상은 표준 게이트를 따르고 있지만 게이트 부위는 제품의 밑면에 위치하고 있다.

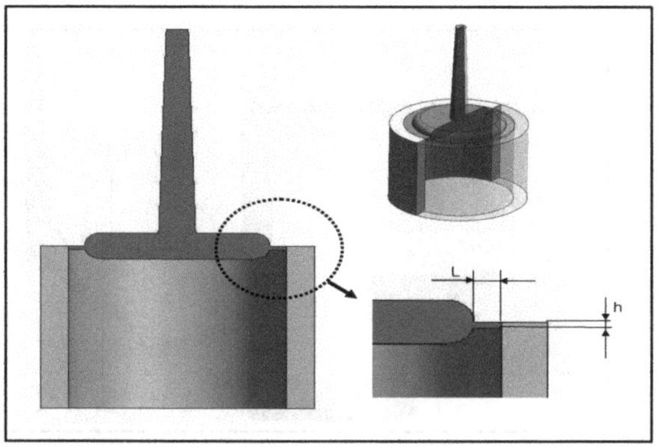

그림 2.10 디스크 게이트

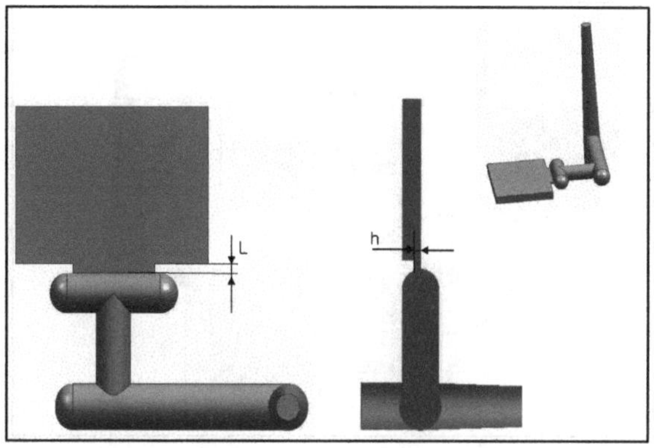

그림 2.9 필름 게이트

5) 필름 게이트

필름 게이트는 그림 2.9에서 보는 것과 같이 성형품의 폭과 게이트의 폭을 같은 길이로 하고 두께를 얇게 한 게이트로 플래시 게이트라고도 한다. 게이트 내에서 수지유동방향을 조정하여 평판상 성형품으로 평판도를 좋게 하고 변형을 최소화하는데 효과적이다.

6) 디스크 게이트

디스크 게이트는 그림 2.10에서 보는 것과 같이 실린더 또는 내부가 비어있는 원형의 성형품 및 성형품 중앙 부근에 스프루 지름보다 큰 구멍(Hole)이 있는 경우에 적용한다. 러너의 형상이 간단하고 짧게 되어있어 다이렉트 게이트가 되므로 성형의 압력손실이 적다.

7) 링 게이트

링 게이트는 그림 2.11에서 보는 것과 같이 실린더형 성형품 중 소형의 성형품을 사출하기 위한 것으로 사출시 웰드라인을 방지할 수 있고 사출 압력에 의한 코어 쓰러짐을 방지 할 수 있다. 이젝팅은 스트리퍼 플레이트에 의해 이젝팅되므로 러너는 사다리꼴 방식으로 적용되는 경우가 많다.

8) 탭 게이트

탭 게이트는 그림 2.12에서 보는 것과 같이 게이트 부에 집중되는 응력을 줄이기 위해 사용된다. 일반 게이트의 1/2의 압력으로 성형할 수 있다. 또한 PVC, PC, PMMA와 같은 유동성이좋지 않은 수지를 성형하는데 적합하다.

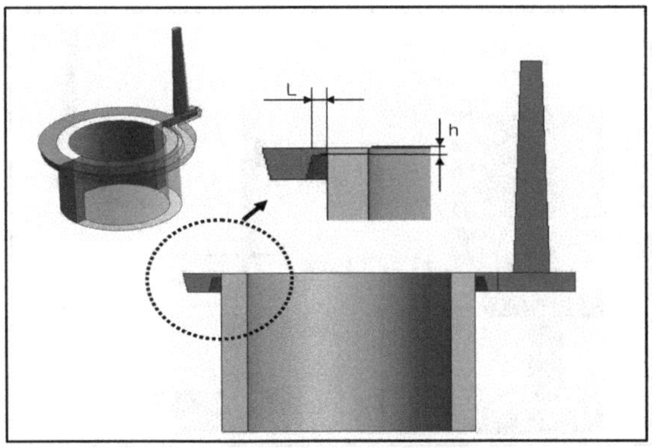

그림 2.11 링 게이트

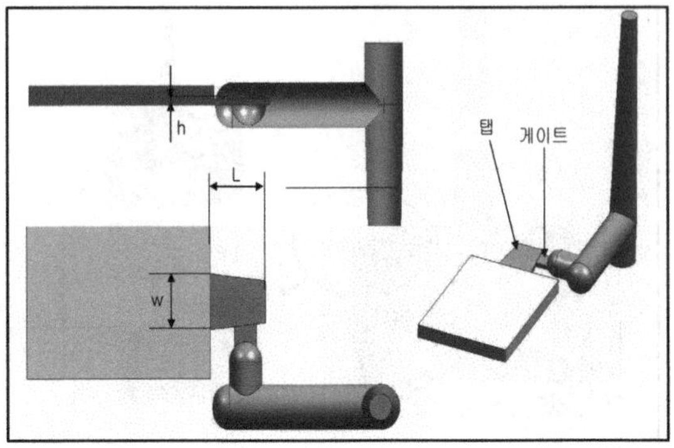

그림 2.12 탭 게이트

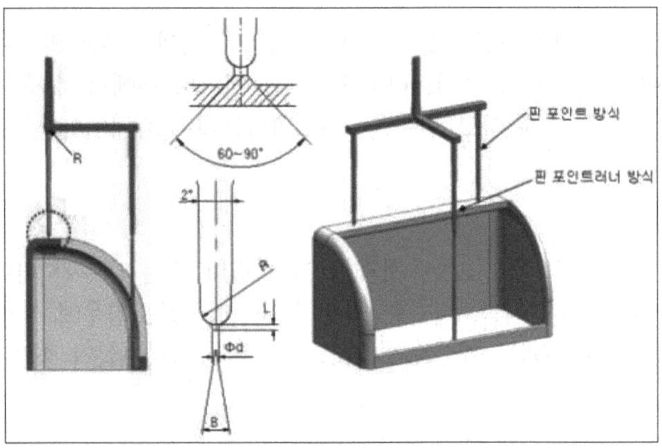

그림 2.13 핀 포인트 게이트

9) 핀 포인트 게이트

핀 포인트 게이트는 그림 2.13에서 보는 것과 같은 형상으로 3단 구조 금형에 적용되며 게이트의 크기가 작아서 유동저항이 크다. 또한 PS, PE, PP 등의 단일 캐비티금형 또는 복수 캐비티 금형에도 사용이 가능하다.

10) 터널 게이트

터널 게이트는 서브마린 게이트라고도 하며 러너는 사이드 게이트 형식으로 있지만 게이트가 각도를 가지고 코어를 관통하고 있는 형상으로 그림 2.14에서 보여준다.

11) 오버랩 게이트

오버랩 게이트는 그림 2.15과 같으며 코끼리 게이트, 바나나 게이트, 굴곡 게이트 등 여러 가지 이름으로 쓰인다. 터널 게이트 변형이라고 할 수 있다. 게이트 설치시 제품의 살 두께가 두꺼운 부분에 설치하고 사출시 압력에 영향을 많이 받는 곳은 피한다.

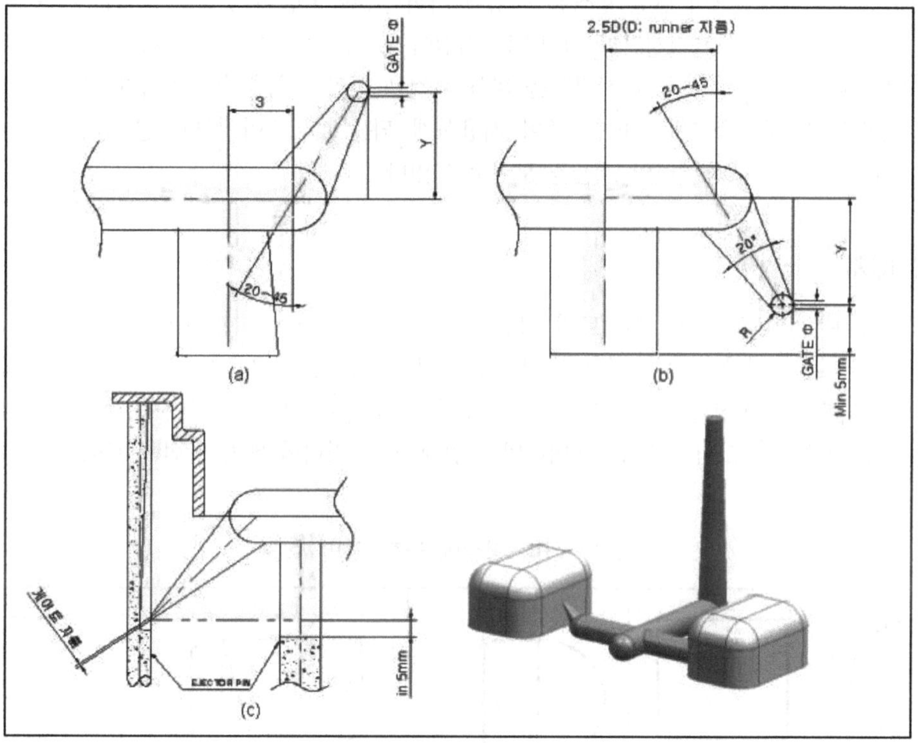

그림 2.14 터널 게이트

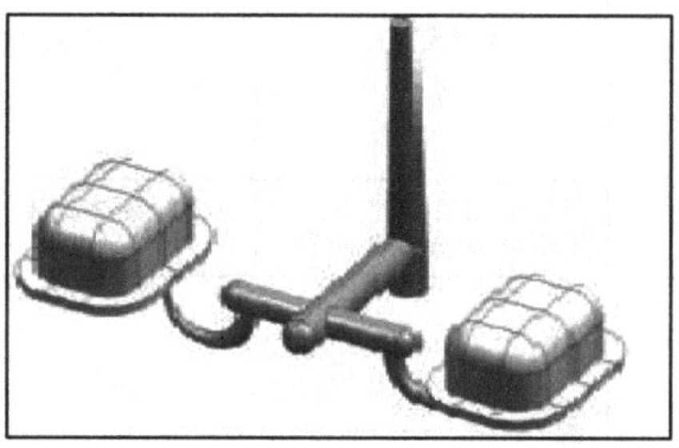

그림 2.15 오버랩 게이트 형상

2.1.4 러너 설계

(1) 러너와 단면형상

러너는 스프루와 게이트를 이어주는 통로이며 성형품을 채우기 위해 필요한 수지 양을 최소로 하면서 효율적으로 흘러야 하며 냉각도 쉽게 잘되어야 한다. 러너 형상은 금형설계에 따라 여러 가지 단면 형상으로 나눌 수 있으며 단면 형상은 원형에 가까울수록 효율이 좋다. 수지의 흐름을 고려한다면 굵고 짧은 러너가 좋으나 냉각시간이 길어지는 결점이 있다. 그림 2.16은 러너의 단면 형상을 보여주고 있으며 러너의 단면 형상 중에 사각형을 피하는 것은 성형후 취출시에 러너가 빠지지 않는 경우가 생기기 때문에 러너의 측벽에 구배를 주어 사용하게 되는데 이것이 사다리꼴 단면 형상이다. <표 2.1>은 단면 형상에 따른 러너의 효율을 보여주고 있다.

(2) 러너 배치

러너의 배치는 러너의 크기, 게이트의 형상, 제품의 개수, 금형의 형식에서 좌우되며 러너 배치시 러너의 길이와 수는 가장 짧은 유동으로 제품을 충전 할 수 있는 유동길이로 하며 러너 시스템은 유동배분을 고려해서 균형성을 유지시켜야 한다. 또한 러너 밸런스는 스프루에서 각 캐비티까지의 거리를 동일하게 해야한다. 그림 2.17은 캐비티의 배열에 따른 러너의 배치 방법을 보여주고 있다.

표 2.1 러너 형상에 대한 단면 효율

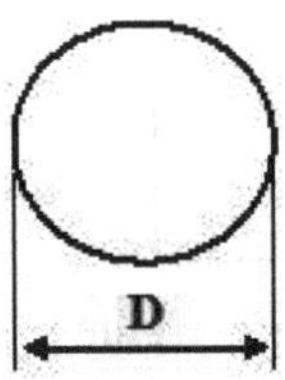	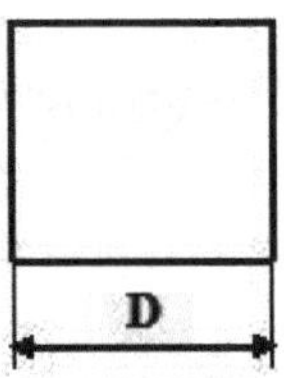	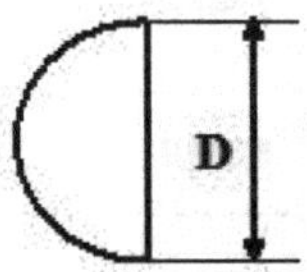	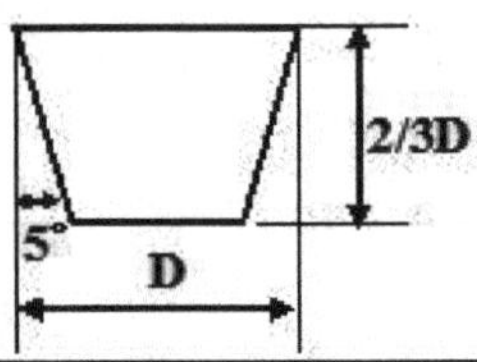	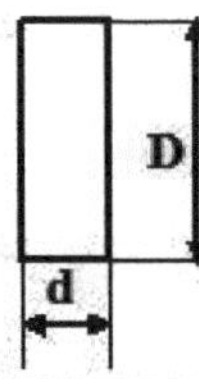
0.25D	0.25D	0.153D	0.195D	d = D/2 : 0.166D d = D/4 : 0.1D d = D/6 : 0.071D
냉각속도가 느리며 보압효율이 좋음	적용을 피하는 것이 좋음	가공상 많이 적용하고 있으나 열 손실이 많음	핀포인트 게이트 방식에서 많이 사용	적용을 피하는 것이 좋음

$$효율 = \frac{면적}{둘레길이}$$

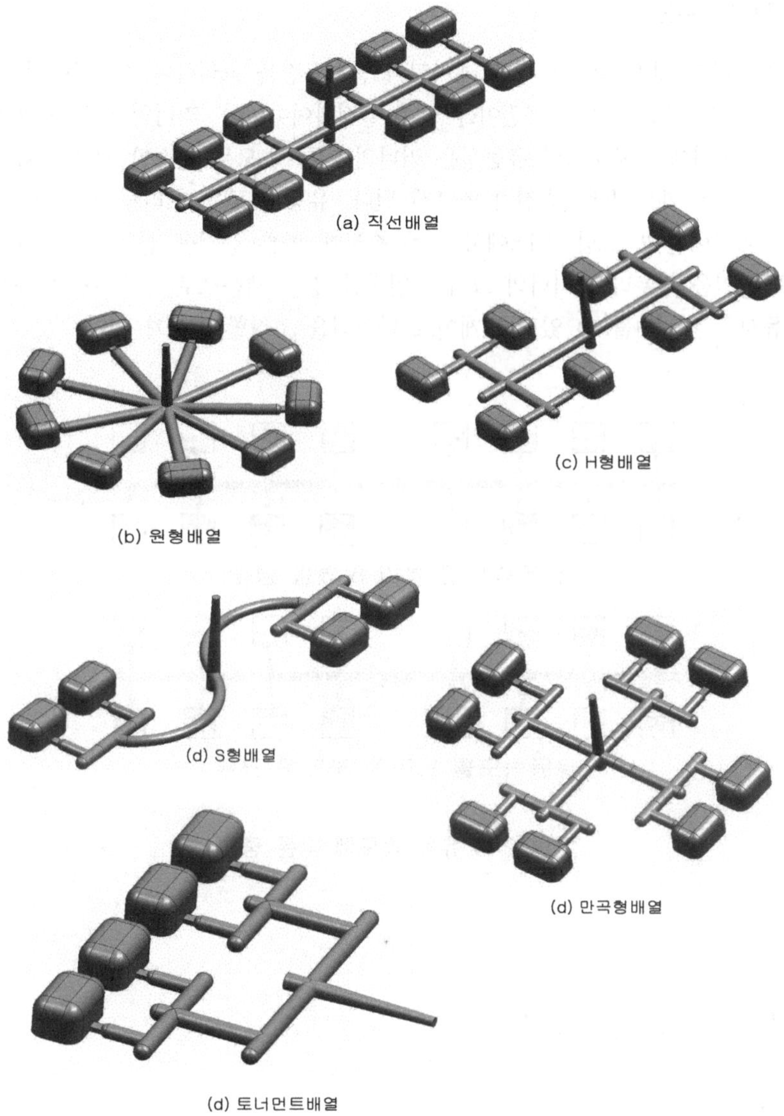

그림 2.17 캐비티의 배열에 따른 러너의 배치방법

사출시에 러너로 흐르는 용융수지가 고화되어 가스나 공기가 섞여서 제품 속으로 들어가는 찌꺼기를 콜드 슬러그라고 하며 이러한 콜드 슬러그를 방지하기 위해 콜드 슬러그 웰을 만든다. 콜드 슬러그 웰은 러너 지름의 1.5~2.0배로 한다.

(3) 러너의 충전 밸런스

여러 개의 캐비티를 배열해야 할 경우 캐비티의 동시충전을 고려하여 스프루에서 캐비티가 같은 거리에서 배치가 될 수 있도록 러너의 길이를 먼저 결정하여야한다. 러너의 배열을 밸런스가 맞게 충분히 고려하여도 사출시에 용융수지의 유동성은 러너의 지름이 모두 일정할 경우에 유동속도를 빨리 할 경우 스프루에 가까운 캐비티에 충전이 빠르게 된다. 유동 속도를 느리게 할 경우 스프루에 먼 캐비티에서 충전이 이루어진다. 그림 2.18에서 유동 속도에 따른 충전을 볼 수 있으며 캐비티 밸런스를 맞추어 배열을 하였을 경우라도 러너의 크기가 일정할 경우 제품으로 용융수지가 동시 충전을 이루지 못하는 경우 동시충전을 이룰 수 있도록 게이트 단면적을 조정할 필요가 있다.

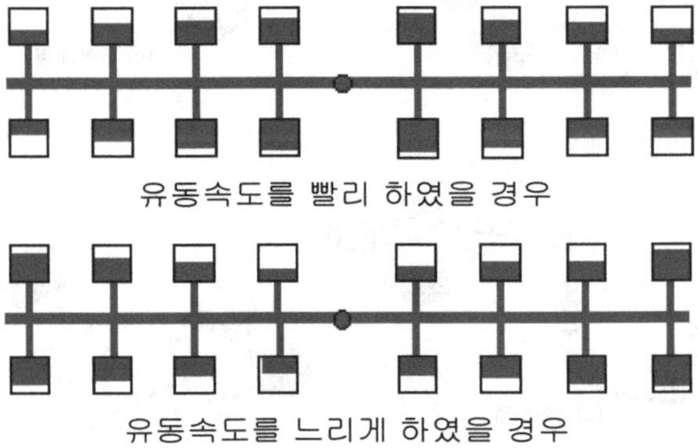

그림 2.18 유동 속도에 따른 충전

2.2 플라스틱의 종류 및 특징

2.2.1 수지(Plastics)

각종 가전제품에서 자동차, 기계설비, 우주 항공에 이르기까지 플라스틱이 적용되지 않는 분야를 찾아보기 힘들다.

플라스틱은 고분자 합성수지가 대부분인 고분자 물질이 주원료로써 셀룰로스, 단백질, 고무 등과 같이 그 구조를 반복하는 단량체(Monomer)로 표시 할 수 있는 고분자 물질로 되어있다. 일반적으로 분자량이 1,000 이하의 것을 저분자라 한다. 1,000~10,000 이하의 물질을 중간분자물질, 10,000 이상의 물질을 고분자라 한다.

2.2.2 수지의 종류

플라스틱 수지는 순수한 고분자 수지에서 여러 가지 첨가제를 이용한 합성 수지뿐만 아니라 화학반응에 따른 분류와 열적 성질에 따라 열경화성 수지와 열가소성 수지로 분류한다. 그림 2.19는 고분자 물질의 분류를 나타내고 있다.

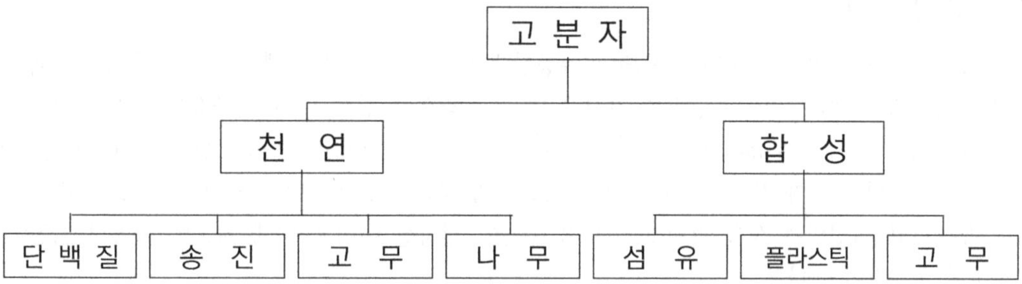

그림 2.19 고분자 물질의 분류

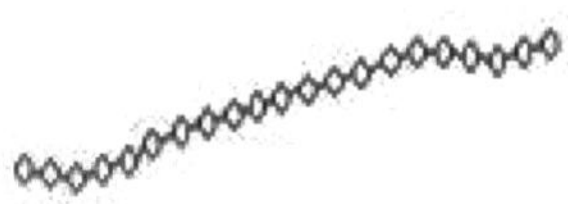

그림 2.20 선형

그림 2.21 가지 사슬형

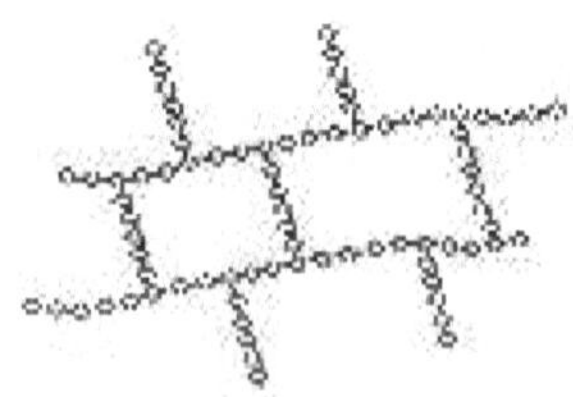

그림 2.22 그물형

(1) 고분자수지 분류

1) 선형 고분자(Linear Polymer)

그림 2.20에서 보는 것과 마찬가지로 선형고분자는 분자들이 일렬로 연속적으로 연결되어 긴 사슬로 이루어져 있으며 길이가 길어질 경우 직선 상태로 존재하기는 어렵고 분자의 각종운동(진동, 신축, 굽힘)의 영향으로 여러 가지 형태를 보여 줄 수 있다. 선형구조를 갖는 고분자로는 폴리에틸렌, 폴리(염화비닐), 폴리스틸렌, 아크릴(폴리메틸 메타크릴레이트: PMMA), 나일론, 불소수지 등이 있다.

2) 가지 사슬형 고분자(Branched Chain Polymer)

그림 2.21에서 보는 것과 같이 선형고분자의 분자중 한 장소에 결합되어 가지가 붙는 구조이다. 가지는 주사슬과 동일한 사슬 구조를 갖고 있다.

3) 그물형 고분자(Network Polymer)

그물형 고분자는 그림 2.22에 나타난 것과 같이 선형 고분자 사이에 가교(Cross Linking)가 이루어진 형태이다. 이러한 가교가 형성된 고분자는 탄성 고분자(elastomer)나 가교 폴리에틸렌과 같이 내열성이나 기계적 성질이 개선된 플라스틱이 된다.

(2) 열가소성 수지

열가소성 수지는 열을 가하면 용융되어 유동상태가 되었다가 열을 빼앗기게 되면 고체상태가 되며 이 과정을 반복 할 수 있는 성질을 가지고 있다. 이러한 성질을 가진 열가소성 수지는 결정성 수지와 비결정성 수지로 분류된다. 결정성 수지는 색상이 불투명하고 탄성의 성질을 가지고 있으며 수축이 비결정성 수지에 비해 크며 화학적 성질이 안정적이며 녹는점이 낮다. 비결정성 수지는 색상이 투명하고 취성의 특성을 가지고 있으며 수축이 결정성 수지에 비해 적으며 화학적 성질이 불안정하며 녹는점이 높다.

(3) 열가소성 수지 종류

1) 아크릴로 니트릴 부타디엔 스티렌(ABS)

ABS수지는 AN(Acrylonitrile), BD(Butadiene), SM(Styrene Monomer) 3종의 단량체(monomer)로 구성된 3원 공중합체된 수지이다. ABS수지는 3종의 주요 모노머의 조성비를 조정하거나, 각종 안료 및 첨가제 보강, 내열제 첨가, 난연제 첨가, 분자량 조절 등을 통해서 다양한 그레이드(grade)로 개발이 가능한 장점을 지니고 있다.

2) 폴리스티렌(PS)

PS수지는 SM(Styrene Monomer)을 고분자 상태로 공중합한 열가소성 수지이다. PS수지는 기계적 성질이 우수하고, 전기절연성이 우수하며 특히 고주파에는 다른 수지보다 뛰어난 절연성을 보이고 있으며 유동성이 좋아 성형 가공성이 뛰어나다. 자외선에는 취약해 열화가 생길 수 있다.

3) 스틸렌 아크릴로 니트릴(SAN)

SAN수지는 SM(Styrene Monomer)과 AN(Acrylonitrile)의 공중합체로 PS수지의 내열성, 내약품성 및 기계적 강도를 보완하면서 투명성이 요구되는 제품에 사용된다. 점성이 적어 유동성이 나빠서 성형성이 좋지 않다. 수분흡수율이 높기 때문에 성형 전에는 반드시 건조가 필요하다.

4) 아크릴(PMMA)

아크릴의 최대 특징은 투명성이 대단히 우수하며 가시광선 투과율(92~98%)이 높다. 성형후에도 투명성을 계속 유지하고 있으며 광택 또한 우수하다. 표면경도는 플라스틱 중 가장 우수하며 응력에 의한 균열에는 약하다. 아크릴을 원료로 한 대표적인 성형물로는 자동차 실내등, 후미등 커버, 카세트 도어, 광고판, 인조대리석, 피아노 건반 등이 있다.

5) 폴리에틸렌(PE)

PE(Polyethylene)는 에틸렌(ethylene)중합에 의해 만들어진 결정성의 열가소성 수지이며, 점성이 높고 취성이 없으며 수분의 흡수율이 낮으며 전기절연 성질이 양호하며 기계적 강도가 강하고 통풍률이 좋지만 다른 재료와의 결합이 어렵다. 적용분야는 부드러운 용도로 쓰일 경우는 LDPE 전선피복, 고압케이블 등에 사용하고 강도가 필요한 경우 HDPE를 사용하고 컨테이너 관련제품에 사용하고 있다.

6) 폴리프로필렌(PP)

PP(Polypropylene)는 프로필렌 중합에 의해 만들어지는 열가소성 수지이다. PP는 수지종류 중에서 가장 가벼운 수지에 속하며 비중이 0.90~0.92 정도로 아주 작다. 사용온도가 110℃이상으로 높은 편에 속하지만 유동성이 우수하여 박판성형에도 성형이 용이하며 예비건조가 필요 없을 정도로 수분흡수율이 낮다. PP의 최대 장점은 반복적인 구부림에 강해 힌지가 붙은 일체형 성형품이 가능하여 이러한 일체형 부품은 PP 외의 수지에서는 찾아보기 힘든 장점이다. 프로필렌 중합체는 비결정성인 것과 결정성인 것이 있는데, 이 중 성형용으로 사용되는 것은 결정성 폴리프로필렌이다.

7) 폴리카보네이트(PC)

PC(Polycarbonate)는 기계적 특성이 양호하고 특히 경도가 우수하여 충격에 강하고 투명성이 좋으며 유리섬유가 첨가되었을 경우 145℃까지 견딘다. 일반적으로 부품에서 요구되는 구조적 성능에 모두 가지고 있다.

8) 폴리아세탈(POM)

POM(polyoxymethylene)은 포름알데히드를 주원료로 제조되는 결정성 수지로 장기간의 광범위한 사용온도 범위에서도 기계적, 열적, 화학적 성질이 우수하고, 부품 설계 및 적용이 용이한 엔지니어링 플라스틱이다. 적용분야는 자전거 바퀴, 기어, 볼트와 너트, 소형모터, 스위치레버, 링크 덮개, 가스통, 정화 탱크 등에 사용되고 있다.

9) 폴리아미드(PA)

PA(Polyamide)는 [나일론]으로 많이 알려져 있으며 PA의 기계적 특성과 화학적 특성, 전기적으로 뛰어난 특성으로 인하여 엔지니어링 플라스틱으로 많이 활용되고 있다. 적용분야는 기어롤러, 하우징, 코일몸체, 케이블플러그, 오일필터 등에 쓰인다.

10) 폴리염화비닐(PVC)

PVC(Polyvinyl chloride)는 강도가 뛰어나고 딱딱한 물질로 플라스틱 중 가장 점도가 뛰어나지만 가공성이 좋지 않다. 이러한 결점을 해결하기 위해 가소제와 혼합하여 경질 또는 연질의 성질을 가진 수지를 만들 수 있다. 적용분야는 연질 PVC의 경우 타이어나 고무성질이 필요한 제품에 많이 적용되며 경질 PVC는 전기제품 케이스류와 배관부품에 많이 쓰인다.

11) 서머플라스틱 엘러스토머(TPE)

TPE(Thermoplastic elastomer)는 고온에서 가소화된 플라스틱과 마찬가지로 성형할 수 있고, 상온에서는 고무탄성체의 성질을 내는 고분자 재료이다. 우수한 내후성과 내오존성을 가지고 있으며 뛰어난 저온 유연성 (−60℃ 이하) 및 높은 열 안정성을 가지고 있다. 적용분야는 고무 탄성체 분야에 많이 쓰이며 잠수복에 많이 쓰인다.

12) 폴리부틸렌 테레부탈레이트(PBT)

PBT(Polybutylene Terephthalate)는 포화폴리에스터의 일종인 결정성 수지로 용융온도 범위가 좁고 결정화 속도가 빠르므로 일반 사출성형기로 짧은 cycle time내에 성형이 가능한 장점을 가지고 있다. 윤활성이 우수하고 수분흡수율도 낮다. 적용분야는 전기부품, 광학부품에 주로 사용되고 있다.

13) 폴리페닐린에테르(PPE)

PPE(Polyphenylene ether)는 1964년에 GE사에 의해 개발된 제품이며 Noryl이라는 이름으로 알려져 있다. PPO의 계량화된 수지로 성형성이 좋으며 주원료는 페놀이며 가공성을 좋게 하기 위해 스틸렌을 혼합하였다. 전기기기 및 사무용기기에 많이 쓰이고 있다.

14) 폴리페닐린설파이드(PPS)

PPS(Polyphenylene sulfide)는 라이톤으로 불리며 내열성이 우수하여 엔지니어링 플라스틱으로 많이 사용되며 열변형 온도도 우수하며 수축률이 적어 치수 정밀도가 우수하며 점도가 낮아 첨가제와 혼합하기가 쉽고 성형성이 우수하다. 적용분야는 광학용 제품의 정밀부품으로 많이 쓰이며 커넥터, 전자 렌지 부품, 밸브 등에 쓰인다.

(4) 열경화성 수지

열경화성 수지는 열을 가하면 용융되어 유동상태가 되었다가 고화가 되면 고체상태가 되며 다시 열을 가하면 더 이상 용융이 되지 않는 성질을 가지고 있다. 이러한 열경화성 수지는 페놀수지(PF), 우레아수지(UF), 멜라민수지(MF), 불포화 폴리에스터(UP), 에폭시수지(EP), 우레탄수지(PUR), 실리콘수지(SI)가 있으며 사출성형시 유동이 잠시라도 지체하면 경화가 일어나므로 경화가 일어나지 않도록 하는 것이 중요하다.

2.3 사출성형기

2.3.1 사출성형기구조

사출성형기는 그림 2.23과 같이 사출기구, 형체기구, 프레임, 유압 구동부, 전기 제어부로 나눌 수 있다. 각 부의 기능은 아래와 같다.

(1) 사출기구(Injection unit)

① 호퍼(Hopper) : 플라스틱 수지의 공급, 저장하는 용기이다.

② 재료 공급장치(Feeder) : 사출에 필요한 재료를 계량하여 실린더로 보내는 장치이다.

③ 가열 실린더(Heating cylinder) : 플라스틱 수지를 공급받아 용융 사출하는 부분이다.

④ 노즐(Nozzle) : 실린더의 선단에 위치하면서 용융수지의 통로이며 스프루 부시와 밀착한다.

⑤ 사출실린더(Hydraulic injection cylinder) : 스크류 및 플런저를 전진시키고 사출압력과 사출속도를 주는 유압실린더이다.

(2) 형체기구(Clamping unit)

① 다이 플레이트(Mold plate) : 금형을 설치하는 플레이트로 고정다이 플레이트와 이동다이 플레이트가 있다.

② 타이 바아(Tie bar) : 다이 플레이트를 지지하고 있는 금형 개폐 동작을 가이드 하는 부분이다.

③ 형체 실린더(Clamping cylinder) : 이동다이 플레이트에 금형의 개폐 동작을 시켜 형체력을 발생시키는 실린더이다.

④ 이젝터(Ejector) : 형개(型開) 공정의 끝에 성형품을 밀어내는 장치이다.

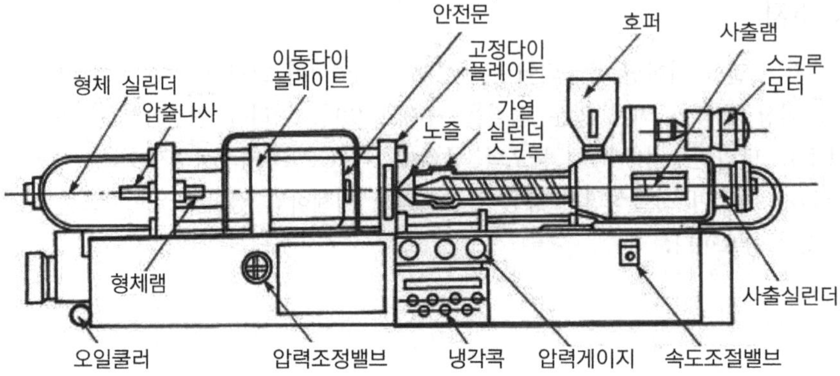

그림 2.23 사출성형기의 구조

(3) 프레임(Frame) : 사출기구, 형체기구, 유압구동부 등이 조립되어 있는 기기의 골격부위이다.

(4) 유압 구동부(Hydraulic power system) : 사출기구나 형체기구를 움직이는 유압실린더에 작동유를 공급한다.

(5) 전기 제어부(Electrical control system) : 형체기구의 동작과 가열 실린더 온도를 제어한다.

2.3.2 성형조건 설정

(1) 사출용량

1회 사출시 최대량을 나타내는 값으로 금형체결력과 함께 사출성형기의 성능을 나타내는 대표적인 수치이다. 사출용량은 두 가지 방법으로 나타난다.

1) 사출 용적 (cm^3)

$$V=\frac{\pi}{4}\times D^2\times S$$

V : 사출용적(㎤)

D : 스크류지름(cm)

S : 스트로크(cm)

2) 사출량 (g)

(2) 가소화율

가열실린더가 매 시간마다 어느 정도의 양을 가소화 할 수 있는가를 나타내는 수치이다. 이것은 성형사이클과는 관계없이 사출기가 가소화를 최대한 발휘했을 때의 능력이다. 다르게 설명을 한다면

$$W = V \times \rho \times \eta$$

$$= \frac{\pi}{4} \times D^2 \times \rho \times \eta$$

W : 사출량(g)
V : 사출용적(㎤)
ρ : 용융수지의밀도(g/㎤)
η : 효율

폴리스티렌을 사용하였을 경우의 1시간당 최대 가소화 중량(kg/hr)으로 표시한다.

(3) 사출압력

사출 플라스틱 또는 스크루의 선단 부에서 사출시에 발생하는 최대압력이다. 즉 사출압력 P(kg/㎠)는 유압 실린더의 직경 d_0(㎝), 실린더의 유압을 P_0(kg/㎠) 및 사출 플런저 또는 스크루의 직경을 D(㎝)로 하면 다음 식으로 나타내어진다.

$$P = P_0 \cdot \frac{d_0^2}{D^2}$$

사출압력은 통상 유압 실린더의 유압 P_0를 조정하는 것에 의해서 변화된다. 특히 큰 사출압력을 필요로 하는 경우 압력의 발생원인 유압펌프의 능력에는 한계가 있기 때문에 사출실린더를 교환해서 사출플런저 또는 스크루의 직경 d를 작게 해주는 일도 있다. 이 경우 큰 사출압력을 얻을 수 있는데 사출용량 및 사출률은 감소한다.

(4) 형체력과 투영면적

금형은 사출 되는 수지의 압력을 받으면 금형은 파팅라인을 기준으로 금형이 열리게 된다. 이것을 충분한 힘으로 금형을 조여서 열리지 않도록 하는 힘이 형체력이다. 형체력은 사출기의 성능을 대표하는 수치중의 하나이다. 다음은 형체력의 계산식을 보여주고 있다.

$$F_{wA} = A \times P_{wi} \qquad F_z = F_{wA} \times 1.2$$

A: 투영면적(㎠) P_{wi} : 금형내부압력(kg/㎠)
F_{wA} : 투영압력(kg/㎠) F_z : 형체력

2.4 사출성형 불량

2.4.1 성형불량의 종류와 대책

(1) 싱크 마크

성형품은 사출성형 후 수지의 특성에 따른 체적 감소가 발생하는데 성형품의 표면에 부분적으로 오목한 모양으로 나타나는 현상을 싱크마크라고 하며 그림 2.24에서 싱크마크 현상을 볼 수 있다.

1) 싱크 마크의 원인:

① 성형품의 살 두께가 불균일하거나 사출압력이 낮다.
② 보압시간이 짧다.
③ 수지온도가 너무 높다.
④ 금형온도가 높아서 서냉을 하였다.
⑤ Cushion량이 너무 많거나 작아서 생긴다.
⑥ 수축률이 큰 소재에서 발생하기 쉽다.
⑦ 수지에 따라서 수축의 정도가 다르다.
⑧ 제품의 두께가 불필요하게 두껍다.
⑨ Rib, Boss의 설계가 잘못되어 제품 두께에 비해 두껍거나 길어져서 금형의 냉각이 불균일하다.

2) 싱크 마크의 대책

① 성형품의 불필요한 부분의 두께를 얇게 한다.
② 보스나 리브의 길이는 제품전체 두께의 1.5 배로 하고 가늘고 짧게 설계한다. 보스나 리브의 길이가 길면 기포나 미성형이 발생할 수 있다.

그림 2.24 싱크 마크

③ 재료 선정시 수축률이 작은 재료를 사용하면 sink 가 작다. 특히 PE, PP, POM 등의 재료는 성형시 수축이 심하다.

④ 금형의 냉각시에는 ±1~2℃ 정도로 전체적으로 균일하게 냉각시키고 살 두께가 두꺼운 부분은 부분 냉각을 적용한다.

(2) 타버림 줄

타버림 줄은 일반적으로 수지가 높은 온도 또는 지나치게 긴 유동 정체 시간 때문에 열적으로 손상되어 표면이 갈색 또는 흑색으로 변색되어 나타나거나 또는, 금형 내에서 빠져나가지 못한 에어트랩(Air Trap), 혹은 가스 때문에 발생하기도 한다. 그림 2.25는 타버림 줄을 보여주고 있다.

1) 타버림 줄의 원인:

① 수지의 온도가 높거나, 잔류응력을 낮추기 위한 수지 건조시 체류시간이 너무 길다.

② 수지 온도가 너무 높다.

③ 가소화 유닛 내의 전단이 너무 심하다.(스크루 속도가 너무 빠를 경우)

2) 타버림줄의 대책

① 사출시 유동선단의 온도를 낮추고 사출속도를 줄인다.

② 금형 내에서 Gas가 빠져나갈 수 있도록 에어벤트(Air Vent)를 설치하여 주고, 에어벤트를 설치하지 못한다면, 이젝터 핀(Eject Pin)을 위치 시켜 준다.

③ 게이트의 위치를 적절한 곳에 위치시킨다.

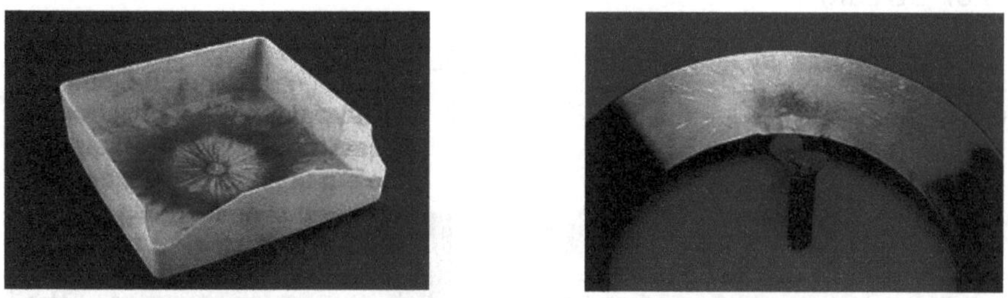

그림 2.25 타버림 줄

(3) 수분 줄(Moisture streak)

수분 줄은 성형품 표면에 흐름방향으로 열린 "U"자 방향으로 나타난다. 또한 금형 표면상의 수분 때문에 발생한 수분 줄은 폭이 넓고, 거친 얇은 층 모양으로 나타난다. 그림 2.26은 수분 줄을 보여주고 있다.

그림 2.26 수분줄

1) 수분 줄의 원인

① 금형의 온도 조절 냉각회로의 손상으로 인한 원인
② 금형벽면의 응결 수의 원인
③ 수지건조의 불충분으로 인한 원인
④ 재료 보관의 불량 원인

2) 수분 줄의 대책

① 금형의 냉각회로 누설여부를 확인한다.
② 금형온도를 높인다.
③ 재료건조시 흡습건조를 한다.

(4) 색줄(Color streak)

색줄은 유동에서 수지성분의 불균일한 분포 또는 안료의 방향성이 다르기 때문에 발생되거나 열 손상 및 심한 변형도 색변화 또는 색 차이를 일으킬 수 있다. 그림 2.27는 제품의 색줄을 보여주고 있다.

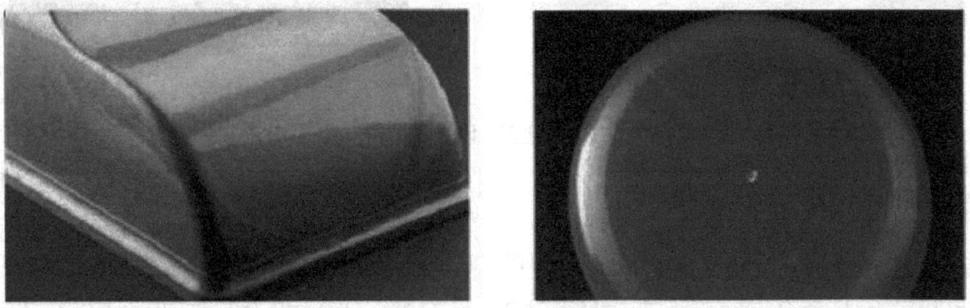

그림 2.27 색 줄

1) 색줄의 원인

① 안료 혼합 과정에서 안료 덩어리가 농도의 차이를 가져올 수 있다.
② 색줄은 플라스틱 성형 조건, 결합제 및 첨가제에 의하여 발생될 수도 있다.
③ 착색제를 사용하여 작업장에서 착색하면 착색입자가 수지에 완전히 용융되지 않아 결함이 생길 수 있다.
④ 안료 및 착색제는 열가소성 수지와 같이 성형온도와 체류시간에 민감하다.
⑤ 열 손상(Thermal damage)은 색줄의 원인이 되고 타버림 줄(Burn Streak)로 간주하면 되며, 심한 응력 및 변형은 색상차이를 유발시킬 수 있다.

2) 색줄의 대책

① 수지의 성형범위가 높은 전단응력을 허용 할 수 있는지를 확인한다.
② 착색시 가는 입자를 사용하고 용융성을 확인하여 착색과정을 개선한다.
③ 가소화 장치를 선택 할 때는 수지의 충분한 균일성을 얻을 수 있는지 확인한다.

(5) 공기 줄 또는 에어 훅

사출 성형 중, 시간 내에 빠져나가지 못하는 공기는 성형품 표면까지 밀려 유동방향으로 퍼진다. 특히, 글자, 리브, 및 오목부 부근에서 공기는 휘말려 수지에 의해 갇힌다. 그 결과 공기줄 또는 에어 훅이 형성된다. 그림 2.28는 공기 줄을 볼 수 있다.

1) 공기줄 또는 에어 훅의 발생 대책

① 형상 변화부에 날카로운 엣지를 피한다.
② 감압시 스크루 후퇴 속도를 감소시킨다.
③ 게이트를 이동시킨다.

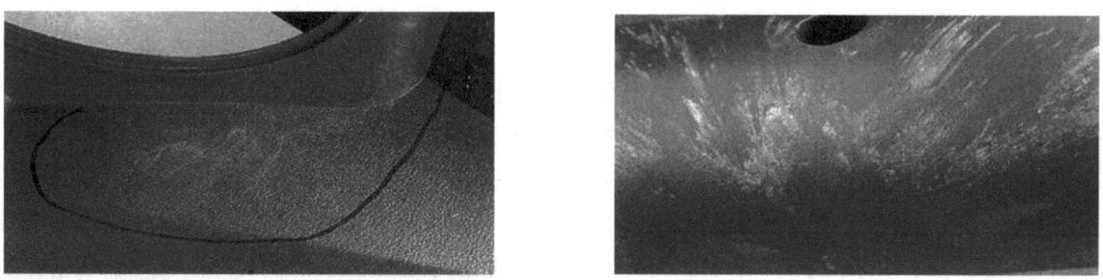

그림 2.28 공기줄

(6) 유리섬유 줄(Glass Fiber Streak)

유리섬유로 강화한 수지를 사용할 경우 망 모양 및 거친 표면이 나타날 수 있으며 표면상에 금속 모양의 유리섬유가 나타난다. 유리섬유가 포함 된 수지는 사출 중 유동방향으로 방향성을 가진다. 수지가 금형표면에 접촉 할 경우, 갑자기 고화 되면 유리섬유가 표면으로 돌출 될 수 있다. 그와 아울러 표면은, 수축의 큰 차이(유리섬유:수지=1:200)때문에 거칠어 질 수 있다. 유리섬유는 플라스틱의 냉각(고화)을 저해하는데, 특히 유리섬유의 길이 방향으로 영향이 더욱 크다. 그림 2.29은 유리 섬유 줄을 볼 수 있다.

1) 유리섬유 줄의 대책

① 사출 속도를 증가시킨다.
② 금형/수지 온도를 증가시킨다.
③ 보압을 높여 준다.
④ 길이가 짧은 유리섬유를 사용한다.

그림 2.29 유리 섬유 줄

(7) 반짝이 또는 광택 차이

성형품의 반짝이는 표면을 빛에 노출 시켰을 때 나타나는 현상이다. 빛이 제품 표면에 부딪힐 경우, 그 방향은 빛의 회절에 의해 빛의 일부가 표면에서 반사되고, 또 다른 일부는 제품의 내부로 통과된다. 광택 요철이 최적화 된 경우 표면 거칠기가 좋아진다. 이를 얻기 위해 다듬질(Polishing)한 금형표면은 가급적 양호하게 반사되어야 하고 무늬를 가진 금형표면은 그렇지 않아야 한다. 광택의 차이는 다른 냉각 조건, 수축 차이에 의해 금형표면에서 수지의 다른 반사형태 때문에 발생할 수도 있다. 이미 냉각된 부위가 늘어나는 것(변형)은 광택 차이의 또 다른 이유가 될 수도 있다. 그림 2.30은 반짝이 또는 광택 차이를 볼 수 있다.

그림 2.30 반짝이 또는 광택차이

1) 반짝이 또는 광택차이의 대책

① 사출 속도를 증가시킨다.
② 금형/수지 온도를 증가시킨다.
③ 금형표면의 다듬질을 좋게 개선한다.
④ 사출 속도를 조절한다. (사출 속도(압력)가 증가되면 성형품 광택도가 증가된다.)
⑤ 금형온도를 조절한다. (금형온도가 높아지면 성형품 광택도가 향상된다.)
⑥ 수지온도가 변하면 광택도 차이가 발생된다. (수지 온도가 높으면 수지의 유동성 증가로 일반적으로 광택도가 증가 될 수 있다.)
⑦ 수지의 건조 상태가 불량하다.
⑧ 적절한 성형온도와 실린더 내의 체류 시간이 짧도록 성형하면 좋다.
⑨ 완전 투명 제품의 경우에는 금형면을 도금하면 광택이 좋아진다
⑩ 금형 표면을 세척 한다.

(8) 웰드라인(Weldline)

웰드라인은 구멍이 있는 제품이나 2개 이상의 게이트를 사용할 때, 수지가 서로 만나는 곳에서 발생한다. 또한 가스 벤트가 제대로 되지 않아 공기의 저항으로 수지의 흐름이 방해를 받아 체류하면서 냉각되어 발생하기도 하며 서로 다른 두 흐름이 만날 때의 수지 온도가 낮아서 발생한다.

그림 2.31은 성형품 상의 웰드라인을 나타내며 그림 2.32은 웰드라인의 생성과정을 나타낸다.

1) 웰드라인의 대책

① 웰드라인이 생성되는 부근에서 사출속도를 높인다.
② 웰드라인 부근에 가스 벤트를 점검하고 사출속도를 조절한다.
③ 수지온도/금형온도를 올린다
④ 사출 압력을 높인다.

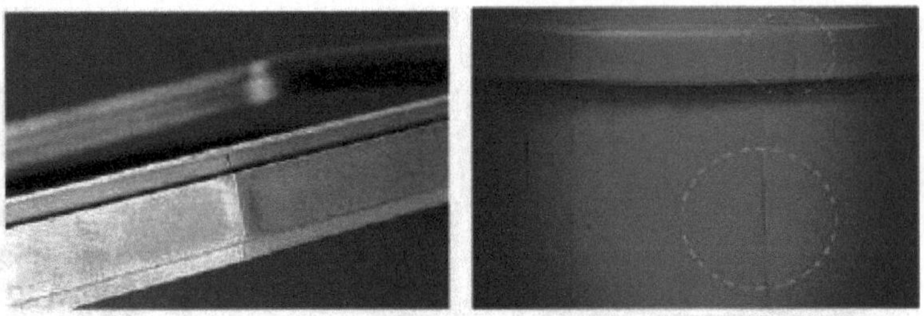

그림 2.31 웰드라인

그림 2.32 웰드라인 유동 형상

⑤ 가스 벤트가 잘 이루어지도록 금형을 수정/청소한다.

⑥ 게이트의 위치, 개수를 조정하여 웰드라인을 다른 곳으로 이동시킨다.

(9) 제팅

제팅은 정상적인 수지유동 선단이 만들어지지 않기 때문에 발생한다. 일반적으로 수지의 유동선단은, 사출기 노즐에서 시작되어 게이트를 통과하여 캐비티 내로 흘러 들어간다. 이때, 어느 정도 냉각되어 나머지 수지와 균일하게 용융되지 못해서 발생하게 된다. 게이트 주위의 사출 속도 차에 의해 발생하기도 한다. 그림 2.33는 제팅형상을 나타낸 것이다.

1) 제팅의 대책

① 사출 속도 또는 사출구배(게이트가 위치한 부위의 각도)를 감소시킨다.

② 게이트 인접부위에 라운드를 설치한다.

③ 게이트 부근 통과시 수지의 사출속도를 낮추어 게이트 주변에 수지가 충분히 충전 되도록 한다. 이후 사출속도를 빨리 하더라도 용융수지의 점성의 증가 및 고화 층과 용융 층과의 마찰에 의한 유동저항으로 제팅이 발생하지 않는다.

그림 2.33 제팅형상

④ 사이드 게이트를 이용하여 방지한다. 이때는 게이트 주변에서의 사출속도를 높여도 제팅 문제가 발생하지 않는다.
⑤ 코어 핀을 게이트 앞에 설치하여 방지한다.

(10) 타버림 자국

사출과정이 진행됨에 따라 캐비티의 마지막 부분을 향해 공기가 압축되어 높은 온도로 가열 된다. 타버림 자국은 정상적인 가스빼기 불량으로 발생한다. 제품의 코너 부분, 막혀 있는 구멍, 마지막 충전 부분, 서로 다른 유동 선단이 만나는 부분에서 발생한다. 금형의 형합면, 벤팅 홈, 또는 이젝터 핀의 틈새로 빠져나가지 못할 경우에 발생한다. 사출과정이 진행됨에 따라 캐비티의 마지막 부분을 향해 공기가 압축되고 따라서 높은 온도로 가열 된다. 그 결과 제품상에 타버림 자국을 발생시킨다. 그림 2.34는 타버림 자국을 보여주고 있다.

1) 타버림 자국의 대책

① 가스 빼기를 적절한 위치에 설치한다.
② 유동 경로를 변경시켜 가스를 잘 빠져나가게 한다.

그림 2.34 타버림 자국

(11) 레코드 판 홈 현상

사출 성형시 금형의 온도가 차가운 상태에서 사출을 할 경우 고화 층이 쉽게 형성되고, 유동성이 저하되어 수지흐름 자국이 생긴다. 또한 사출 속도가 낮을 경우에도 고화 층이 쉽게 형성되고, 유동성이 저하되어 수지 흐름 자국이 생긴다. 특히 다이렉트게이트에서 PC를 사출할 경우 열을 빼앗기면 점도가 올라 발생한다. 또한 가스벤트가 원활하지 않아 유동저항이 크게 되어 발생한다. 그림 2.35에서 보는 것과 같이 뜨거운 수지가 금형 표면 쪽으로 유동을 진행하면서 레코드 판 홈 현상이 발생하게 한다. 그림 2.36에 레코드 판 홈을 보여주고 있다.

1) 레코드 판 홈의 대책

① 수지 온도를 높여준다.
② 사출 속도를 빠르게 가져간다.
③ 금형의 온도를 높여준다.
④ 게이트 부근을 통과하는 수지의 사출속도를 다단으로 정밀 제어한다.
⑤ 유동이 느려 발생함으로 압력을 늘린다.
⑥ 간접 게이트에서는 콜드 슬러그 웰을 둔다
⑦ 가스 벤트가 원활히 이루어지도록 한다.

그림 2.35 레코드 판홈 발생 현상

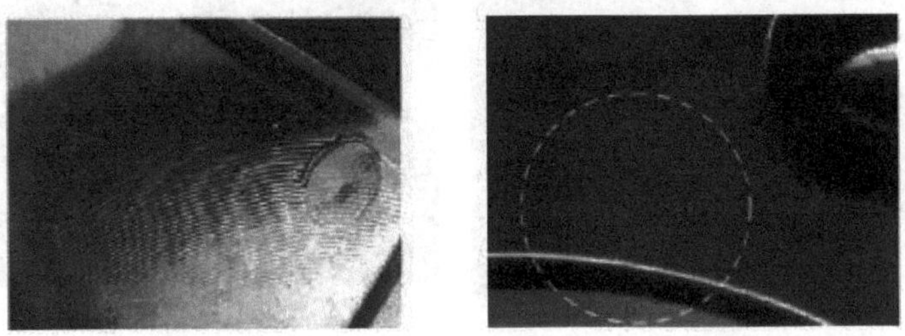

그림 2.36 레코드 판 홈 현상

(12) 백화 및 응력 균열

백화 및 응력 균열(Stress Creak)은 내부 및 외부의 응력에 의해 발생한다. 스트레스를 받는 부분이 백색으로 변하며, 응력 균열은 성형 후 수일 후에 발생하기도 한다. 특히 사출후 취출시 이젝터 핀에 의한 자국이 백화현상으로 많이 발생한다. 그림 2.37은 백화 및 응력 균열을 보여주고 있다.

1) 백화 및 응력 균열의 대책

① 사출압력을 낮춘다.
② 보압을 낮춘다.
③ 보압작용 시간을 낮춘다
④ 수지온도와 금형온도를 올린다
⑤ 냉각시간을 충분히 준다.

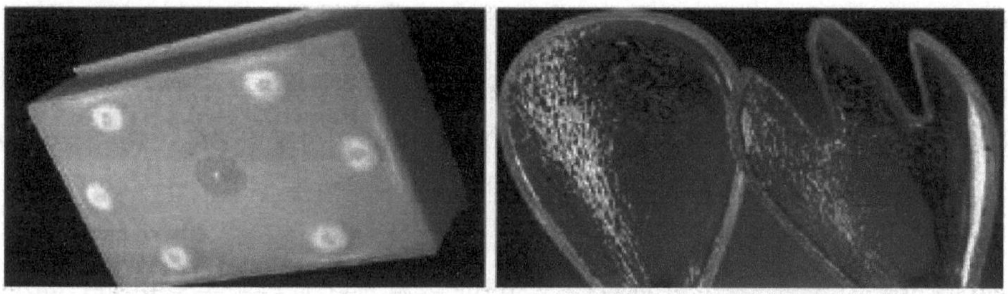

그림 2.37 백화 및 응력 균열

(13) 미성형

형상이 불완전하게 충전된 사출 성형품을 미성형 제품이라 부른다. 유동의 말단 부에 성형 압력이 부족하거나, 게이트 인접 부위에 사출 속도가 빠른 경우 유동의 정체현상이 생기면서 미성형이 발생한다. 그림 2.38는 미성형을 보여주고 있다.

1) 미성형에 대한 대책

① 수지 온도를 높여준다.
② 사출 속도를 빠르게 한다.
③ 사출량을 증가시킨다.
④ 사출압력을 높인다.
⑤ 금형온도를 높인다.
⑥ 게이터 길이를 짧게 하고, 폭이나 두께를 크게 한다.
⑦ 사출용량이 제품의 중량보다 50% 이상 큰 사출기를 사용한다.
⑧ 러너의 단면적이 작으면 용융수지가 유동성을 잃어버린다. 게이트의 크기를 크게 하기보다는 우선 러너의 단면적을 키우는 게 좋다.

그림 2.38 미성형

⑨ L/t(유동성)가 나쁜 수지는 게이트를 여러 개 두는 것이 좋다.

(14) 이젝터 자국

이젝터 핀 자국은 성형품 표면에 이젝터 핀이 위치한 부위가 오목, 볼록하게 돌출 된 형태이다. 이젝터 핀 자국은 성형품 표면의 살 두께 변화(편차)는 광택의 차이를 유발하고, 성형품이 보이는 표면상에 오목 부를 발생기킬 수도 있다. 구체적인 원인으로 다음의 4가지를 들 수 있다. 그림 2.39는 이젝터 자국을 보여주고 있다.

① 성형에 관련된 원인: 조기 이형 또는 부적합한 기계 셋팅 때문에 높은 이젝터 힘이 가해짐
② 형상적인 원인: 이젝터 조립 불량 및 길이 부정확
③ 기계적 강도와 관계된 원인: 치수 부정확 및 설계불량, 성형품 및 이젝터 시스템 불량
④ 열적인 원인: 이젝터와 금형간의 높은 온도 편차

1) 이젝터 자국의 대책

① 이젝터 설계를 정확히 한다.
② 이젝터 헤드의 자국 및 접촉 표면을 확인한다.
③ 길이가 긴 이젝터를 사용한다.

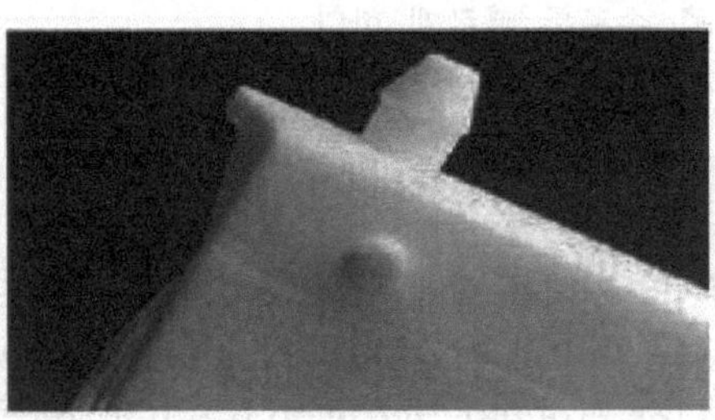

그림 2.39 이젝터 자국

(15) 표면층 박리

사출시에 수지의 층이 균일하게 결합되지 못하여 박리되기 시작한다. 게이트 부근 또는 성형품표면상에서 잘 생성 될 수 있고, 정도에 따라 면적이 크거나, 면적이 적고 얇을 수도 있다. 사출시에 수지온도, 금형온도가 매우 낮을 때, 금형면에 접촉한 수지가 즉시 고화하여 발생한다. 또한 러너나 게이트가 너무 적거나, 성형품이 얇고 복잡하여, 충전시 전단응력이 과다하게 발생시 나타난다. 그림 2.40은 박리현상을 보여주고 있다.

1) 박리현상에 대한 대책

① 사출 속도를 줄인다.
② 수지 온도를 낮춘다.
③ 불순물 또는 입자 중 다른 재료가 포함되지 않도록 한다.
④ 입자내의 습기가 포함되지 않도록 충분한 건조를 한다.
⑤ 러너와 게이트의 크기를 크게하고, 충전시 전단응력을 고려하여 금형을 설계한다.

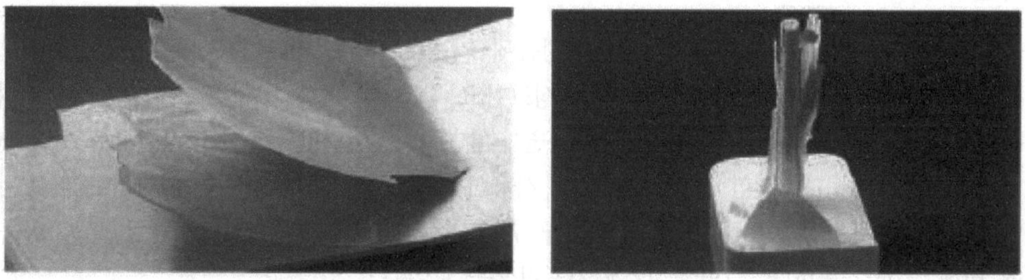

그림 2.40 박리현상

(16) 콜드 슬러그

콜드 슬러그는 게이트 주변 또는 성형품의 넓은 범위에 걸쳐 나타나는 현상이다. 콜드 슬러그는 수지가 사출된 다음 금형으로 이동하기 전에 게이트 또는 노즐에서 고화될 때 형성된다. 콜드 슬러그는 러너를 통해 금형 안으로 밀려 들러갈 경우 웰드라인을 발생시키며, 수지가 사출된 다음 금형으로 이동하기 전에 게이트 또는 노즐에서 고화될 때 형성된다. 또한 콜드 슬러그는 노즐 온도 제어 불량 또는 가소화 유닛의 후퇴 지연에 의해 발생되며 작은 노즐 직경도 불리한 영향을 미친다. 그림 2.41는 콜드 슬러그를 보여주고 있다.

1) 콜드 슬러그에 대한 대책

① 감압을 줄인다.

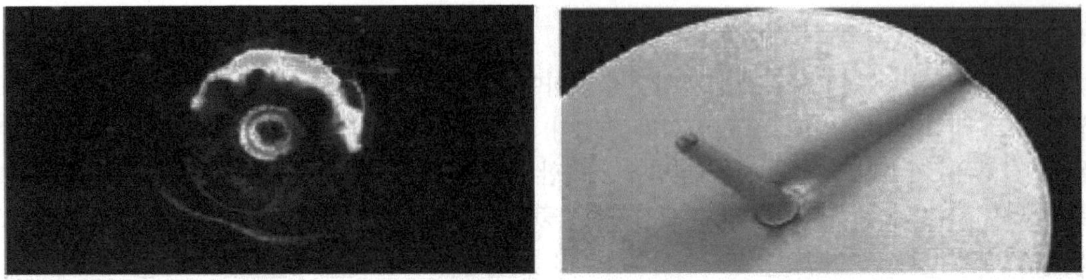

그림 2.41 콜드 슬러그

② 가소화 유닛을 일찍 분리시킨다.
③ 노즐단면을 크게 한다.
④ 노즐 온도를 높인다.

(17) 기포

사출 도중에 공기가 수지 속에 갇혀서 성형품에 기포로 나타난다. 기포에는 갇힌 공기와 기공 두 가지 종류가 있다. 기공은 성형 수지의 수축(싱크마크 참조)에 의해 형성된 속이 빈 공동이다. 두 가지 사이의 차이는 모양이 비슷하기 때문에 구별하기가 아주 어렵다. 공동이 터질 때 기포(진공)에는 가스가 들어가지 않는다. 갇힌 공기는 감압을 사용하지 않고도 감소시킬 수 있다. 보압 또는 보압시간을 변경시키는 것은 공동의 크기에는 영향을 주지 않는다. 공동을 가진 성형품은 보통 공동이 없는 제품에 비해 강하지 못하다. 그림 2.42에 기포현상을 보여주고 있다.

1) 기포현상의 대책

① 감압을 천천히 하거나 줄여준다.
② 배압을 높이고 스크루 속도를 조절한다.

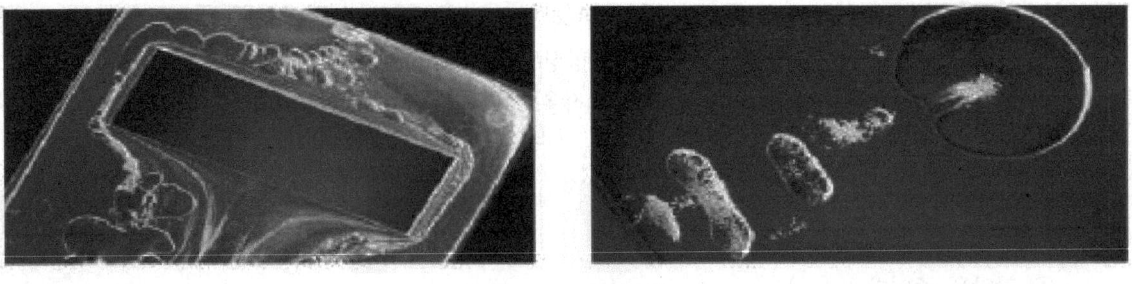

그림 2.42 기포현상

(18) 흑점

흑점은 마모된 수지의 입자, 열 손상, 이 물질 때문에 표면에 흑점 형태로 나타난다. 흑점의 원인은 다음과 같다.

① 금형 내에서 배기 불량에 의해 수지가 검게 탄 것.
② 사출성형기 실린더 내의 노즐부근의 틈에 수지가 끼어 오래체류한 수지가 검게 탄 것
③ 스크루의 역류방지 링 사이에 끼어 오래 체류한 수지가 검게 탄 것.
④ 스크루 표면에 상처가 생겨서 채널에 끼어서 흐르지 않고 있다가 탄화된 것.
⑤ 과열 분해된 수지가 노즐을 통해 빠져나온 것.

그림 2.43는 흑점을 보여주고 있다.

1) 흑점의 대책

① 게이트에서 마찰열에 의한 탄화: 사출속도를 낮춘다.
② 사출압력을 내린다.
③ 배압이 부족하여 산소가 유입되어 탄화: 배압을 높인다.
④ 금형 자체의 기름이 부착되어 탄화해서 생김.
⑤ 스크루 실린더의 청소

그림 2.43 흑점

(19) 플래시(Flash)

플래시는 흔히, 금형의 형합면(파팅면), 벤팅 홈, 이젝터 핀 부근, 슬라이드 코어부분에서 수지가 밀려나온 형태로 발생한다. 그림 2.44는 플래시를 보여주고 있다.

1) 플래시의 대책은 다음과 같다

① 사출압력(2차압력, 보압)을 낮춘다.
② 수지온도를 내린다.

그림 2.44 플래시

③ 금형온도를 내린다.
④ 사출량을 낮춘다.
⑤ 최종 사출속도를 낮춘다.
⑥ 형체력이 부족한가 체크한다.

(20) 은줄(Silver streak)

표면에 은색의 줄무늬가 발생하는 형상을 말하며 실버 스트릭은 가소화시 배압이 부족하여 공기를 흡입하고, 이 공기가 캐비티 내에 빨려 들어가는 중에 수지로 둘러싸인 공기가 파열되면서 금형의 표면에 발생되는 현상을 말한다. 계량시 혹은 성형시 받는 마찰열로 인해 열분해된 수지가 가스로 되어 금형 내부에서 파열되면서 발생한다. 또한 금형 내에서 전단마찰 작용에 의해 많이 발생하고 러너 시스템이 얇고 금형내의 살 두께가 불균일할 때 발생한다. 그림 2.45은 실버스트릭을 보여주고 있다.

1) 실버스트릭의 대책

① 배압(PB)을 높여 가소화시 공기가 흡입되지 않게 한다.
② 스크류 회전수를 적절한 범위 내로 설정하여야 한다.

그림 2.45 실버스트릭

③ 러너 시스템의 단면적을 증가시킨다.
④ 살 두께가 급격히 변화되지 않도록 제품을 설계한다.

(21) 휨

불균일한 살 두께로 인해 두꺼운 부분은 수축이 크고, 얇은 부분은 수축이 작아서 수축률 차이에 의해 발생한다. 금형의 냉각이 불균일하여 금형온도가 높은 부분이 수축이 크고, 온도가 낮은 부분은 수축이 작은 수축 차이에 의해 발생한다. 상자의 경우 특히 PP의 경우 안쪽으로 휘는 것이 일반적이다. 고분자 사슬이나 보강섬유의 배향이 수지 흐름 방향으로 나타나고, 흐름 방향과 흐름에 직각 방향의 수축 차이로 인해 휨이 발생한다. 그림 2.46는 휨을 보여 주고 있다.

1) 휨의 대책은 다음과 같다.

① 두께 변화를 최소화하는 제품을 설계한다.
② 상자 내부를 저온으로 하여 급랭시키고 외부를 서냉시키면 정상으로 된다.
③ 안쪽 휨을 제거하기 위해 내부를 과냉각하면 바깥쪽 휨이 발생하기 때문에 주의 한다.
④ 금형설계시 수지의 흐름방향과 흐름에 직각인 방향의 수축률을 별도로 하여야 원하는 치수의 제품을 생산할 수 있다.

그림 2.46 휨

참 고 문 헌

1) 국가직무능력표준 사출금형설계, 이민 외5인 한국산업인력관리공단, 2014.
2) 국가직무능력표준 사출금형품질관리, 육정권, 황인호, 김부태, 신지호, 한국산업인력관리공단, 2014.
3) 플라스틱성형을 위한 알기 쉬운 금형설계, 정영득, 박태원, 김현필, 도서출판인터비젼, 2003.
4) プラスチック金型設計 マニュアル, 靑木正義, 飯田 誠, 日刊工業新聞社, 2002.
5) 精密プラスチック金型と成形技術, 福井雅彦, 矢野 宏, 日刊工業新聞社, 1988.
6) 金型加工技術, 吉田弘美, 日刊工業新聞社, 1987.

Moldflow의 사용법

CHAPTER 3

3.1 Moldflow의 구성

Moldflow는 Autodesk사의 사출성형 시뮬레이션 프로그램이다. Moldflow는 크게 두 가지 프로그램으로 나눌 수 있다.

첫 번째 프로그램은 플라스틱 금형 또는 제품설계자를 위한 간이 해석 프로그램 성격의 Adviser이다. Adviser 프로그램은 해석자가 성형해석을 위하여 모델에 메쉬(Mesh)를 생성시킬 필요가 없다. 성형조건과 유동 시스템을 생성시킨 후 해석을 시작하면 프로그램 내부에서 메쉬 작업을 수행하여 해석한다. 따라서 프로그램 운용에 관한 전문지식이 필요하지 않고, 제품과 금형의 설계시 설계의 적절성을 빠르게 판단할 수 있는 특징을 가지고 있다.

두 번째 프로그램은 Insight로 전문적인 성형해석 프로그램이다. 해석자가 성형될 제품의 메쉬를 생성 및 편집하여 보다 전문적인 해석을 진행 할 수 있다. 또한 전문가적 입장에서 판단 할 수 있는 결과를 보여준다.

3.1.1 Moldflow Insight 해석의 종류

Moldflow Insight(이하 MFI)는 두 가지 모듈로 구성되어 있다. 첫 번째는 해석을 위하여 해석모델의 생성과 편집, 결과 확인 등을 위한 User interface 목적의 Synergy이며, 두 번째는 성형해석을 위한 Solver로 구성되어 있다. 두 가지가 종합된 Insight를 통하여 성형해석 가능한 종류는 아래와 같다.

- 일반성형: 유동(Flow)해석, 냉각(Cool)해석, 변형(Warp)해석
- 특수성형: 유리섬유성형, 가스사출, 이중사출, 압축사출, 동시사출, 반응성형, 뮤셀성형 해석 등

단, 위의 특수 성형은 해석 모델의 메쉬 타입에 따라 해석 가부가 결정된다. 따라서 해석 이전에 해석자는 수행하고자 하는 해석의 종류에 따라 해석모델 타입을 확인 한 후 작업을 수행해야 한다.

3.1.2 MFI 구성

MFI 설치 후, Synergy를 실행하면 아래 그림 3.1과 같이 작업창이 활성된다. 이 창은 성형해석을 위한 모델의 형상을 나타낼 수 있으며 모델의 간단한 수정, 메쉬의 생성과 수정, 해석 진행과정 및 해석 결과 등 해석에 관련된 모든 기능이 제공된다.

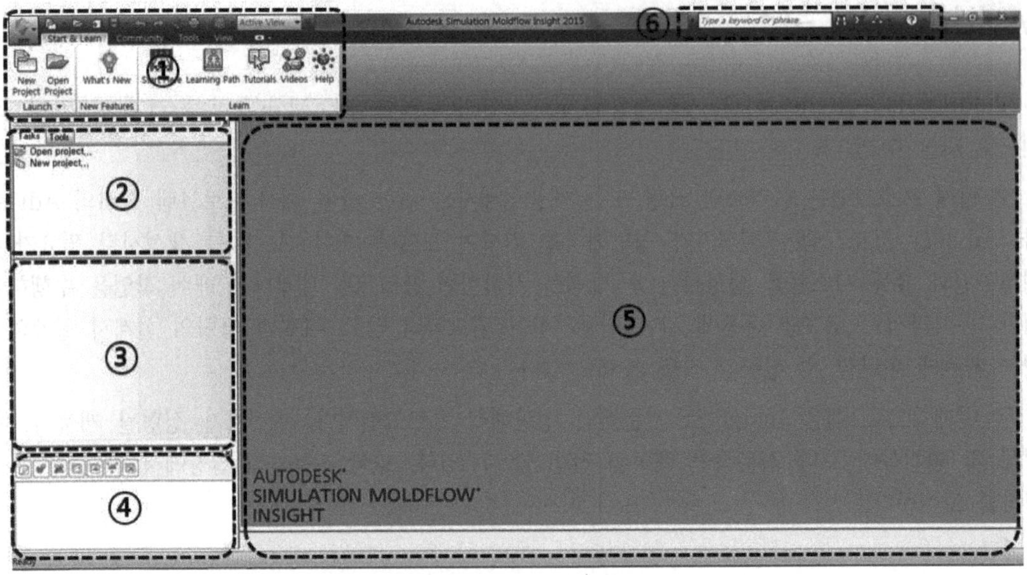

그림 3.1 MFI의 초기화면

Synergy의 초기 화면은 크게 5가지로 영역으로 구분된다. ①은 주요 메뉴가 종합적으로 구성되어 있는 메뉴창이다. 이 메뉴창은 작업하는 내용에 따라서 바뀌게 된다. ②는 Tasks/Tools 창이다. 이 영역에는 해석 대상을 종합적으로 관리하는 Project를 불러들이거나 새롭게 생성할 수 있고, 진행하고자 하는 해석의 종류가 표시된다. ③은 해석의 종류를 설정하거나 해석 조건의 입력, 사용 수지의 선정, 유동 주입구의 선택, 냉각라인의 설정 등이 표시된다. 특히, 해석 완료 후에 해석된 결과들이 나열되는 창이다. ④는 Layer 창으로 해석 모델의 편리한 관리를 위한 창이다. 해석 모델에 대하여 원하는 부분을 그룹화 하거나, 모델 수정 시 필요한 영역만 작업창에 on/off 하여 메쉬 수정을 쉽게 한다. ⑤는 모델링 창으로 해석모델의 표시, 해석모델의 요소, 요소 수정과 생성을 하는데 사용되는 창이다. 또한 이 창은 해석 완료 후 해석 결과가 표시된다.

3.1.3 마우스 사용법

대부분의 CAD 및 CAE 프로그램처럼 MFI의 경우도 마우스 사용법이 정해져 있다. 물론 기본적으로 설정되어 있는 마우스 명령은 환경설정을 통하여 해석자의 편의에 따라 변경가능하다. 여기에서는 MFI 설치 시 기본적으로 설정되어 있는 마우스 사용법을 설명한다.

마우스 사용 설명의 편의를 위하여 첫 번째 마우스 버튼을 MB1, 휠 버튼을 MB2, 나머지 버튼을 MB3로 정한다.

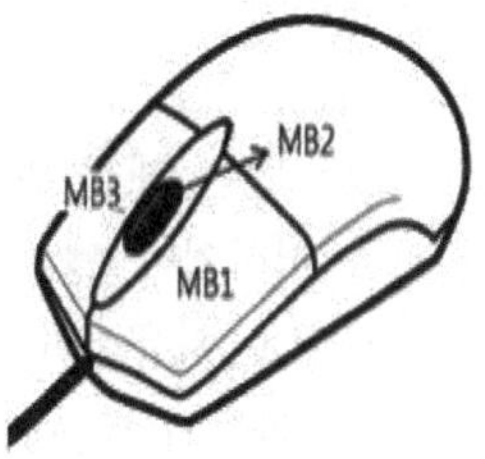

- MB1 클릭 : 모델, 요소, 각종 명령 선택
- MB2 휠 회전 : 모델의 확대 및 축소
- MB2 클릭 유지 + 마우스 회전 : 모델 회전
- shift+MB2 클릭 유지 + 마우스 이동 : 모델 이동
- ctrl+MB2 클릭 유지 + 마우스 상하이동 : 모델 확대 및 축소
- MB2 or MB3 클릭 유지 : 모델의 회전

3.1.4 영역별 상세 설명

본 단원은 앞서 설명한 초기 화면상의 각 영역에 대하여 자세히 설명하고자 한다. 3.1.2절의 ①에는 메뉴가 종합적으로 구성되어 있다. 화면 좌측 맨 위쪽의 MFI를 눌러보면 아래쪽으로 여러 메뉴들이 나타난다. 메뉴를 살펴보면 그림 3.2와 같다. 새로운 Project의 생성을 위한 New, 기존 Project의 불러오기를 위한 Open, 작업 내용들의 저장을 위한 Save, 해석 모델과 결과의 저장 압축을 통한 파일 생성을 위한 Export 등이 있다. 그리고 현재의 Project와 과거 진행하였던 Project 들이 순차적으로 나열되어 있다.

메뉴창의 우측 아래쪽에는 Option 버튼이 있다. Option 창을 열면 그림 3.3과 같다. Option 창에는 프로그램의 운용에 필요한 주요 설정들이 모여 있다. 그 중 General 탭에는 단위 설정

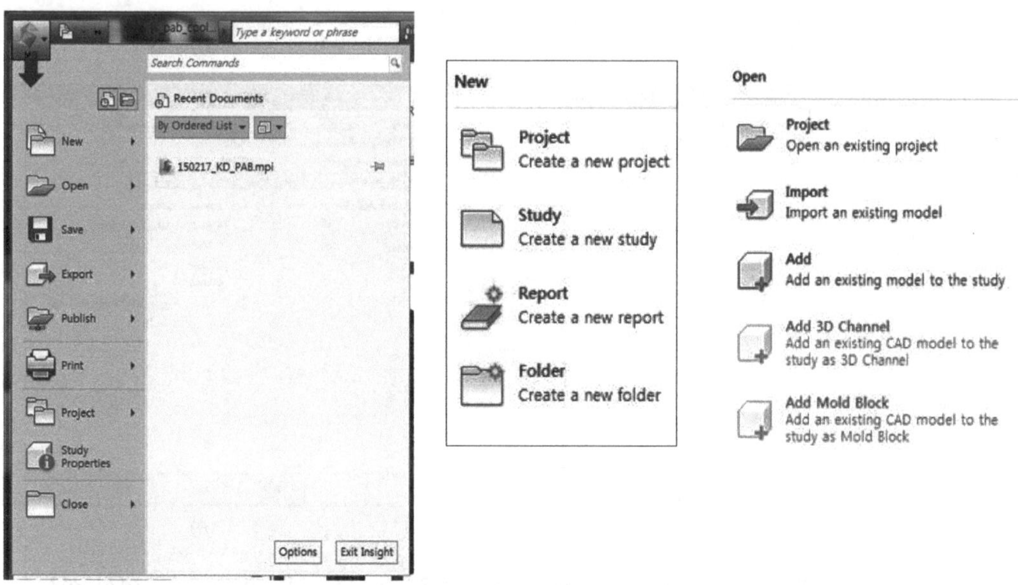

그림 3.2 MFI 메뉴창

(Measurement system), 자동저장 시간 설정, 모델링 화면의 그리드 크기 조절 등이 있다.

Mouse 탭은 모델의 수정 및 이동, 확대와 축소 등을 위하여 마우스와 자판 버튼들의 조합을 확인할 수 있다. 해석자의 필요에 따라서 마우스의 명령들은 변경이 가능하다. Results 탭은 해석 완료시 표시되는 해석결과 리스트가 나열되어 있다. 필요에 따라 다른 종류의 해석 결과를 더하거나 뺄 수 있다. 또한 Option 창에는 Background and Colors의 설정을 위한 탭도 있다. 이 탭을 사용하여 화면 배경색과 작업 중의 모델과 관련 된 색상을 조절할 수 있다. Report 탭은 해석 결과들의 report 형식을 설정할 수 있다. Report의 종류에는 Microsoft의 Power Point, Word Process, HTML document 형식이 있다. 해석결과 추출 시 적합한 해석 report 종류를 설정할 수 있다.(그림 3.3)

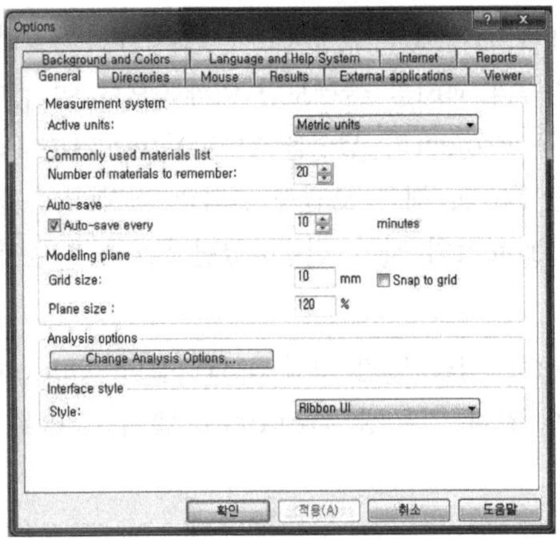

(a)

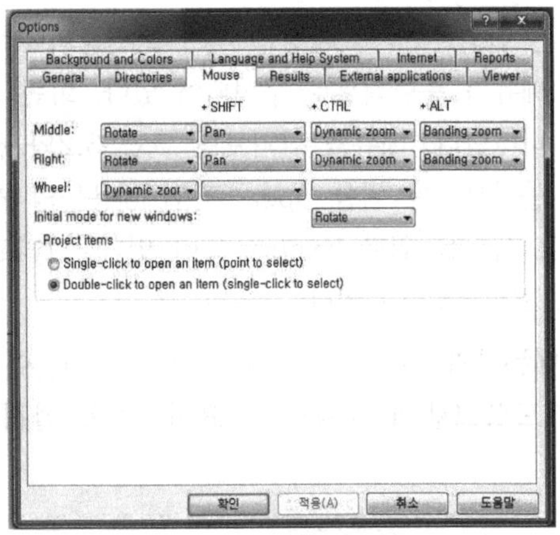

(b)

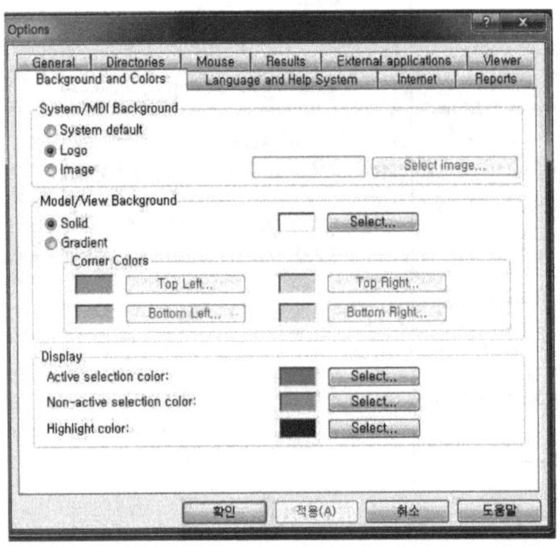

(d)

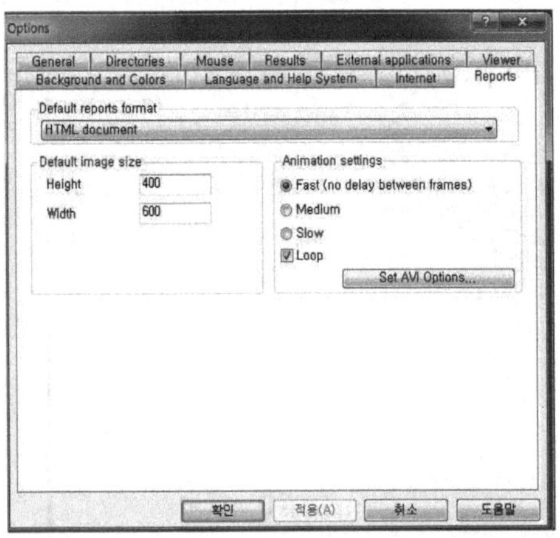

(e)

그림 3.3 MFI 메뉴 탭 : (a) General (b) Mouse 설정 (c) 색 설정 (d) Report 형식 설정

3.1.5 프로그램의 시작

프로그램을 시작하기 이전에 해석모델과 해석결과들의 효과적인 관리를 위하여 최상위 개념의 폴더를 만드는 것부터 시작하여야 한다. MFI 메뉴에서 New를 선택하면 Project의 이름을 설정하는 창이 뜬다. 이 창에는 Project 폴더가 위치할 경로도 설정할 수 있다. "TEST" 설정 시 Tasks 창에 Project "test"가 생성된다.

(1) MFI ➜ New ➜ Project

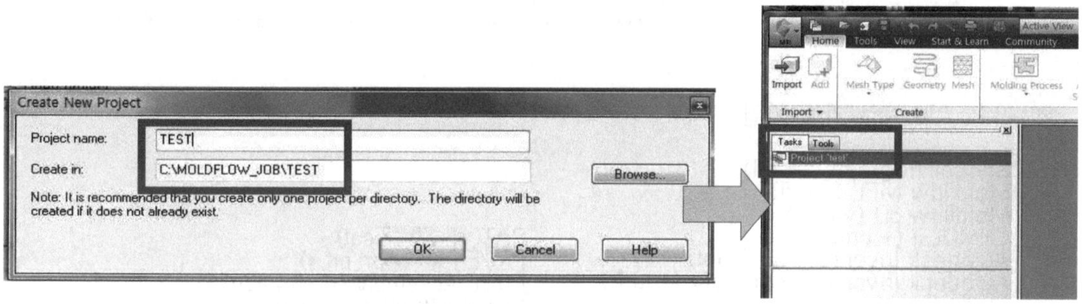

3.1.6 해석 모델 불러오기

(1) MFI에서 해석이 가능한 3D 모델은 여러 가지가 있다. Unigraphics, CATIA, Pro-E 등의 3D CAD에서 작업된 파일을 변환한 후 MFI에서 불러들일 수 있다. Import 시킬 3D 모델은 Camera.x_t 파일이다. Camera.x_t 파일을 선택하고 확인한 후 Import 창에서 Dual Domain로 선택하고 확인한다.

▷ Import ➜ Import 창 ➜ 3D 모델 선택

또는 Tasks 창 Project "test" 선택 마우스 버튼 3 클릭 ➜ import

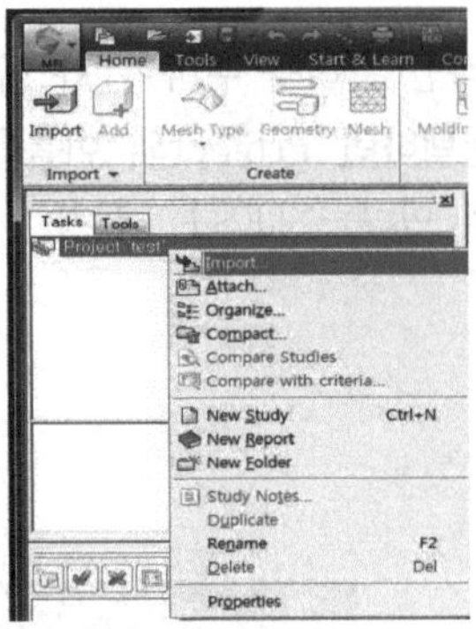

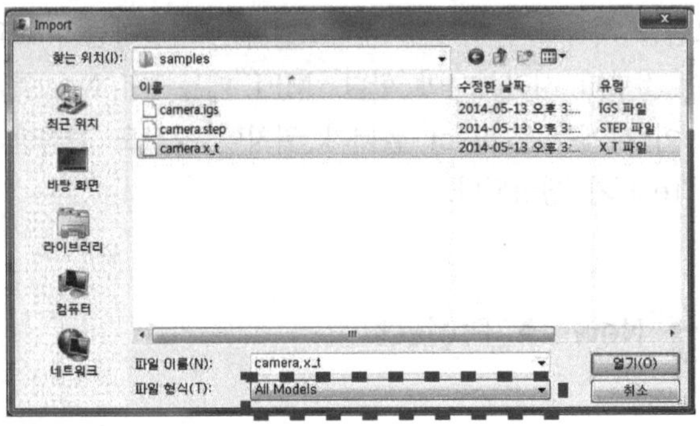

※ 참고 : Import 가능 파일

Stereolithography (*.stl)
Moldflow MFL (*.mfl)
Moldflow 3D (*.m3i)
C-MOLD (*.cmf)
Autodesk Inventor Part (*.ipt)
Autodesk Inventor Assembly (*.iam)
Study files (*.sdy)
MPI 2.0 Projects (moldflow.prj)
IDEAS Universal (*.unv)
Ansys Prep 7 (*.ans)
Nastran (*.nas)
Nastran Bulk Data Format 7 (*.bdf)
Patran (*.pat)
Patran out (*.out)
Fem (*.fem)
IGES (*.igs,iges)
Parasolid (*.x_t,x_b)
SAT(v4-v7) (*.sat)
Pro/E Part (*.prt,prt.*)
Pro/E Assembly (*.asm,asm.*)
SolidWorks Part (*.sldprt)
SolidWorks Assembly (*.sldasm)
CATIA V5 Part (*.catpart)
CATIA V5 Assembly (*.catproduct)
STEP (*.stp,step)
NX (*.prt)
Rhino (*.3dm)
Alias (*.wire)
ASCII/Binary Model (*.udm)
Autodesk Shape Manager Files (*.smt,smb)

(2) Dual Domain 선택 후 모델의 import가 끝나면 프로그램 모델링 화면에 아래와 같이 camera 모델이 활성 된다. 동시에 Tasks/Tools 창에 camera_study 모델이 자동으로 생성된다. 또한 Project가 저장되는 폴더에 camera_study.sdy 파일이 생성된 것을 확인 할 수 있다. 즉, Tasks 창에 해석 study가 새롭게 생성되면 Project 창에도 동일한 이름을 가진 Study(*.sdy) 파일이 생성됨을 유념하자.

모델이 import 되면 Tasks 창의 아래 창에는 Study 파일 관련 사항이 생성된다. 이 창에서는 모델 파트의 확인, 해석의 종류, 사용수지의 선택, 유동 주입구 선택, 사출조건의 설정이 가능하다.

Layer 창에는 import 된 CAD 모델의 이름이 생성되어 체크되어 있다. 이 체크 표시를 Off하면 프로그램의 모델링 창의 import 된 모델은 사라지게 된다.

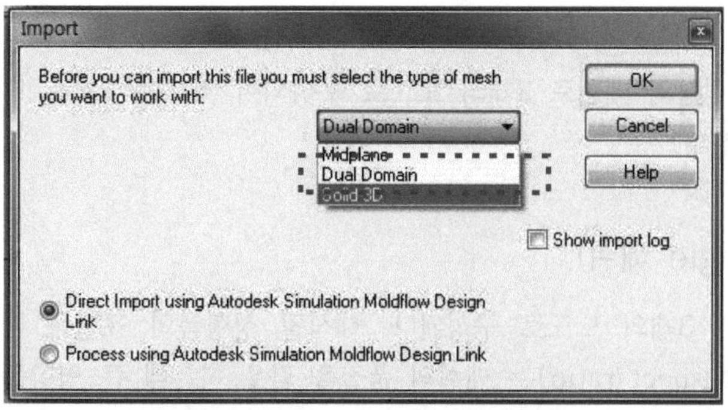

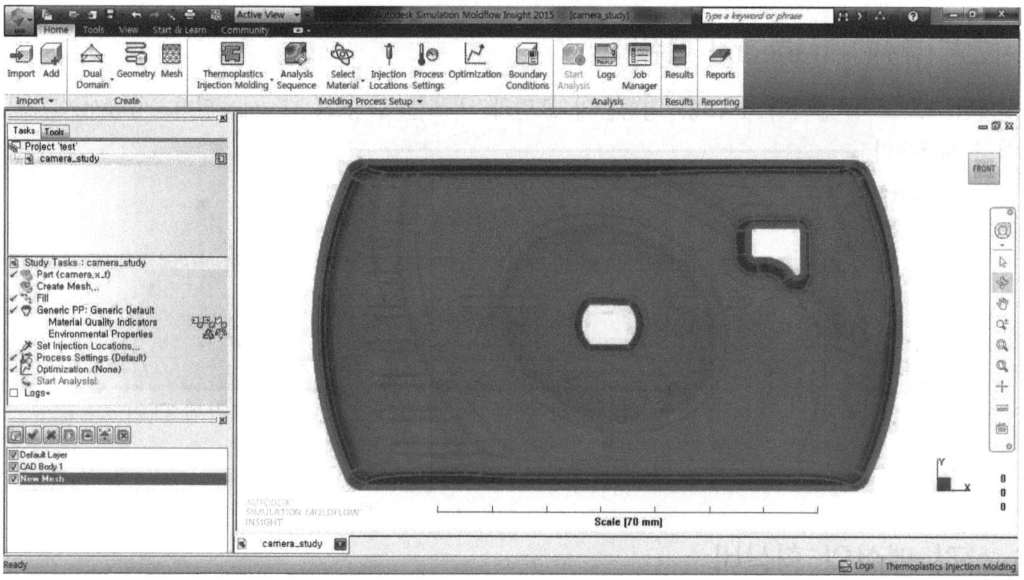

3.2 해석 모델의 생성

3.2.1 메쉬의 종류

메쉬는 해석을 위하여 3D 모델을 세분화하여 나눈 것으로 생각하면 된다. 나눠진 메쉬는 점들로 연결되어 전체 3D 모델을 구성하게 된다. 메쉬의 특성상 메쉬를 세분화하여 그 양을 증가시키면 해석 결과는 점점 양호한 결과를 보이지만 해석 시간이 늘어나는 문제가 있기 때문에 3D 모델별로 메쉬의 숫자와 종류를 적절하게 정의하는 것이 유동해석의 생산성을 증가시키는 방법이다. 아래는 해석을 위한 메쉬의 종류와 특성을 나타난다.

(1) 빔 메쉬(Beam 메쉬)

원통과 직사각형 형상의 메쉬로 2개의 노드로 구성되어 있으며, 러너, 게이트 시스템과 냉각채널의 구성을 위하여 사용된다.

(2) 삼각 메쉬(Triangle 메쉬)

삼각형상의 메쉬로 3개의 노드로 구성된다. 해석될 성형품의 표면을 구성하는데 사용된다. 특히, 삼각 메쉬의 형상비(aspect ratio)는 메쉬의 품질을 좌우 하는데 큰 영향을 미친다.

(3) 사면체 메쉬(Tetrahedral 메쉬)

4개의 노드로 구성되어 있으며, 성형품의 표면과 내부를 구성하는데 사용된다. 따라서 3차원 유동 해석시 사용된다.

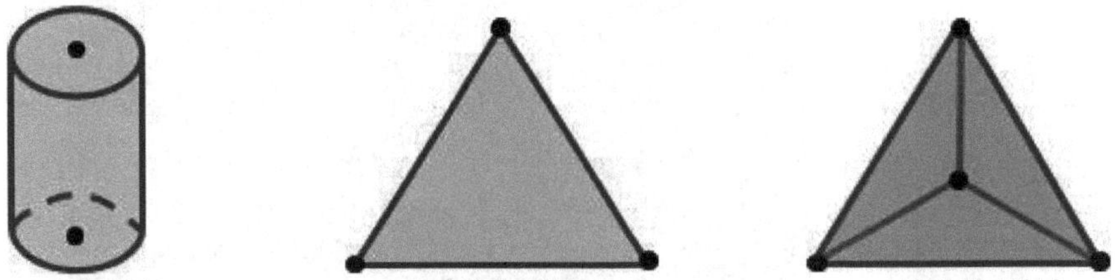

(a) 빔 메쉬 (b) 삼각 메쉬 (c) 사면체 메쉬

3.2.2 삼각 메쉬의 형상비

생성된 2차원 삼각 메쉬의 장변과 장변에서 수직으로 세운 높이의 비를 말하며, 메쉬의 생성 후 메쉬 품질 검사 시 최대와 최소의 형상비가 나타나면 최대의 형상비를 우선으로 형상비를 점차 줄여나가 전체 형상비가 낮아지도록 메쉬의 편집이 반드시 필요하다.

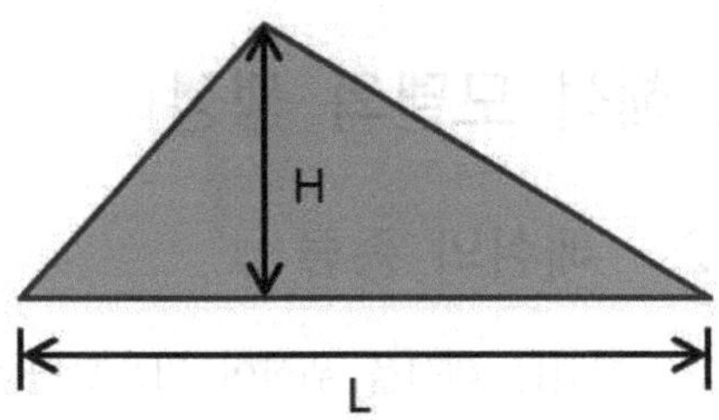

Aspect ratio = L/H

일반적으로 양호한 형상비는 6 : 1이하를 추천한다. 그러나 모델 형상의 난이도에 따라 형상비는 20 ~ 30까지 가능하다. 형상비가 이 이상인 경우에는 해석은 수행되나 그 해석 결과는 신뢰성이 낮아지거나, 해석에 오류가 발생하기도 한다

3.2.3 메쉬의 타입별 구분

메쉬의 타입은 3D 모델을 import 시킬 때 정한다. 메쉬 타입의 결정은 어떤 해석을 진행하는가에 따라 정한다. 종류는 미드플랜(Midplane), 듀얼 도메인(Dual domain), 3차원 솔리드(Soild 3D)로 구분된다. 각각의 메쉬 타입의 특징은 아래와 같다.

(1) 미드플랜(Midplane) : 3D 모델의 두께를 기준으로 중립면을 추출하고, 그 면을 삼각 메쉬로 변환하여 해석한다. 미드플랜 메쉬 타입을 사용하기 위해서는 3D 모델의 중립면을 추출해야 하지만 복잡한 모델의 경우 중립면 추출에 많은 시간과 노력이 필요로 한다. 따라서 일반적으로 복잡한 3D 모델에 대하여 중립면이 아닌 외면 또는 내면을 추출하여 중립면으로 사용하는 것이 일반적이다. 중립면을 기준으로 삼각 메쉬를 생성시킨 후 생성된 메쉬에 성형품의 두께와 동일한 값을 입력하여 사용한다. 메쉬의 수가 적고, 비교적 짧은 해석시간이 소요되므로 아직도 많이 사용되는 메쉬 타입이다.

(2) 듀얼 도메인(Dual domain) : 3D 모델을 별다른 작업 없이 그대로 해석에 적용하는 메쉬 타입이다. 3D 모델의 외면을 기준으로 삼각 메쉬를 생성시켜 사용하는데, 생성된 메쉬의 두께방향으로 수직인 메쉬 사이의 매칭(matching) 정도에 따라 유동 및 변형 해석 결과에 차이가 발생할 수 있다. 3D 모델의 별도 수정 없이 그대로 메쉬를 생성시키는 장점이 있다. 두께가 균일한 성형품의 해석에 적합하다.

(3) 솔리드 3D(Solid 3D) : 3D 모델을 그대로 사용하는 것은 듀얼 도메인과 같다. 다른 점은 모델의 내부까지 사면체 메쉬를 생성시키는 것이다. 두께에 대하여 메쉬를 생성시키므로 메쉬의 수가 많이 늘어난다. 그러므로 해석 시간이 길어지는 단점이 있다. 그러나 최근 컴퓨터 성능의 향상으로 점차 사용이 확대되고 있다.

3.2.4 메쉬의 생성

성형해석을 위해서 3D 모델의 전처리를 거쳐야 한다. 전처리의 최초 작업은 3D 모델에 메쉬를 생성하는 것이다. 이번 단원은 import 한 3D 모델의 Midplane 메쉬와 Dual Domain 메쉬의 생성과 메쉬의 품질을 체크한 후 메쉬의 수정 절차를 설명한다.

(1) Midplane 메쉬의 생성

Midplane 메쉬는 3D 성형품의 중립면을 추출하여 삼각 메쉬화 하는 것이다. 성형품의 중립면을 추출하여 사용하는 것이 바른 작업이지만 작업의 편의를 위하여 성형품의 겉면 또는 내면을 중립면으로 가정하고 메쉬를 생성시킨다.

(4) 중립면으로 추출된 모델을 import 시킨다. Import 시킨 모델은 cover_2D.prt이며, 두께는 2.4(mm)이다. Import 창에서 Midplane을 선택하고, OK 한다.

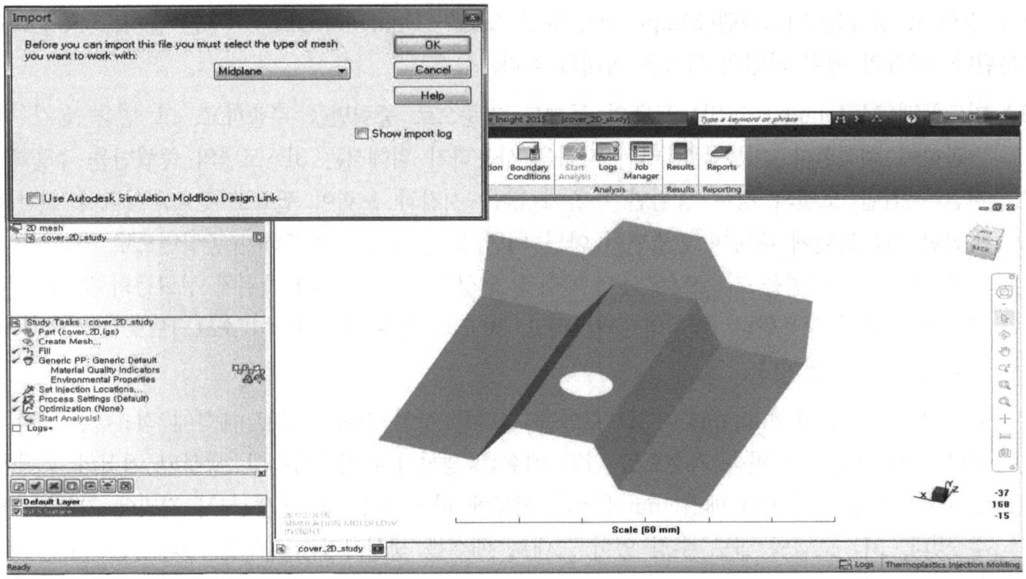

① Home 메뉴의 Mesh를 클릭한 후 Generate 메쉬를 누르고, Global edge length를 “3”을 입력하고, mesh Now 한다. 작업창의 모델을 한 변의 길이가 약 3인 삼각 메쉬가 자동 생성된다.

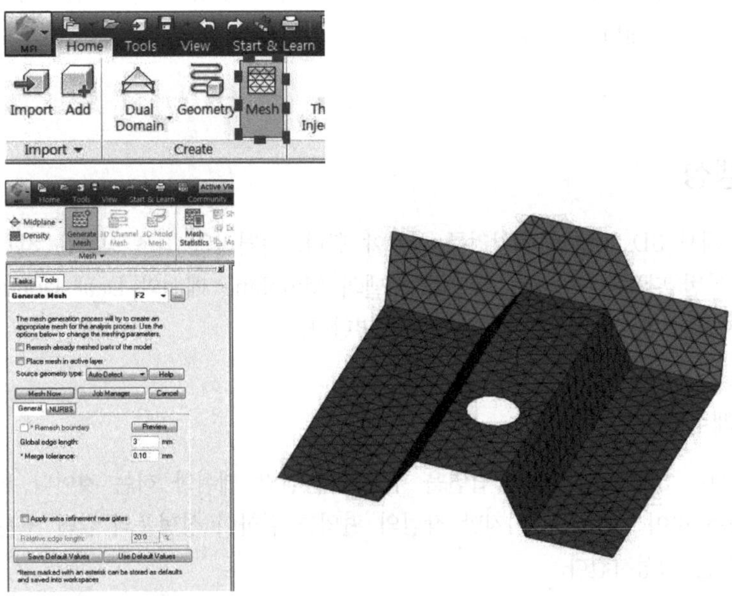

② 생성된 메쉬 모델을 드레그 하여 전체를 선택한 후 MB3의 Properties를 선택한다. Part surface (Midplane) 창의 Thickness에 2.4를 입력한 후 확인한다.

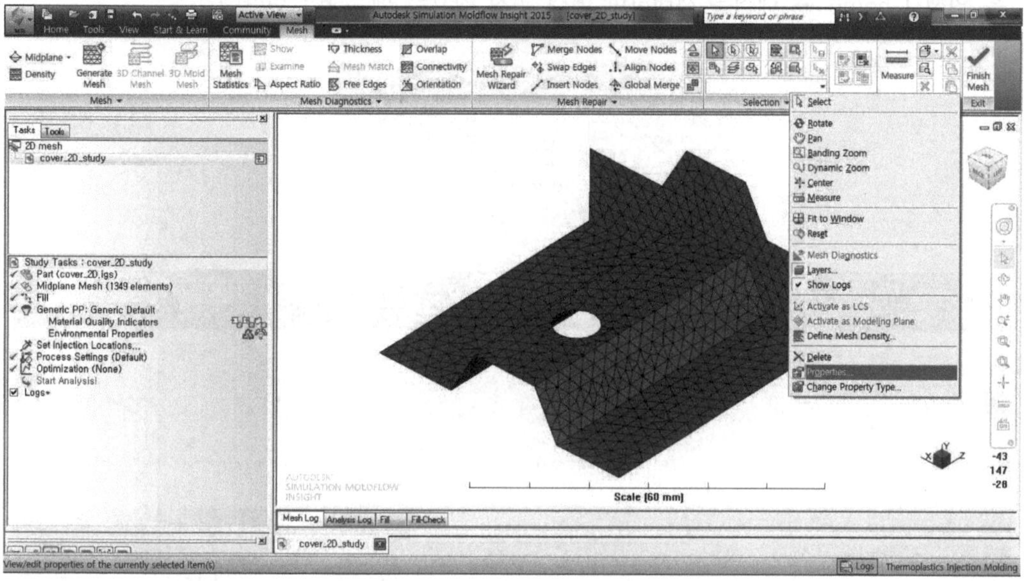

③ 작업창에서 하나의 메쉬를 클릭하여 선택하고, MB3의 Properties를 선택한 후 메쉬에 입력되어 있는 Thickness 2.4를 확인한다.

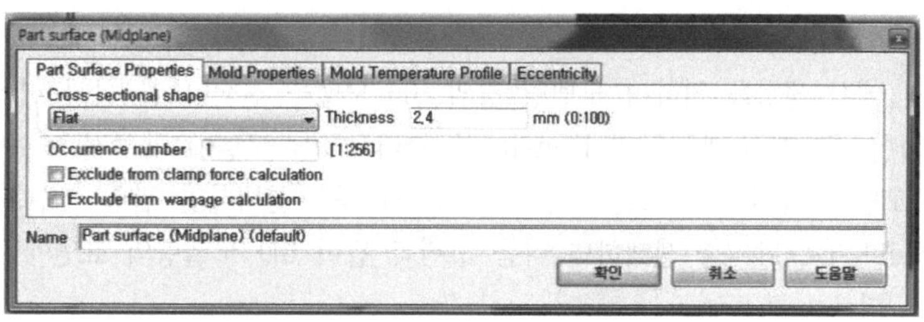

(2) Dual domain 메쉬의 생성

① Dual domain 메쉬의 생성을 위하여 Camera.x_t의 3D 모델 파일을 import 시킨다. 메쉬 작업을 위해서 home ➜ 메쉬를 선택하면 메쉬 편집 창으로 메뉴창이 변한다.

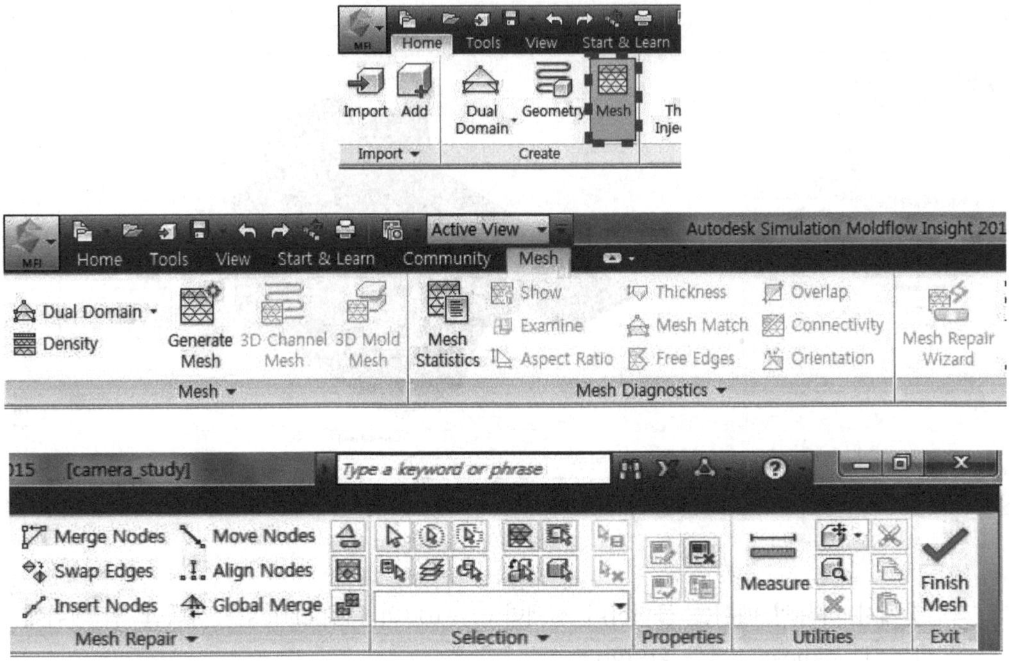

<메쉬 작업 메뉴바 모음>

② 3D 모델의 메쉬 생성을 위하여 모델링 창의 3D 모델을 선택(모델 선택 시에는 모델은 핑크색으로 변화)한 후, 메쉬 메뉴창의 Density를 눌러서 3D 모델에 생성될 메쉬의 밀도를 정의 한다. 또는 모델링 창의 3D 모델을 선택 후에 MB3을 클릭하면 팝업 메뉴가 생성되는데 이때 Define Mesh Density를 선택하면 다음 그림과 같이 3D 모델링의 표면에 정의 될 메쉬의 길이가 표시된다.

본 모델의 경우 Global edge length를 3mm로 정하고, 확인(Apply)한다.

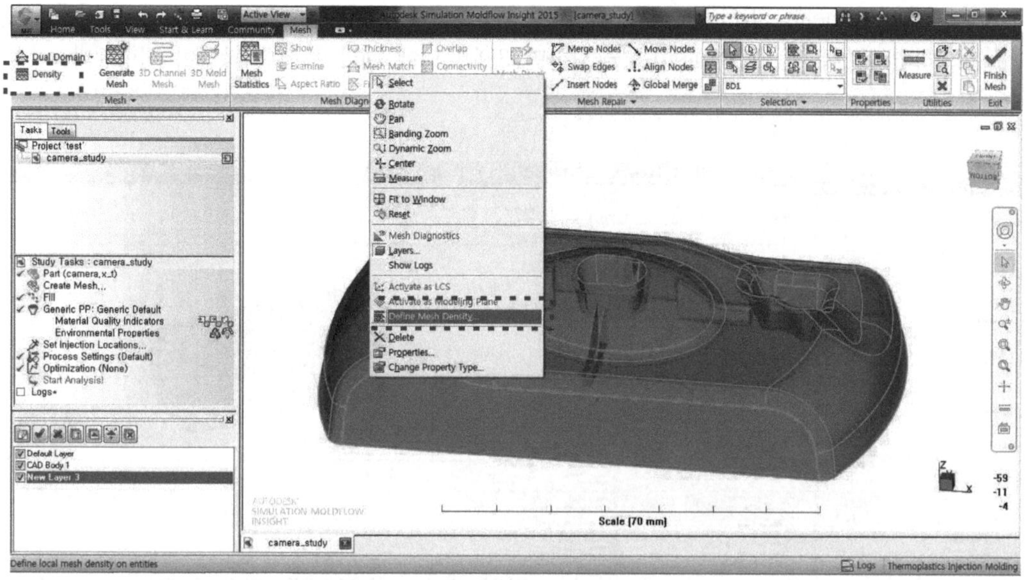

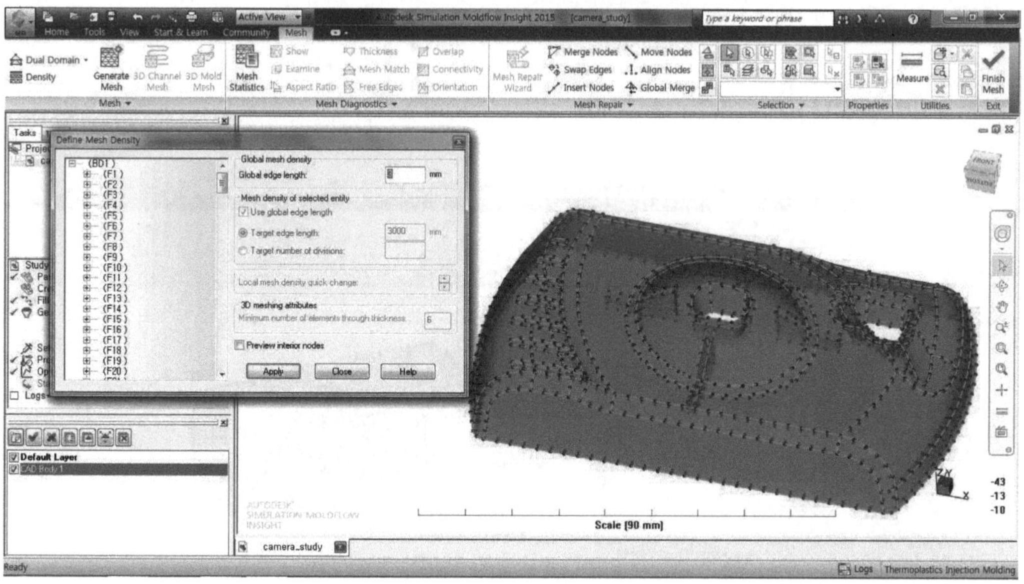

③ 3D 모델의 메쉬 밀도의 정의가 끝나면 Generate Mesh를 선택한 후 메쉬 작업을 진행한다. Generate Mesh를 클릭하면 Tools 창에는 아래와 같이 메쉬 설정 및 진행 여부를 확인하는 메시지가 나타난다. 여기에는 이전에 정의하였던 메쉬의 밀도가 나타나 있고, 미리보기(Preview)도 가능하다. 혹시 메쉬의 밀도 수정이 필요한 경우에는 Global edge length의 값을 원하는 값으로 수정할 수도 있다. 그리고 이전에 메쉬 작업 된 경우는 재 메쉬 작업 또한

가능하다(Remesh already meshed parts of the model의 check). 이전에 메쉬의 밀도를 정의하였기 때문에 메쉬 Mesh를 클릭하면 3D 모델에 대하여 메쉬 작업이 진행된다.

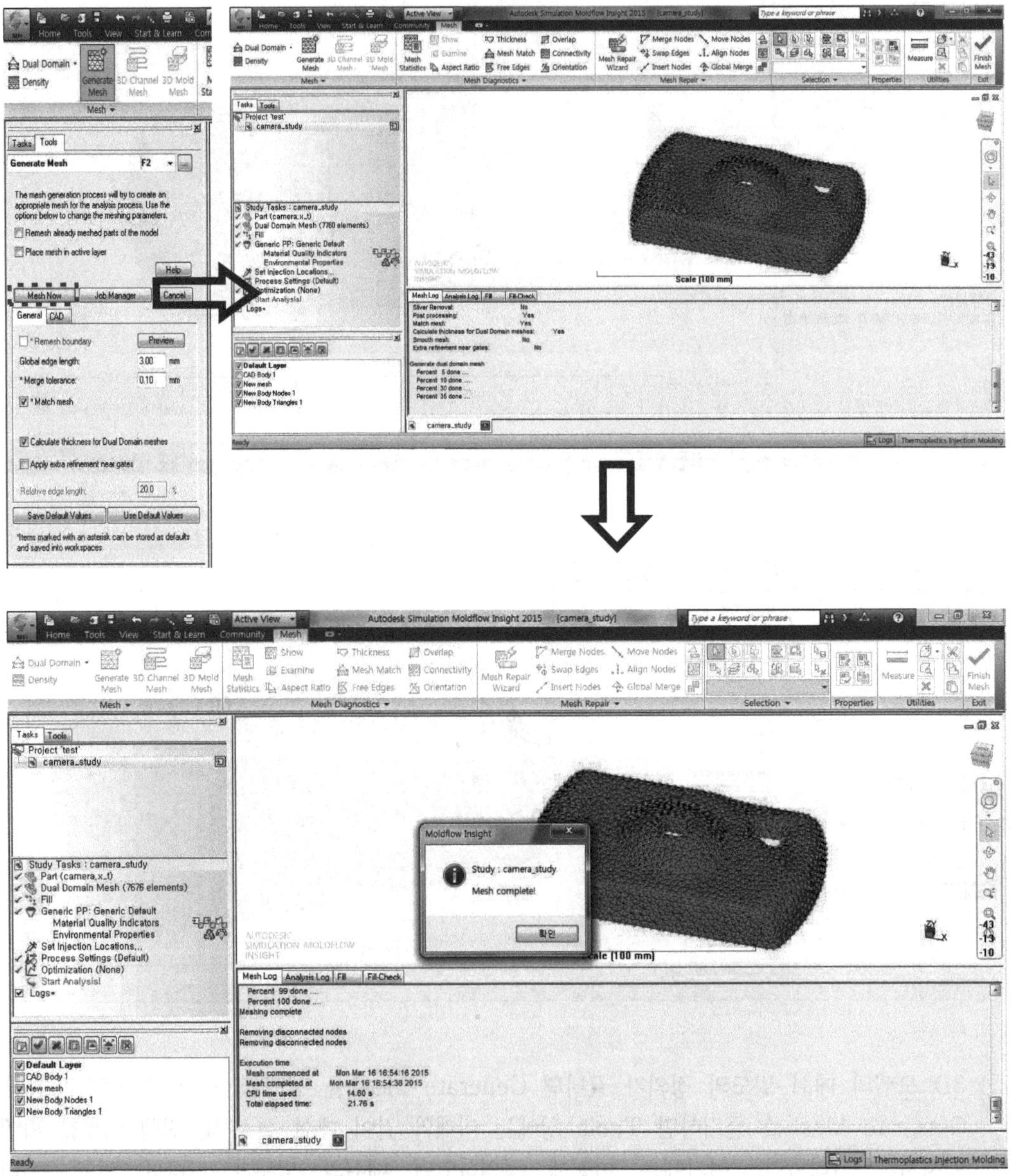

메쉬 생성 작업이 끝남과 동시에 Layer 창에는 New Body Nodes 1과 New Body Triangles 1 Layer가 자동 생성된다. 각각의 Layer 체크를 on/off 해보면 해당되는 Layer가 모델링 창에서 on/off 되는 것을 확인할 수 있다. 물론 생성된 Layer는 MB3의 Rename을 통하여 새로운 이름을 부여할 수 있다.

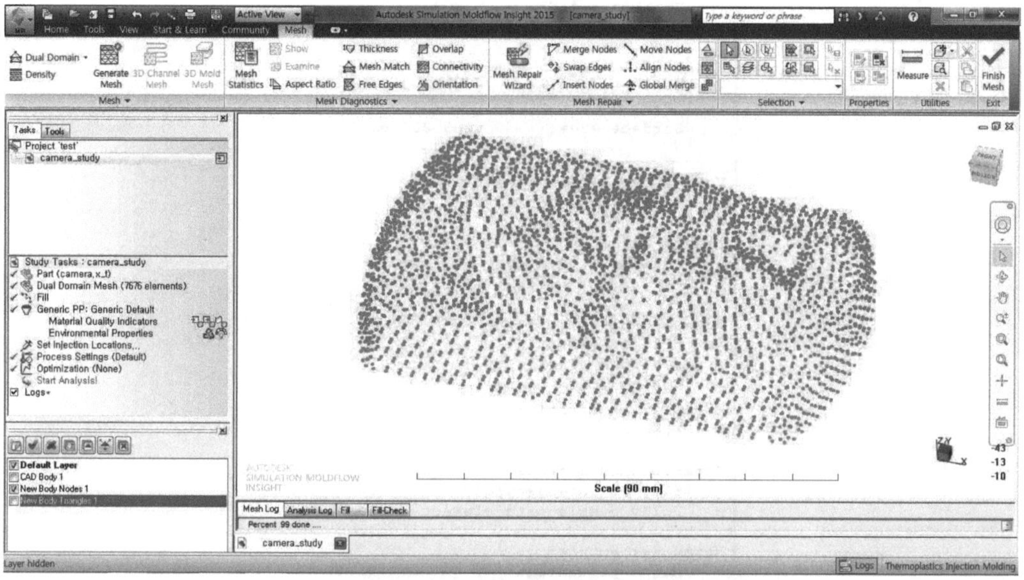

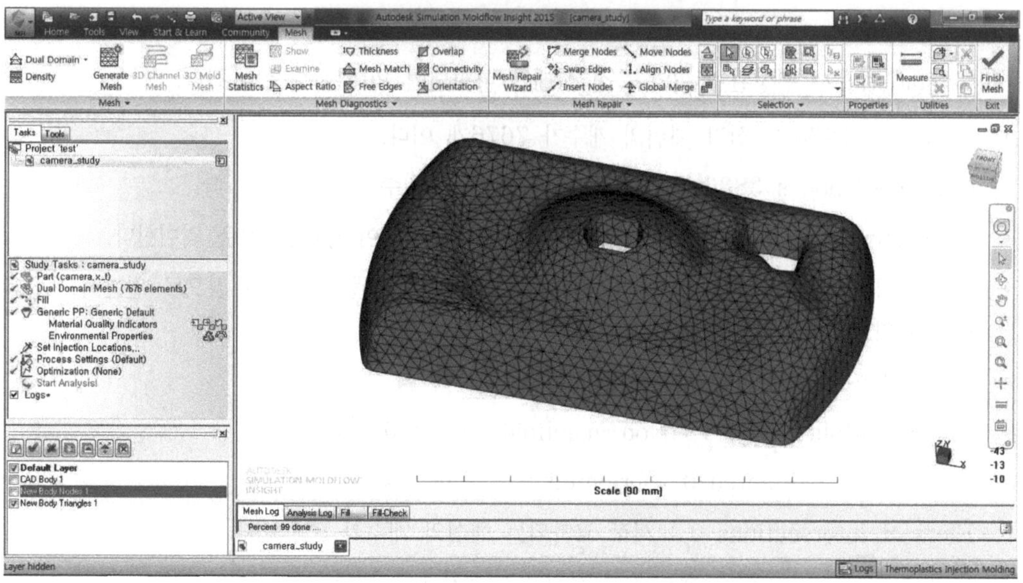

④ 새롭게 생성된 메쉬의 상태를 확인하기 위해서는 메쉬 메뉴바에 있는 Mesh statistics를 선택하면 생성된 메쉬의 품질 상태가 Tasks 창의 아래쪽에 출력된다.

```
Triangles
-----------------------------------------
Entity counts:
    Triangles              7676
    Connected nodes        3836
    Connectivity regions 1

Area:
(Mold blocks and cooling channels are not
included)
    Surface Area:          208.305 cm^2

Volume by element types:
    Triangle:   10.4762 cm^3

Aspect Ratio:
    Maximum     Average     Minimum
      8.39        1.75        1.16

Edge details:
    Free edges                      0
    Manifold edges                  11514
    Non-manifold edges              0
Orientation details:
    Elements not oriented           0

Intersection details:
    Element intersections           0
    Fully overlapping elements      0

Match percentage:
    Match percentage                91.4%
    Reciprocal percentage           87.5%
```

Mesh statistics는 생성된 메쉬의 품질 상태를 나타내며 의미는 다음과 같다.

- Triangles 7676 : 삼각 메쉬의 개수가 7676개 이다.
- Connected nodes 3836 : 메쉬를 연결하는 노드의 수가 3836개 이다.
- Connectivity regions 1 : 모델 전체가 하나로 연결되어 있다는 것을 의미한다.
- Aspect Ratio : Triangle 메쉬의 최대 및 최소 형상비를 나타내는 것으로 일반적으로 최소 6 이하가 양호하다고 할 수 있다.
- Free edges 0 : 분리된 메쉬가 0개 이다.
- Non-manifold edges 0 : Non-manifold edge가 0개 이다.
- Elements not oriented 0 : Oriented 되지 못한 메쉬가 0개 이다.
- Element intersections 0 : 서로 교차되는 메쉬의 개수가 0개 이다.
- Fully overlapping elements 0 : 겹치는 메쉬가 0개 이다.

- Match percentage 91.4% : 메쉬의 매칭 정도를 나타내며, Dual Domain의 경우 약 85% 이상일 때 유효한 매칭 값이다.

연습 1. Case의 Dual domain 메쉬 작업

앞 장에서 3D 모델의 Import에서 부터 메쉬 밀도의 정의 및 생성, 생성된 메쉬의 품질까지 확인하는 과정을 설명하였다. 연습 1은 생성된 메쉬의 편집과정에 대하여 연습할 것이다. 메쉬 편집의 연습을 위하여 새로운 3D 모델을 import 시키고, Project 명을 CASE라 정한다. 본 모델은 많은 리브가 존재하기 때문에 새롭게 생성된 메쉬는 비교적 많은 수정 과정을 거쳐야 하는 특징이 있다.

1) 연습 1을 위한 3D 모델로 CASE.stp 파일을 선택하고, Dual Domain 형식으로 import 시킨다. Project 이름을 CASE로 입력한다.

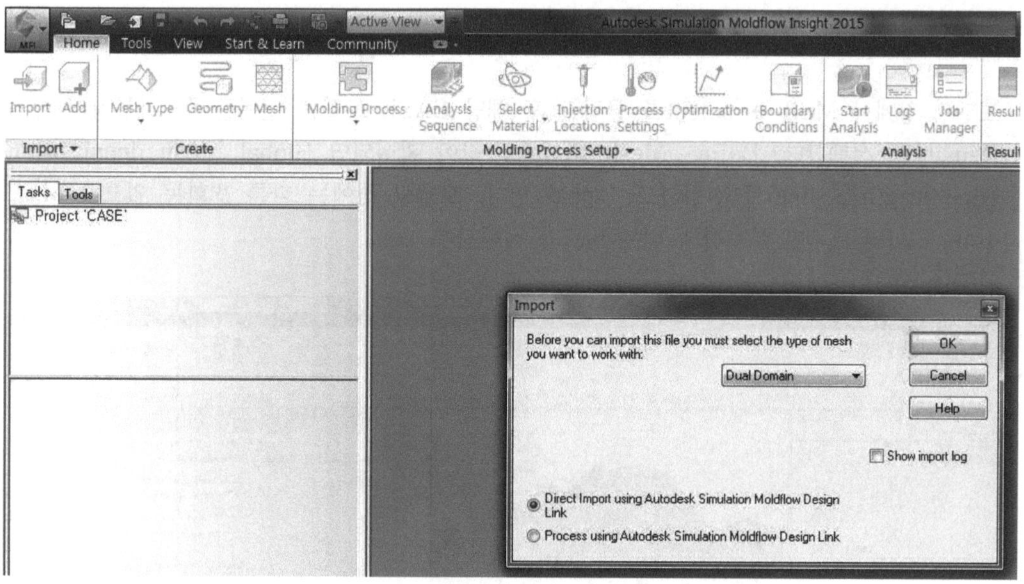

2) 다음 그림은 Import 시킨 CASE 모델을 나타낸 것이다. 본 모델은 CASE의 보강을 위하여 많은 리브(rib)가 설치되어 있는 것이 특징이다. CASE의 크기는 약 295mm×140mm×70mm이며, 두께는 약 4mm 이다. Tasks 창에는 자동으로 CASE_study가 생성된 것을 알 수 있다. 물론 필요에 따라서 study의 이름을 교체할 수도 있다. study 이름을 바꾸기 위해서는 study에 커서를 두고 MB3를 클릭하여 Rename을 선택한 후 새로운 이름으로 변경할 수 있다.

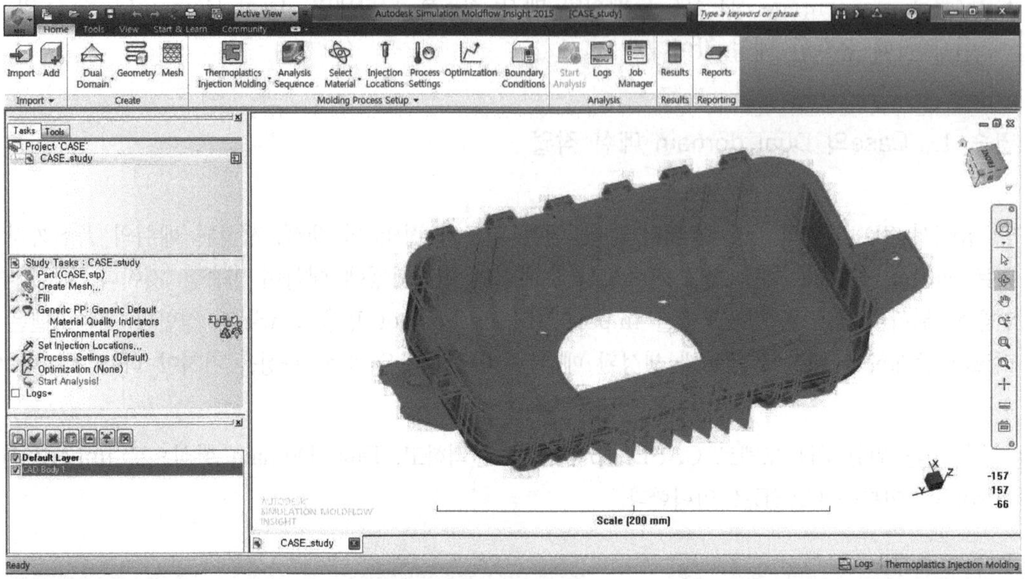

3) 모델링 창에서 MB3 ➔ select를 클릭한 후 해당 CASE 모델을 선택한 후, 메뉴창의 메쉬 내의 Density를 선택한다. Define Mesh Density 창이 활성되면 Global Mesh density의 Global edge length를 4mm로 설정하고, Apply 한다. 모델링 창에는 다른 변화는 없으나 3D 모델에 4mm 크기의 메쉬가 분포하게 되는 밀도가 정해진다.

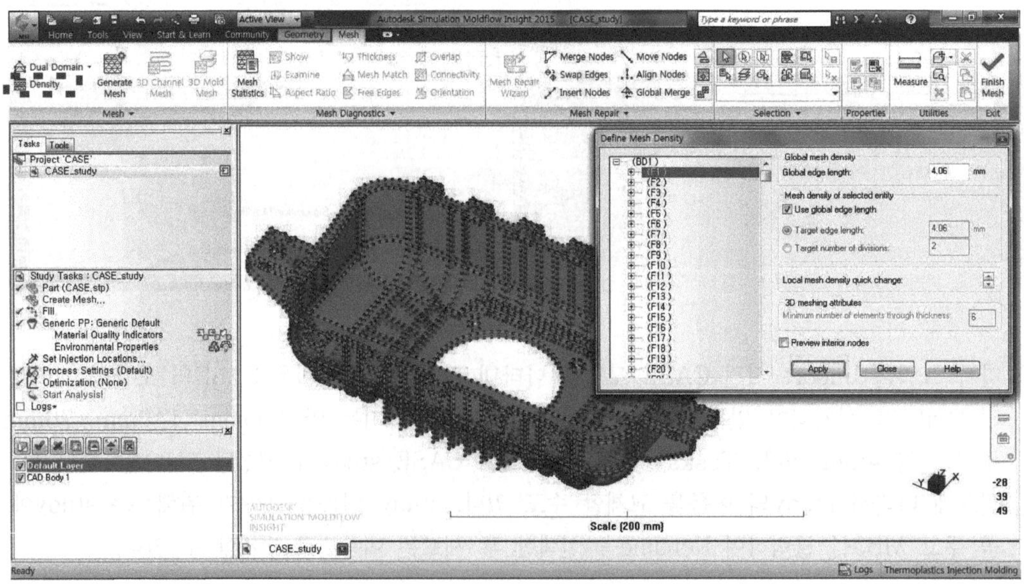

4) 3D 모델에 대하여 메쉬를 생성시킬 차례이다. Generate Mesh를 클릭하면 Tools 창이 아래와 같이 바뀐다. 여기에서 Global edge length의 값은 앞서 density에서 정의 한 것과 같이 4mm가 기본적으로 정해져 있다. 필요에 따라 이곳에서 다시 density 값을 재설정 할 수 있다. Global edge length 값을 그대로 유지한다면 Mesh Now를 클릭하여 메쉬 생성을 시작한다. 메쉬 생성 진행과정이 Mesh Log 창에 나타나고, 메쉬 생성이 완료되면 완료창과 함께 모델링 창에 생성된 메쉬가 나타난다.

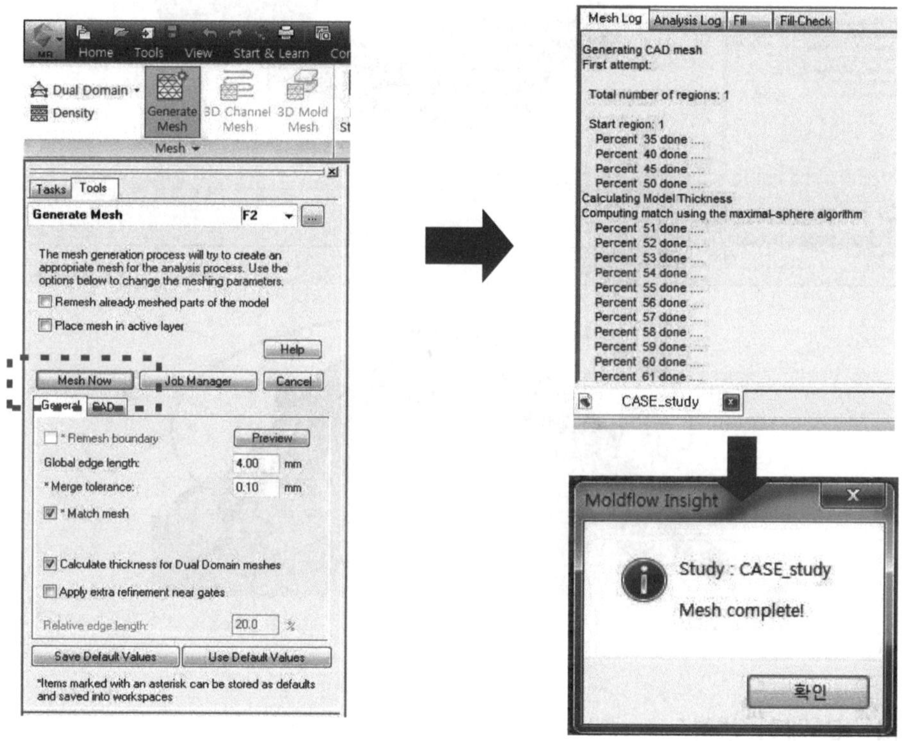

5) Tasks 창에는 생성된 메쉬의 개수가 나타나있다. 총 31952개의 Dual Domain 메쉬가 생성되었다. 그리고 Layer 창에는 새로 생성된 메쉬와 노드를 나타내는 Layer가 자동으로 생성되어 있음을 알 수 있다. Layer 창에서 New Node Layer의 체크를 off하고, 모델링 창에서 생성된 메쉬의 일부를 선택한 후 Delete 한 후 생성된 모델의 내부를 확인하면 다음 그림의 표시부와 같이 비어 있는 것을 확인 할 수 있다. 즉, 생성된 메쉬는 Dual Domain 메쉬 임을 알 수 있다.

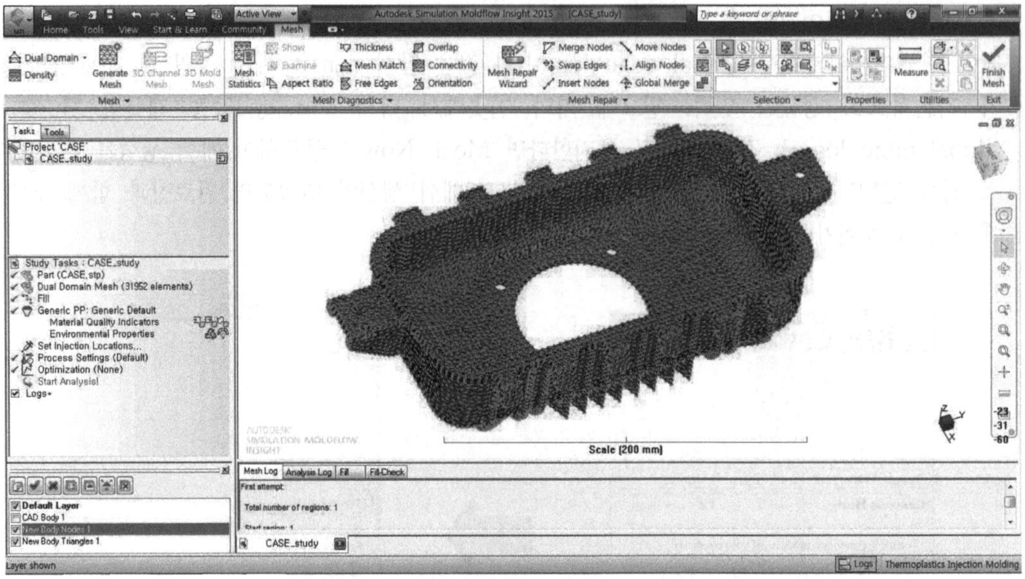

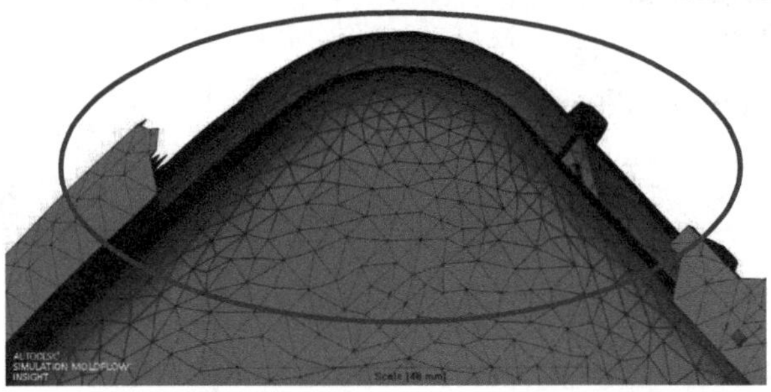

(3) Solid 3D 메쉬 생성

① Dual Domain 메쉬 생성 때와 동일하게 3D 모델을 import 시킨 후 import 타입을 Solid 3D를 선택하고, OK를 클릭한다.

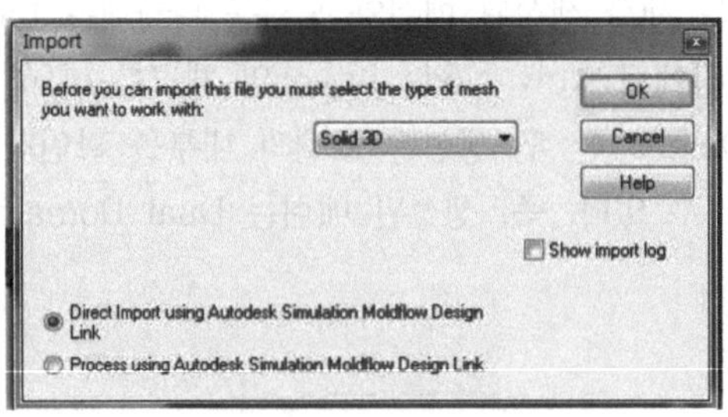

② 모델링 창에 3D 모델이 생성된 후 Dual Domain 메쉬 생성 때와 동일하게 메쉬 Density를 정의하거나 또는 Generate Mesh를 클릭하여 메쉬 생성을 진행한다. Generate Mesh 창에서 Global edge length의 값으로 4를 입력한다. 그리고 Tetra 탭에서 Minimum number of elements through thickness에 6을 입력한다. 이 값은 3D 모델의 두께 방향으로 생성될 메쉬 Layer의 개수를 설정하는 것으로 일반적으로 Moldflow에서 권장하는 값은 6이다. 그 이상으로 설정하여도 되나 생성되는 메쉬가 증가하고, 그에 따른 해석 시간도 증가하는 문제가 있다. 값의 설정이 끝났으면 Mesh Now를 클릭한다.

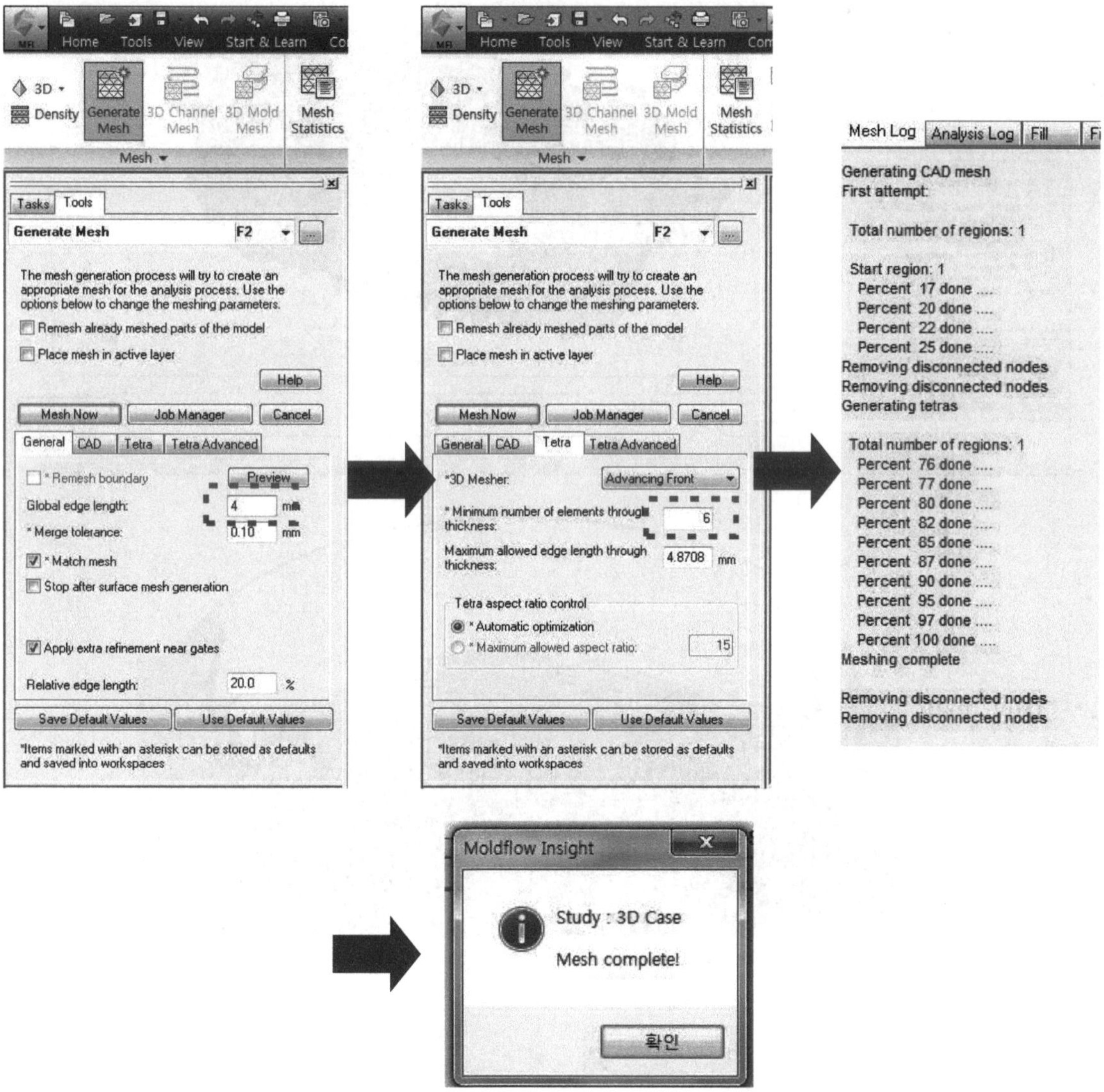

③ 모델링 창에 생성된 메쉬는 Dual Domain 메쉬와 차이는 없다. 그러나 Tasks 창에서 Dual Domain 메쉬의 개수보다 많은 444,727개의 메쉬가 생성된 것을 알 수 있다. 3D 메쉬의 확인을 위하여 메쉬의 일부분을 삭제한 후 내부의 메쉬를 확인할 수 있다. 특히, 앞서 설정한 바와 같이 모델의 내부에는 6개의 layer로 구성되어 있는 메쉬를 확인할 수 있다.

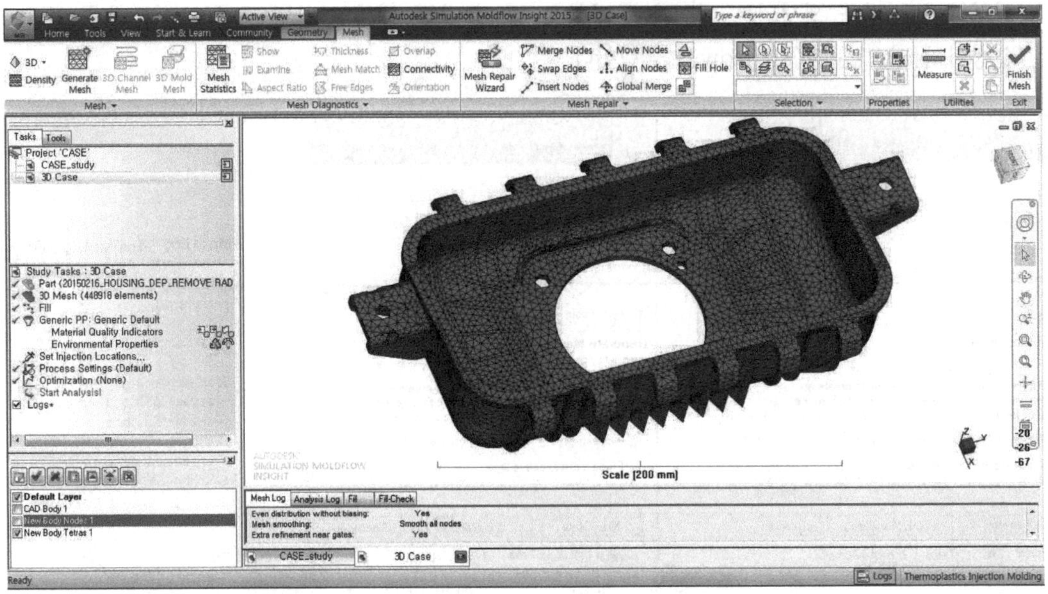

3.3 메쉬의 편집

3.3.1 Aspect ratio 확인과 수정

(1) 새로운 Project 명을 MESH_EDIT라 하고, CASE.stp 모델을 선택하고 열기를 선택한다. 메쉬 타입 선택 창이 열리면 Dual Domain을 선택하고 import 시킨다. Import 된 모델을 선택 후 Home - Mesh - Generate Mesh를 선택한다. Tools 창에 Global edge length의 값을 3으로 입력하고 Mesh Now를 선택하여 메쉬 생성을 진행한다. 아래 그림은 메쉬 생성이 끝난 상태를 보여준다.

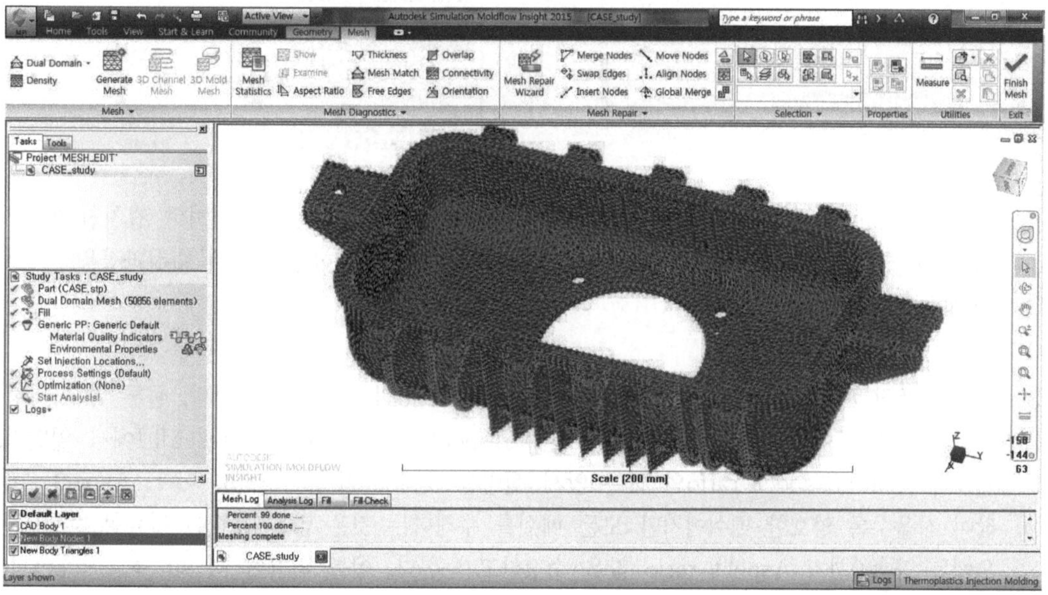

(2) 생성된 메쉬의 품질 체크를 위하여 Mesh Statistics를 선택한다. Tools 창의 Mesh Statistics에서 Show를 클릭하여 생성된 메쉬의 품질상태를 확인한다.

체크된 메쉬는 총 50,856개이며, 노드는 25,414개이다. 최대 Aspect ratio는 46.08, 최소 Aspect ratio는 1.16이다. 다른 메쉬와 연결되지 못한 메쉬(Free edge)의 edge는 0개, 2개의 메쉬가 서로 연결된 부분의 edge는 76284개, 하나의 메쉬 edge에 두 개의 메시가 연결되어 있는 edge는 0개 이다. 교차된 메쉬(intersection)의 개수는 0개이며, Dual Domain 메쉬 타입이므로 메쉬의 매칭률(Match percentage)은 91.7% 이다.

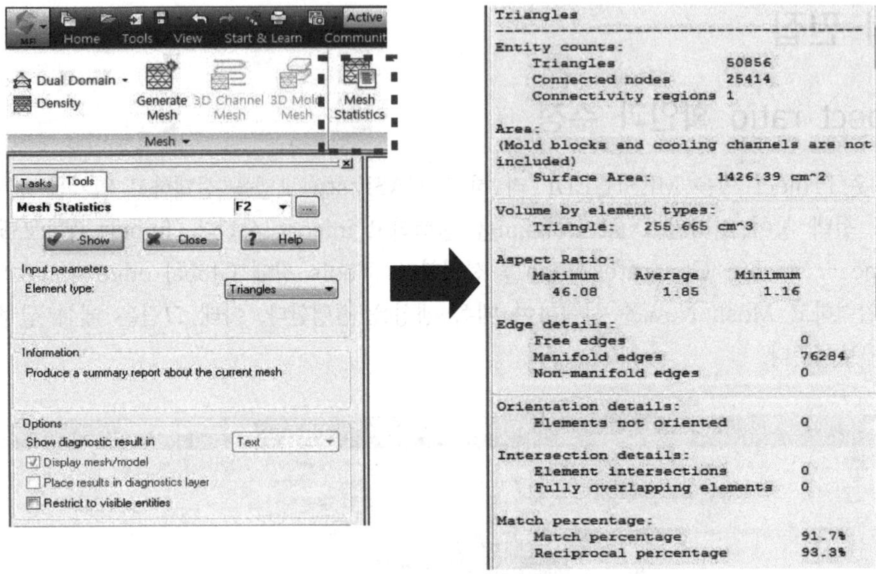

Dual Domain의 경우 메쉬들이 모두 연결되어 있어야 한다. 즉, 떨어지거나 겹쳐진 메쉬가 없어야 한다. 만약 Free edge와 Non-Manifold edge가 존재하면 찾아서 수정과정을 거쳐서 삭제해야 한다.

(3) 메쉬의 품질 체크를 마친 후에 가장 먼저 Aspect ratio의 수정을 진행한다. 물론 다른 사항부터 수정해 나가도 무방하다. 현재 모델의 최대 Aspect ratio는 46.08이다. MFI에서 일반적으로 권장하는 최대 Aspect ratio의 값은 앞서 설명한 것과 같이 20 ~ 30 이다. Aspect ratio의 값이 작을수록 양호한 메쉬이지만 모든 메쉬를 수정하는 것은 많은 시간이 필요함으로 이번 경우에는 약 20까지 Aspect ratio 값을 수정하고자 한다. 이를 위하여 Mesh ➜ Aspect Ratio 명령을 선택하면 Aspect ratio의 Tools 창이 열린다.

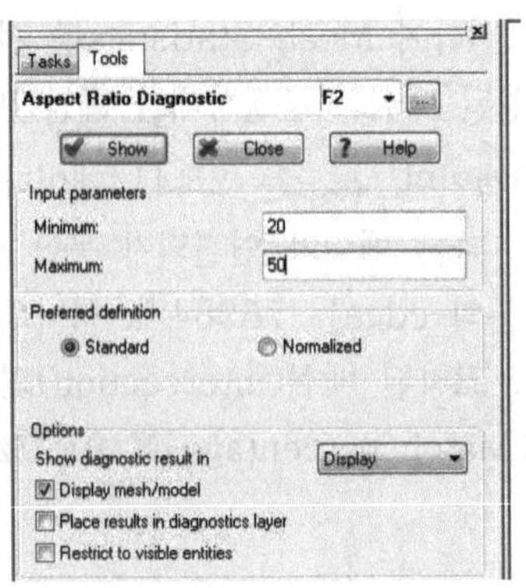

Aspect Ratio 명령은 설정된 Aspect ratio 값에 대응하는 메쉬를 모델링창에 나타내는 것으로 Tools 창의 Input parameters의 Minimum 값은 모델링 창에 표시하고자 하는 메쉬의 Aspect ratio의 최소값을 입력하고, Maximum 값은 최대 Aspect ratio 값을 입력하면 된다. 본 모델의 경우 앞서 말한 바와 같이 메쉬를 최소 20까지 수정하고자 결정하였으므로 Minimum 값은 20, Maximum 값은 50으로 입력한다(Maximum 값을 입력하지 않으면 자동으로 최대치까지 나타난다.). Maximum 값을 50으로 한 이유는 메쉬 품질 체크에서 최대 Aspect ratio 값이 46.08 이었으므로 이 값보다 높은 값을 입력하면 최대 Aspect ratio를 포함하는 메쉬가 모델링 창에 표시되기 때문이다. 값의 입력이 끝났으면 Show를 눌러 모델링 창에 설정된 Aspect ratio 값에 포함되는 모든 메쉬가 표시된다. 참고로 Options의 Display Mesh/model는 단순히 모델링 창에 설정된 Aspect ratio 값에 해당하는 메쉬를 표시하는 것이고, Place results in diagnostics layer는 설정된 Aspect ratio 값에 해당하는 메쉬만 새로운 Layer로 생성되게 한다.

Aspect ratio의 Color bar의 최대값 46.08을 갖는 메쉬가 위와 같다. 삼각 메쉬의 한변이 메쉬 작은 기형적인 삼각형을 이루고 있는 것을 볼 수 있을 것이다. 즉, 이러한 메쉬를 찾아서 반드시 수정해야 한다. 본 모델링의 경우 CASE의 주변에 수개가 존재하는 것을 볼 수 있다.

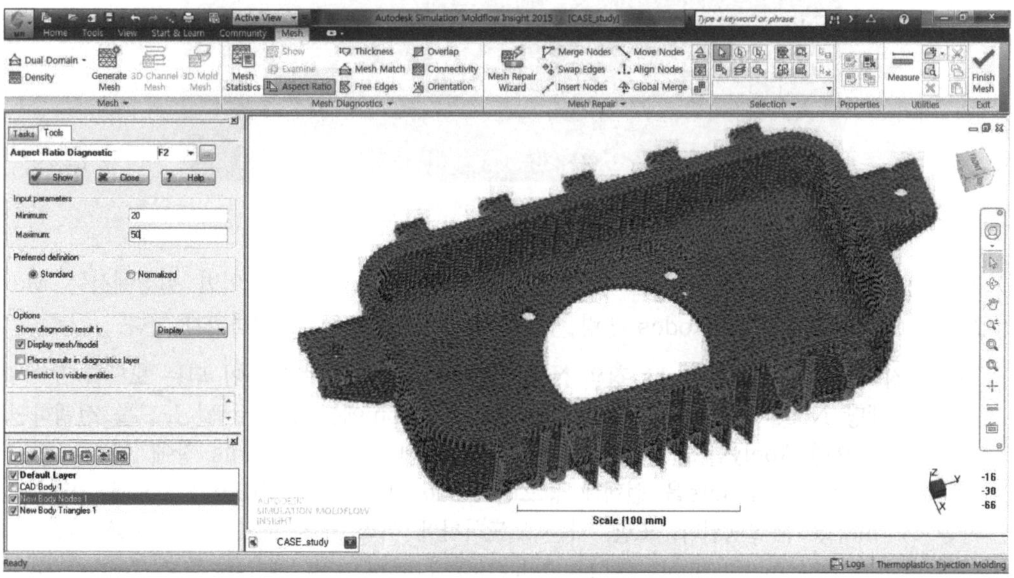

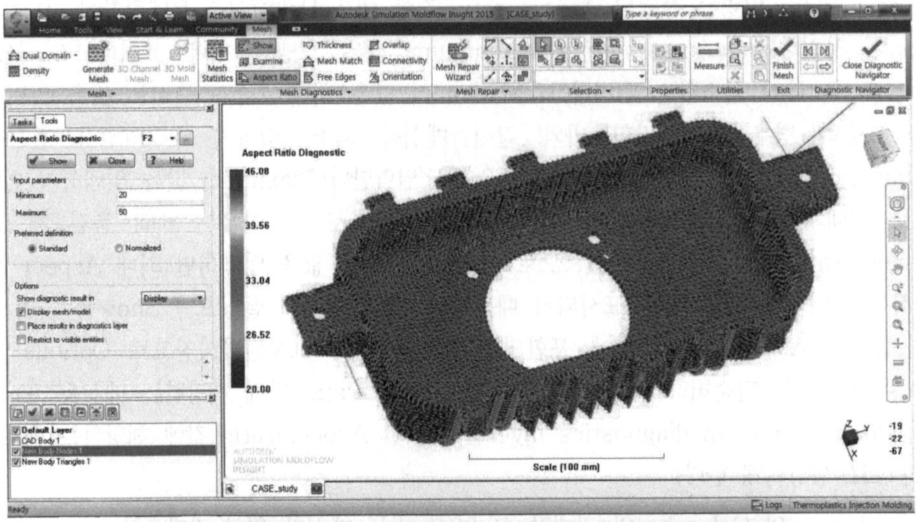

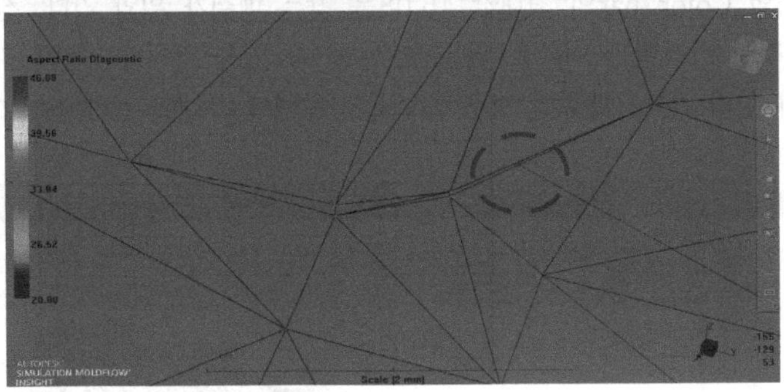

(4) 기형적인 메쉬를 수정하기 위한 방법은 몇 가지가 있다. 그러나 이번 설명에서는 Mesh → Mesh Repair의 Merge Nodes 명령을 통하여 메쉬의 수정을 설명하고자 한다.

Tools 창의 Input Parameters 창의 Node to merge to에는 기준이 되는 노드를 모델링 창에서 선택(해당 Node 클릭)하고, Nodes to merge from에는 merge 될 노드를 선택하면 된다. 선택이 끝났으면 Apply를 클릭하면 Merge를 실행한다. 참고로 Tools 창에 Automatic apply when selection complete을 선택해 놓으면 Nodes to merge from의 노드를 선택하는 순간 자동으로 merge가 실행된다. 또한, 기준 노드하나에 여러 개의 노드를 merge를 시킬 수 있다. 이럴 때에는 Automatic apply when selection complete의 체크를 풀고, Nodes to merge from의 노드 선택시 여러 개의 노드를 Ctrl + Select를 통하여 선택한 후 merge 할 수도 있다. 이렇게 설정된 Aspect ratio 값에 해당하는 메쉬를 하나하나 찾아서 메쉬를 Merge 하여 수정해 나간다. 우선 가장 높은 Aspect ratio 값을 갖는 메쉬의 노드를 수정해 나가면 모델링 창에서 Aspect ratio 값을 나타내는 Color bar의 값이 점점 줄어드는 것을 확인 할 수 있다.

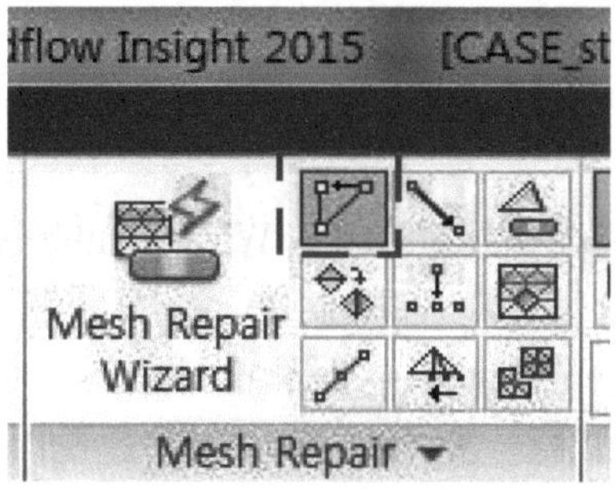

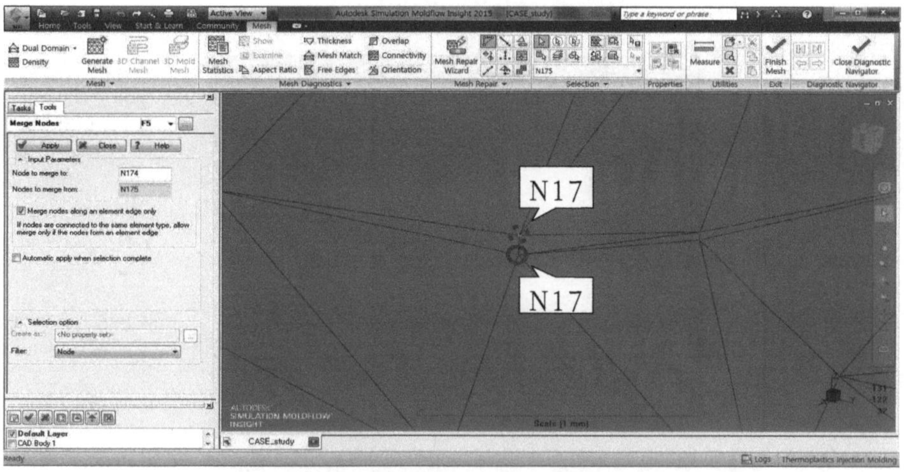

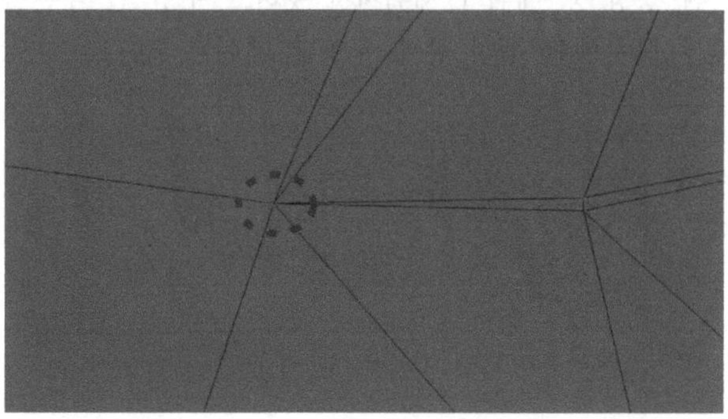

《메쉬 편집을 위한 Tip》

메쉬 편집을 쉽게 진행하기 위하여 해석의 결과에 영향을 미치지 않는 3D 모델의 작은 필렛(Fillet)과 홀(Hole)을 3D 모델의 import의 이전에 삭제한 후 import 시킨 모델에 메쉬를 생성시키면 메쉬의 편집량을 대폭 감소시킬 수 있다.

3.3.2 메쉬 편집 TOOL

(1) Mesh Repair Wizard

Mesh ➜ Mesh Repair Wizard를 선택한다. Wizard란 단어를 보아 알 수 있듯이 메쉬 편집 마법사라고 이해하면 된다. 즉, 자동으로 불량 메쉬를 수정하는 기능이다. Mesh Repair Wizard를 실행시키면 가장 먼저 Stitch Free Edges 수정 창이 나타난다. 수정을 원할 때에는 Fix 버튼을 클릭하여 수정하고, 수정을 원하지 않을 경우에는 Skip 버튼을 눌러 다음 수정 창으로 넘어간다. Next 버튼을 누르면 자동 수정 후 다음 수정 창으로 넘어간다.

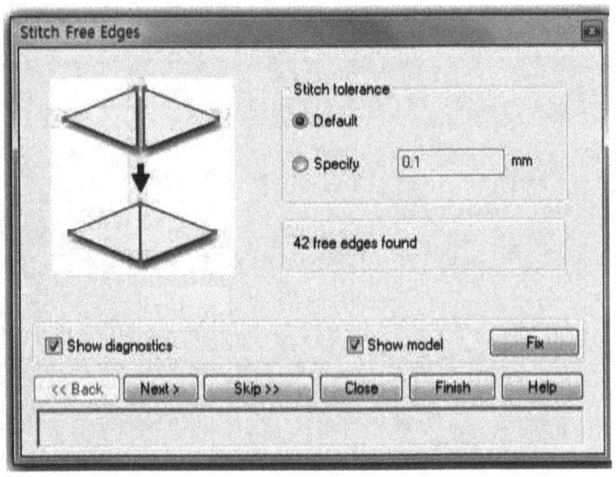

다음 수정 기능은 메쉬 생성 중 메쉬가 채워지지 못하고 구멍 난 부분을 찾아서 자동으로 매우는 기능이다. 본 모델의 경우에는 메쉬 생성 중에 구멍난 메쉬는 없으므로 Skip하고 다음 수정 창으로 넘어간다.

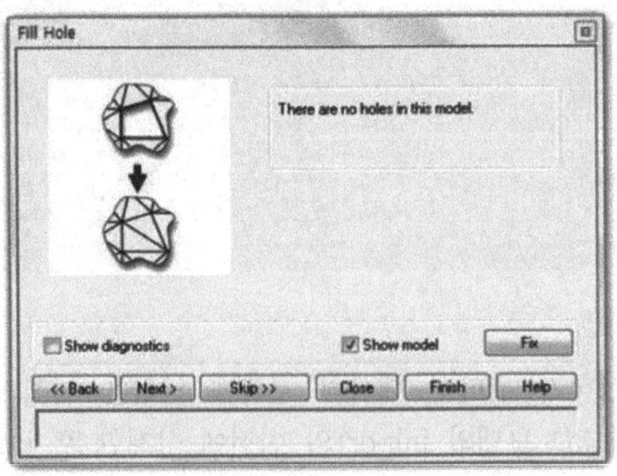

다음은 Overhang 메쉬의 수정창이다. 아래 창으로 보아 알 수 있듯이 메쉬 생성시 기본 모델과는 상관없는 메쉬가 생성되는 경우에 찾아서 제거하는 기능을 한다.

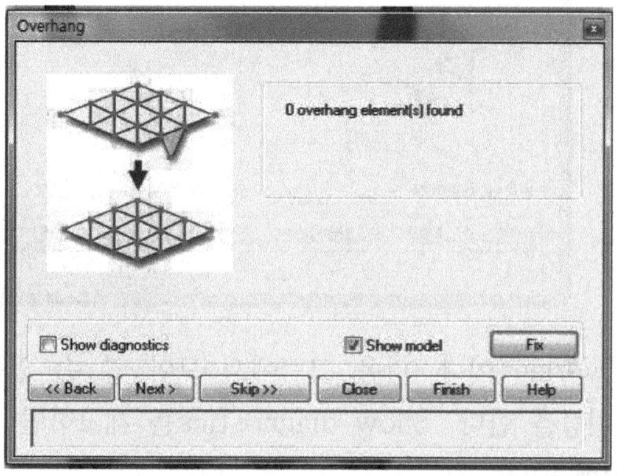

다음 수정 창은 Degenerate Elements로 연결되지 못한 노드를 찾아서 인접한 노드와 연결하여 메쉬를 수정하는 기능이다. Tolerance를 Default 또는 특정 값을 설정하여 메쉬를 수정할 수 있다. 주의 할 점은 Tolerance를 특정 값을 주고 수정할 경우 원하지 않은 메쉬도 수정 될 가능성이 있다. 따라서 메쉬 수정 후에 수정된 메쉬를 확인할 필요가 있다.

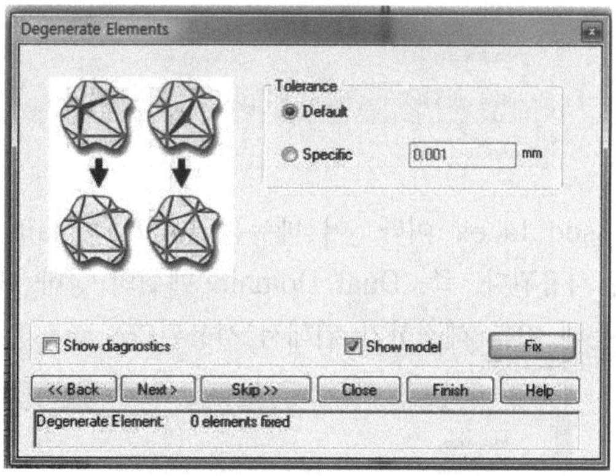

다음 수정 창은 Flip Normal 이다. 일반적으로 3D 모델을 Dual Domain 메쉬 타입으로 메쉬를 생성시킬 경우에는 거의 해당 사항이 없다. 2D 모델의 Surface에 대하여 메쉬를 생성시키면 메쉬의 양면을 금형의 Core와 Cavity 개념으로 인식한다. 따라서 Show diagnostics 체크해보면 Top과 Bottom으로 구별된다. 만약 Top과 Bottom이 섞여 있다면 수정하여 동일하게 맞춰야 한다.

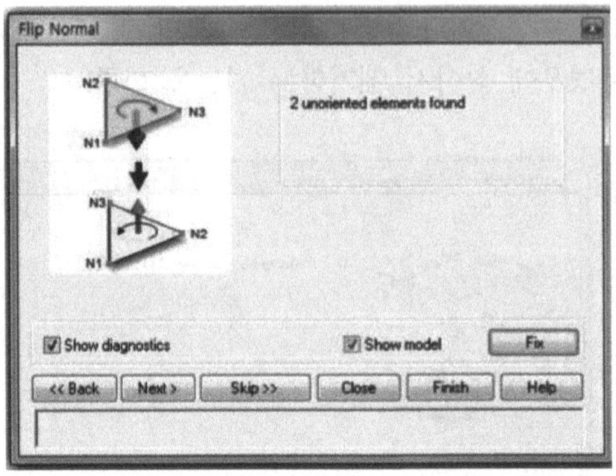

다음 수정 창은 Fix Overlap 이다. 다음 그림에서 보아 알 수 있듯이 겹쳐 지거나 간섭 되어진 메쉬를 바르게 수정하는 기능을 한다. Show diagnostics를 체크하면 현재 메쉬들 중에서 overlap과 intersection 메쉬를 표시해 준다.

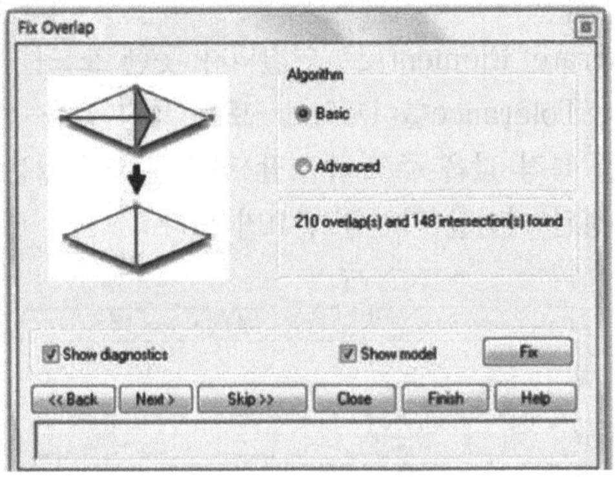

다음 수정 창은 Collapsed faces 이다. 이 메뉴는 Dual Domain 메쉬 타입으로 생성된 상하의 메쉬가 서로 접한 경우에 사용된다. 즉, Dual Domain 메쉬의 상하 메쉬가 접하면 제품의 두께가 0 으로 인식 문제가 발생하는데 이를 해결하기 위해서 사용된다.

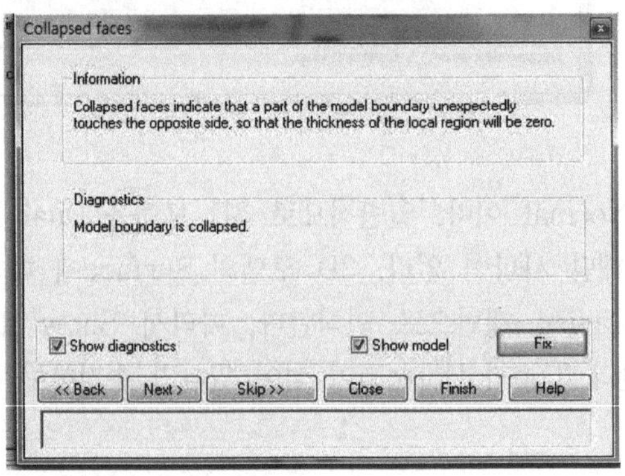

다음 수정 창은 Aspect Ratio 이다. 이 기능은 특정 Aspect Ratio 값을 입력하여 현재 생성된 메쉬의 Aspect Ratio 수정하는 기능이다. Show diagnostics를 체크하면 현재 생성되어 있는 메쉬들의 Aspect ratio 분포가 표시된다.

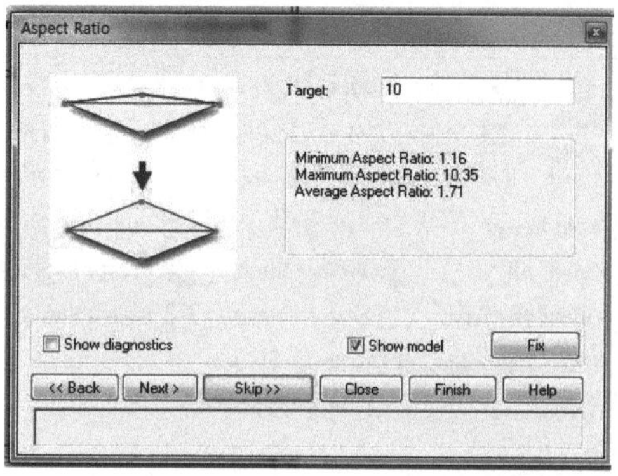

마지막 창은 Summary 이다. 이 창은 지금까지 각 수정 기능을 통하여 수정된 내용이 표시된다.

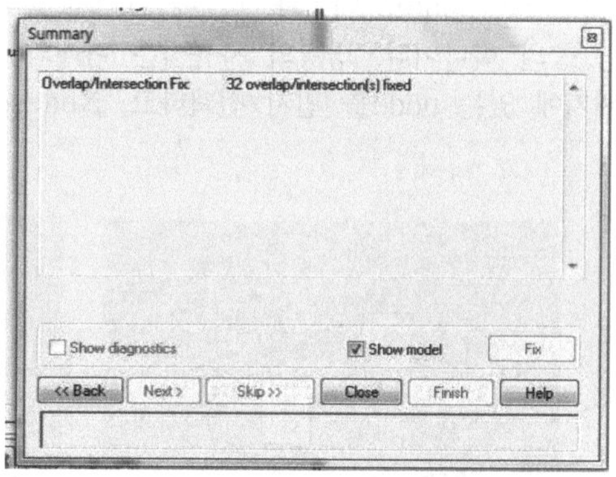

《주의》

Mesh Repair Wizard 기능은 해석자가 메쉬를 쉽게 수정하기 위하여 마련된 기능이다. 그러나 실제로 Mesh Repair Wizard 기능을 사용하여 메쉬를 수정해 보면 원하지 않거나 정상적인 메쉬까지 수정되는 문제를 종종 확인할 수 있다. 따라서 Mesh Repair Wizard를 이용하여 메쉬를 수정하였을 경우에는 수정된 메쉬에 문제가 없는지 확인 후 다음 과정으로 진행해야 한다.

(2) Mesh Repair

아래는 Mesh Repair에 포함되어 있는 메쉬 편집 Tool을 나타낸 것이다. 각각의 Tool에 대한 설명을 차례로 진행할 것이다.

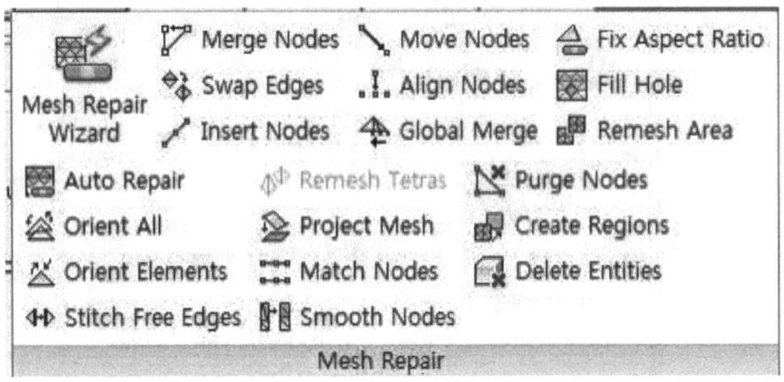

1) Merge Nodes

Merge Nodes는 node를 다른 node로 이동과 동시에 합쳐서 하나의 노드로 만드는 명령으로 가장 많이 사용되는 명령 중의 하나이다. 명령의 사용법은 아래와 같다. Node to merge to에는 최종 merge 되어갈 위치에 있는 node를 먼저 선택하고, Nodes to merge from에 merge 될 node를 선택하면 된다.

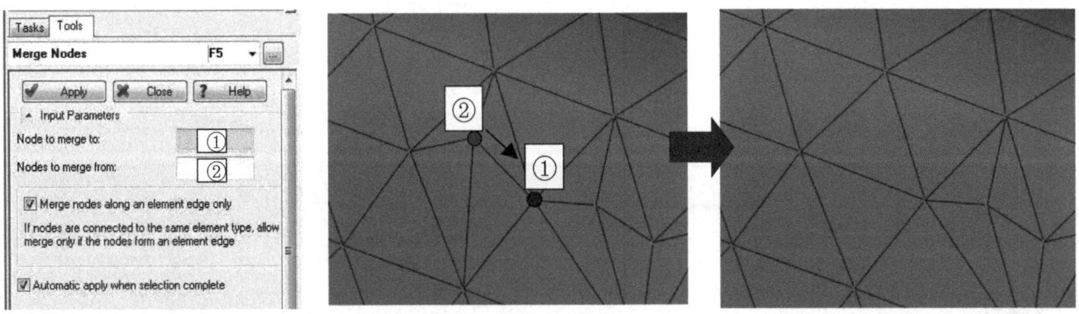

2) Swap Edge

아래와 같이 주위의 다른 메쉬들과는 다른 방향성을 가진 두 개의 메쉬를 다른 메쉬들과 동일한 방향성을 가지도록 편집하는 명령이다. 방향성이 다른 두 개의 메쉬를 차례로 선택하면 된다.

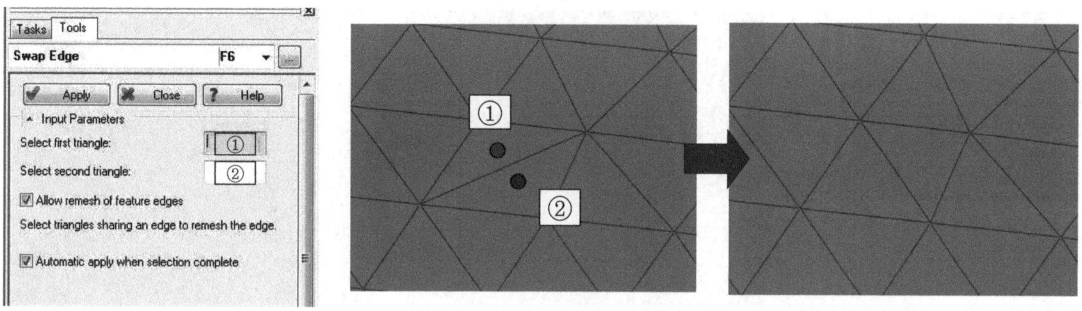

3) Insert Nodes

Node와 node 사이에 새로운 node를 생성시키면서 기존 메쉬를 나누는 기능이다. 추가로 이 편집 기능의 옵션 중에서 Create new node at의 Center of triangle은 하나의 메쉬를 구성하는 3개의 node의 중심에 새로운 node를 생성시켜 기존 메쉬를 세 개로 나눈다.

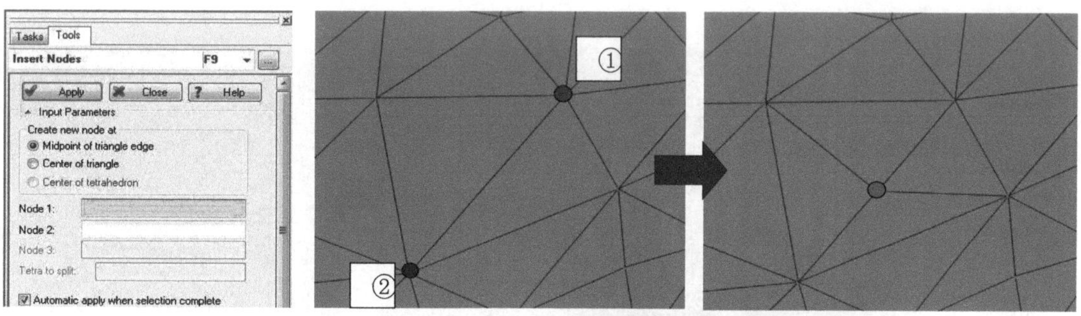

<Option>
Center of triangle 선택시

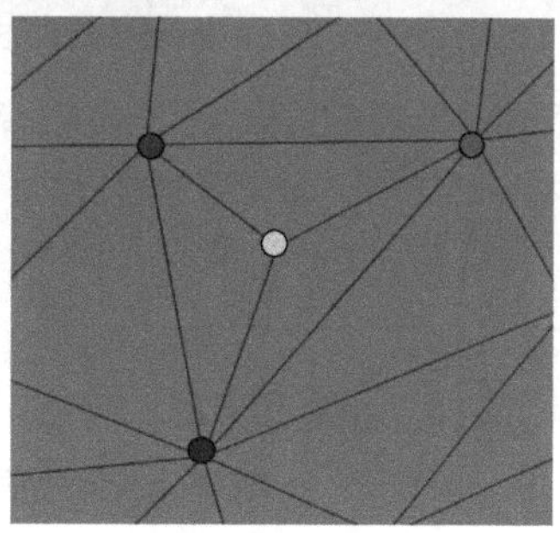

4) Move Nodes

Move Node 기능은 node를 이동시킬 때 사용된다. Node의 이동은 모델링 창의 절대좌표계와 움직이길 원하는 node의 상대좌표를 모두 적용할 수 있다.

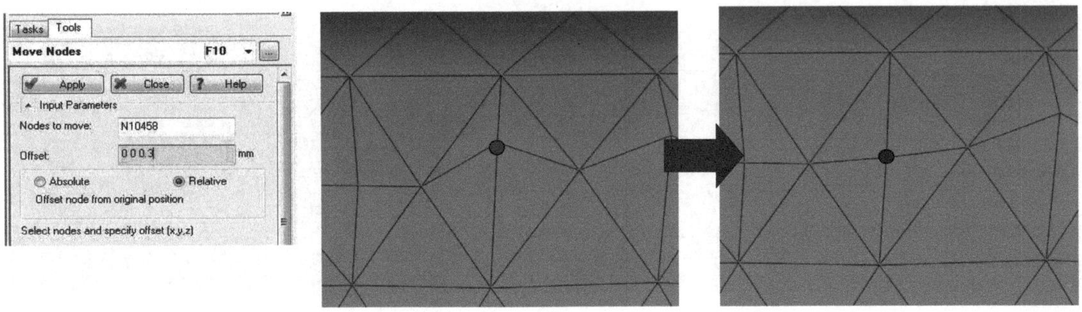

5) Align Nodes

인접된 node와의 높이 또는 폭을 맞추기 위해서 사용된다. 기준되는 2개의 노드를 선택한 후 정렬하기 세 번째 node를 선택하면 된다. 참고로 정렬하기 원하는 node를 입력하는 Nodes to move 창에는 두 개 이상의 node를 선택할 수 있다. 방법은 세 번째 node의 선택시 ctrl 키를 누르고 정렬하길 원하는 여러 개의 node를 선택하면 된다.

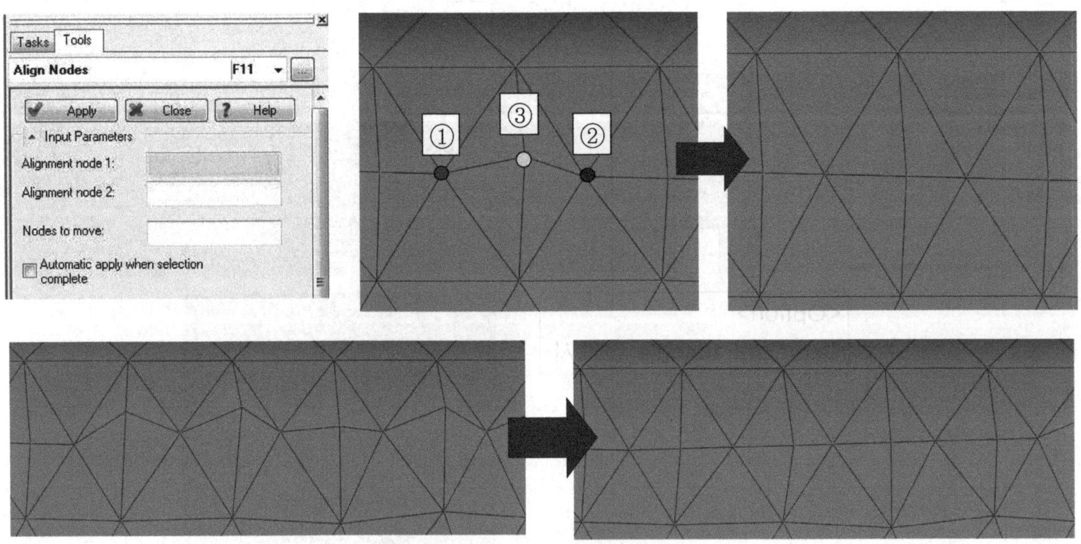

< 다중 node 선택 후 align 실행 전후 >

6) Global Merge

설정된 Merge tolerance 내의 모든 node들을 하나로 합치는 명령이다. 아주 작은 메쉬, overlap 된 메쉬의 node 편집에 유용하다.

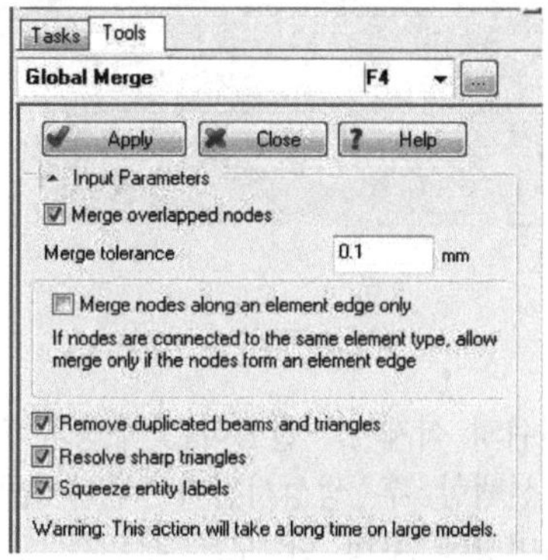

7) Purge Nodes

Purge Nodes는 현재 메쉬 모델에서 어떠한 메쉬에도 속하지 못한 node를 모두 제거하는 기능을 가지고 있다.

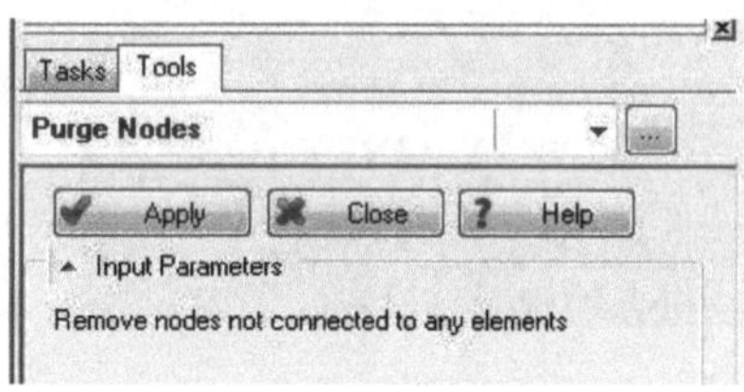

8) Orient All

Dual Domain 메쉬 타입에서 메쉬의 방향을 동시에 수정하는 기능이다.

9) Remesh Area

생성된 메쉬에 대하여 Target edge length를 다시 설정하여 선택한 메쉬의 크기를 재수정하는 기능이다.

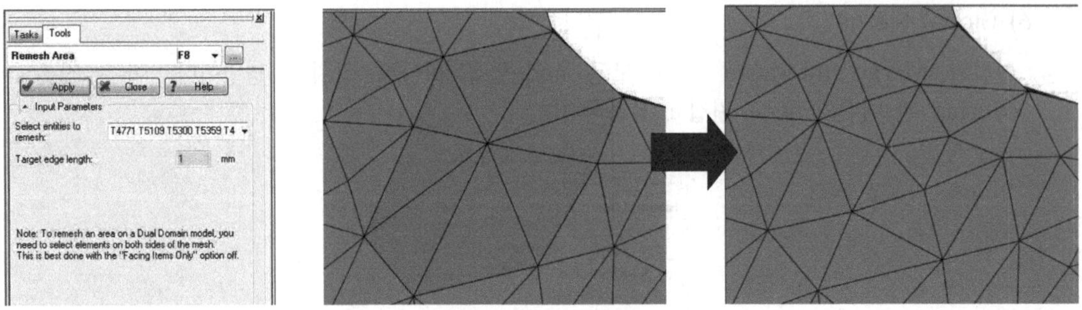

10) Fill Hole

메쉬 생성과정 또는 기존 메쉬의 삭제 후 발생하는 구멍을 채우는 명령으로 구멍 난 메쉬와 인접한 메쉬의 node를 차례로 선택한 후 생성시킨다. 우선 구멍 난 곳의 node 하나를 선택한 후 search 버튼을 클릭하면 화면상에 구멍 난 모든 부위를 포함하는 부분을 파란색 줄로 연결하여 나타난다. 구멍 확인 후 apply 하면 자동으로 구멍에 메쉬가 생성된다.

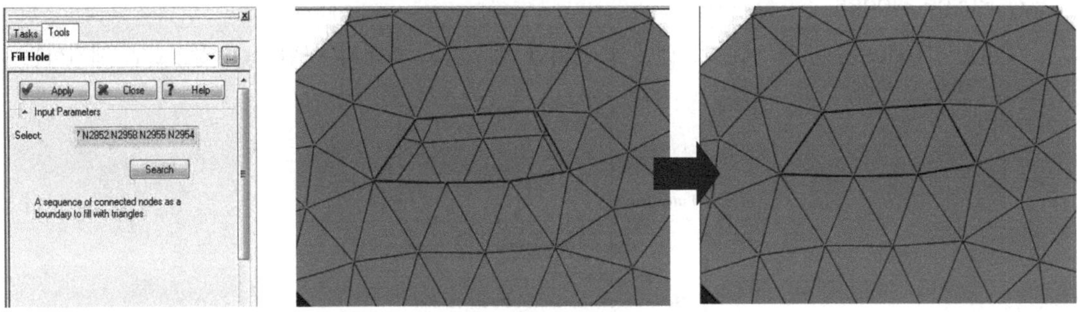

11) Create Triangles

세 개의 node를 차례로 선택하여 Triangle 메쉬를 생성시키는 기능을 한다. 메쉬의 삭제 후 주변 node를 연결하여 새로운 메쉬를 생성시킬 때 주로 사용된다.

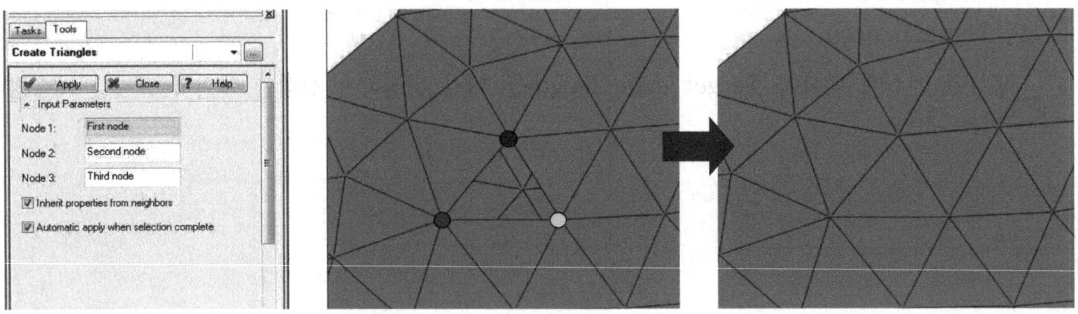

3.4 유동 시스템 생성

사출금형에서 플라스틱 용융수지가 캐비티까지 이동하는 구간을 유동 시스템(flow system)이라 한다. MFI에서는 현재 금형에 사용되고 있는 유동 시스템의 대부분을 구현할 수 있다. 스프루, 러너, 게이트 등의 기본적인 구현은 물론 특수 유동 시스템도 구현할 수 있다. 예를 들어 핫 스프루, 핫 러너, 핫 게이트, 벨브 게이트 등이 포함된다.

3.4.1 다이렉트 게이트

다이렉트 게이트는 캐비티가 1개이며, 스프루에서 직접 캐비티로 용융수지가 주입되므로 사출압력 손실이 적다.

다이렉트 게이트의 생성은 아래와 같다.

1) 모델 Import

다이렉트 게이트 생성 연습을 위하여 cup.prt 파일을 Dual Domain 타입 메쉬로 import 시킨다. Import 된 모델을 edge size가 2.5로 설정하여 메쉬를 생성시킨다.

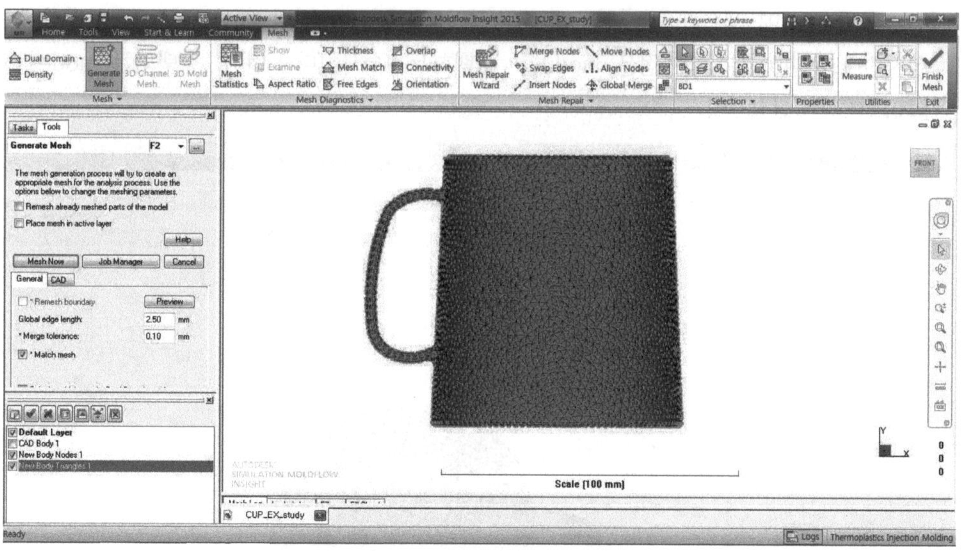

2) 컵의 바닥 중앙 node를 기준으로 Y축 방향으로 100mm 높이 방향으로 node 1개를 생성시킨다. Geometry-Nodes-Node by Offset에서 Base에 컵 바닥 중앙 node를 선택 후 Offset에 0 100 0 입력 후 apply 하면 Y축으로 100 상승된 곳에 새로운 node가 생성된다.

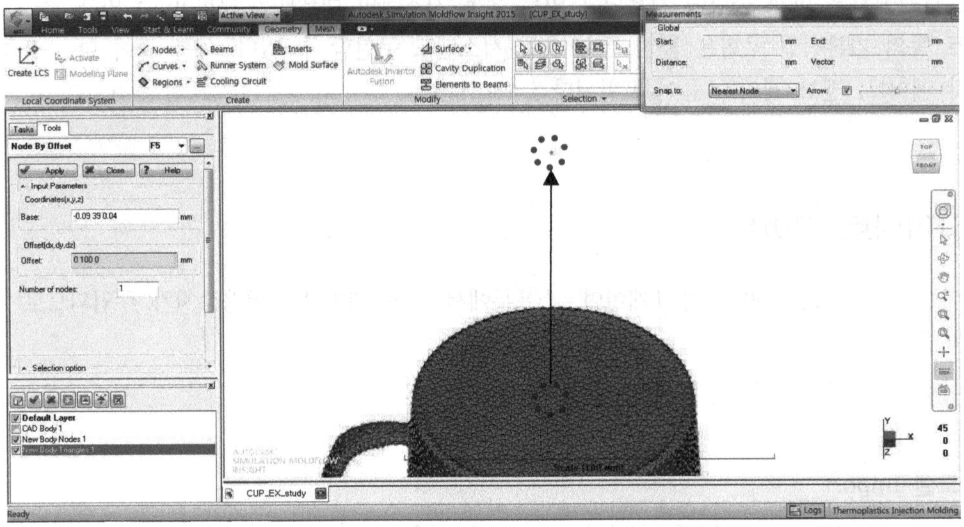

3) 스프루가 될 line을 생성시켜야 한다. Geometry-Curves-Create line을 선택한다. Create line창의 first에 새롭게 생성된 node를 선택하고, Second에 바닥 node를 선택하여 line을 생성시킨다. 이때 유의할 점은 node를 선택하는 순서이다. 먼저 선택되는 node를 기준으로 property가 설정된다.

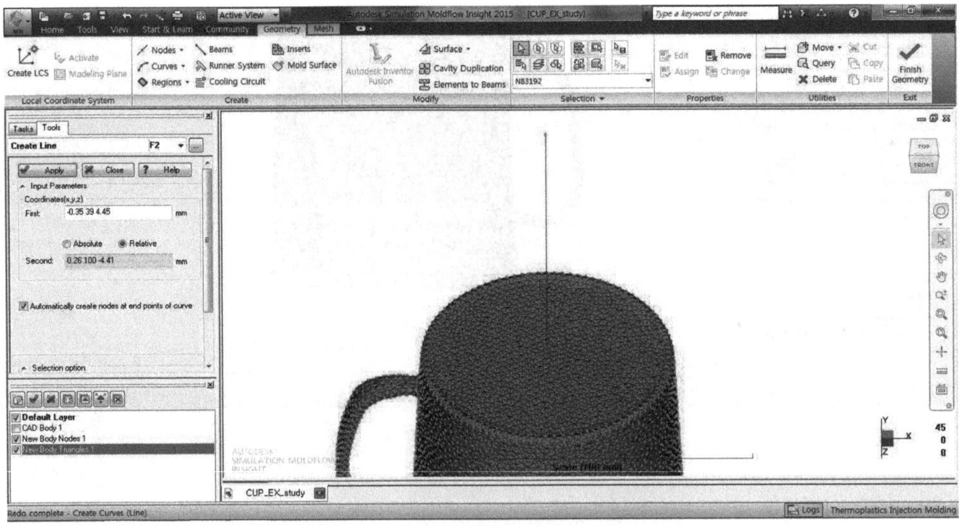

4) 생성된 line에 Property를 주고 다이렉트 게이트를 생성시킨다. 생성된 line를 선택한 후 MB3의 Properties를 클릭한다.

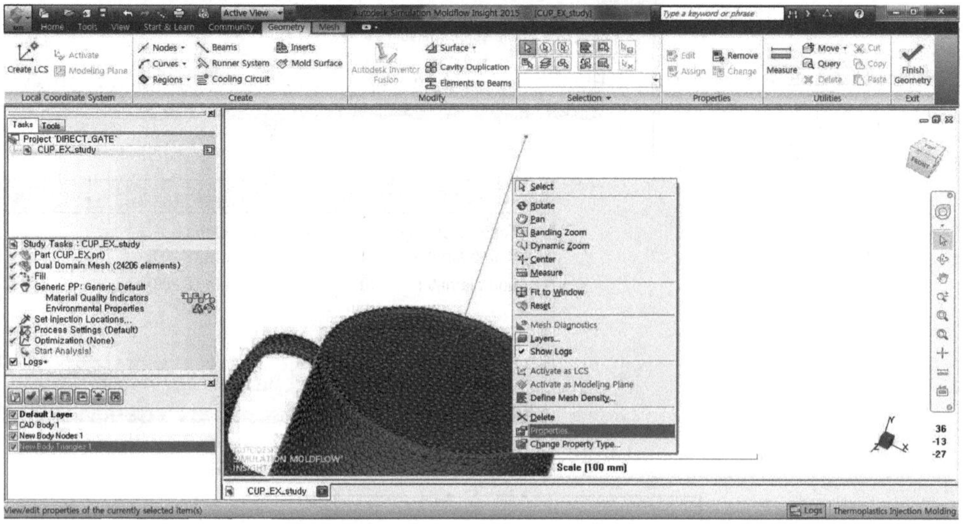

Properties 선택과 동시에 모델링 창에는 아래와 같은 메시지 창이 활성된다. 메시지는 "선택된 라인은 지금까지 어떠한 property도 할당된 적이 없다. 새로운 property를 할당 할 것인가?"라는 것이다. 물론 예(Y)를 선택하고 새로운 property를 입력한다.

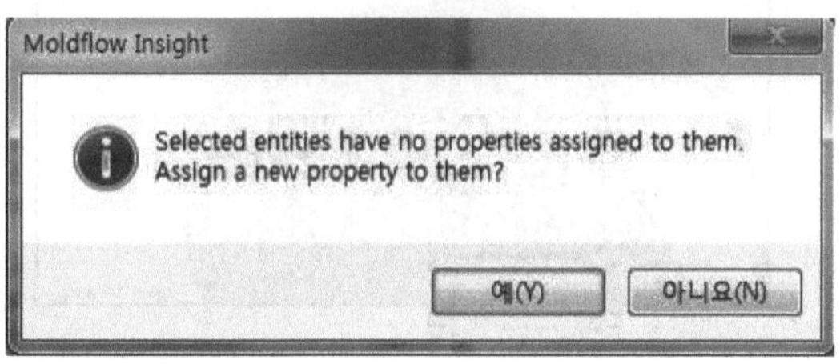

5) Assign Property 창에서 New를 클릭 한 후 Cold sprue를 선택한다. Cold sprue 설정창에서 Tapered (by end dimensions)을 선택하고, Edit dimensions을 클릭하여 경사진 sprue의 치수를 정의한다. Start diameter 4(mm), End diameter 8(mm)를 입력하고 확인한다. 모든 팝업창을 확인하고 닫는다.

모든 창을 닫으면 모델링 창의 line은 연두색으로 바뀐다. 이는 property가 바르게 입력되었다는 것을 뜻한다.

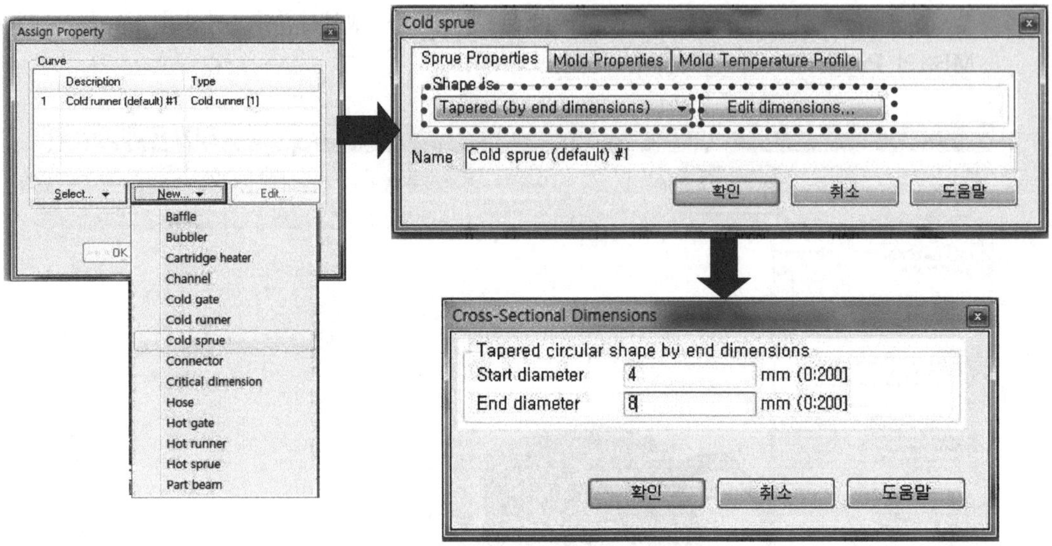

6) 스프루 line에 메쉬를 생성시킨다. Mesh/Generate Mesh에서 Mesh Now를 클릭하여 property가 정의 된 line에 메쉬를 생성시킨다. Global edge length를 5로 하여 메쉬를 생성시킨다.

단, 정확한 해석을 위해서는 형체력 방향을 고려하여 스프루 및 제품의 방향을 Z축과 일치되도록 하여야 한다.

3.4.2 Cold sprue, runner, gate의 생성

앞선 절에서는 다이렉트 게이트의 생성을 설명하였다. 다이렉트 게이트는 앞으로 설명할 유동 시스템의 가장 기본적인 요소로 이해하면 된다. 지금부터 스프루, 러너), 게이트를 모두 포함하는 유동 시스템을 생성한다.

(1) 캐비티의 구성

연습할 과제는 주위에서 흔히 볼 수 있는 계산기 커버를 대상으로 하였다. 커버가 성형 될 금형은 2개의 캐비티로 구성되어 있다. 따라서 MFI 상에서 2개의 캐비티 레이아웃을 연습해 보자.

1) 해석 모델링 불러오기

Calculater_cover.sdy 파일을 불러서 모델링 화면상에 활성화 시킨다. 모델은 Dual Domian 타입으로 메쉬가 20298개, node가 10105개로 구성되어 있다. 크기는 약 65(mm) × 130(mm) × 7.5(mm) 이다.

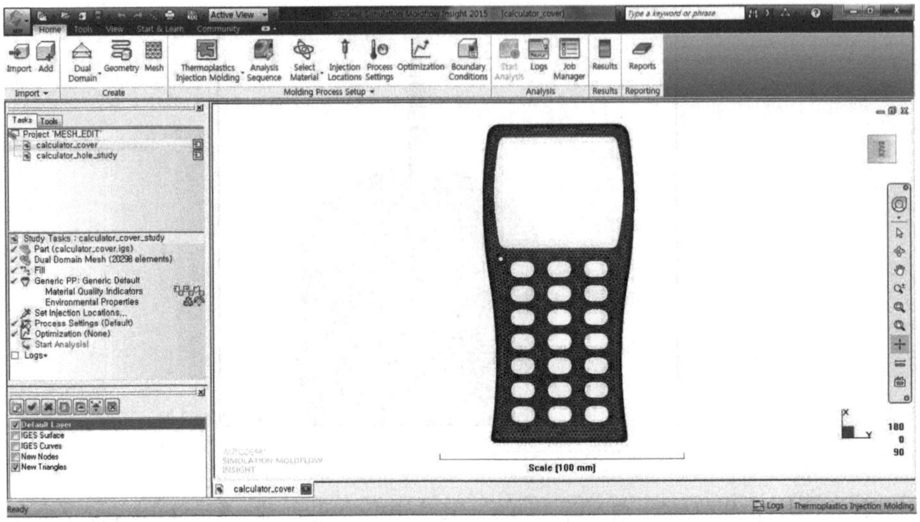

2) 메쉬 모델 복사하기

Geometry−Move−Translate에서 메쉬 모델 전체를 선택한다. Tools 창의 Select에는 전체 메쉬가 선택된다. Vector(x,y,z)에 0 120 0(Y축 방향으로 120 이동)을 입력한다. 메쉬 모델을 복사할 것이므로 Copy를 선택하고, Apply 한다.

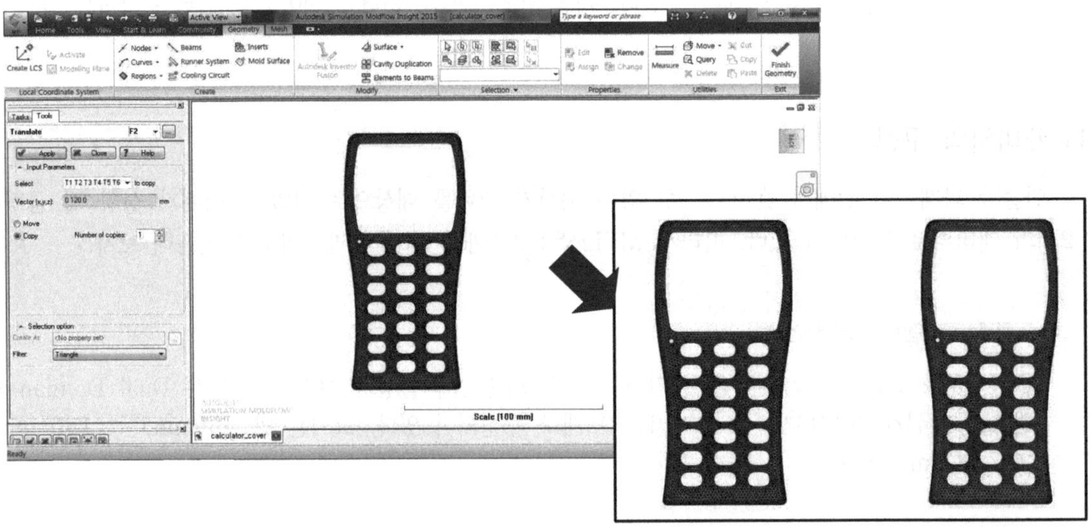

3) 복사된 메쉬 모델을 180° 회전시켜 위치시킨다. Geometry-Move-Rotate에서 복사된 메쉬 모델 전체를 선택한다. Tools 창의 Select에는 전체 메쉬가 선택된다. Axis에는 Z축을 선택하고, Angle에는 180을 입력한다. 그리고 회전을 위한 중심점을 Reference point에 입력한다. 복사된 메쉬 모델의 중앙부를 클릭한다. Reference point는 아래 그림을 참조한다.

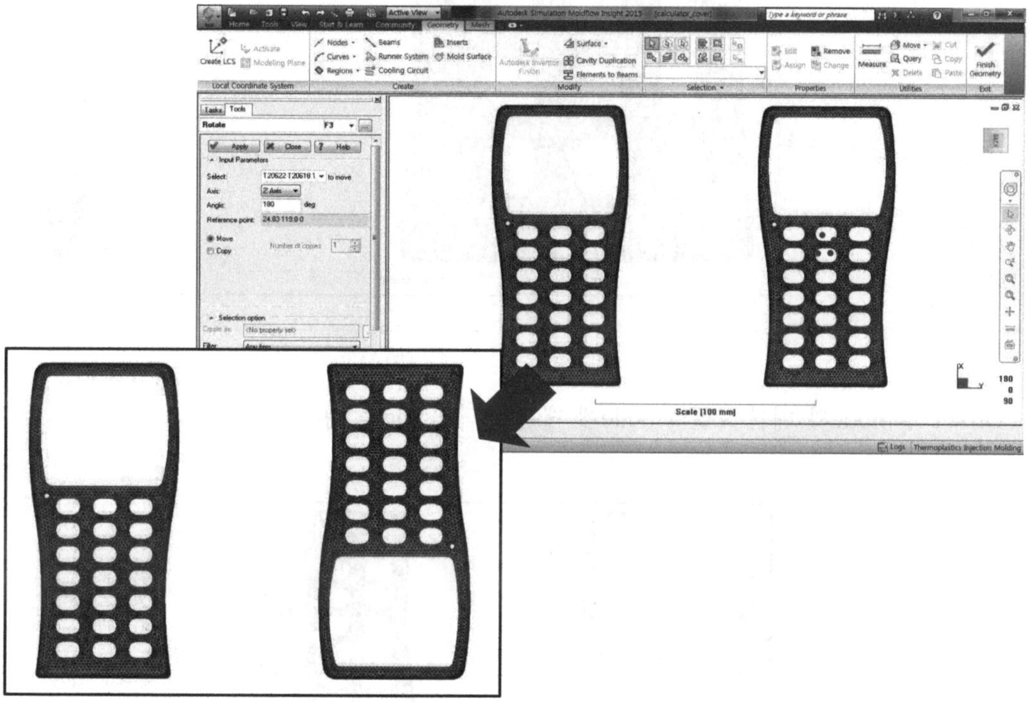

4) 게이트의 생성을 위한 line을 생성시킨다. 앞서 설명한 스프루 게이트 생성과 같은 방법으로 진행한다. 우선 메쉬로부터 node를 offset 시키고, offset 된 node 사이를 line으로 연결한다. 참고로 본 실습 예제의 경우 메쉬의 중앙부에 사이드 게이트를 생성시킬 것이다. 사이드 게이트는 주로 사각형 단면을 갖는다.

아래 그림과 같이 메쉬 모델 측면 node를 Y축으로 1.5(mm) 만큼 node를 offset 시킨다. 반대쪽 복사된 메쉬도 같은 방법을 이용하여 node를 offset 시킨다.

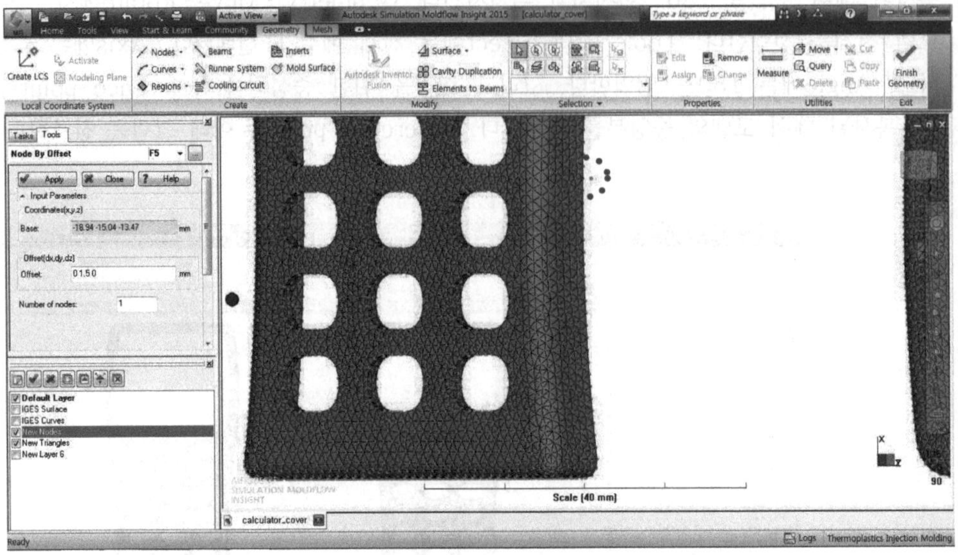

Offset 된 node와 메쉬 모델의 node에 게이트가 될 line을 생성시킨다.

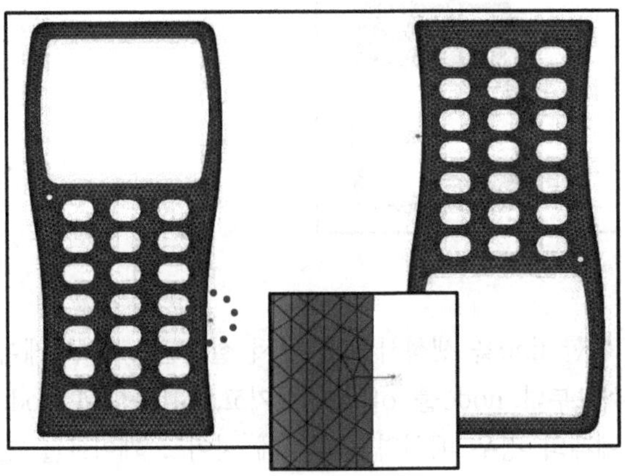

5) 러너의 생성을 위한 line을 생성시킨다. 앞의 4)에서 설명한 방법과 동일하게 node를 생성시킨 후 line으로 연결한다. 게이트의 line을 위하여 offset 된 node를 기준으로 Y측으로 32.5(mm) offset 시켜 node를 생성시킨다. 반대쪽 캐비티에도 동일한 거리를 offset 시켜 노드를 생성시킨다. Offset된 노드 사이를 line으로 연결한다.

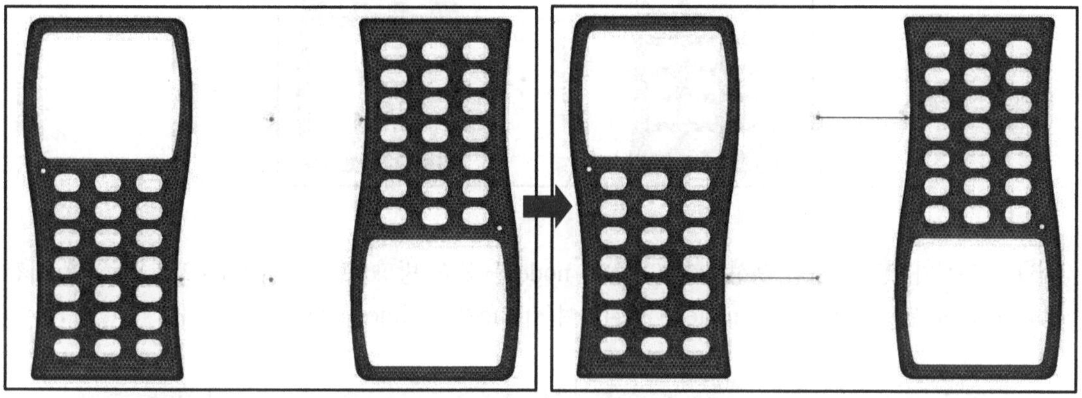

Geometry－Nodes－Node Between Coordinates를 이용하여 최후에 offset 된 node 사이에 새로운 node를 생성시킨다.

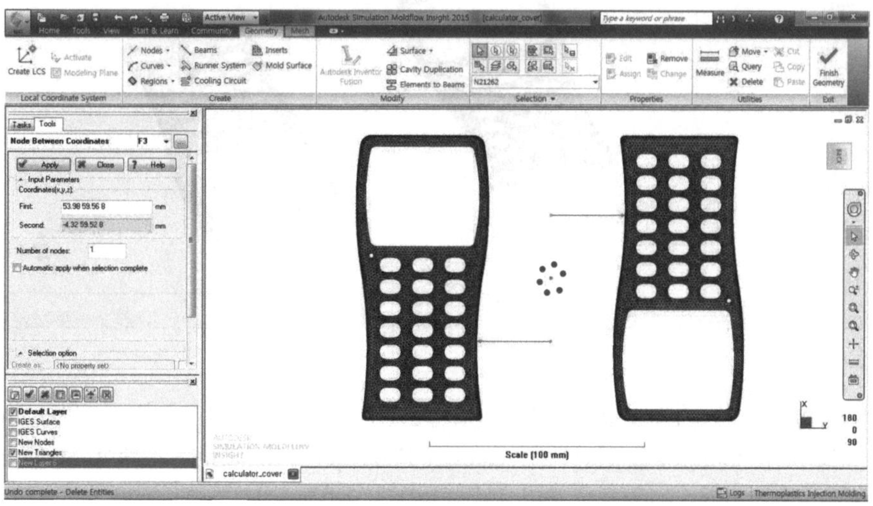

새로 생성시킨 중간 node를 상하 node와 다시 line으로 연결하여 러너 생성을 위한 line을 마무리 한다.

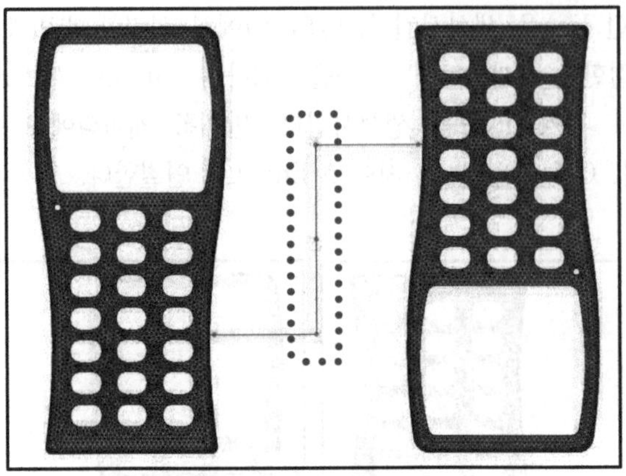

6) 스프루가 될 line을 생성시킨다. 중앙 node를 Z축 방향으로 -60(mm)으로 offset 시킨다. offset 된 node를 중앙 node와 연결하여 sprue가 될 line을 생성시킨다.

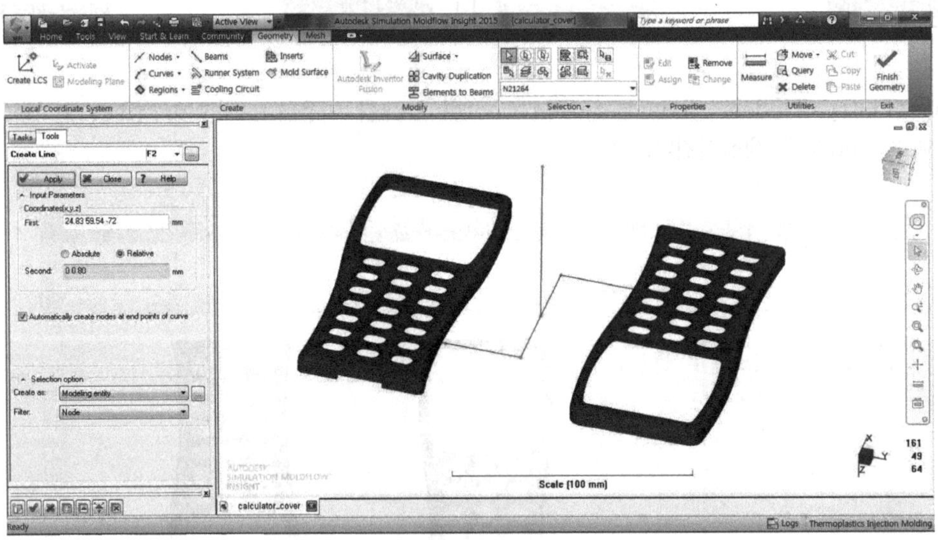

7) 생성된 line 들에 대하여 property를 입력한다. 최초 생성시킨 게이트를 위한 line을 선택한 후 MB3의 properties를 입력한다. Assign Property에서 New를 선택한 후 Cold gate를 선택한다. Edit dimensions를 클릭하여 게이트 크기를 정의한다. 게이트 크기는 Width 2, Height 2를 입력하고 확인 후 모든 창을 닫는다. 동일한 방법으로 반대쪽 게이트 line도 정의한다.

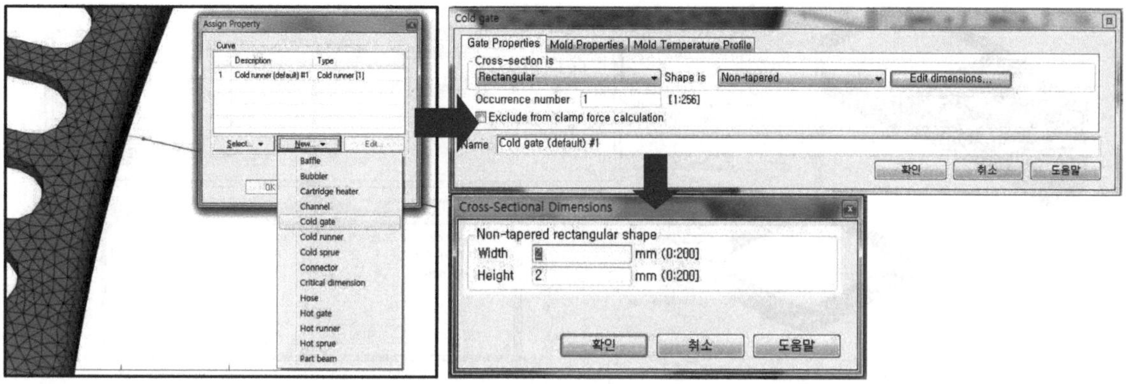

8) 러너 line에 property를 정의한다. 러너 line 모두를 선택(ctrl + select)한 후 MB3에서 properties를 선택한다. Cross-section은 Circular, Shape은 Non-tapered, Edit dimensions은 8(mm)로 정하고, 확인 버튼을 눌러 모든 팝업창을 닫는다.

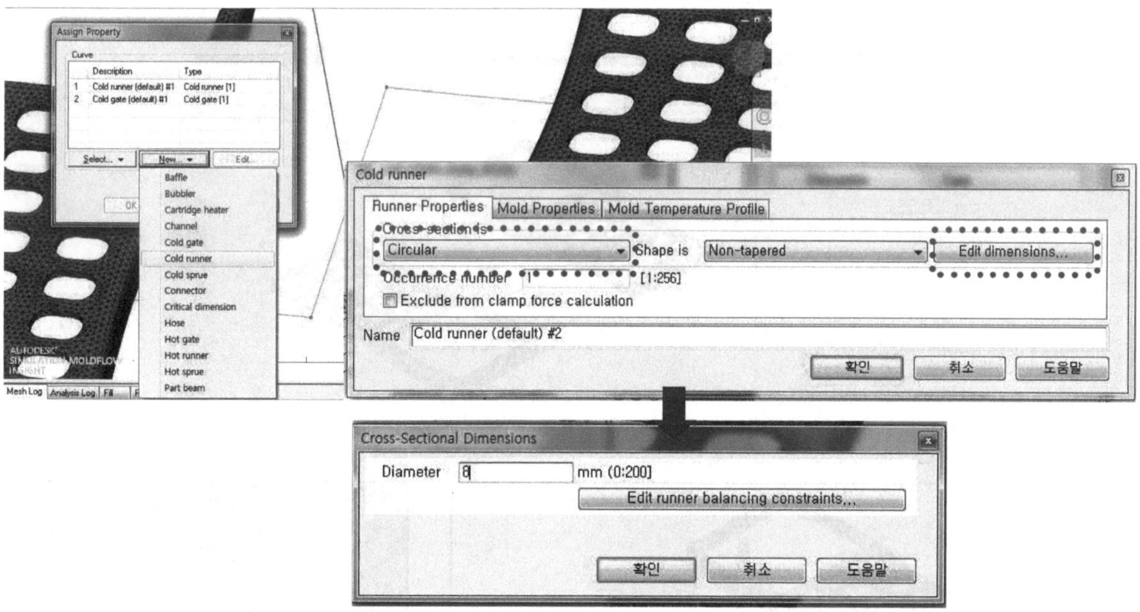

9) 스프루 line의 property를 정의 한다. 스프루 line을 선택하고, MB3의 properties를 선택한다. Assign property에서 New를 선택하고, Cold sprue를 선택한다. Shape은 Tapered(by end dimensions), Edit dimensions에서 Start diameter 4(mm), End diameter 8(mm)로 입력하고, 확인버튼을 눌러 모든 팝업창을 닫는다.

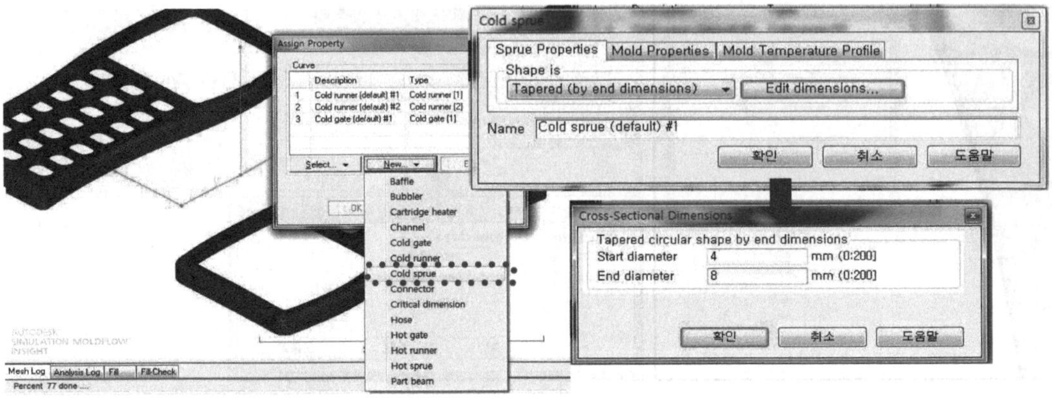

10) 지금까지 입력한 property에 대하여 Beam 메쉬를 생성시킨다. Generate mesh에서 Global edge length 값을 20으로 입력하고 Mesh Now 한다. 참고로 Beam Mesh의 경우 Aspect ratio는 2~3을 추천한다. 따라서 위의 경우 runner 직경이 8인 경우에 Aspect ratio를 2~3을 만족하기 위해서는 16 ~ 24로 입력한다.

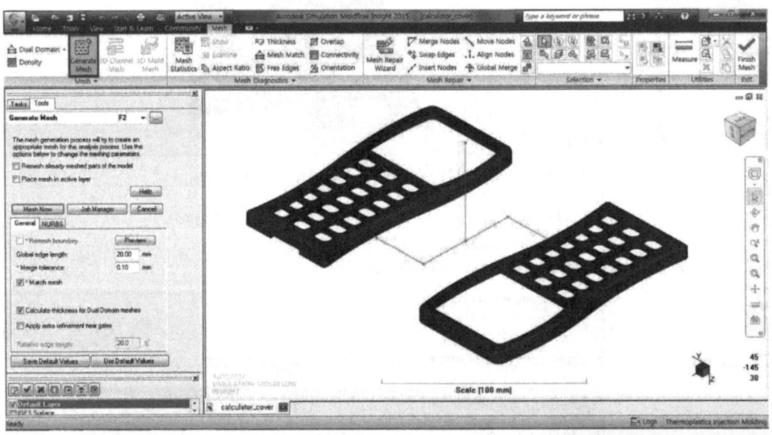

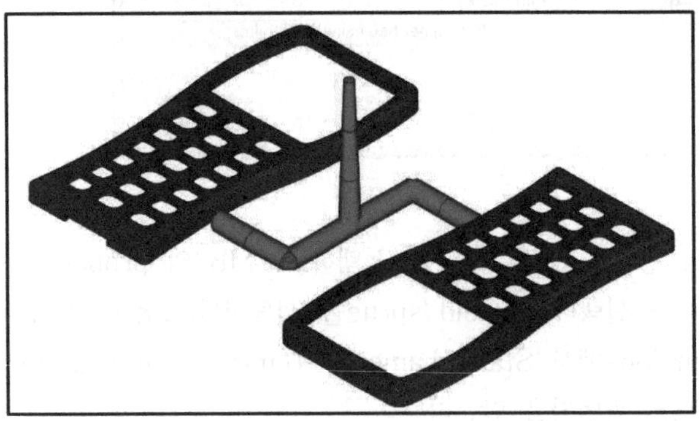

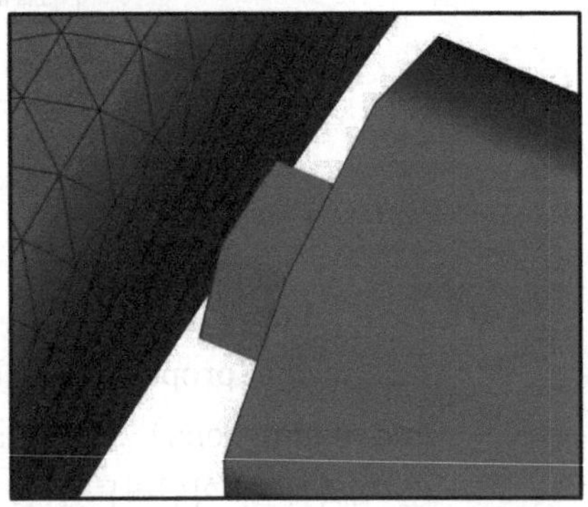

(2) Occurrence Number를 이용한 메쉬 생성

다음과 같이 4개의 캐비티로 구성된 해석 모델이 있다. 이 모델을 MFI의 메쉬 정의를 위한 Occurrence Number를 이용하여 단순화 시킬 수 있다. Occurrence Number 기능을 이용하면 해석 시간을 단축할 수 있으며, 해석 결과는 전체 모델을 해석하는 것과 거의 일치한다. 따라서 Occurrence Number 기능을 적절하게 사용하면 해석 생산성을 향상시킬 수 있다.

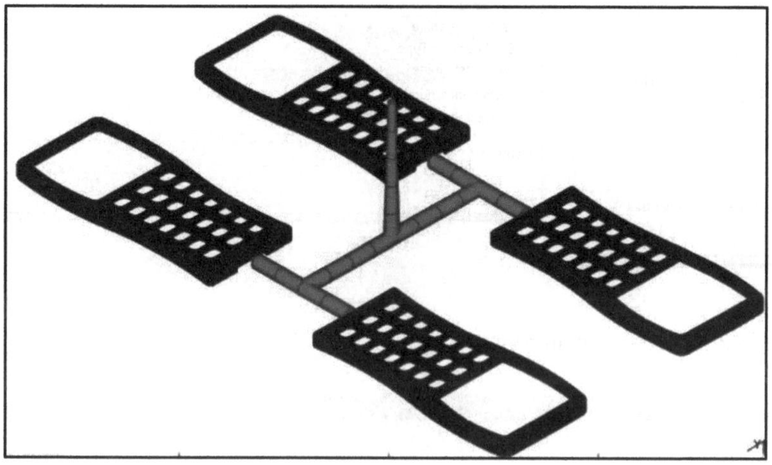

위의 4개의 cavity를 아래와 같이 간략화 한 후 Occurrence Number를 입력한다.

성형품이 될 메쉬 전체를 선택하고, MB3의 Properties를 선택하면 Select Properties 팝업 창이 활성된다. 전체 Part Surface를 Shift 키를 이용하여 전체 Part Surface를 선택하고, OK를 클릭하면 Part surface (Dual Domain) 팝업 창이 활성 된다.

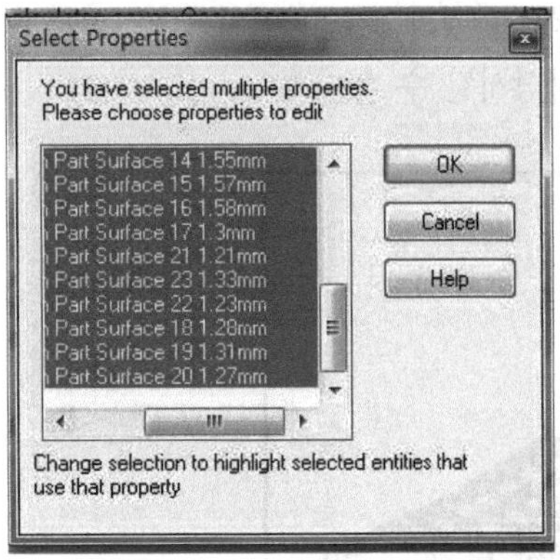

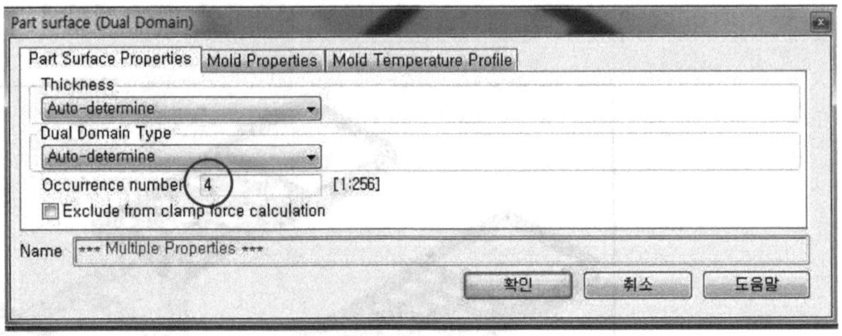

동일한 방법으로 gate도 Occurrence Number 4를 입력한다.

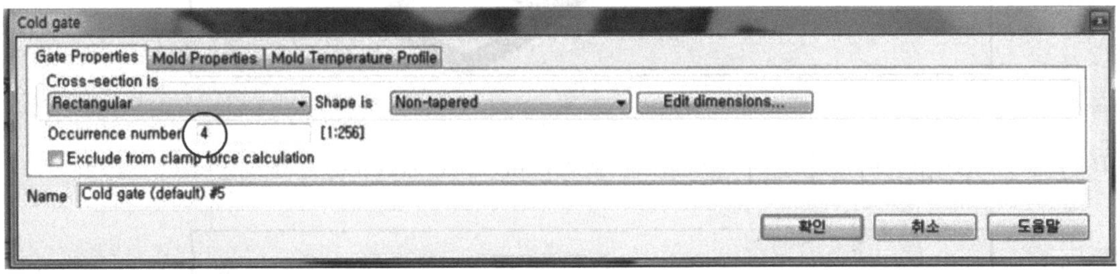

Gate와 인접한 runner의 Occurrence Number 4를 입력한다.

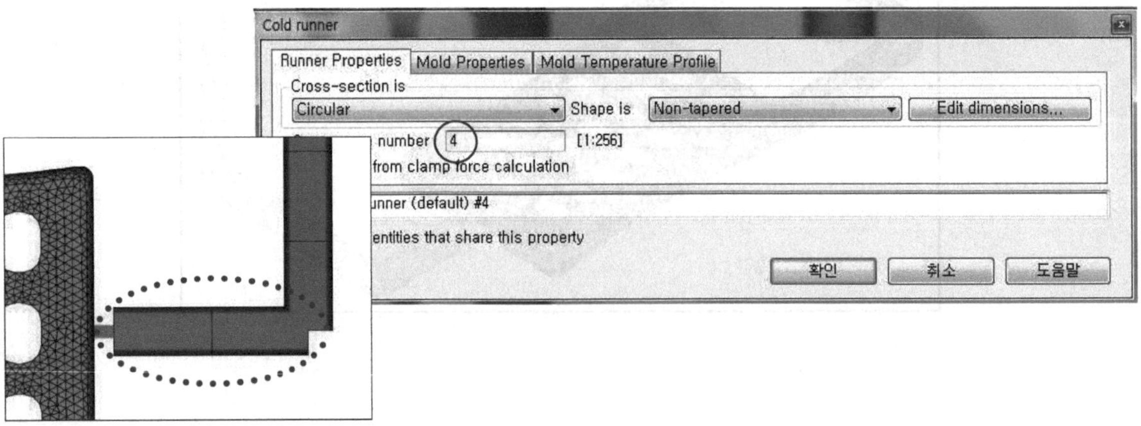

Sprue와 인접한 runner의 Occurrence number 2를 입력한다.

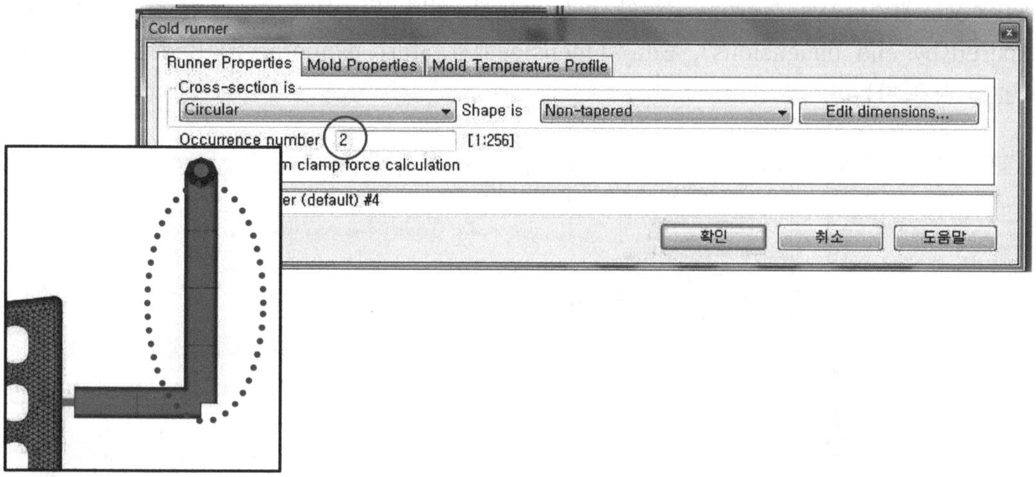

(3) Hot runner, gate의 생성

Hot runner는 Cold runner 보다 많은 장점을 가지고 있다. Sprue, runner 등의 제거를 위한 후가공이 없으며, 고화를 위한 시간이 생략되므로 사이클 타임이 단축된다. 그리고 sprue와 runner를 성형을 위한 재료가 절약된다. 이 외에도 많은 장점을 가지고 있기 때문에 점차 그 사용이 확대되고 있다.

CUP 모델을 이용하여 Hot runner의 구현을 실습하여 보자. 우선 아래와 같이 CUP 모델을 import 시킨 후 CUP 바닥의 중앙부 node를 선택하고 위쪽으로 15mm offset 시켜 node를 생성시킨다. 생성된 node와 cup 바닥을 연결하는 line을 생성시킨다. 이렇게 생성된 line은 hot gate 역할을 한다. 그리고 직후에 생성된 node를 기준으로 60mm offset 시킨 후 hot runner를 위한 line을 연결한다.

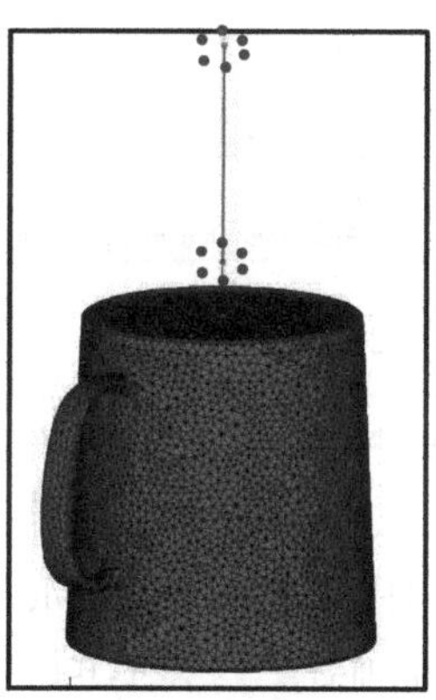

최초 생성 시킨 hot gate를 위한 line을 선택한 후 MB3의 properties를 선택한다. Assign property 팝업창에서 New를 클릭한 hot gate를 선택한다. Hot gate 팝업 창에서 Circular, Tapered(by end dimensions), Edit dimension에서 Start diameter 8, End diameter 4 입력 후 모든 창을 닫는다.

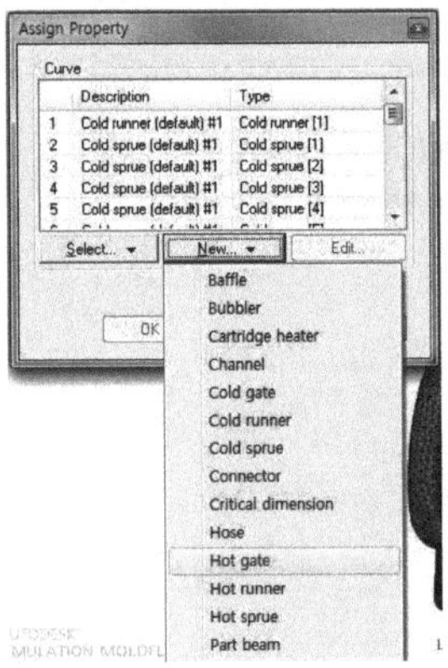

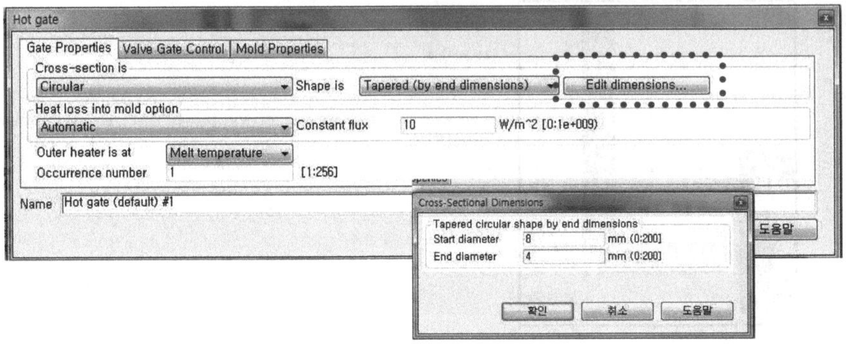

hot gate의 property의 정의가 끝난 후 hot runner를 위한 line을 선택한 후 MB3의 properties를 선택한다. Assign property 팝업창에서 New를 클릭한 hot runner를 선택한다. Hot runner 팝업 창에서 Circular, Non-tapered, Edit dimension에서 Diameter 8 입력 후 모든 창을 닫는다. 입력이 완료된 후에 모델링 창의 line 들은 모두 빨간색으로 변경된 것을 확인할 수 있다.

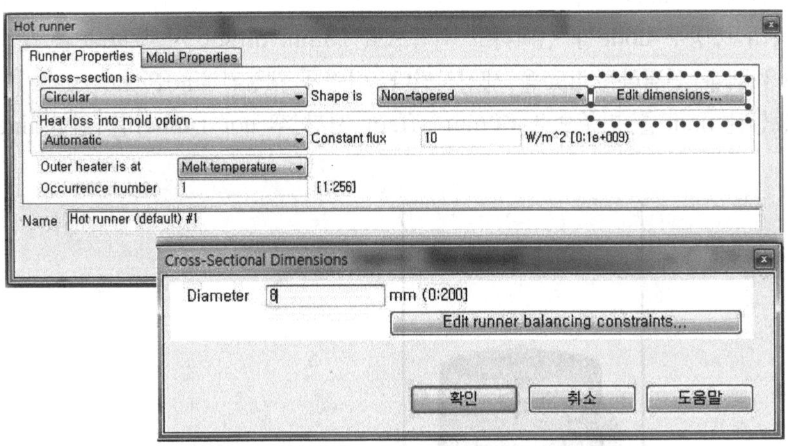

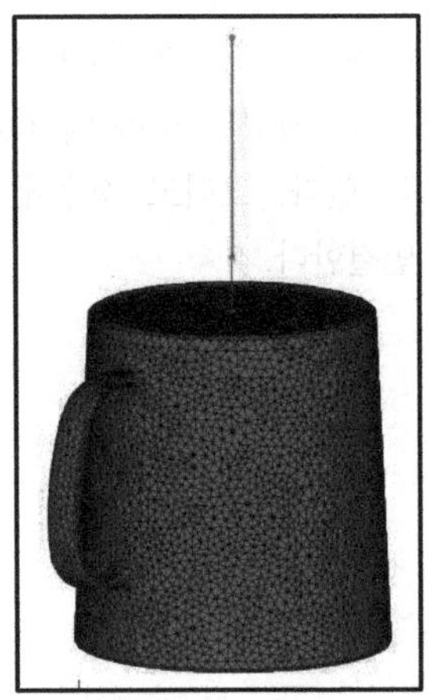

만들어진 line에 대하여 beam 메쉬를 생성시킨다. Mesh-Generate Mesh를 선택한 후 Global edge length을 12로 입력하고 beam 메쉬를 생성시킨다.

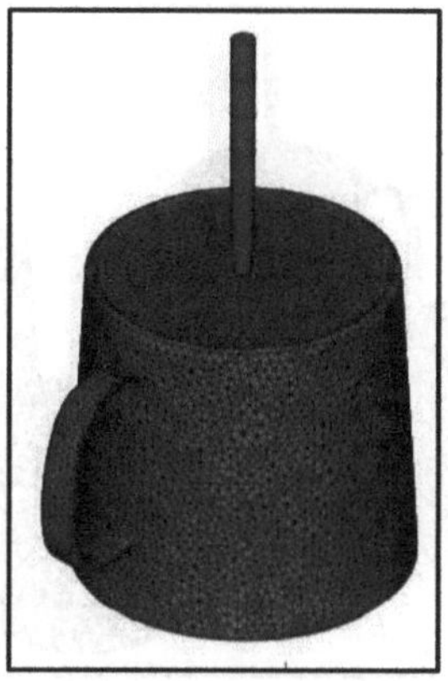

Hot runner가 생성된 모델을 4 cavity가 되도록 복사한다. Geometry/Move와 Rotate를 이용하여 아래와 같이 cavity를 구성한다. Cavity 사이의 거리는 150mm이다.

4 Cavity 사이의 중앙에 node를 생성시킨다. 중앙의 node 생성을 위하여 Geometry-Nodes-Node Between Coordinate를 이용하여 대각선 상에 있는 cavity의 hot runner 최고점의 node를 각각 선택하면 중앙에 node가 생성된다.

생성된 node와 hot runner 최고점 node를 연결하여 4개의 line을 생성시킨다. 생성된 line을 hot runner용 beam 메쉬로 생성시키기 위하여 MB3의 properties를 선택한다. Assign property 팝업 창에서 New를 클릭한 후 hot runner를 선택한다. Hot runner 팝업 창에서 Circular, Non-tapered, Edit dimension에서 Diameter 8 입력 후 모든 창을 닫는다. 입력이 완료된 후에 모델링 창의 line 들은 모두 빨간색으로 변경된 것을 확인할 수 있다.

Hot sprue를 위한 line을 생성시킨다. Line의 생성을 위하여 중앙에 생성시킨 node를 위쪽 방향으로 60mm offset 시켜 복사한 후 line을 생성시킨다. 생성된 line을 hot sprue용 beam 메쉬로 생성시키기 위하여 MB3의 properties를 선택한다. Assign property 팝업창에서 New를 클릭한 후 hot sprue를 선택한다. Hot sprue 팝업 창에서 Circular, Tapered(by end dimensions), Edit dimension에서 Start diameter 4, End diameter 8 입력 후 모든 창을 닫는다. 입력이 완료된 후에 모델링 창의 line 들은 모두 빨간색으로 변경된 것을 확인할 수 있다.

유동 시스템을 위한 line의 모든 property가 주어진 후에 beam 메쉬를 생성시킨다. Mesh-Generate Mesh에서 15를 입력하고 beam 메쉬를 생성시킨다. Hot sprue 외에 hot runner를 sprue 대신 사용하여도 무방하다.

※ Tip : 위의 CUP 예제의 경우 앞서 설명한 Occurrence number를 사용하면 보다 효율적인 해석을 진행할 수 있다.

(4) Valve gate의 생성과 순차 제어

앞 절에서 hot runner를 적용하였을 경우의 Hot gate를 설명하였다. 이번 절에서는 hot gate를 적용한 valve gate를 설명할 것이다. Valve gate는 hot runner 내부에 핀을 삽입하여 gate의 열림과 닫힘을 제어할 수 있다. 특히, 금형 내에 여러 개의 Valve gate가 존재한다면 각각의 valve gate 순차적으로 열고, 닫을 수 있다. 이를 통하여 웰드 라인(weld line)과 같은 표면 불량을 상당히 감소시킬 수 있다.

1) 아래와 같이 길이가 긴 제품에 대하여 hot runner를 구성한다. 아래 제품은 hot gate가 2개 적용되어 있다. 우선 hot runner 직경은 Ø10이며, hot runner 말단의 직경은 Ø4이다.

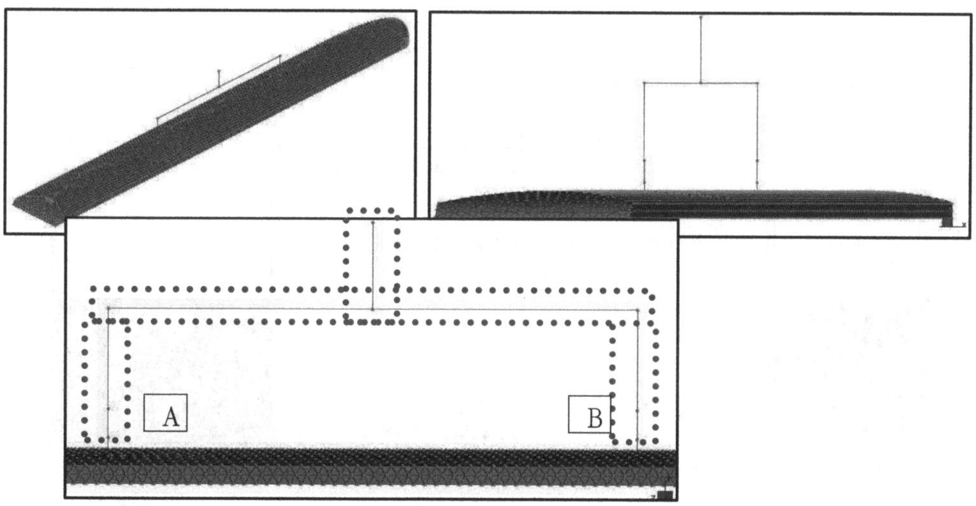

2) 남은 두 개의 hot gate는 각각 다른 이름을 주고 hot gate의 property를 각각 설정하여야 한다. 만약 동일한 이름이 적용된다면 hot gate의 순차 제어시 gate가 동시에 open 되는 문제가 발생한다. 두 개의 hot gate 중에서 A 위치의 hot gate의 property를 입력한다. Hot gate가 될 line을 선택하고, MB3의 Properties를 선택하고, Assign property 팝업창에서 New를 선택한다. 아래 list에서 Hot gate를 선택한다. Hot gate 정의 팝업창에서 Cross section은 Circular를 선택하고, Shape은 Non-tapered를 선택하고, Diameter는 4를 입력하고, Name을 Hot gate 1로 입력한다.

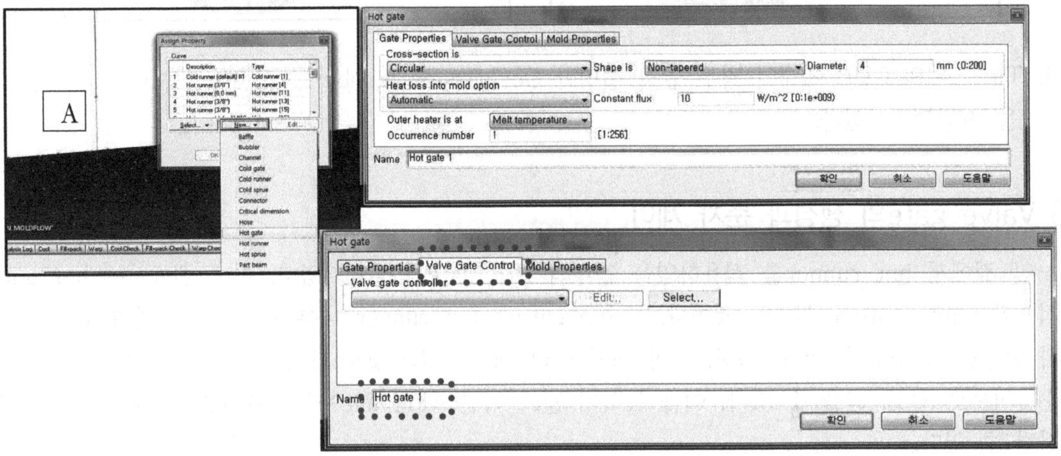

게이트가 순차적으로 오픈 되어야 하므로 Hot gate 정의 팝업 창의 Valve Gate Control를 선택한다. Valve Gate Control 창에서 Select를 클릭하면 Select Valve gate controller 창이 나타난다. Select Valve controller 창에 있는 1. Valve gate controller defaults를 선택하고, Select를 클릭한다.

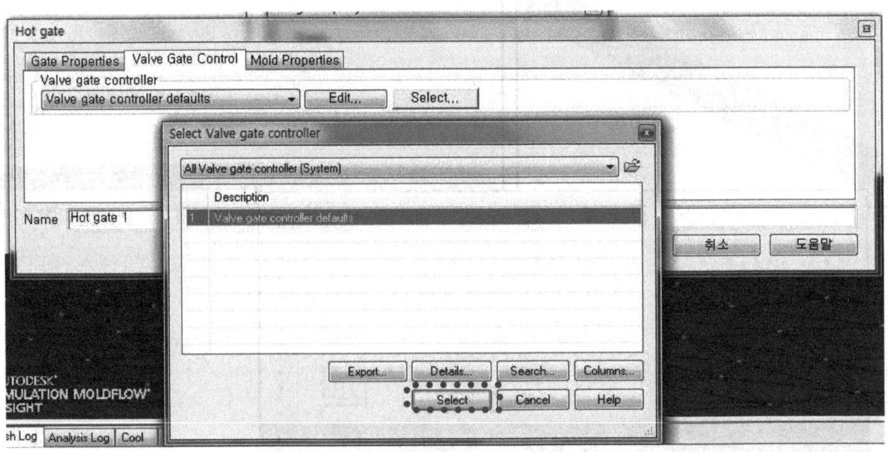

다시 Valve Gate Control 창이 나타나고, Valve gate controller에 Valve gate controller defaults가 자동으로 선택된다. 옆의 Edit를 클릭하면 Valve gate controller 창이 나타난다. Valve gate control by에는 time이 default로 선택되어 있다. Edit settings를 클릭하면, Valve gate timing 창이 활성 되고, Initial state of valve gate는 open을 선택한다. Valve gate control by time의 Open at은 0, Close at에는 3을 입력하고, 확인한다. 즉, 사출시작과 동시에 gate에서 사출이 시작되어 3초간 사출된 후 gate가 닫힘을 의미한다.

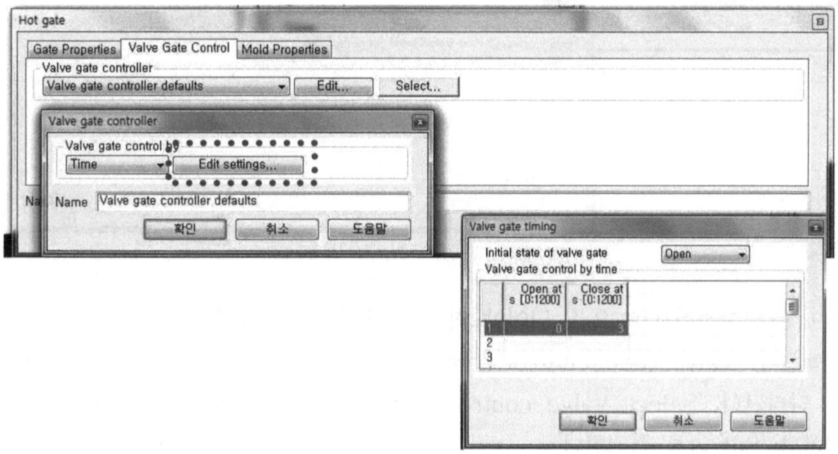

Valve gate timing 창을 닫은 후, Valve gate controller 창의 Name을 Valve gate controller defaults를 Hot gate 1로 고친 후 창을 닫는다. Hot gate property 창도 닫는다. Assign property 창도 닫아서 property 입력을 마친다.

3) 나머지 hot gate를 Valve gate로 정의 한다. B 위치의 hot gate를 위한 line을 선택하고, MB3의 Properties를 선택하고, Assign property 팝업창에서 New를 선택한다. 아래 list에서 Hot gate를 선택한다. Hot gate 정의 팝업창에서 Cross section은 Circular를 선택하고, Shape은 Non-tapered를 선택하고, Diameter는 4를 입력하고, Name을 Hot gate 2로 입력한다.

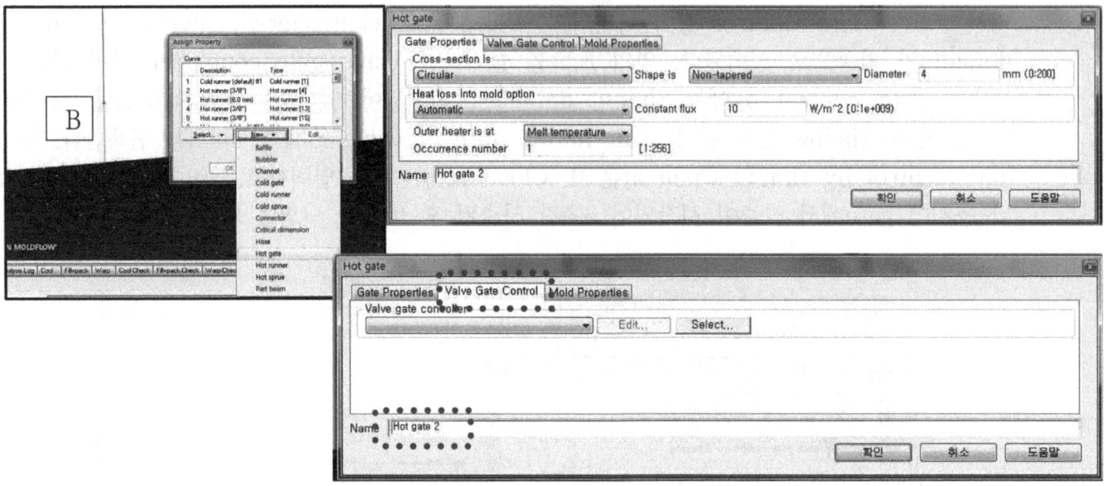

4) 게이트가 순차적으로 오픈 되어야 하므로 Hot gate 정의 팝업 창의 Valve Gate Control를 선택한다. Valve Gate Control 창에서 Select를 클릭하면 Select Valve gate controller 창이 나타난다. Select Valve controller 창에 있는 1. Valve gate controller defaults를 선택하고, Select를 클릭한다.

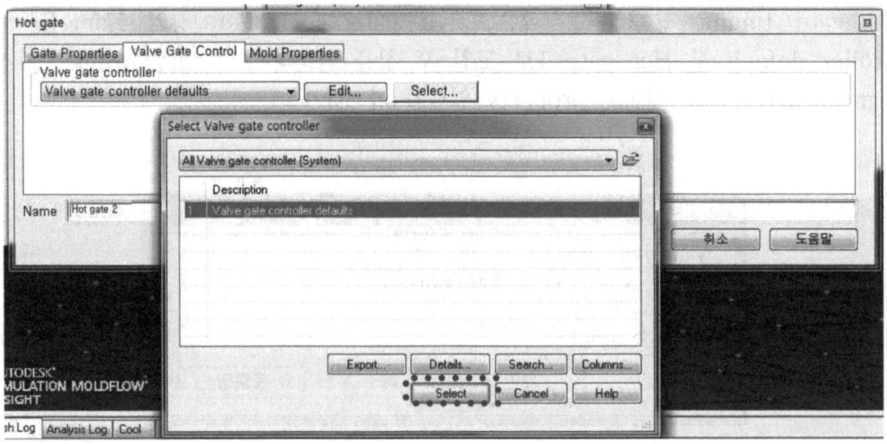

다시 Valve Gate Control 창이 나타나고, Valve gate controller에 Valve gate controller defaults가 자동으로 선택된다. 옆의 Edit를 클릭하면 Valve gate controller 창이 나타난다. Valve gate control by에는 time이 default로 선택되어 있다. Edit settings를 클릭하면, Valve gate timing 창이 활성 되고, Initial state of valve gate는 Closed을 선택한다. Valve gate control by time의 Open at은 2, Close at에는 4을 입력하고, 확인한다. 즉, 이것은 사출이 시작 된 후 2초에 게이트가 open 되고, 4초 후에 게이트가 닫히는 것을 의미한다.

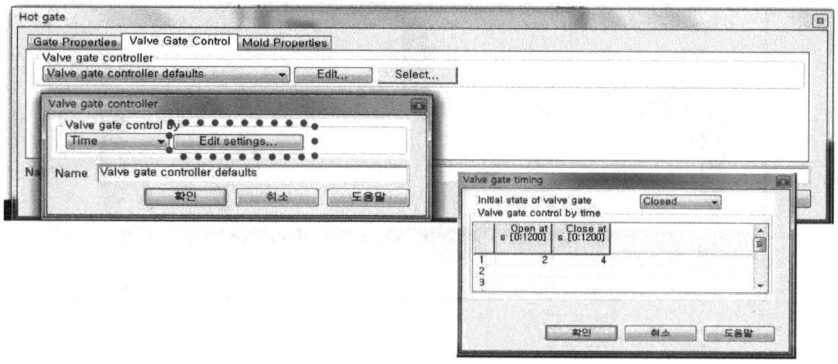

Valve gate timing 창을 닫은 후, Valve gate controller 창의 Name을 Valve gate controller defaults에서 Hot gate 2로 고친 후 창을 닫는다. Hot gate property 창도 닫는다. Assign property 창도 닫아서 property 입력을 마친다.

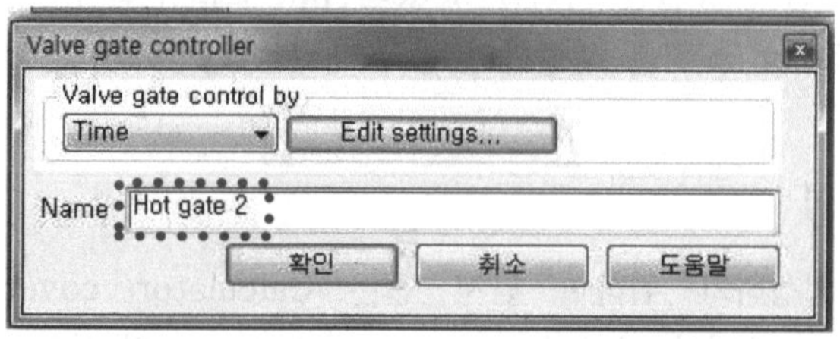

모든 line의 property가 입력된 후 line에 대하여 beam 메쉬를 생성시킨다.

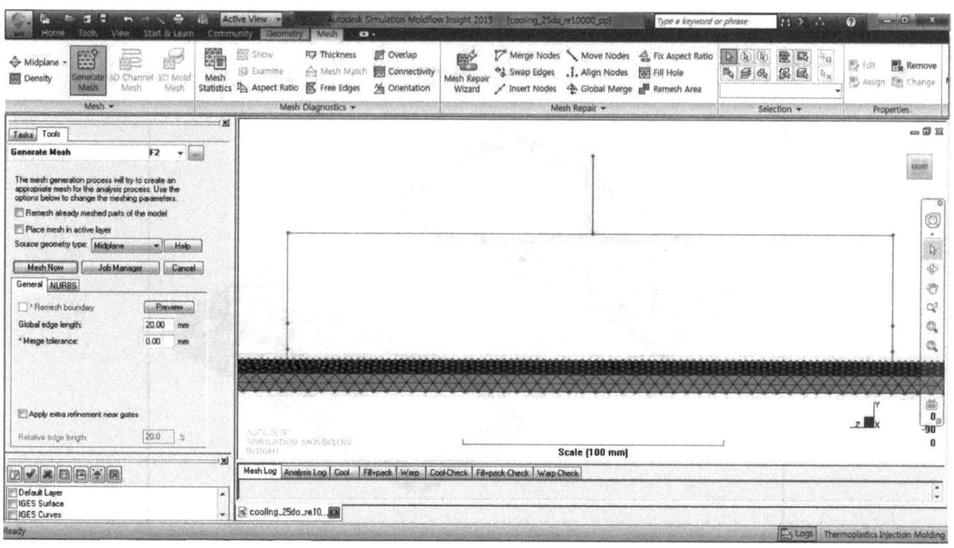

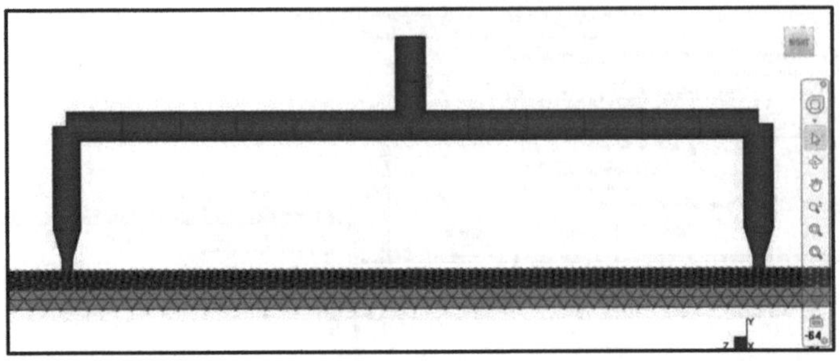

3.4.3 냉각 채널 생성

MFI에서 금형의 냉각 시스템 생성은 앞서 설명된 runner와 sprue를 만드는 것과 크게 다르지 않다. 금형 내부의 냉각 채널과 동일한 거리를 node와 line으로 연결하고, 연결된 line에 냉각 채널에 property를 입력한 후 beam 메쉬를 생성시켜 냉각 채널을 완성하는 순서를 거친다.

(1) 직선 냉각 채널 생성

직선 냉각 채널을 생성하기 위하여 앞서 만든 Calculator cover 해석 모델을 open한다. Calculator cover 해석 모델에서 각각의 cavity를 통과하는 직경 Ø8mm 직선 냉각채널을 30mm 간격으로 구성할 것이다.

1) 냉각수 채널이 될 line을 만들기 위해서 node를 복사하여 생성시킨다. 메쉬 모델의 중앙에 있는 runner의 아래쪽으로 15 mm offset 시켜 길이 250 mm line을 생성시킨다.

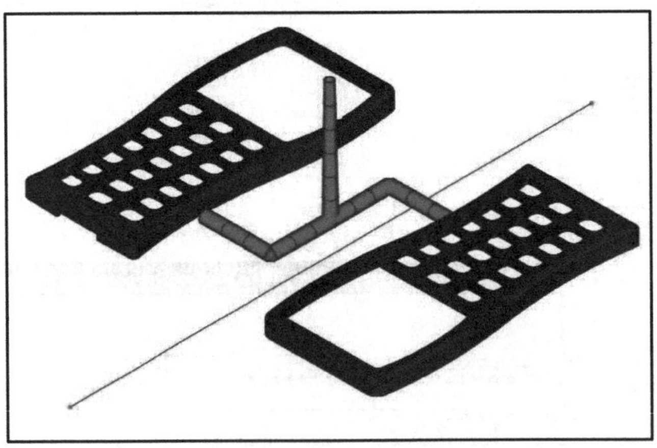

2) 생성된 line을 선택하고, MB3의 Properties를 선택한 후 Assign property 팝업창에서 New를 클릭한다. Channel을 선택하고, Channel 형상 정의 창에서 Cross-section은 Circular, Diameter는 8을 입력한 후 모든 창을 확인한다. 모델링창의 line은 파란색으로 변경된다.

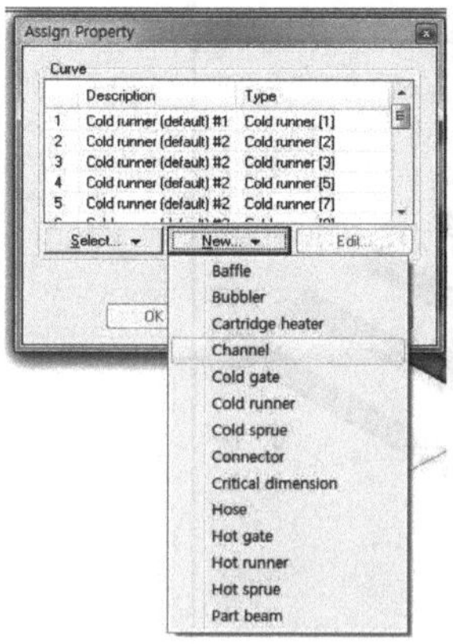

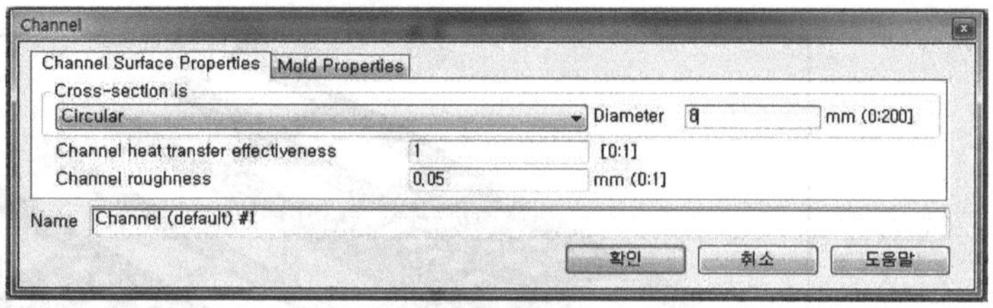

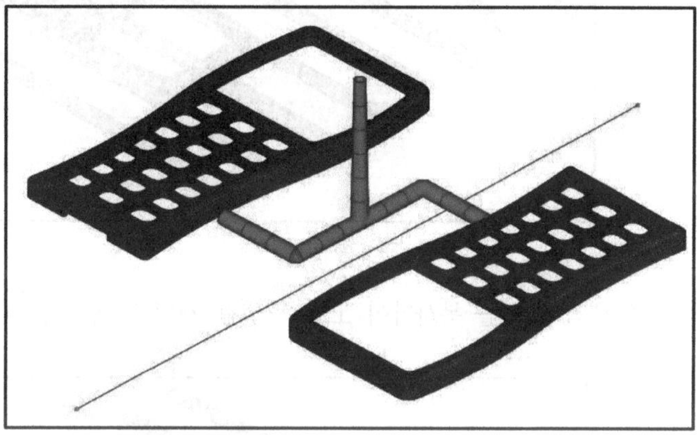

3) 냉각 채널로 property가 변경된 line에 대하여 beam 메쉬를 생성시킨다. Mesh-Generate Mesh에서 Global edge length에 15를 입력하고 Mesh Now를 클릭하면 냉각 채널이 될 beam 메쉬가 생성된다.

4) 생성된 냉각 채널을 이동 및 복사하여 가동측 형판의 냉각 채널을 생성시킨다. 생성된 냉각 채널을 옆(좌우 상관 없음)으로 15 mm 만큼 이동시킨다. 이동 시킨 냉각채널을 좌우 방향으로 30 mm씩 복사하여 8개의 냉각 채널을 생성시킨다. Cavity 당 4개의 냉각 채널로 구성된다.

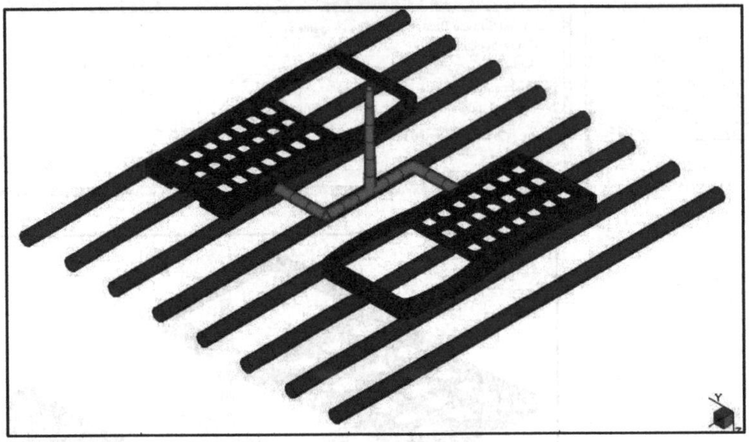

5) 가동측 냉각 채널을 복사하여 고정측 냉각 채널을 생성시킨다.

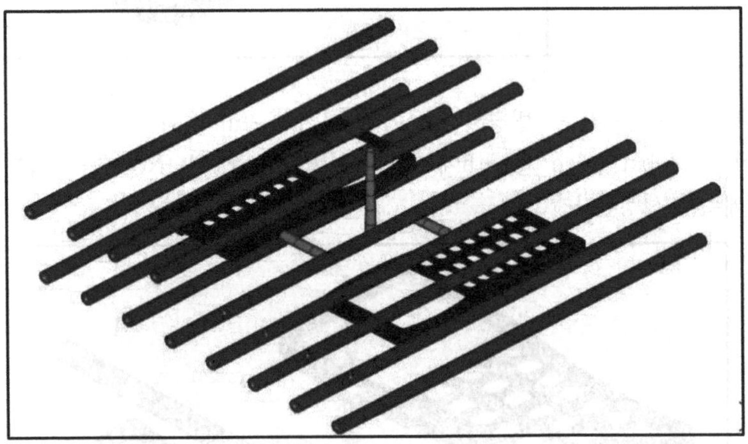

6) 고정측과 가동측 냉각 채널의 끝단을 호스로 연결하여 2개의 냉각 채널을 하나의 냉각 라인으로 만든다. 따라서 총 8개의 냉각 채널이 구성된다.

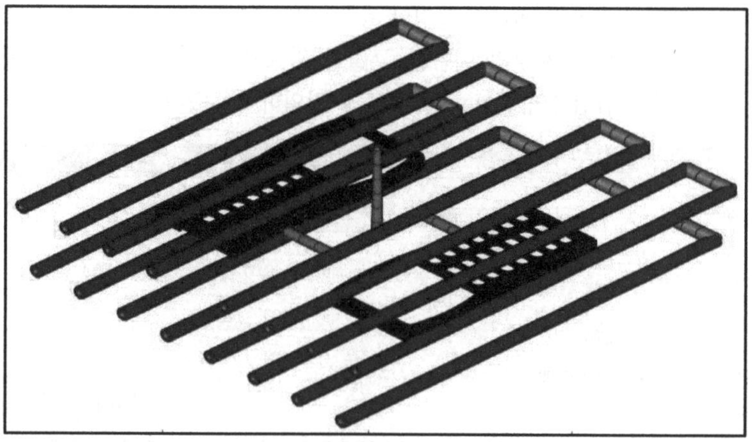

7) 각각의 냉각 라인에 냉각수의 입구를 정의해 준다. 성형해석 조건을 입력하는 창의 Coolant Inlets/Outlets에서 MB3에서 Set Coolant Inlets를 선택하고, 모델링 화면의 냉각수 라인들 중에서 냉각수의 입구가 되는 beam 메쉬의 node를 하나씩 선택한다. 냉각 채널이 총 8개 이므로 8개의 냉각수 Inlet을 선택한다.

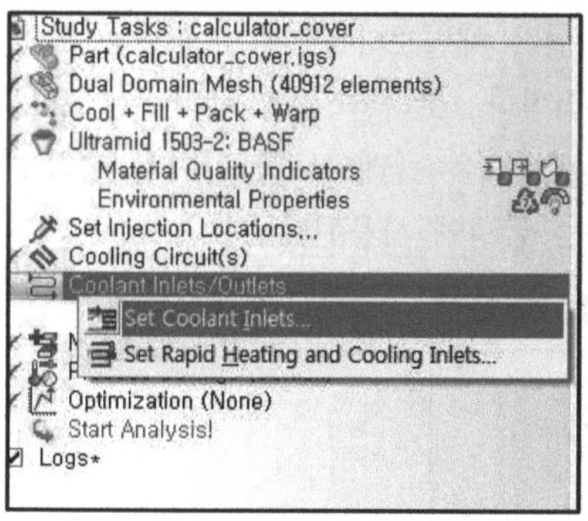

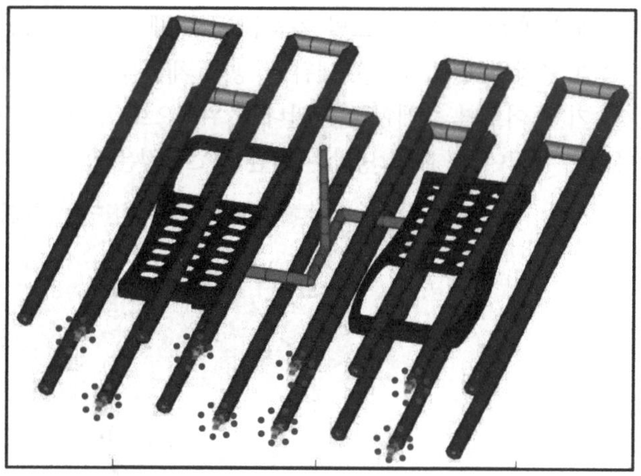

8) Coolant inlet의 화살표를 선택하고 MB3의 Properties를 선택하면 냉각수를 정의하는 팝업창이 활성 된다. 냉각수 정의 팝업창에는 물 이외의 Coolant의 종류를 선택할 수 있고, 냉각수를 제어하는 인자를 선택할 수 있다. 일반적으로 냉각수를 제어하는 인자는 Reynolds number를 이용한다. 사출금형의 냉각수는 냉각 채널을 유동하는 상태에서 난류유동(turbulence flow)이 요구된다. 따라서 Reynolds number는 10000으로 정하는 경우가 대부분이다. 이외

에 Coolant inlet temperature를 설정할 수 있다. 그리고 냉각수의 종류, 유동 특성, 온도 등이 동일할 경우에는 냉각 채널의 이름을 구별할 필요가 없으나, 다른 냉각 채널과 구별되는 냉각 채널인 경우에는 팝업창의 Name을 다르게 정의하여 구별할 수 있다.

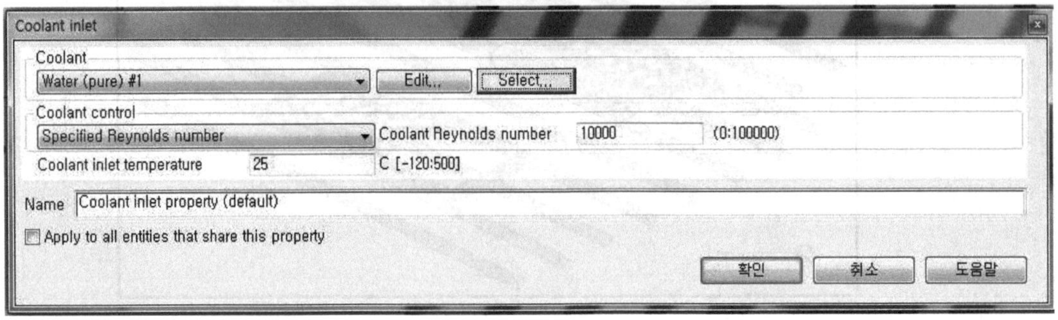

(2) 배플 냉각 채널 생성

앞서 설명한 직선 냉각 채널은 가장 일반적인 냉각 채널이다. 직선 냉각 채널과 함께 많이 사용되는 냉각 채널은 배플 냉각 채널이다. 배플 냉각 채널은 직선 냉각 채널이 설치되기 어려운 곳에 주로 사용된다. 직선 냉각 채널 중간에 위치하는 것이 일반적이다. 직경은 직선 냉각 채널보다 크며, 직선 냉각 채널 방향에 90°로 드릴 가공한다. 이때 직경은 직선 냉각 채널보다 크게 가공한다. 크게 가공된 홀의 중앙에 플레이트를 세워서 냉각 채널을 강제로 분리한다. 분리된 홀에 냉각수가 흐를 경우 냉각수가 들어오면 플레이트를 만나서 위쪽으로 냉각수가 상승한 후 플레이트를 넘어서 냉각수가 빠져나가는 형식이다. 배플 냉각은 일반적으로 깊은 형상을 갖는 금형에 사용된다.

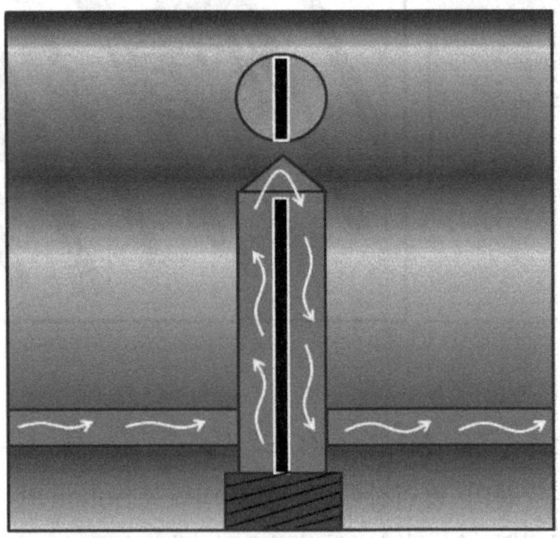

1) 배플 냉각회로 생성을 위하여 임의의 node를 하나 생성시킨다. 생성된 node를 기준으로 하측으로 60 mm node를 offset 시킨다. 하측 node를 기준으로 좌우로 각각 150 mm 지점에 node를 생성시킨다.

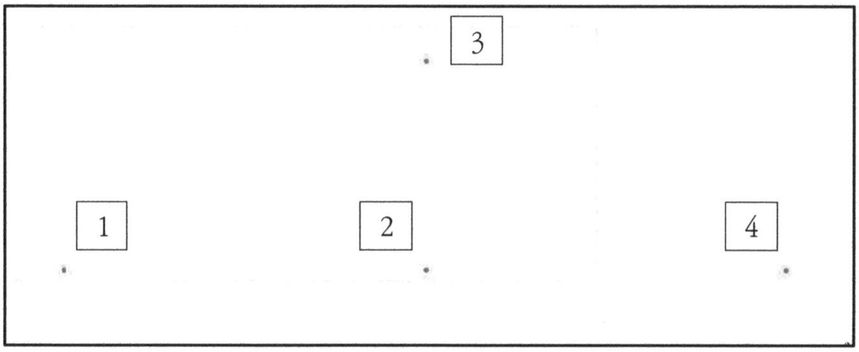

2) 총 4개의 node를 생성시킨 후 line으로 연결한다. Line 연결 시 순서에 주의해야 한다. 위의 그림에서 line은 [1] → [2] → [3] → [2] → [4]의 순서로 연결한다. 여기서 [2] → [3] → [2]를 연결하는 line은 겹쳐진 2개의 line이 되어야 한다.

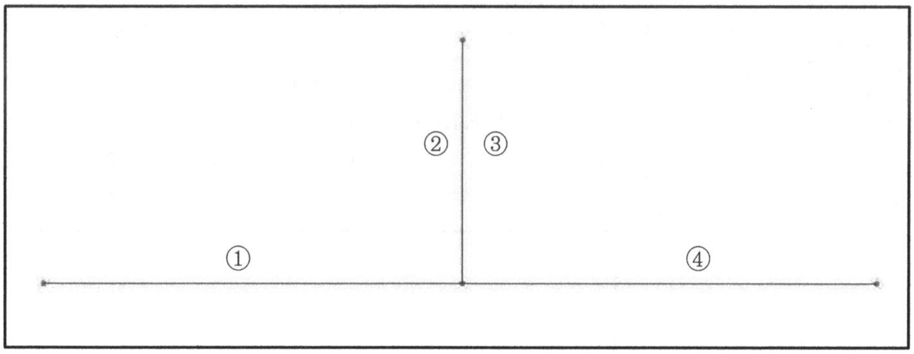

3) 생성된 line 들에 대하여 property를 정의한다. 우선 ①,④ line을 선택하고 MB3의 properties를 선택한다. 활성 된 Assign Property 팝업 창의 New를 클릭하고, Channel을 선택한다. Channel 팝업 창에서 직경 10 원형단면 냉각 채널을 설정하고 모든 팝업 창을 닫는다. 모델링 창의 line은 파란색으로 변경된다.

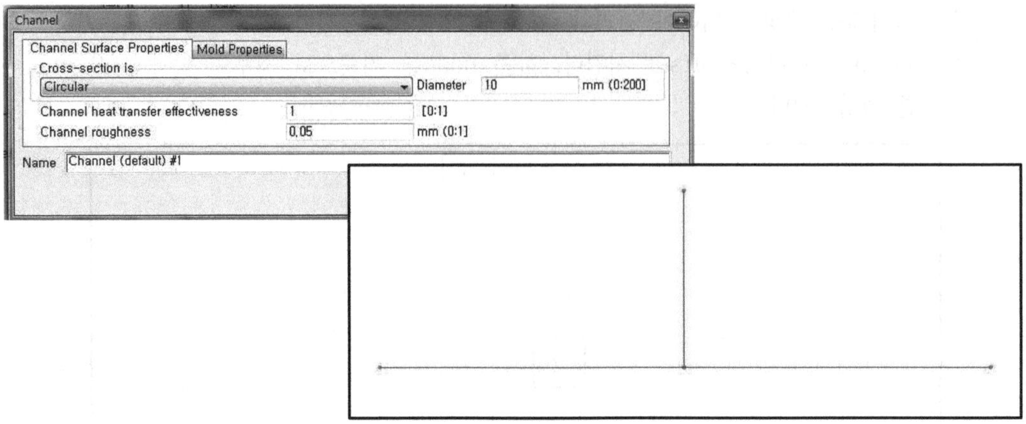

4) 배플 냉각이 될 line에 property를 정의한다. 남아 있는 ②, ③line을 모두 선택한 후 MB3의 properties를 선택한다. 활성 된 Assign Property 팝업 창의 New를 클릭하고, Baffle을 선택한다. Baffle 정의 팝업 창에서 직경 15를 입력하고, 모든 팝업 창을 닫는다. 모델링 창의 line은 노란색으로 변경된다.

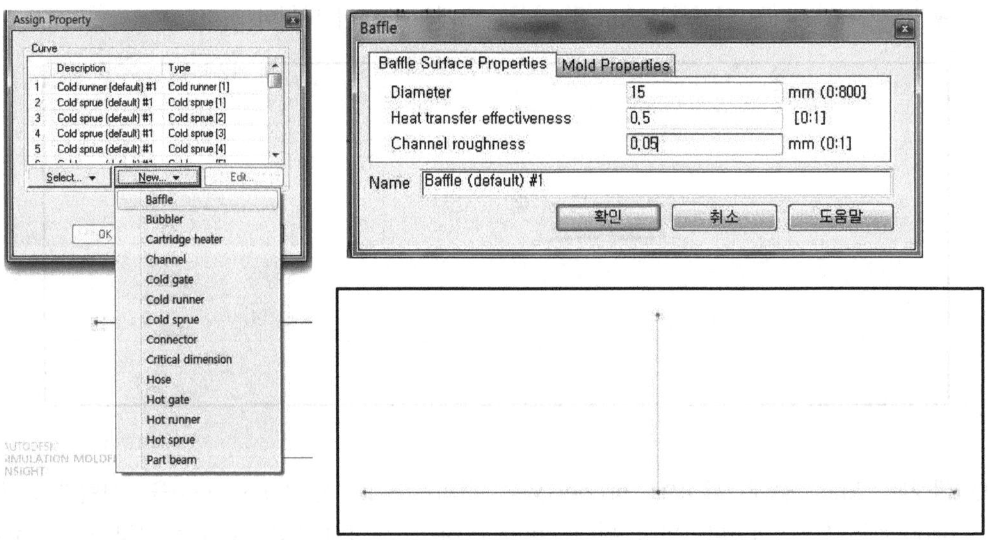

5) Property가 정의된 line을 beam 메쉬를 생성시킨다. Mesh/Generate Mesh에서 Global edge length에 15 mm을 입력하고 확인한다. 생성된 직선 및 배플 냉각 채널의 형상은 아래와 같으며, 이를 적용한 사례를 같이 나타내었다. 그림에서와 같이 깊이가 긴 코어의 경우 배플 냉각 시스템을 적용하면 효과적이다.

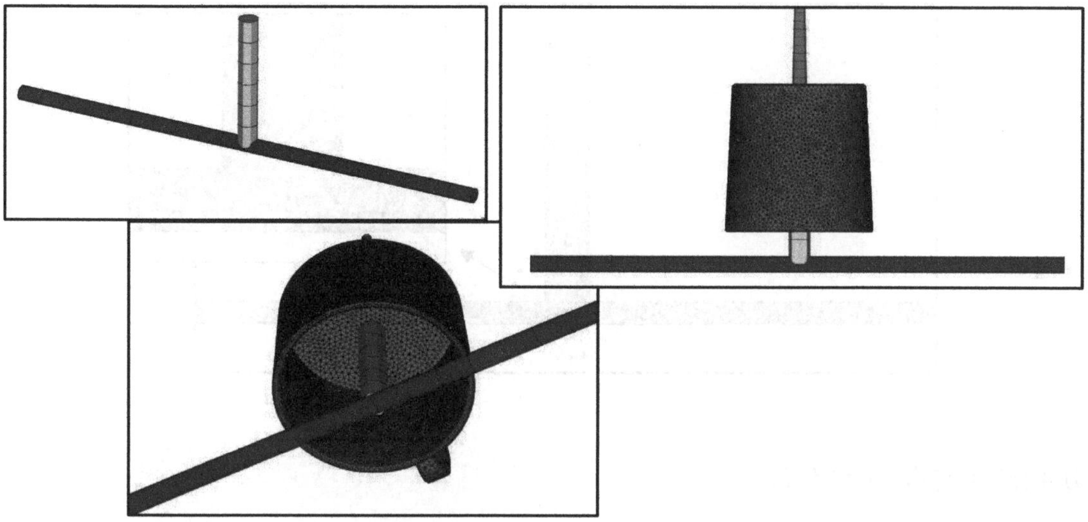

※ **배플 냉각을 만드는 다른 방법**

배플 채널이 시작되는 곳에 2개의 node를 근접하여 생성시킨다. 그 외의 node는 이전 배플 채널 생성과 동일하다. 모든 노드를 line으로 연결하면 아래와 같다.

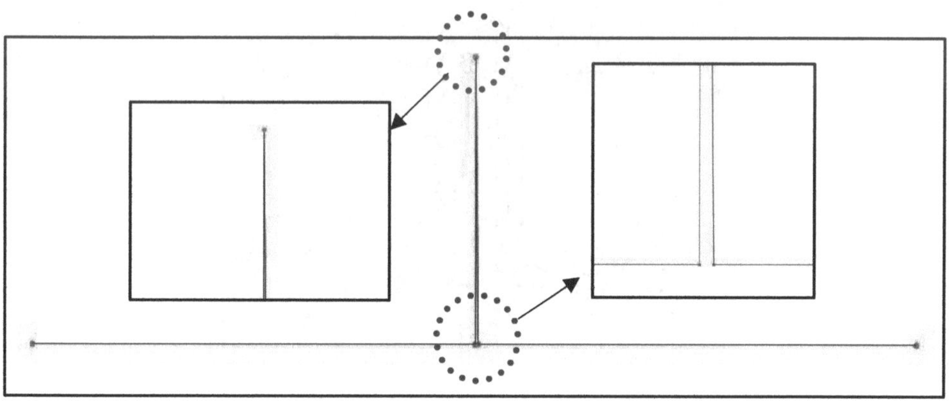

이전에 설명한 배플 채널에서는 배플 채널이 되는 line을 겹쳐서 생성시켰지만 지금의 경우에는 line을 분리해서 생성시켰다. 이러한 경우는 line의 겹침에서 발생하는 문제를 사전에 방지할 수 있다. 위와 같이 line을 만들었을 경우의 냉각 채널은 아래와 같다.

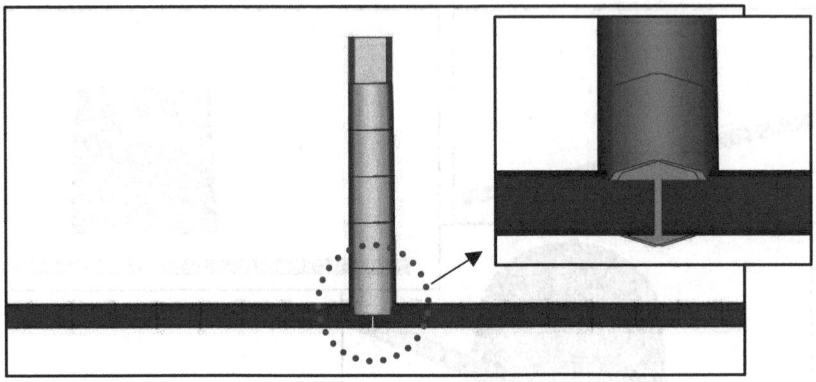

(3) 버블러 냉각 채널 생성

배플 냉각 채널과 더불어 깊은 형상의 코어를 냉각시키기 위해서 많이 사용되는 냉각 채널은 버블러 냉각이다. 배플 냉각 채널과 유사하게 직선 냉각 채널에 수직으로 구성된다. 배플 냉각 채널과 다른 것은 배플의 중간판을 관으로 대체한 것이다. 그 외의 사항은 배플 냉각 채널과 유사하다.

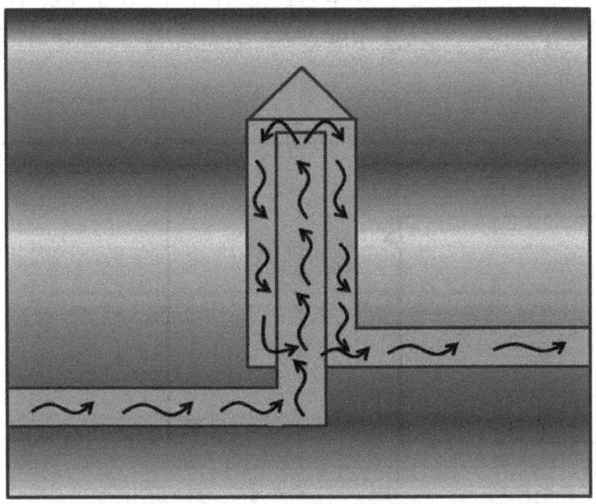

1) 버블러 냉각 채널의 모델링을 설명해 본다. 임의의 node를 하나 생성시킨다. 생성된 node를 기준으로 70 mm, 90 mm 하측으로 2개의 node를 offset 시킨다. 70 mm offset 시킨 node를 기준으로 우측으로 150 mm 지점에 node를 offset 시킨다. 그리고 90 mm offset 시킨 node를 기준으로 좌측으로 150 mm 지점에 node를 offset 시킨다. Offset 시킨 node를 line으로 연결하면 아래와 같다. 총 5개의 node와 4개의 line으로 구성된다.

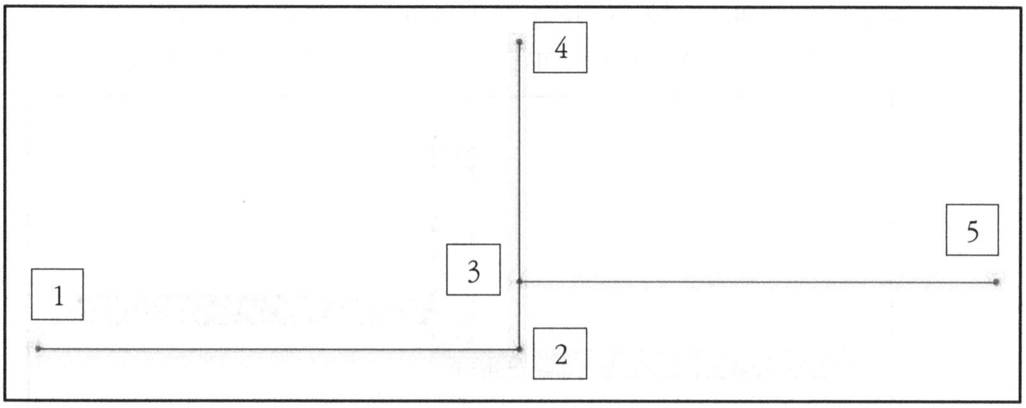

2) 1-2, 3-5번 line을 선택하고, MB3의 properties를 클릭한다. Assign property창에서 New를 선택한 후 종류는 Channel로 확인한다. Channel 정의 팝업 창에서 냉각 채널의 직경은 Ø12, 버블러 냉각 채널의 내측 관이 되는 3-4번 line을 선택하고, MB3의 properties를 클릭한다. Assign property 창에서 New를 선택한 후 종류를 Channel로 선택한다. Channel 직경은 Ø8, Heat transfer effectiveness는 0으로 정의한 후 팝업 창을 닫는다. 마지막 남은 2-4번 line은 버블러 냉각 채널의 외경이 된다. 2-4번 line을 선택하고, MB3의 properties를 클릭한다. Assign property 창에서 New를 선택한 후 종류를 Bubbler를 선택한다. 버블러 냉각 채널 정의 팝업 창에서 Outer diameter는 Ø16, Inner diameter는 Ø8을 입력한다. 이때 Heat transfer effectiveness는 1로 설정한다. 모든 창을 닫고 확인하면 모델링 화면의 2-4번 line은 주황색으로 변경된다.

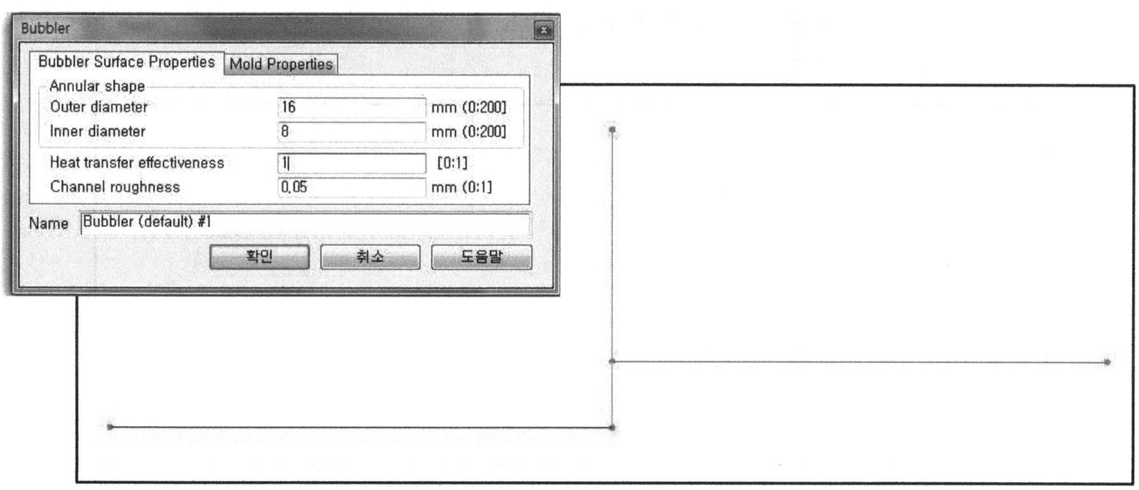

3) Property가 정의된 line을 beam 메쉬를 생성시킨다. Mesh/Generate Mesh에서 Global edge length에 24를 입력하고 확인한다. 생성된 직선 및 버블러 냉각 채널의 형상은 아래와 같다.

※ **버블러 냉각 채널을 만드는 다른 방법**

버블러 냉각 채널을 아래와 같이 생성하여도 된다. 버블러 냉각 채널 내부의 파이프가 되는 line을 버블러 line 옆으로 이동시켜 생성시킨다. 그 외의 설정은 앞서 설명한 버블러 냉각 채널의 설정과 동일하다.

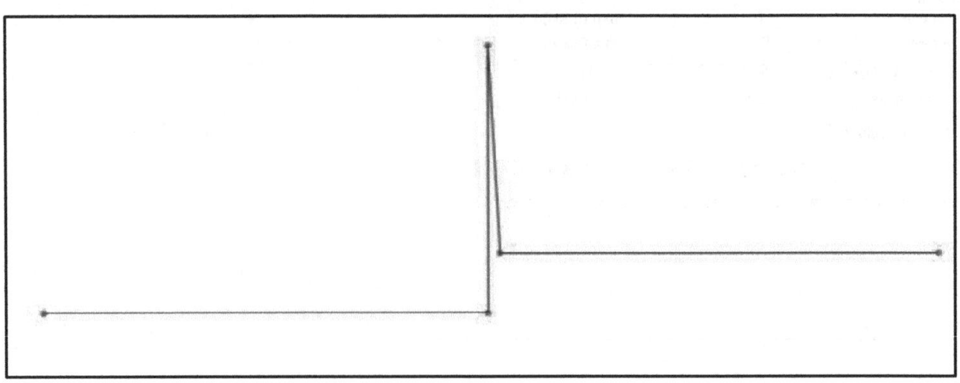

3.4.4 성형해석의 진행

유동 시스템까지 완성된 해석 모델에 대하여 해석을 진행한다. 해석의 진행을 위하여 여러 가지 필수 조건을 준비하여야 한다. 사용할 플라스틱 수지, 성형조건, 냉각조건 및 변형 방지대책 등은 사전에 충분한 논의를 거쳐서 준비되어야 한다. 아무리 완벽한 논의를 통하여 확정된 준비사항도 실제 금형 설계 및 성형 작업 시에 발생하는 돌발 변수로 인하여 변경되는 것이 일반적이다. 이제부터 성형해석의 진행을 위한 여러 가지 조건의 입력에 대하여 설명할 것이다.

(1) 해석 종류 선택하기

해석 모델 완성 후에 진행하길 원하는 해석을 선택할 수 있다. 아래 창은 해석에 적용되는 설정을 입력하는 창이다. 이 중에서 원하는 해석을 정의하기 위해서는 아래와 같은 순서를 통해서 정할 수 있다. 이 창의 세 번째 항목을 선택한 후 MB3를 클릭하여 Set Analysis Sequence를 선택한다. 활성 된 팝업창에는 여러 해석들이 list 되어 있다. 기본적으로 list 되어 있는 해석에는 Fill부터 Gate Location까지 구성되어 있는 것을 알 수 있다. 이 외의 해석은 More를 클릭해 확인 할 수 있다. 원하는 해석을 체크하여 list 시킬 수 있다.

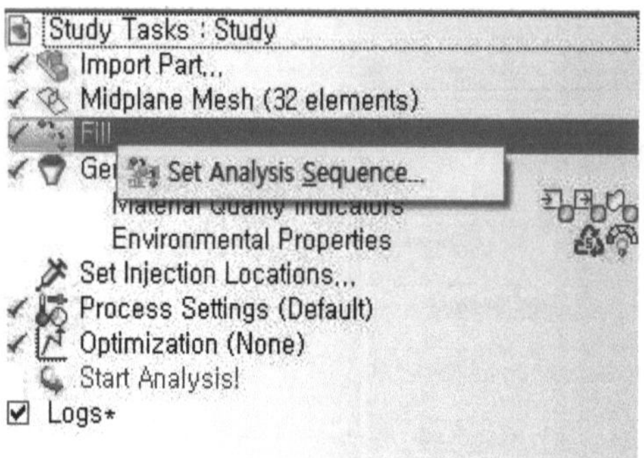

Fill 해석은 용융 수지가 cavity 내부에 충전될 때까지만 해석을 수행한다. Fill + Pack 해석은 충전해석과 보압해석 과정까지 연속해서 해석을 수행한다. 필요에 따라서 Cool 해석만 진행할 수 있다. Cool 해석은 냉각 채널에 의한 금형온도 분포를 해석하기 위한 것이다. 금형온도 분포를 기준으로 유동해석이 진행된다. Cool + Fill + Pack + Warp 해석의 경우는 냉각해석을 통한 금형온도를 기준으로 용융수지의 충전과 보압 그리고 최후의 변형까지 예측하는 것을 목적으로 한다.

(2) 플라스틱 재료의 입력

적용할 플라스틱 수지를 선택하기 위하여 MFI에 있는 플라스틱 수지의 선택방법을 설명한다. 재료의 선택은 앞서 설명한 해석의 종류를 선정하는 창에서 진행할 수 있다. 해석 종류의 아래 줄에 있는 수지를 선택하고, MB3를 클릭한 후 Select Material..를 선택하거나 Home−Select material을 선택하면 된다.

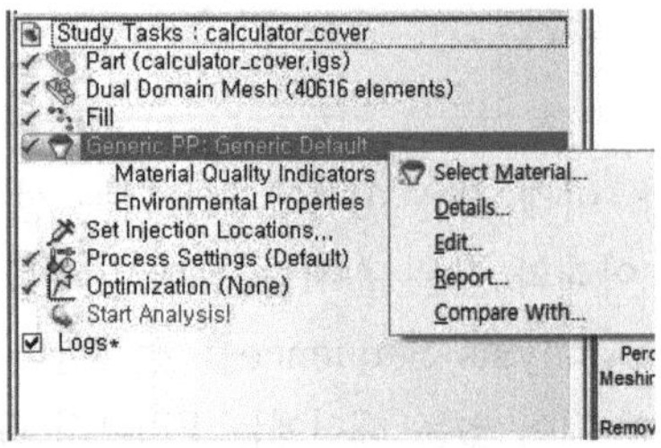

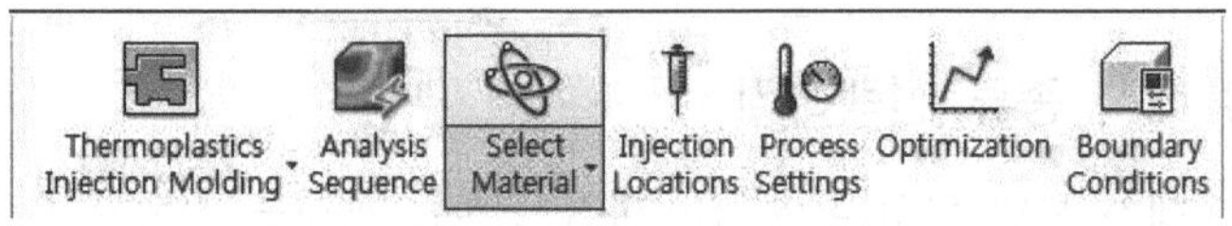

Select Material을 클릭하면 팝업 창이 활성 된다. 이 팝업창에는 과거 이용하였던 플라스틱과 해석자가 원하는 플라스틱 재료를 선택할 수 있게 재료를 검색하는 기능을 가지고 있다.

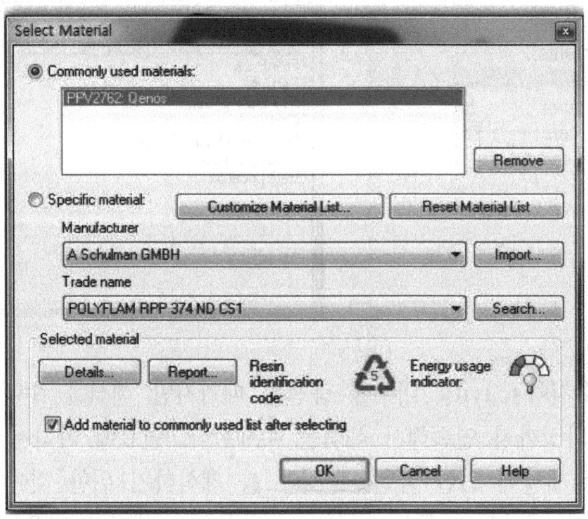

플라스틱 재료의 검색 방법은 크게 두 가지가 있다. 플라스틱 재료를 만드는 회사의 검색과 통용되는 재료의 상표명을 검색하는 방법이다.

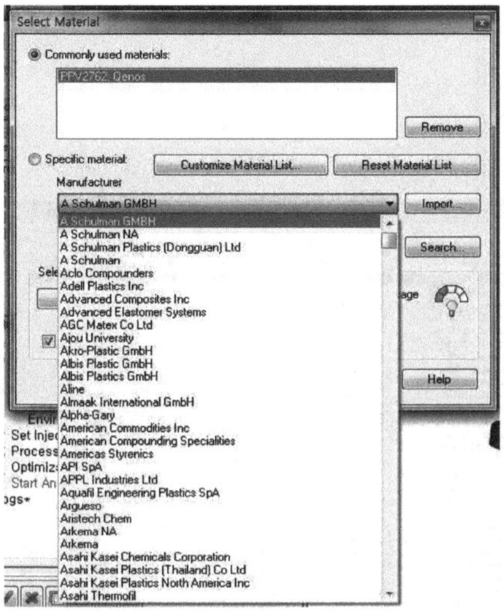

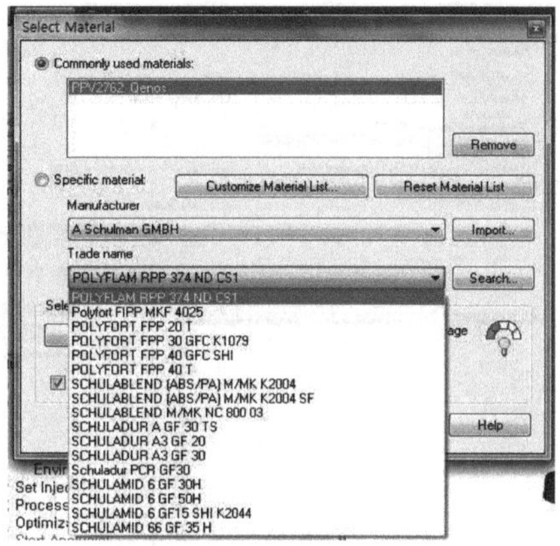

이 외에도 해석자가 재료의 여러 가지 물성을 직접 검색할 수 있는 Search 기능도 있다. Search 팝업 창을 열어보면 아래와 같은 각종 물성을 직접 입력할 수 있는 칸을 볼 수 있다.

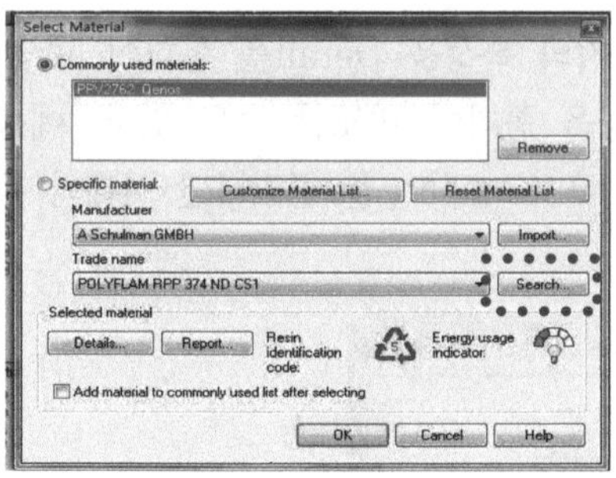

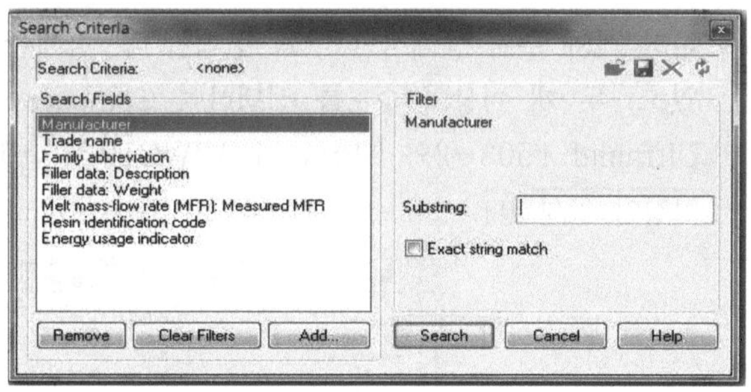

검색할 수 있는 재료의 특징은 여러 가지가 있다. 플라스틱 회사명, 상표명, 재료의 종류, 첨가되는 재료의 종류와 비율, 재료의 흐름성, 플라스틱 고유 번호, 에너지 소비 등급 등으로 검색할 수 있다.

연습 1. BASF사의 PA66 수지 중 Glass fiber 첨가 수지 검색

1) Manufacture에 BASF, Family abbreviation에 PA66, Filler date: Description에 Glass fiber를 입력 후 BASF사에서 생산되는 PA66에 glass fiber가 첨가된 모든 수지가 검색된다. 입력되어 있는 수지가 모두 검색된다.

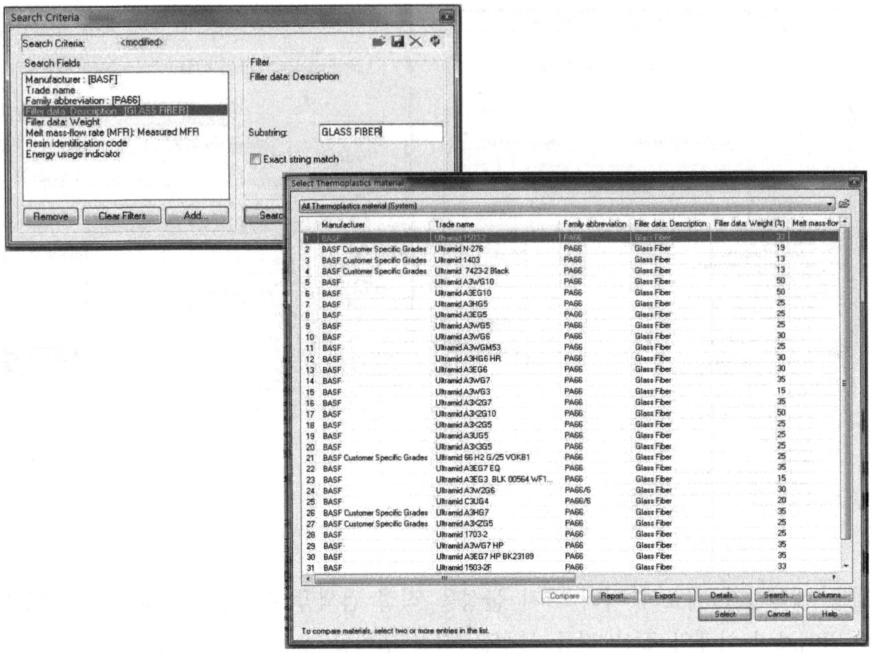

2) 여러 개의 수지 중에서 하나씩 선택한 후 자세한 수지의 특성을 Detail을 통하여 확인할 수 있고, 두 개 이상의 수지를 선택하여 Compare 기능을 통하여 비교할 수도 있다. 예를 들어 Ultramid 1503-2와 Ultramid A3WG10을 선택한 후 Compare를 클릭하면 아래와 같은 비교창이 활성된다.

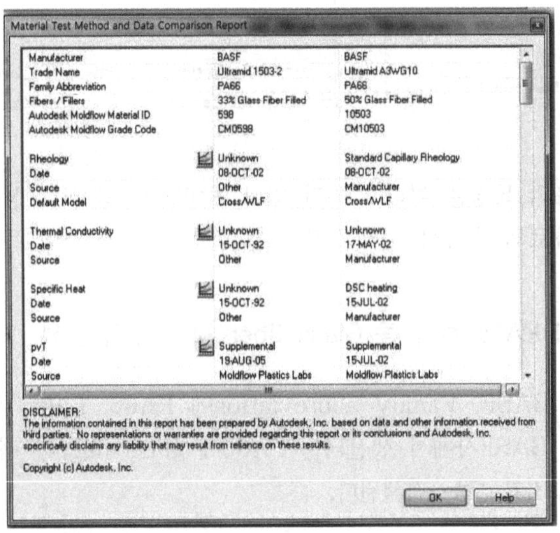

3) Ultramid 1503-2를 선택하고 Detail을 클릭하면 수지와 관련하여 자세한 내용이 수록된 팝업 창이 활성된다. 팝업 창의 구성은 아래와 같다. 수지의 제작과 관련된 사항, 추천 성형조건, 열적 물리적 성질, 첨가제의 종류와 첨가율 및 환경 요소 등이 종합적으로 수록되어 있다.

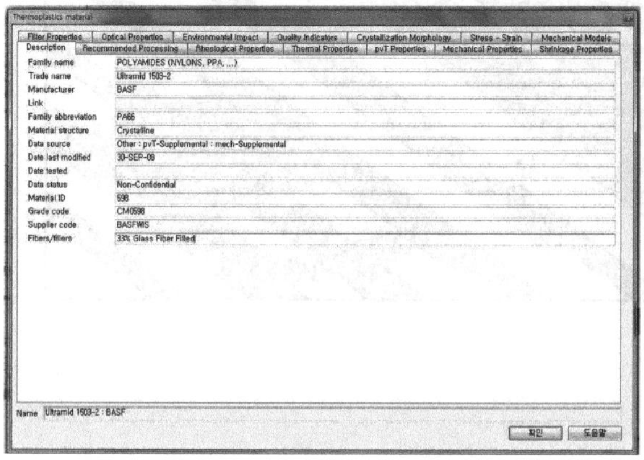

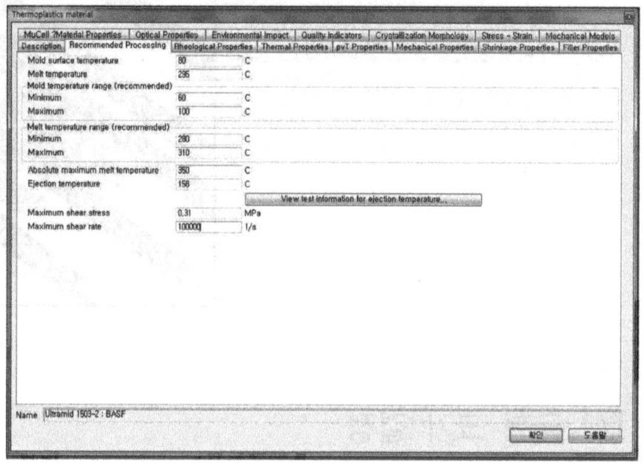

4) 원하는 재료를 찾았다면 재료를 선택하고, 모든 창을 닫고 나오면 최초 해석조건 설정 창에 선택된 수지가 나타나 있다.

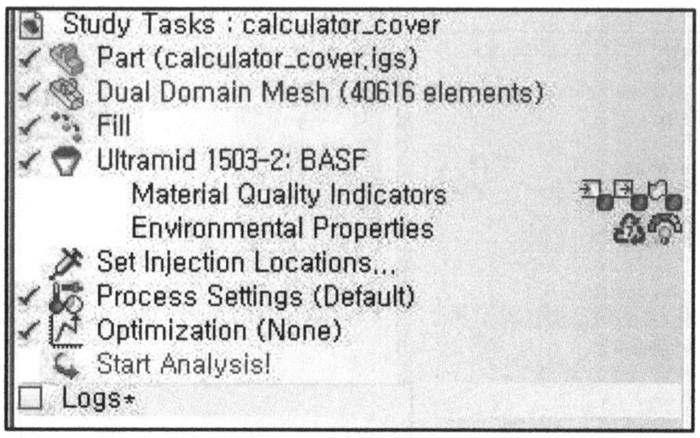

(3) 유동 주입구 선정

해석 모델에서 스프루(sprue)를 생성하였다면 스프루 입구를 수지 주입구로 선정하면 된다. 해석조건 설정 창에서 Set Injection Locations를 MB3로 클릭하면 다시 Set Injection Locations가 나타나면 선택 한 후 해석 모델의 스프루(sprue) 입구를 클릭하여 유동 주입구의 정의를 마친다.

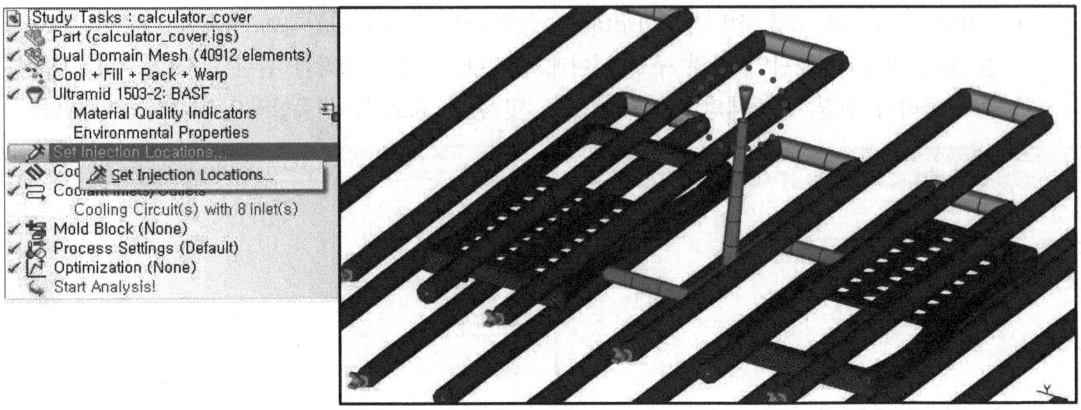

(4) 금형 크기 결정

해석을 위한 모든 모델링 끝났다면 금형 크기를 정의 할 수 있다. 금형 크기를 정의하고 냉각 해석을 수행하면 금형의 온도 분포를 파악 할 수 있다. 금형 크기를 정의하는 방법은 아래와 같다. 성형해석 조건 정의 창의 Mold Block을 MB3를 클릭한 후 Mold Surface Wizard를 선택하면 금형의 크기를 정의하는 팝업 창이 활성 된다. 금형의 크기를 정의했다면 해석 모델을 포함하는 금형 메쉬가 생성된다.

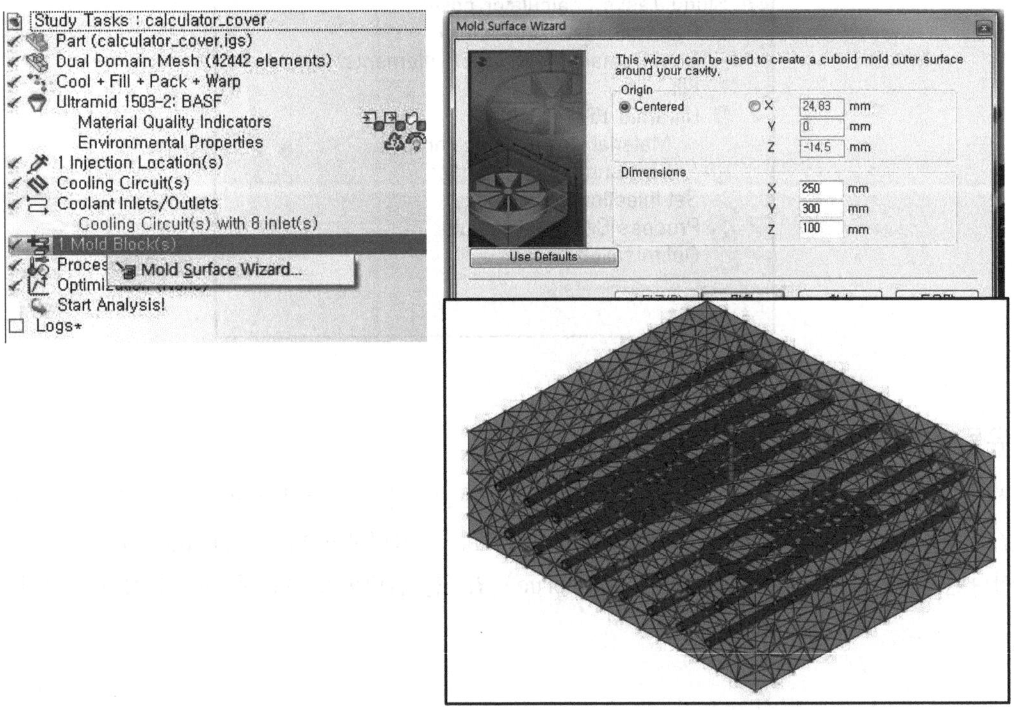

(5) 성형조건의 입력

성형해석 모델이 완료되었다면 이제 모델을 해석하기 위한 성형조건을 입력한다. 설정하는 해석조건에 따라 해설결과는 큰 변화가 발생하므로 몇 차례 예비 해석을 통하여 적절한 해석조건 범위를 좁혀나가는 것이 좋다.

1) 성형조건을 입력하는 Tasks 창에서 해석의 종류를 우선 선택한다. 선택하는 해석의 종류에 따라서 입력되는 성형조건이 달라지기 때문에 자신이 하고자 하는 해석을 사전에 결정해야 한다. 이번 설명은 MFI에서 가능한 해석을 모두 포함하는 Cool + Fill + Pack + Warp을 선택하여 진행할 것이다.

   성형해석은 앞서 완성한 계산기 커버 모델에 대하여 진행할 것이므로 계산기 커버 모델을 포함하는 Project를 찾아 open한다.

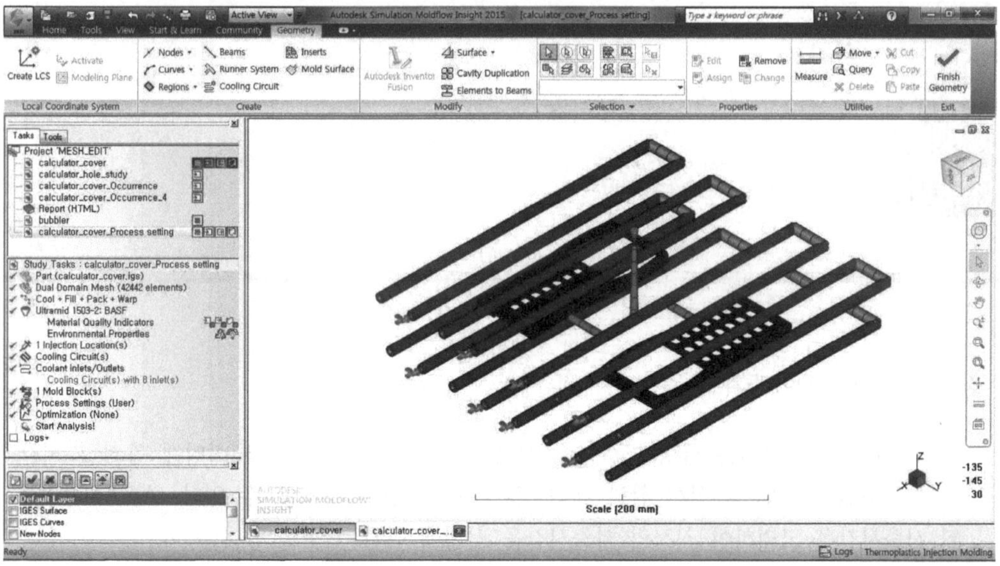

2) 성형조건 입력 Tasks의 Process Setting(User)를 MB3로 선택하면 Set process setting이 나타나고, 이를 선택하면 Process Settings Wizard - Cool Setting - Page 1 of 3 팝업창이 활성된다. Melt temperature는 295℃, Mold-open time은 5, Injection + packing + cooling time 항목은 두 가지 옵션을 선택할 수 있다. 특정 시간을 입력하거나, 시간이 자동 설정되는 것이다. 이번 경우에는 Specified 선택 후 injection + packing + cooling time으로 25초를 입력하고, 다음 설정으로 넘어간다.

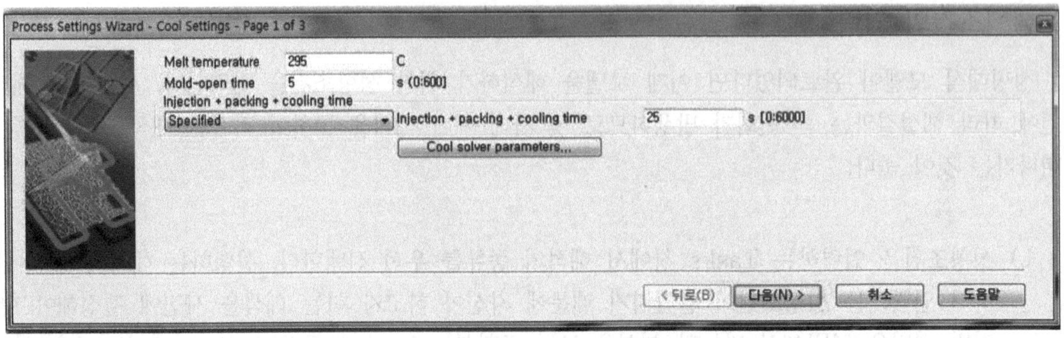

3) 다음에 활성되는 팝업 창은 Fill + Pack 팝업 창이다. Injection time을 4초로 설정한다.

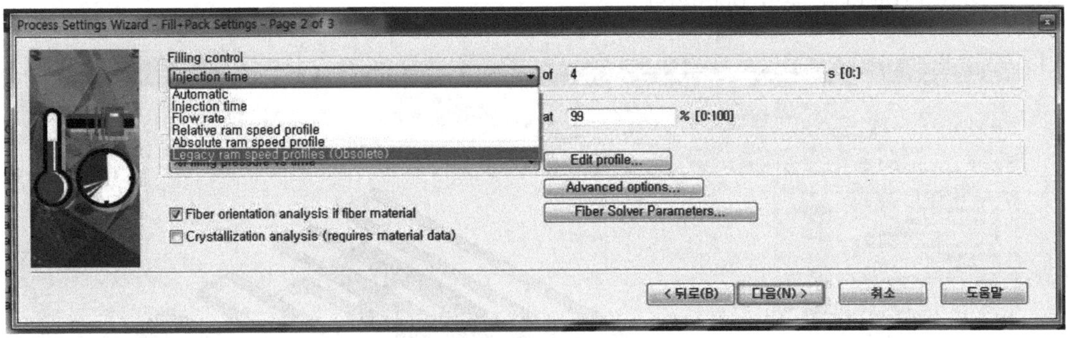

<참고> Filling 제어 5가지 옵션

- Automatic : 입력되는 금형온도와 수지온도를 고려하여 수지가 캐비티에 충전될 시간을 자동으로 조절한다. 최초 해석시 참고 해석으로 수행할 경우 사용할 수 있다. Automatic으로 해석된 사출시간을 고려하여 최적의 사출시간을 선정해 나가는 것도 좋다.
- Injection time : 가장 많이 사용되는 방식으로 입력하는 사출시간 동안 제품 체적을 고려하여 일정한 유량으로 캐비티를 충전한다.
- Flow rate : 단위 시간당 캐비티에 충전되는 수지의 유량량을 직접 입력하는 방식이다.
- Relative ram speed profile : 제품의 전체 제적에 대하여 정해진 사출속도 또는 사출 유량을 직접 입력할 수 있다. 다단사출 조건 입력이 가능하다.

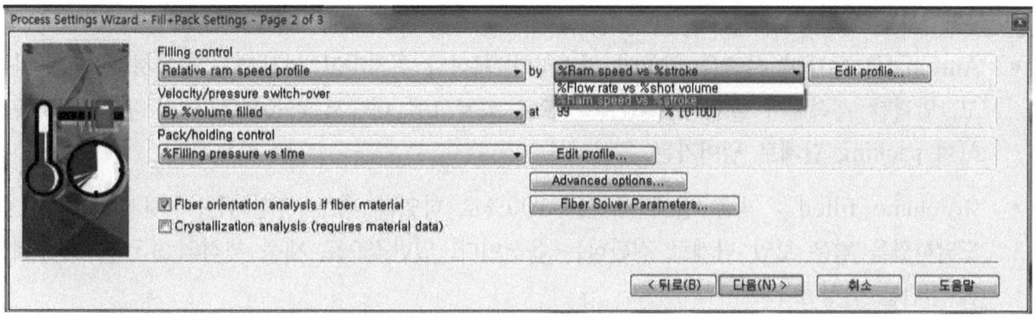

▪ Absolute ram speed profile : 실제 사용하는 사출기의 조건을 입력할 수 있다. Ram speed와 ram position을 설정할 수 있다. 사출기의 조건이 맞지 않는다면 해석 결과는 실제와 다를 수 있다.

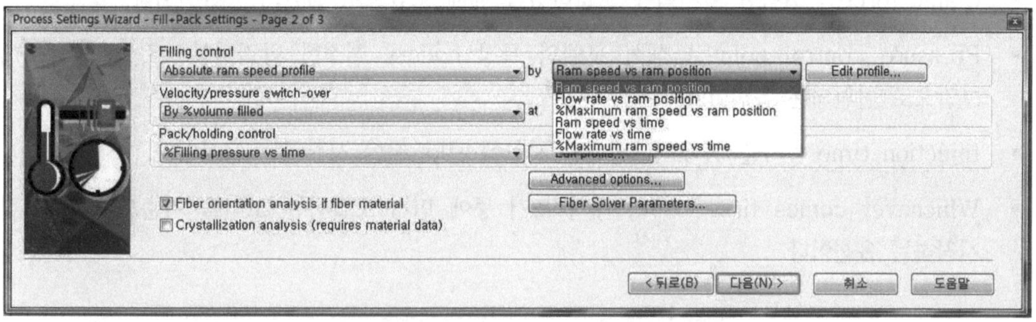

4) Velocity/pressure switch-over는 사출 후 보압으로 절환하는 기준을 설정하는 옵션으로 이번 해석에는 By %volume filled으로 선택하고, 99%로 입력한다.

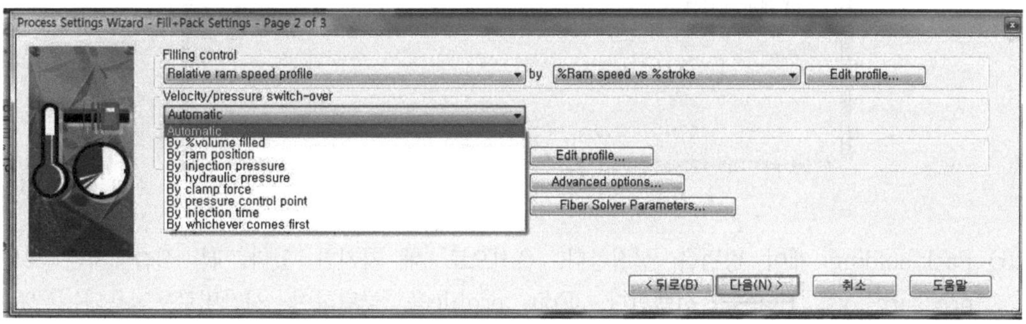

<참고> 보압 절환 제어 옵션 9가지

- Automatic : 램이 사출을 위하여 전진하다 최적의 위치라고 생각하는 점에서 전진은 하지 않고, 압력만 계속해서 발휘하고 있는 것으로 프로그램 내에서 자동으로 램의 멈춤 위치를 계산하여 packing 단계로 넘어가는 옵션이다.
- %Volume filled : 제품 전체 체적을 100%로 하였을 경우 충전되는 수지가 정해진 체적에 도달하였을 경우 보압 단계로 전환하는 옵션이다. 일반적으로 제품 체적의 95 ~ 99%에서 보압 절환을 설정한다.
- Injection pressure : 수지 충전 중에 입력한 사출압력에 도달하면 보압으로 절환되는 옵션이다.
- Hydraulic pressure : 유압실린더의 압력이 정해진 압력에 도달하면 보압으로 절환되는 옵션이다.
- Clamp force : 입력한 형체력에 도달하였을 때에 보압으로 절환되는 옵션이다.
- Pressure control point : 해석 모델의 특정 node에 설정한 압력이상으로 압력이 가해지면 보압으로 절환되는 옵션이다.
- Injection time : 사출 시작 후 정해진 시간에 보압 절환 시작하는 옵션이다.
- Whichever comes first : 여러 개의 조건 중에 먼저 도달하는 조건을 기준으로 보압 절환을 시작하는 옵션이다.

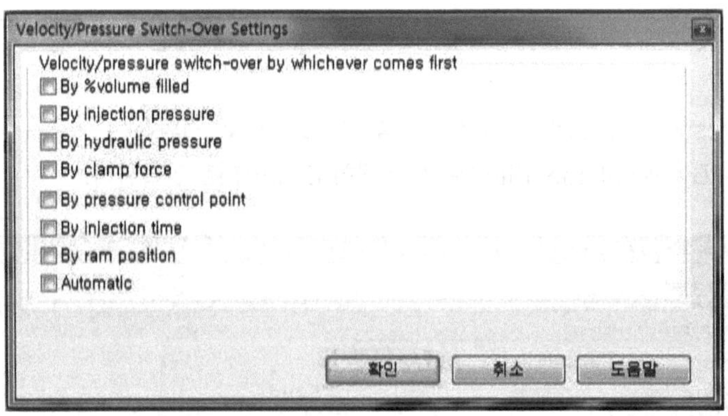

5) Pack/holding 제어 방법을 설정한다. 옵션으로 세 가지가 있다. 본 실습에서는 %Filling pressure vs. time을 선택한다. Edit profile을 클릭하여 시간별로 적용되는 %filling pressure를 정의 한다. 실습 과제의 설정값은 1.5초간 80%, 1,5초간 60%, 1,5초간 30%로 정의 한다.

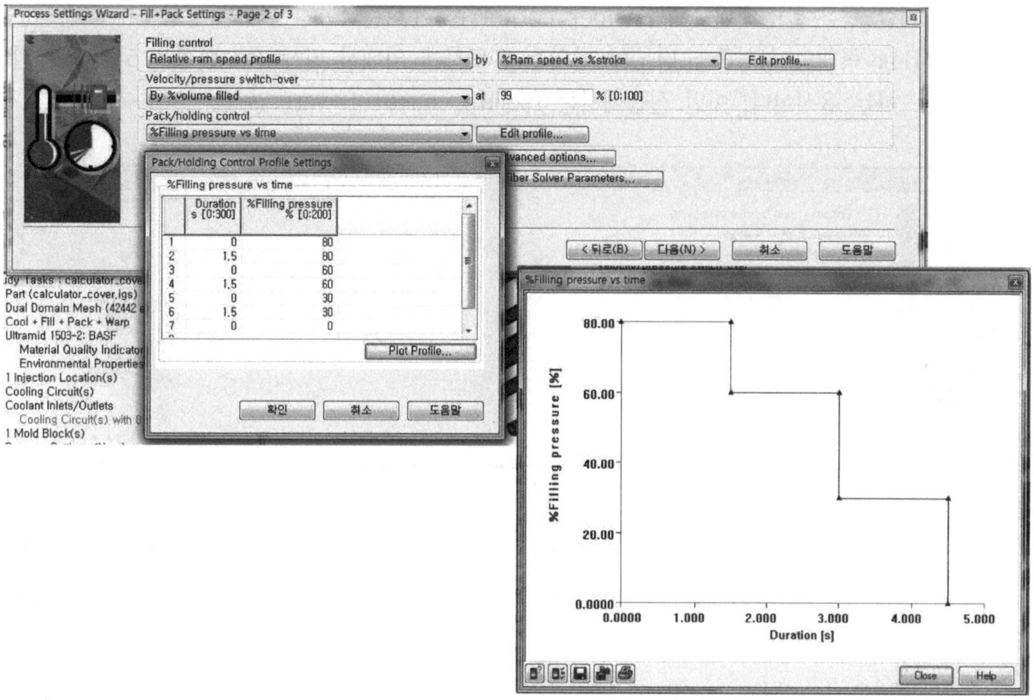

<참고> 보압 제어 옵션 4가지

- %Filling pressure vs. time : 보압 절환 직전의 캐비티 내부의 최대 압력을 100%로 정의하였을 때 최대 압력 % 대비하여 시간별로 사출압력 %를 정의하여 보압을 제어하는 옵션이다. 즉, 최대 압력이 50MPa이라고 하고, 보압을 80% 3초간 적용한다는 뜻은 40MPa 보압을 3초간 적용하는 것이다.
- Packing pressure vs. time : 적용하는 보압을 시간대 별로 직접 입력하는 옵션이다.
- Hydraulic pressure vs. time : 사출기의 유압실린더의 압력을 시간대 별로 직접 입력하는 옵션이다.
- %maximum machine pressure vs. time : 사출기의 최대 사출압력을 100%라 하고 직접 % 값을 입력하는 옵션이다.

세 번째 Process Setting Wizard는 Warp 해석 관련이다. Consider mold thermal expansion은 금형의 열에 의한 팽창을 고려할 경우에 선택한다. 만약 이 옵션을 선택하였다면 추가적으로 금형의 재질을 선택하여야 한다. 금형 재질별로 열팽창량이 다르기 때문에 성형품의 변형에 영향을 미친다. Isolate cause of warpage는 변형이 발생되는 원인을 요소별로 따로 표시할 경우에 선택된다. Consider corner effects는 Box 형태의 성형품에 적용되는 옵션으로 Box 형태의 성형품 코너부의 내외측 온도차에 의해서 발생되는 변형을 고려해야 할 경우에 체크하는 옵션이다. 이번 실습에서는 Isolate cause of warpage만 선택하기로 한다.

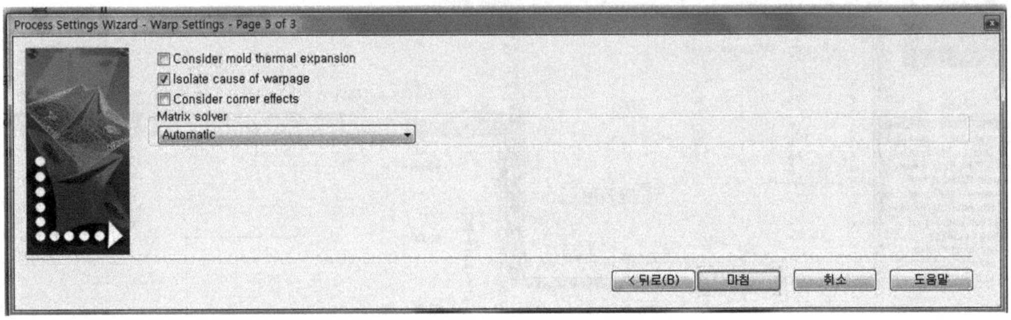

6) 해석을 위한 성형조건 입력이 완료되었다. 다음은 성형해석을 시작하는 방법을 설명한다. 성형조건 입력 Tasks 창의 Start Analysis를 선택 후 MB3의 Start Analysis를 선택하여 해석을 시작할 수 있다.

다른 방법은 Job Manager를 이용하는 것이다. Job Manager는 Tasks 창의 Start Analysis를 선택 후 MB3의 Job Manager를 선택한다. Job Manager는 메뉴바에서도 선택할 수 있다.

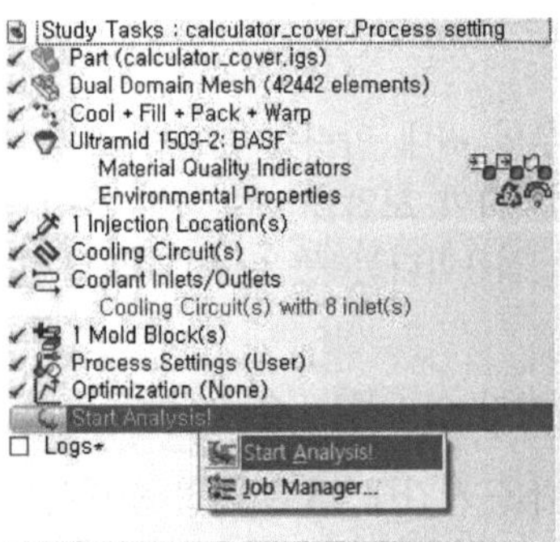

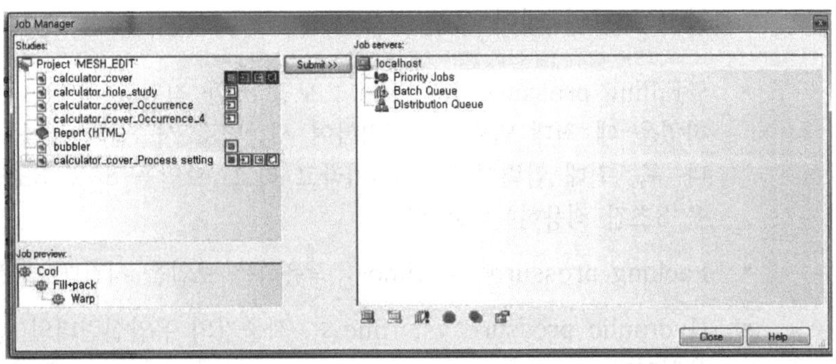

Job Manager 창에는 지금까지 작업했던 sdy 파일이 모두 list 되어 있다. 이중에서 해석 모델링이 완료된 sdy 파일을 선택한 후 submit를 클릭하여 Job servers로 넘긴다. 해석할 sdy를 선택한 후 Batch Queue를 선택하고 submit 시키면 Batch Queue 아래에 list 된다. 이때 sdy 파일에서 설정된 해석 종류가 차례로 list 되는 것을 볼 수 있을 것이다. 여러 개의 sdy를 위의 방법으로 list 시킬 수 있다. Batch Queue 설정이 완료 되었다면 MB3의 Run Batch Queue를 선택하면 해석이 시작된다.

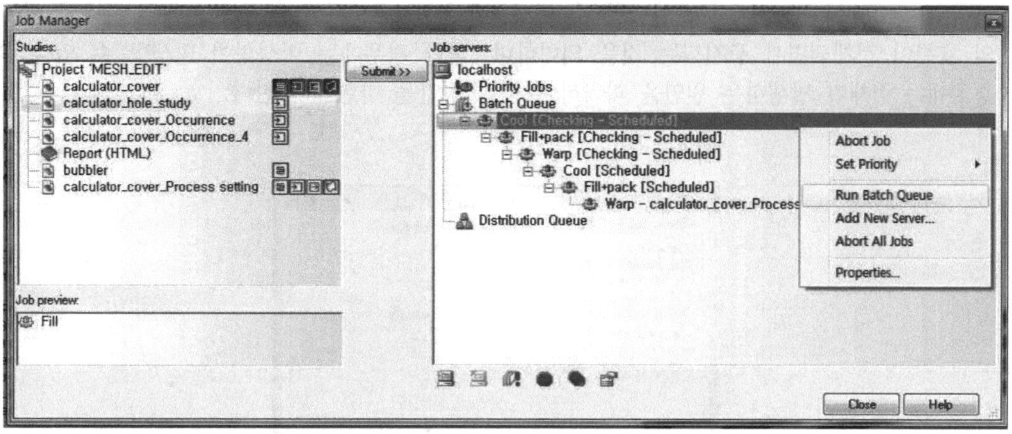

3.4.5 해석결과의 분석

성형해석이 완료되면 해석 종류에 따라 많은 내용의 해석 결과들이 생성된다. 따라서 원하는 해석 결과를 찾아서 분석하기 위해서는 각각의 결과가 의미하는 내용을 미리 이해한 후 원하는 해석 결과를 분석하는 것이 효과적이다. 또한 해석 결과는 종류에 따라서 한 가지 이상의 결과를 유추할 수도 있으므로 많은 사례의 분석을 통하여 해석 결과를 실전에 사용될 수 있는 데이터로 변환시키는 능력을 길러야 할 것이다. 본 절에서는 각각의 해석 결과가 의미하는 내용을 설명하고, 해석 결과를 어떻게 이용할 것인가에 대한 간단한 실습을 진행 할 것이다.

(1) Flow 해석 결과

1) Fill time

수지의 충전 과정을 두 가지 방법으로 나타낼 수 있다. 첫 번째는 유동 과정을 애니메이션화하여 나타난다. 두번째는 충전 패턴을 등고선으로 표시하여 나타내는 것이다. 두 가지 해석 결과를 더욱 효과적으로 관찰하기 위해서 Fill time의 Plot properties를 이용하면 된다.
해석 결과가 list 되어 있는 창의 Fill time을 MB3의 Properties를 클릭하면, Plot properties 창이 나타난다. Plot properties 창에서 Methods 탭의 Selection에는 Shaded와 Contour가 있다. 이 중에서 Shaded를 선택하고, 확인하면 해석 결과가 Shading 상태로 표시된다. 기본적으로 Fill time 해석 결과는 Shaded로 표시된다. 그리고 Plot properties 창에서 Methods 탭의 Selection을 Contour로 선택하고, 확인하면 해석 결과는 아래와 같이 Contour 표시된다.

Contour로 표시되는 결과에서 등고선 사이의 거리가 좁다면 유동 흐름이 늦음을 의미하고, 등고선 사이의 거리가 넓다면 유동 흐림이 빠르다는 것을 의미한다. 따라서 등고선 사이의 거리를 통하여 유동선단의 정체 여부를 판단할 수 있다. 만약 등고선 사이의 거리가 매우 좁다면 유동 선단의 흐름이 정체되면서 충전되는 것을 의미하며, 심할 경우에는 미성형이 발생할 수 있다. 이러한 경우에는 정체가 발생하는 원인을 파악하여 해결 방안을 마련해야 한다.

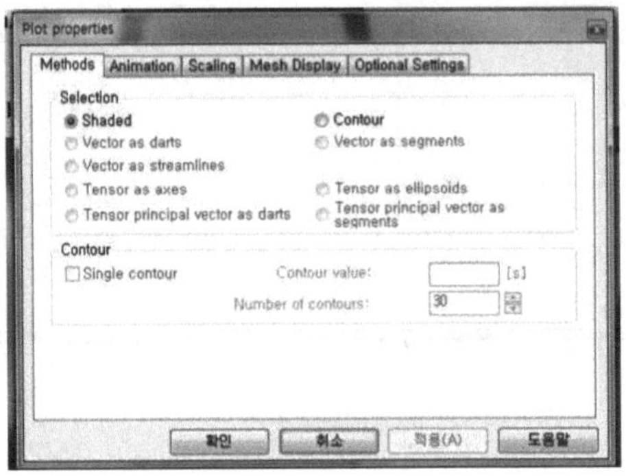

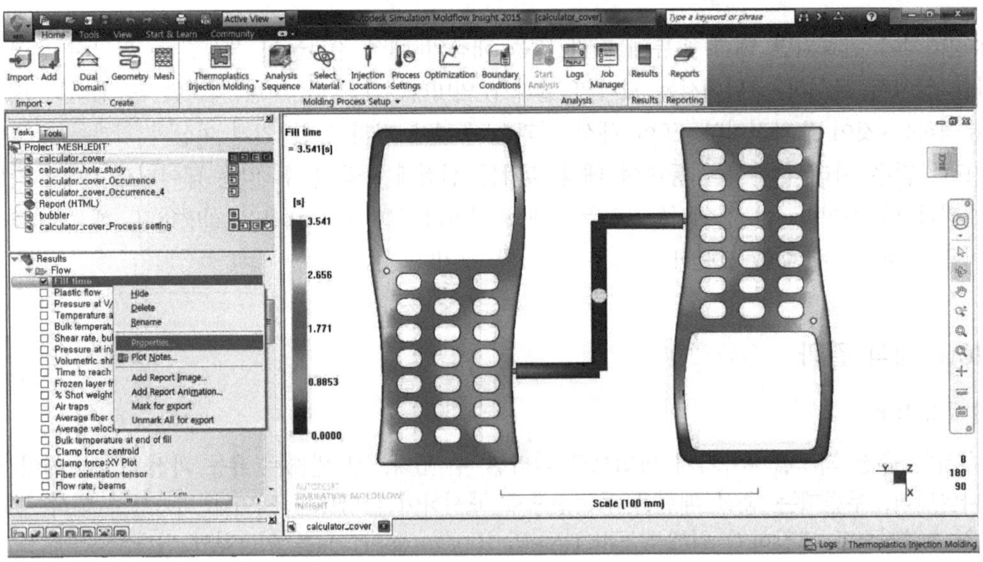

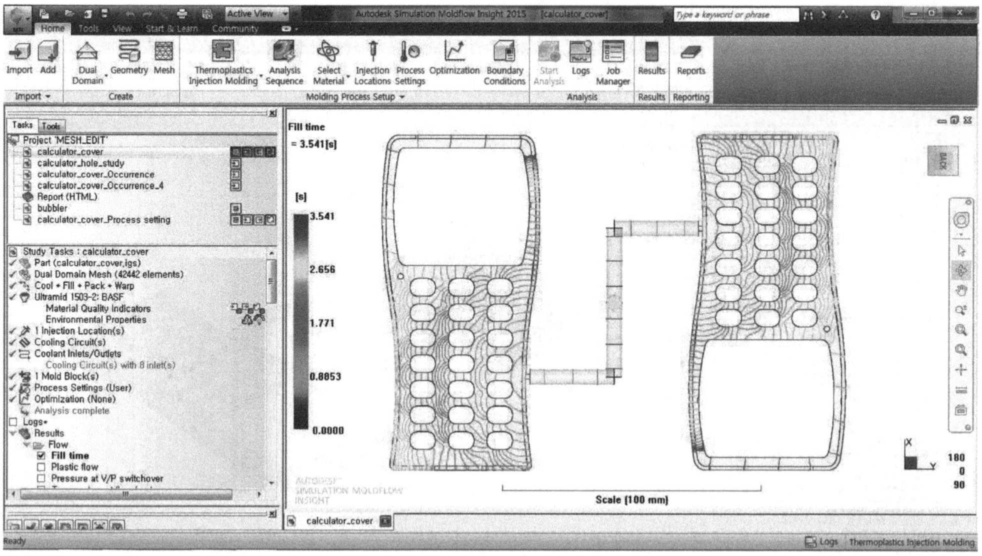

2) Pressure at V/P switchover

Pressure at V/P switchover 결과는 보압 전환시 사출기 노즐과 금형의 스프루가 만나는 지점에서의 사출압력를 나타난다. 즉, 보압으로 전환되기 직전에 금형의 스프루 입구에서의 사출압력 분포를 나타난다. 그리고 보압 전환 직전에 가장 큰 사출압력이 금형에 작용하게 된다. 일반적인 적정 사출압력은 사출성형기가 발휘할 수 있는 최대 사출압력의 70~75% 수준이다. Pressure at V/P switchover 결과도 Fill time 결과와 같이 Shaded 또는 Contour로 나타낼 수 있다.

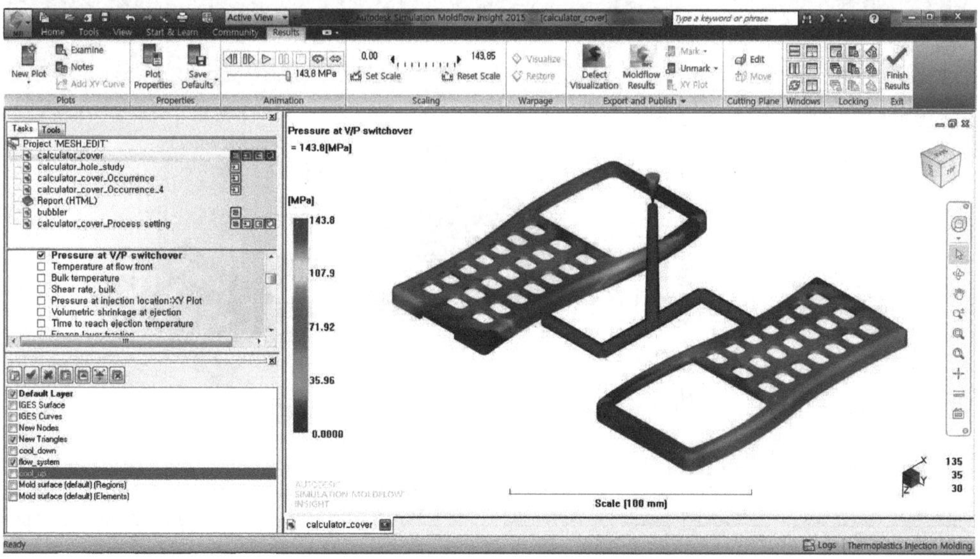

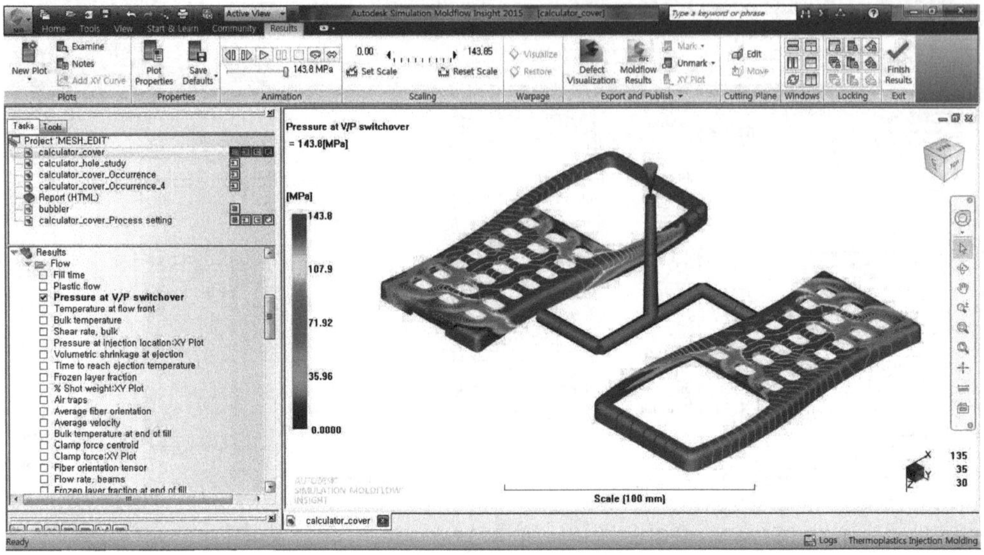

3) Temperature at flow front

Temperature at flow front 결과는 용융수지가 캐비티 내부를 충전할 때 용융수지의 유동선단 온도를 나타낸다. 캐비티를 충전하는 용융수지의 유동선단은 유동속도에 많은 영향을 받는다. 유동속도가 느리면 금형으로 열전달이 많이 발생하여 유동선단의 온도가 낮아지고, 유동성이 저하된다. 이런 경우에는 사출속도를 높여서 유동속도를 빠르게 해야 한다.

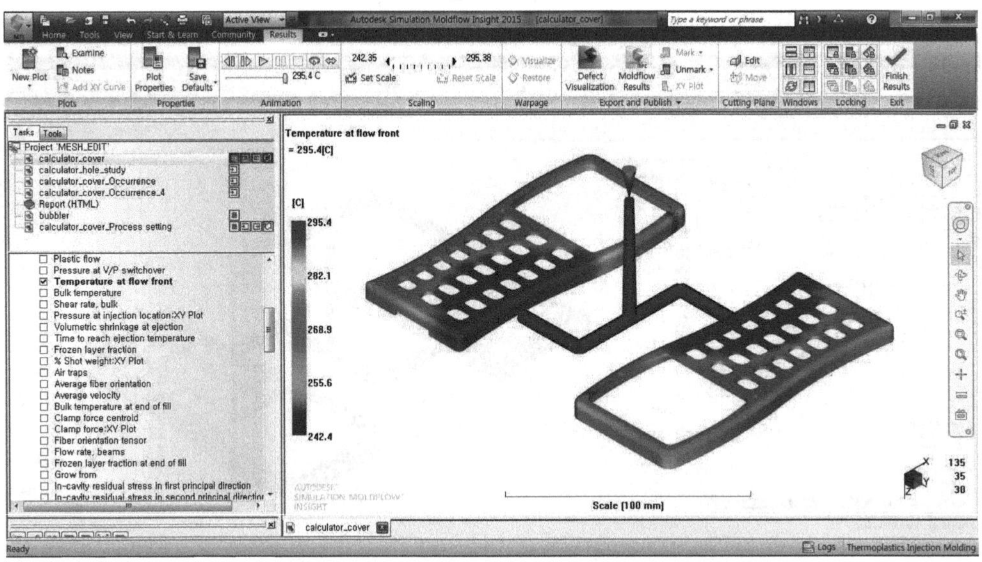

특정 부분에서 온도가 급격히 낮아지면 유동 정체 현상이 발생하고, 미충전이 발생하기도 한다. 유동선단의 온도는 되도록 추천되는 성형온도 범위를 유지하는 것이 요구된다.

4) Bulk Temperature

Bulk Temperature 결과는 사출시간에 따른 용융수지의 평균온도를 나타낸 것이다. 용융수지의 평균온도는 Temperature at flow front의 결과와 유사한 특징을 가지고 있다. 즉, 유동선단이 빠르게 흐르면 금형과의 마찰로 인하여 온도가 높아지고, 반대로 느리게 흐르면 온도가 낮아지고, 정체현상과 미성형이 발생할 가능성이 크게 된다. 그리고 평균온도가 낮다면 웰드라인의 골은 깊어질 것이다. 캐비티 내에서 평균온도차가 크다면 수축의 차가 커지게 되고, 이로 인하여 변형이 발생할 가능성이 크다.

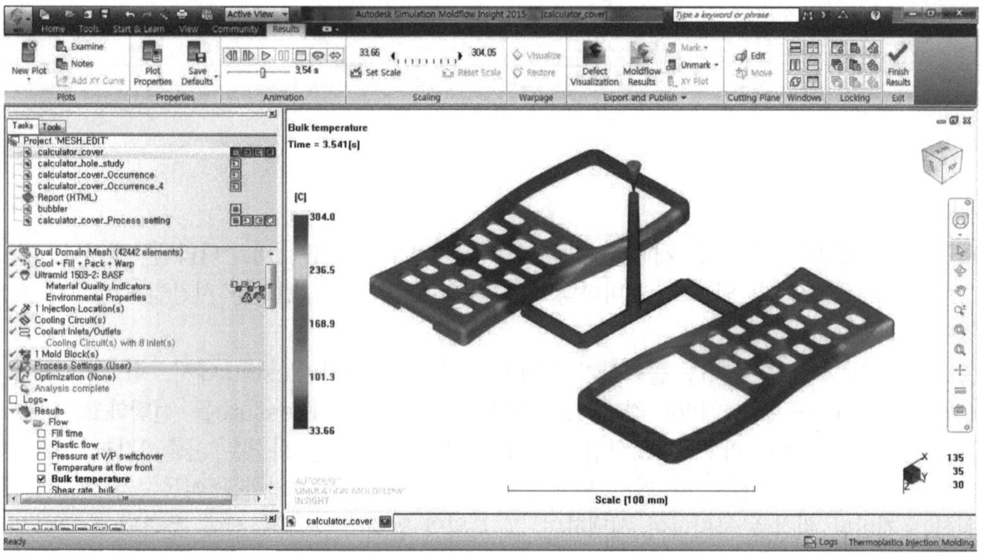

5) Pressure at injection location:XY Plot

Pressure at injection location:XY Plot 결과는 스프루 입구에서 측정되는 사출압을 시간(X축)과 사출압력(Y축)으로 나타낸 것이다. 사출압력의 변화를 시간별로 나타낸 것이다.

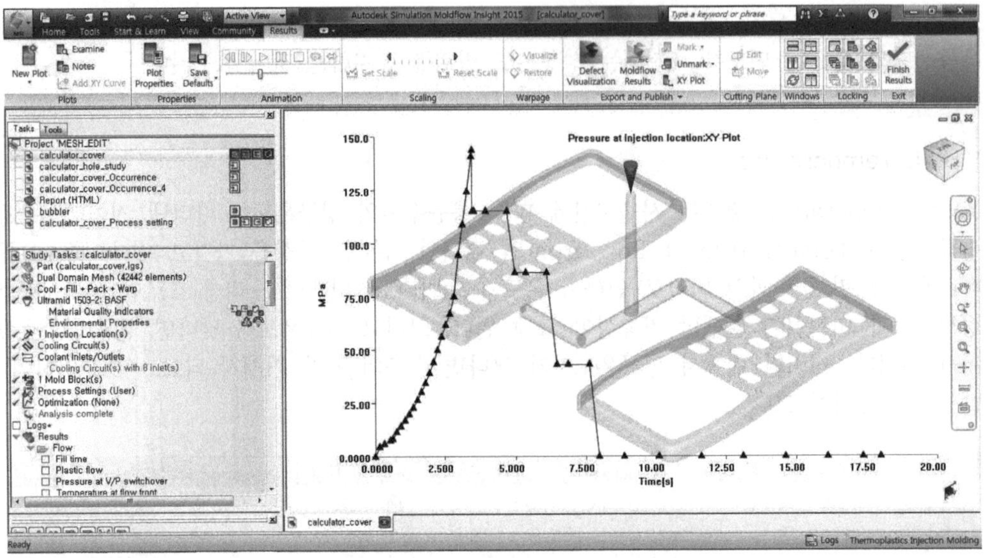

6) Pressure

Pressure 결과는 충전시 캐비티 내부의 압력 변화를 시간별로 나타낸 것이다. Shaded와 Contour로 나타낼 수 있으며, 캐비티의 특정 위치에서의 압력 변화를 시간별 그래프로 나타낼 수 있다.

특정 위치의 시간별 압력을 출력하기 위해서는 Tasks 창의 Results에서 MB3의 New Plot를 선택한다. Create New Plot 창의 Available results에서 Pressure를 선택하고, Plot type을 XY plot를 선택하고 확인한다. 확인 후 해석결과가 나타나는 화면은 사출시간과 사출압력 관련 그래프가 나타난다. 마우스의 커서 옆에는 XY가 붙여져 있고, 커서를 이동시켜 압력을 측정하길 원하는 캐비티 지점을 클릭하여 선택하면 그 부위의 압력이 그래프 상에 출력된다. 선택된 지점들 순서로 사출압력 프로파일이 그래프 상에 표시된다.

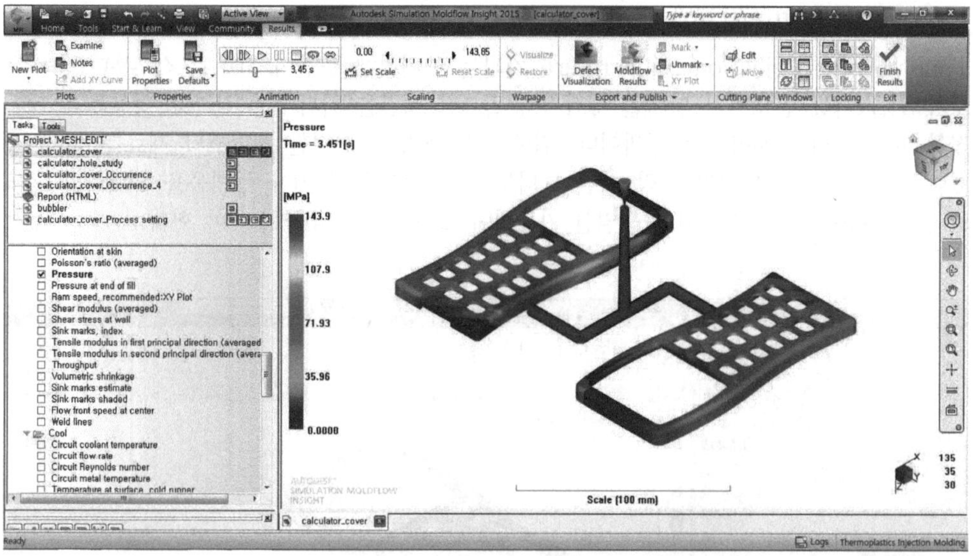
Pressure
Time = 3.451[s]
[MPa]
143.9
107.9
71.93
35.96
0.0000
Scale (100 mm)

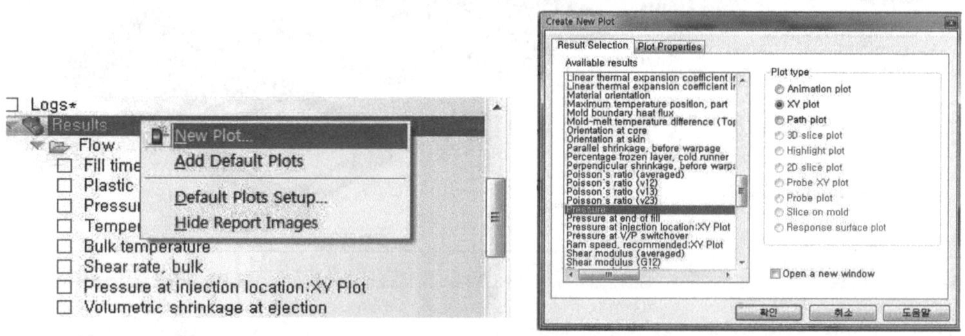
New Plot...
Add Default Plots
Default Plots Setup...
Hide Report Images
Create New Plot
Result Selection
Plot Properties
Available results
Plot type
Animation plot
XY plot
Path plot
Open a new window
확인
취소
도움말

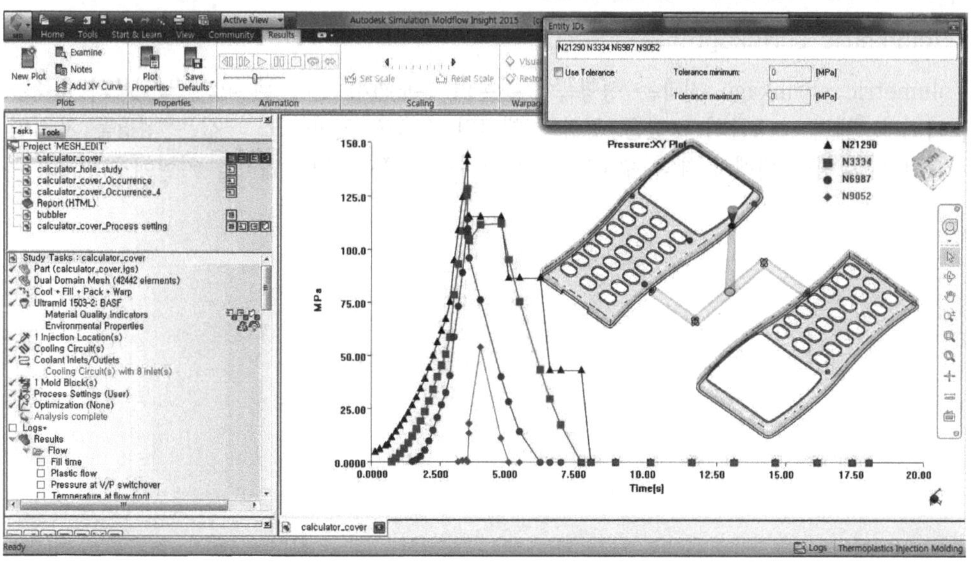
Pressure:XY Plot
N21290
N3334
N6987
N9052
MPa
Time[s]

7) Time to reach ejection temperature

Time to reach ejection temperature 결과는 캐비티에 충전이 완료된 직후부터 용융수지의 온도가 취출 가능 온도까지 떨어질 때까지의 필요한 시간을 나타내는 결과로 성형품의 취출 시간을 정할 때 유용하게 사용되는 결과이다. 취출 가능 온도는 선택한 플라스틱 재료를 살펴보면 알 수 있다. 취출 가능 온도까지 하락 시간이 너무 길면 성형품 두께가 두꺼움을 의미하고, 싱크마크를 의심해 보아야 하며, 수축이 불균일할 가능성이 크므로 변형을 의심해야 한다.

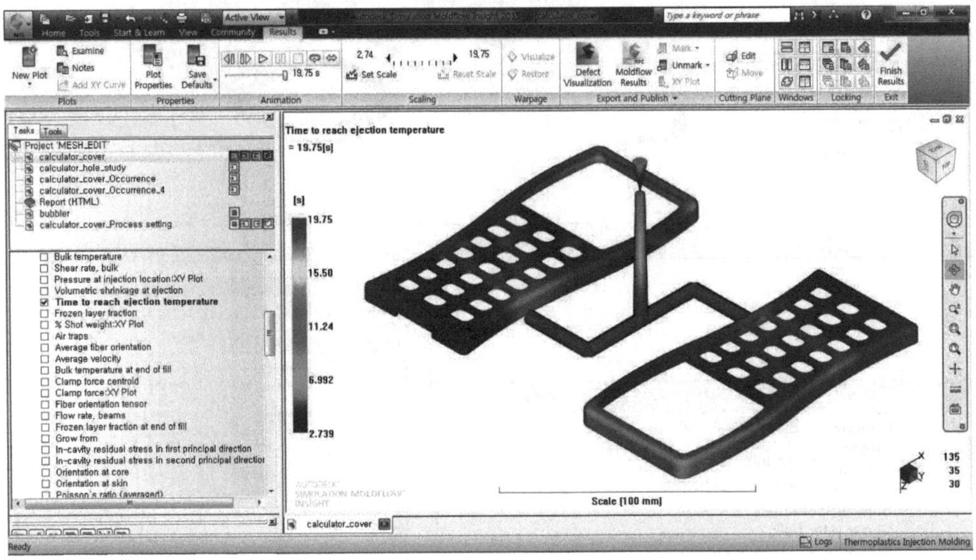

8) Volumetric shrinkage

Volumetric shrinkage 결과는 성형품이 상온의 온도까지 냉각 된 후의 성형품의 수축을 나타낸 결과이다. 체적 수축률의 +값은 성형품 체적의 수축을 의미하고, −값은 성형품 체적의 증가를 나타난다. 성형품 내에서 체적 수축률 차가 크다면 수축에 의한 변형을 의심해야 한다.

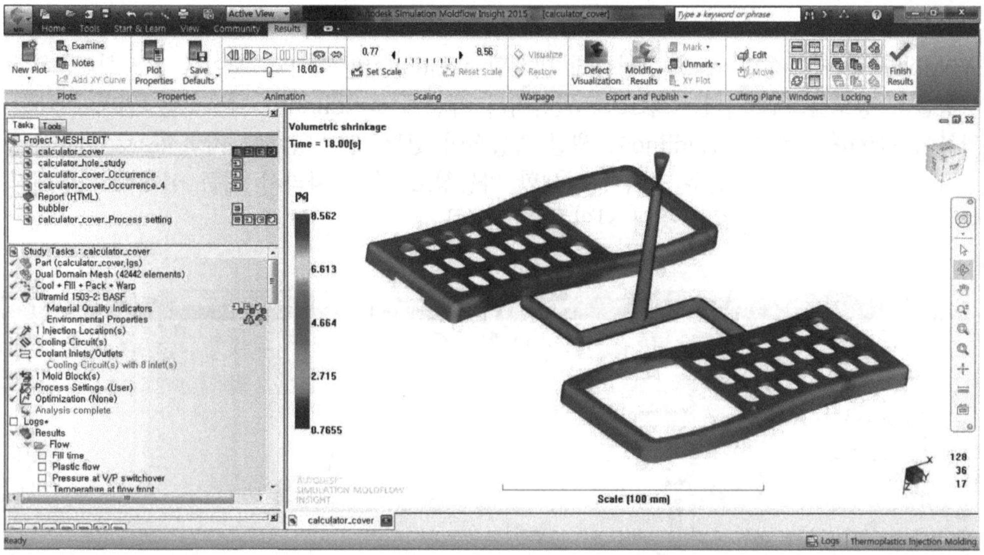

9) Sink marks estimate

Sink marks estimate 결과는 성형품에 발생할 sink mark를 나타낸다. 리브와 보스가 있는 곳의 살두께는 성형품의 평균 살두께 보다 두껍기 때문에 리브와 보스의 반대쪽으로 싱크마크가 발생한다.

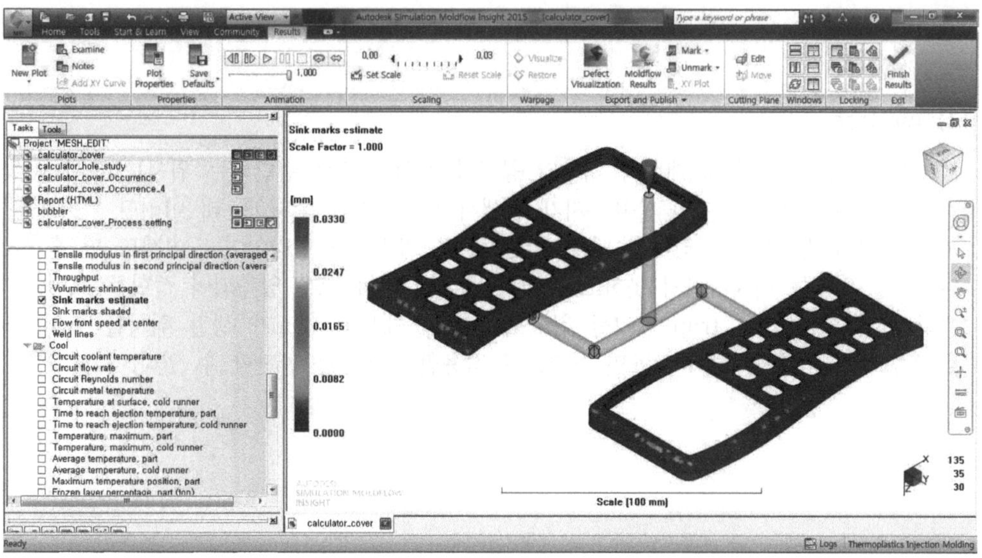

10) Weldline

Weldline 결과는 성형 후에 성형품에 발생할 weldline의 위치와 길이를 표시한다. Weldline은 성형품의 강도를 저하시키는 주요한 원인이기 때문에 weldline이 발생하는 위치에 대한 면밀한 관찰이 필요하다. 만약 Weldline이 생길 가능성이 있는 곳이 향후에 지속적으로 하중을 받는다면 그 weldline은 최악의 경우 크랙이 발생할 가능성도 있다. 따라서 제품 설계시 성형해석을 통하여 weldline의 위치와 길이 등의 확인이 필요하다.

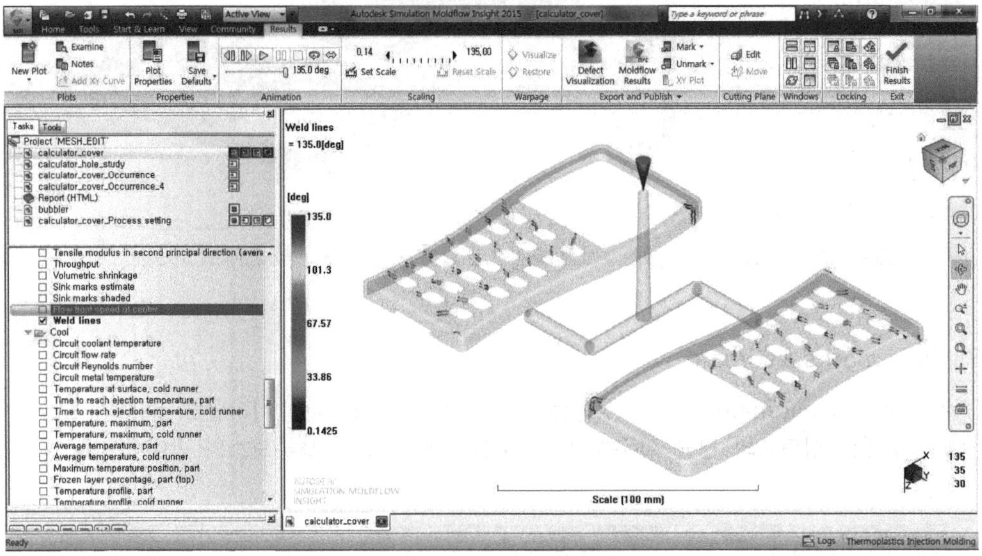

11) Air trap

Air trap 결과는 성형시 캐비티 내부의 공기가 갇힐 것으로 판단되는 위치를 표시한다. 사출성형시 캐비티 내부에는 공기와 용융수지가 발생시키는 가스가 존재하는데 이러한 가스들은 성형되면서 캐비티의 말단까지 밀려나게 된다. 일반적으로 가스는 파팅라인이나 이젝트 핀 홀 등으로 빠져나가지만 일부는 빠져나가지 못하고 캐비티 내부에 남아 고온 압축되어 성형품 표면이 타게 되는 불량이 발생한다 Air trap 결과를 참고로 캐비티 내부의 가스가 생길 위치를 확인하고, 가스가 금형을 빠져나가거나 남아서 표면 불량으로 작용할지 여부를 판단할 수 있다.

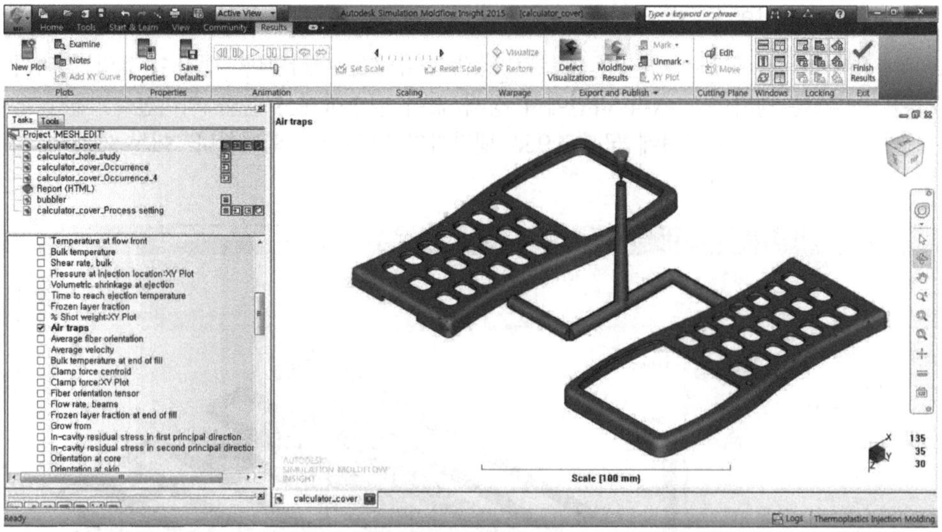

(2) Cool 해석 결과

1) Circuit coolant temperature

Circuit coolant temperature 결과는 금형의 냉각수 온도 변화를 나타낸 것이다. 냉각수는 금형에 들어가 금형 내부의 열을 흡수하여 밖으로 나오게 된다. 따라서 금형에 들어가는 냉각수의 온도와 나오는 냉각수의 온도차가 발생한다. 일반적으로 냉각수의 입출구 온도차는 2 ~ 3℃가 적절하며, 정밀 금형의 경우 냉각수의 입출구 온도를 1 ~ 2℃로 유지하여야 한다. 냉각수의 입출구 온도차가 크게 발생하면 냉각수 라인을 분리하는 것이 좋다.

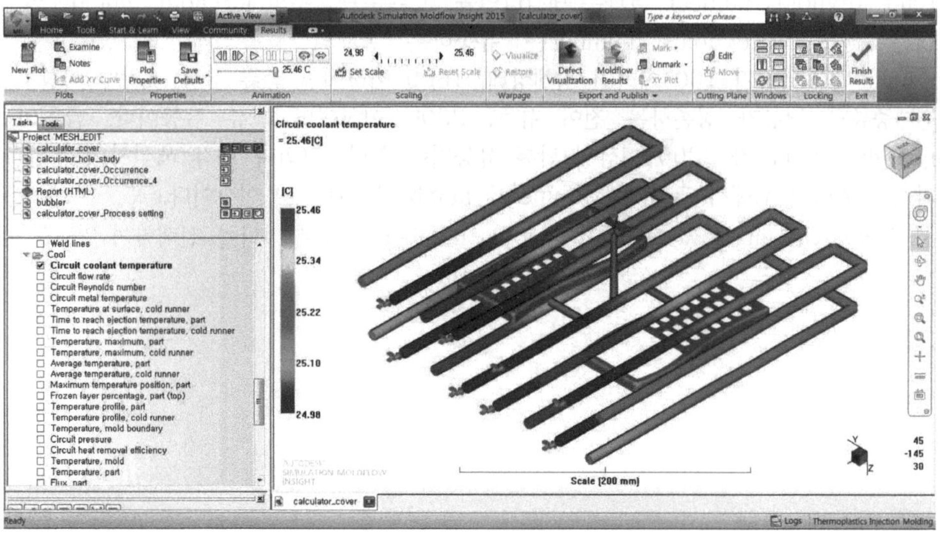

2) Circuit flow rate

Circuit flow rate 결과는 시간당 흐르는 냉각수 유량을 나타난다. 냉각수 유량 결과가 일정하게 유지된다는 것은 냉각수가 냉각 라인에서 정체 없이 일정하게 흐름을 의미한다. 냉각 유량이 급격히 증가 또는 감소함은 금형에 국부적으로 냉각차가 발생함을 의미한다. 이는 제품의 냉각차로 변형의 원인이 될 수 있다.

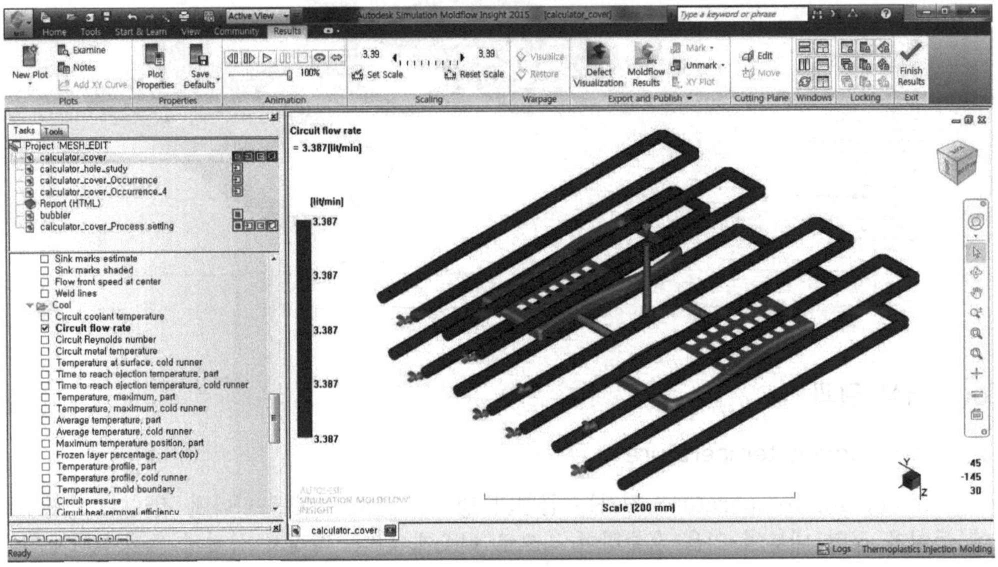

3) Circuit Reynolds number

Circuit Reynolds number 결과는 냉각라인을 흐르는 냉각수의 Reynolds number의 변화를 나타내는 것이다. Reynolds number는 유동하는 유체의 흐름 패턴을 정의하는 방법이다. Reynolds number가 100 이하면 정체상태, 1800 이하이면 층류 유동, 1800 이상 2300 이하이면 층류와 난류가 공존하는 천이 유동, 2300 이상이면 난류 유동이다. 금형의 냉각수는 Reynolds number가 2300 이상의 난류 유동이야 한다. 그러나 냉각 해석시 충분한 난류 유동 효과를 발휘하기 위해서 추천되는 Reynolds number는 10000 이상이다.

앞서 설명한 Circuit flow rate와 Reynolds number 중에서 하나를 선택하여 입력할 수 있다.

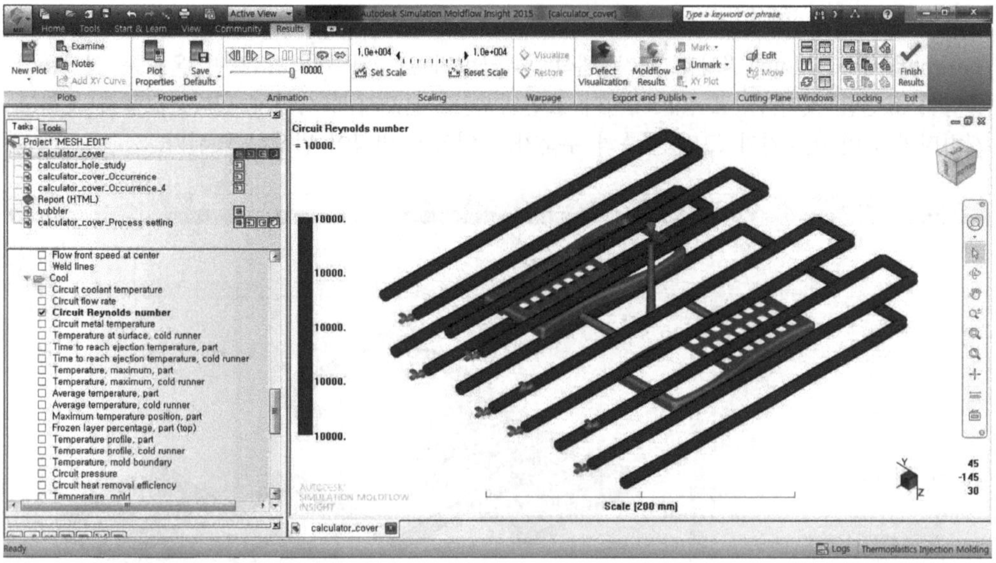

4) Time to reach ejection temperature, part

Time to reach ejection temperature, part 결과는 성형품이 취출 온도까지 냉각될 때까지의 시간을 나타난다. 시간 차이가 크게 발생하면 수축차이가 크게 발생할 가능성이 크게 된다. 이는 성형품의 변형의 원인으로 작용 할 수 있다.

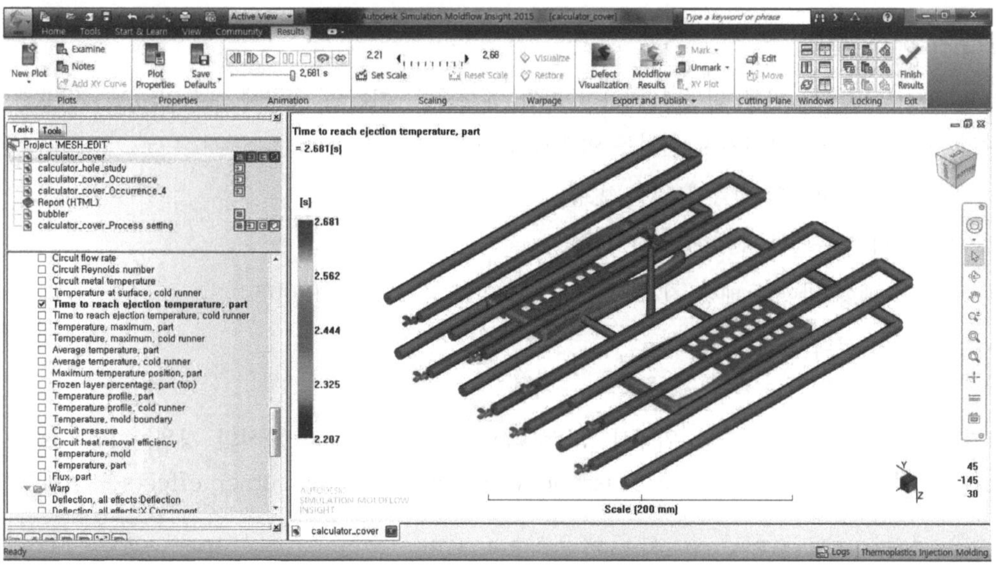

⑤ Temperature, Mold

Temperature, Mold 결과는 냉각 해석 후 금형의 코어와 캐비티 표면 온도를 성형품의 메쉬를 통하여 표현한 것이다. 코어와 캐비티 표면의 온도 분포가 유사해야 한다. 그렇지 못하고 코어와 캐비티의 표면 온도차가 크면 제품의 수축차로 인하여 변형이 발생하게 된다.

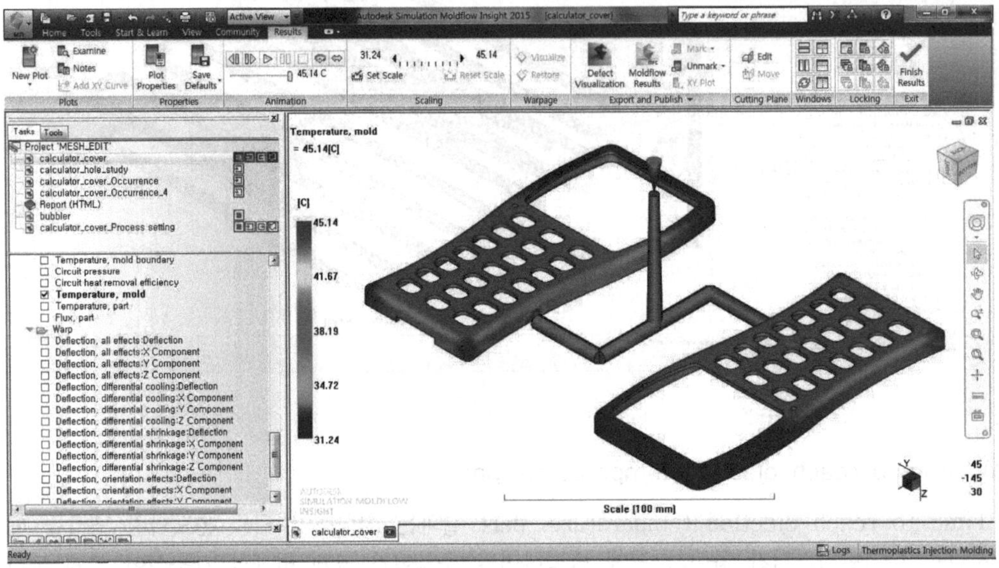

(3) Warp 해석 결과

변형 해석은 4가지 변형 원인에 대하여 각각 해석된다. 각각의 원인에 대한 X, Y, Z 방향으로 변형값이 표시된다. 변형의 4가지 원인은 아래와 같다.

- 성형품의 불균일한 냉각에 의한 변형
- 성형품의 불균일한 수축에 의한 변형
- 재료의 배향 방향과 배향 직각 방향의 불균일한 수축에 의한 변형
- 성형품의 코너 효과

4가지 원인을 모두 분석하기 위해서 Midplane과 Dual Domain 해석의 경우는 Process setting wizard – Warp setting의 Isolate cause of warpage와 Consider corner effects를 선택하면 된다.

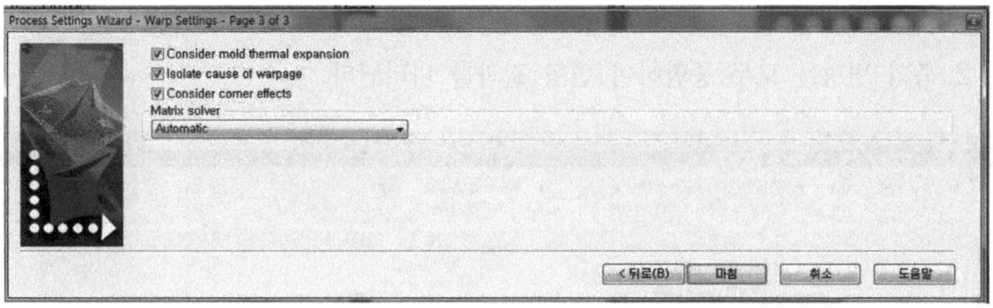

3D 해석의 경우 Process setting wizard - Warp setting의 Use 메쉬 aggregation and 2nd-order tetrahedral element 옵션을 해제후 Advanced options의 Isolate cause of warpage를 체크하면 된다.

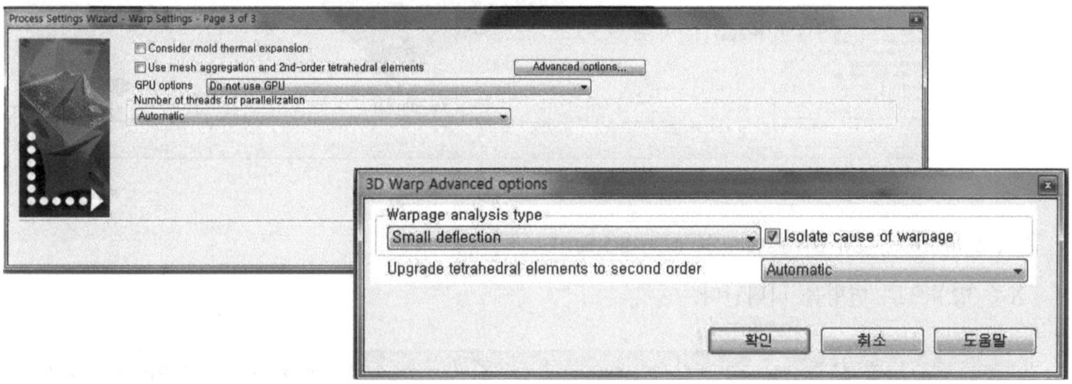

위의 4가지 변형 요인들에 대하여 각각 해석할 수 있으나 옵션의 선택을 통하여 총 변형량과 X, Y, Z 방향으로의 변형만 표시할 수도 있다.

1) Deflection, all effects : Deflection

X, Y, Z 축의 변형을 모두 종합하여 변형 결과를 나타난다.

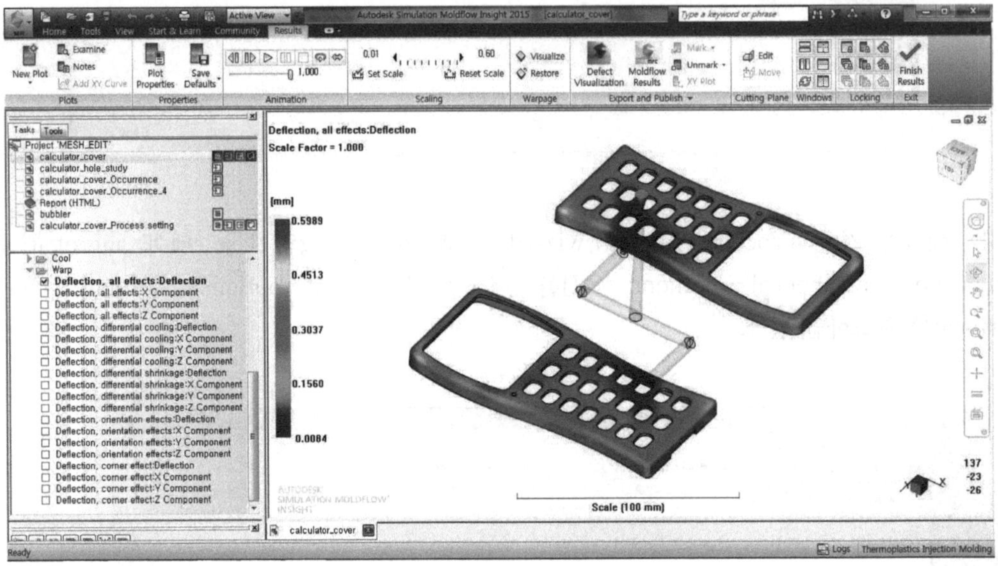

2) Deflection, all effects : X component

X축 방향으로 변형을 나타난다.

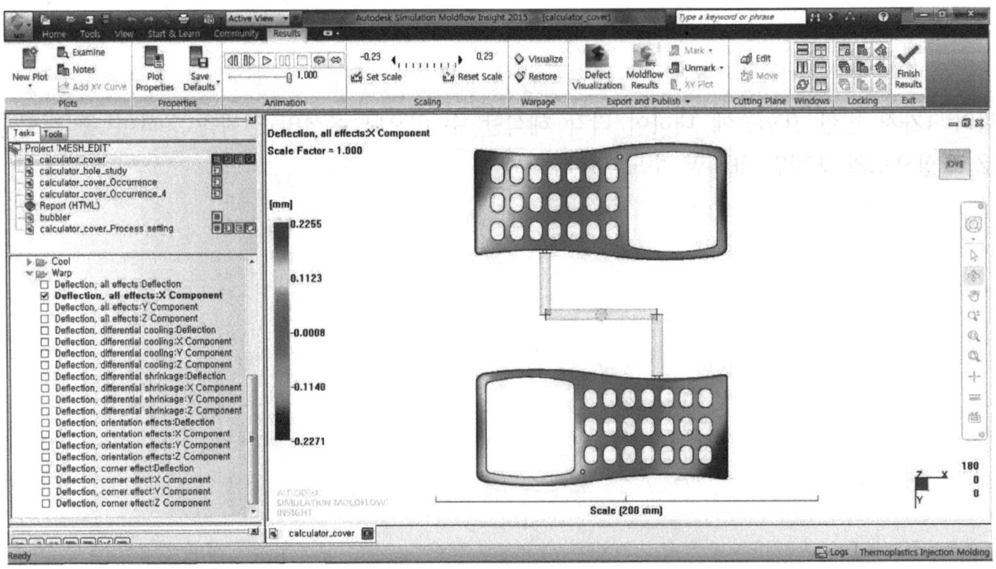

3) Deflection, all effects : Y component

Y축 방향으로 변형을 나타난다.

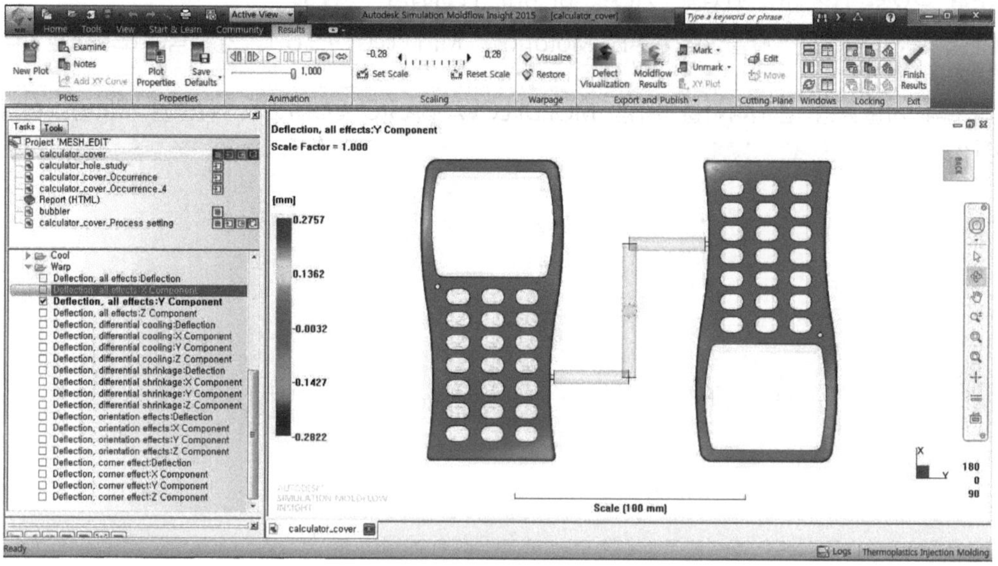

4) Deflection, all effects : Z component

Z축 방향으로 변형을 나타난다.

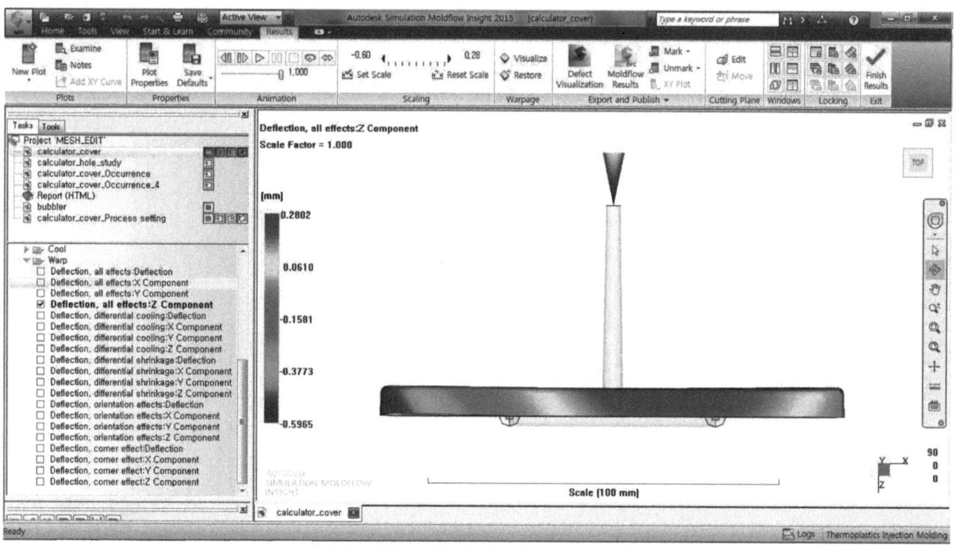

참 고 문 헌

1) 사출성형 CAE 설계지침, 권태헌 외 4명, 문운당,2002.
2) CAE를 응용한 사출성형 최적화, 신남호 외 2명, 대광서림, 2013.
3) 예제로 쉽게 배우는 사출성형 CAE Moldflow MPI 6.0 ~ 6.1, 정영득, 도서출판인터비젼, 2007.
4) 플라스틱 사출성형 엔지니어를 위한 MOLDFLOW BASIC COURSE, 황순원 외4인, 청담북스, 2014.

사출성형의 이해

CHAPTER 4

4.1 게이트 위치 선정을 위한 해석

본 해석실습은 핫 러너 시스템의 금형에서 게이트 위치를 변경하여 사출압력을 감소시키는 방안을 도출하는 것을 목적으로 하며 다음과 같은 단계를 통해 몰드플로우의 사용방법을 익히도록 한다.

① 메쉬 생성하기

② 메쉬 품질 체크, 수정하기

③ 러너 시스템 메쉬 작성하기

④ 성형조건 입력하기

⑤ 해석 수행하기

⑥ 해석 결과 보기

대상 제품은 세탁기용 BASE이며 Dual Domain 메쉬를 사용한다. 본 실습에서는 Merge Nodes, Align Nodes, Swap Edges 등과 같은 메쉬 수정 위주로 설명을 하며 메쉬 수정 능력을 키울 수 있도록 진행될 것이다.

4.1.1 대상제품 및 해석조건 소개

그림 4.1은 기존 게이트 위치에서 성형성과 게이트 위치 변경에 의한 성형성을 비교하기 위한 제품으로 일반적인 정보는 다음과 같다.

품명	BASE
재질	PP (EP640P)
크기	517.5 × 419.9 × 59.5 ㎜
평균두께	2.5 ㎜

세탁기용 BASE는 바닥에 위치하며 눈이 띄지 않는 위치에 조립된다. 따라서 웰드라인과 같은 표면 불량은 크게 의미가 없으며, 단지 제품 조립시 발생할 수 있는 문제점인 휨을 최소화하는 것이 중요하다. 일반적으로 휨의 가장 큰 영향을 미치는 요인은 수축률의 차이이며, 제품에 작용하는 성형압력을 줄여서 수축률의 차이를 감소시킬 수 있다. 따라서 사출 성형시 발생하는 성형압력을 최소로 하는 게이트 위치 선정이 필요하다.

그림 4.2는 BASE 금형의 기존 게이트 위치를 표시한 그림이며 러너 시스템 정보는 다음과 같다.

러너 및 게이트 타입	핫 러너 시스템
게이트 직경	∅4
핫러너 평균 직경	∅10.38
매니폴더 러너 직경	∅12
스프루 직경	∅14
노즐 직경	∅6

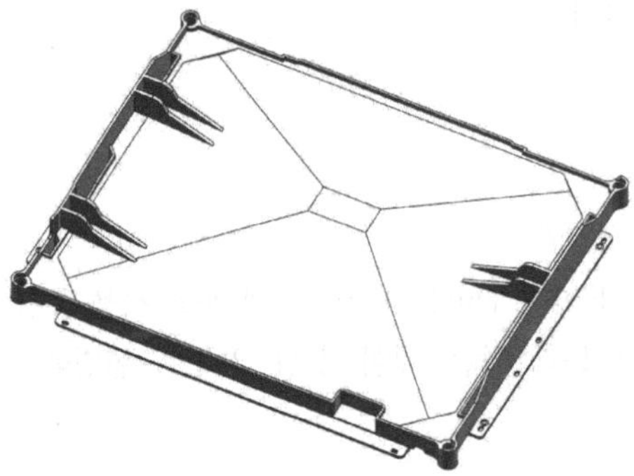

그림 4.1 BASE

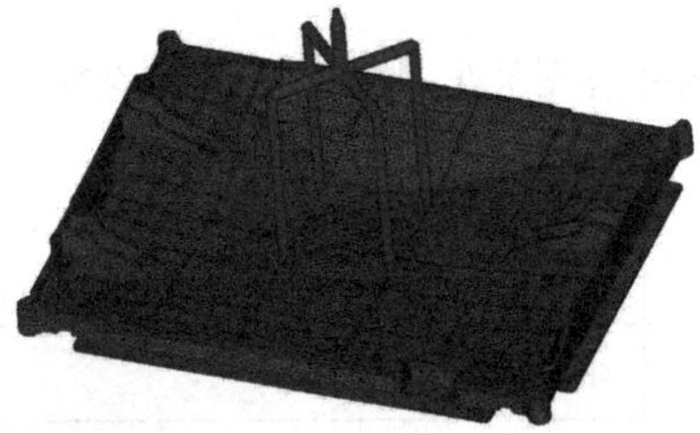

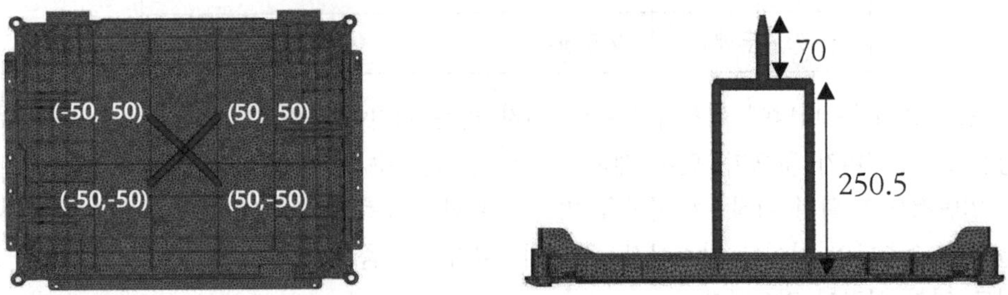

그림 4.2 기존 게이트 위치

4.1.2 개선전 게이트 방식에 대한 성형해석

(1) 메쉬 생성하기

바탕화면에 있는 Autodesk Simulation Moldflow Synergy 2015  아이콘을 클릭하면 아래 그림과 같이 몰드플로우 2015가 실행이 된다.

위 그림 좌측 상단 표시부의 New Project  아이콘을 클릭하면 아래 그림과 같이 Create New Project 창이 나타난다.

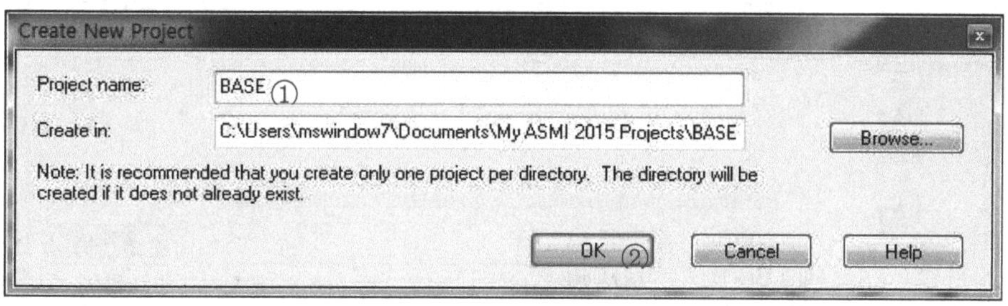

Project name에 ① BASE라고 입력하고 ② OK 버튼을 클릭하면 아래 그림과 같이 Tasks 창에 BASE라는 Project가 생성된다.

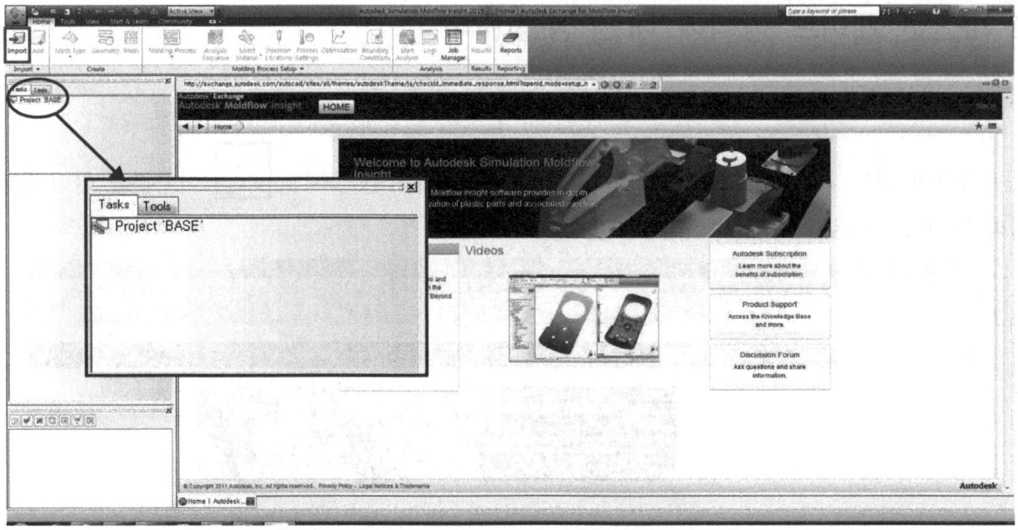

위 그림 좌측 상단 Import  아이콘을 클릭하면 다음 그림과 같이 Import 창이 나타난다.

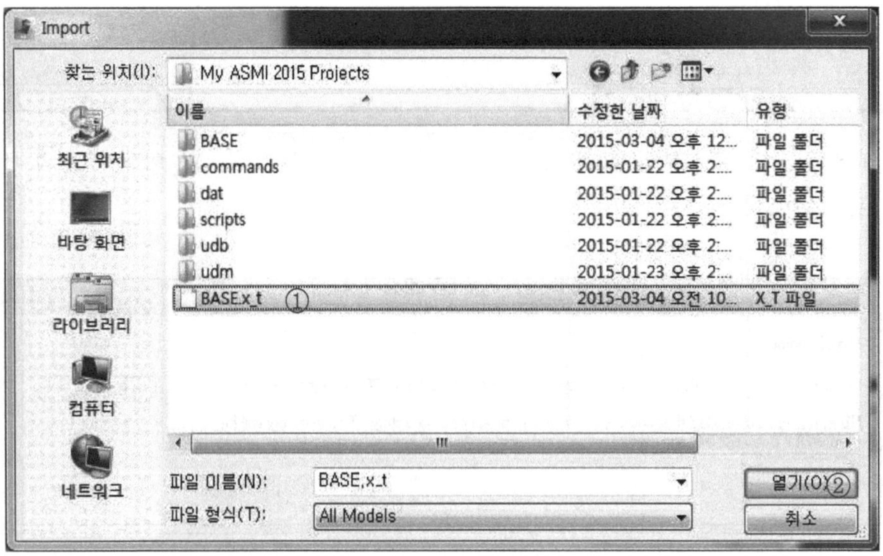

① BASE.x_t 파일을 선택하고 ② 열기 버튼을 클릭하면 다음 그림과 같이 메쉬 종류를 선택하는 화면이 나타난다.

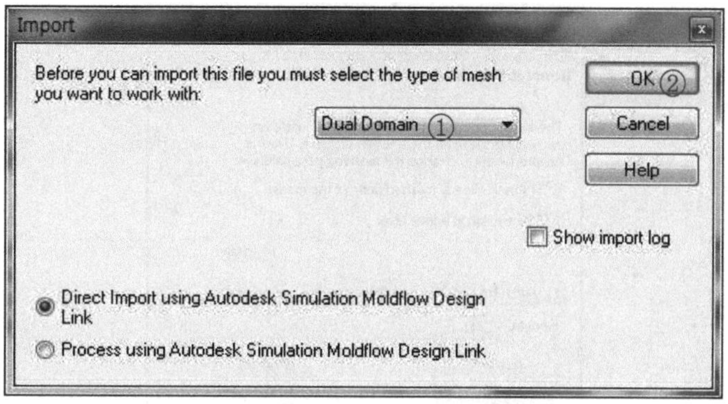

메쉬 종류는 ① Dual Domain으로 선택하고 ② OK 버튼을 클릭하면 모델링 화면에 BASE제품을 볼 수 있다.

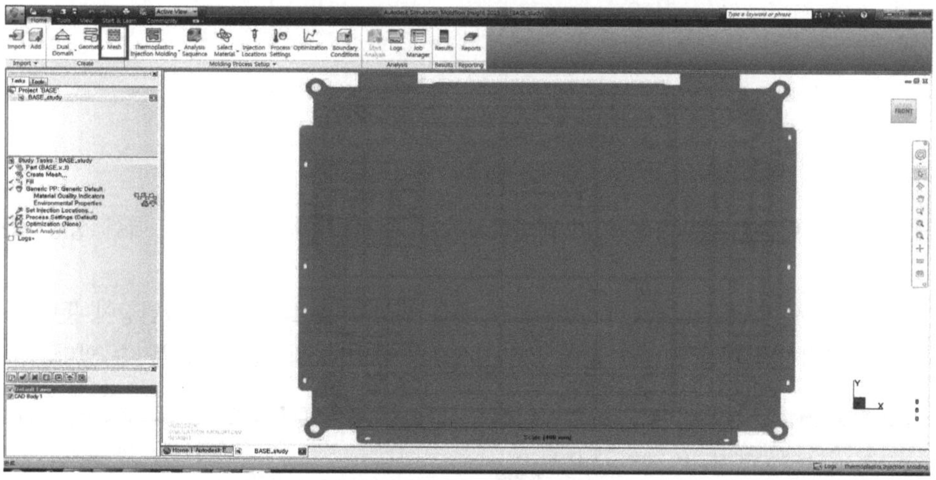

위 그림 표시부의 Mesh  아이콘을 클릭한다.

메뉴창에 Mesh 탭이 생성된 후 Generate Mesh  아이콘을 클릭하면 아래 그림과 같이 Tasks & Tools창이 Generate Mesh 창으로 바뀐다.

Global edge length는 ① 5 ㎜를 입력하고 ② Match mesh를 체크한다.

③ Mesh Now 버튼을 클릭하면 Mesh Generation 창이 나타난다.

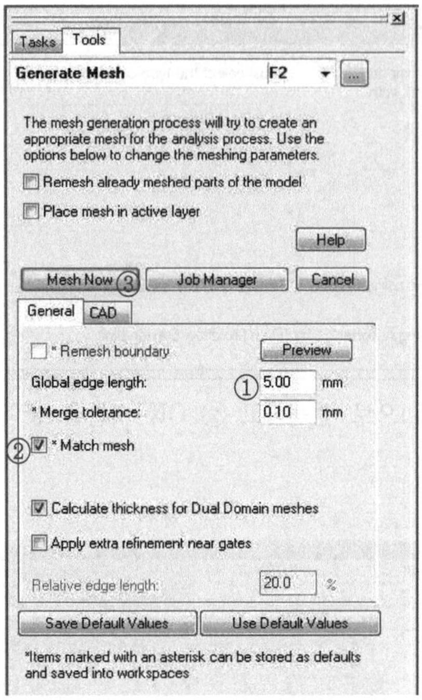

확인창의 Close 버튼을 클릭하면 화면 하단에 Mesh Log 창이 생성되면서 메쉬 생성 정보가 나타난다.

Mesh Log 창에서 Percent 100done이 되면 메쉬 생성이 완료되었다는 확인창이 뜬다.

확인 버튼을 클릭하면 다음 그림과 같이 BASE제품의 메쉬가 생성된 것을 볼 수 있다.

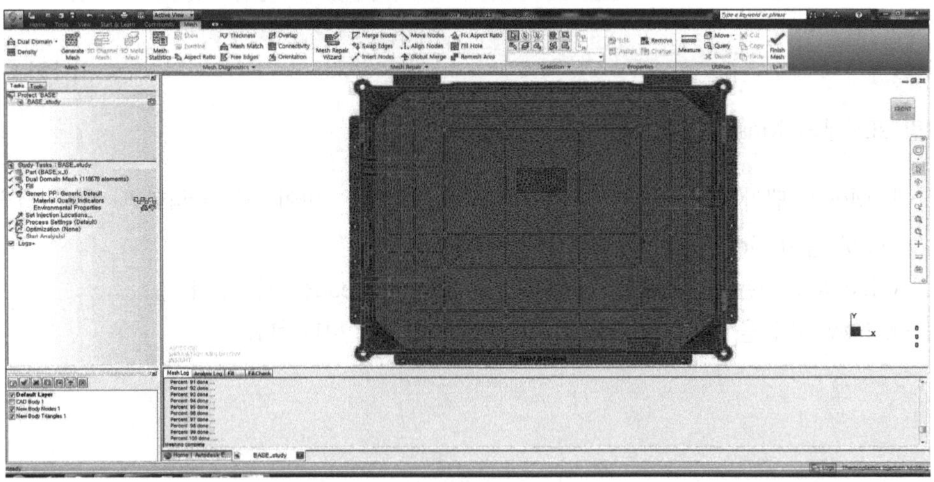

좌측 하단의 레이어창에 다음 그림과 같이 New Body Node1과 New Body Triangle1 레이어가 생성된 것을 확인할 수 있다.

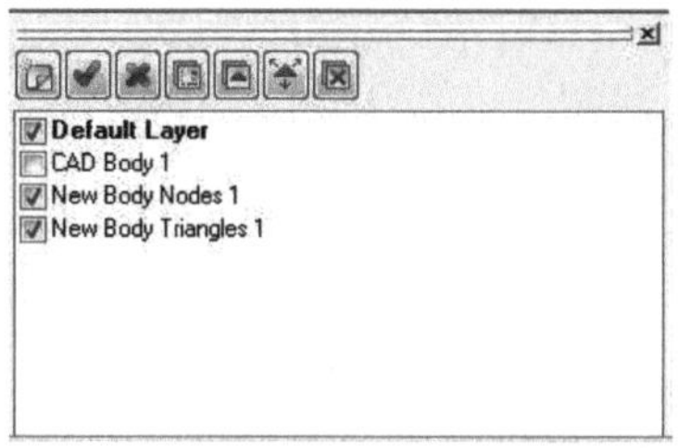

(2) 메쉬 품질 체크, 수정하기

Mesh 메뉴창에서 Mesh Statistics  아이콘을 클릭한다.

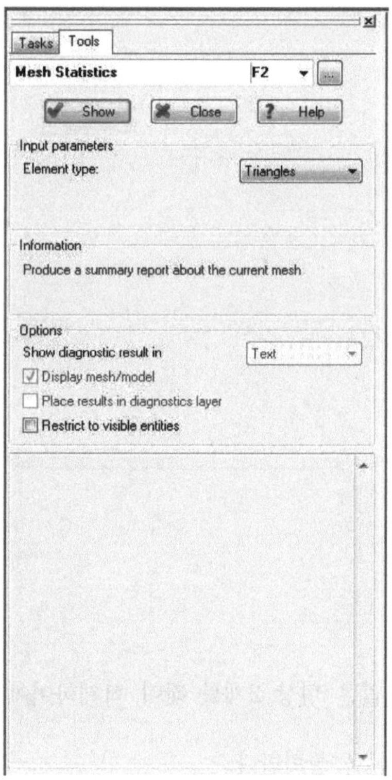

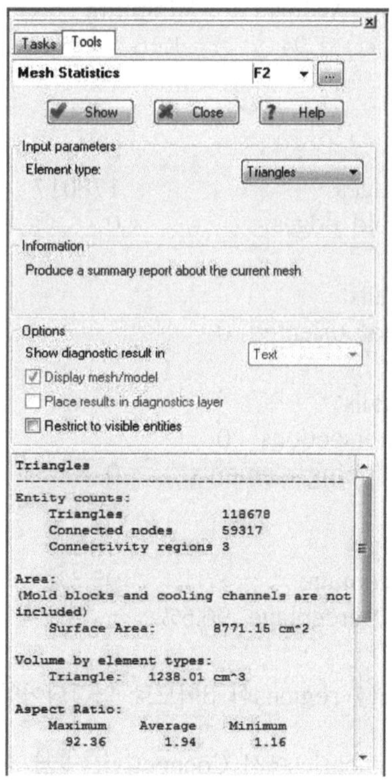

위 그림의 Show 버튼을 클릭하면 우측 그림과 같이 메쉬 상태 정보가 나타난다.

메쉬 상태는 다음과 같다.

Triangles

Entity counts:

Triangles 118678
Connected nodes 59317
Connectivity regions 3

Area:
(Mold blocks and cooling channels are not included)
Surface Area: 8771.15 cm^2

Volume by element types:
Triangle: 1238.01 cm^3

Aspect Ratio:

Maximum	Average	Minimum
92.36	1.94	1.16

Edge details:
Free edges 0
Manifold edges 178017
Non-manifold edges 0

Orientation details:
Elements not oriented 0

Intersection details:
Element intersections 0
Fully overlapping elements 0

Match percentage:
Match percentage 95.3%
Reciprocal percentage 96.5%

Connectivity regions이 3이므로 연결되어있지 않은 형상 2개를 찾아 삭제하여야 한다.

Mesh Diagnostics에서 Connectivity 아이콘을 클릭한다.

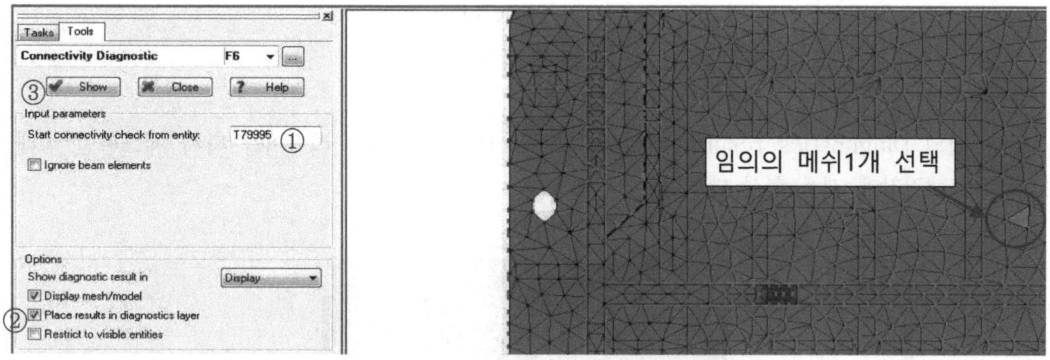

위 그림과 같이 ① Start connectivity check from entity에서 임의의 메쉬 1개를 선택하고 Options에서 ② Place results in diagnostics layer를 체크한 후, ③ Show 버튼을 클릭하면 아래 그림과 같이 선택한 메쉬와 연결된 메쉬는 파랑색, 분리된 메쉬는 빨강색으로 표시된다.

레이어창에 Diagnostic results라는 레이어가 생성된 것을 볼 수 있다.

레이어창의 Diagnostics results 레이어와 New Body Node1 레이어를 체크 해제하면 다음 그림과 같이 분리된 메쉬 형상만 볼 수 있다.

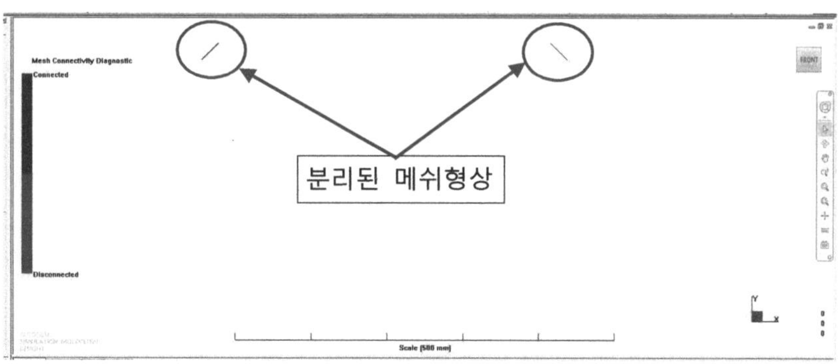

Connectivity Diagnostic 창의 Close 버튼을 클릭한다.
분리된 메쉬형상을 모두 선택한 뒤 Del를 눌러 삭제한다.

레이어창의 Diagnostics results 레이어와 New Body Node1 레이어를 다시 체크하면 아래 그림과 같이 모델링창에 제품 형상 메쉬가 나타난다.

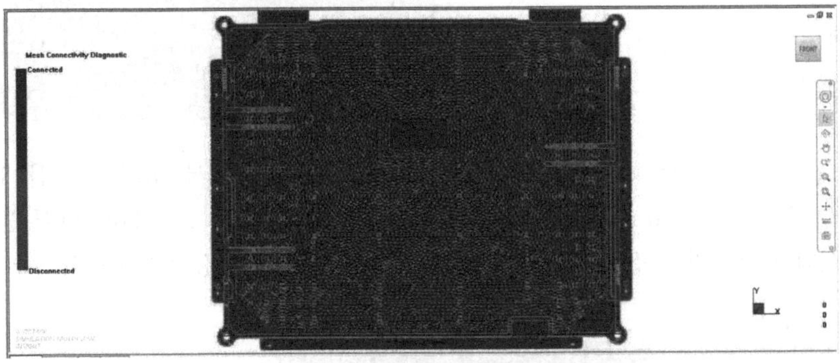

Mesh Statistics  아이콘을 클릭한다.

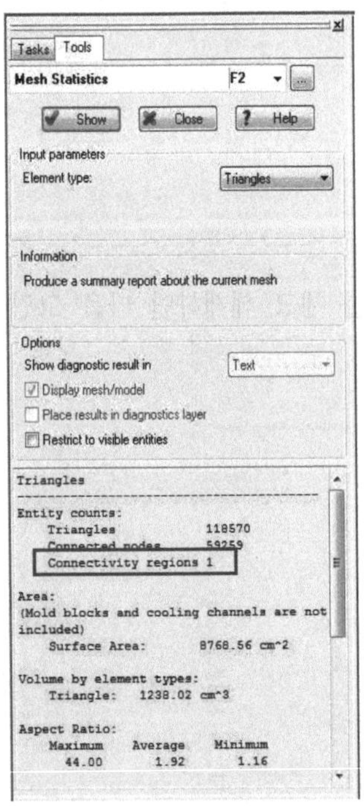

Show 버튼을 클릭하면 왼쪽 그림과 같이 메쉬 상태가 나타난다.

Connectivity regions가 3에서 1로 변경된 것을 알 수 있다.

이제 Aspect Ratio 값을 줄이는 메쉬 수정 작업을 하여야 한다. Aspect Ratio는 6이하를 권장하지만 본 실습에서는 메쉬 수정 작업의 편의를 위해 10까지 줄여주는 작업을 수행한다.

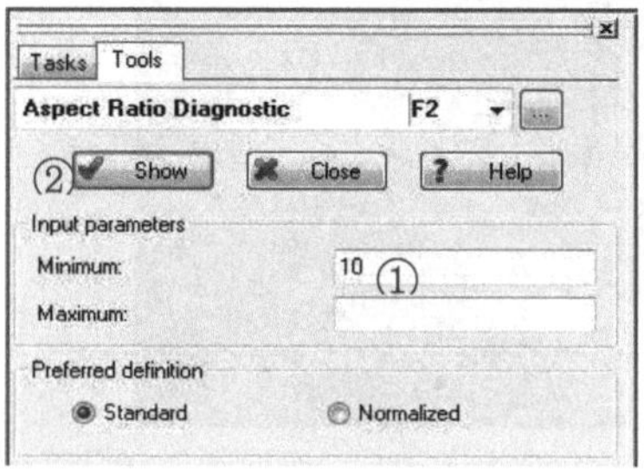

Mesh Diagnostics에서 Aspect Ratio 아이콘을 실행한다.

왼쪽 그림과 같이 Minimum에 ① 10을 입력하고 ② Show 버튼을 클릭한다.

아래 그림과 같이 모델링창 좌측에 컬러바가 생성되며 Aspect Ratio가 10이상인 메쉬에 수치별 색깔의 선으로 표시가 된다.

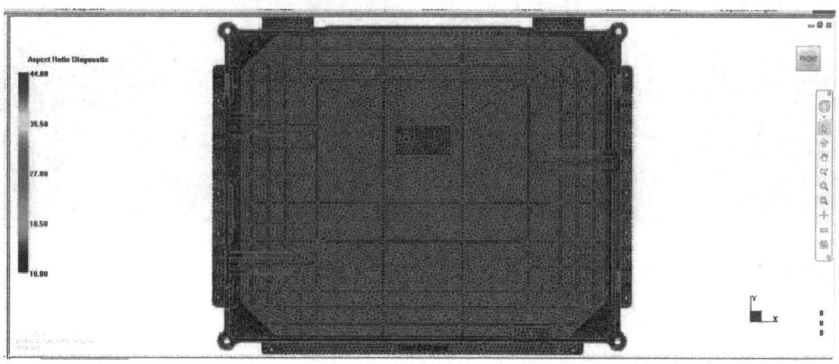

우측 상단의 Diagnostic Navigator의

아이콘들을 이용하면 수정할 메쉬를 쉽게 찾을 수 있다.

먼저 Next 아이콘을 클릭하고 Start 아이콘을 클릭하면 가장 높은 Aspect Ratio를 가지는 메쉬가 화면상에 나타나게 된다. 만약 화면에 보이지 않는 경우는 화면을 회전시키면 아래 그림과 같이 화면 중심에 수정할 메쉬가 보일 것이다.

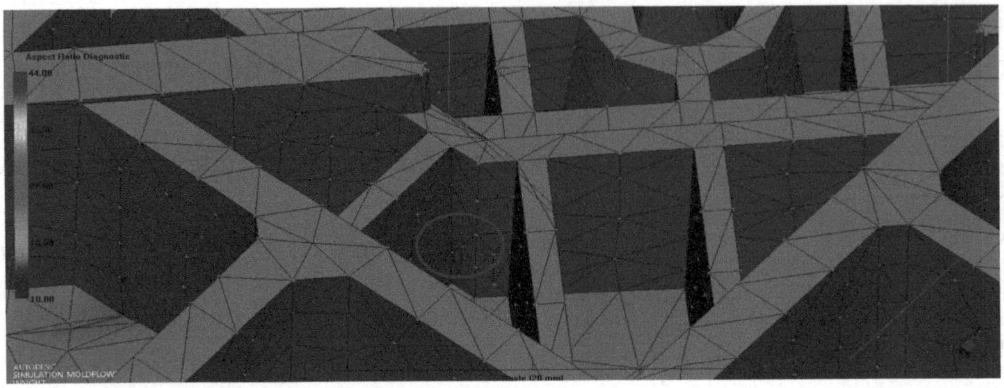

Mesh Repair의 Merge Nodes 아이콘을 실행한다.

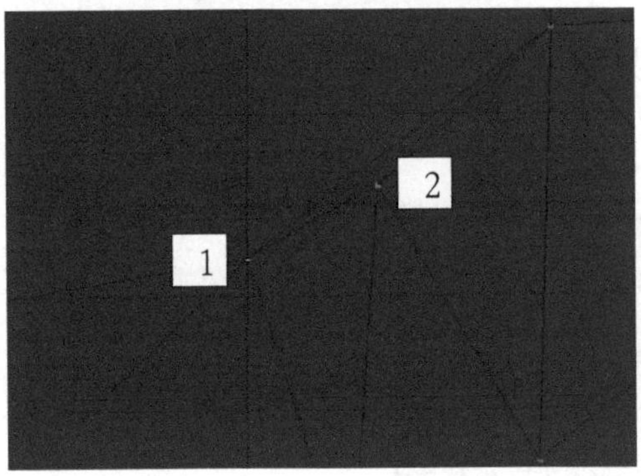

위 그림과 같이 1번 노드와 2번 노드를 차례로 선택한 후 Apply 버튼을 클릭하면 오른쪽 그림과 같이 2번 노드가 1번 노드에 붙은 것을 확인할 수 있다.

다시 Next 아이콘을 실행하고 Start 아이콘을 실행하면 아래 그림과 같이 수정해야 될 메쉬를 찾을 수 있다.

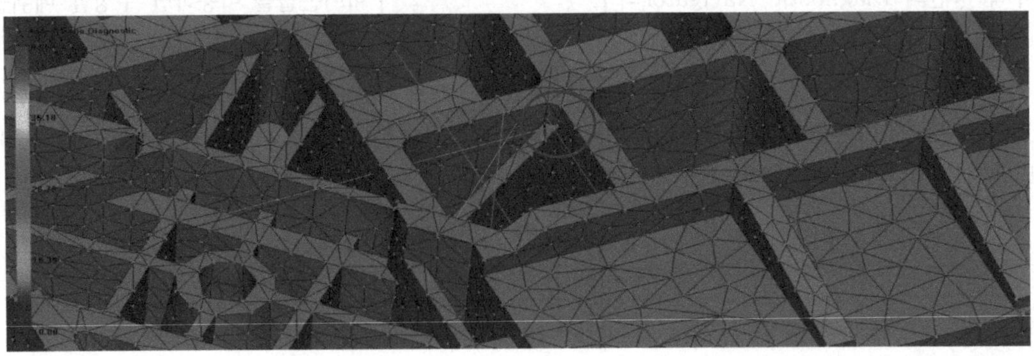

위 그림과 같이 1번 노드와 2번 노드를 차례로 선택한 후 Apply 버튼을 클릭한다.

Next 아이콘을 실행하고 Start 아이콘을 실행한다.

위 그림과 같이 1번 노드와 2번 노드를 차례로 선택한 후 Apply 버튼을 클릭한다.

Next 아이콘을 실행하고 Start 아이콘을 실행한다.

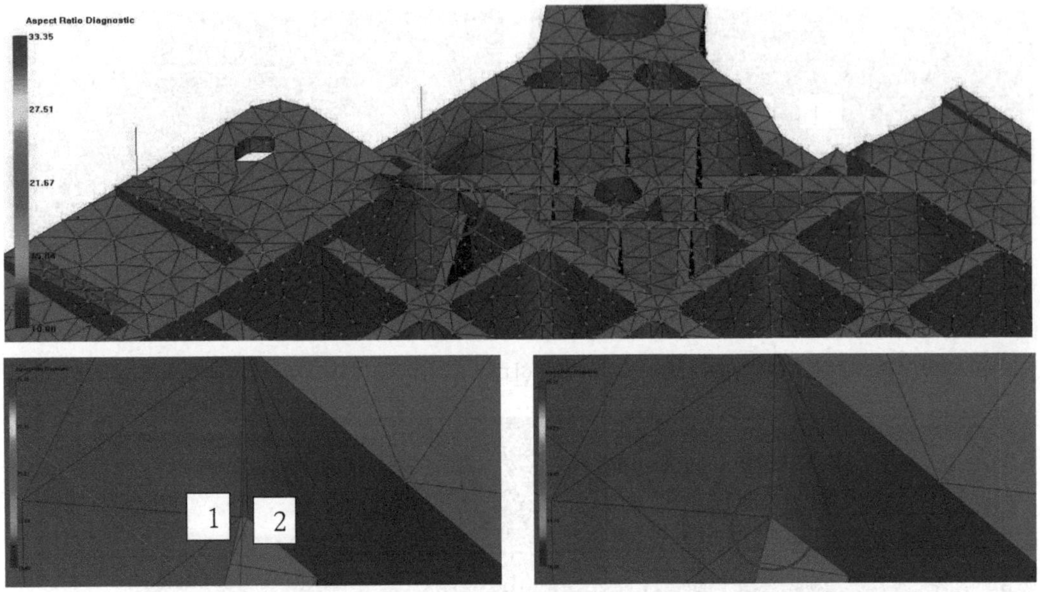

위 그림과 같이 1번 노드와 2번 노드를 차례로 선택한 후 Apply 버튼을 클릭한다.

Next 아이콘을 실행하고 Start 아이콘을 실행한다.

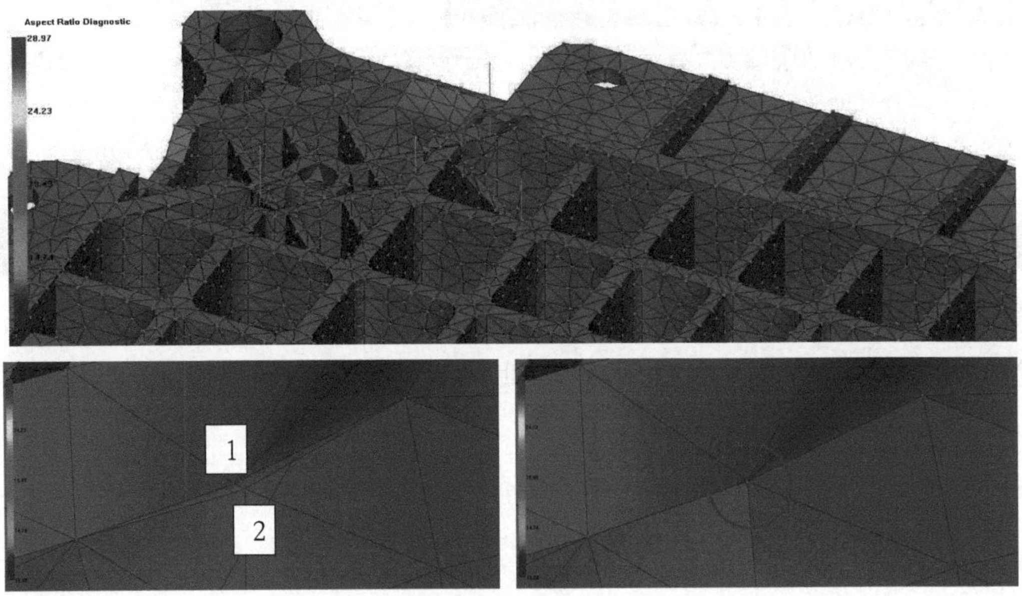

위 그림과 같이 1번 노드와 2번 노드를 차례로 선택한 후 Apply 버튼을 클릭한다.

Next 아이콘을 실행하고 Start 아이콘을 실행한다.

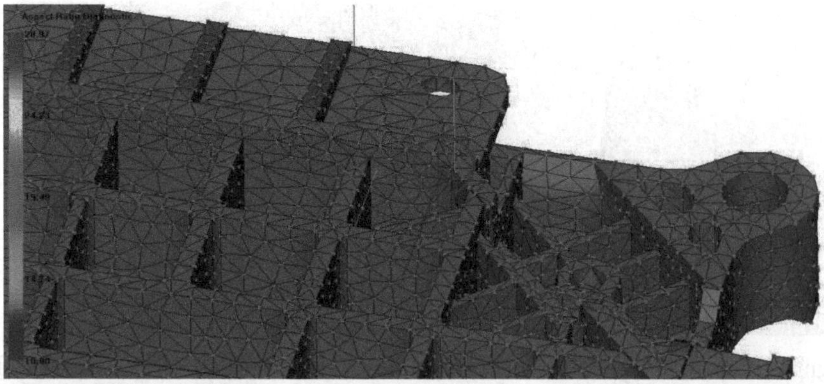

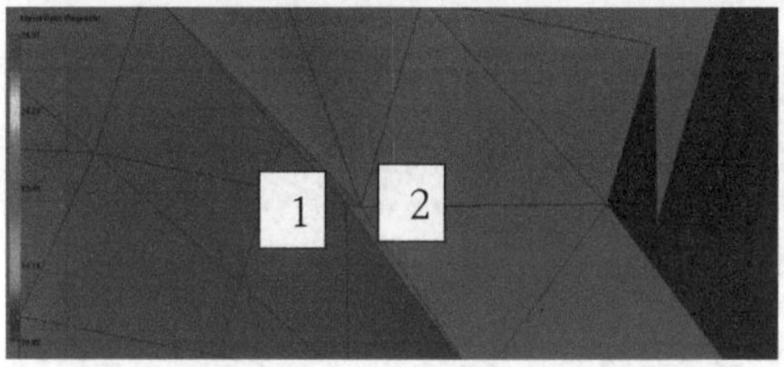

위 그림과 같이 1번 노드와 2번 노드를 차례로 선택한 후 Apply 버튼을 클릭한다.

Next 아이콘을 실행하고 Start 아이콘을 실행한다.

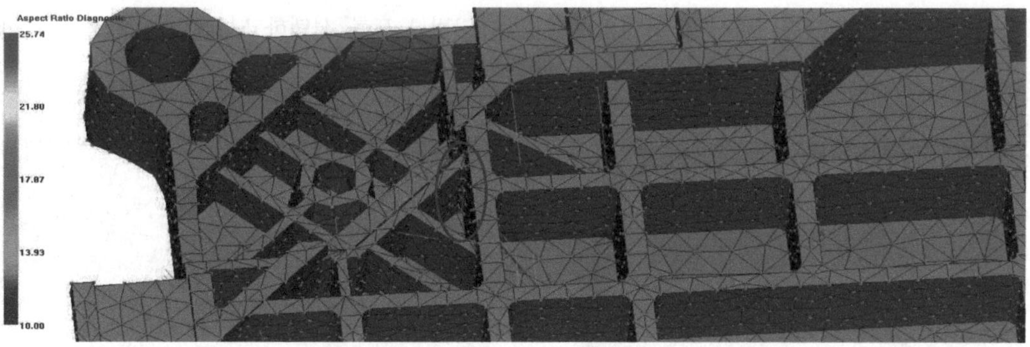

Mesh Repair의 Align Nodes 아이콘을 실행한다.

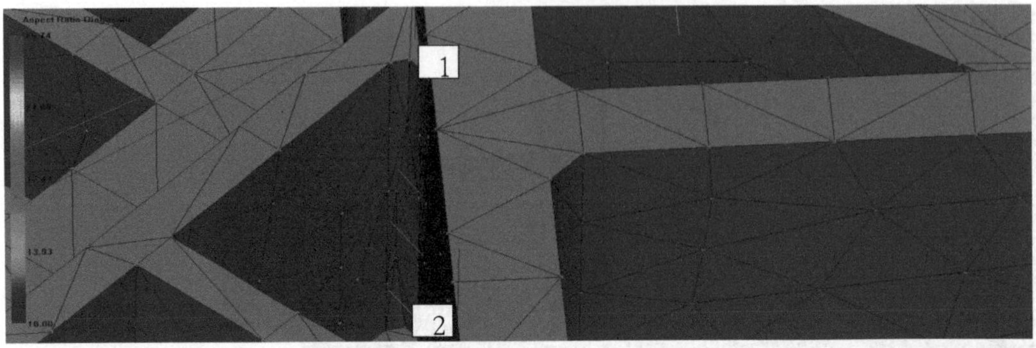

위 그림과 같이 Alignment node 1에는 1번 노드를 Alignment node 2에는 2번 노드를 선택한다.

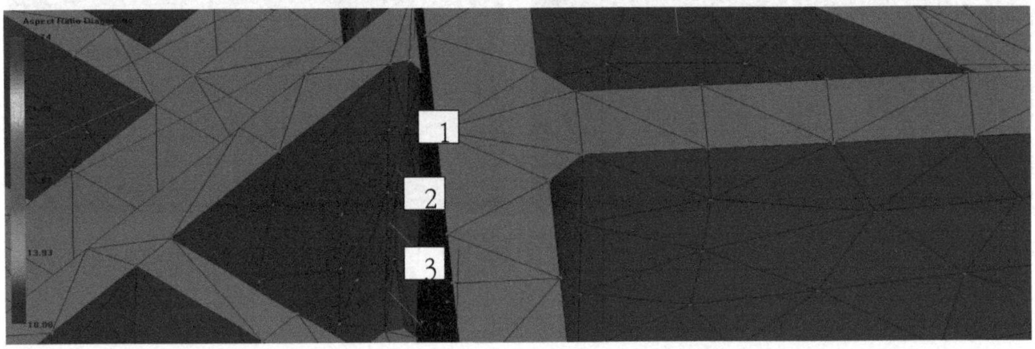

Node to move에서는 Ctrl+ 위 그림의 1번, 2번, 3번 노드를 선택하고 Apply 버튼을 클릭한다.

위 그림과 같이 Alignment node 1과 2사이에 노드들이 정렬된 것을 볼 수 있다.

Next 아이콘을 실행하고 Start 아이콘을 실행한다.

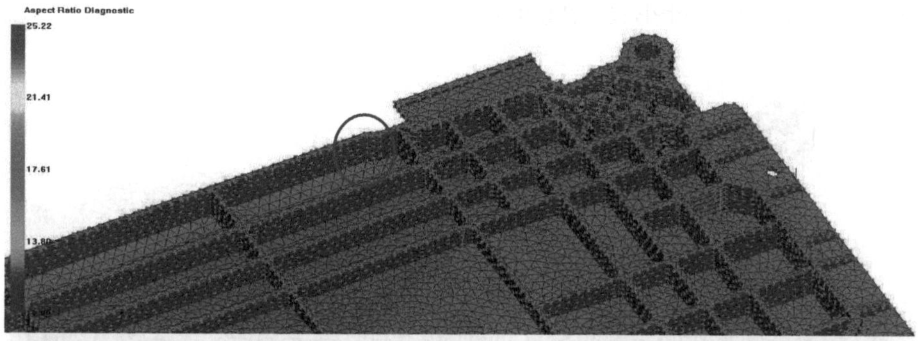

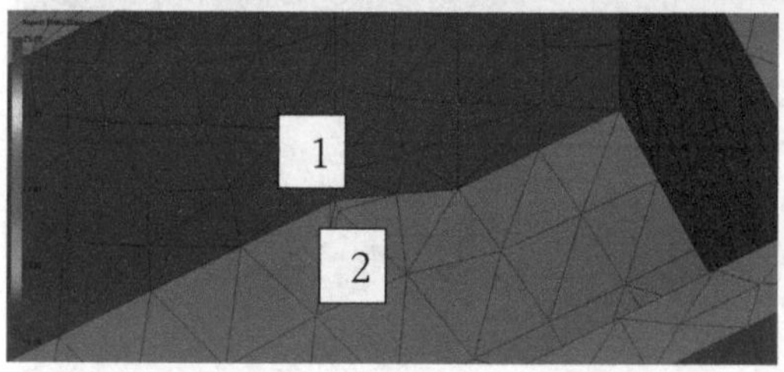

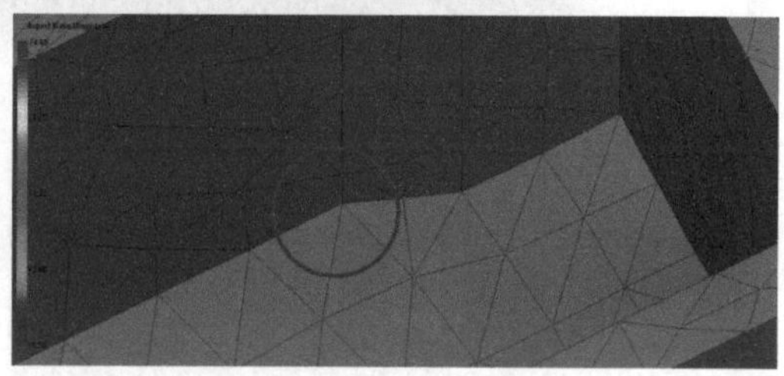

Mesh Repair의 Merge Nodes 아이콘을 실행한다.
위 그림과 같이 1번 노드와 2번 노드를 차례로 선택한 후 Apply 버튼을 클릭한다.

Next 아이콘을 실행하고 Start 아이콘을 실행한다.

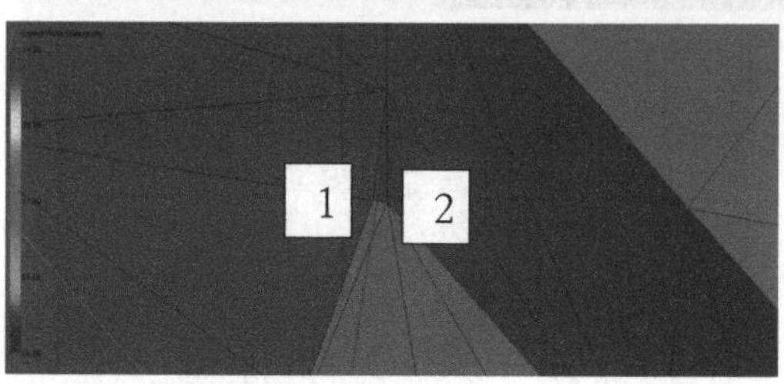

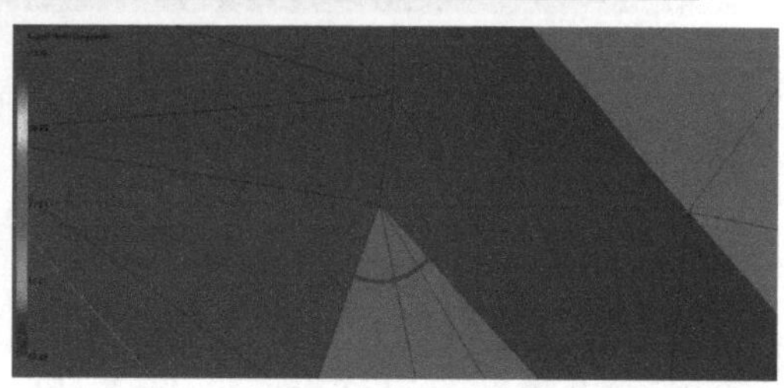

위 그림과 같이 1번 노드와 2번 노드를 차례로 선택한 후 Apply 버튼을 클릭한다.

Next 아이콘을 실행하고 Start 아이콘을 실행한다.

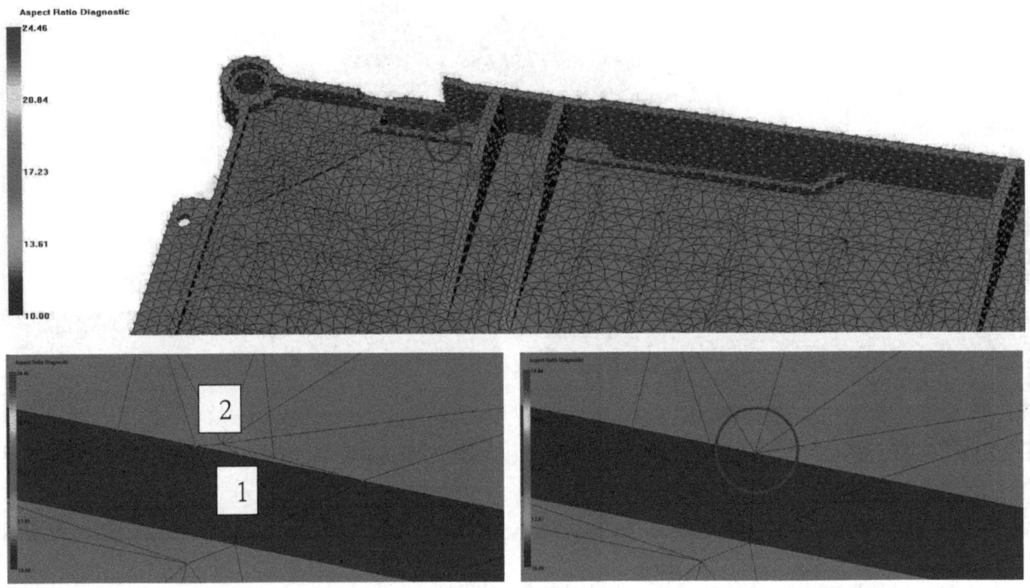

위 그림과 같이 1번 노드와 2번 노드를 차례로 선택한 후 Apply 버튼을 클릭한다.

Next 아이콘을 실행하고 Start 아이콘을 실행한다.

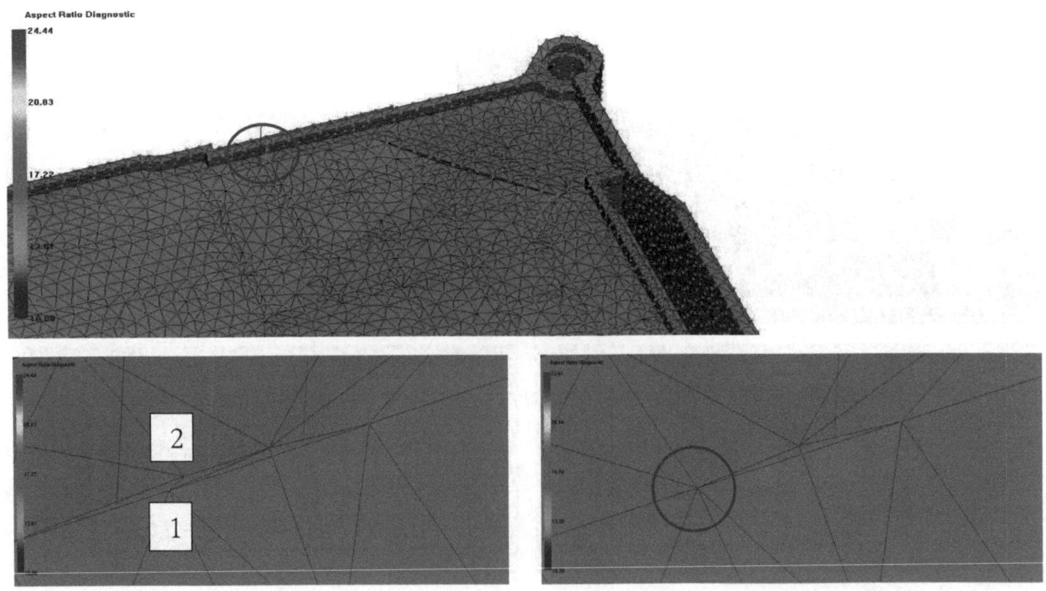

위 그림과 같이 1번 노드와 2번 노드를 차례로 선택한 후 Apply 버튼을 클릭한다.

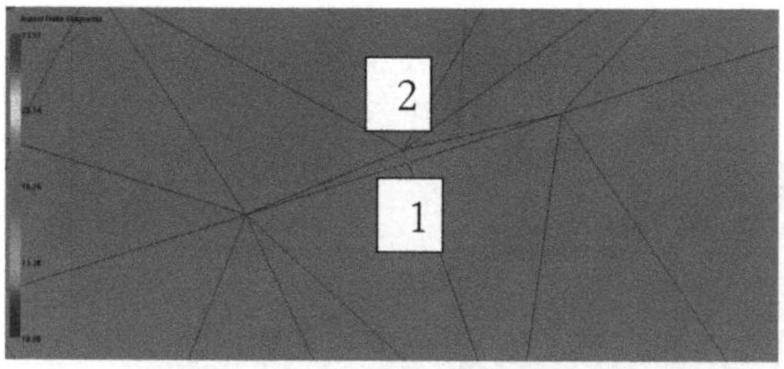

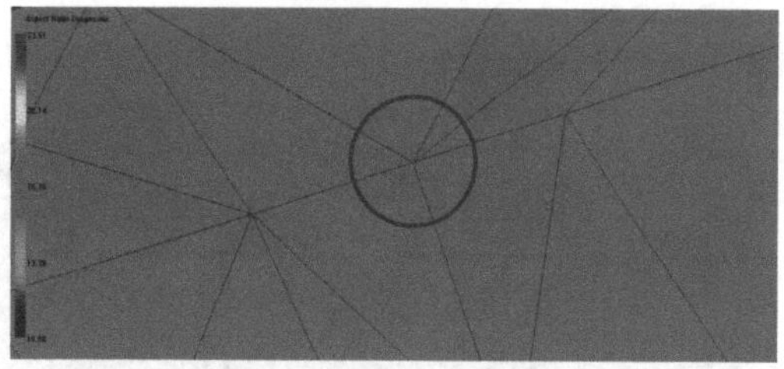

위 그림과 같이 1번 노드와 2번 노드를 차례로 선택한 후 Apply 버튼을 클릭한다.

Next 아이콘을 실행하고 Start 아이콘을 실행한다.

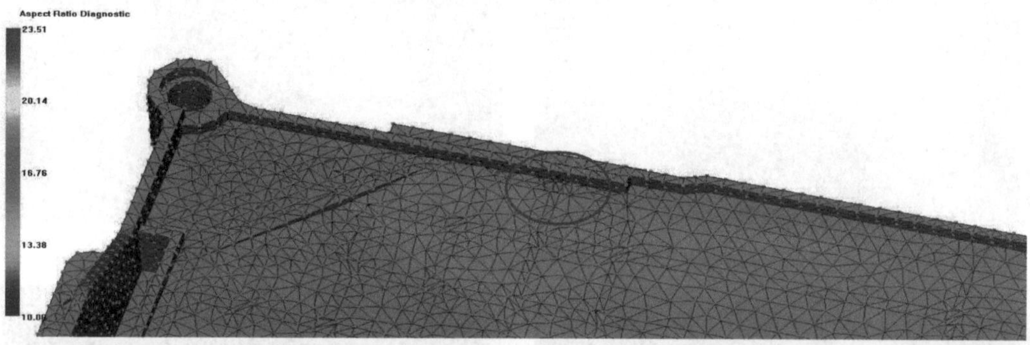

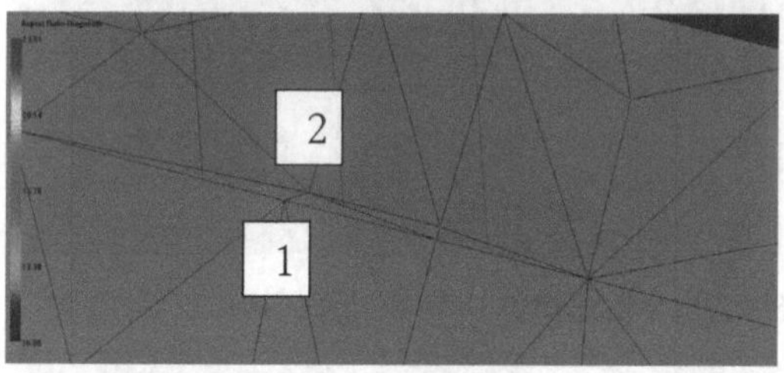

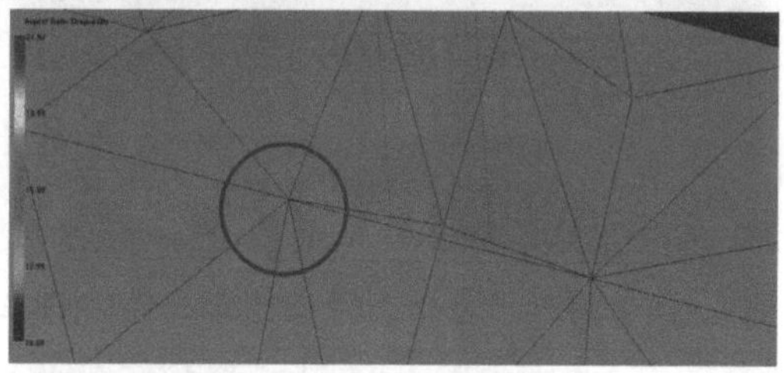

위 그림과 같이 1번 노드와 2번 노드를 차례로 선택한 후 Apply 버튼을 클릭한다.

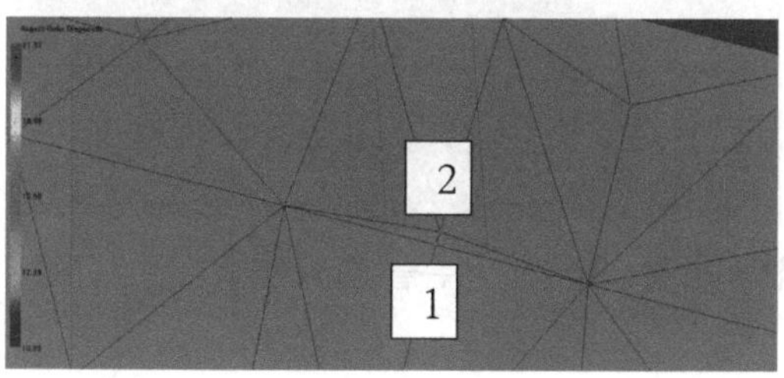

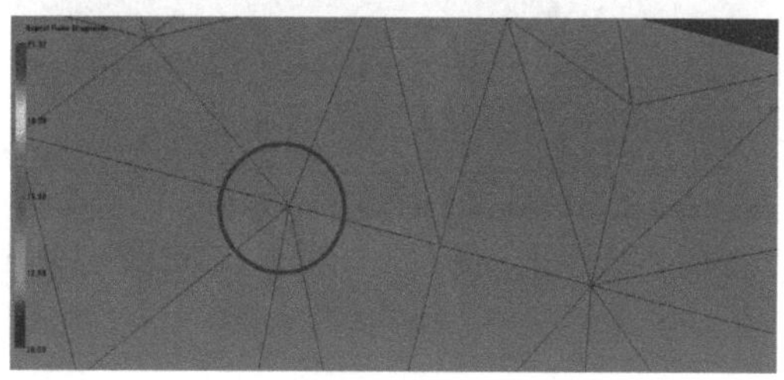

위 그림과 같이 1번 노드와 2번 노드를 차례로 선택한 후 Apply 버튼을 클릭한다.

Next 아이콘을 실행하고 Start 아이콘을 실행한다.

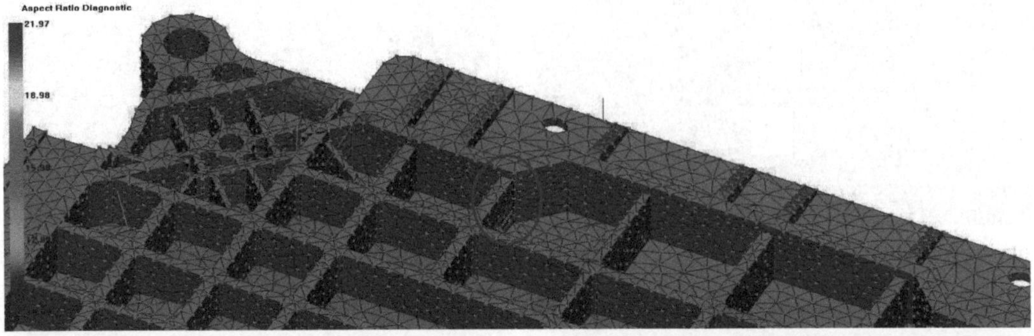

위 그림과 같이 1번 노드와 2번 노드를 차례로 선택한 후 Apply 버튼을 클릭한다.

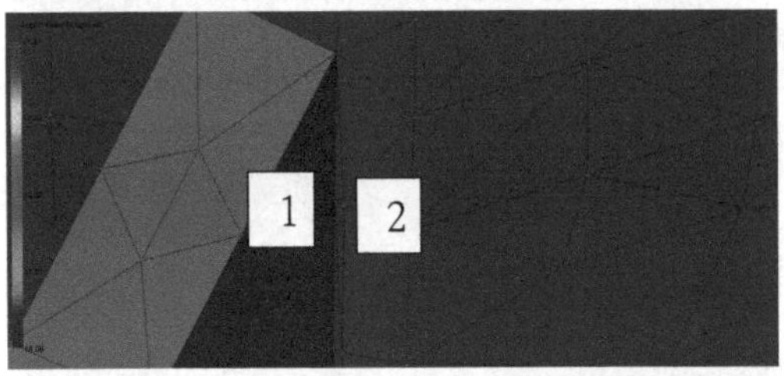

위 그림과 같이 1번 노드와 2번 노드를 차례로 선택한 후 Apply 버튼을 클릭한다.

위 그림과 같이 1번 노드와 2번 노드를 차례로 선택한 후 Apply 버튼을 클릭한다.

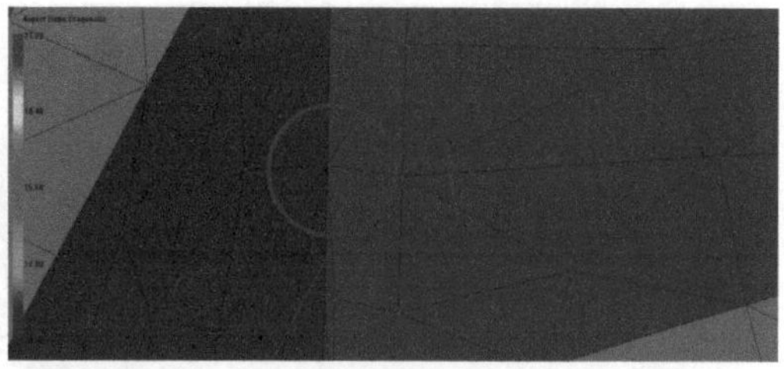

위 그림과 같이 1번 노드와 2번 노드를 차례로 선택한 후 Apply 버튼을 클릭한다.

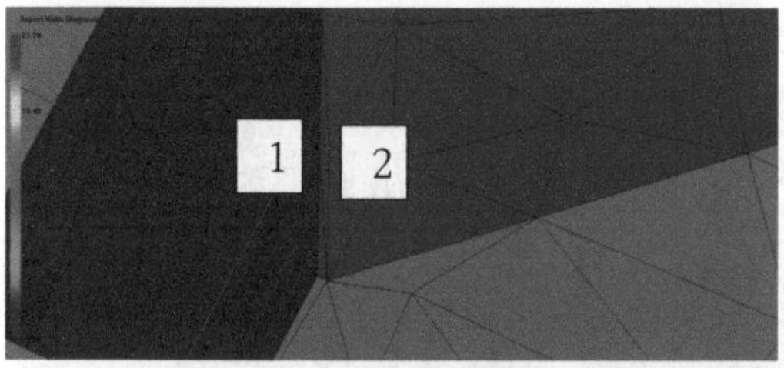

위 그림과 같이 1번 노드와 2번 노드를 차례로 선택한 후 Apply 버튼을 클릭한다.

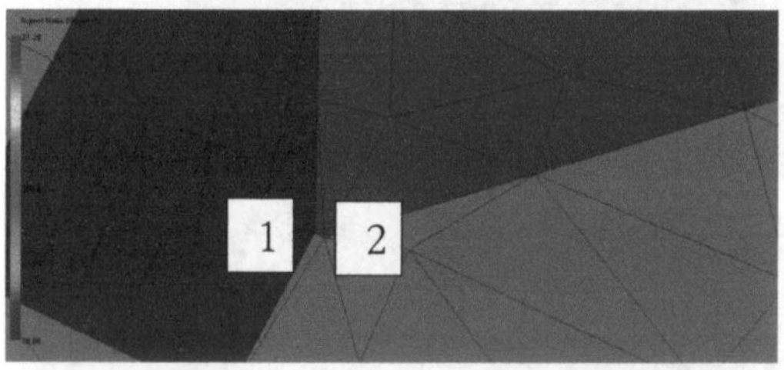

위 그림과 같이 1번 노드와 2번 노드를 차례로 선택한 후 Apply 버튼을 클릭한다.
Next 아이콘을 실행하고 Start 아이콘을 실행한다.

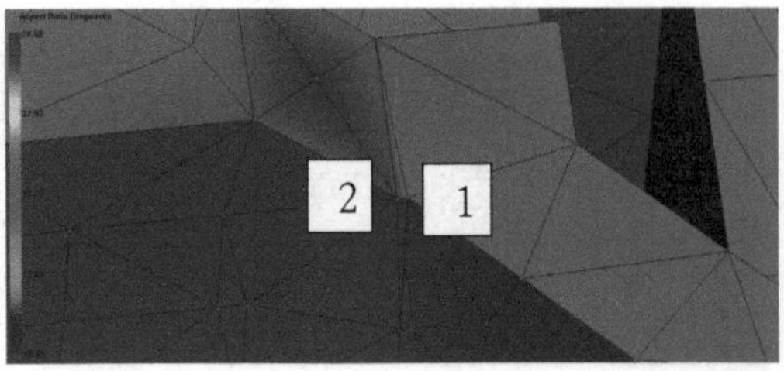

위 그림과 같이 1번 노드와 2번 노드를 차례로 선택한 후 Apply 버튼을 클릭한다.

Next 아이콘을 실행하고 Start 아이콘을 실행한다.

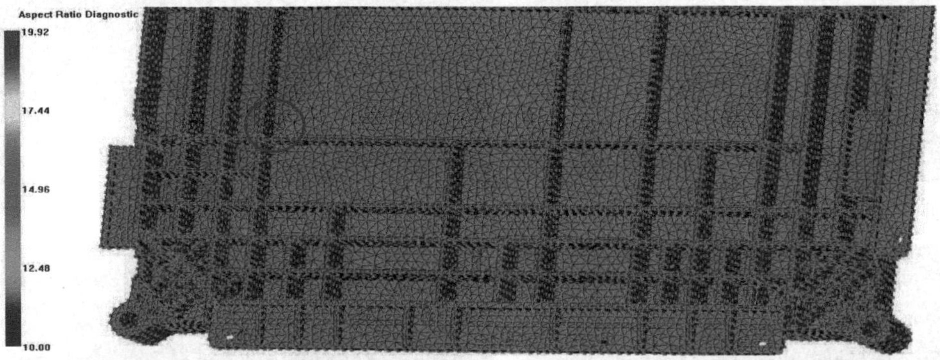

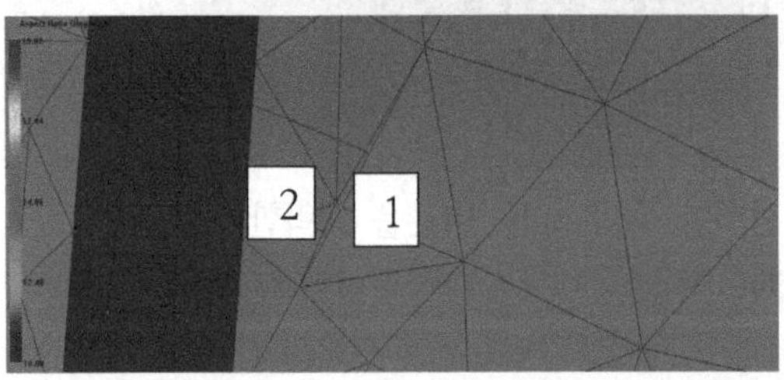

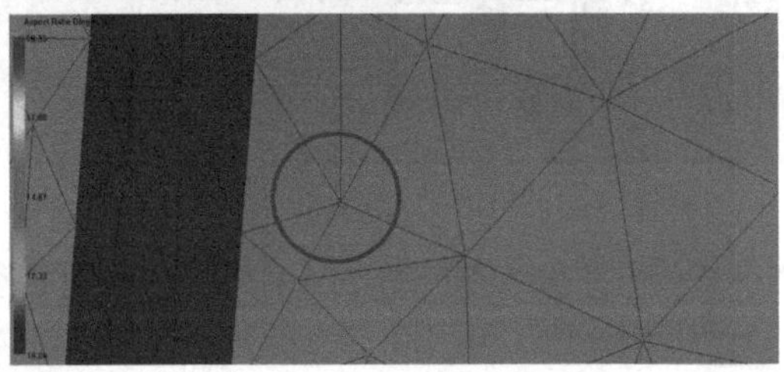

위 그림과 같이 1번 노드와 2번 노드를 차례로 선택한 후 Apply 버튼을 클릭한다.
Next 아이콘을 실행하고 Start 아이콘을 실행한다.

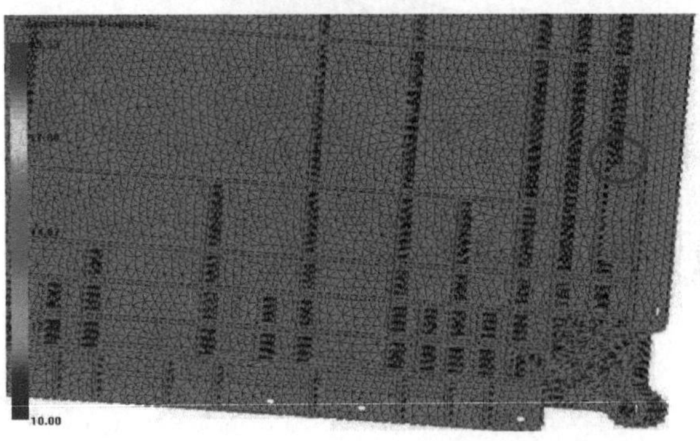

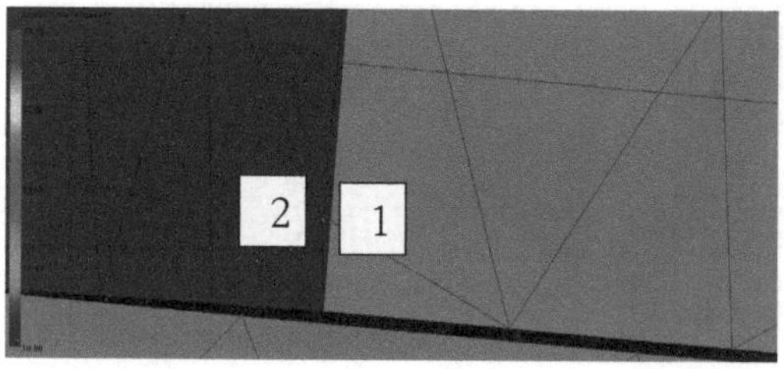

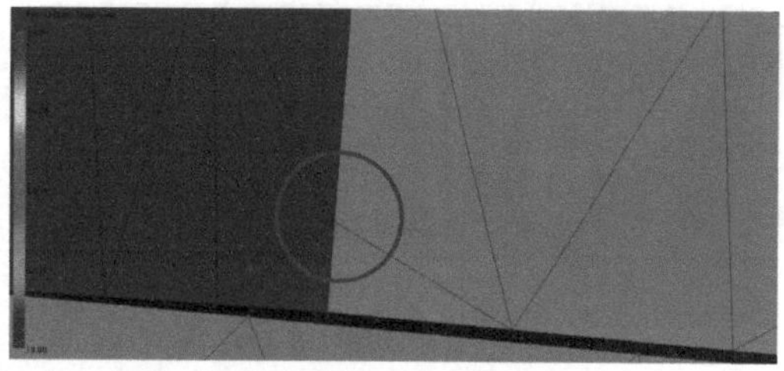

위 그림과 같이 1번 노드와 2번 노드를 차례로 선택한 후 Apply 버튼을 클릭한다.

Next 아이콘을 실행하고 Start 아이콘을 실행한다.

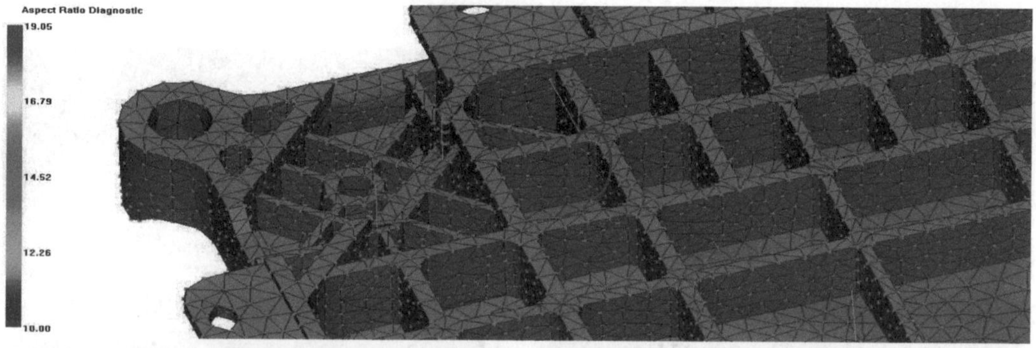

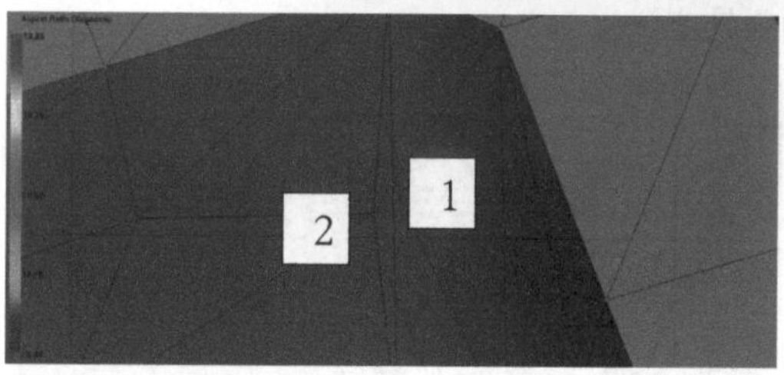

위 그림과 같이 1번 노드와 2번 노드를 차례로 선택한 후 Apply 버튼을 클릭한다.

Next 아이콘을 실행하고 Start 아이콘을 실행한다.

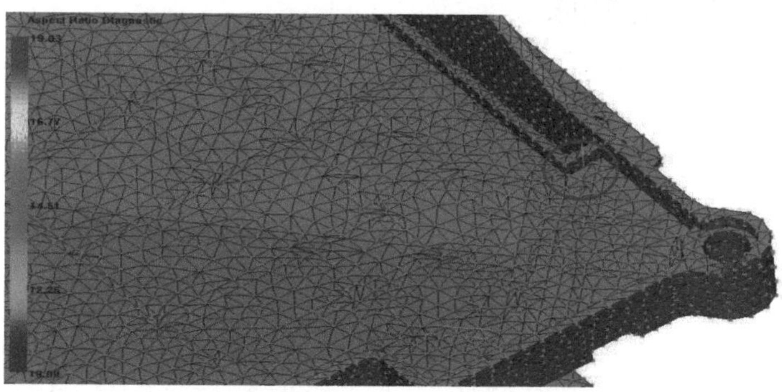

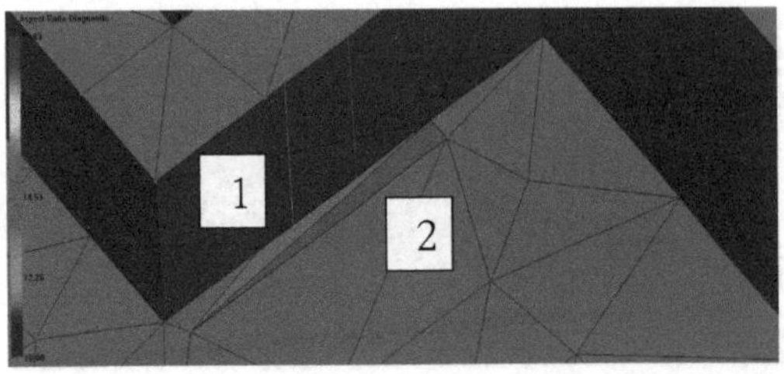

Mesh Repair의 Swap Edges 아이콘을 실행한다.

위 그림과 같이 1번 메쉬와 2번 메쉬를 차례로 선택한 후 Apply 버튼을 클릭한다.

Mesh Repair의 Insert Nodes 아이콘을 실행한다.

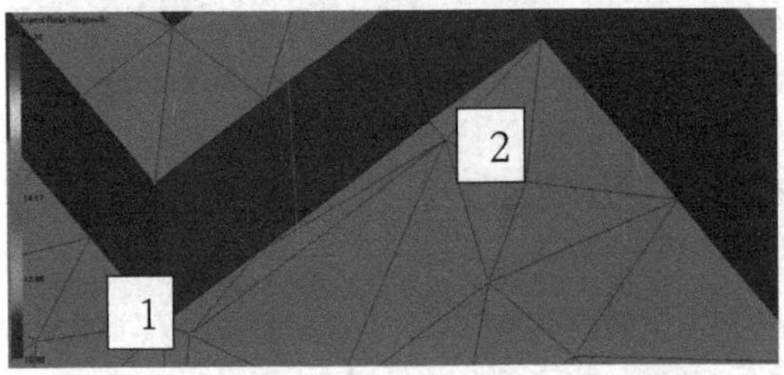

위 그림과 같이 1번 노드와 2번 노드를 차례로 선택한 후 Apply 버튼을 클릭한다.

Mesh Repair의 Swap Edges 아이콘을 실행한다.

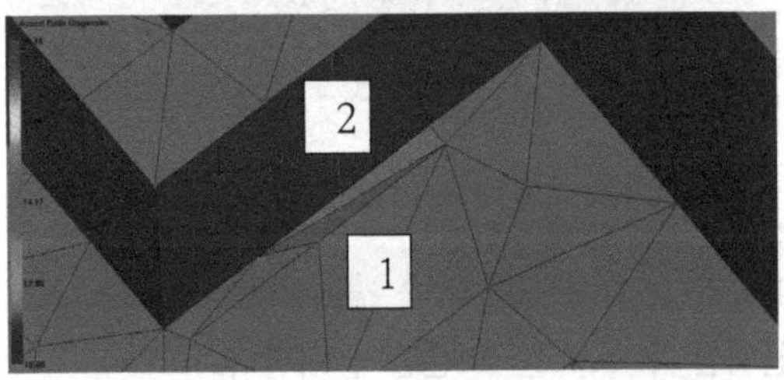

위 그림과 같이 1번 메쉬와 2번 메쉬를 차례로 선택한 후 Apply 버튼을 클릭한다.

Next 아이콘을 실행하고 Start 아이콘을 실행한다.

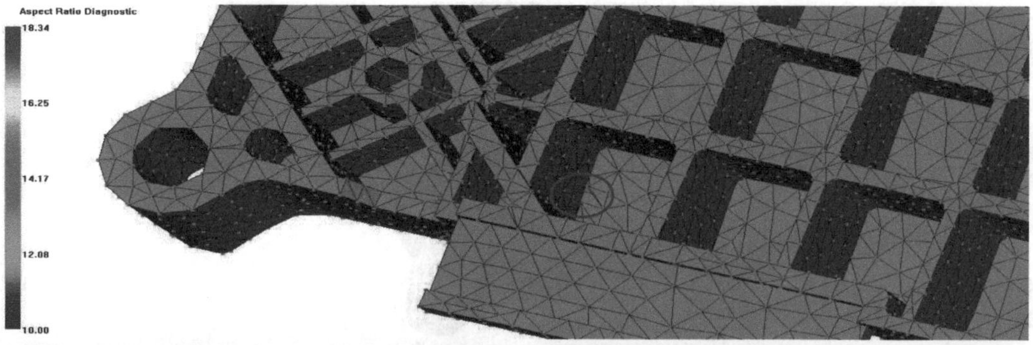

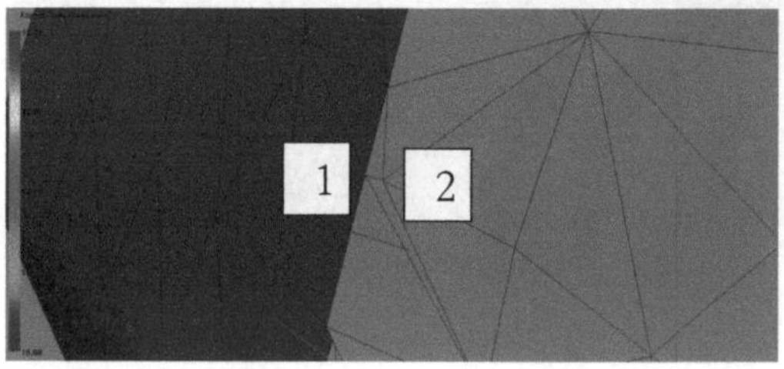

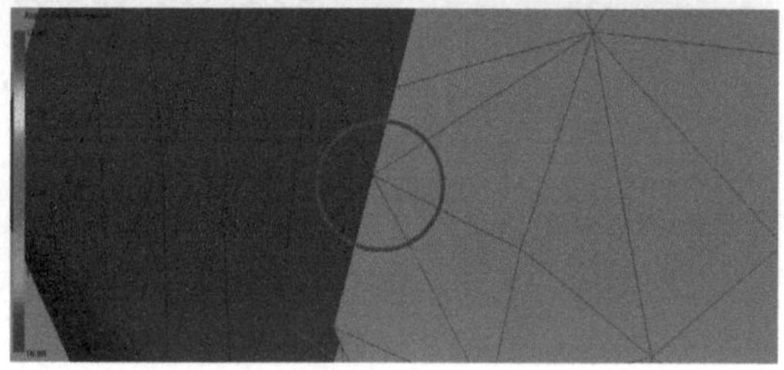

Mesh Repair의 Merge Nodes 아이콘을 실행한다.

위 그림과 같이 1번 노드와 2번 노드를 차례로 선택한 후 Apply 버튼을 클릭한다.

Next 아이콘을 실행하고 Start 아이콘을 실행한다.

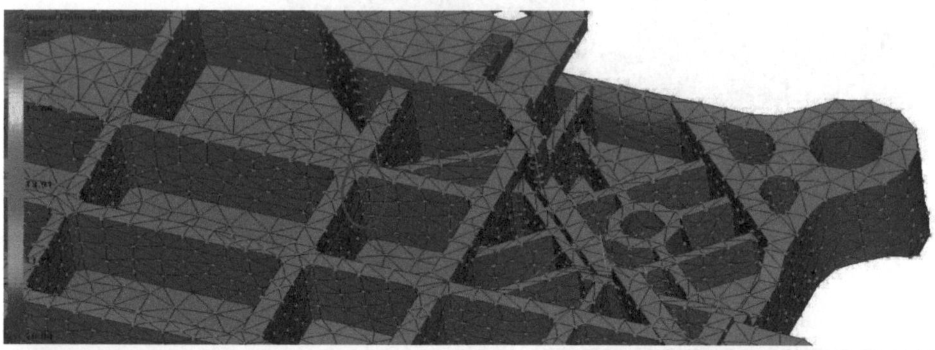

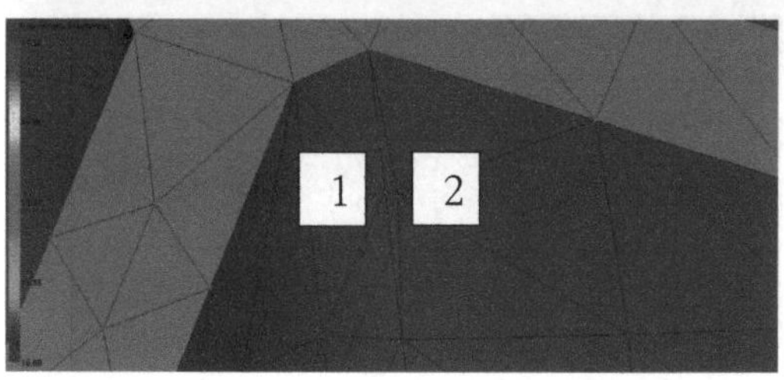

위 그림과 같이 1번 노드와 2번 노드를 차례로 선택한 후 Apply 버튼을 클릭한다.

Next 아이콘을 실행하고 Start 아이콘을 실행한다.

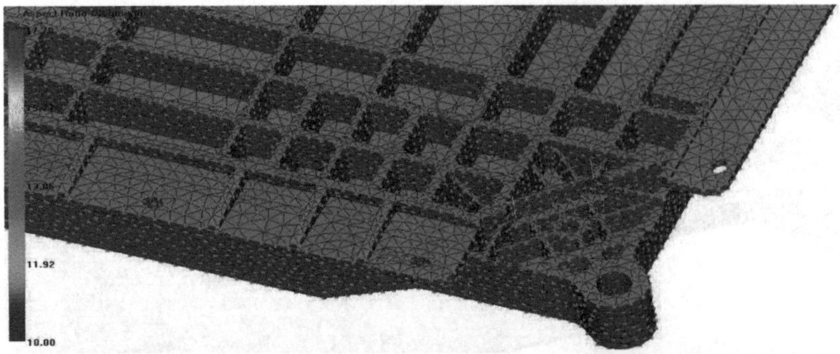

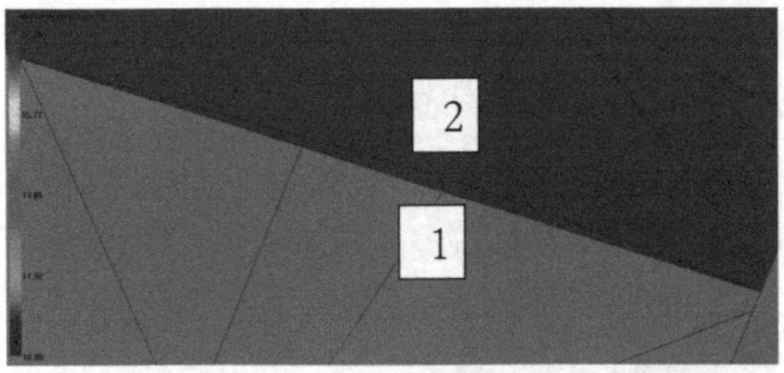

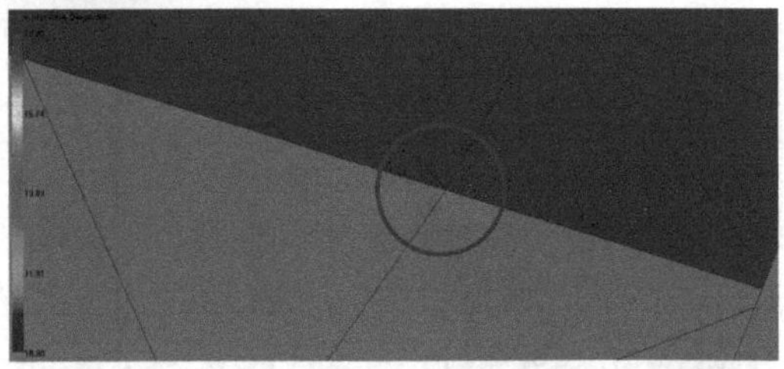

위 그림과 같이 1번 노드와 2번 노드를 차례로 선택한 후 Apply 버튼을 클릭한다. Next 아이콘을 실행하고 Start 아이콘을 실행한다.

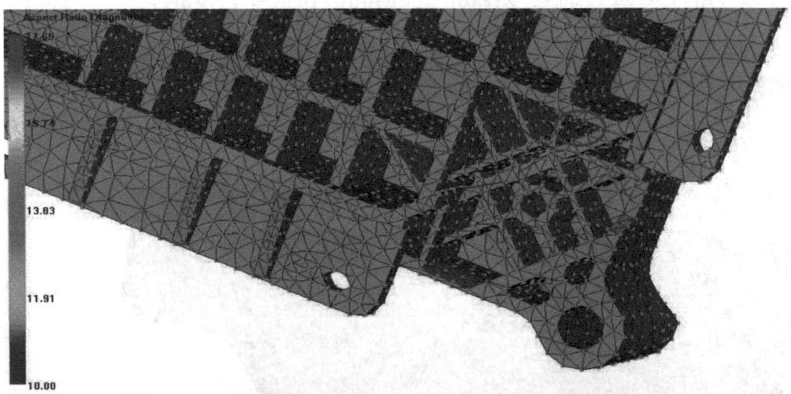

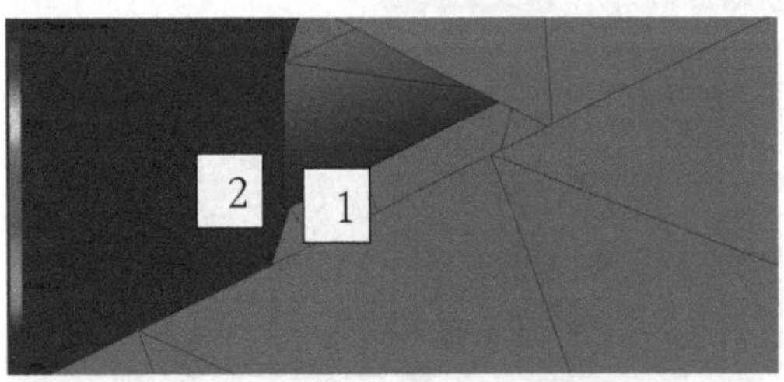

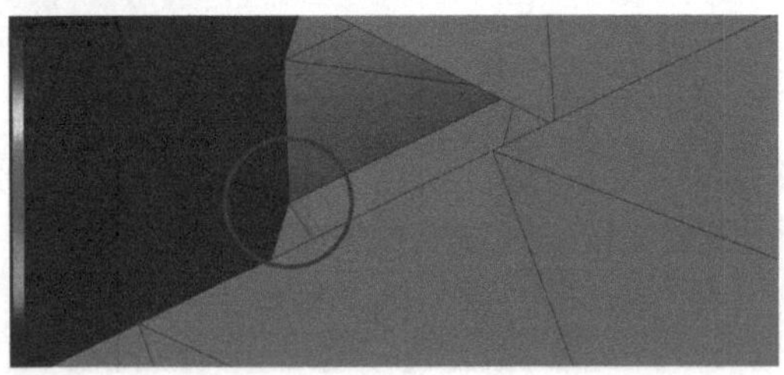

위 그림과 같이 1번 노드와 2번 노드를 차례로 선택한 후 Apply 버튼을 클릭한다. Next 아이콘을 실행하고 Start 아이콘을 실행한다.

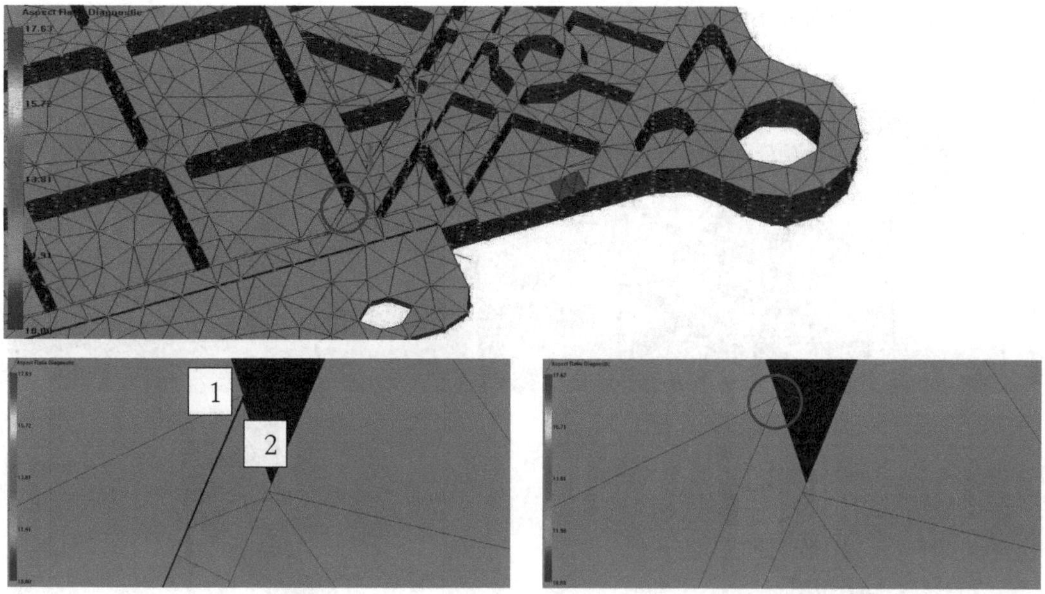

위 그림과 같이 1번 노드와 2번 노드를 차례로 선택한 후 Apply 버튼을 클릭한다.

Next 아이콘을 실행하고 Start 아이콘을 실행한다.

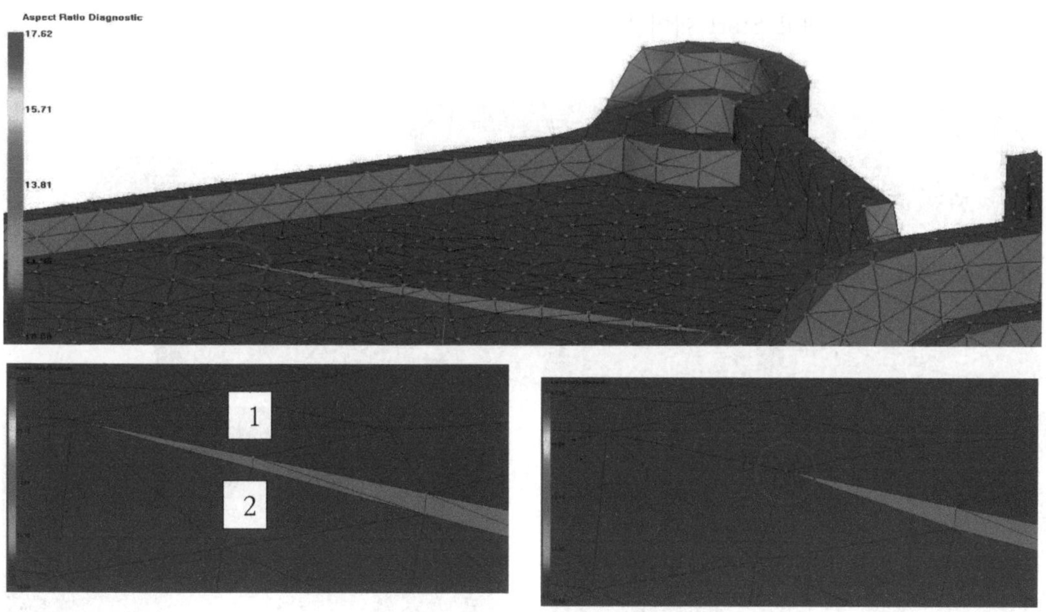

위 그림과 같이 1번 노드와 2번 노드를 차례로 선택한 후 Apply 버튼을 클릭한다.

Next 아이콘을 실행하고 Start 아이콘을 실행한다.

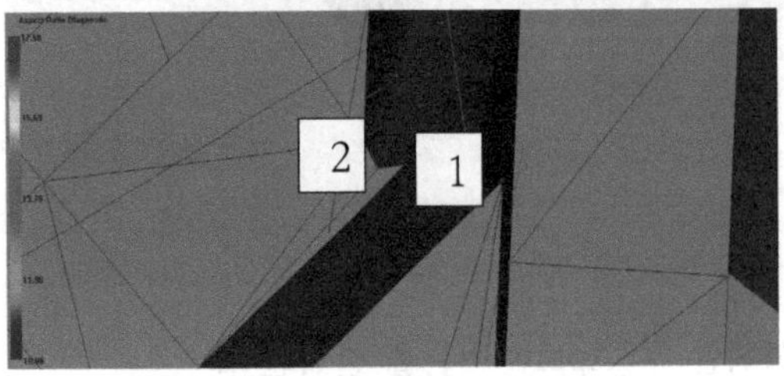

위 그림과 같이 1번 노드와 2번 노드를 차례로 선택한 후 Apply 버튼을 클릭한다.

Next 아이콘을 실행하고 Start 아이콘을 실행한다.

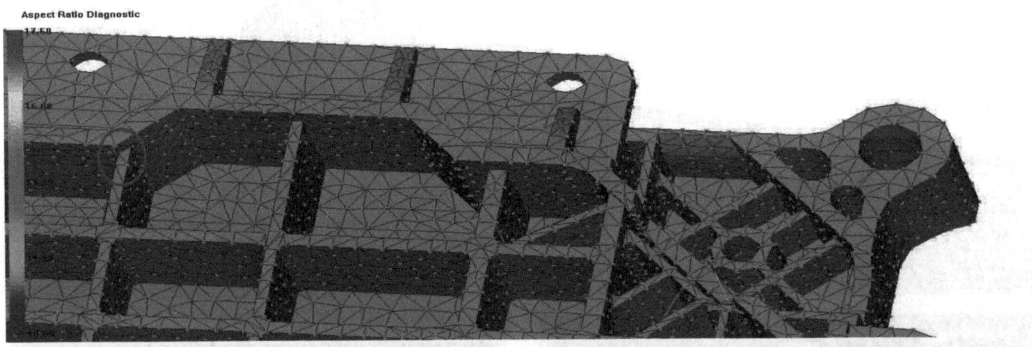

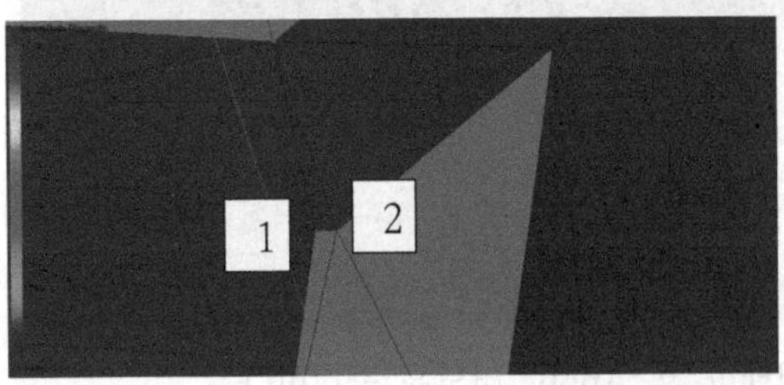

위 그림과 같이 1번 노드와 2번 노드를 차례로 선택한 후 Apply 버튼을 클릭한다.

Next 아이콘을 실행하고 Start 아이콘을 실행한다.

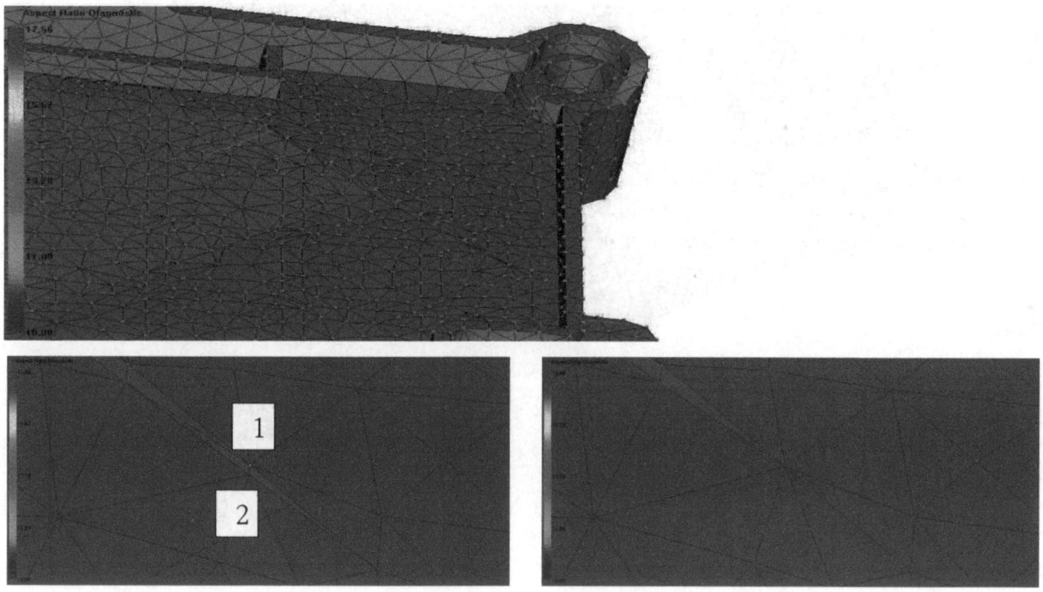

위 그림과 같이 1번 노드와 2번 노드를 차례로 선택한 후 Apply 버튼을 클릭한다.

Next 아이콘을 실행하고 Start 아이콘을 실행한다.

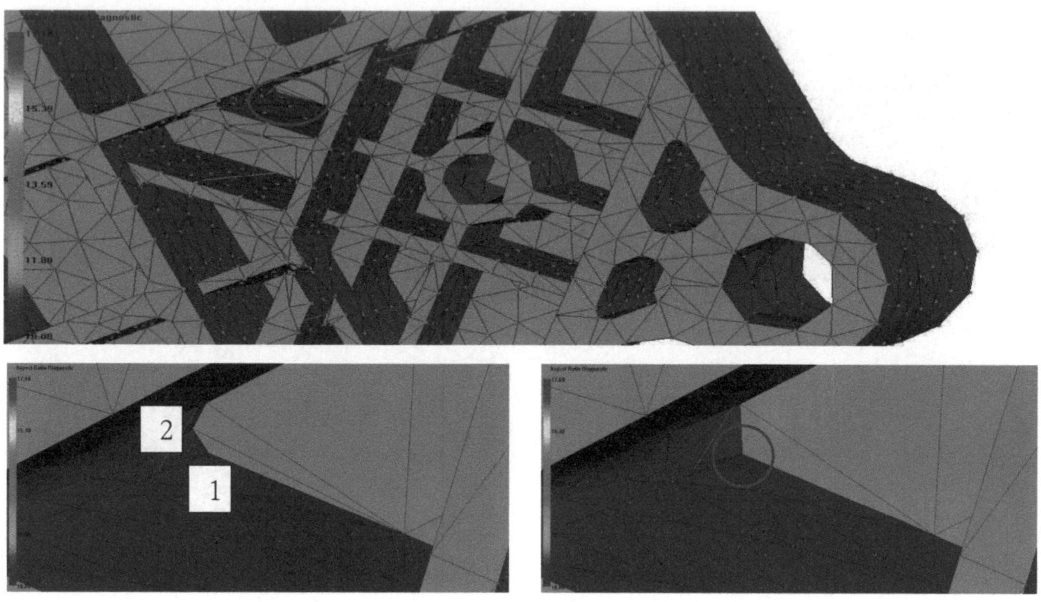

위 그림과 같이 1번 노드와 2번 노드를 차례로 선택한 후 Apply 버튼을 클릭한다.

Next 아이콘을 실행하고 Start 아이콘을 실행한다.

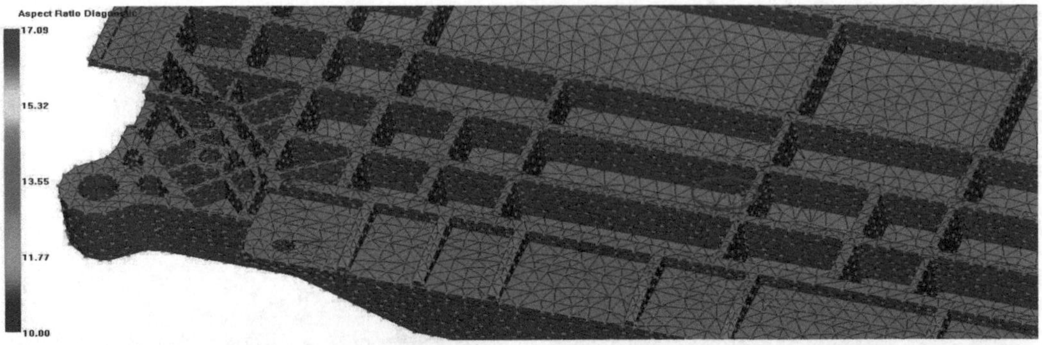

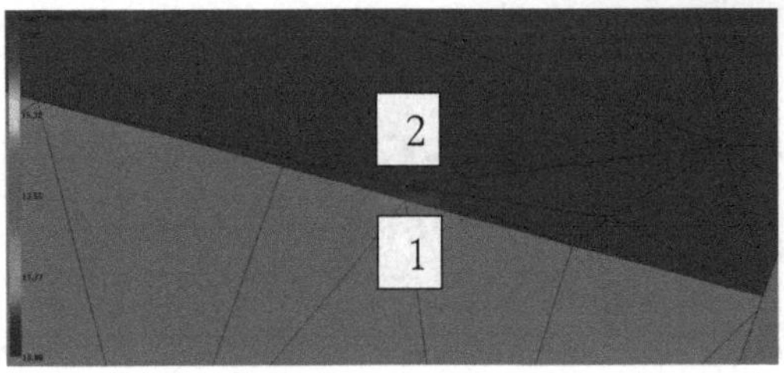

위 그림과 같이 1번 노드와 2번 노드를 차례로 선택한 후 Apply 버튼을 클릭한다.

Next 아이콘을 실행하고 Start 아이콘을 실행한다.

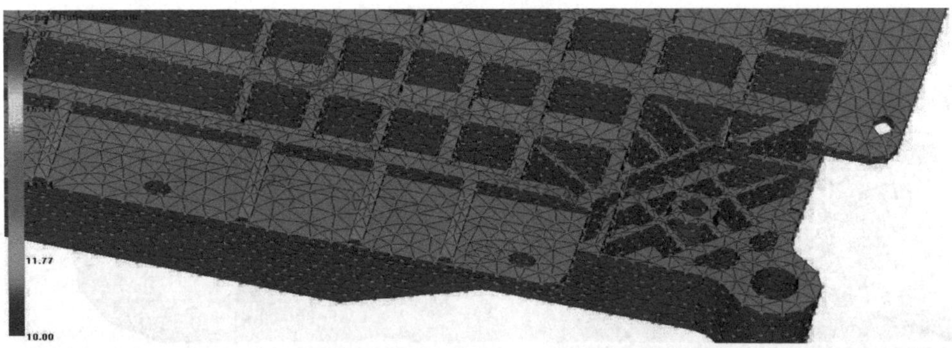

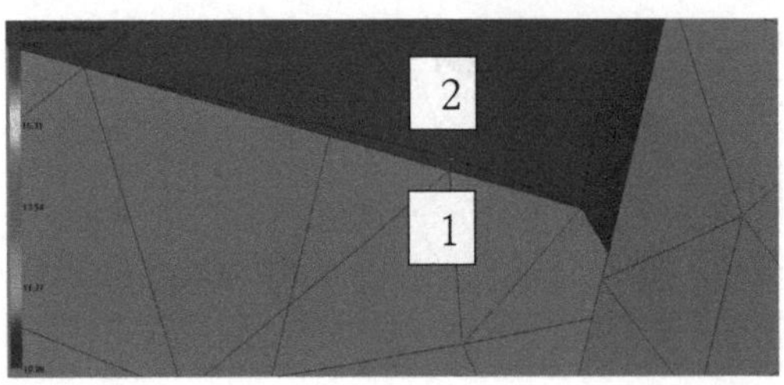

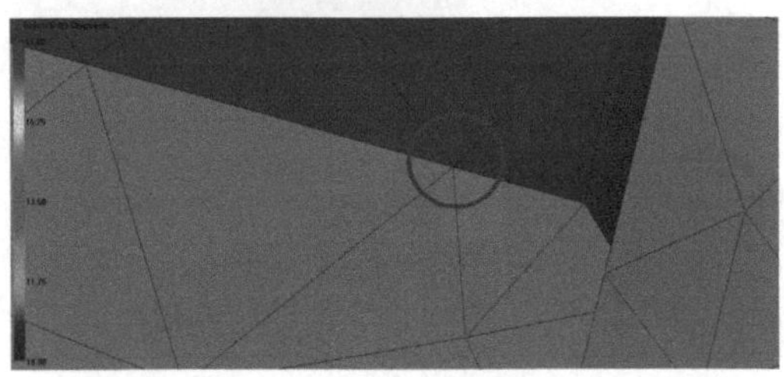

위 그림과 같이 1번 노드와 2번 노드를 차례로 선택한 후 Apply 버튼을 클릭한다.

Next 아이콘을 실행하고 Start 아이콘을 실행한다.

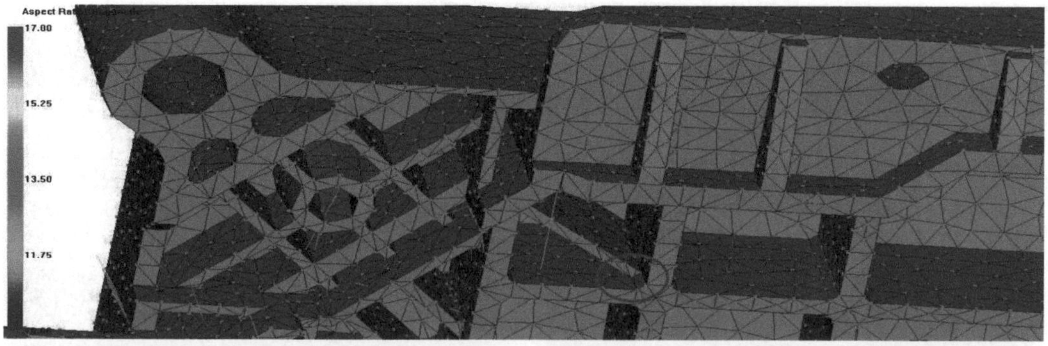

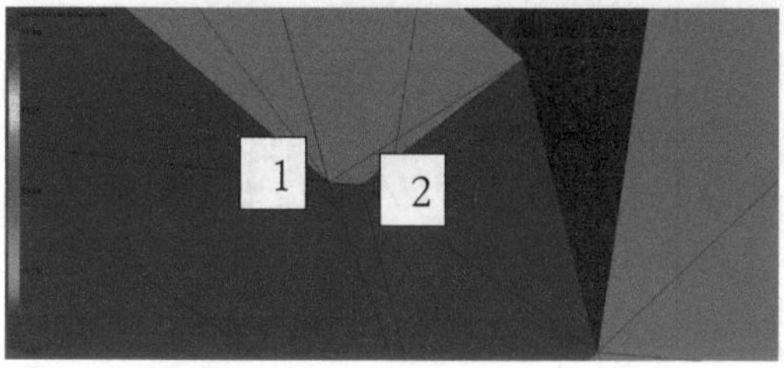

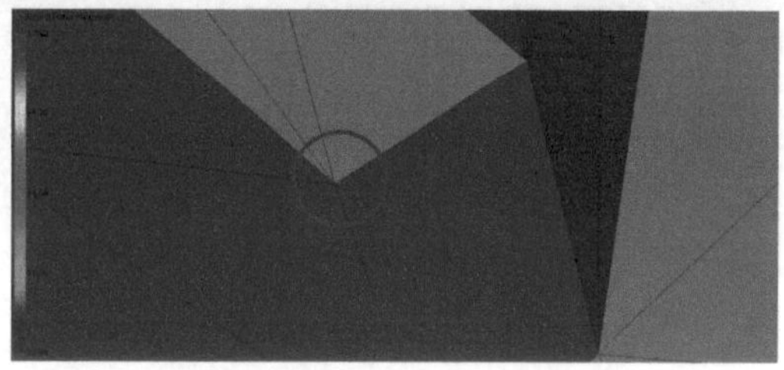

위 그림과 같이 1번 노드와 2번 노드를 차례로 선택한 후 Apply 버튼을 클릭한다.

Next 아이콘을 실행하고 Start 아이콘을 실행한다.

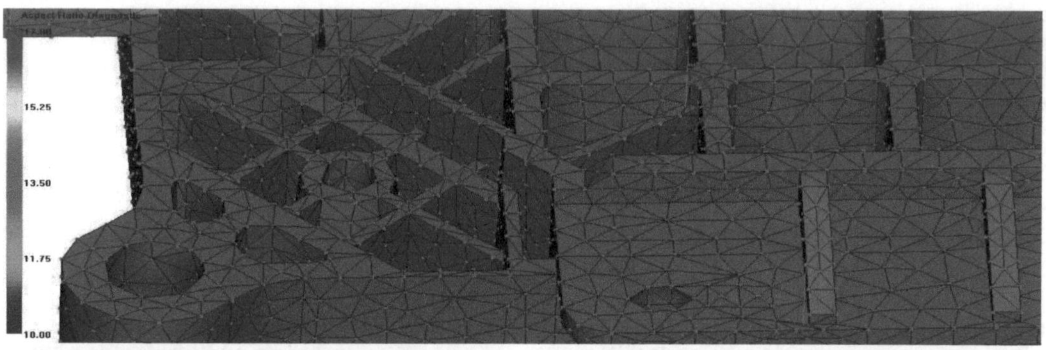

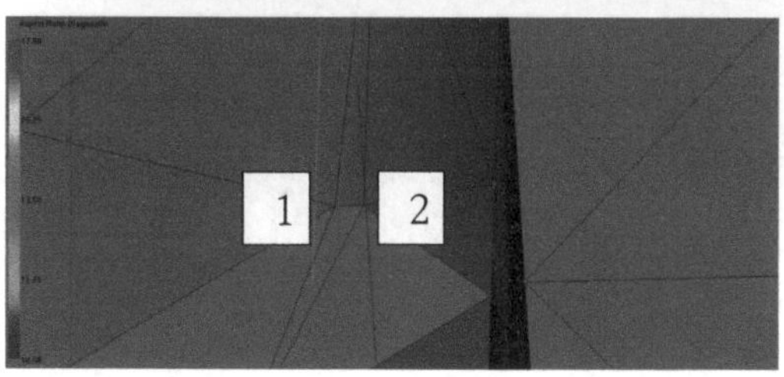

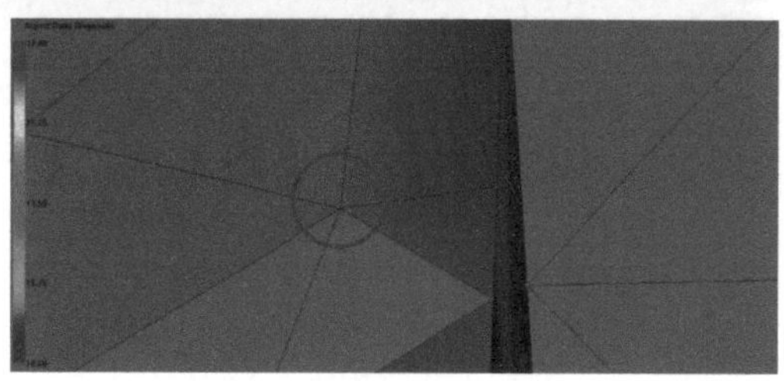

위 그림과 같이 1번 노드와 2번 노드를 차례로 선택한 후 Apply 버튼을 클릭한다.

Next 아이콘을 실행하고 Start 아이콘을 실행한다.

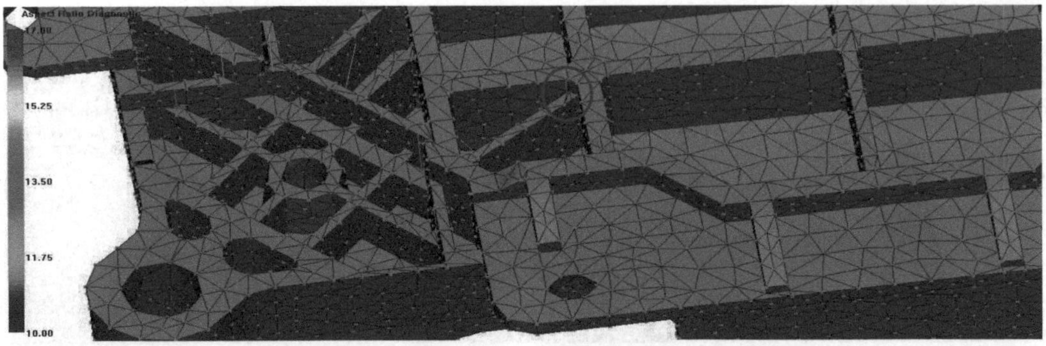

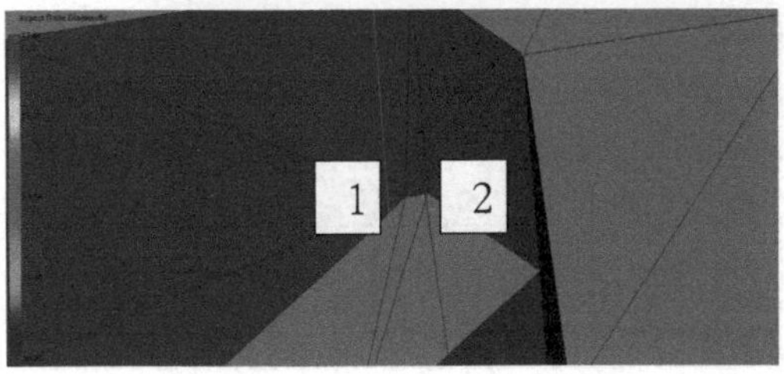

위 그림과 같이 1번 노드와 2번 노드를 차례로 선택한 후 Apply 버튼을 클릭한다.

Next 아이콘을 실행하고 Start 아이콘을 실행한다.

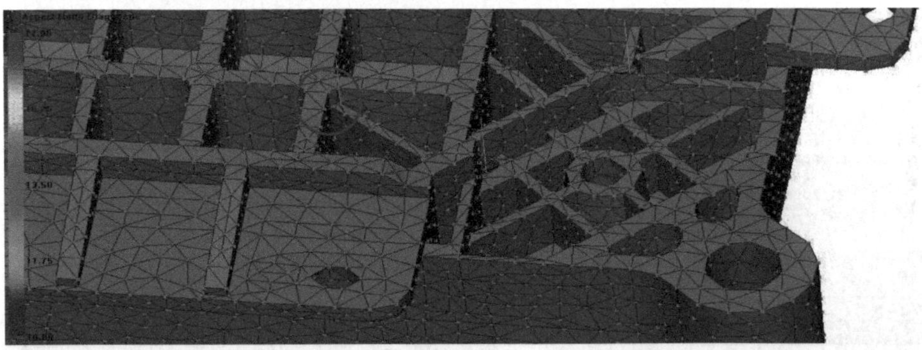

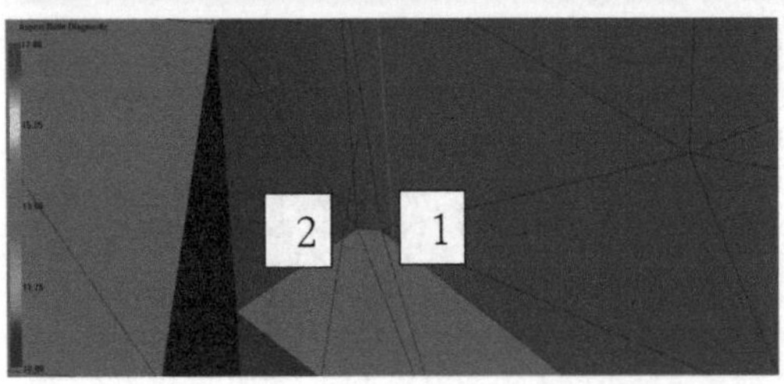

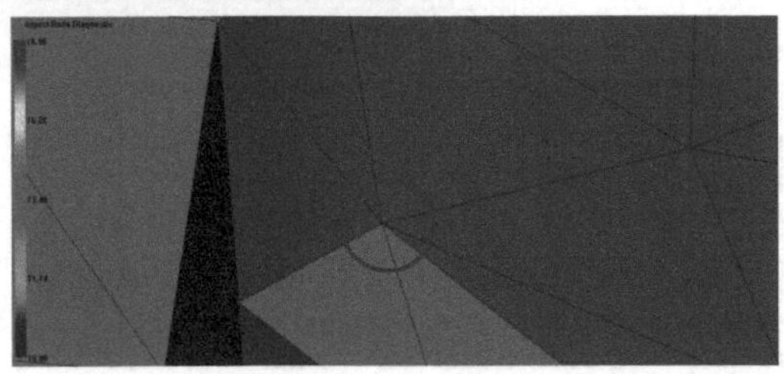

위 그림과 같이 1번 노드와 2번 노드를 차례로 선택한 후 Apply 버튼을 클릭한다.

Next 아이콘을 실행하고 Start 아이콘을 실행한다.

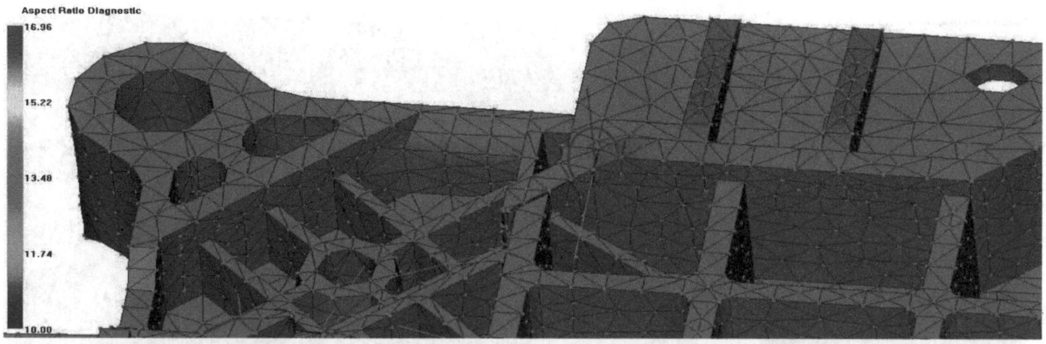

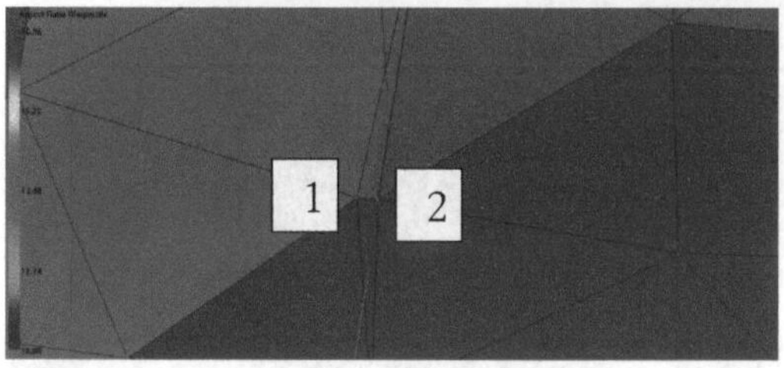

위 그림과 같이 1번 노드와 2번 노드를 차례로 선택한 후 Apply 버튼을 클릭한다.

Next 아이콘을 실행하고 Start 아이콘을 실행한다.

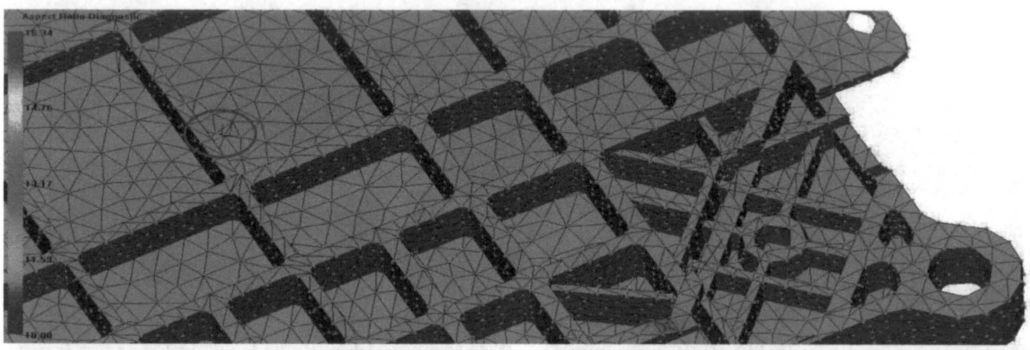

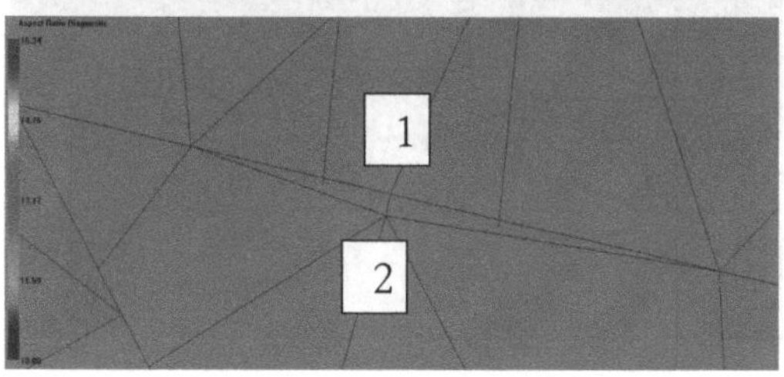

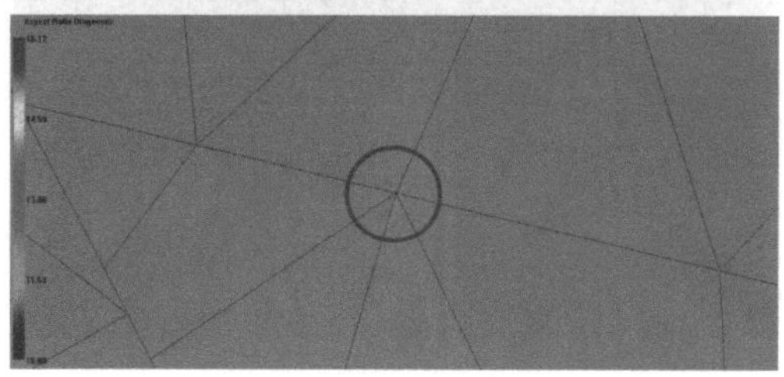

위 그림과 같이 1번 노드와 2번 노드를 차례로 선택한 후 Apply 버튼을 클릭한다.

Next 아이콘을 실행하고 Start 아이콘을 실행한다.

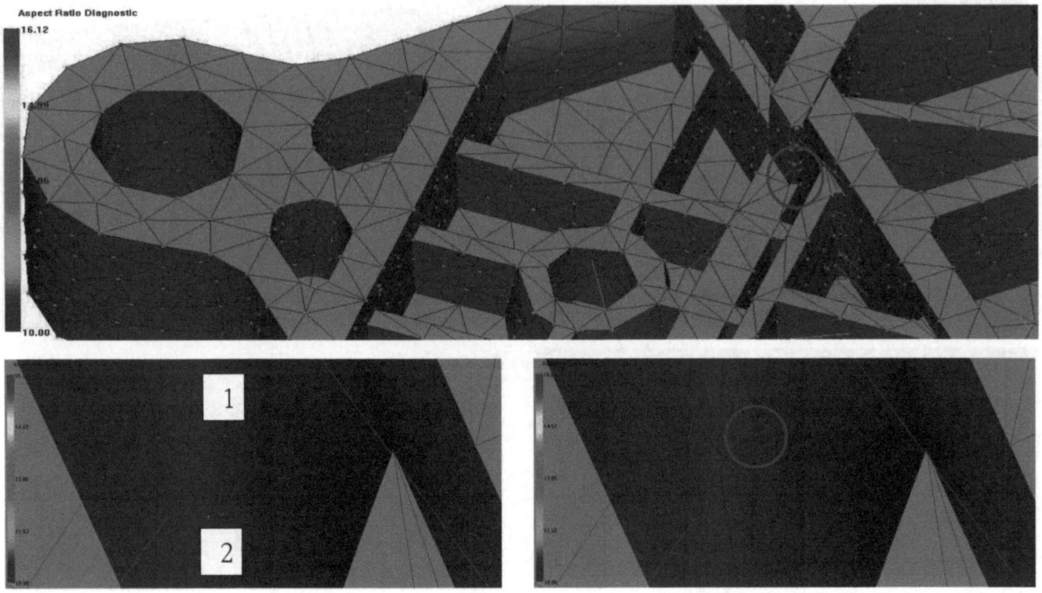

위 그림과 같이 1번 노드와 2번 노드를 차례로 선택한 후 Apply 버튼을 클릭한다.

Next 아이콘을 실행하고 Start 아이콘을 실행한다.

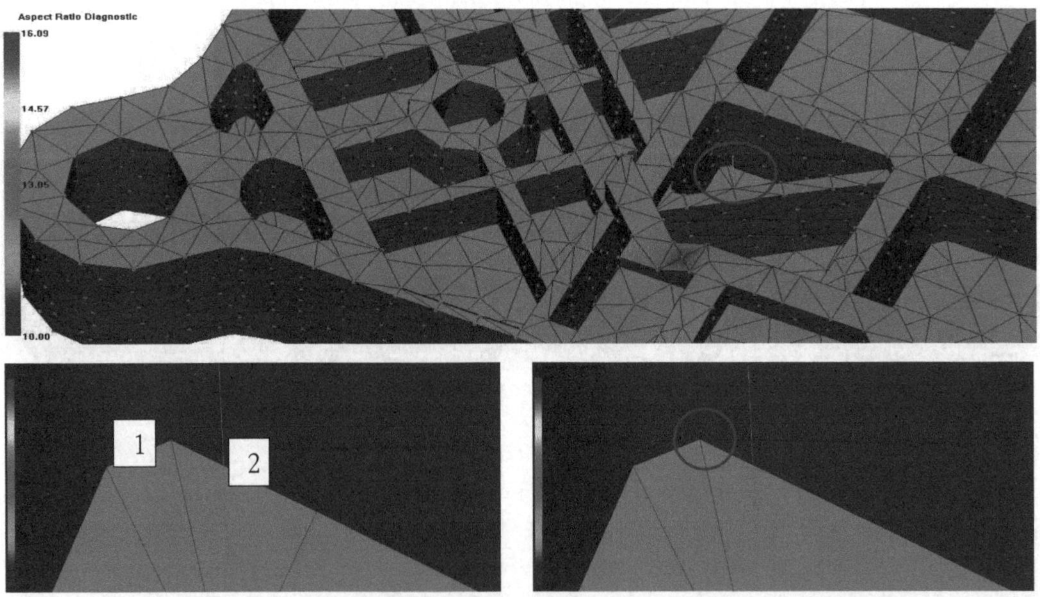

위 그림과 같이 1번 노드와 2번 노드를 차례로 선택한 후 Apply 버튼을 클릭한다.

Next 아이콘을 실행하고 Start 아이콘을 실행한다.

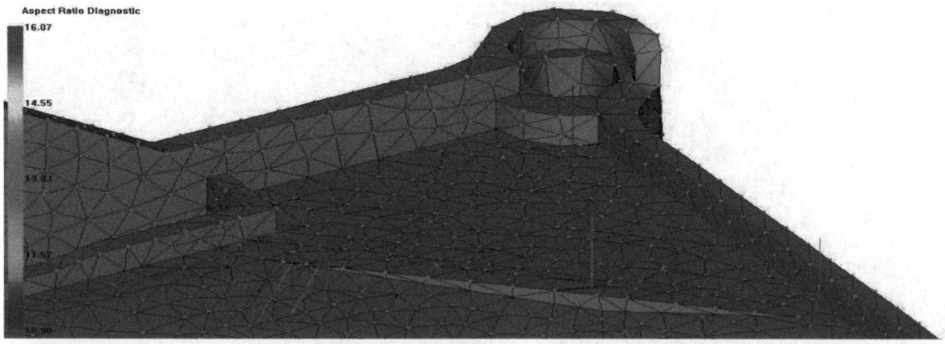

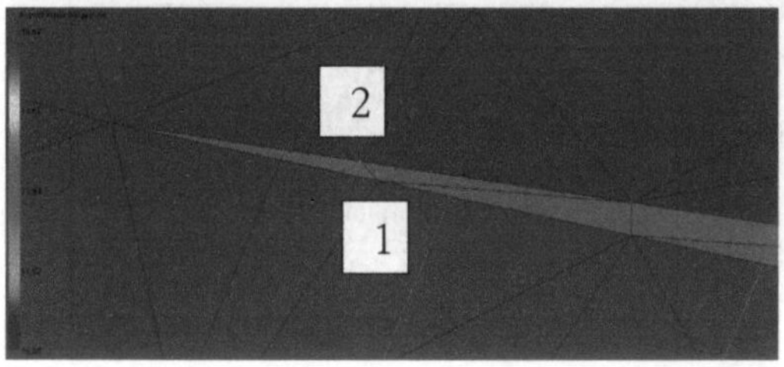

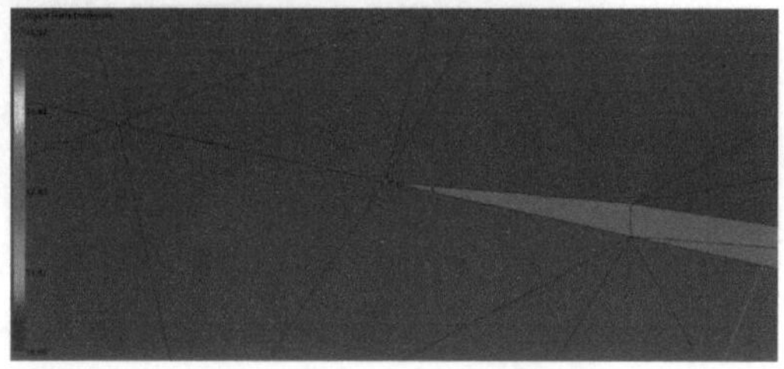

위 그림과 같이 1번 노드와 2번 노드를 차례로 선택한 후 Apply 버튼을 클릭한다.

Next 아이콘을 실행하고 Start 아이콘을 실행한다.

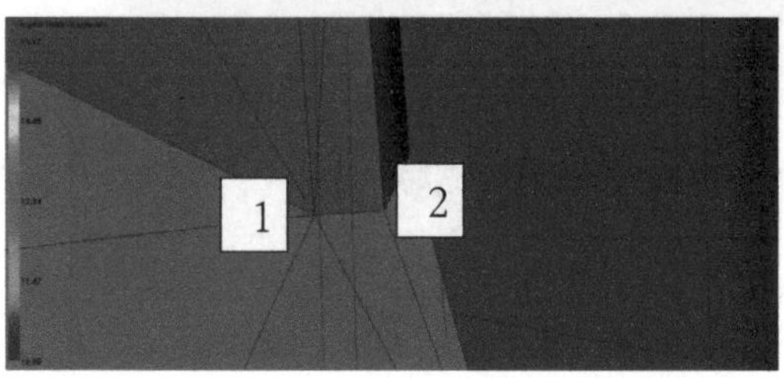

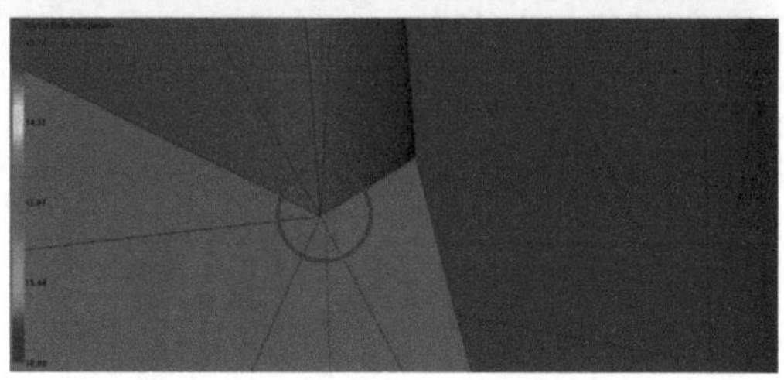

위 그림과 같이 1번 노드와 2번 노드를 차례로 선택한 후 Apply 버튼을 클릭한다.

Next 아이콘을 실행하고 Start 아이콘을 실행한다.

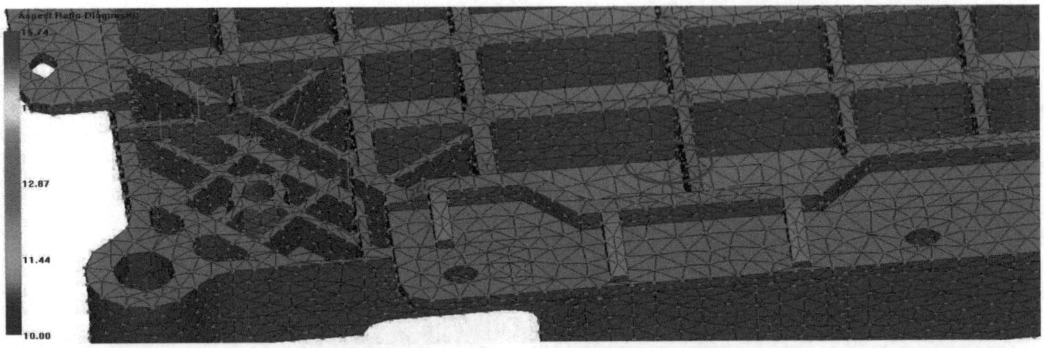

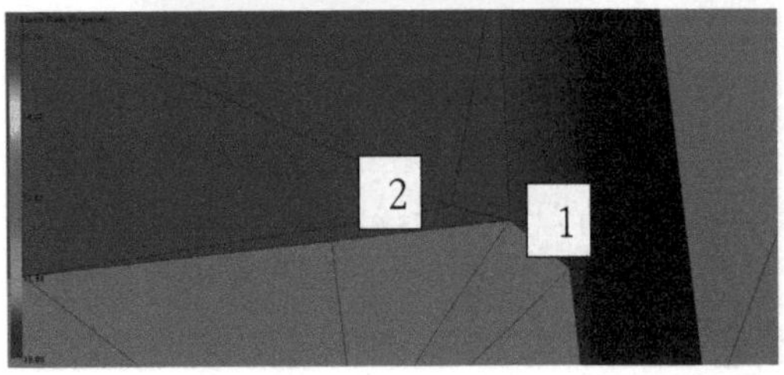

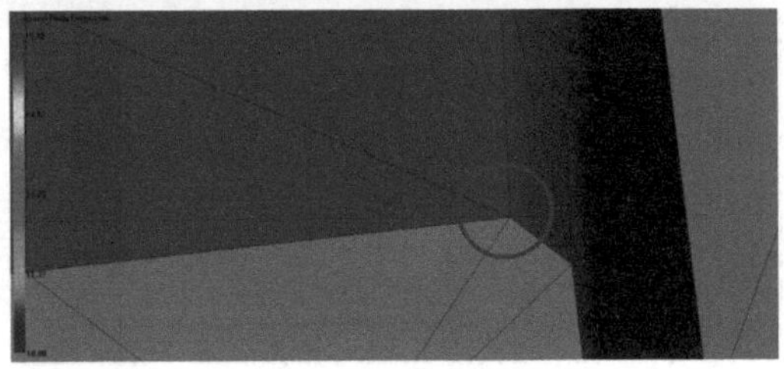

위 그림과 같이 1번 노드와 2번 노드를 차례로 선택한 후 Apply 버튼을 클릭한다.

Next 아이콘을 실행하고 Start 아이콘을 실행한다.

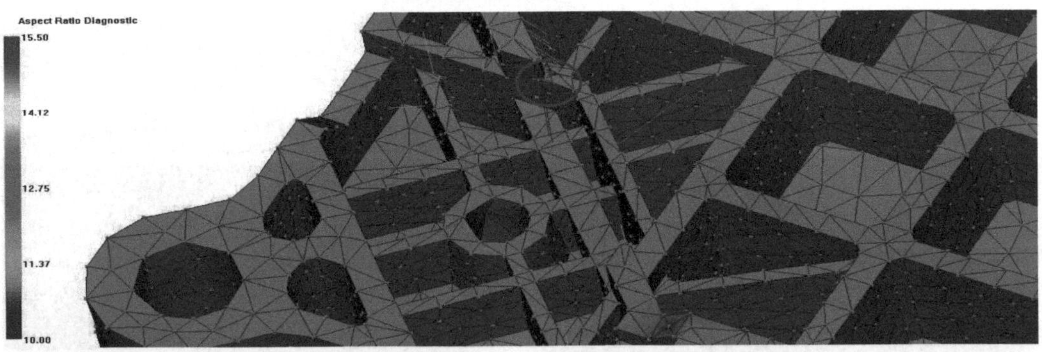

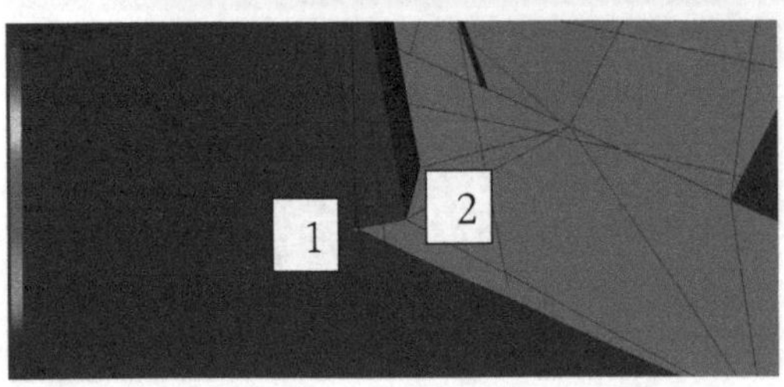

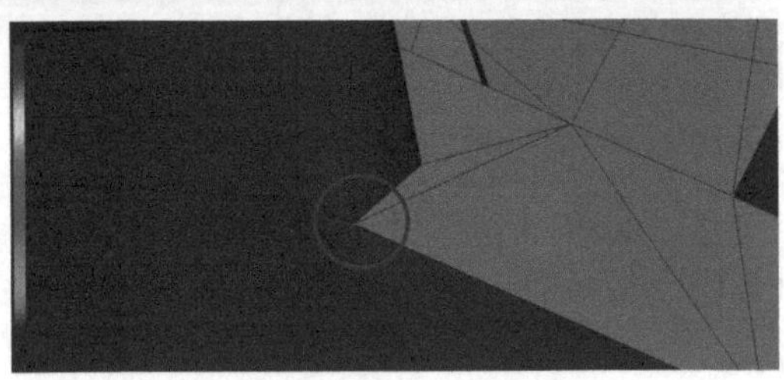

위 그림과 같이 1번 노드와 2번 노드를 차례로 선택한 후 Apply 버튼을 클릭한다.

Next 아이콘을 실행하고 Start 아이콘을 실행한다.

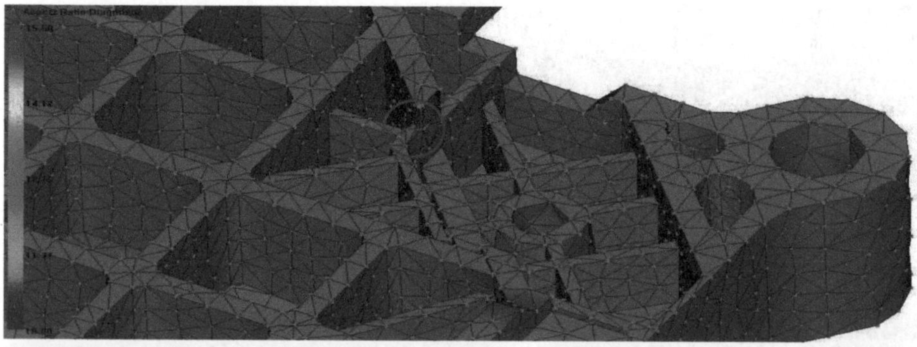

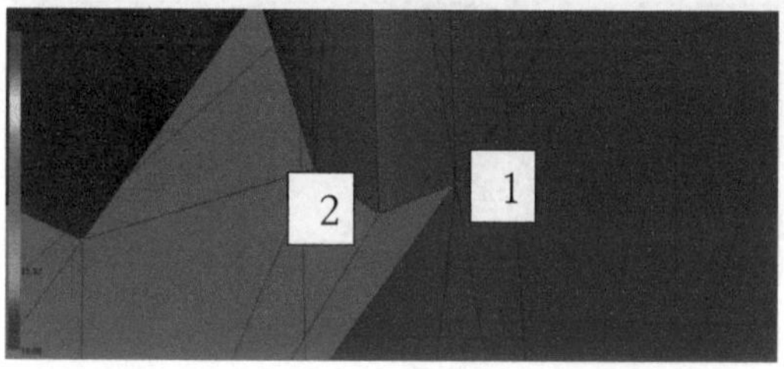

위 그림과 같이 1번 노드와 2번 노드를 차례로 선택한 후 Apply 버튼을 클릭한다.

Next 아이콘을 실행하고 Start 아이콘을 실행한다.

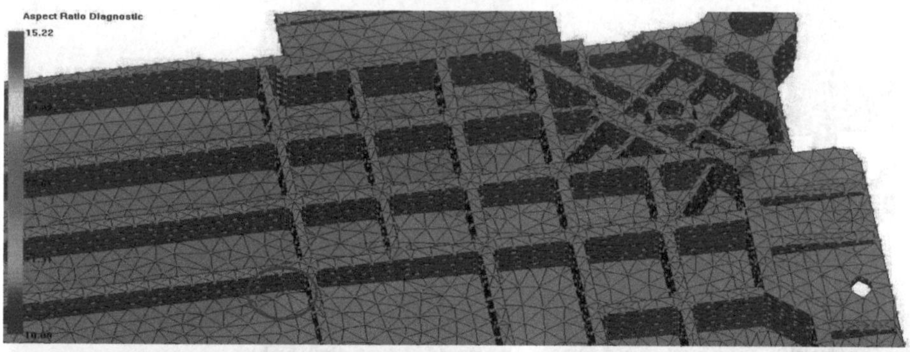

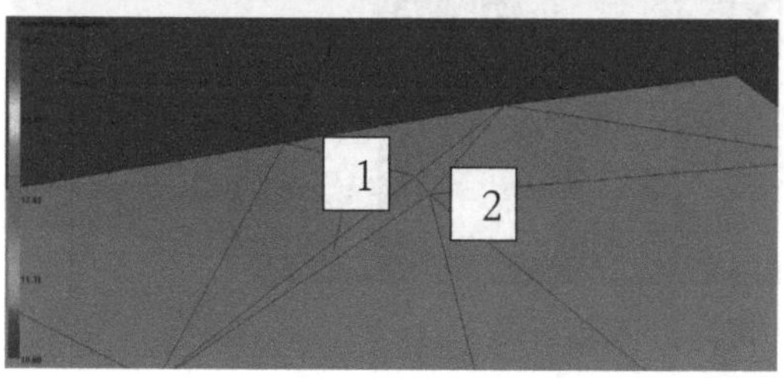

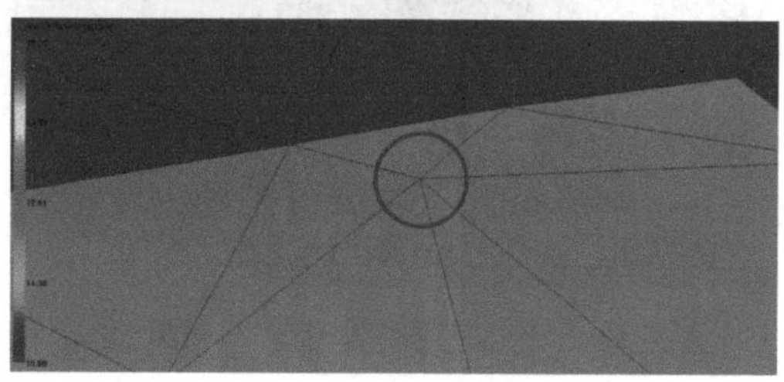

위 그림과 같이 1번 노드와 2번 노드를 차례로 선택한 후 Apply 버튼을 클릭한다.

Next 아이콘을 실행하고 Start 아이콘을 실행한다.

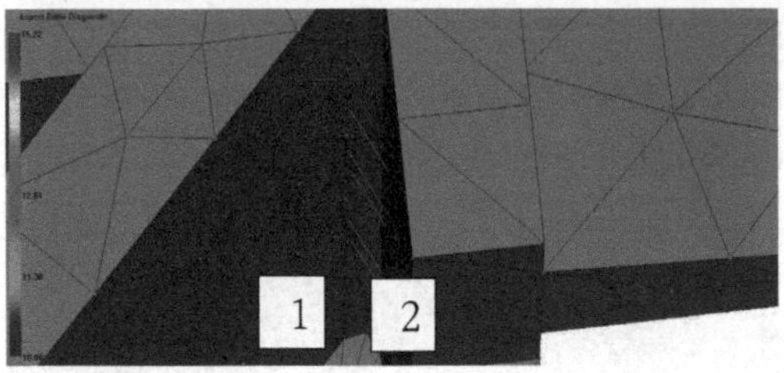

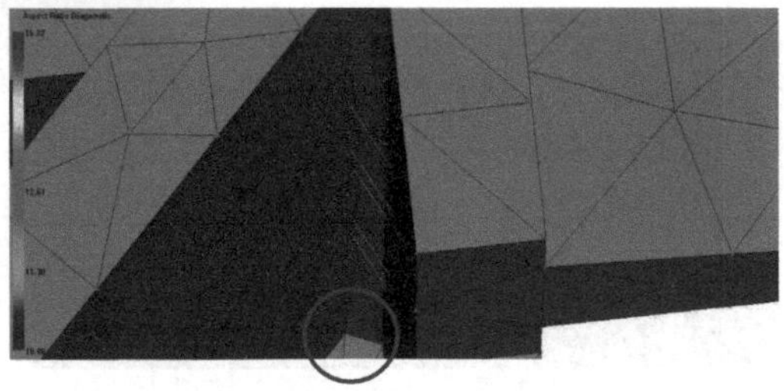

1번 노드와 2번 노드를 차례로 선택한 후 Apply 버튼을 클릭한다.

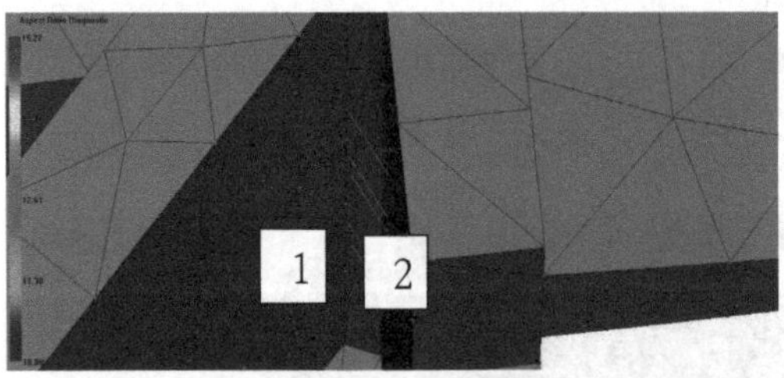

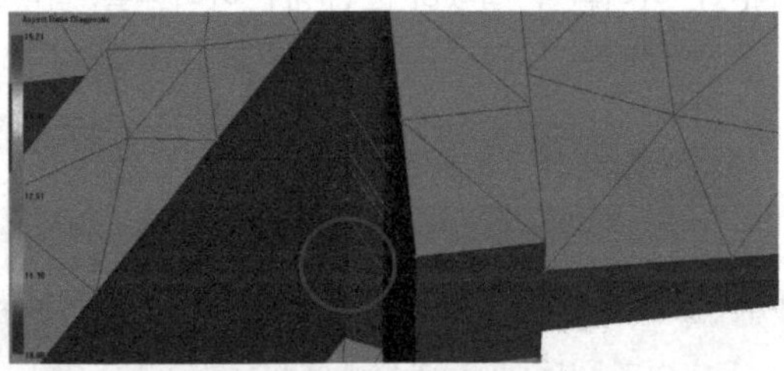

1번 노드와 2번 노드를 차례로 선택한 후 Apply 버튼을 클릭한다.

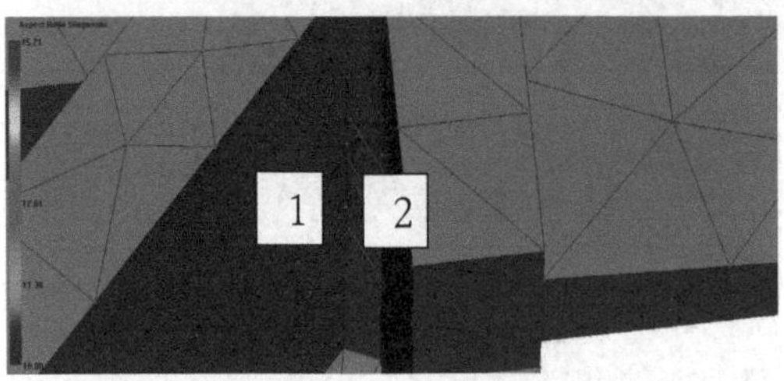

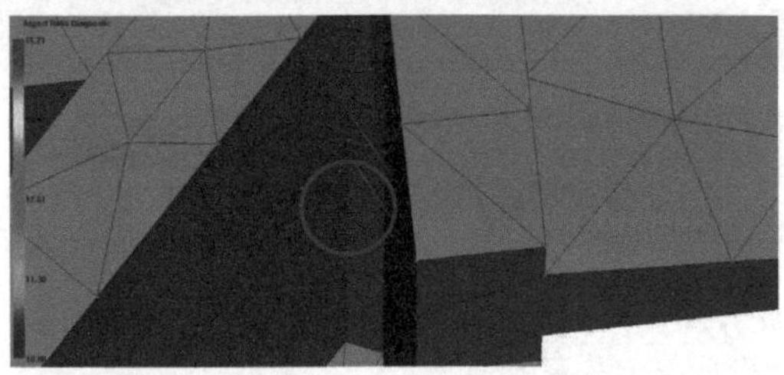

1번 노드와 2번 노드를 차례로 선택한 후 Apply 버튼을 클릭한다.

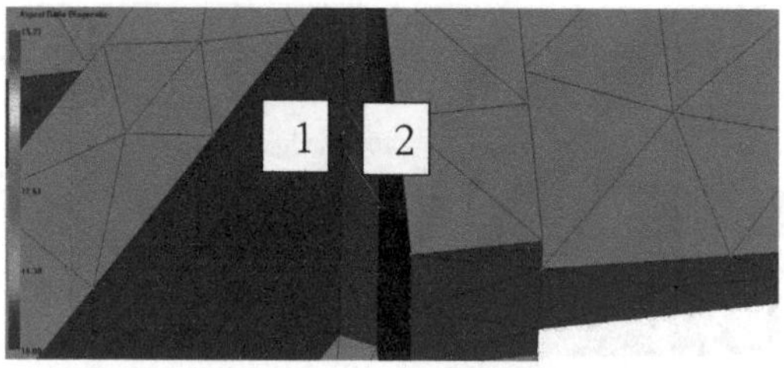

1번 노드와 2번 노드를 차례로 선택한 후 Apply 버튼을 클릭한다.

Next 아이콘을 실행하고 Start 아이콘을 실행한다.

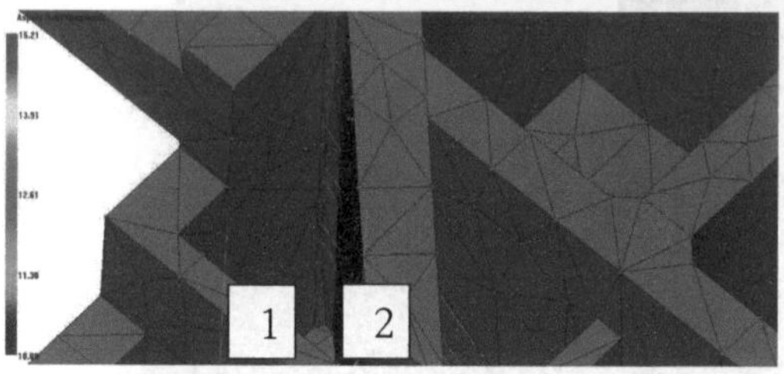

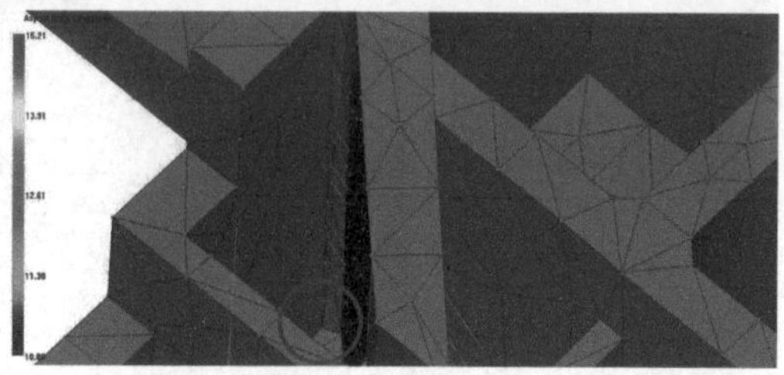

1번 노드와 2번 노드를 차례로 선택한 후 Apply 버튼을 클릭한다.

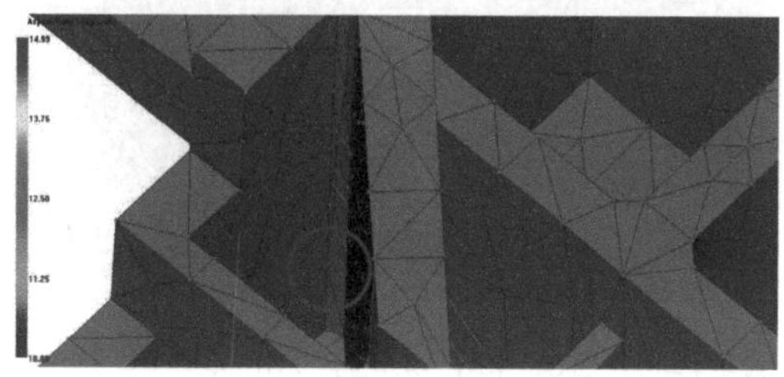

1번 노드와 2번 노드를 차례로 선택한 후 Apply 버튼을 클릭한다.

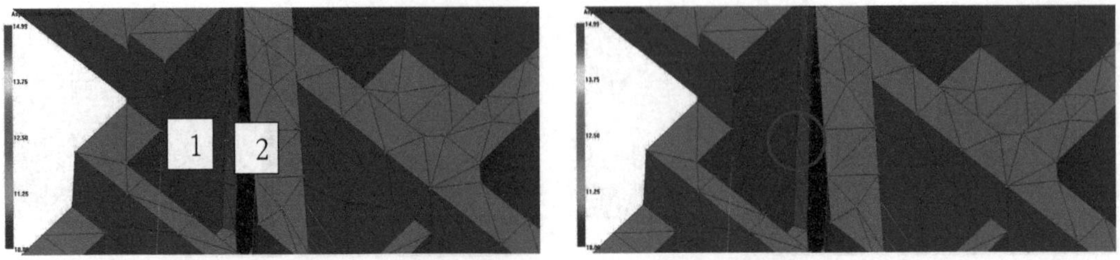

1번 노드와 2번 노드를 차례로 선택한 후 Apply 버튼을 클릭한다.

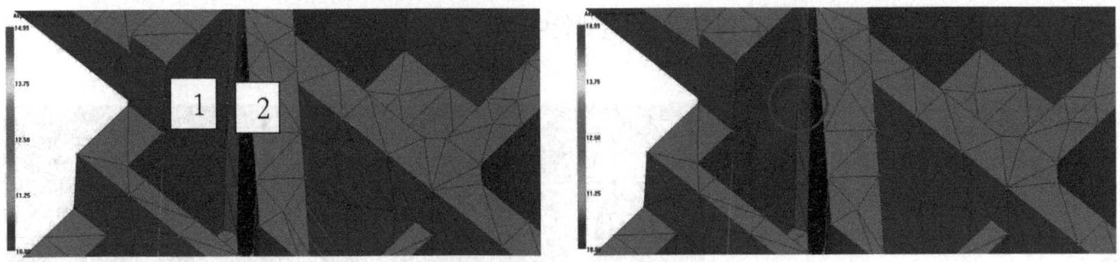

1번 노드와 2번 노드를 차례로 선택한 후 Apply 버튼을 클릭한다.

Next 아이콘을 실행하고 Start 아이콘을 실행한다.

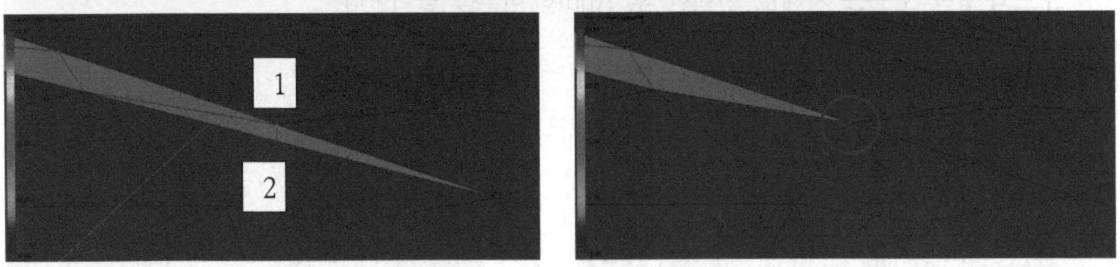

위 그림과 같이 1번 노드와 2번 노드를 차례로 선택한 후 Apply 버튼을 클릭한다.

Next 아이콘을 실행하고 Start 아이콘을 실행한다.

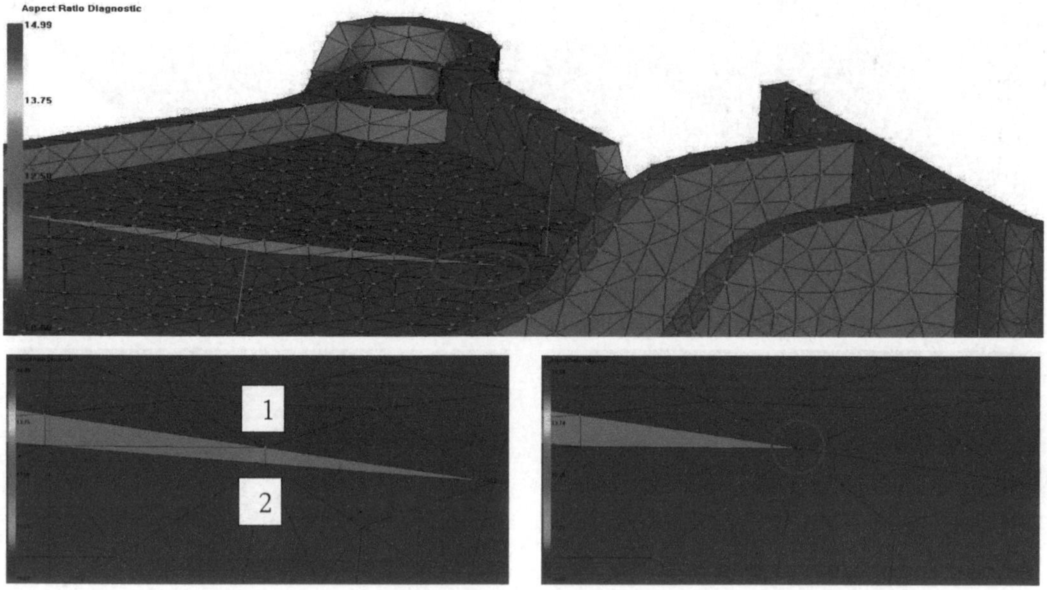

위 그림과 같이 1번 노드와 2번 노드를 차례로 선택한 후 Apply 버튼을 클릭한다.

Next 아이콘을 실행하고 Start 아이콘을 실행한다.

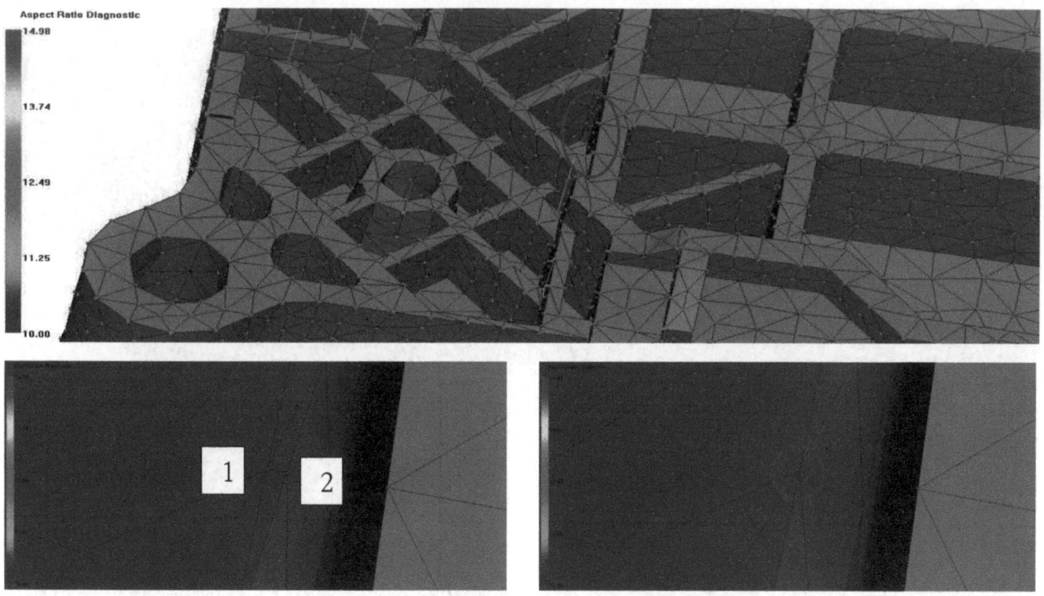

위 그림과 같이 1번 노드와 2번 노드를 차례로 선택한 후 Apply 버튼을 클릭한다.

Next 아이콘을 실행하고 Start 아이콘을 실행한다.

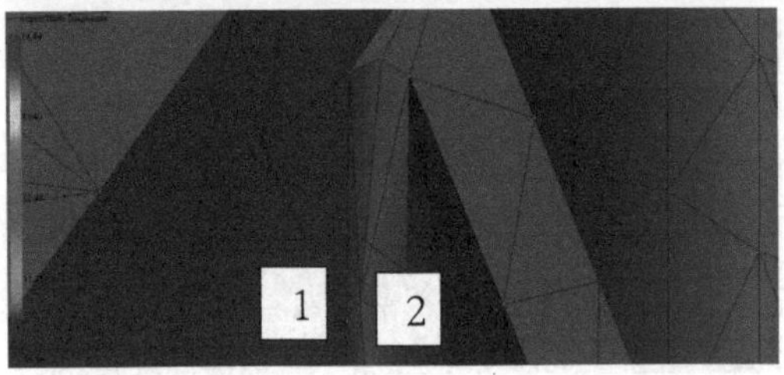

위 그림과 같이 1번 노드와 2번 노드를 차례로 선택한 후 Apply 버튼을 클릭한다.

Next 아이콘을 실행하고 Start 아이콘을 실행한다.

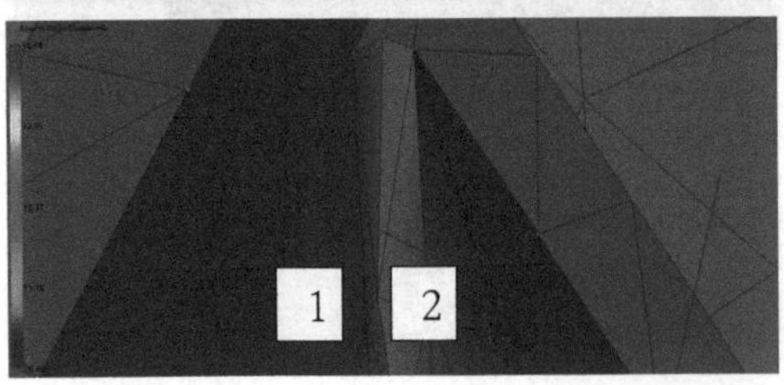

위 그림과 같이 1번 노드와 2번 노드를 차례로 선택한 후 Apply 버튼을 클릭한다.

Next 아이콘을 실행하고 Start 아이콘을 실행한다.

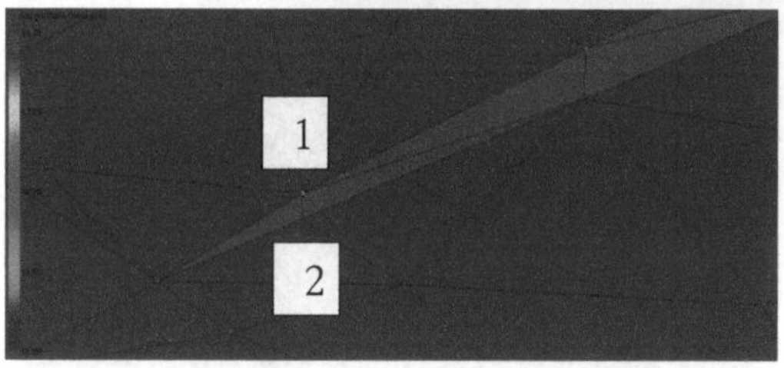

위 그림과 같이 1번 노드와 2번 노드를 차례로 선택한 후 Apply 버튼을 클릭한다.

Next 아이콘을 실행하고 Start 아이콘을 실행한다.

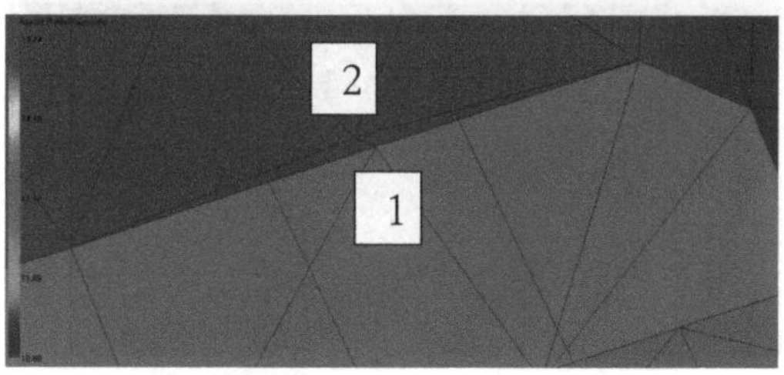

위 그림과 같이 1번 노드와 2번 노드를 차례로 선택한 후 Apply 버튼을 클릭한다.

Next 아이콘을 실행하고 Start 아이콘을 실행한다.

위 그림과 같이 1번 노드와 2번 노드를 차례로 선택한 후 Apply 버튼을 클릭한다.

Next 아이콘을 실행하고 Start 아이콘을 실행한다.

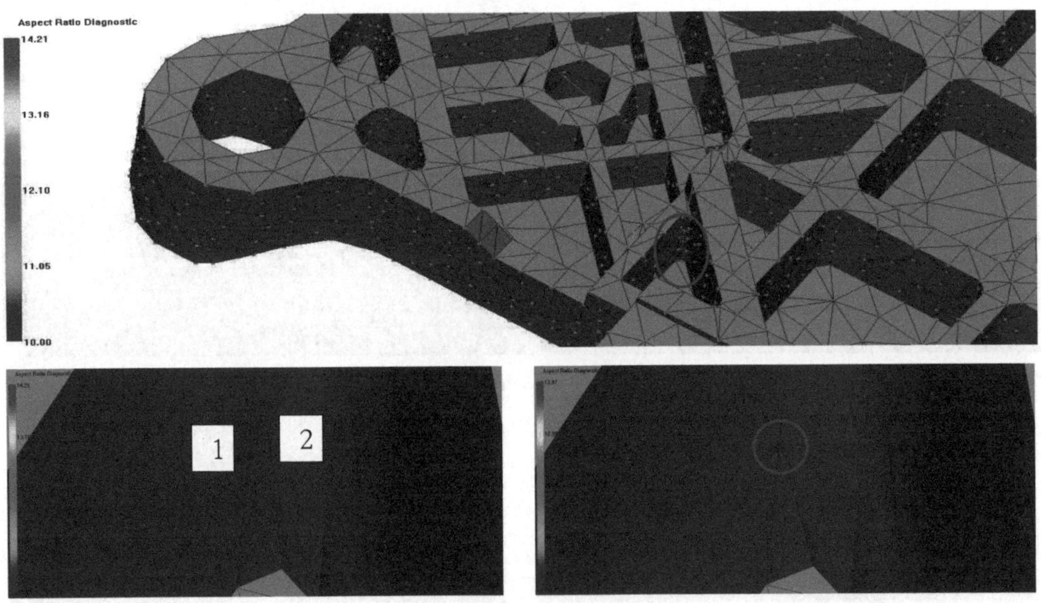

위 그림과 같이 1번 노드와 2번 노드를 차례로 선택한 후 Apply 버튼을 클릭한다.

Next 아이콘을 실행하고 Start 아이콘을 실행한다.

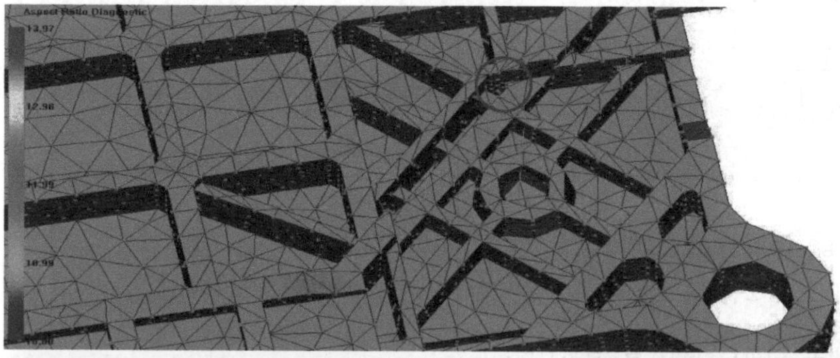

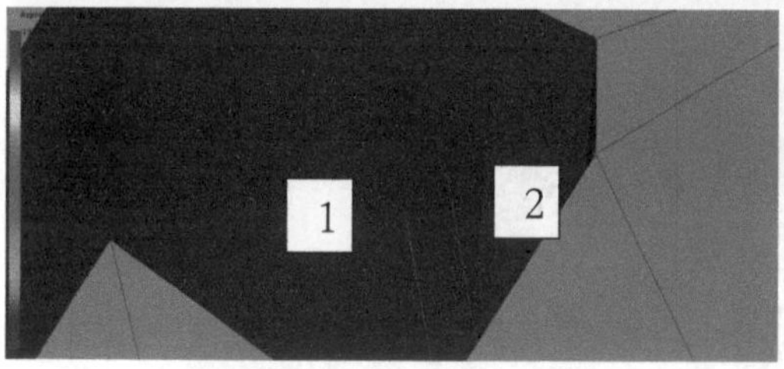

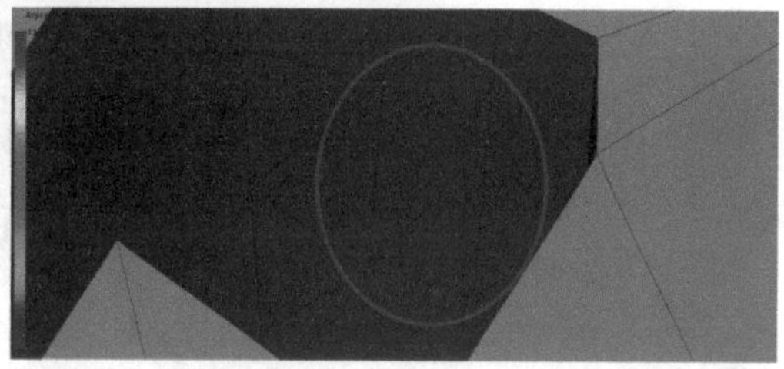

Mesh Repair의 Swap Edges 아이콘을 실행한다.
위 그림과 같이 1번 메쉬와 2번 메쉬를 차례로 선택한 후 Apply 버튼을 클릭한다.

Next 아이콘을 실행하고 Start 아이콘을 실행한다.

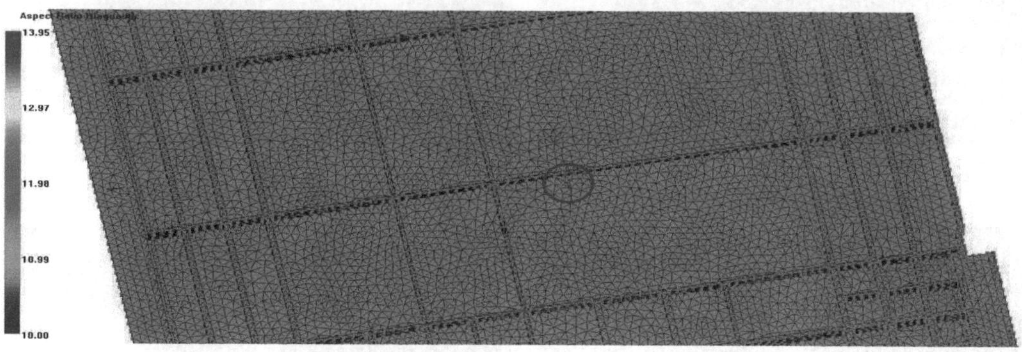

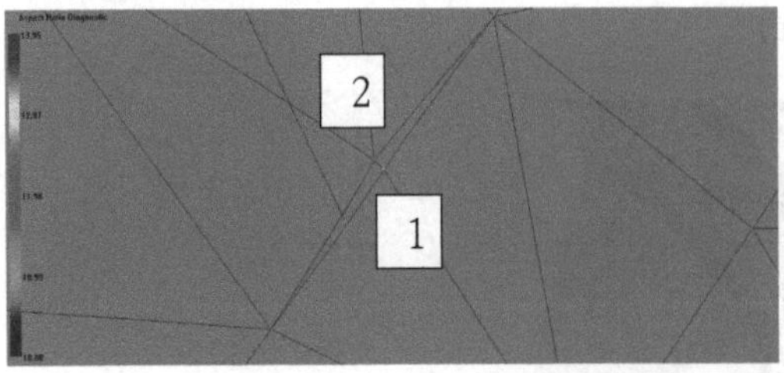

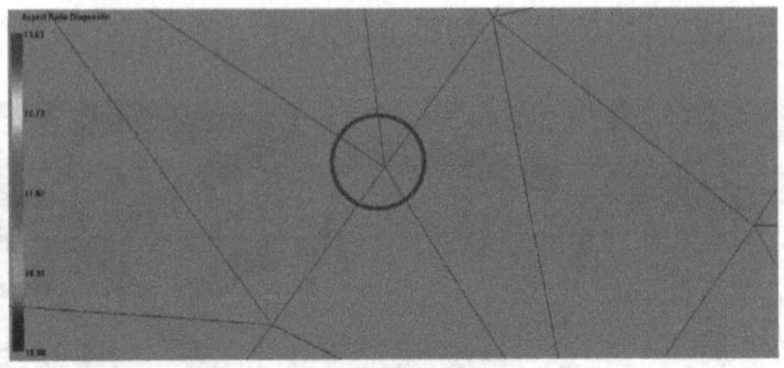

Mesh Repair의 Merge Nodes 아이콘을 실행한다.

위 그림과 같이 1번 노드와 2번 노드를 차례로 선택한 후 Apply 버튼을 클릭한다.

Next 아이콘을 실행하고 Start 아이콘을 실행한다.

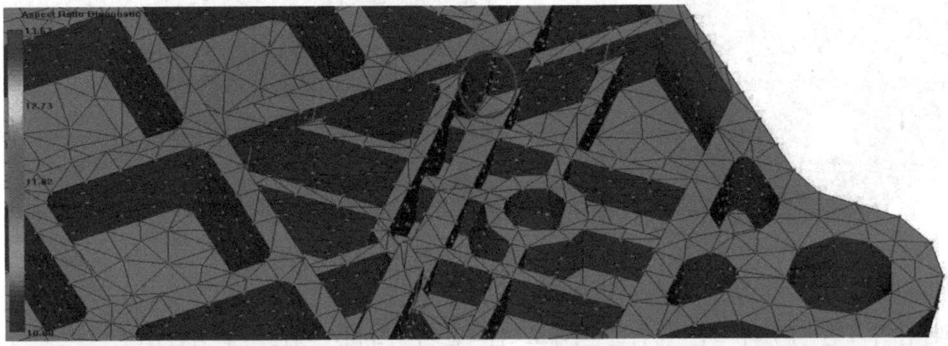

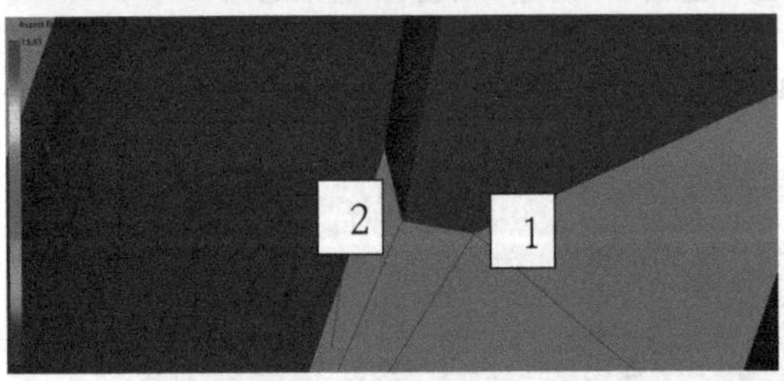

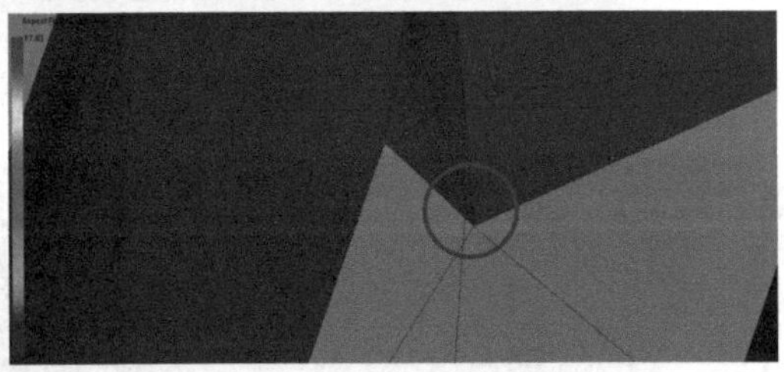

위 그림과 같이 1번 노드와 2번 노드를 차례로 선택한 후 Apply 버튼을 클릭한다.

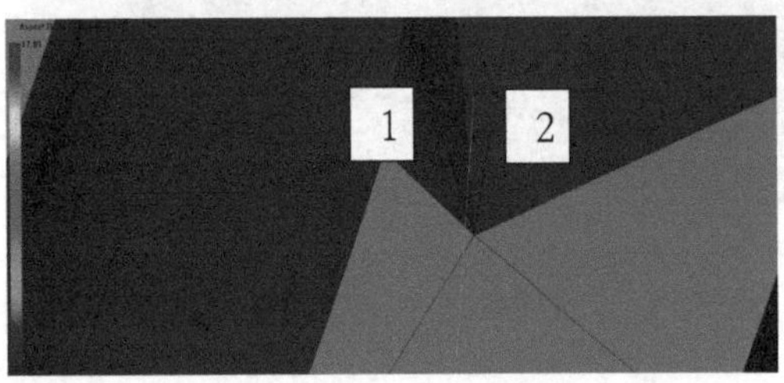

Mesh Repair의 Swap Edges 아이콘을 실행한다.

위 그림과 같이 1번 메쉬와 2번 메쉬를 차례로 선택한 후 Apply 버튼을 클릭한다.

Next 아이콘을 실행하고 Start 아이콘을 실행한다.

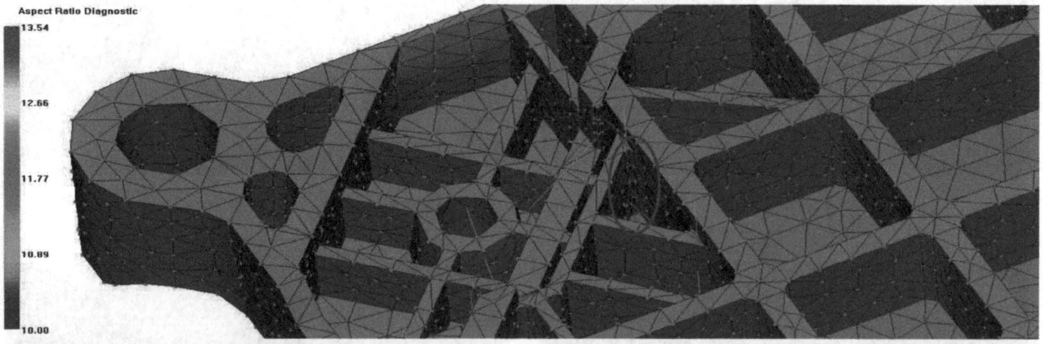

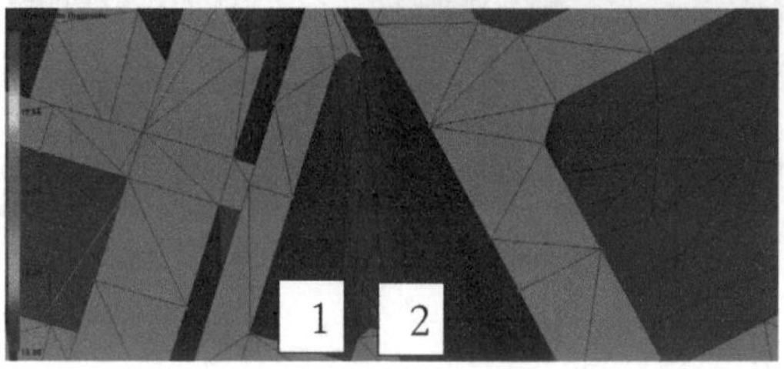

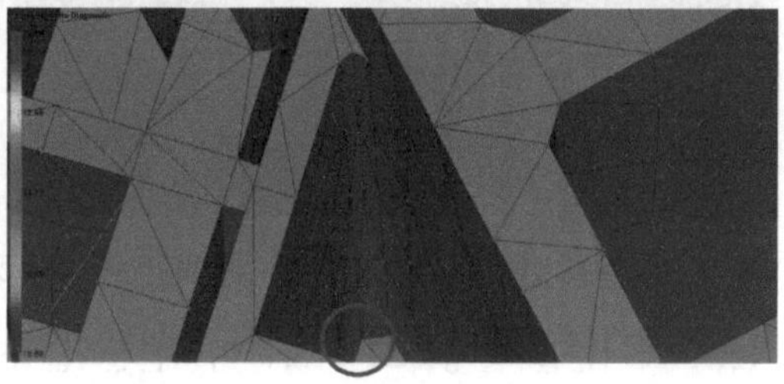

Mesh Repair의 Merge Nodes  아이콘을 실행한다.
1번 노드와 2번 노드를 차례로 선택한 후 Apply 버튼을 클릭한다.

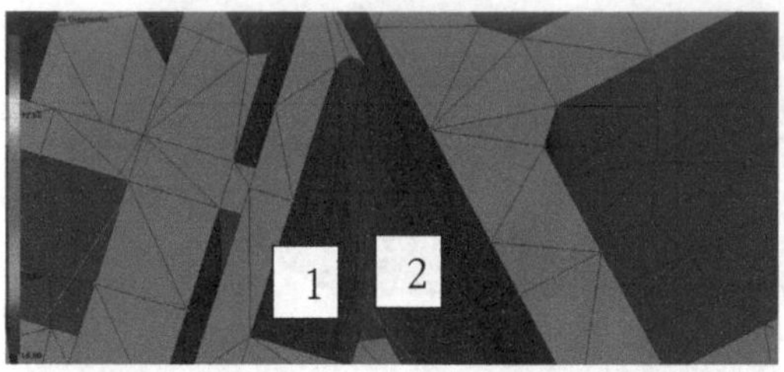

1번 노드와 2번 노드를 차례로 선택한 후 Apply 버튼을 클릭한다.

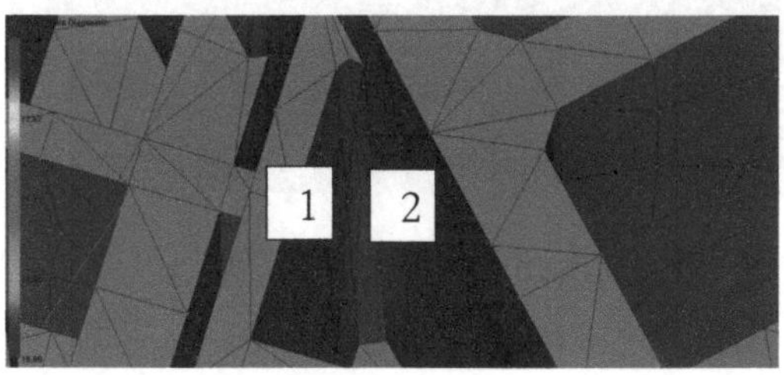

1번 노드와 2번 노드를 차례로 선택한 후 Apply 버튼을 클릭한다.

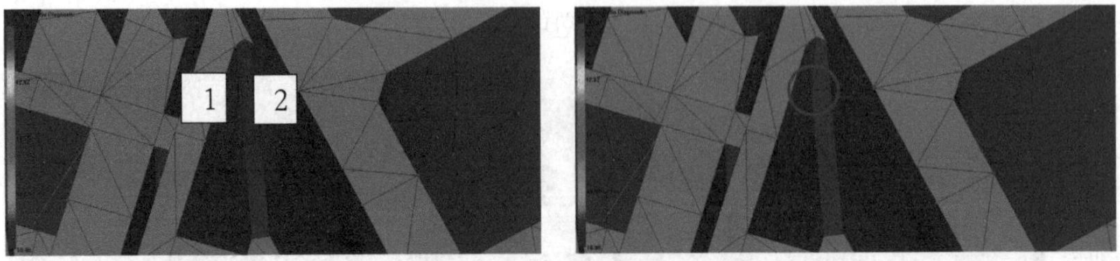

1번 노드와 2번 노드를 차례로 선택한 후 Apply 버튼을 클릭한다.

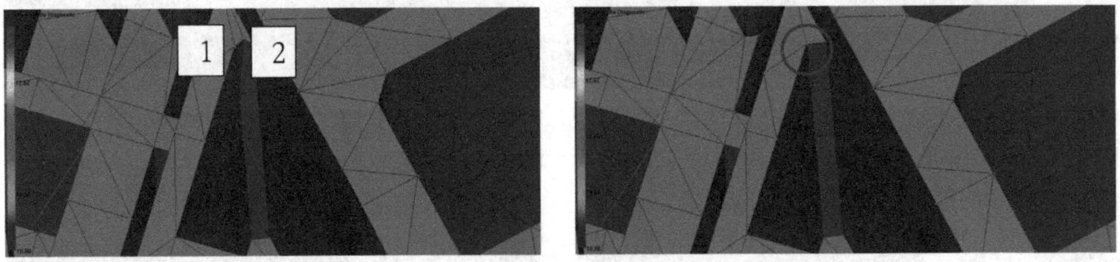

1번 노드와 2번 노드를 차례로 선택한 후 Apply 버튼을 클릭한다.

Next 아이콘을 실행하고 Start 아이콘을 실행한다.

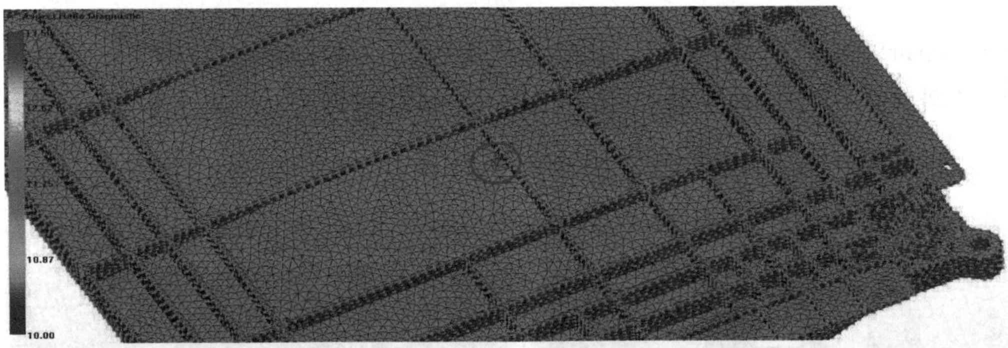

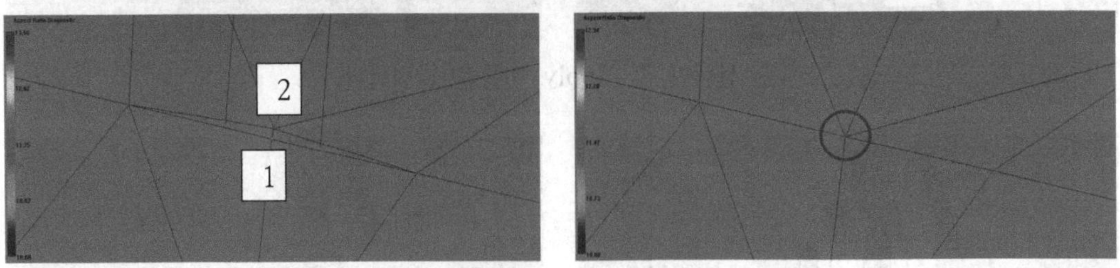

위 그림과 같이 1번 노드와 2번 노드를 차례로 선택한 후 Apply 버튼을 클릭한다.

Next 아이콘을 실행하고 Start 아이콘을 실행한다.

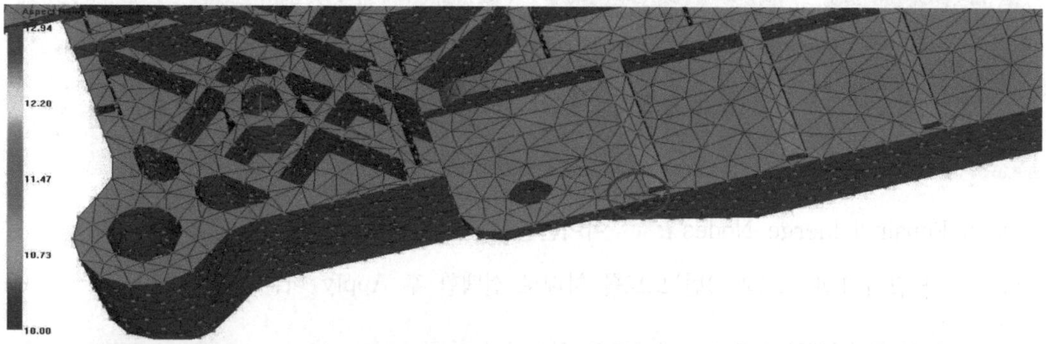

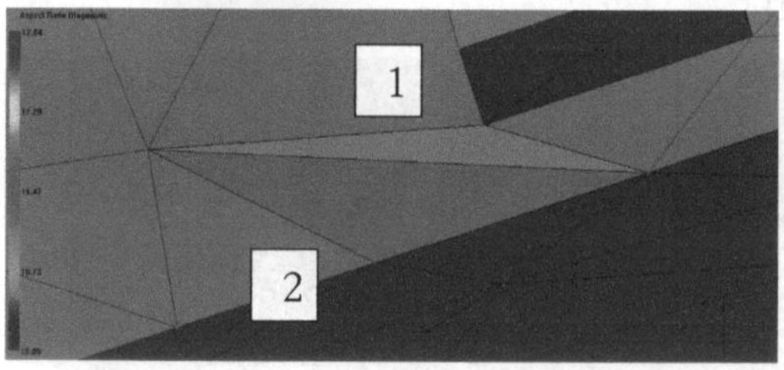

Mesh Repair의 Swap Edges  아이콘을 실행한다.

위 그림과 같이 1번 메쉬와 2번 메쉬를 차례로 선택한 후 Apply 버튼을 클릭한다.

Next 아이콘을 실행하고 Start 아이콘을 실행한다.

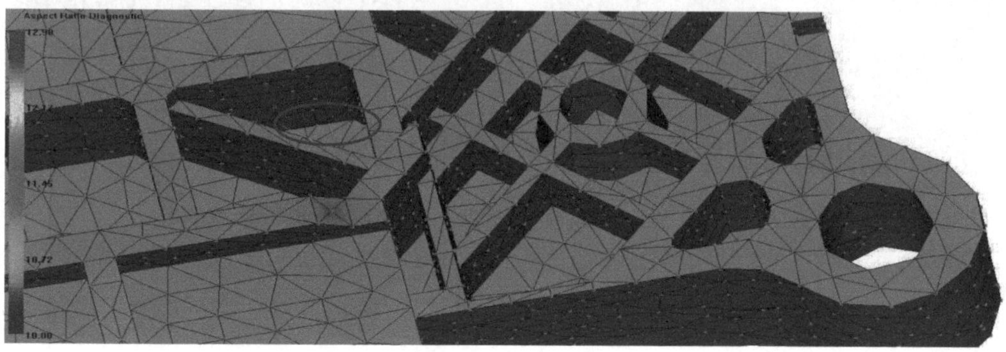

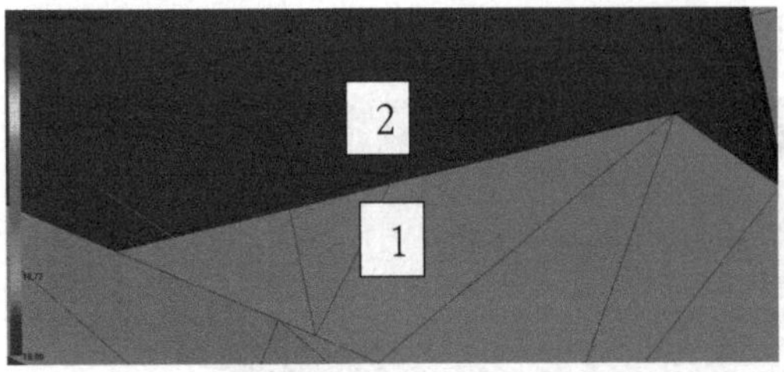

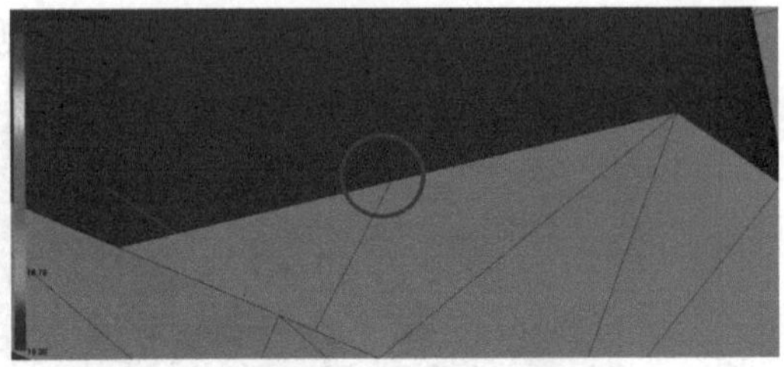

Mesh Repair의 Merge Nodes 아이콘을 실행한다.

위 그림과 같이 1번 노드와 2번 노드를 차례로 선택한 후 Apply 버튼을 클릭한다.

Next 아이콘을 실행하고 Start 아이콘을 실행한다.

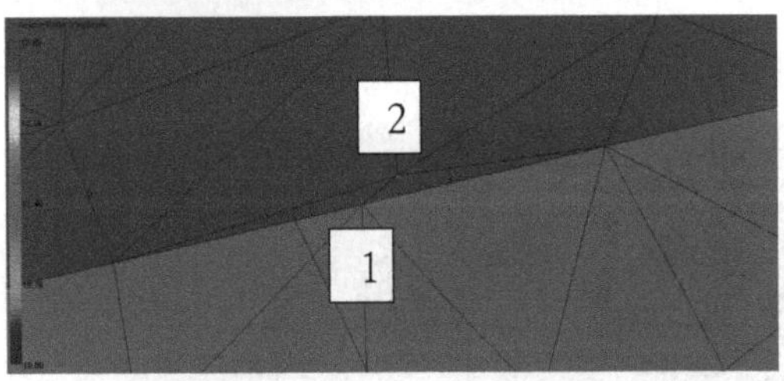

위 그림과 같이 1번 노드와 2번 노드를 차례로 선택한 후 Apply 버튼을 클릭한다.

Next 아이콘을 실행하고 Start 아이콘을 실행한다.

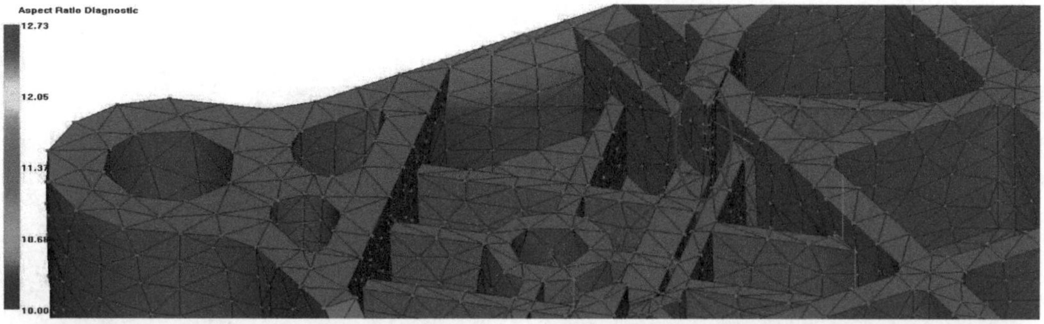

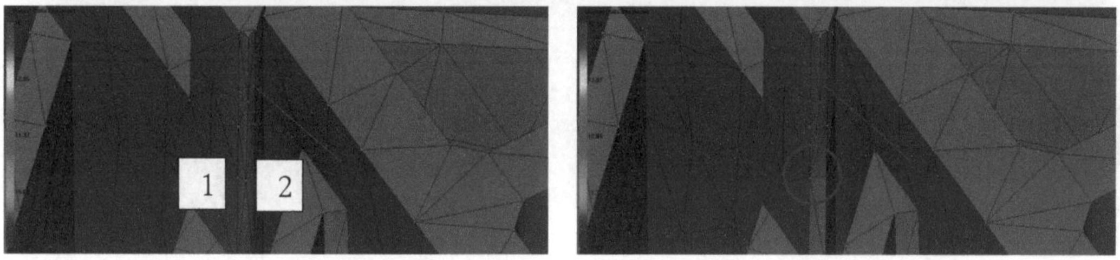

위 그림과 같이 1번 노드와 2번 노드를 차례로 선택한 후 Apply 버튼을 클릭한다.

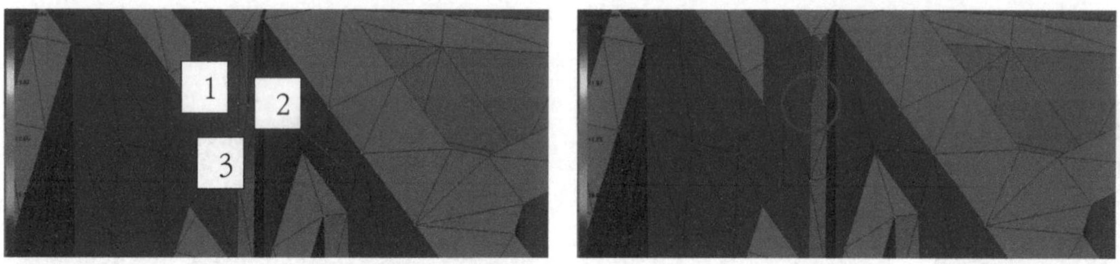

위 그림과 같이 1번 노드를 선택하고 Ctrl+ 2번 노드와 3번 노드를 차례로 선택한 후 Apply 버튼을 클릭한다.

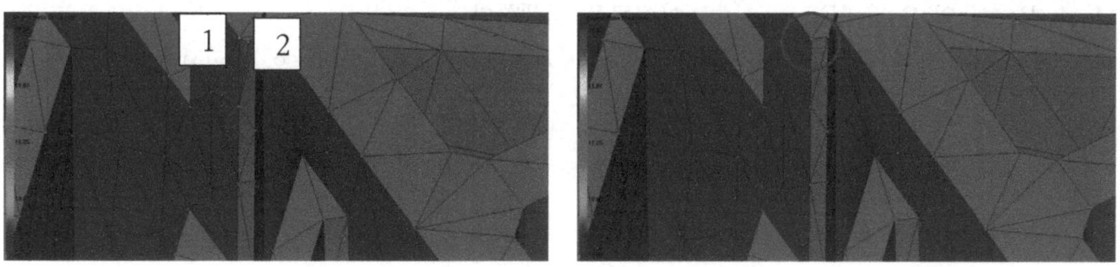

위 그림과 같이 1번 노드와 2번 노드를 차례로 선택한 후 Apply 버튼을 클릭한다.

Next 아이콘을 실행하고 Start 아이콘을 실행한다.

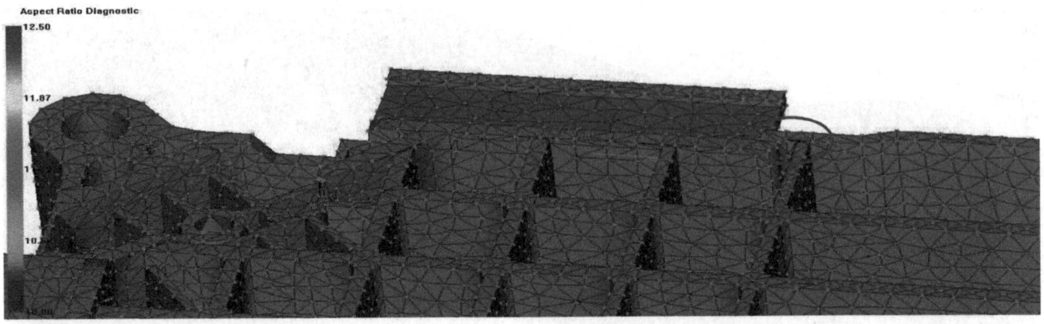

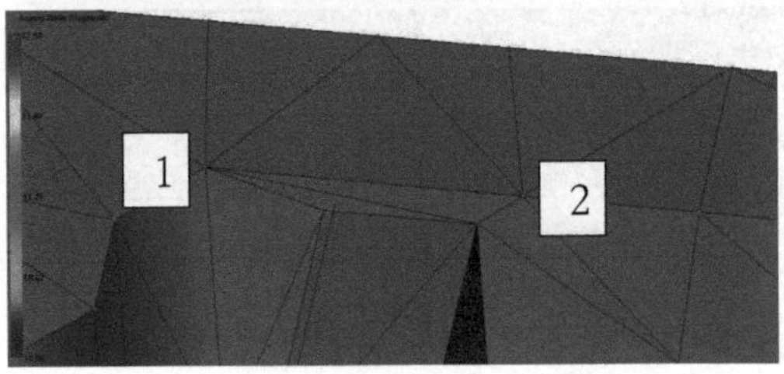

Mesh Repair의 Insert Nodes 아이콘을 실행한다.
위 그림과 같이 1번 노드와 2번 노드를 차례로 선택한 후 Apply 버튼을 클릭한다.

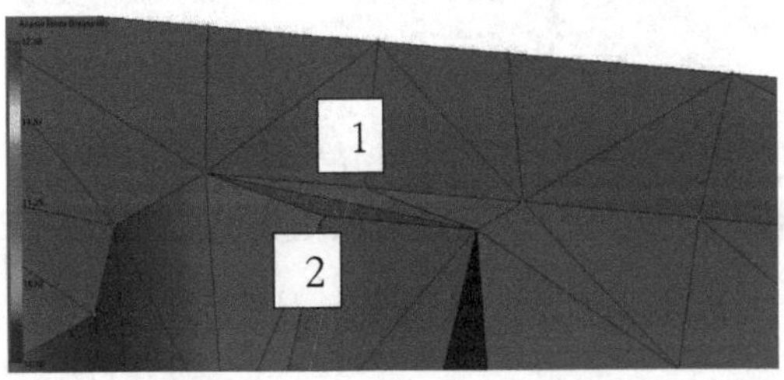

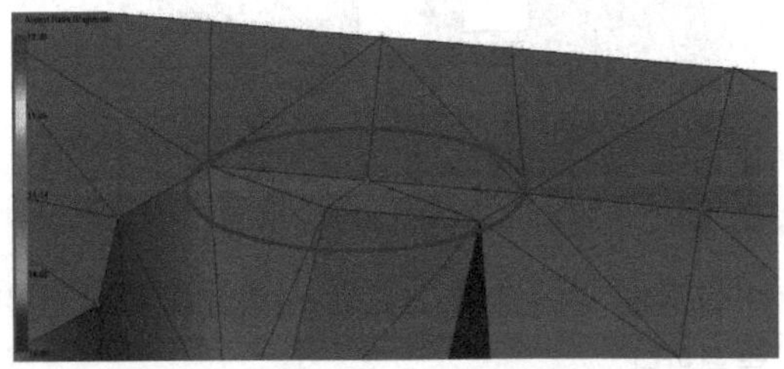

Mesh Repair의 Swap Edges 아이콘을 실행한다.
위 그림과 같이 1번 메쉬와 2번 메쉬를 차례로 선택한 후 Apply 버튼을 클릭한다.

Next 아이콘을 실행하고 Start 아이콘을 실행한다.

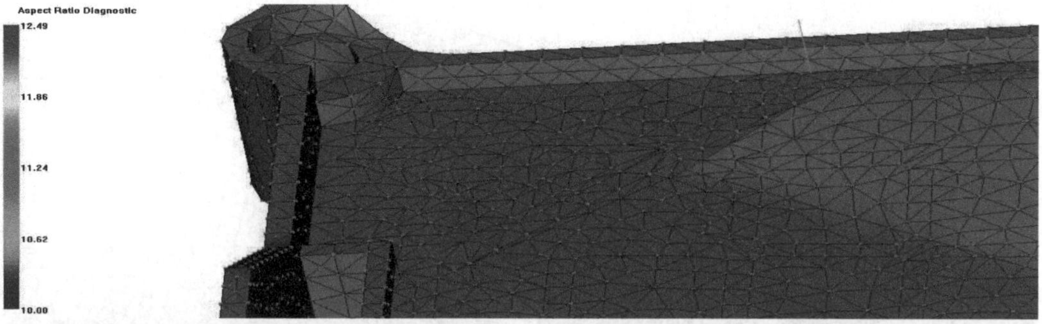

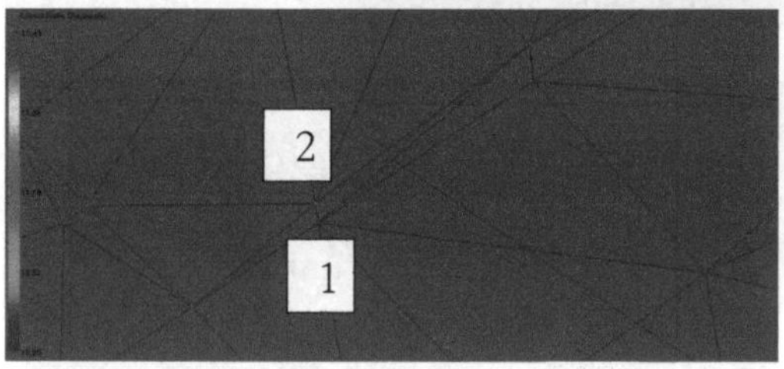

Mesh Repair의 Merge Nodes  아이콘을 실행한다.

위 그림과 같이 1번 노드와 2번 노드를 차례로 선택한 후 Apply 버튼을 클릭한다.

Next 아이콘을 실행하고 Start 아이콘을 실행한다.

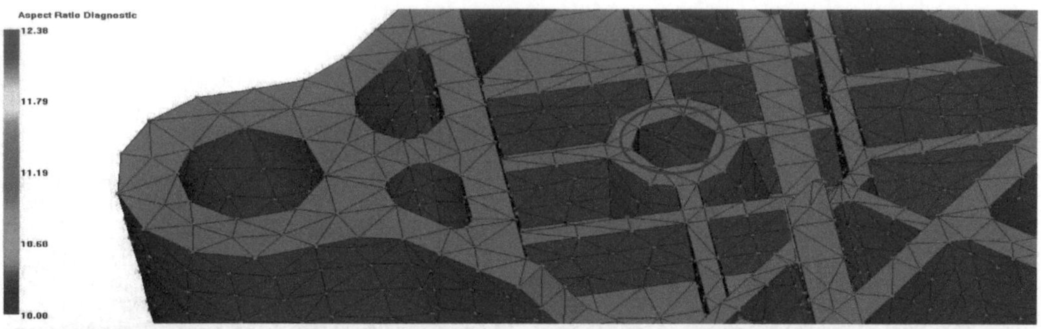

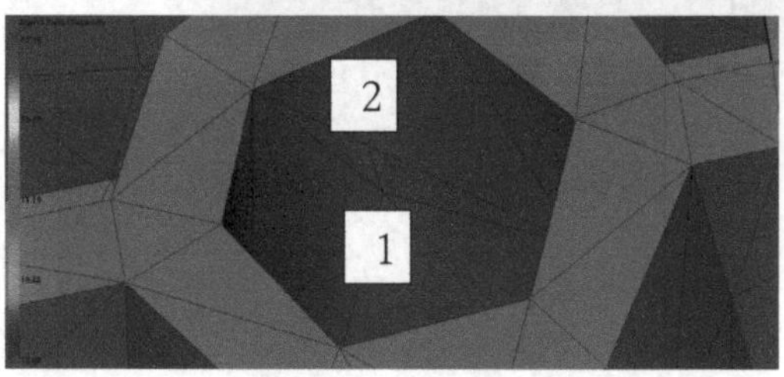

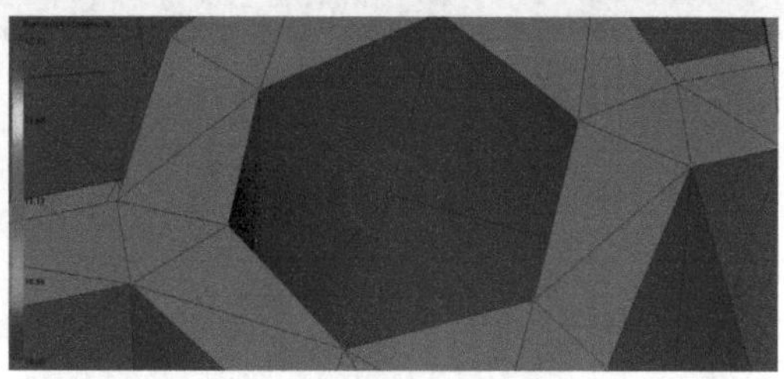

위 그림과 같이 1번 노드와 2번 노드를 차례로 선택한 후 Apply 버튼을 클릭한다.

Next 아이콘을 실행하고 Start 아이콘을 실행한다.

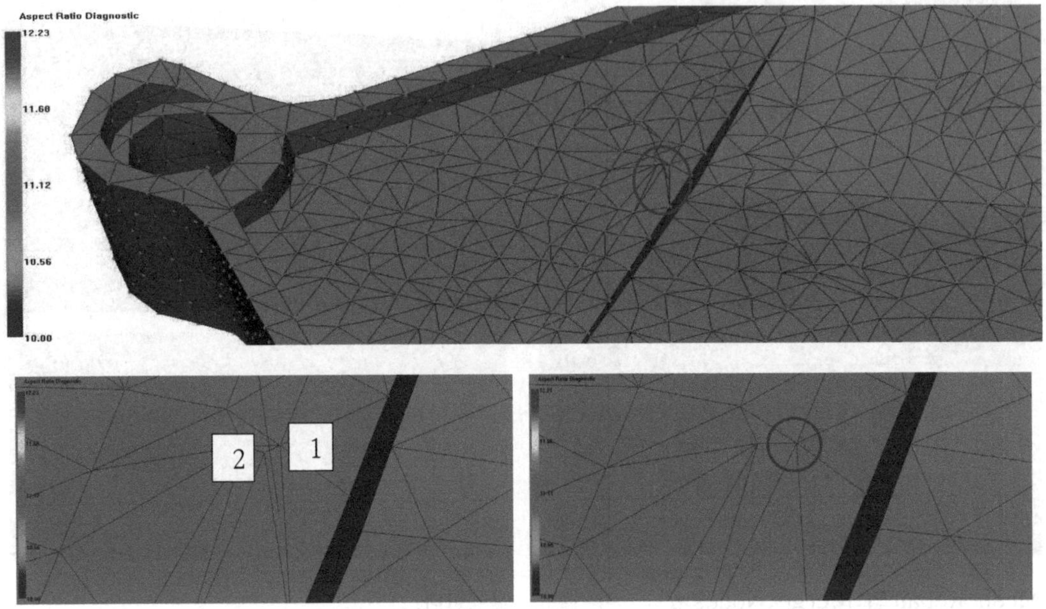

위 그림과 같이 1번 노드와 2번 노드를 차례로 선택한 후 Apply 버튼을 클릭한다.

Next 아이콘을 실행하고 Start 아이콘을 실행한다.

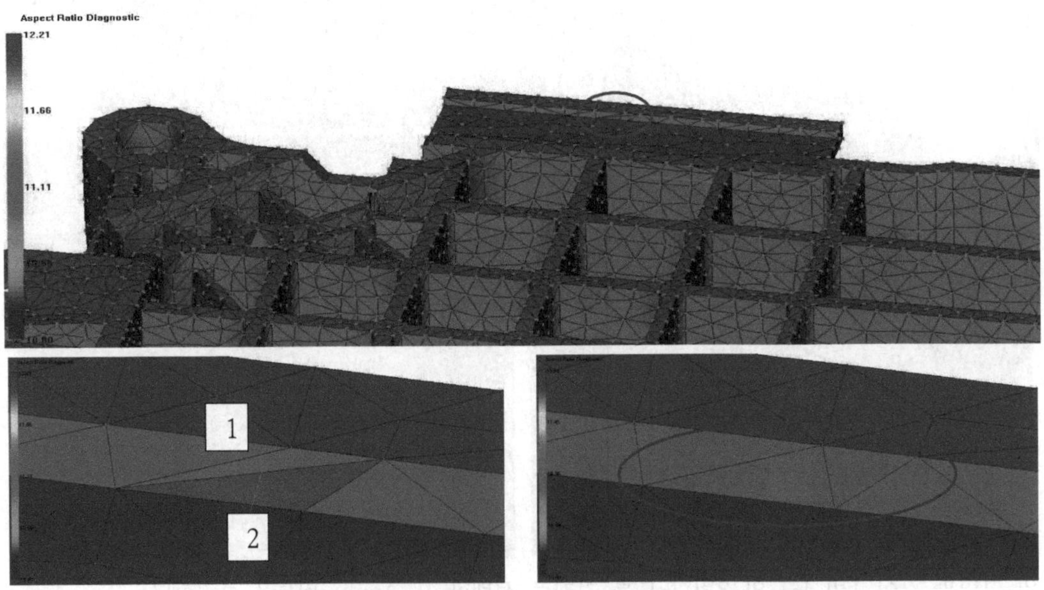

Mesh Repair의 Swap Edges 아이콘을 실행한다.

앞의 그림과 같이 1번 메쉬와 2번 메쉬를 차례로 선택한 후 Apply 버튼을 클릭한다.

Next 아이콘을 실행하고 Start 아이콘을 실행한다.

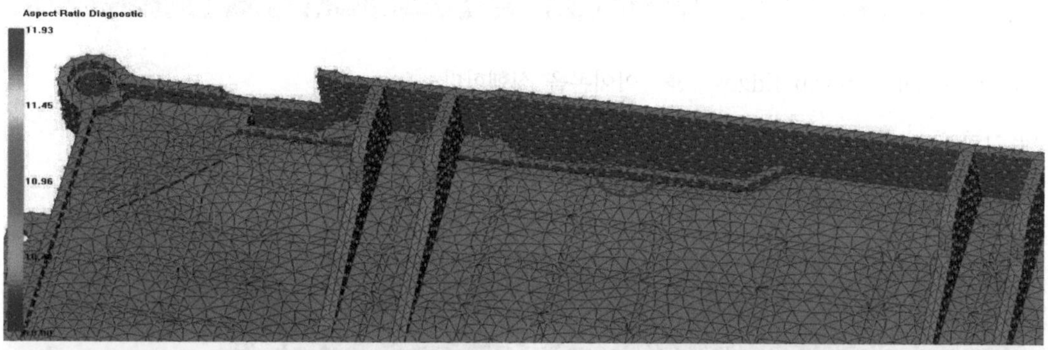

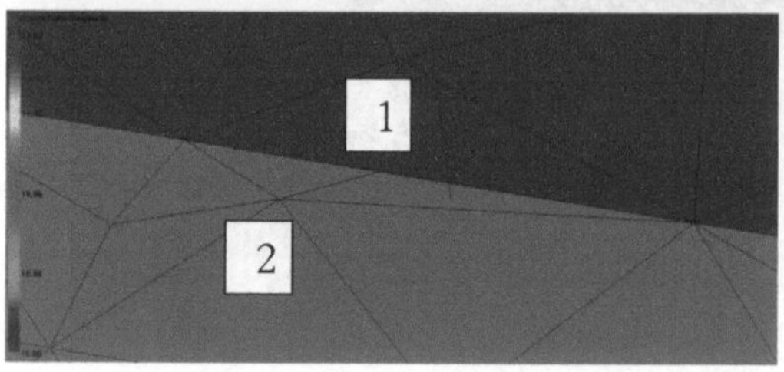

Mesh Repair의 Merge Nodes 아이콘을 실행한다.

위 그림과 같이 1번 노드와 2번 노드를 차례로 선택한 후 Apply 버튼을 클릭한다.

Next 아이콘을 실행하고 Start 아이콘을 실행한다.

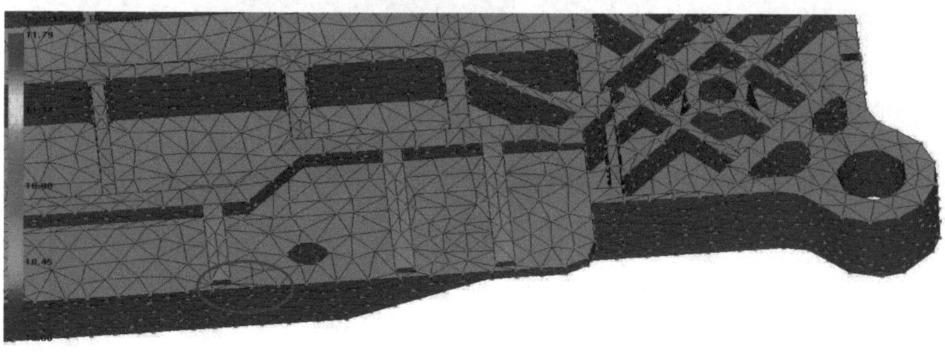

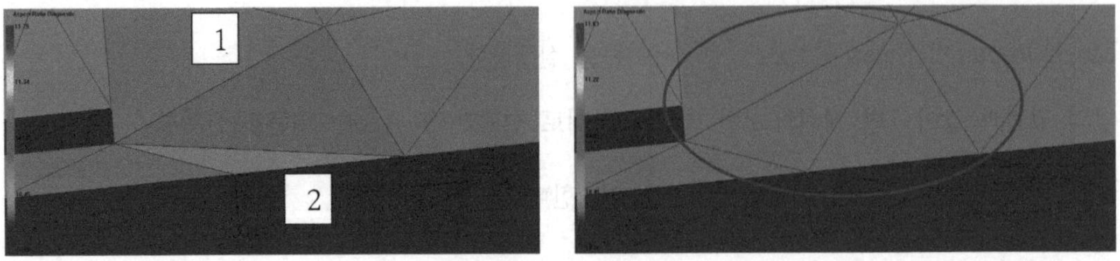

Mesh Repair의 Swap Edges 아이콘을 실행한다.

위 그림과 같이 1번 메쉬와 2번 메쉬를 차례로 선택한 후 Apply 버튼을 클릭한다.

Next 아이콘을 실행하고 Start 아이콘을 실행한다.

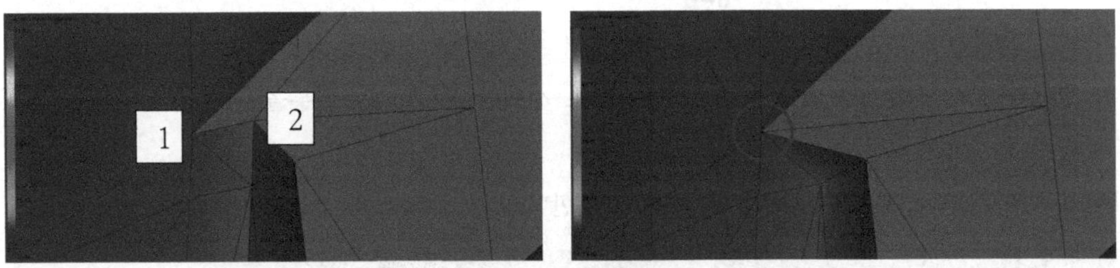

Mesh Repair의 Merge Nodes 아이콘을 실행한다.
위 그림과 같이 1번 노드와 2번 노드를 차례로 선택한 후 Apply 버튼을 클릭한다.

Next 아이콘을 실행하고 Start 아이콘을 실행한다.

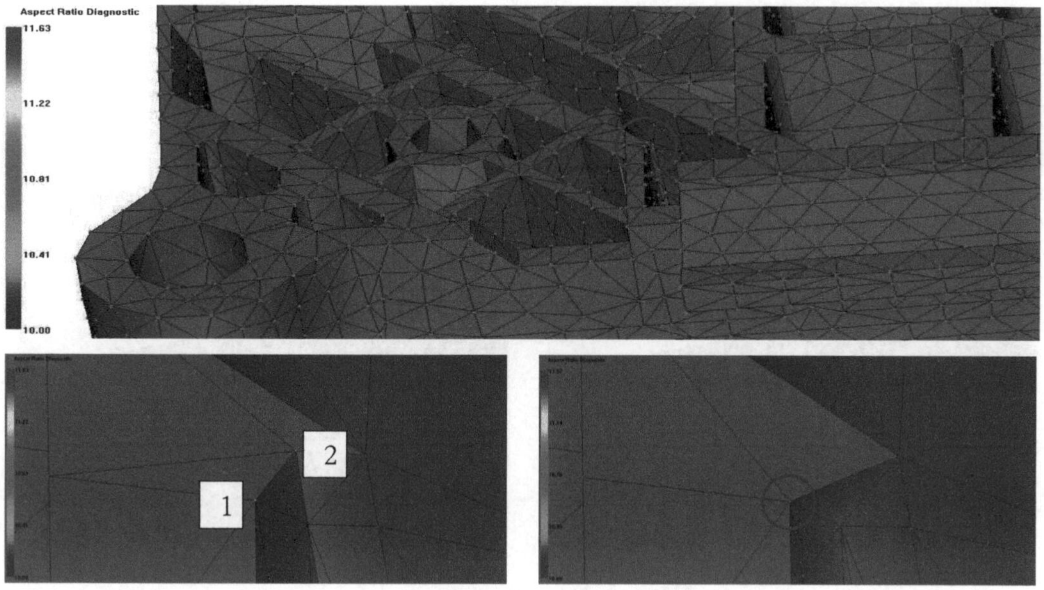

위 그림과 같이 1번 노드와 2번 노드를 차례로 선택한 후 Apply 버튼을 클릭한다.

Next 아이콘을 실행하고 Start 아이콘을 실행한다.

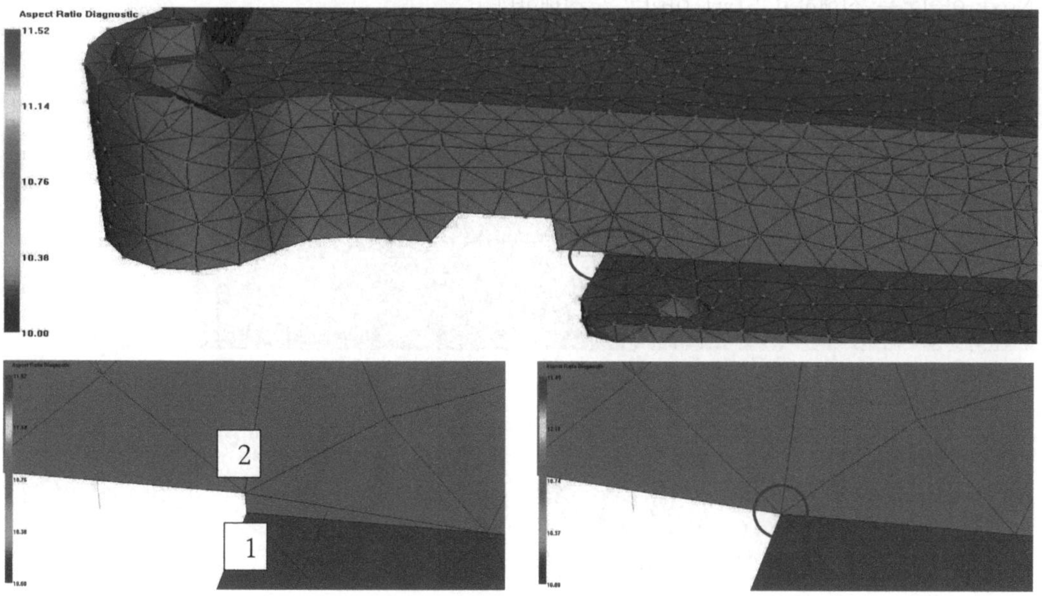

위 그림과 같이 1번 노드와 2번 노드를 차례로 선택한 후 Apply 버튼을 클릭한다.
Next 아이콘을 실행하고 Start 아이콘을 실행한다.

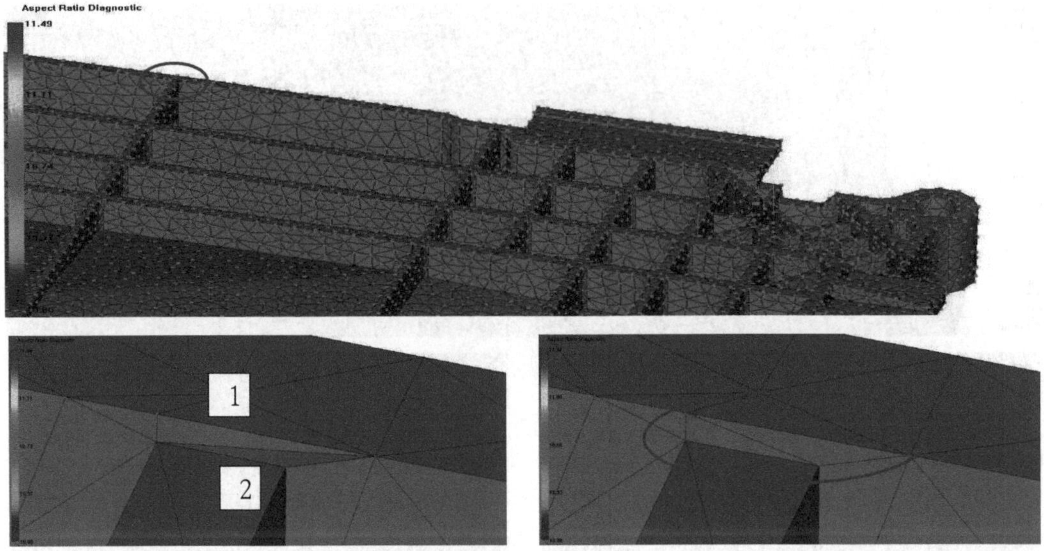

Mesh Repair의 Swap Edges 아이콘을 실행한다.
위 그림과 같이 1번 메쉬와 2번 메쉬를 차례로 선택한 후 Apply 버튼을 클릭한다.

Next 아이콘을 실행하고 Start 아이콘을 실행한다.

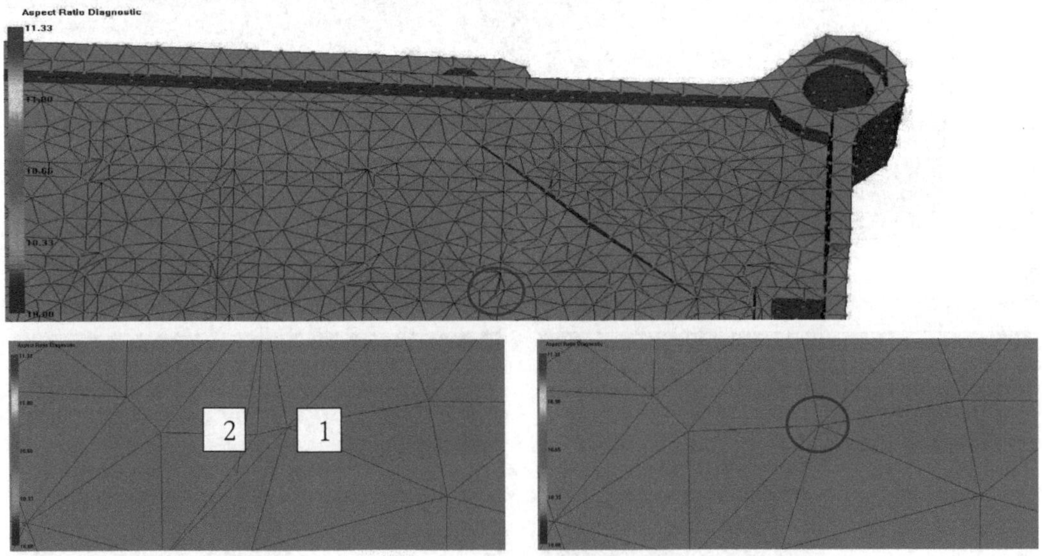

Mesh Repair의 Merge Nodes 아이콘을 실행한다.
위 그림과 같이 1번 노드와 2번 노드를 차례로 선택한 후 Apply 버튼을 클릭한다.

Next 아이콘을 실행하고 Start 아이콘을 실행한다.

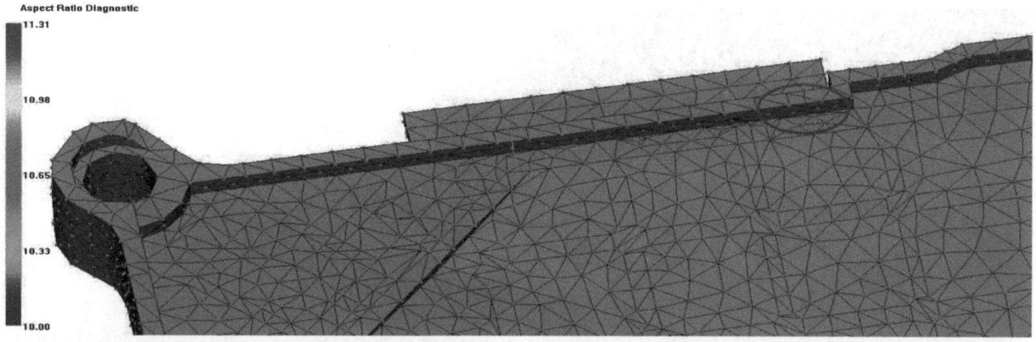

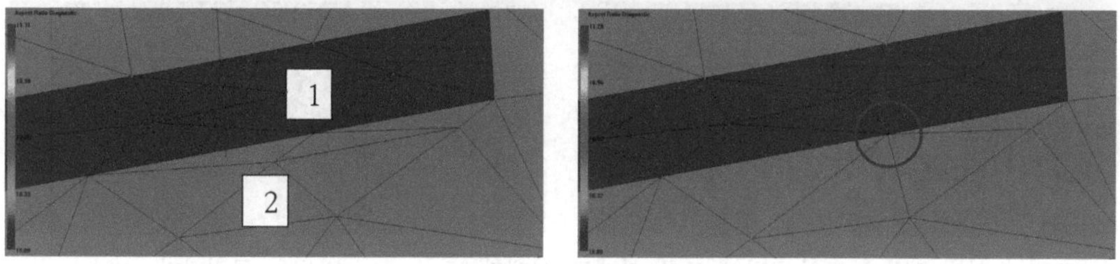

위 그림과 같이 1번 노드와 2번 노드를 차례로 선택한 후 Apply 버튼을 클릭한다.

Next 아이콘을 실행하고 Start 아이콘을 실행한다.

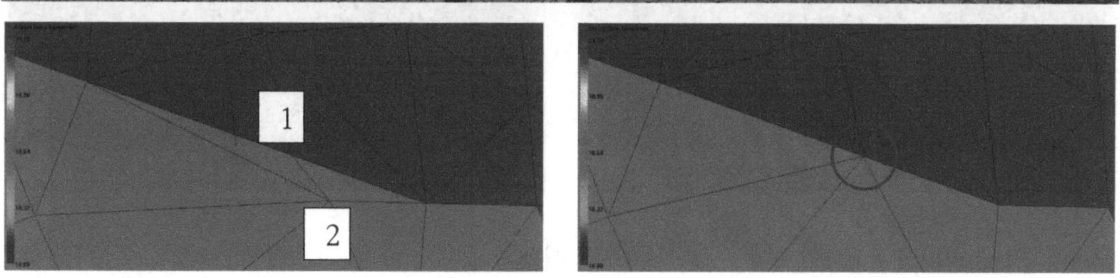

위 그림과 같이 1번 노드와 2번 노드를 차례로 선택한 후 Apply 버튼을 클릭한다.

Next 아이콘을 실행하고 Start 아이콘을 실행한다.

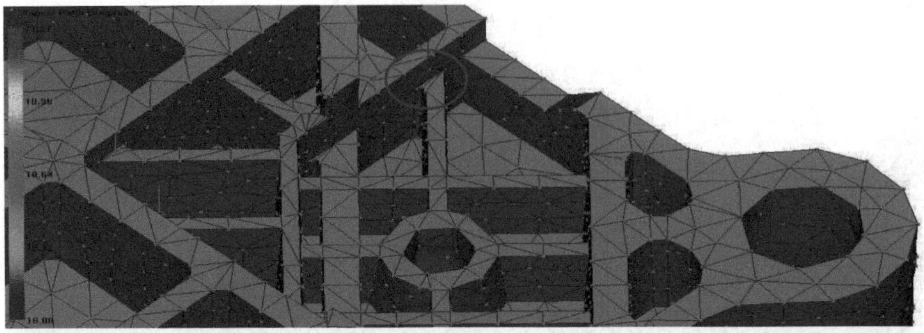

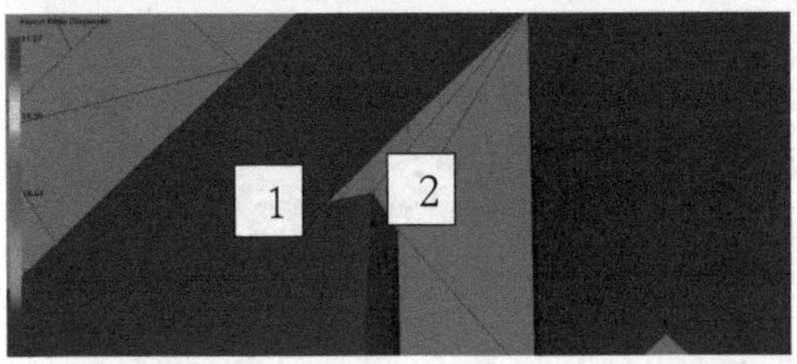

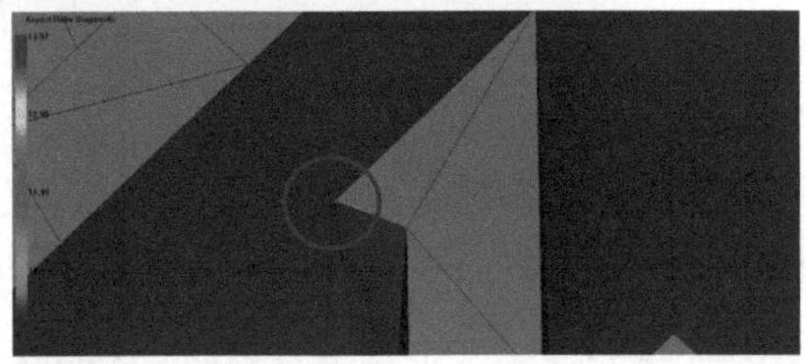

위 그림과 같이 1번 노드와 2번 노드를 차례로 선택한 후 Apply 버튼을 클릭한다.
Next 아이콘을 실행하고 Start 아이콘을 실행한다.

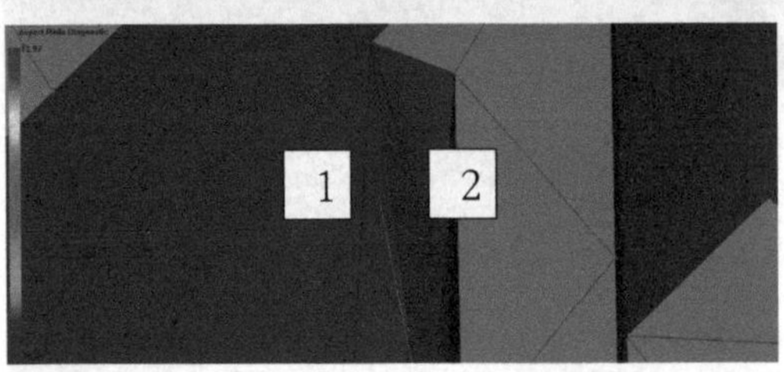

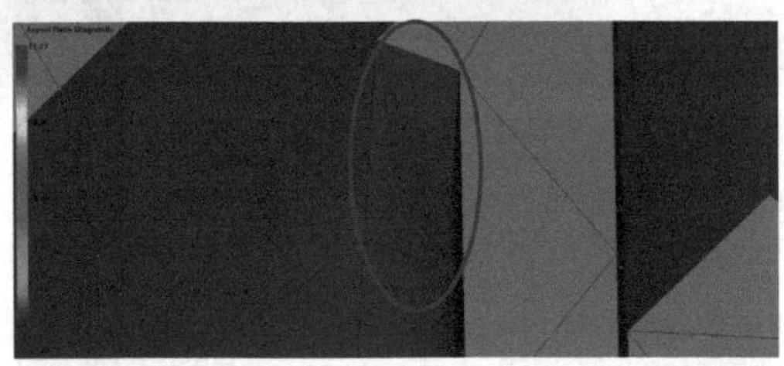

Mesh Repair의 Swap Edges  아이콘을 실행한다.

1번 메쉬와 2번 메쉬를 차례로 선택한 후 Apply 버튼을 클릭한다.

Next 아이콘을 실행하고 Start 아이콘을 실행한다.

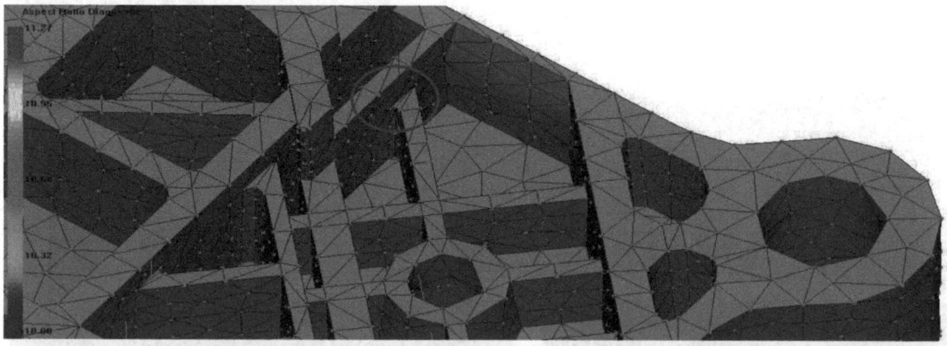

Mesh Repair의 Merge Nodes 아이콘을 실행한다.

위 그림과 같이 1번 노드와 2번 노드를 차례로 선택한 후 Apply 버튼을 클릭한다.

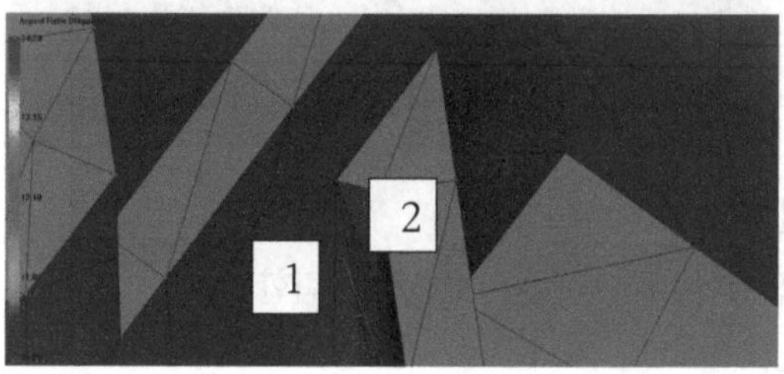

Mesh Repair의 Swap Edges 아이콘을 실행한다.

위 그림과 같이 1번 메쉬와 2번 메쉬를 차례로 선택한 후 Apply 버튼을 클릭한다.

Next 아이콘을 실행하고 Start 아이콘을 실행한다.

Mesh Repair의 Merge Nodes 아이콘을 실행한다.

위 그림과 같이 1번 노드와 2번 노드를 차례로 선택한 후 Apply 버튼을 클릭한다.

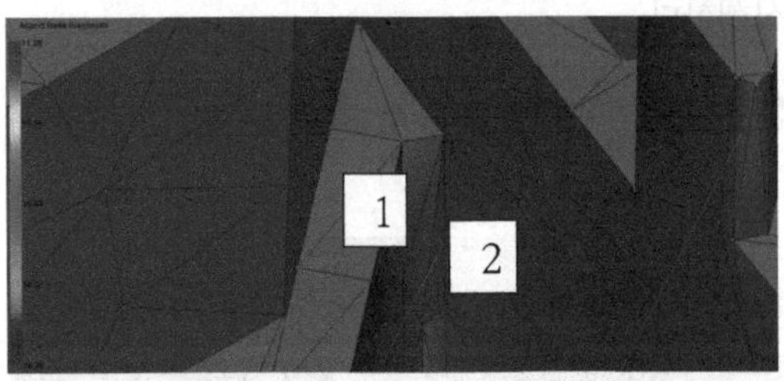

Mesh Repair의 Swap Edges 아이콘을 실행한다.

위 그림과 같이 1번 메쉬와 2번 메쉬를 차례로 선택한 후 Apply 버튼을 클릭한다.

Next 아이콘을 실행하고 Start 아이콘을 실행한다.

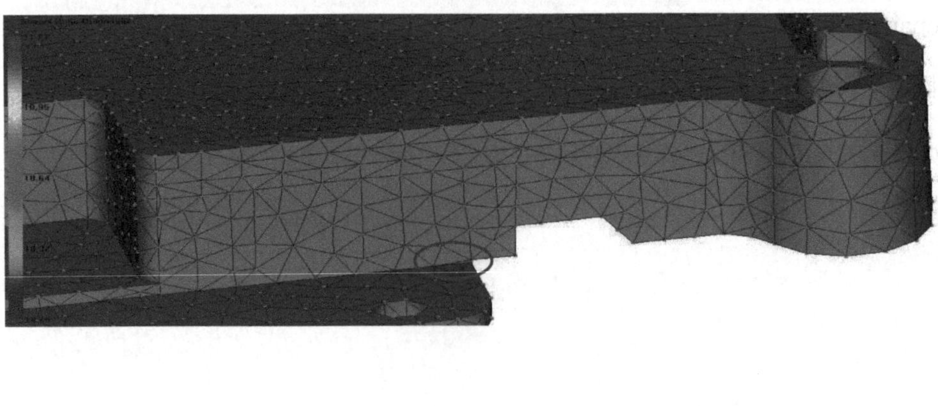

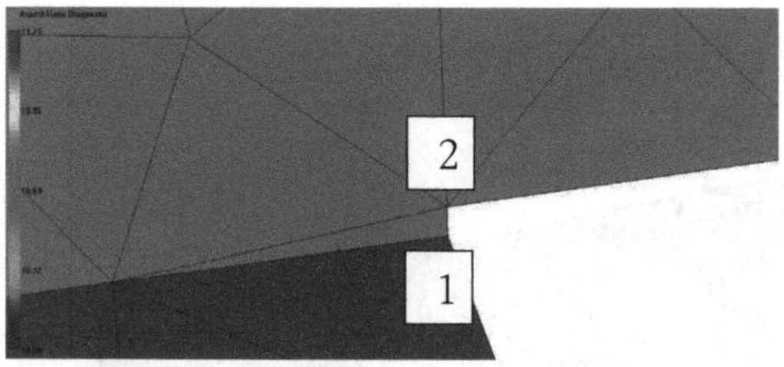

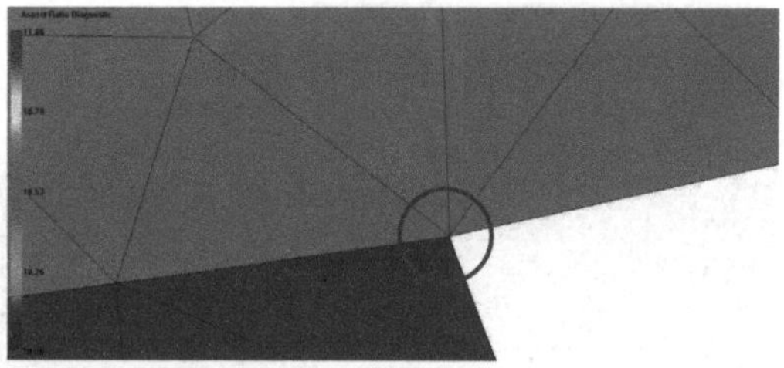

Mesh Repair의 Merge Nodes  아이콘을 실행한다.
위 그림과 같이 1번 노드와 2번 노드를 차례로 선택한 후 Apply 버튼을 클릭한다.

Next 아이콘을 실행하고 Start 아이콘을 실행한다.

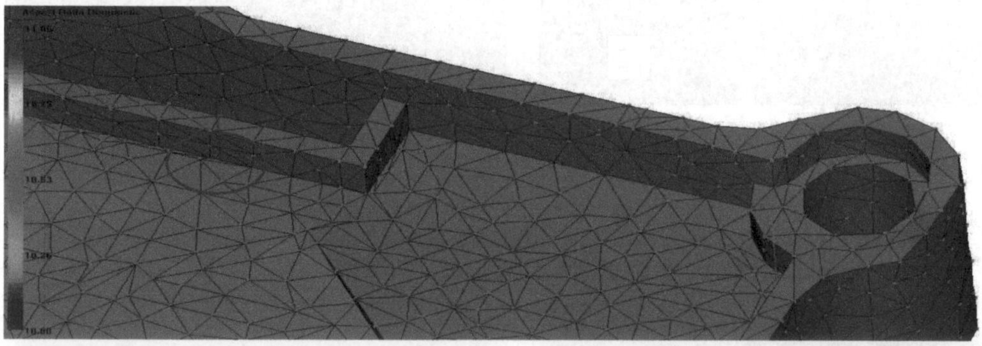

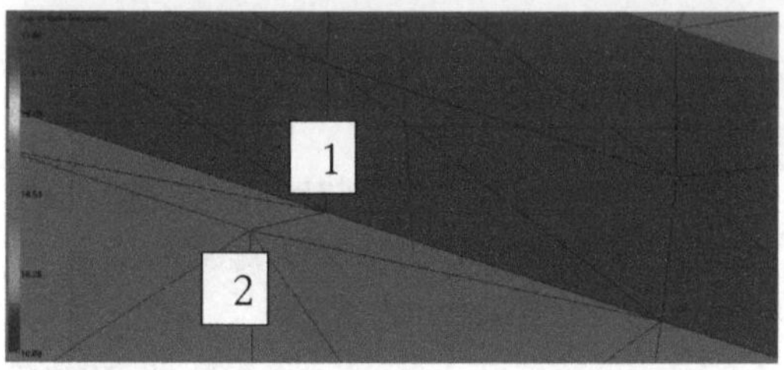

위 그림과 같이 1번 노드와 2번 노드를 차례로 선택한 후 Apply 버튼을 클릭한다.
Next 아이콘을 실행하고 Start 아이콘을 실행한다.

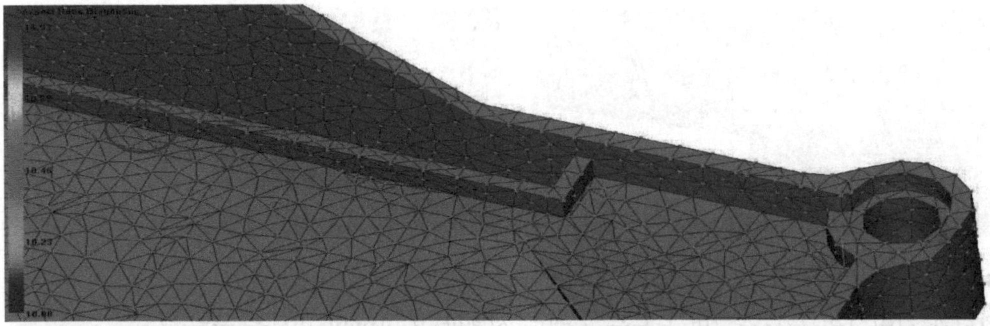

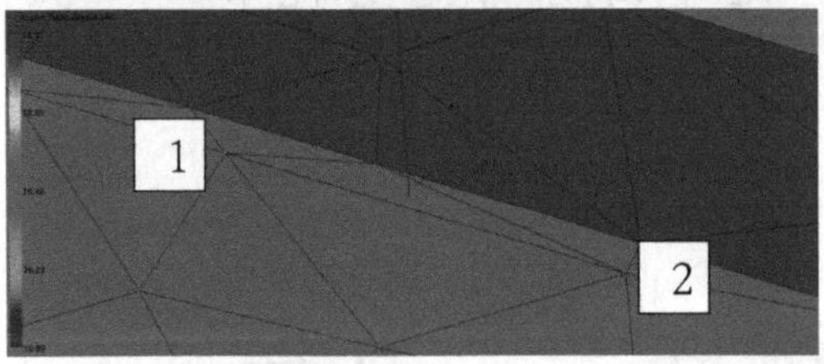

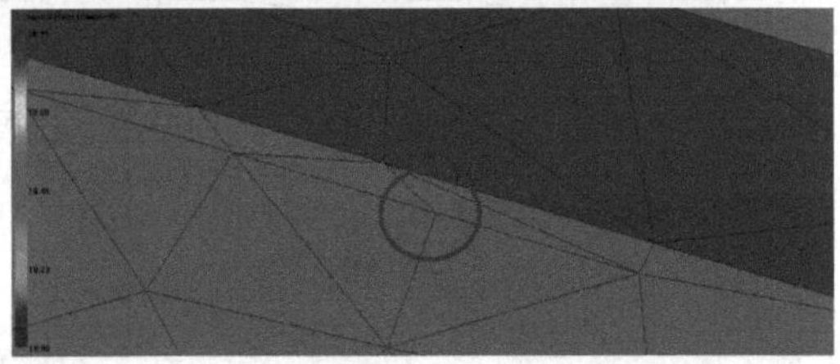

Mesh Repair의 Insert Nodes 아이콘을 실행한다.
위 그림과 같이 1번 노드와 2번 노드를 차례로 선택한 후 Apply 버튼을 클릭한다.
Next 아이콘을 실행하고 Start 아이콘을 실행한다.

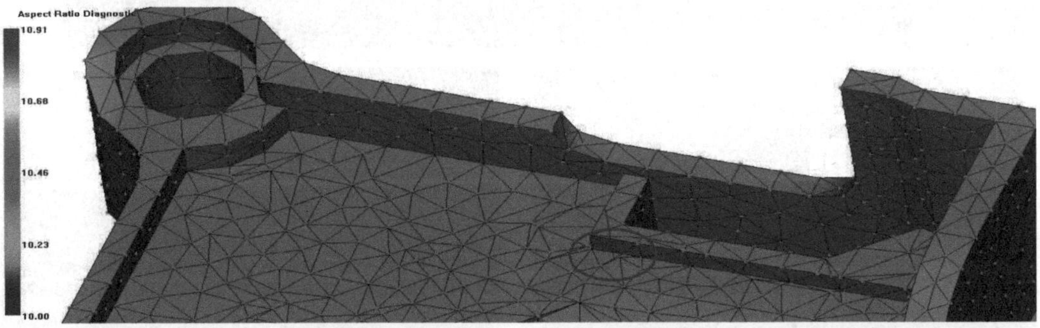

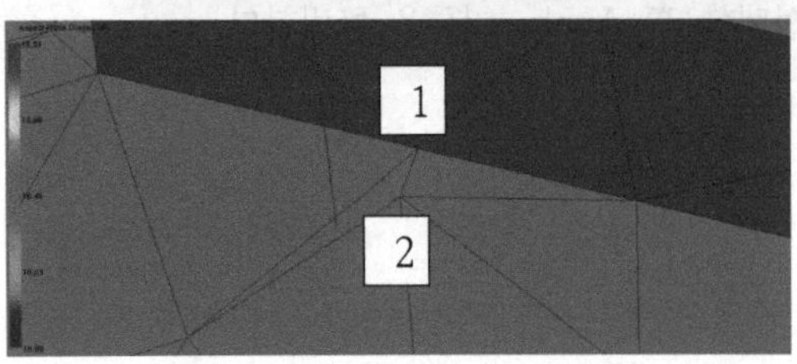

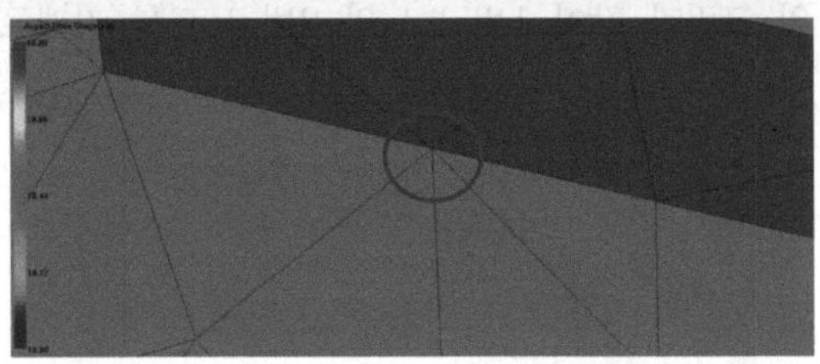

Mesh Repair의 Merge Nodes 아이콘을 실행한다.
위 그림과 같이 1번 노드와 2번 노드를 차례로 선택한 후 Apply 버튼을 클릭한다.

Next 아이콘을 실행하고 Start 아이콘을 실행한다.

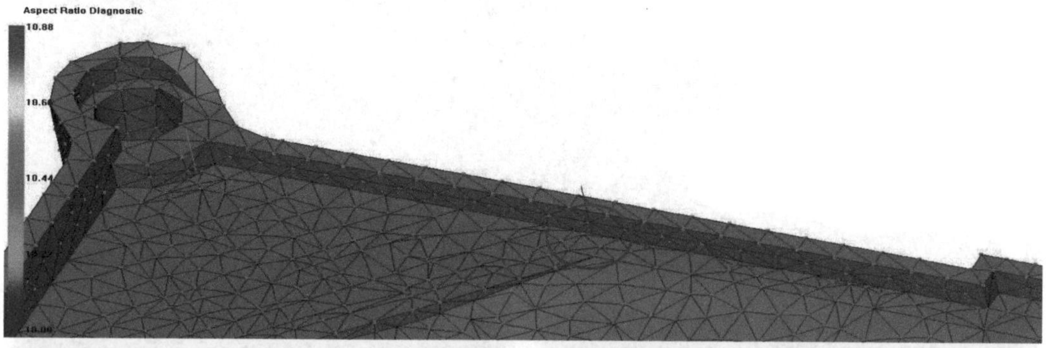

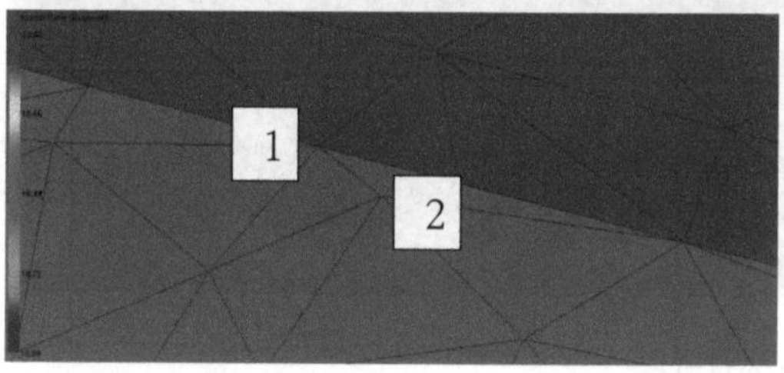

위 그림과 같이 1번 노드와 2번 노드를 차례로 선택한 후 Apply 버튼을 클릭한다.
Next 아이콘을 실행하고 Start 아이콘을 실행한다.

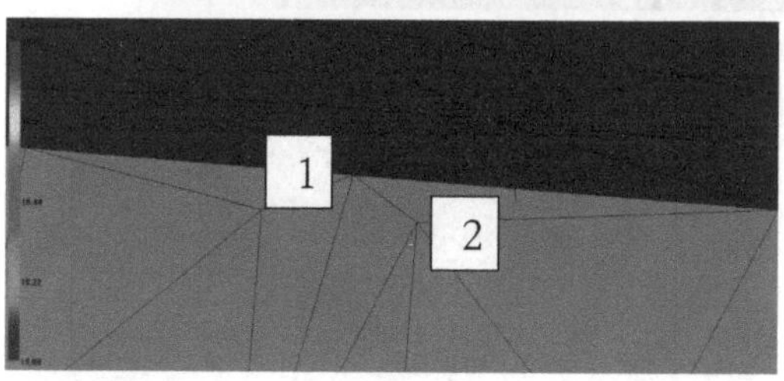

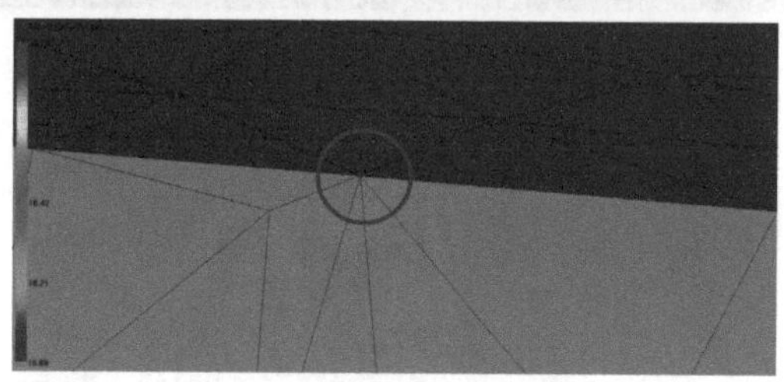

위 그림과 같이 1번 노드와 2번 노드를 차례로 선택한 후 Apply 버튼을 클릭한다.

Next 아이콘을 실행하고 Start 아이콘을 실행한다.

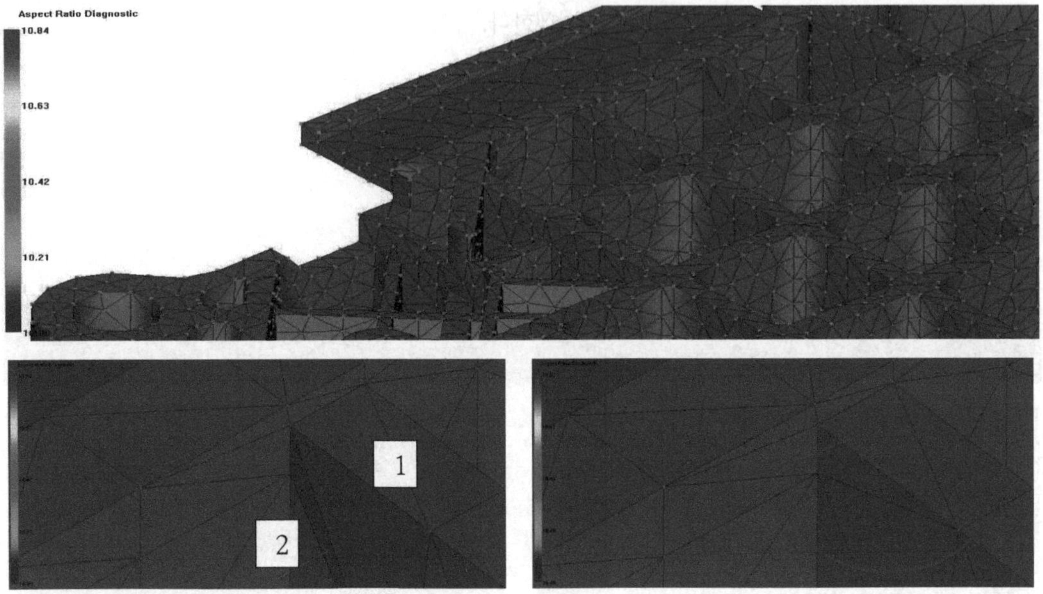

Mesh Repair의 Swap Edges 아이콘을 실행한다.

위 그림과 같이 1번 메쉬와 2번 메쉬를 차례로 선택한 후 Apply 버튼을 클릭한다.

Next 아이콘을 실행하고 Start 아이콘을 실행한다.

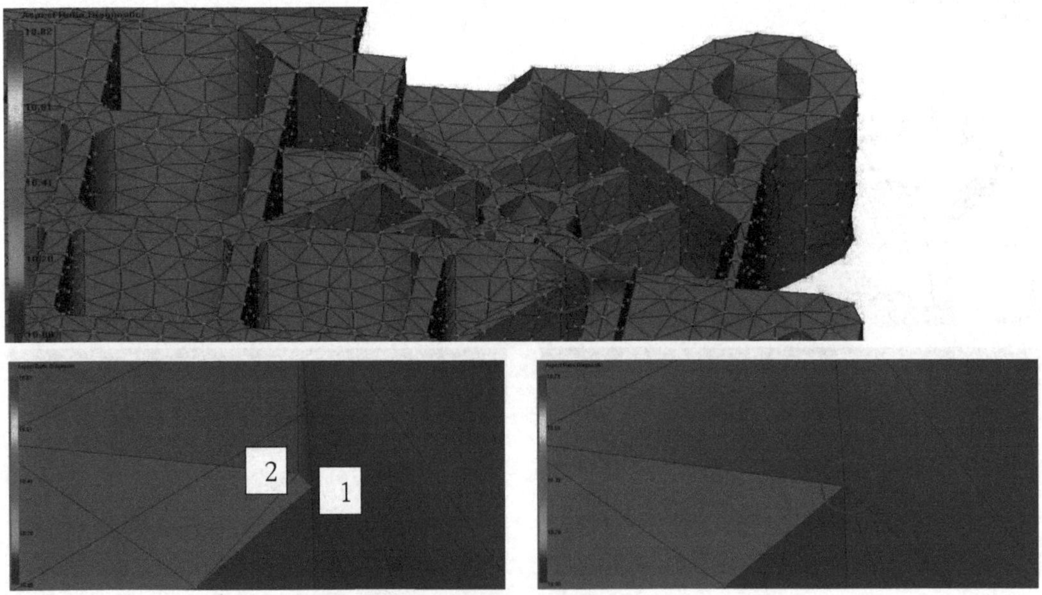

Mesh Repair의 Merge Nodes 아이콘을 실행한다.

위 그림과 같이 1번 노드와 2번 노드를 차례로 선택한 후 Apply 버튼을 클릭한다.

Next 아이콘을 실행하고 Start 아이콘을 실행한다.

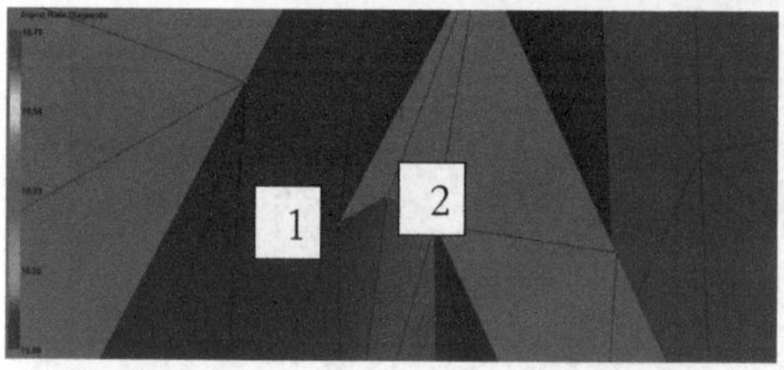

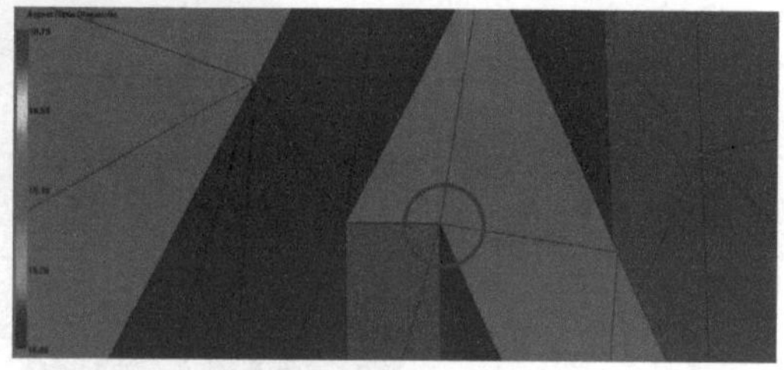

위 그림과 같이 1번 노드와 2번 노드를 차례로 선택한 후 Apply 버튼을 클릭한다.

Next 아이콘을 실행하고 Start 아이콘을 실행한다.

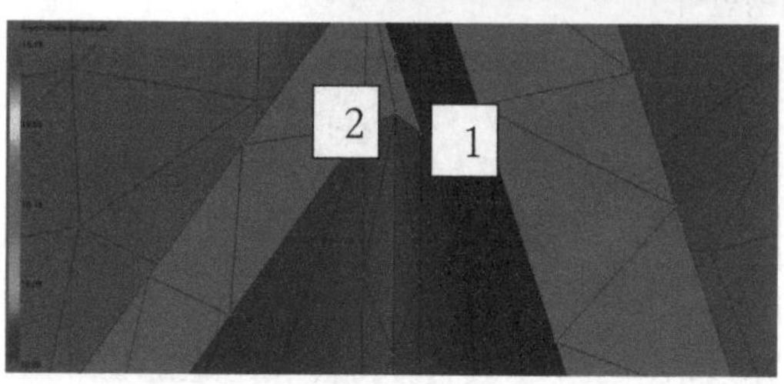

위 그림과 같이 1번 노드와 2번 노드를 차례로 선택한 후 Apply 버튼을 클릭한다.

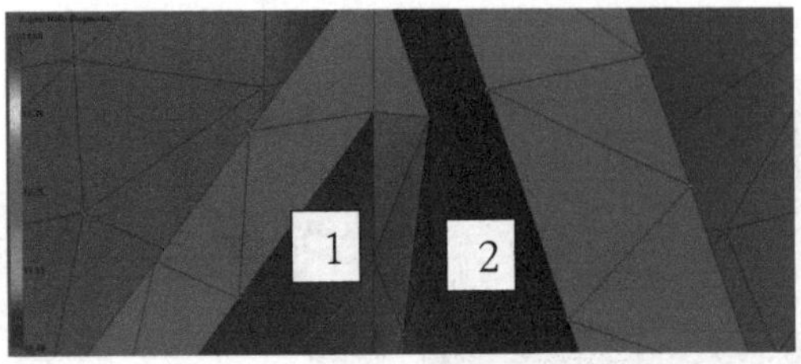

Mesh Repair의 Swap Edges 아이콘을 실행한다.
위 그림과 같이 1번 메쉬와 2번 메쉬를 차례로 선택한 후 Apply 버튼을 클릭한다.

Next 아이콘을 실행하고 Start 아이콘을 실행한다.

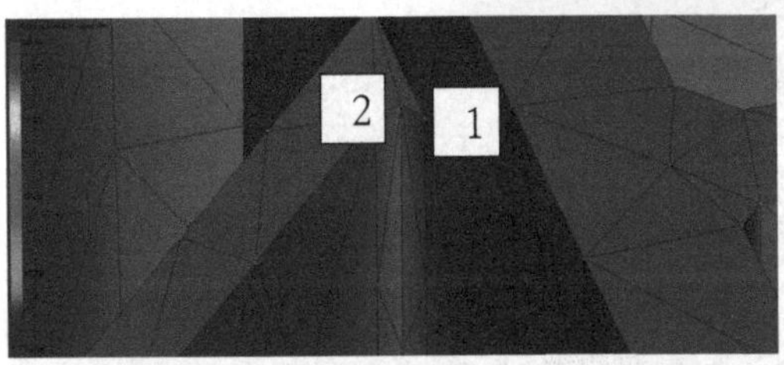

Mesh Repair의 Merge Nodes 아이콘을 실행한다.
위 그림과 같이 1번 노드와 2번 노드를 차례로 선택한 후 Apply 버튼을 클릭한다.
Mesh Repair의 Swap Edges 아이콘을 실행한다.

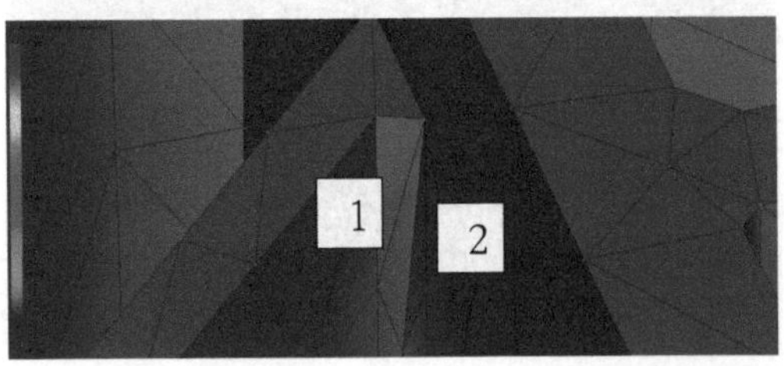

위의 그림과 같이 1번 메쉬와 2번 메쉬를 차례로 선택한 후 Apply 버튼을 클릭한다.

Next 아이콘을 실행하고 Start 아이콘을 실행한다.

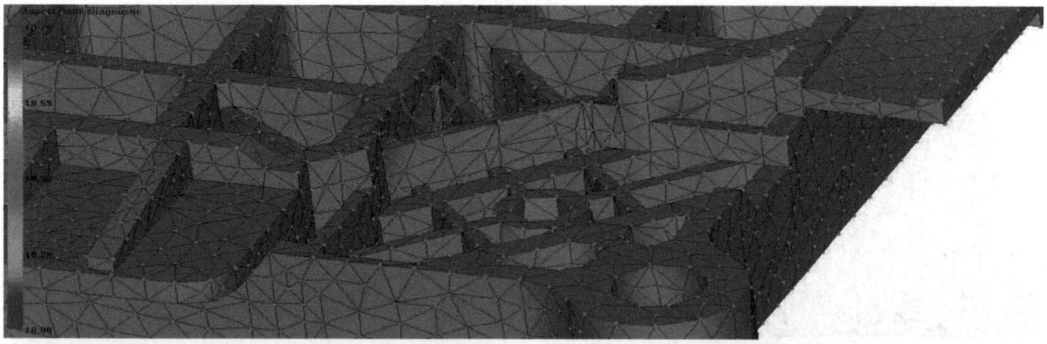

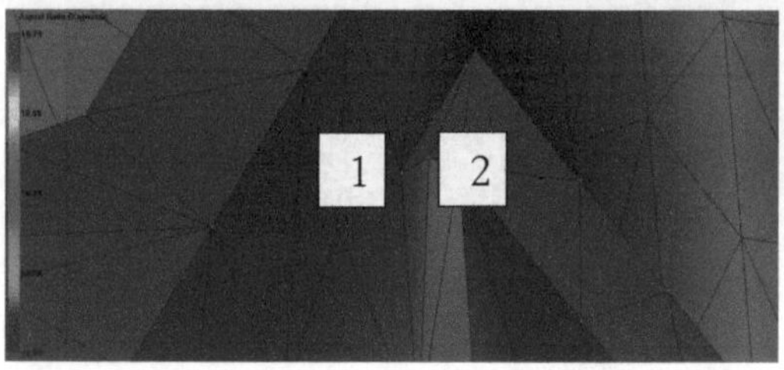

Mesh Repair의 Merge Nodes 아이콘을 실행한다.

위 그림과 같이 1번 노드와 2번 노드를 차례로 선택한 후 Apply 버튼을 클릭한다.

Next 아이콘을 실행하고 Start 아이콘을 실행한다.

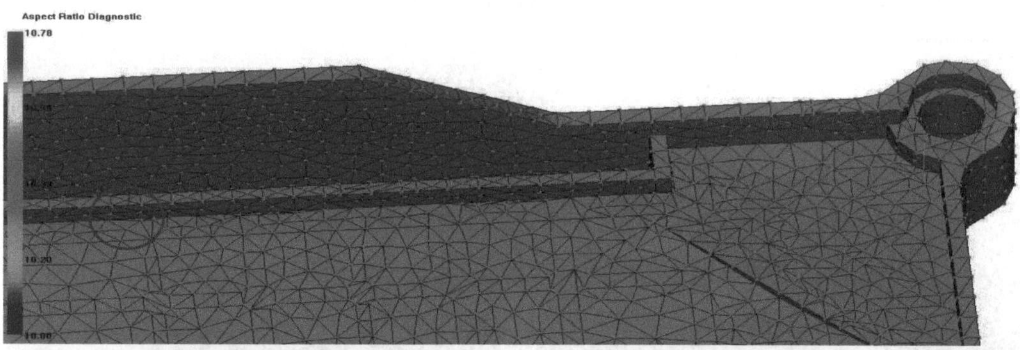

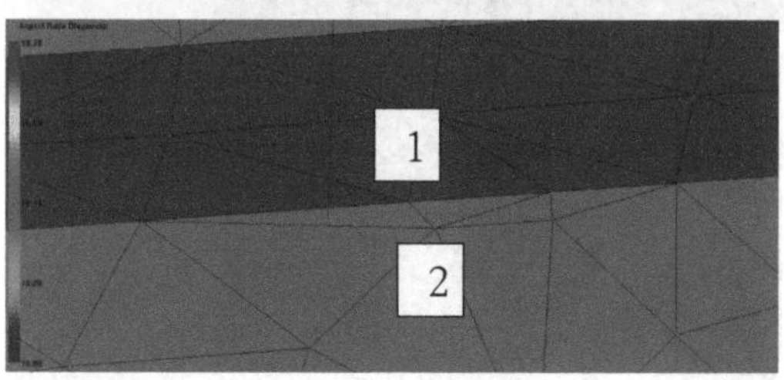

위 그림과 같이 1번 노드와 2번 노드를 차례로 선택한 후 Apply 버튼을 클릭한다.

Next 아이콘을 실행하고 Start 아이콘을 실행한다.

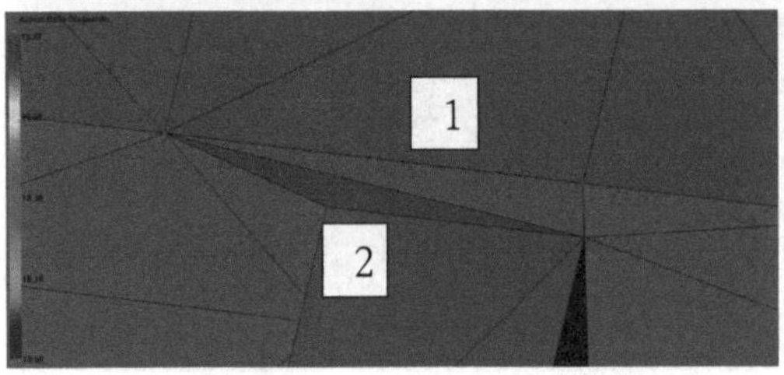

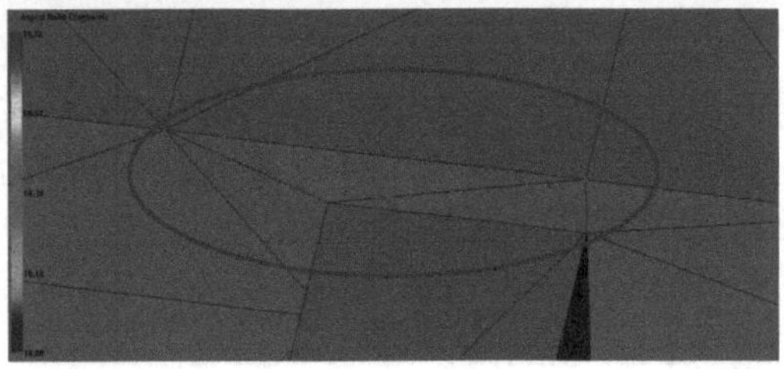

Mesh Repair의 Swap Edges 아이콘을 실행한다.

위 그림과 같이 1번 메쉬와 2번 메쉬를 차례로 선택한 후 Apply 버튼을 클릭한다.

Next 아이콘을 실행하고 Start 아이콘을 실행한다.

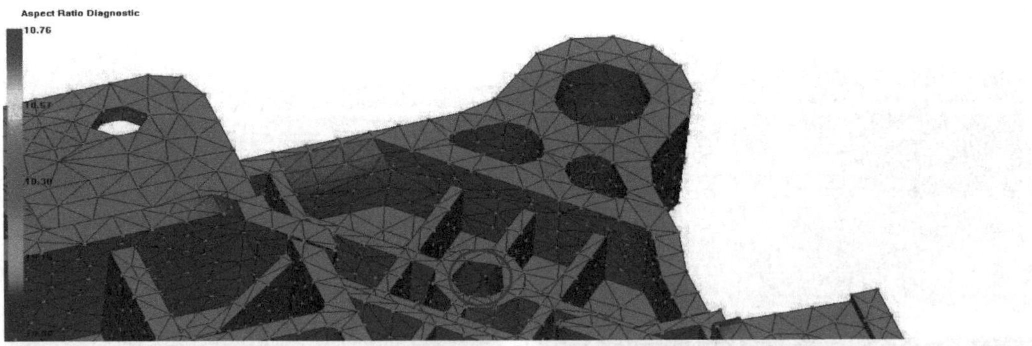

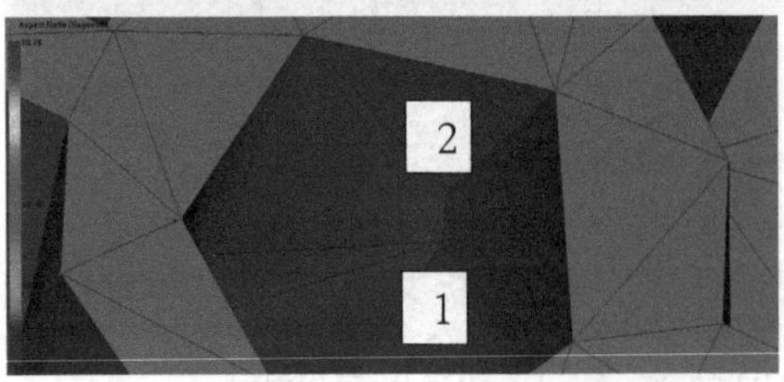

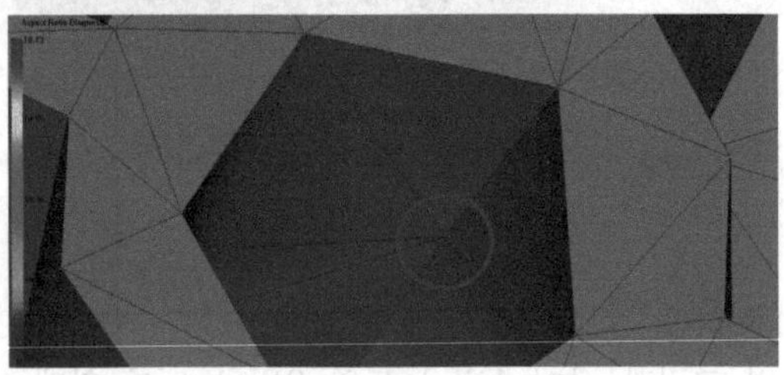

Mesh Repair의 Merge Nodes 아이콘을 실행한다.

앞의 그림과 같이 1번 노드와 2번 노드를 차례로 선택한 후 Apply 버튼을 클릭한다.

Next 아이콘을 실행하고 Start 아이콘을 실행한다.

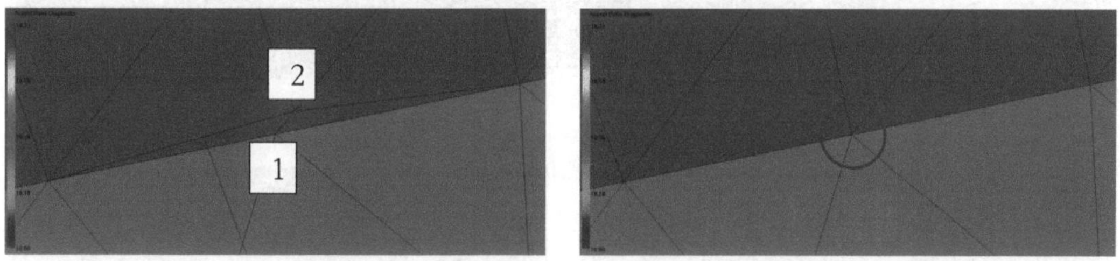

위 그림과 같이 1번 노드와 2번 노드를 차례로 선택한 후 Apply 버튼을 클릭한다.

Next 아이콘을 실행하고 Start 아이콘을 실행한다.

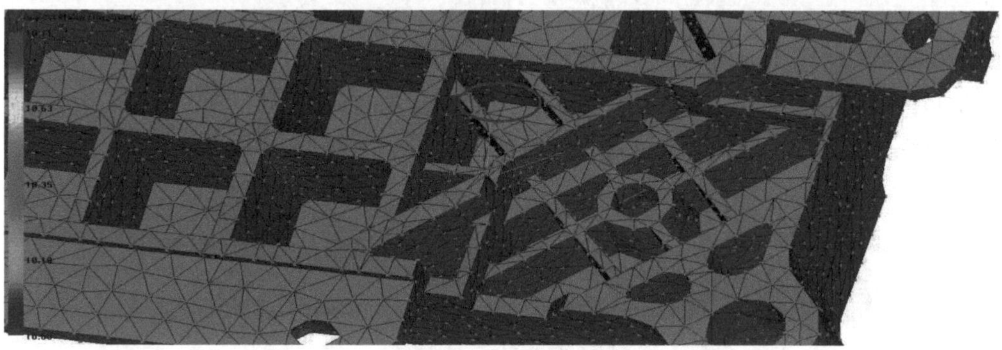

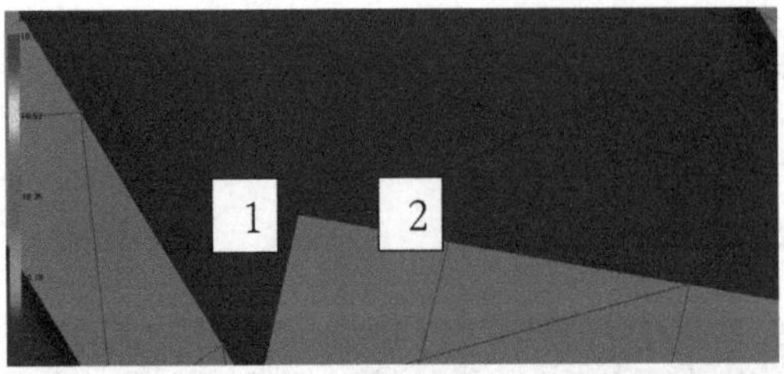

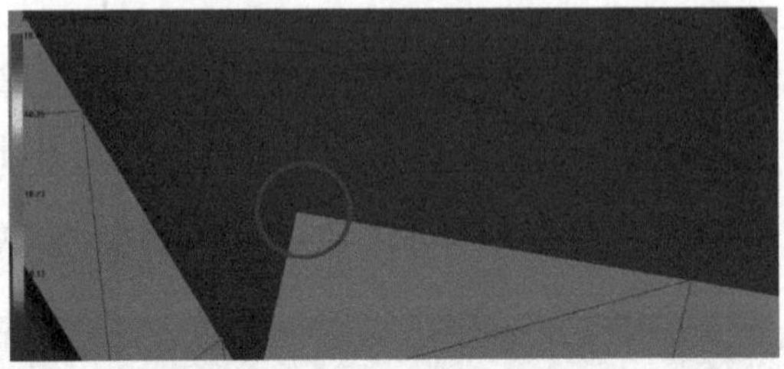

위 그림과 같이 1번 노드와 2번 노드를 차례로 선택한 후 Apply 버튼을 클릭한다.

Next 아이콘을 실행하고 Start 아이콘을 실행한다.

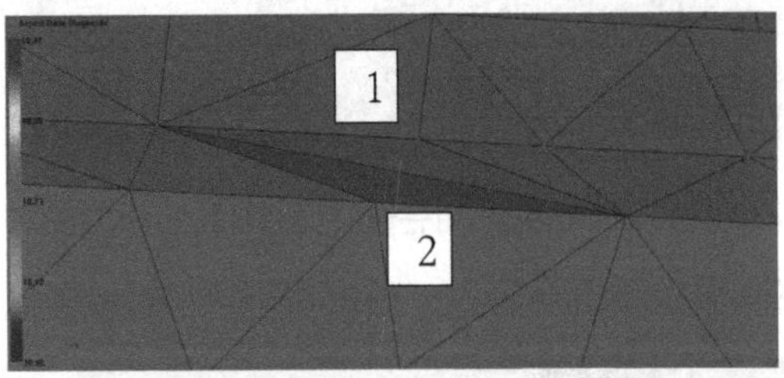

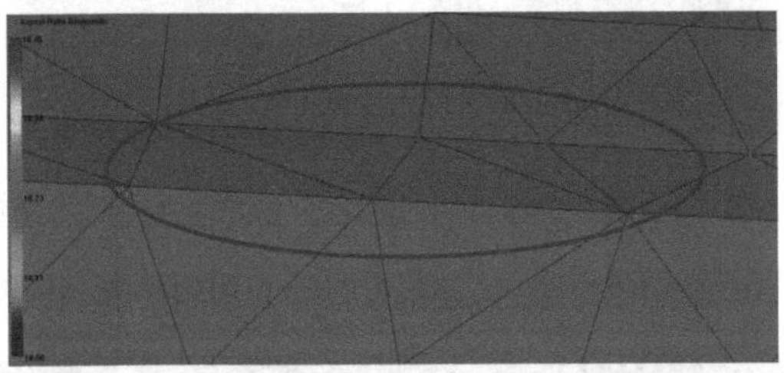

Mesh Repair의 Swap Edges 아이콘을 실행한다.
위 그림과 같이 1번 메쉬와 2번 메쉬를 차례로 선택한 후 Apply 버튼을 클릭한다.
Next 아이콘을 실행하고 Start 아이콘을 실행한다.

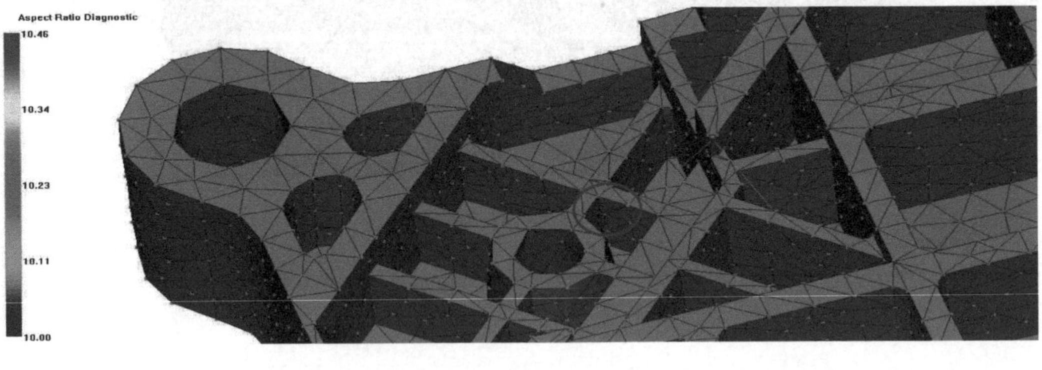

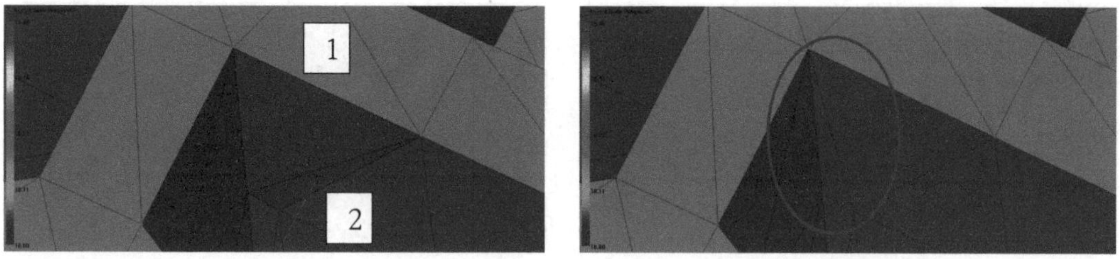

위 그림과 같이 1번 메쉬와 2번 메쉬를 차례로 선택한 후 Apply 버튼을 클릭한다.

Next 아이콘을 실행하고 Start 아이콘을 실행한다.

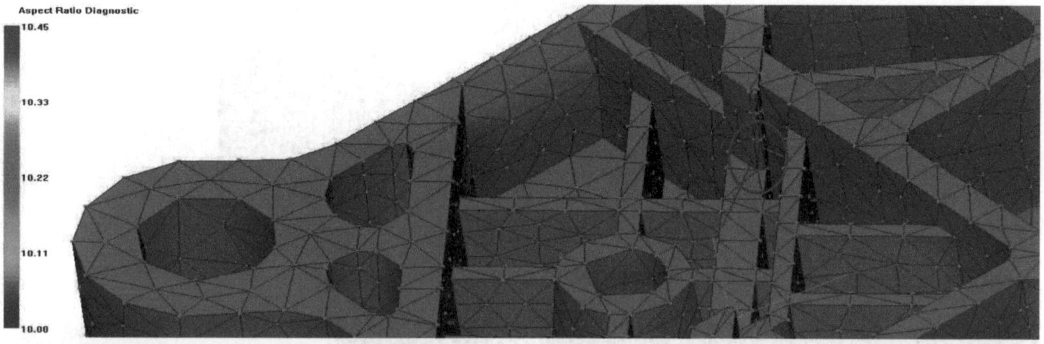

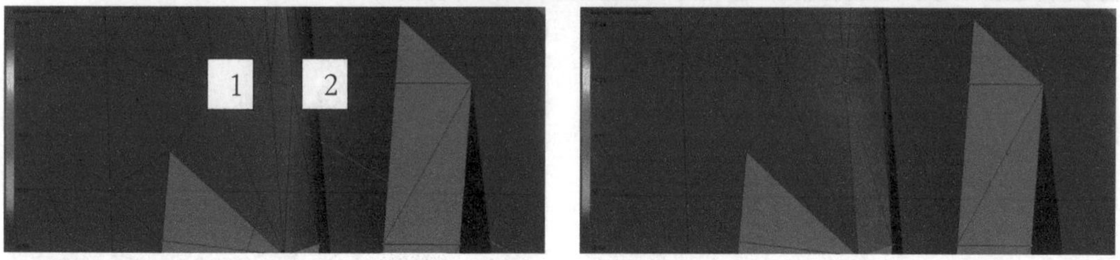

Mesh Repair의 Merge Nodes 아이콘을 실행한다.
위 그림과 같이 1번 노드와 2번 노드를 차례로 선택한 후 Apply 버튼을 클릭한다.
Next 아이콘을 실행하고 Start 아이콘을 실행한다.

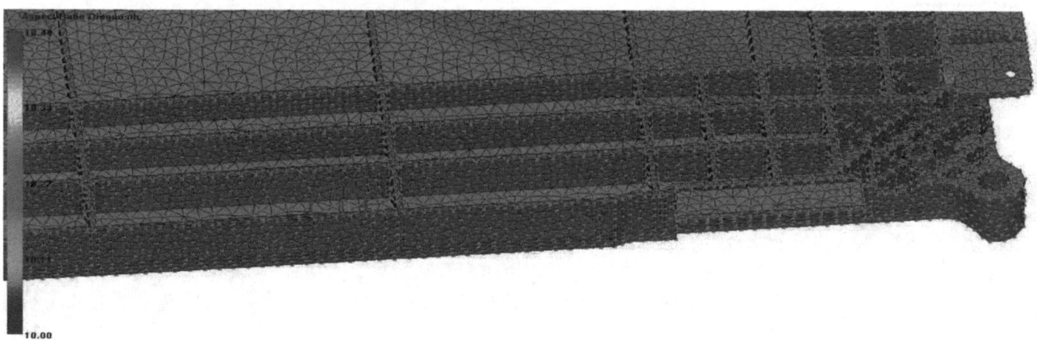

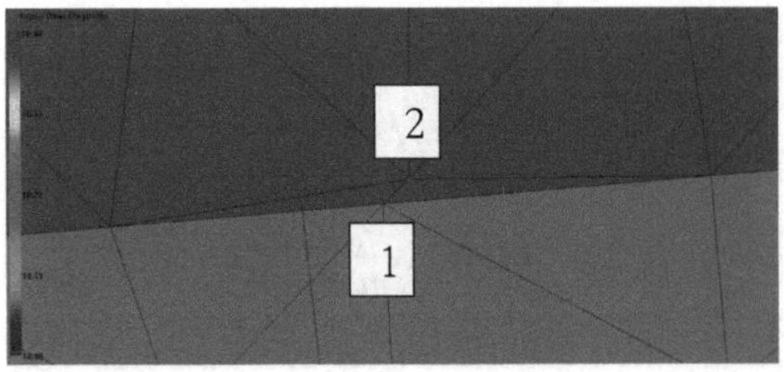

위 그림과 같이 1번 노드와 2번 노드를 차례로 선택한 후 Apply 버튼을 클릭한다.

Next 아이콘을 실행하고 Start 아이콘을 실행한다.

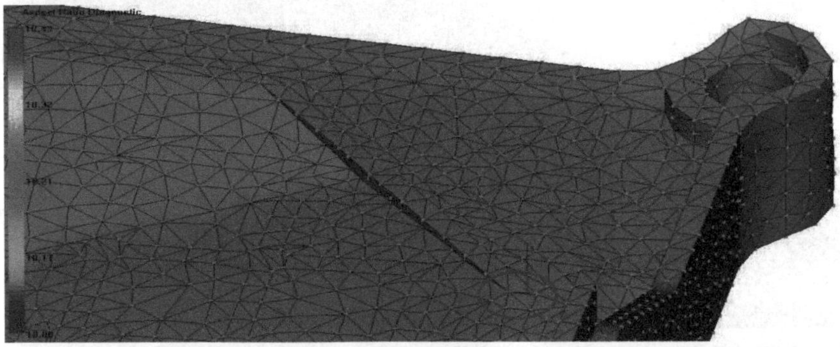

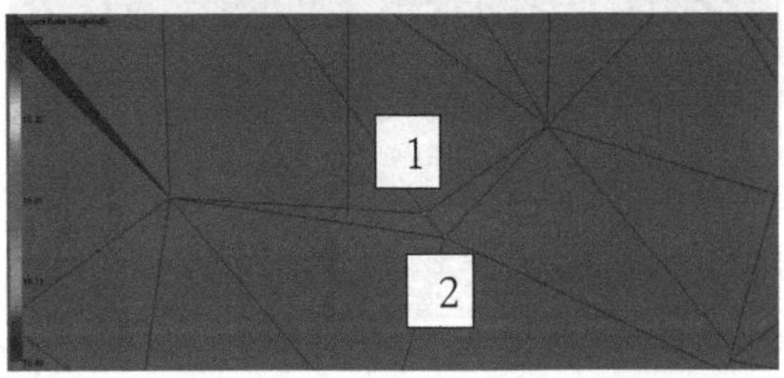

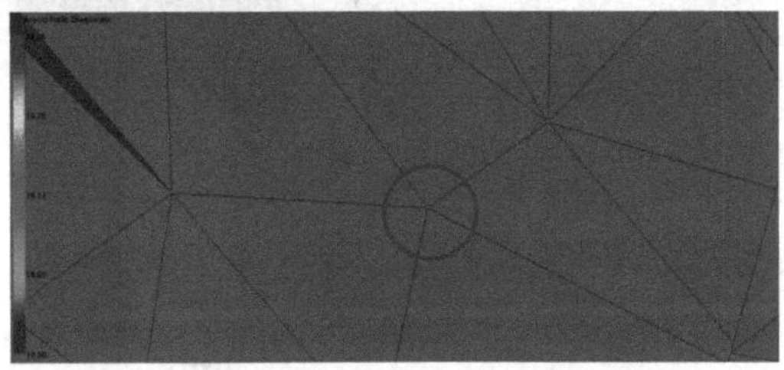

위 그림과 같이 1번 노드와 2번 노드를 차례로 선택한 후 Apply 버튼을 클릭한다.
Next 아이콘을 실행하고 Start 아이콘을 실행한다.

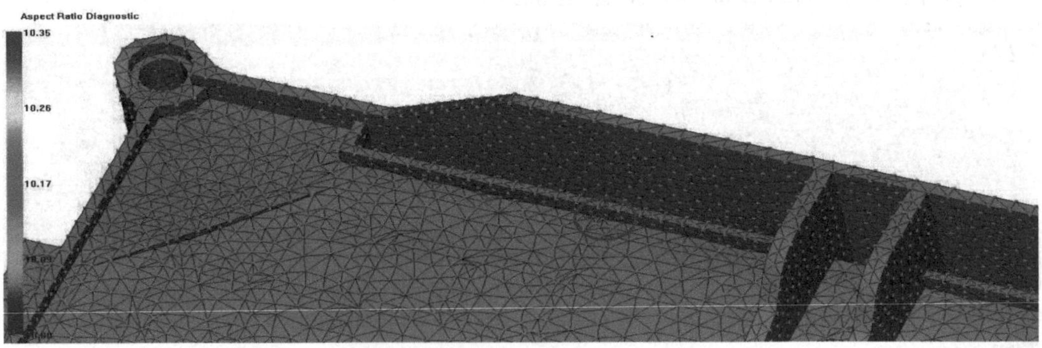

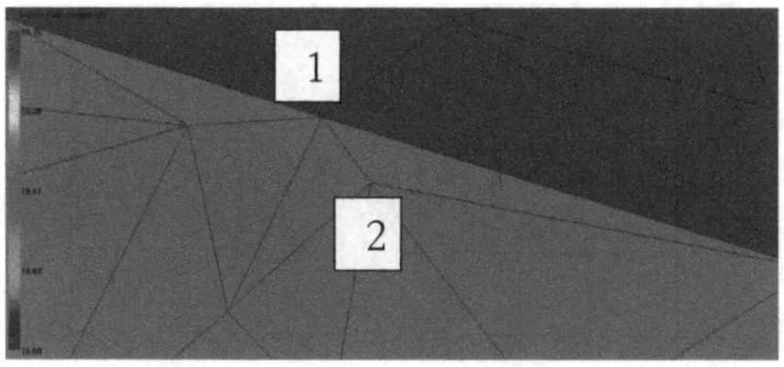

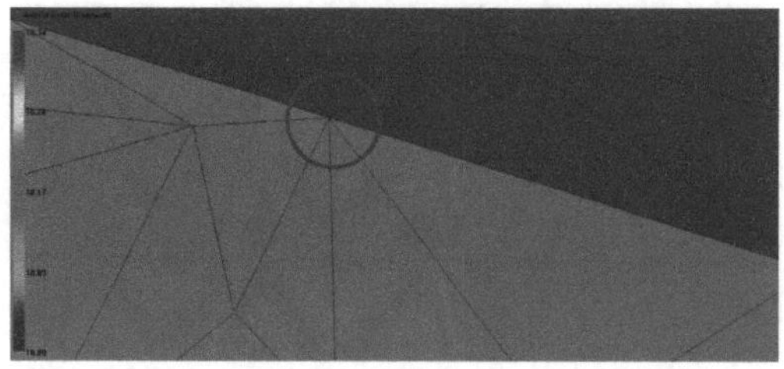

위 그림과 같이 1번 노드와 2번 노드를 차례로 선택한 후 Apply 버튼을 클릭한다.

Next 아이콘을 실행하고 Start 아이콘을 실행한다.

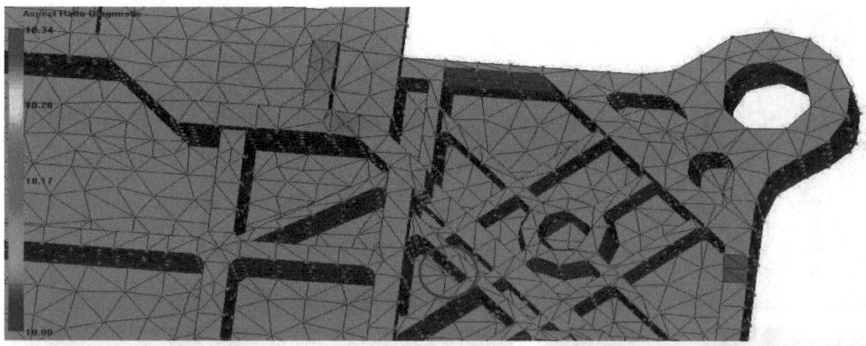

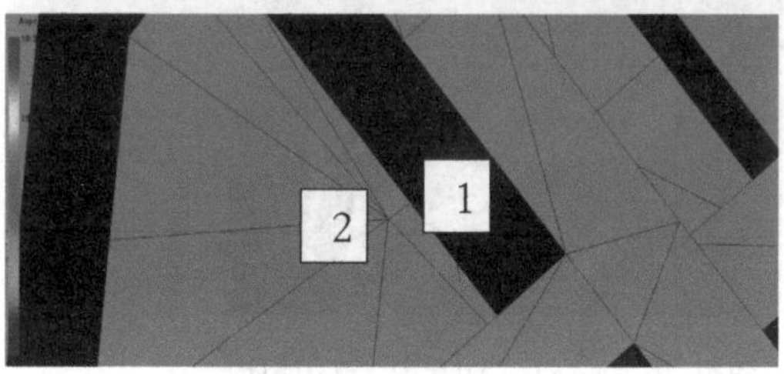

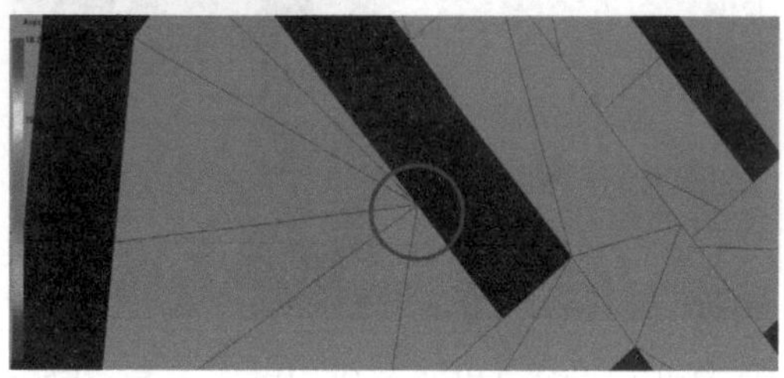

위 그림과 같이 1번 노드와 2번 노드를 차례로 선택한 후 Apply 버튼을 클릭한다.
Next 아이콘을 실행하고 Start 아이콘을 실행한다.

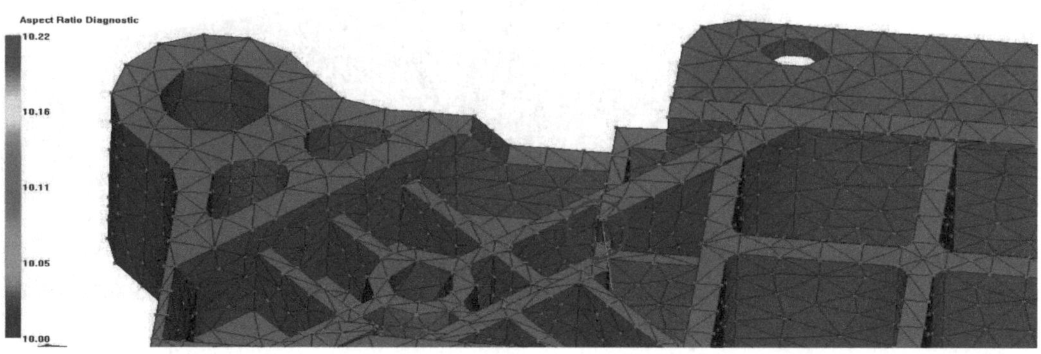

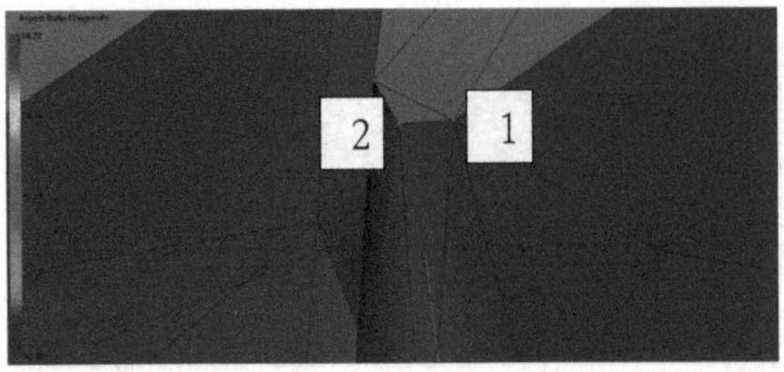

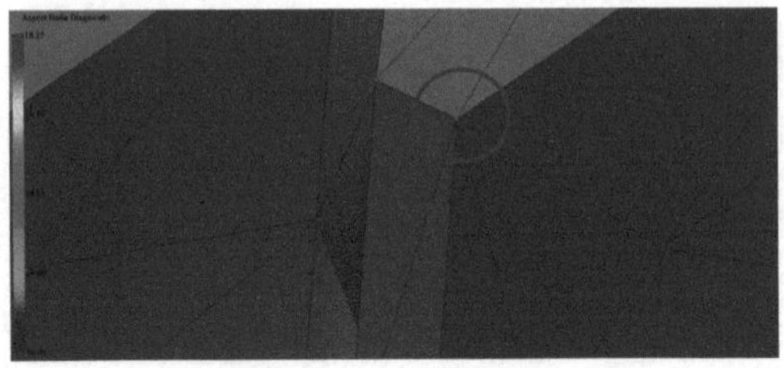

위 그림과 같이 1번 노드와 2번 노드를 차례로 선택한 후 Apply 버튼을 클릭한다.

Next 아이콘을 실행하고 Start 아이콘을 실행한다.

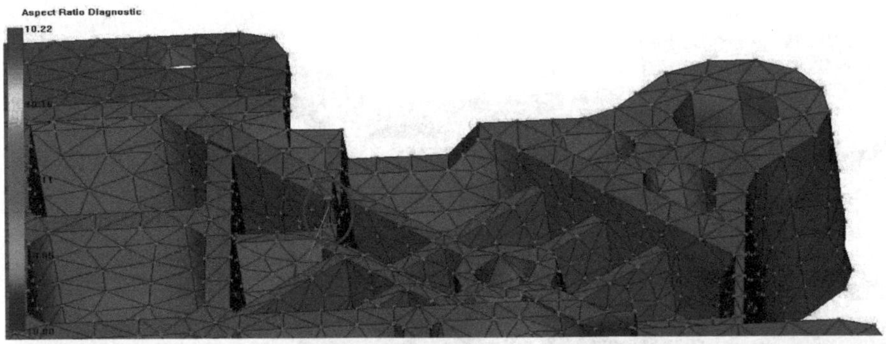

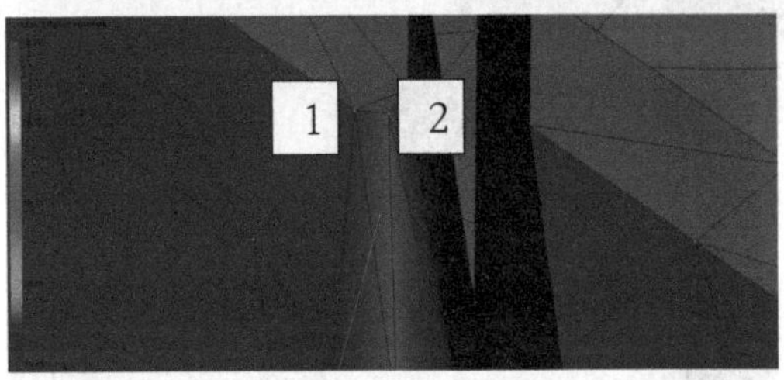

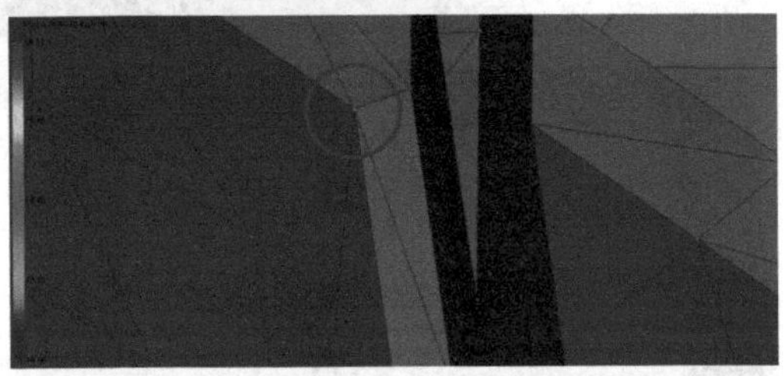

위 그림과 같이 1번 노드와 2번 노드를 차례로 선택한 후 Apply 버튼을 클릭한다.
Next 아이콘을 실행하고 Start 아이콘을 실행한다.

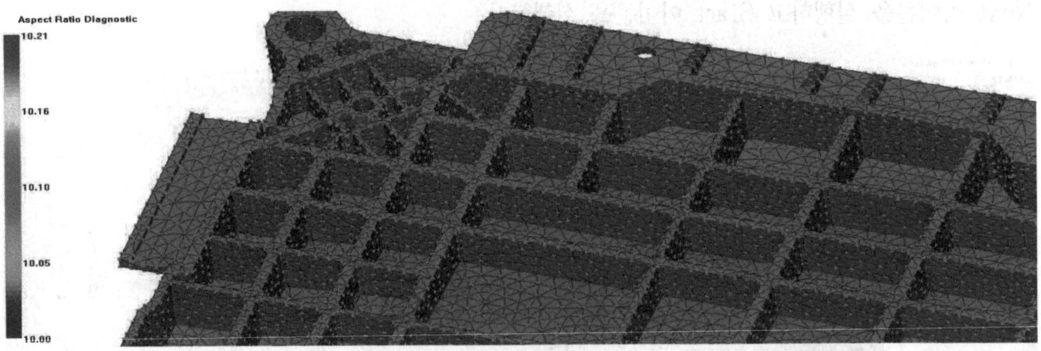

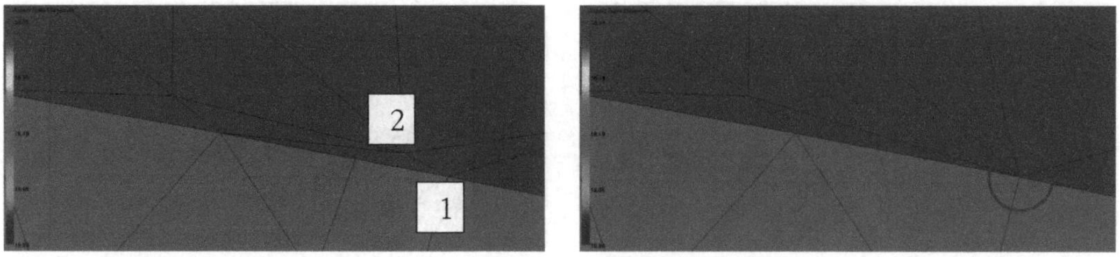

위 그림과 같이 1번 노드와 2번 노드를 차례로 선택한 후 Apply 버튼을 클릭한다.

Next 아이콘을 실행하고 Start 아이콘을 실행한다.

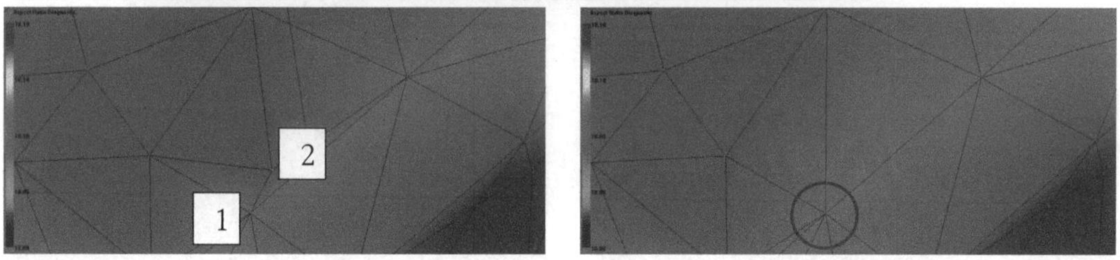

위 그림과 같이 1번 노드와 2번 노드를 차례로 선택한 후 Apply 버튼을 클릭한다.

Next 아이콘을 실행하고 Start 아이콘을 실행한다.

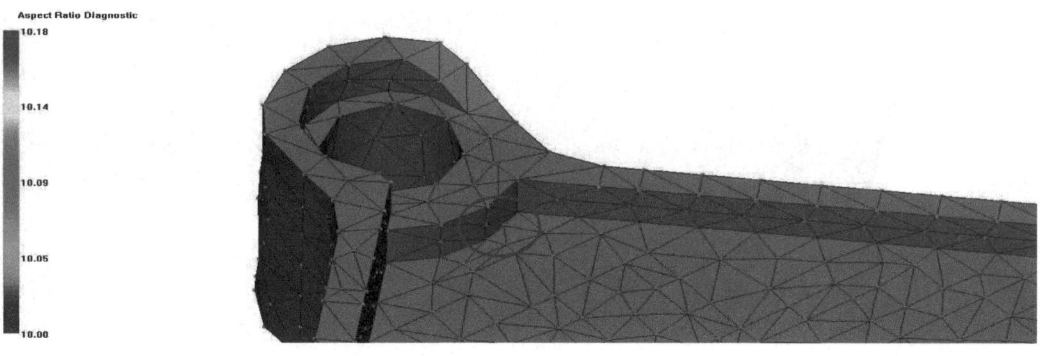

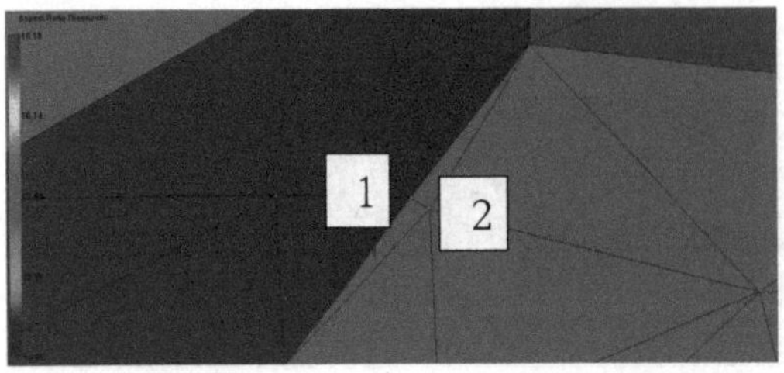

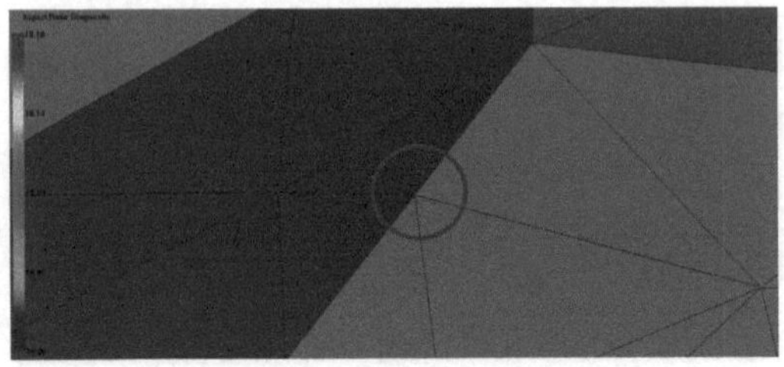

위 그림과 같이 1번 노드와 2번 노드를 차례로 선택한 후 Apply 버튼을 클릭한다.

Next 아이콘을 실행하고 Start 아이콘을 실행한다.

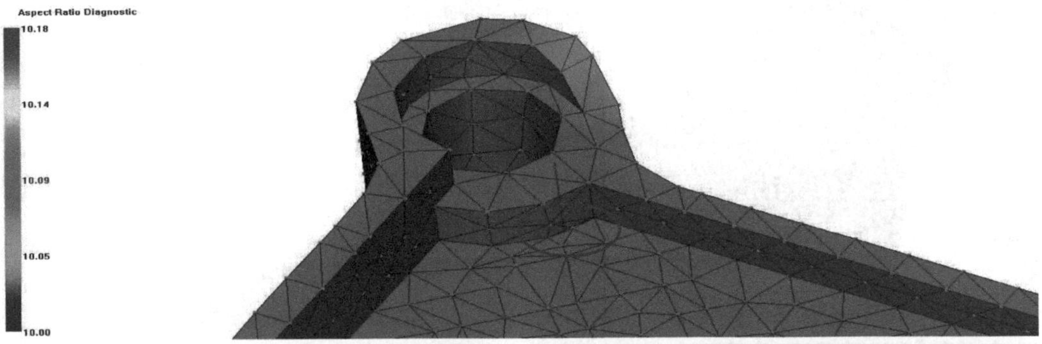

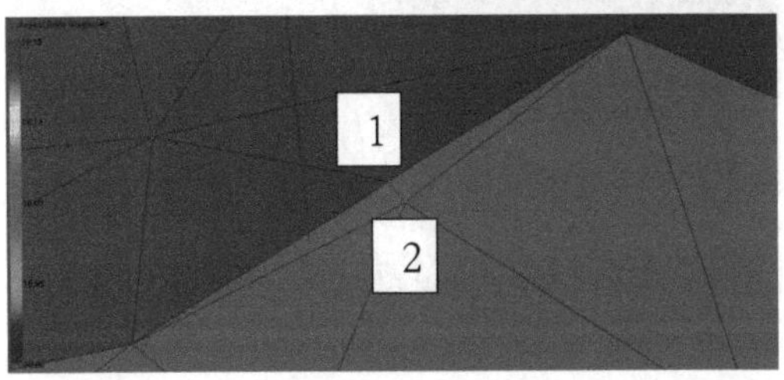

위 그림과 같이 1번 노드와 2번 노드를 차례로 선택한 후 Apply 버튼을 클릭한다.

Next 아이콘을 실행하고 Start 아이콘을 실행한다.

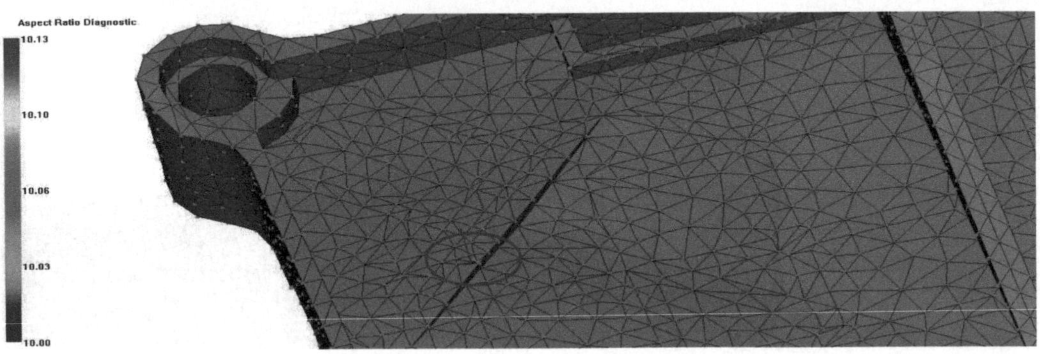

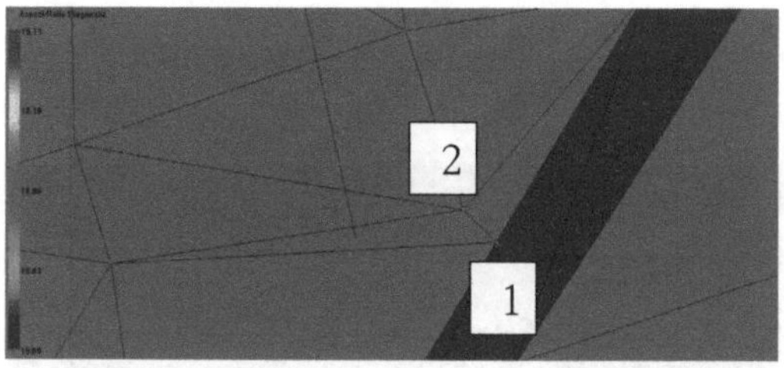

위 그림과 같이 1번 노드와 2번 노드를 차례로 선택한 후 Apply 버튼을 클릭한다.

Next 아이콘을 실행하고 Start 아이콘을 실행한다.

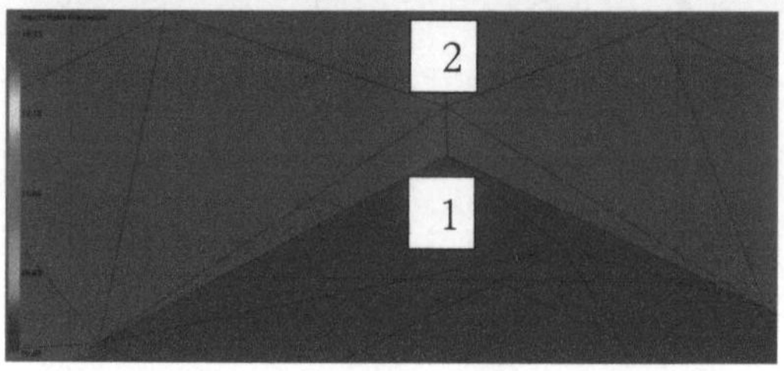

위 그림과 같이 1번 노드와 2번 노드를 차례로 선택한 후 Apply 버튼을 클릭한다.
마지막 1개가 남았을 경우, Next 아이콘과 Start 아이콘들이 비활성화가 되어 직접 찾아야 된다.
레이어창에서 New Body Nodes1 레이어를 체크 해제한다.

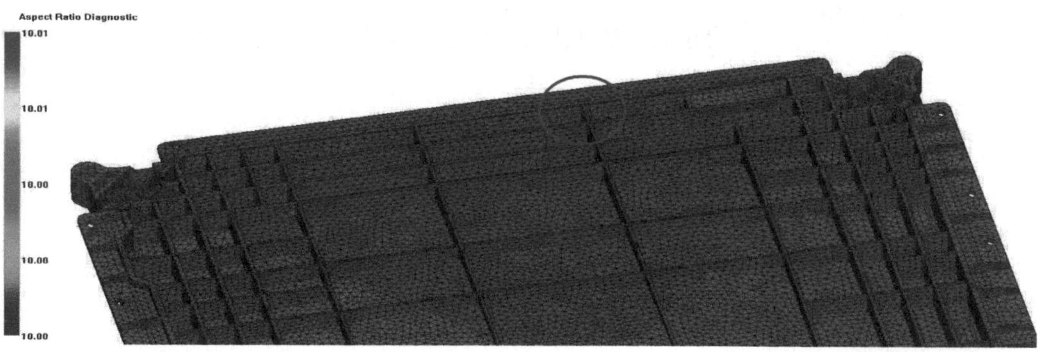

앞의 그림의 표시부를 보면 붉은 실선이 메쉬를 표시하고 있는 것을 볼 수 있다.
레이어창에서 New Body Node1 레이어를 다시 체크하고 확대한다.

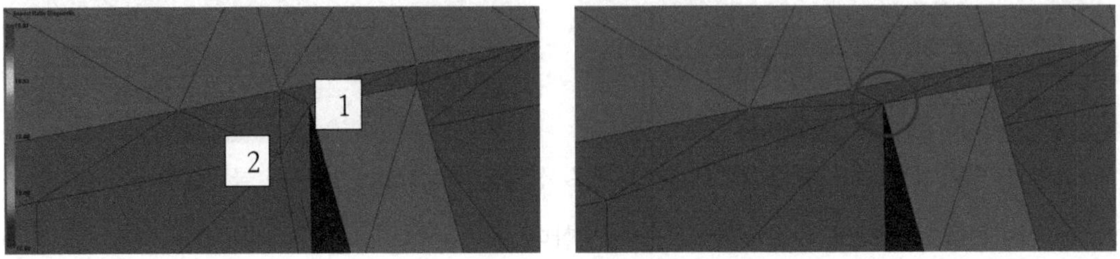

위 그림과 같이 1번 노드와 2번 노드를 차례로 선택한 후 Apply 버튼을 클릭한다.

Mesh Statistics  아이콘을 클릭하고 Show 버튼을 클릭하여 메쉬상태를 확인한다.
다음과 같이 Aspect Ratio가 최초 92.36에서 9.97로 낮아진 것을 볼 수 있다.

Aspect Ratio:

Maximum	Average	Minimum
9.97	1.89	1.16

(3) 러너 시스템 메쉬 작성하기

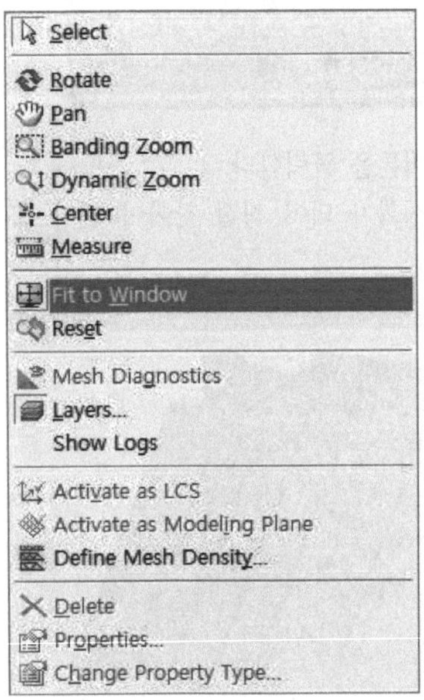

모델링창 우측 상단의 뷰큐브  에서 FRONT 뷰를 선택한다.

MB3을 클릭한 후, 왼쪽 그림과 같이 Fit to Window를 실행한다.

메뉴창의 Home을 클릭한다.

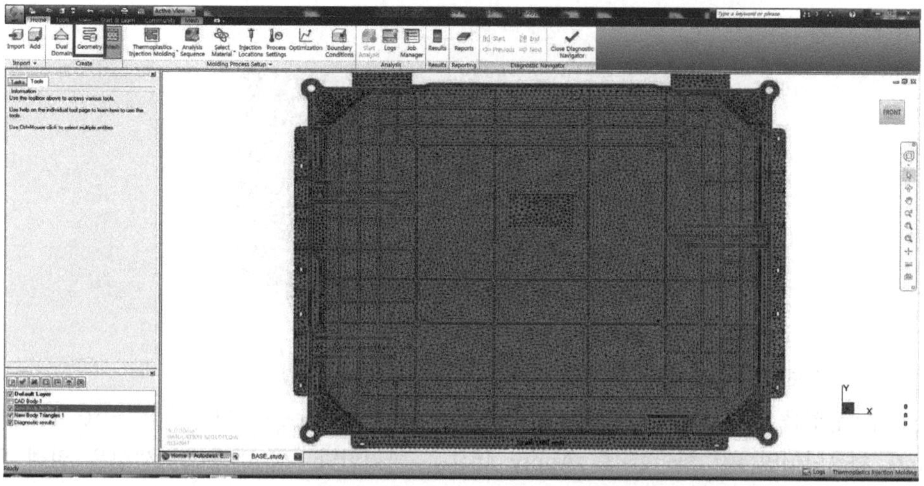

위 그림의 Geometry  아이콘을 클릭한 후 Curves  아이콘의 Create Line  아이콘을 실행한다.

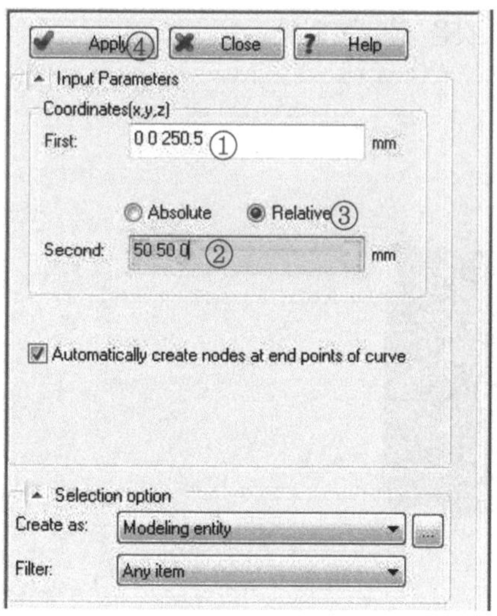

First에 ① 0, 0, 250.5 를 입력하고 Second에 ② 50, 50, 0 을 입력한다.

③ Relative를 체크하고 ④ Apply 버튼을 클릭한다.

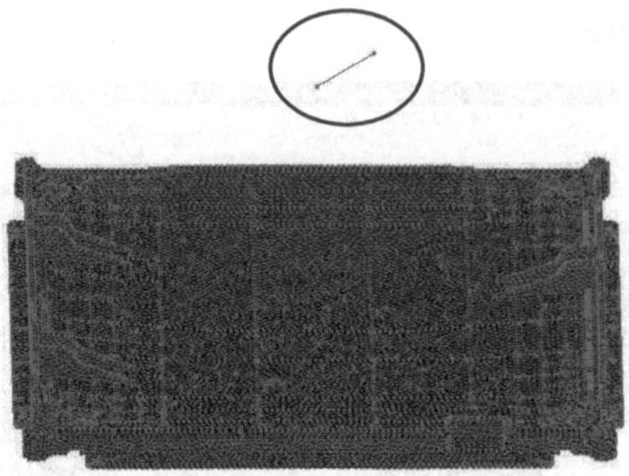

화면을 회전시켜보면 위 그림과 같이 선이 생성된 것을 볼 수 있다.

두 번째 선 생성을 위해 First에 0, 0, 250.5 를 입력하고, Second에는 50, −50, 0 을 입력한다. Relative가 체크되어있는지 확인한 후 Apply 버튼을 클릭한다. 세 번째 선 생성을 위해 First에 0, 0, 250.5 를 입력하고, Second에는 −50, 50, 0 을 입력한다. Relative가 체크되어있는지 확인한 후 Apply 버튼을 클릭한다. 네 번째 선 생성을 위해 First에 0, 0, 250.5 를 입력하고, Second에는 −50, −50, 0 을 입력한다. Relative가 체크되어있는지 확인한 후 Apply 버튼을 클릭한다. 이렇게 4개의 선을 생성하면 아래 그림과 같이 X자 모양의 선이 생성된 것을 볼 수 있다.

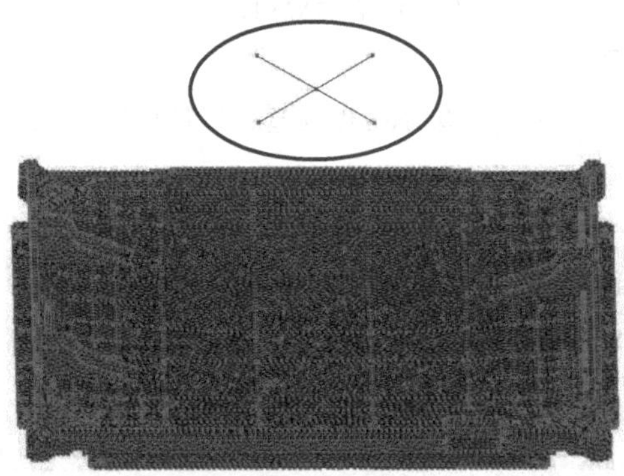

모델링창 우측 상단의 뷰큐브에서 FRONT 뷰를 선택한다.

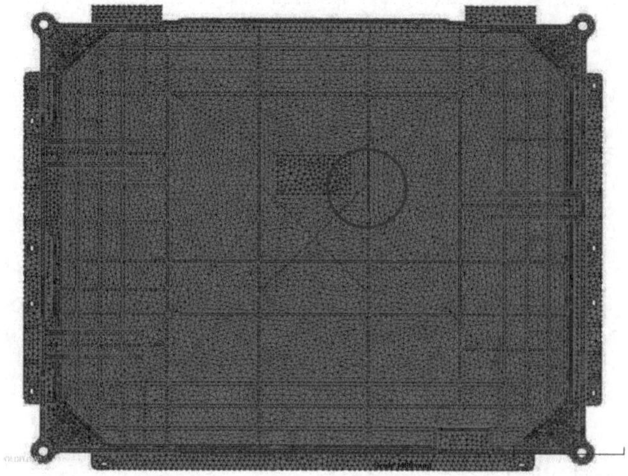

위 그림의 표시부를 확대한 후 메뉴창에서 Mesh를 클릭한다.

Mesh Repair의 Insert Nodes 아이콘을 클릭한다.

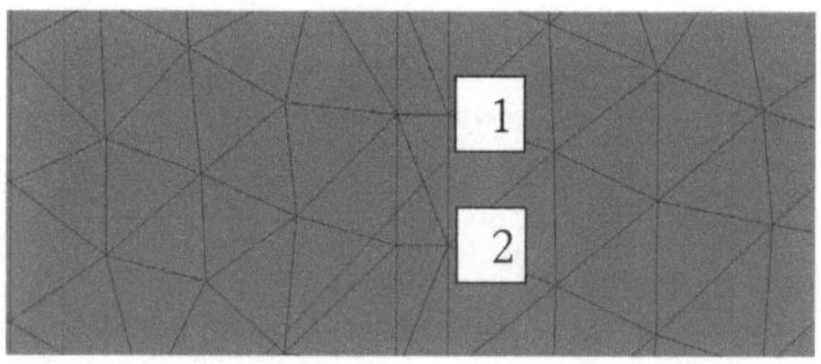

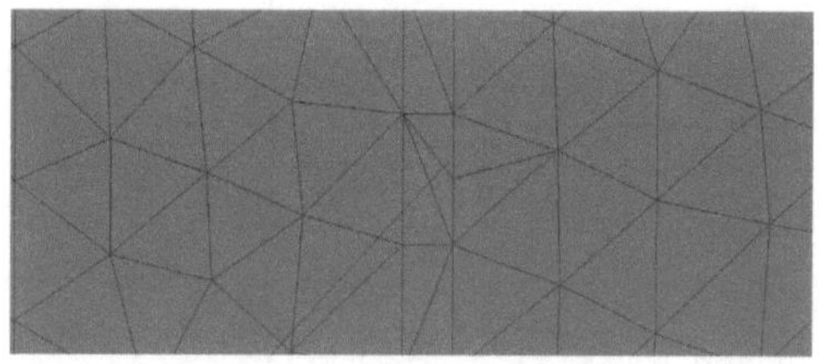

위 그림과 같이 1번 노드와 2번 노드를 차례로 선택한 후 Apply 버튼을 클릭한다.

Mesh Repair의 Swap Edges 아이콘을 클릭한다.

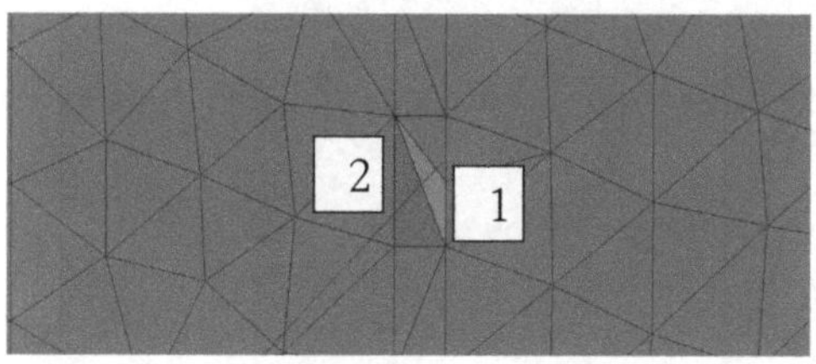

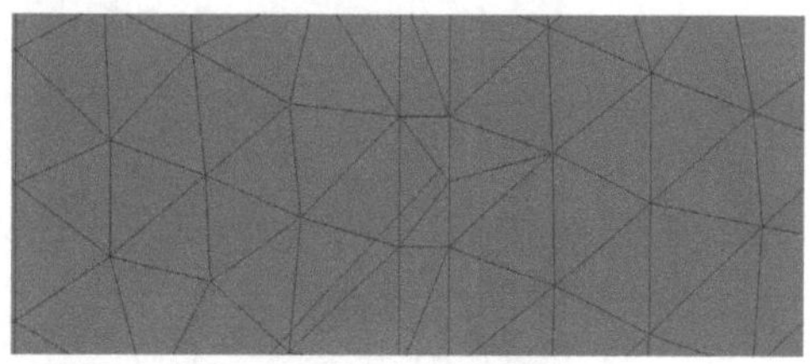

위 그림과 같이 1번 메쉬와 2번 메쉬를 차례로 선택한 후 Apply 버튼을 클릭한다.
메뉴창의 Geometry를 클릭한다.

Utilities의 Move 에서 Translate 아이콘을 실행한다.

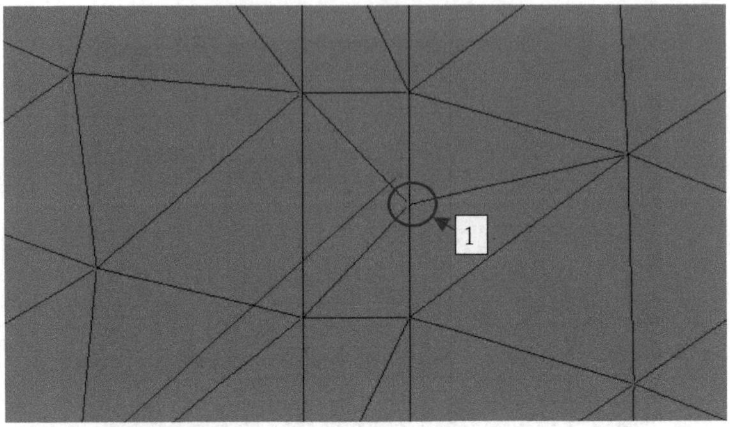

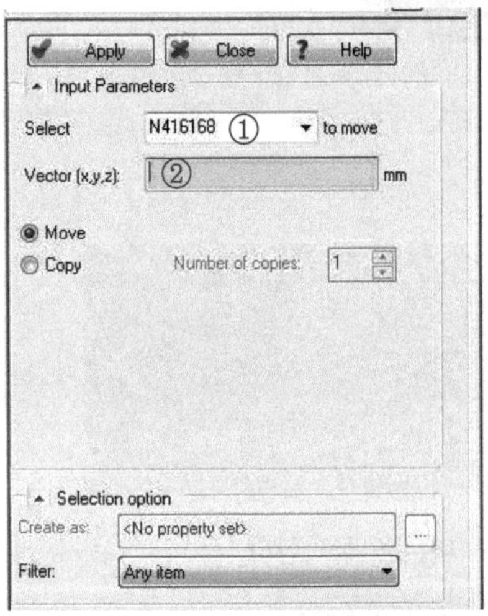

왼쪽 그림의 Select에서 ① 1번 노드를 선택한다.

Vector(x,y,z):의 ② 옆 빈칸을 클릭한다.

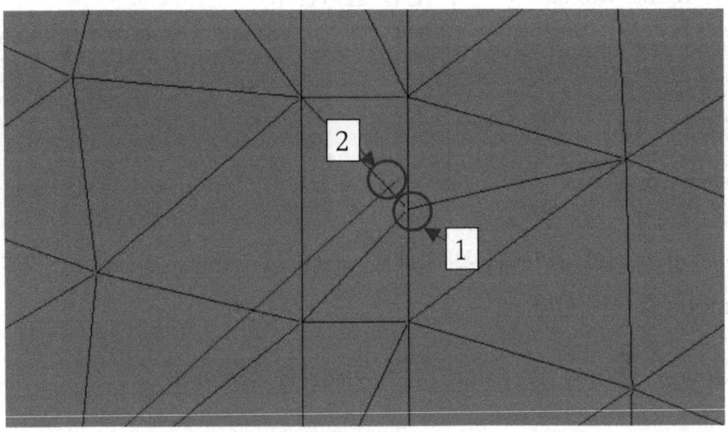

앞의 그림과 같이 1번 노드와 2번 노드를 차례로 선택한다.

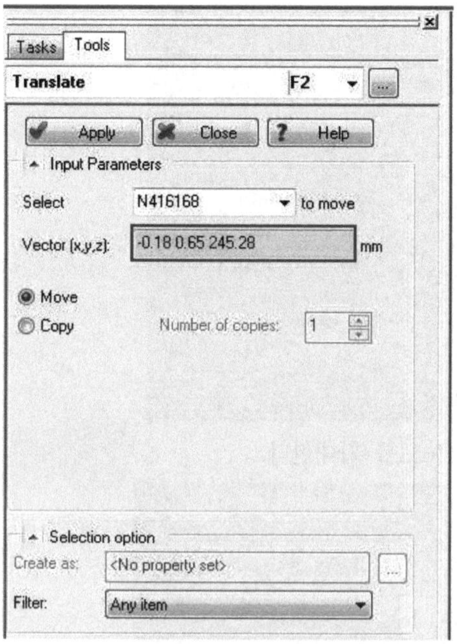

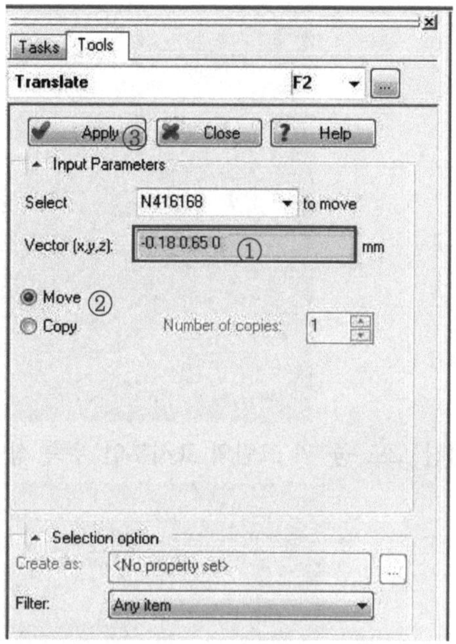

Vector(x,y,z):에 −0.18, 0.65, 245.28 ㎜가 생성되는 것을 볼 수 있다.

위 그림과 같이 Z값인 ① 245.28을 0으로 수정한 후, ② Move를 체크하고 ③ Apply 버튼을 클릭한다.

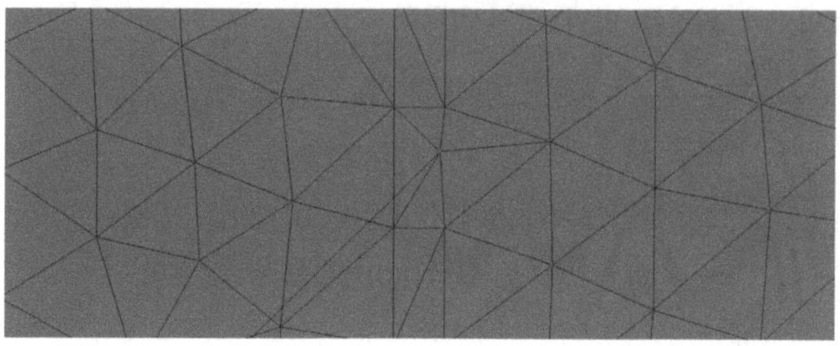

위 그림과 같이 1번 노드가 이동한 것을 볼 수 있다.

나머지 3개 노드도 Mesh 메뉴의 Insert Nodes 아이콘과 Swap Edges 아이콘을 이용하여 메쉬를 수정한 후, Geometry 메뉴 중 Move 의 Translate 아이콘을 이용하여 아래 그림과 같이 노드를 이동시킨다.

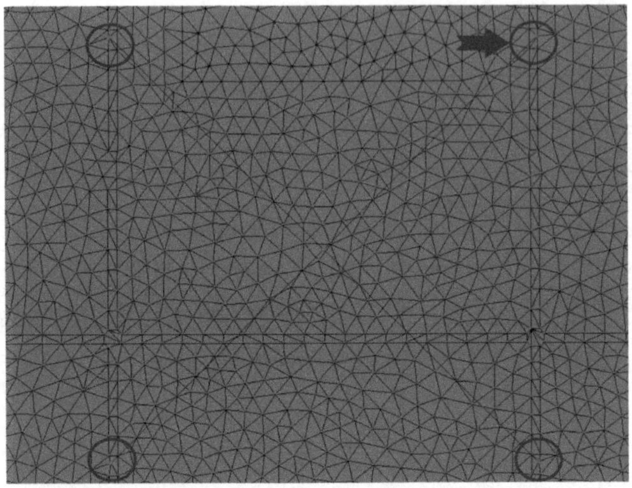

이동시킨 노드 중 위 그림의 표시부인 우측 상단 노드를 확대한다.

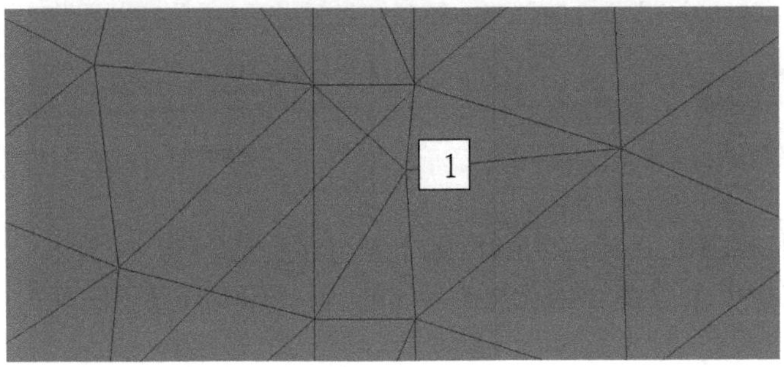

위 그림과 같이 보이도록 화면을 약간 회전시킨다.

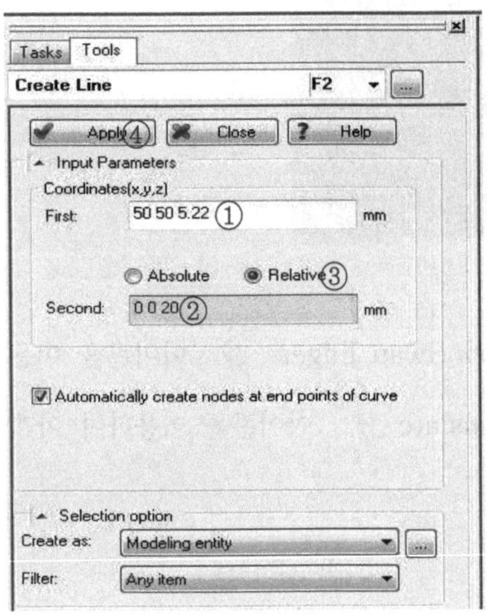

First에서 ①1 번 노드를 선택한다.

Second에서 ② 0, 0, 20을 입력하고 ③ Relative체크를 확인한 후, ④ Apply 버튼을 클릭한다.

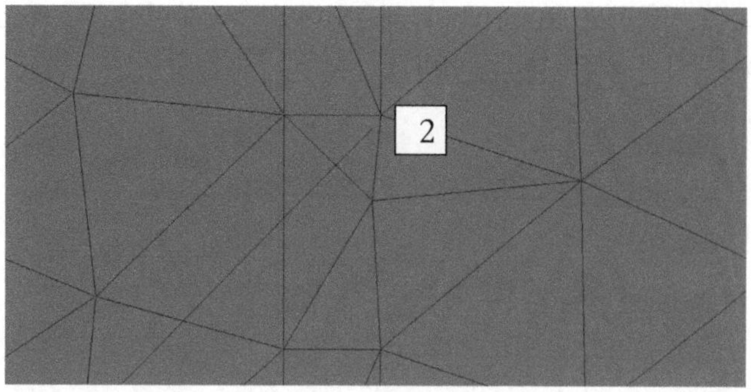

Second에 위 그림의 2번 노드를 선택하고 Apply 버튼을 클릭하면 아래 그림과 같이 선이 생성된 것을 볼 수 있다.

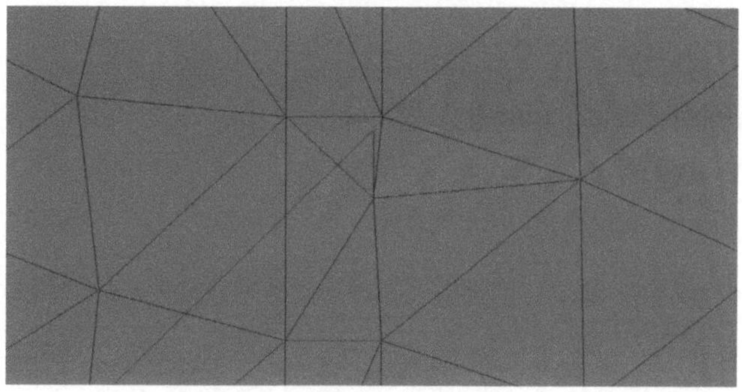

이동시킨 나머지 3개 노드에도 같은 방법으로 선을 생성시킨다.

레이어창에서 New Body Nodes1, New Body Triangles1, Diagnostic results 레이어의 체크를 해제하면 아래 그림과 같이 앞에서 생성한 선들을 볼 수 있다.

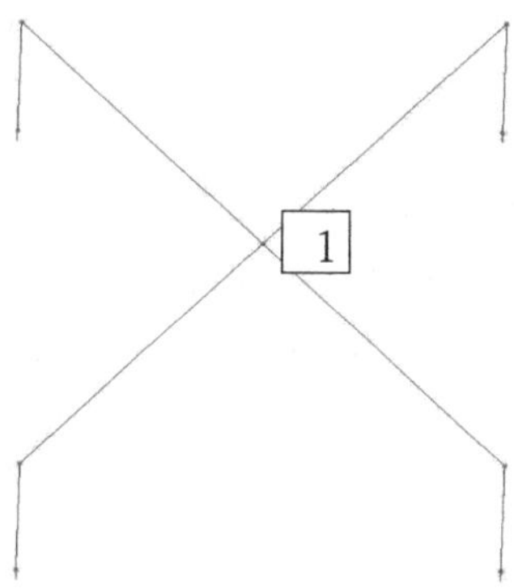

First에서 위 그림의 1번 노드를 선택하고 Second에서 0, 0, 50을 입력한다. Relative가 체크되어 있는지 확인한 후, Apply 버튼을 클릭한다.

Second에 0, 0, 20을 입력하고 Relative가 체크되어있는지 확인한 후, Apply 버튼을 클릭하면 아래 그림과 같이 선들이 생성된 것을 볼 수 있다.

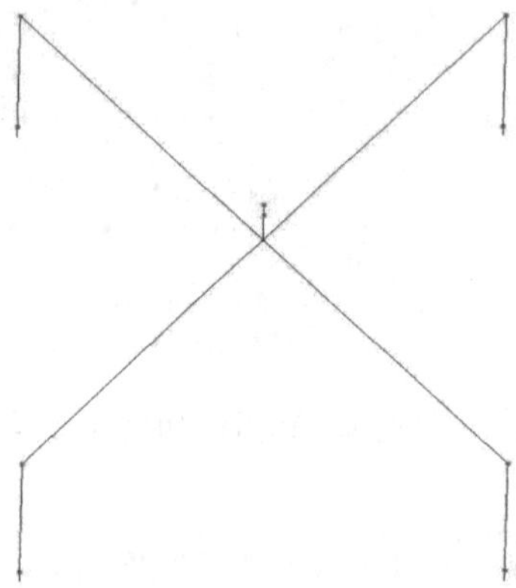

Close 버튼을 클릭하여 Create Line창을 닫는다.

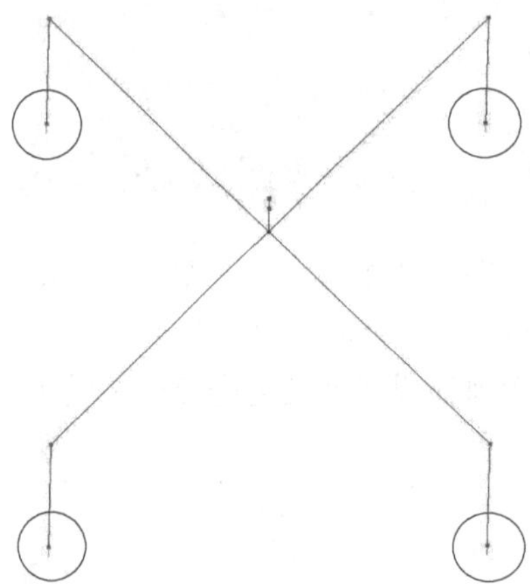

위 그림의 표시부 선 4개를 Ctrl+ 선택한다.

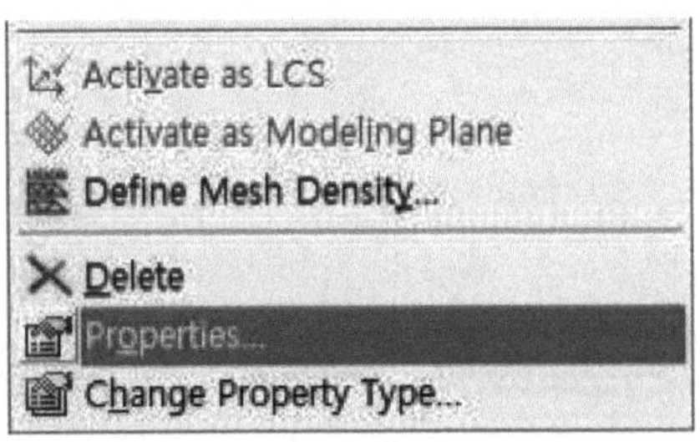

MB3을 클릭한다.
왼쪽 그림과 같이 Properties를 실행한다.

확인창이 나타나면 예 버튼을 클릭한다.

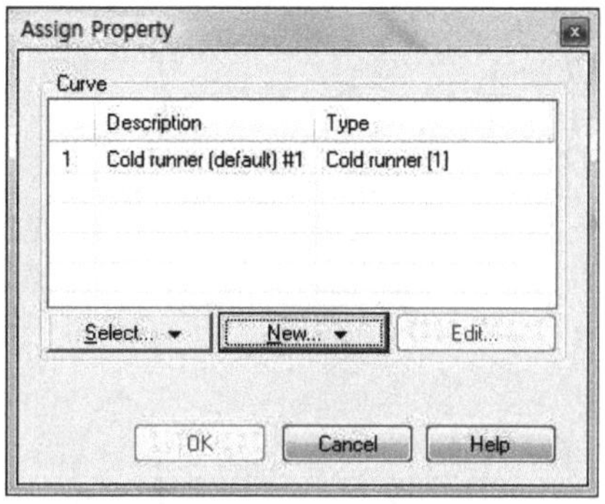

위 그림과 같이 Assign Property 창이 나타나면 New 버튼을 클릭한 후 Hot gate를 선택한다.

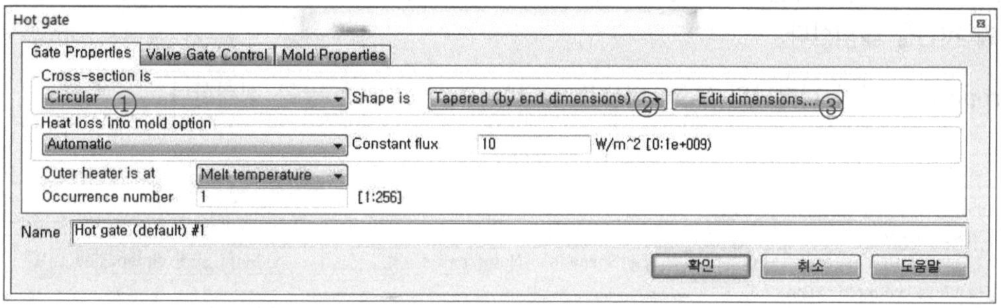

위 그림과 같이 Hot gate창이 나타나면 Cross-section is에서 단면형상은 ① Circular를 선택하고 ② Tapered(by end dimensions)를 선택한 후, ③ Edit dimensions... 버튼을 클릭한다.

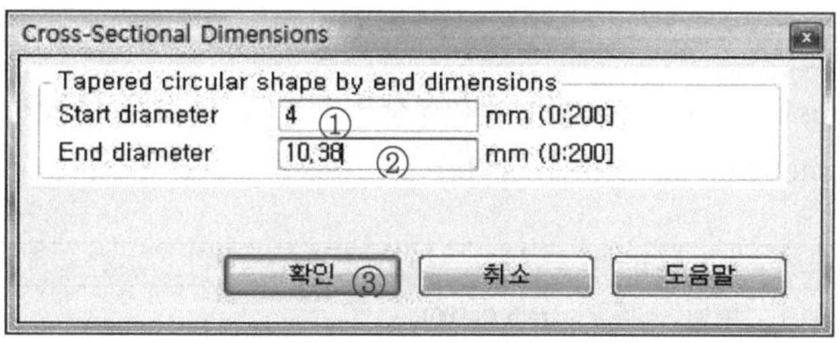

위 그림과 같이 Cross-Sectional Dimensions창이 나타나면 Start diameter에는 ① 4 ㎜를 입력하고 End diameter에는 핫 러너 평균 직경인 ② 10.38 ㎜를 입력하고 ③ 확인 버튼을 클릭한다. Hot gate 창도 확인 버튼을 클릭하여 닫고 Assign property 창도 OK 버튼을 클릭하여 닫는다.

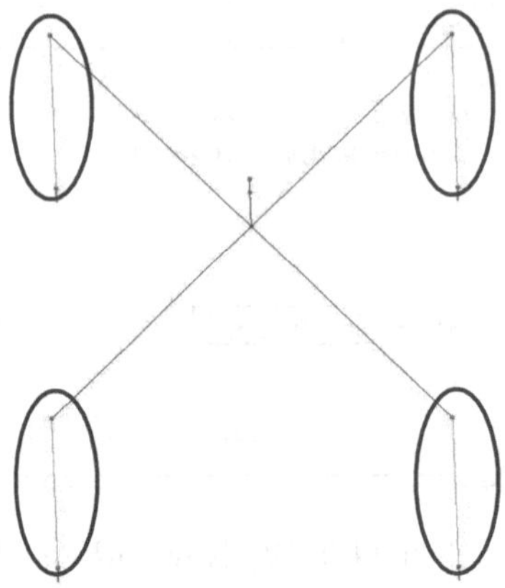

그림의 표시부 선 4개를 Ctrl+선택한다. MB3을 클릭한 후 Properties를 실행한다. 확인창이 나타나면 예 버튼을 클릭한다.

Properties 창이 나타나면 New 버튼을 클릭한 후, Hot runner를 선택한다.

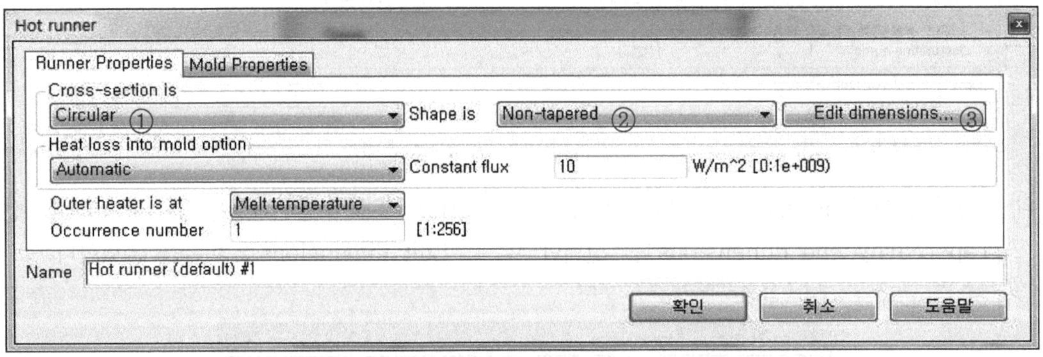

위 그림과 같이 Cross-section is에서 단면형상은 ① Circular를 선택하고 ② Non-tapered를 선택한 후, ③ Edit dimensions... 버튼을 클릭한다.

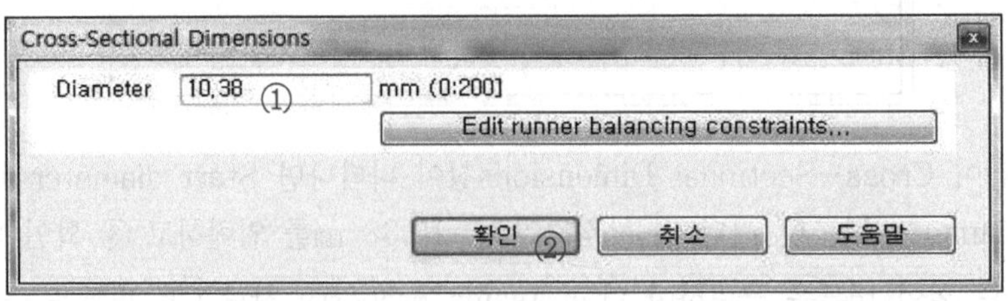

위 그림과 같이 Diameter에 ① 10.38 ㎜를 입력하고 ② 확인 버튼을 클릭한다.

Hot runner 창도 확인 버튼을 클릭하여 닫고 Assign property 창도 OK 버튼을 클릭하여 닫는다.

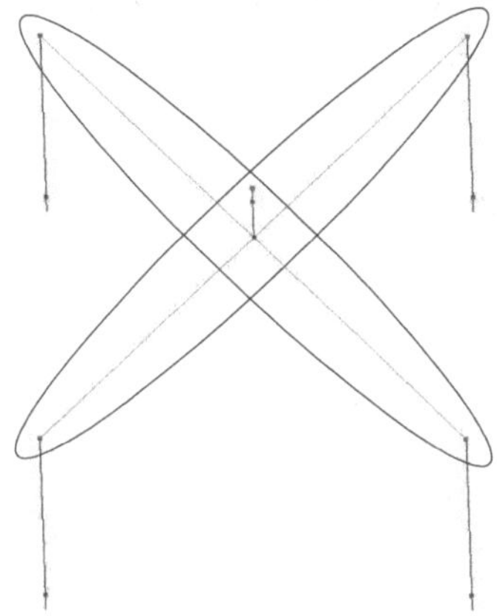

위 그림의 표시부 X자형의 선 4개를 Ctrl+선택한다.
마우스 우측버튼을 클릭한 후, Properties를 실행한다.

확인창이 나타나면 예 버튼을 클릭한다.
Properties 창이 나타나면 New 버튼을 클릭한 후, Hot runner를 선택한다.

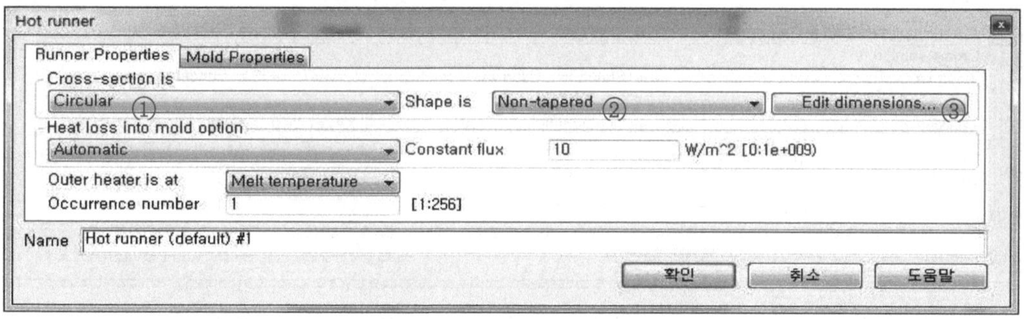

위 그림과 같이 Cross-section is에서 단면형상은 ① Circular를 선택하고 ② Non-tapered를 선택한 후, ③ Edit dimensions... 버튼을 클릭한다.

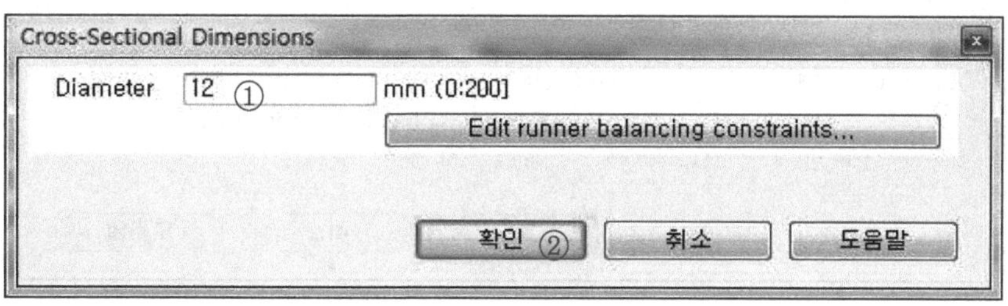

위 그림과 같이 Diameter에 ① 12 ㎜를 입력하고 ② 확인 버튼을 클릭한다.

Hot runner 창도 확인버튼을 클릭하여 닫고 Assign property 창도 OK 버튼을 클릭하여 닫는다.

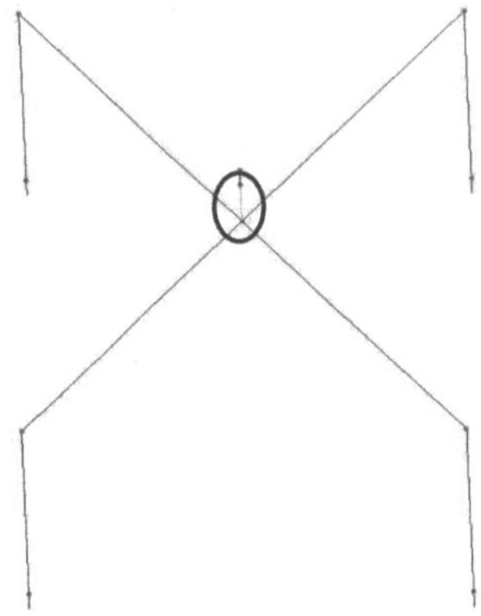

위 그림의 표시부 선 1개를 선택한다. MB3을 클릭한 후, Properties를 실행한다. 확인창이 나타나면 예 버튼을 클릭한다. Properties 창이 나타나면 New 버튼을 클릭한 후, Hot runner를 선택한다.

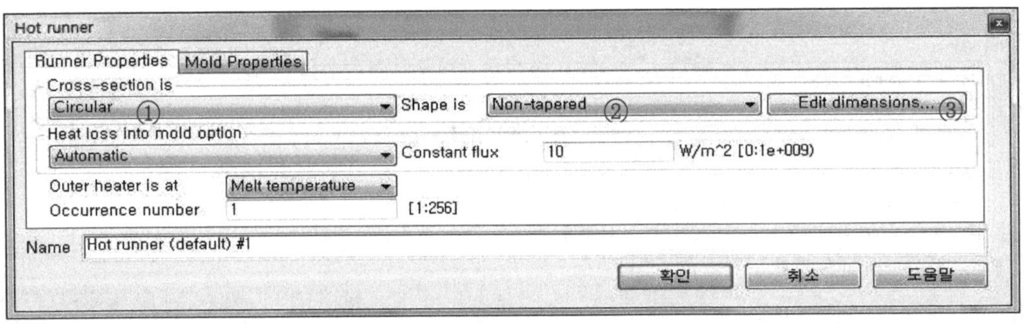

위 그림과 같이 Cross-section is에서 단면형상은 ① Circular를 선택하고 ② Non-tapered를 선택한 후, ③ Edit dimensions... 버튼을 클릭한다.

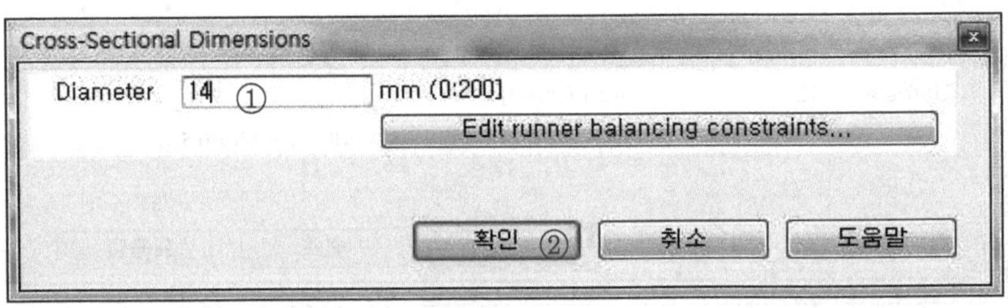

위 그림과 같이 Diameter에 ① 14 ㎜를 입력하고 ② 확인 버튼을 클릭한다.

Hot runner 창도 확인 버튼을 클릭하여 닫고 Assign property 창도 OK 버튼을 클릭하여 닫는다.

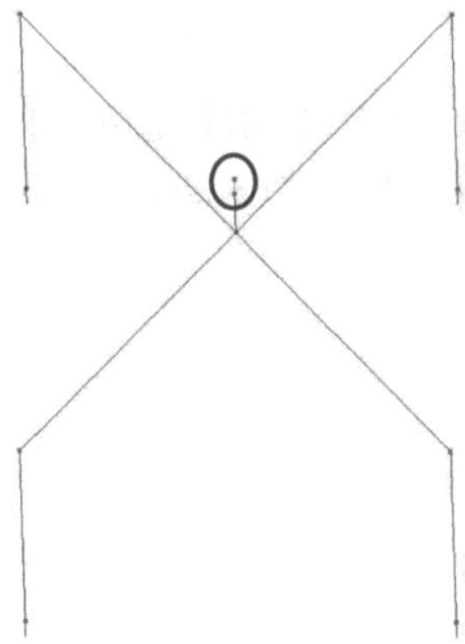

위 그림의 표시부 선 1개를 선택한다. MB3을 클릭한 후, Properties를 실행한다. 확인창이 나타나면 예 버튼을 클릭한다. Properties 창이 나타나면 New 버튼을 클릭한 후, Hot sprue를 선택한다.

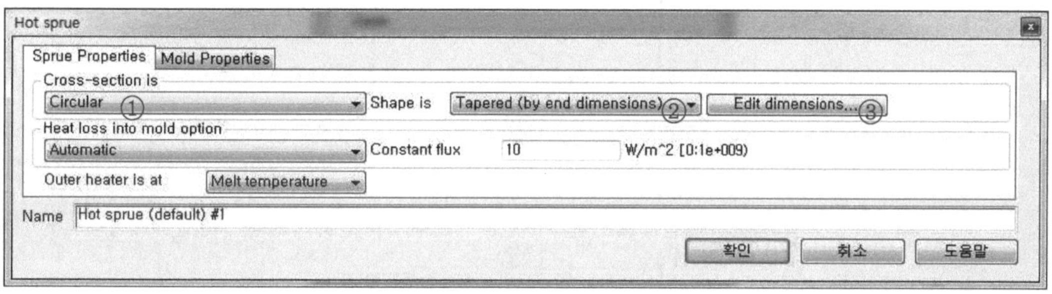

위 그림과 같이 Cross-section is에서 단면형상은 ① Circular를 선택하고 ② Tapered(by end dimensions)를 선택한 후, ③ Edit dimensions... 버튼을 클릭한다.

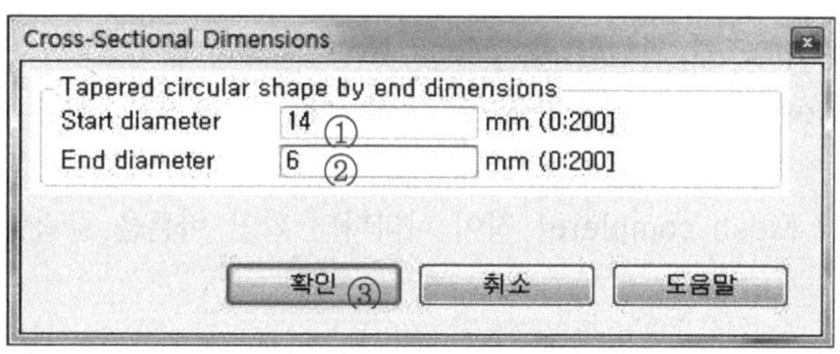

위 그림과 같이 Start diameter에는 ① 14 ㎜를 입력하고 End diameter에는 ② 6 ㎜를 입력하고 ③ 확인 버튼을 클릭한다.

Hot gate 창도 확인 버튼을 클릭하여 닫고 Assign property 창도 OK 버튼을 클릭하여 닫는다.

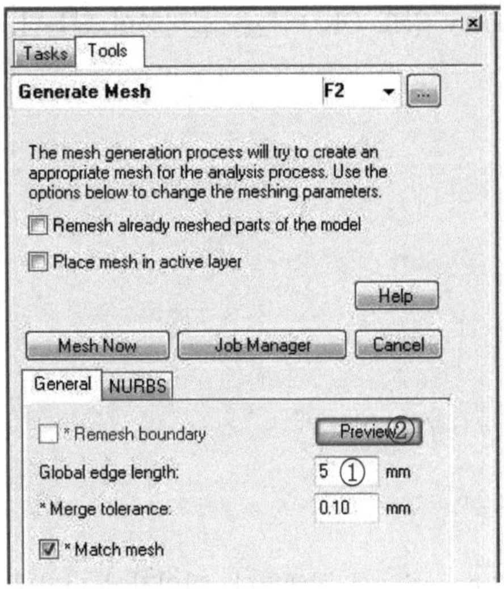

Mesh메뉴의 Generate Mesh 아이콘을 클릭한다.

왼쪽 그림과 같이 Global edge length에 ① 5를 입력하고 ② Preview 버튼을 클릭한다.

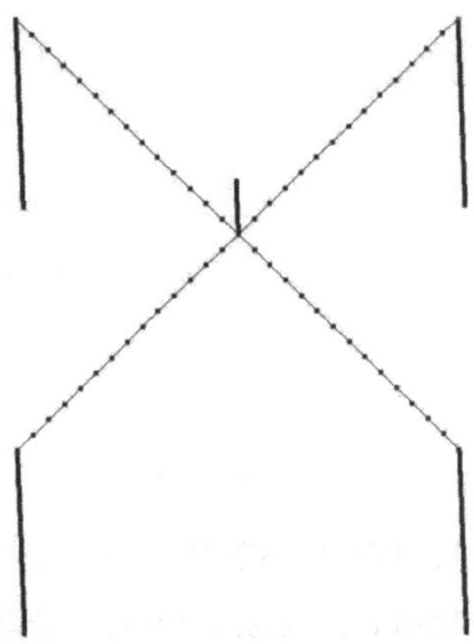

위 그림과 같이 메쉬 사이즈를 확인한 후, Mesh Now 버튼을 클릭한다.
확인창이 나타나면 Close 버튼을 클릭한다.

러너 메쉬가 완료되어 Mesh complete! 창이 나타나면 확인 버튼을 클릭한다.

레이어창에서 CAD Body1 레이어를 제외한 모든 레이어를 체크하면 아래 그림과 같이 제품 형상과 러너형상을 확인할 수 있다.

이것으로 메쉬 작업은 모두 끝이 났다.

(4) 성형조건 입력하기

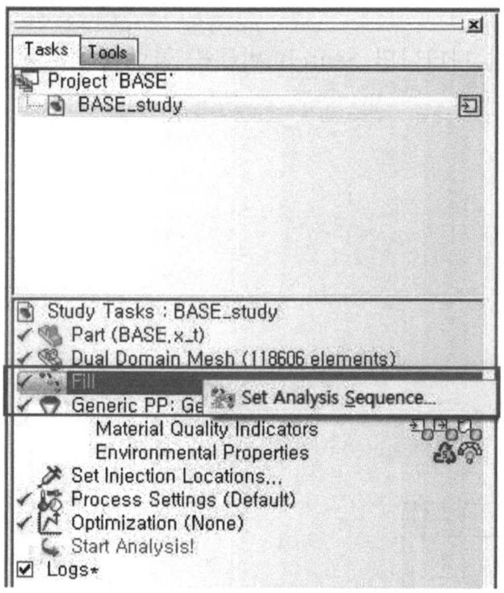

이제 재료선택과 사출성형조건을 입력하여야 한다.

먼저 해석종류를 충진해석과 보압해석으로 변경하도록 한다.

왼쪽 그림과 같이 Tasks 창에서 Fill부분에서 MB3을 클릭한다.

Set Analysis Sequence가 나오면 클릭한다.

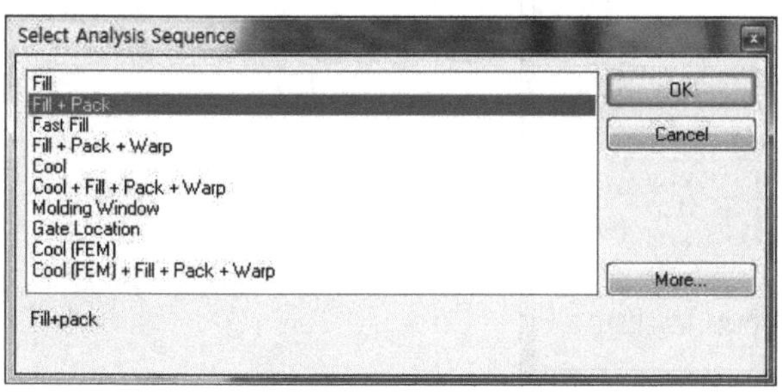

위 그림과 같이 Select Analysis Sequence 창이 나타나면 Fill+Pack을 선택하고 OK 버튼을 클릭한다.

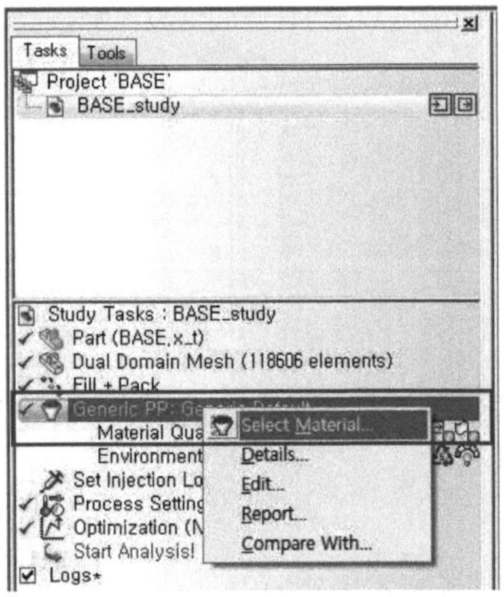

왼쪽 그림과 같이 Tasks 창에서 Generic PP 부분에서 MB3을 클릭한다.

Select Material을 선택한다.

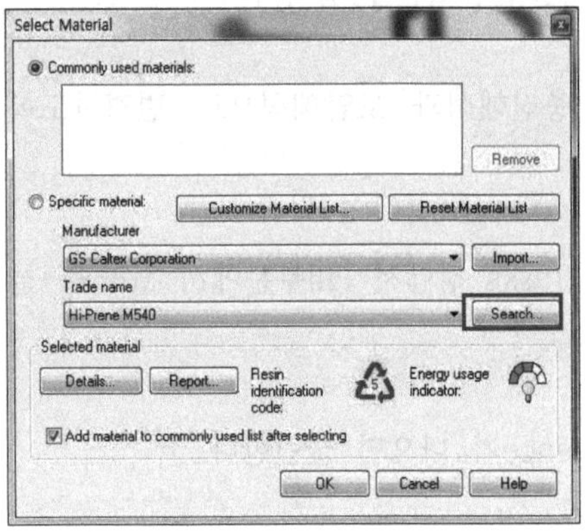

Select Material 창이 나타나면 Search 버튼을 클릭한다.

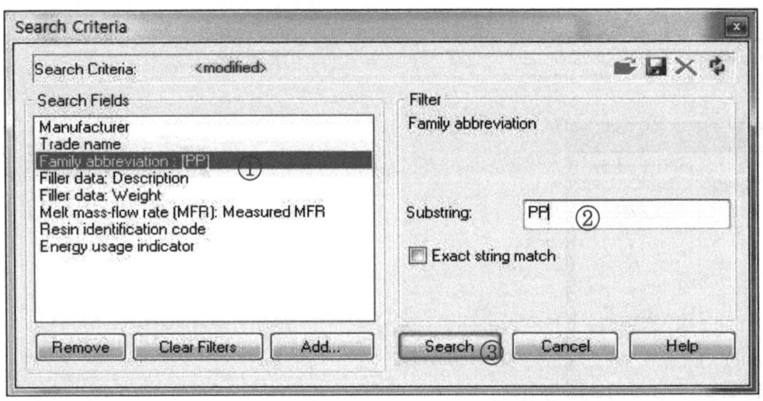

위 그림과 같이 Search Criteria 창이 나타나면 ① Family abbreviation을 클릭하고 우측의 Substring에 ② PP를 입력한 후, ③ Search 버튼을 클릭한다.

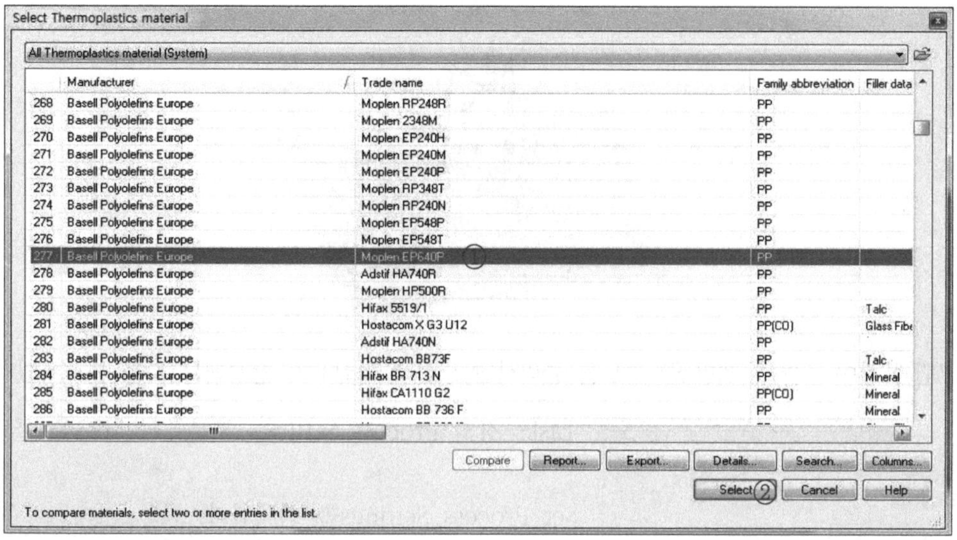

위 그림과 같이 Basell Polyolefins Europe사의 ① Moplen EP640P 수지를 선택한 후, ② Select 버튼을 클릭한다.

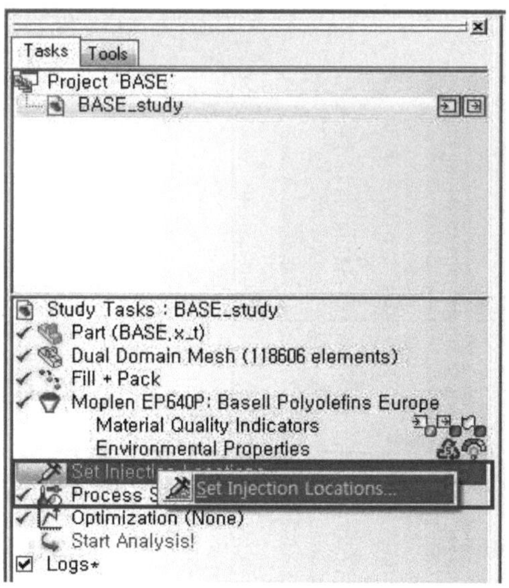

Select Material 창은 OK 버튼을 클릭하여 닫는다.

왼쪽 그림과 같이 Tasks 창에서 Set Injection Locations 부분에서 MB3을 클릭한다.

Set Injection Locations를 선택한다.

위 그림과 같이 스프루 제일 끝 노드을 클릭하면 노란색 화살표가 생성되는 것을 볼 수 있다.

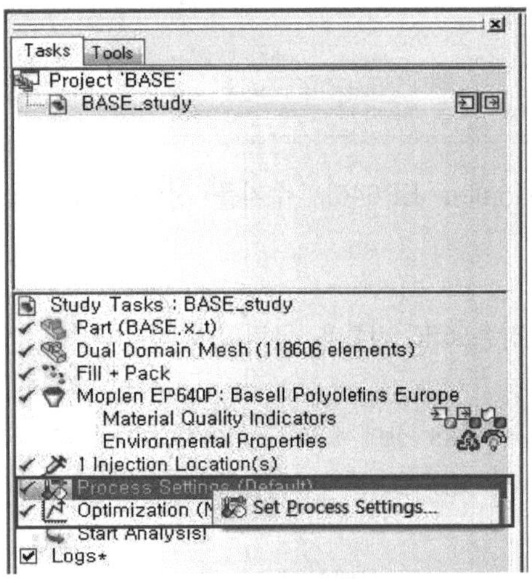

Tasks 창의 Process Settings 부분에서 MB3을 클릭한다.

Set Process Settings를 선택한다.

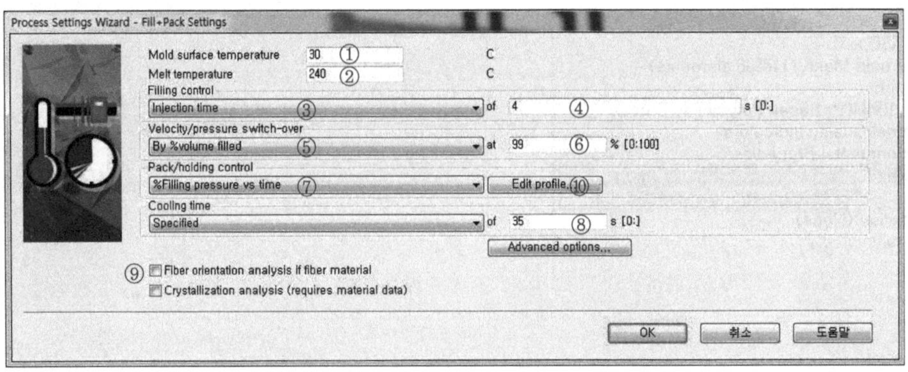

위 그림과 같이 Process Setting Wizard 창이 나타나면 Mold surface temperature에는 ① 30, Melt temperature에는 ② 240, Filling control은 ③ Injection time으로 선택하고 ④ 4초를 입력한다.

Velocity/Pressure switch-over는 ⑤ By %volume filled로 선택하고 ⑥ 99%를 입력한다.
Cooling time은 ⑦ Specified로 선택하고 ⑧ 35초를 입력한다.
⑨ Fiber orientation analysis if fiber material은 체크 해제한다.
Pack/holding control의 ⑩ Edit profile 버튼을 클릭한다.

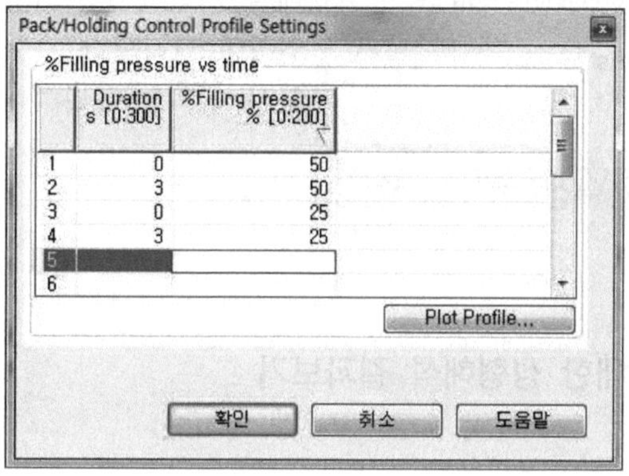

위 그림과 같이 총 6초의 보압시간을 3초씩 2단계로 입력하고 보압력은 50%에서 25%로 입력한다.

Plot Profile 버튼을 클릭한다.

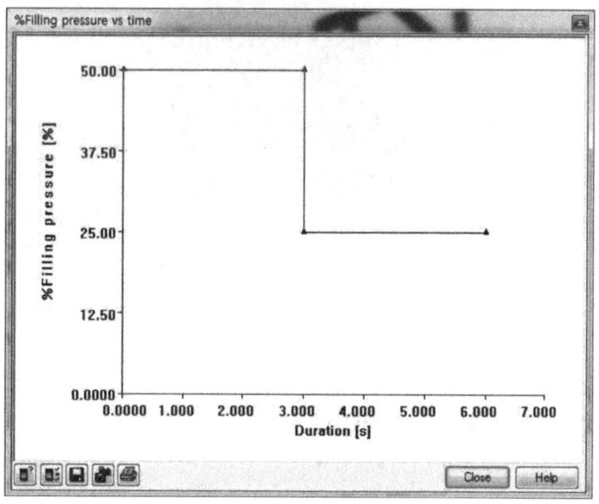

위 그림과 같이 보압이 설정된 것을 확인할 수 있다.
Close 버튼을 클릭한다.
Pack/holding control Profile Settings 창은 확인 버튼을 클릭하여 닫고 Process Setting Wizard 창은 OK 버튼을 클릭하여 닫는다.

(5) 해석 수행하기

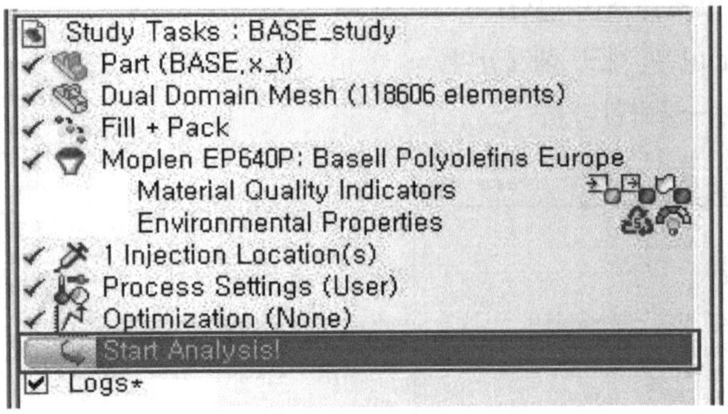

Tasks 창의 Start Analysis 부분에서 더블 클릭하여 해석을 시작한다.
해석이 완료되면 Analysis complete라는 확인창이 나타난다.
확인 버튼을 클릭하여 확인창을 닫는다.

(6) 기존 게이트 방식에 대한 성형해석 결과보기

1) Fill time

Tasks 창 Results에서 Flow의 Fill time을 체크한다.

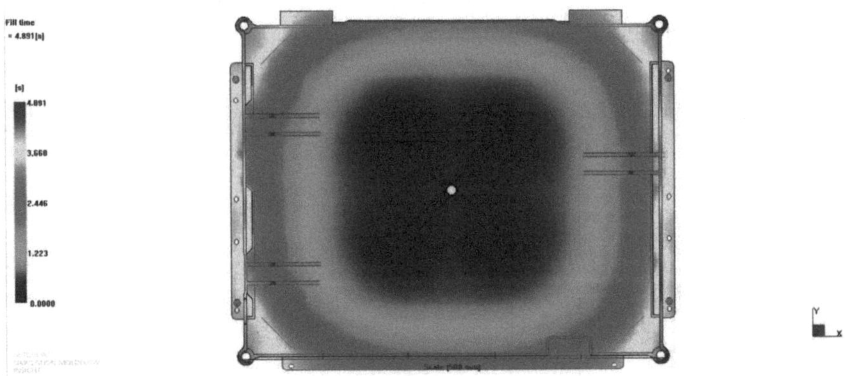

메뉴창에서 Results 아이콘을 실행한다.

메뉴창의 Animation 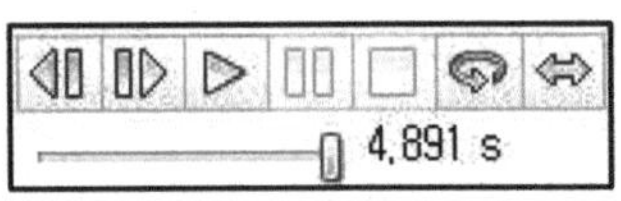

아이콘들을 이용하여 해석결과를 아래 그림과 같이 동영상으로 확인할 수 있다.

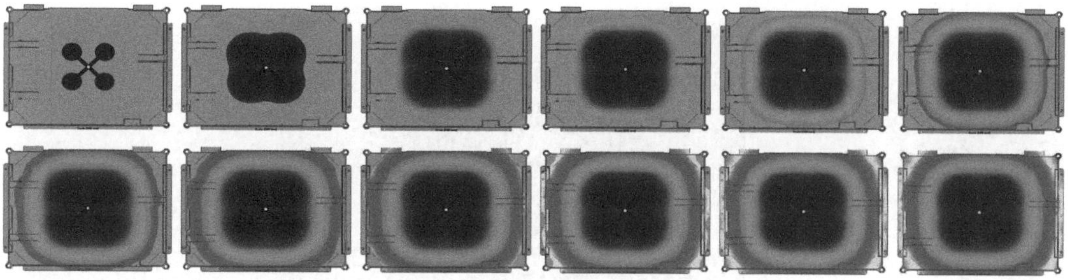

위의 그림과 같이 재료가 가장 늦게 충전되는 구간은 좌측 모서리 부분이며 좌우의 충전되는 양의 차이로 캐비티 내의 압력차이가 발생하게 된다.
압력차이는 수축율 차이에 영향을 미치며 휨의 원인으로 작용하게 된다.
따라서 이러한 충전 차이를 줄여줄 수 있게 게이트 위치를 재선정하여야 한다.

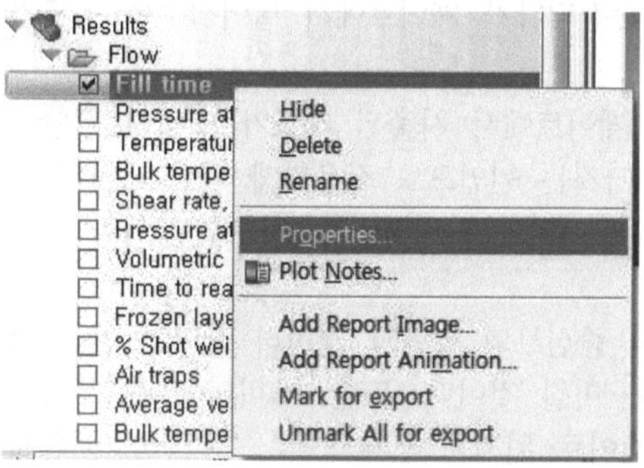

Results의 Flow에서 Fill time에 MB3을 클릭하고 Properties 를 실행한다.

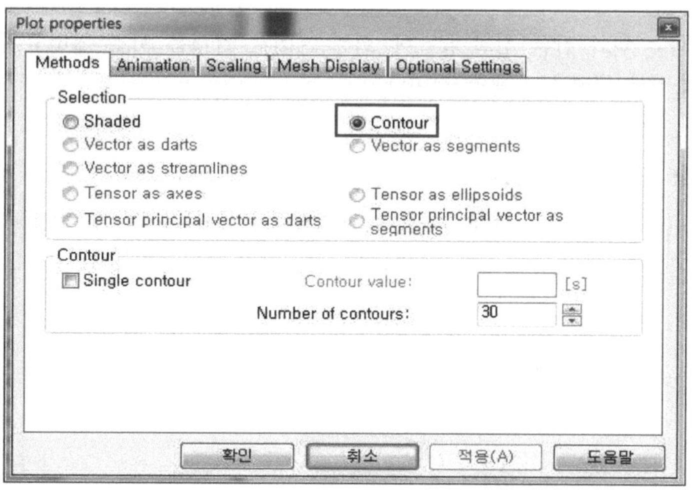

앞 그림과 같이 Plot Properties 창이 나타나면 Selection의 Contour를 체크하고 확인 버튼을 클릭한다.

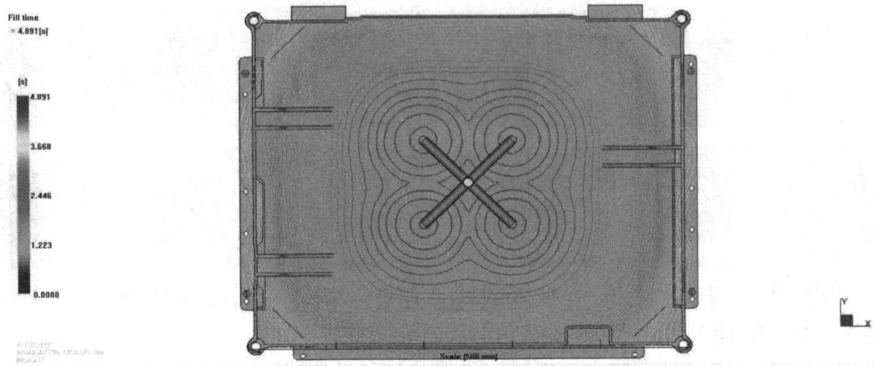

위 그림과 같이 Fill time 결과를 실선으로 확인할 수 있다.

실선의 간격이 넓을수록 충전 선단의 속도가 빠르며, 좁을수록 충전 선단의 속도가 느린 것을 의미한다. 게이트 주변의 충전 선단의 속도가 빠르게 충전되다가 게이트에서 멀어질수록 속도가 느려지다가 끝단에 가까워질수록 다시 속도가 빨라진다.

4개의 게이트 위치를 살펴보면 캐비티 중심부에 각 게이트에서 사출된 재료가 캐비티 끝단에 비해 빠르게 충전된다. 이는 캐비티 중심부의 압력이 높아지는 원인으로 작용하게 되며 캐비티 끝단의 압력은 상대적으로 낮아지는 결과를 가져오게 된다. 이러한 압력차이가 수축율 차이와 휨의 원인으로 발생하게 된다.

따라서 4개의 게이트 간격을 넓게 재선정하여 캐비티 중심부의 압력과 캐비티 끝단의 압력 차이를 감소시켜주는 것이 제품 품질 향상에 좋은 영향을 미칠 것이다. 또한, 캐비티 우측 부분이 좌측 부분에 비해 늦게 충전되는 것을 방지하기 위해 게이트 위치를 전체적으로 우측으로 이동시킬 필요도 있다.

4.1.3 절에서는 위와 같은 결과 분석에 의해 게이트 간격을 서로 넓히고 위치를 기존의 위치보다 우측으로 옮겨서 해석을 진행할 것이다.

2) Pressure at V/P switchover

Tasks 창 Results에서 Flow의 Pressure at V/P switchover를 체크한다.

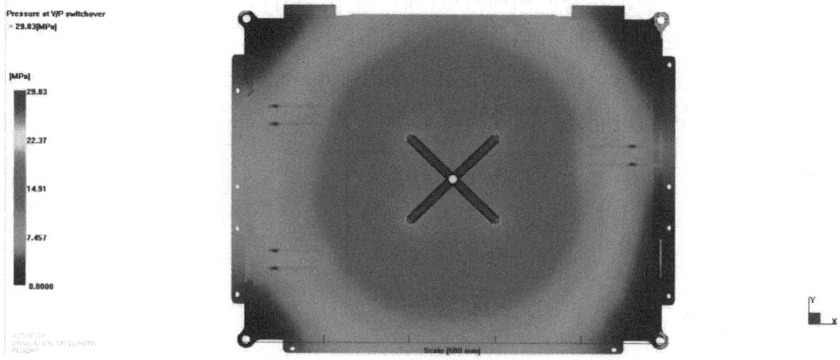

앞의 그림과 같이 Pressure at V/P switchover는 보압절환시의 압력값을 보여주고 있으며 일반적으로 보압절환시에 충전압력이 가장 높게 나타난다.

본 해석에서는 보압절환시의 충전압력값이 최대 29.83MPa로 발생하며 이는 성형성에는 큰 영향을 미치지 못하나, 휨량을 줄이기 위해서는 충전압력을 줄이는 것을 권장한다. 사출성형조건을 입력할 때, Velocity/Pressure switch-over를 By %volume filled로 선택하고 99%를 입력하였기 때문에 캐비티 충전율이 99%일 때, 보압으로 전환된다.

보압절환시 충전압력을 살펴보면 캐비티 중심부가 캐비티 끝단에 비해 높게 발생하며 이는 Fill time 결과를 분석한 것과 동일하다. 캐비티 압력분포를 줄여주는 것이 휨 발생량을 감소시킬 수 있기 때문에 Fill time 분석시 거론한 바와 같이 게이트 간격을 넓혀주어야 한다.

보압시 충전하기 위해 충전되지 않은 나머지 1% 구간인 앞 그림 표시부를 살펴보면 캐비티의 각 모서리 구간이 가장 늦게 충전되며 앞서 Fill time 결과에서 확인한 바와 동일하다. 따라서 게이트 위치 변경시 현재 위치에서 우측으로 이동하는 것이 필요하다.

3) Clamp force:XY Plot

Tasks 창 Results에서 Flow의 Clamp force:XY Plot을 체크한다.

Clamp force:XY Plot은 시간별 형체력을 나타낸 그래프이다.

일반적으로 형체력은 충전압력에 비례하기 때문에 충전압력이 높을수록 형체력도 증가한다. 형체력은 사출성형기를 선택할 때 가장 큰 기준이 되며 사출성형기의 최대형체력보다 사출성형시 발생하는 형체력이 높게 발생하게 되면 금형이 휘거나 열리는 문제가 발생하게 된다. 또한 미세하게 금형 파팅이 열리면서 플래쉬가 발생하는 문제를 야기한다.

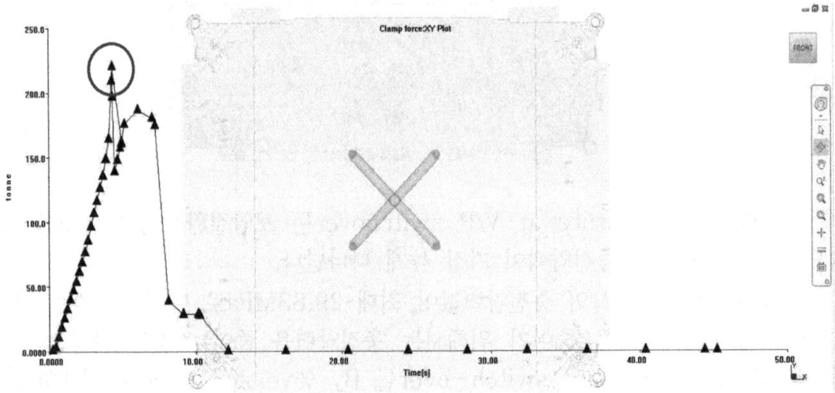

Plots의 Examine 아이콘을 실행한다.
그림의 표시부를 클릭한다.

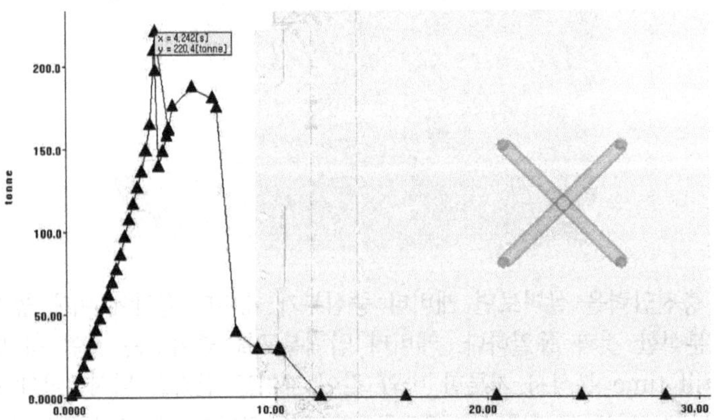

위 그림과 같이 클릭한 구간의 시간과 형체력값이 나타난다.
최대형체력은 y값인 220.4ton으로 x값인 4.242초에 발생한다.

Time (s)	Volume (%)	Pressure (MPa)	Clamp force (tonne)	Flow rate (cm^3/s)	Status
0.201	2.78	12.34	0.66	292.10	V
0.404	7.73	13.50	2.85	301.38	V
0.601	12.42	15.09	10.73	296.39	V
0.804	17.27	16.44	18.24	302.70	V
1.003	22.04	17.36	25.04	301.69	V
1.202	26.82	18.30	32.32	304.53	V
1.401	31.60	19.11	39.75	304.54	V
1.606	36.57	19.84	46.77	305.98	V
1.800	41.23	20.46	53.54	306.45	V
2.005	46.14	21.12	61.21	307.02	V
2.201	50.86	21.70	68.63	307.23	V
2.402	55.67	22.28	76.51	307.60	V
2.606	60.55	22.88	85.60	307.88	V
2.806	65.30	23.53	96.47	307.85	V
3.005	70.04	24.14	106.89	308.34	V
3.203	74.74	24.67	116.18	308.65	V
3.408	79.63	25.21	126.02	308.89	V
3.603	84.23	25.73	135.83	309.05	V
3.802	88.94	26.37	148.51	309.22	V
4.005	93.70	27.16	164.16	309.51	V
4.202	98.12	29.33	209.20	309.51	V
4.242	99.01	29.83	220.39	307.28	V/P
4.252	99.18	14.91	196.81	-105.07	P
4.401	99.59	14.91	139.08	42.45	P
4.602	99.80	14.91	147.93	35.94	P
4.803	99.94	14.91	157.15	30.13	P
4.889	99.99	14.91	160.72	28.23	P
4.893	100.00	14.91	161.71	27.86	Filled

Analysis Log창을 확인해 보면 4.242초의 Status가 V/P라는 것을 확인할 수 있다.

이는 4.242초에 보압절환이 되며 이때 충전압력이 가장 높은 것을 앞서 확인한 바가 있다.

따라서 최대형체력이 발생하는 구간은 충전압력이 가장 높은 구간임을 알 수 있다.

하지만 무조건 최대형체력이 충전압력이 가장 높은 구간에 발생하는 것은 아님을 명심하여야 한다.

4) Weld lines

Tasks 창 Results에서 Flow의 Weld lines을 체크한다.

Weld lines는 각 게이트에서 사출되어지는 재료의 유동선단이 만나는 부위에 실선 형상이 발생하는 불량이다.

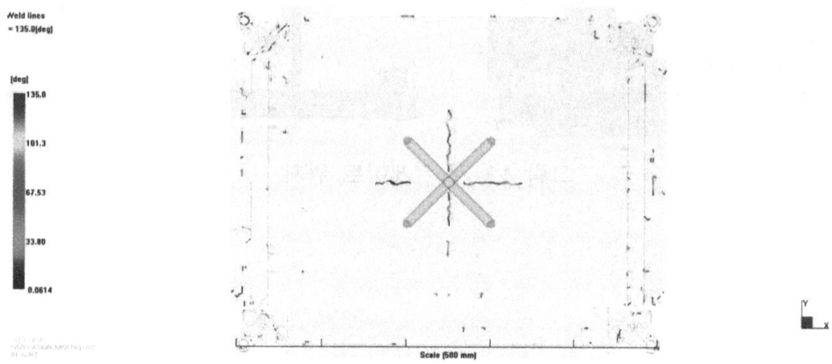

위 그림과 같이 4개의 게이트로 인해 발생하는 웰드라인을 확인할 수 있다.

4개의 게이트 사이에 웰드라인이 발생하며 135°까지의 결과만 확인할 수 있다. 이는 웰드라인 생성각이 135° 이상일 경우, 웰드라인이 발생하지 않는다는 실험값에 의한 것이다. 따라서 용융수지 흐름을 게이트 위치나 제품 두께 수정을 통해 웰드라인 생성각을 135°이상으로 생성시켜 웰드라인을 제거시킬 수 있다.

4.1.3 개선후 게이트 방식에 대한 성형해석

4.1.2절의 해석 결과에서 나타난 바와 같이 게이트 위치를 각 게이트 간의 간격을 늘리고 4점의 게이트를 우측으로 이동시킬 필요가 있다. 이는 각 게이트에서 충전되어지는 수지의 양을 동일하게 가져감으로서 캐비티에 발생되는 충전압력을 감소시키고 형체력을 줄일 수 있다.

그림 4.3은 기존 게이트 위치에서의 결과 분석에 따른 개선 게이트 위치를 나타낸 그림이다.

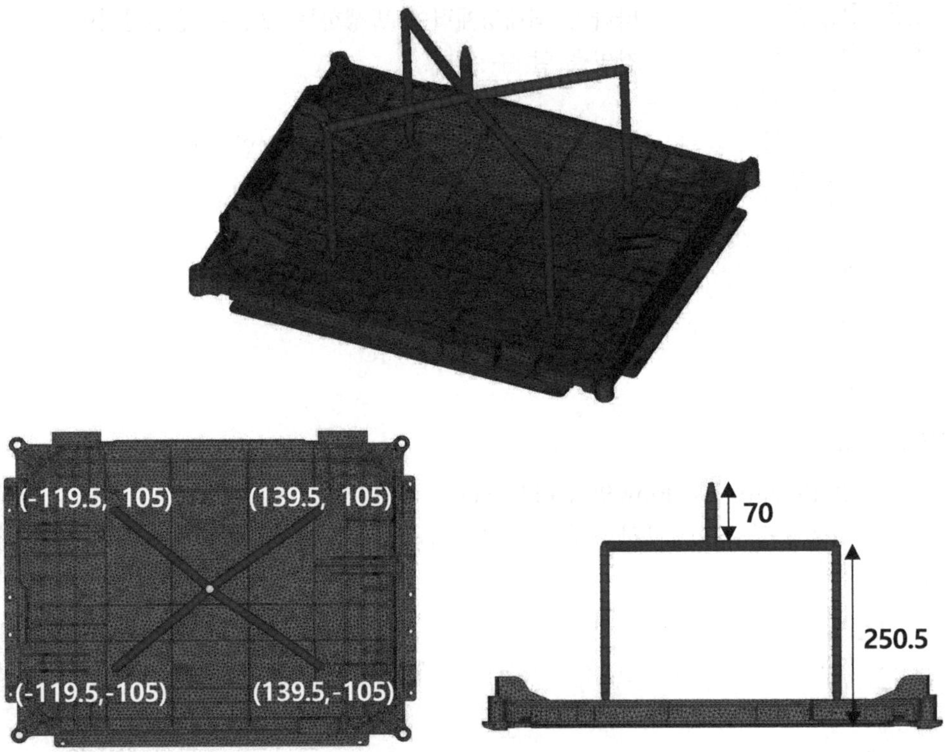

그림 4.3 개선 게이트 위치

(1) 러너 시스템 메쉬 수정하기

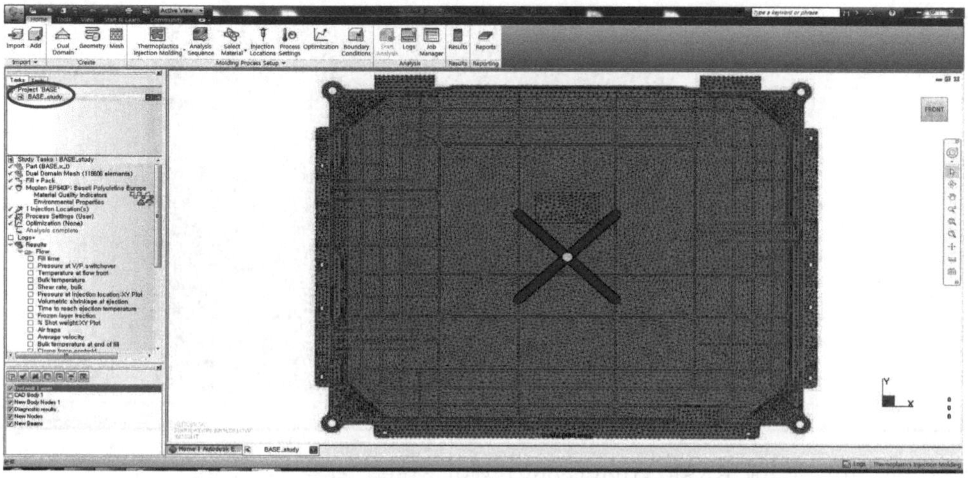

좌측 상단 Tasks 창의 BASE_study에서 MB3버튼을 클릭한다.

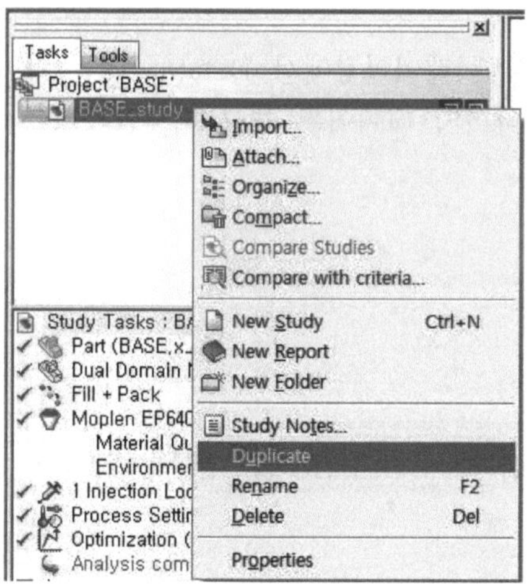

Duplicate를 실행한다.

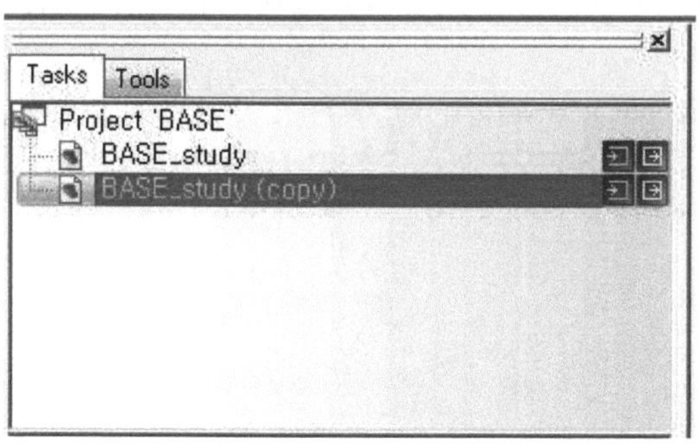

BASE_study(copy)가 생성된 것을 볼 수 있다.
BASE_study(copy)를 더블 클릭한다.

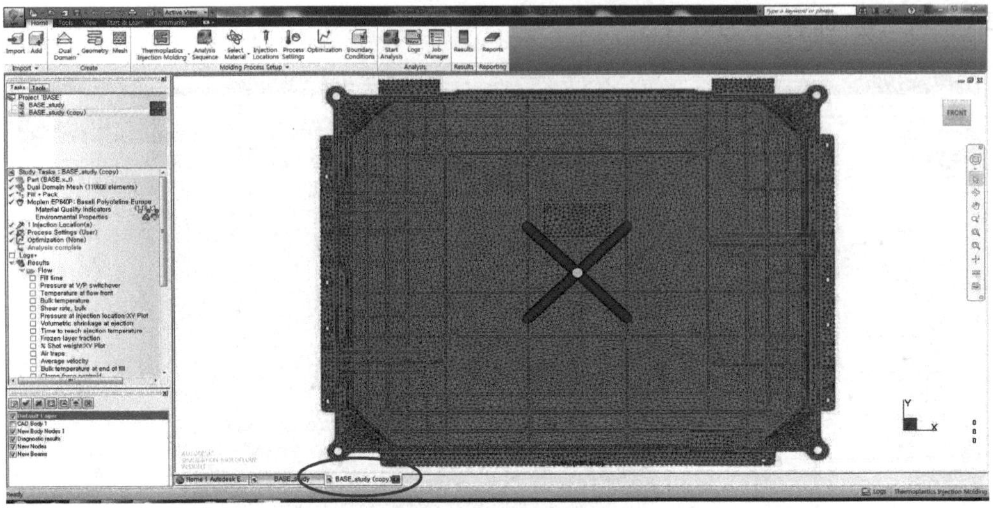

위 그림과 같이 하단에 BASE_study(copy) 탭이 생성된 것을 볼 수 있다.

기존 해석한 스터디 화면으로 전환하고자 하면 하단 탭에서 원하는 스터디를 클릭하면 된다.

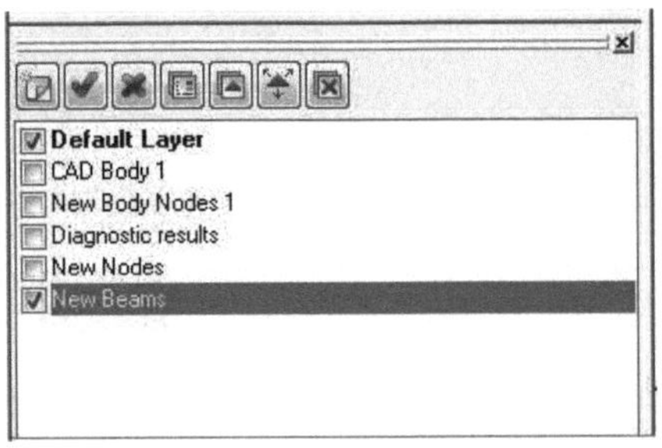

왼쪽 그림과 같이 좌측 하단 레이어창에서 Default Layer와 New Beams를 제외하고 나머지 레이어는 체크 해제한다.

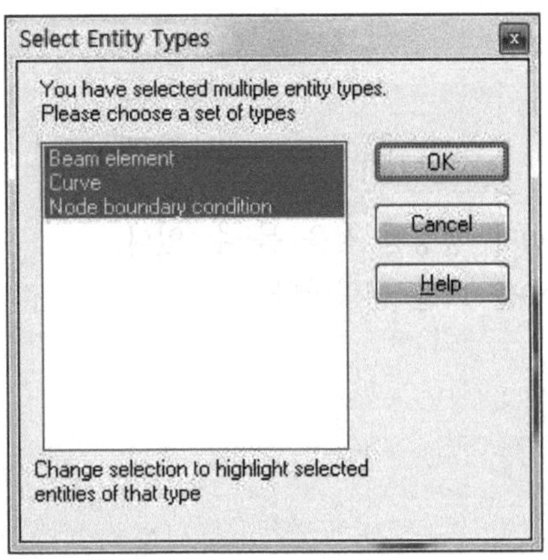

화면에 나오는 Beam 메쉬와 수지주입구를 전부 선택하고 Del키를 누른다.

왼쪽 그림과 같이 Select Entity Types 창이 나타나면 OK 버튼을 클릭한다.

레이어창에서 New Nodes를 체크하면 다음 그림과 같이 기존 러너 시스템의 노드만 나타난다.

Geometry 아이콘을 실행한다.

Curves 아이콘의 Create Line 아이콘을 실행한다.

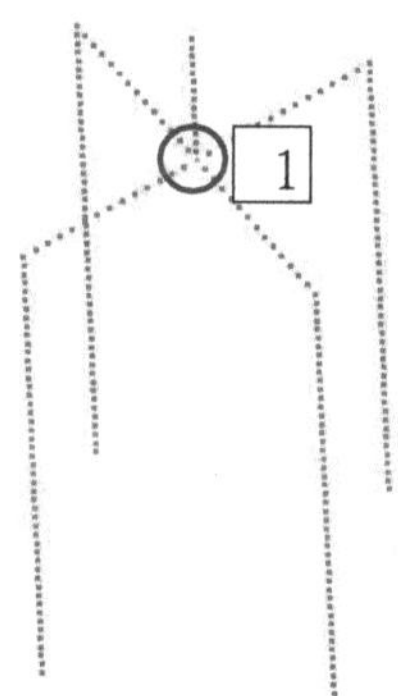

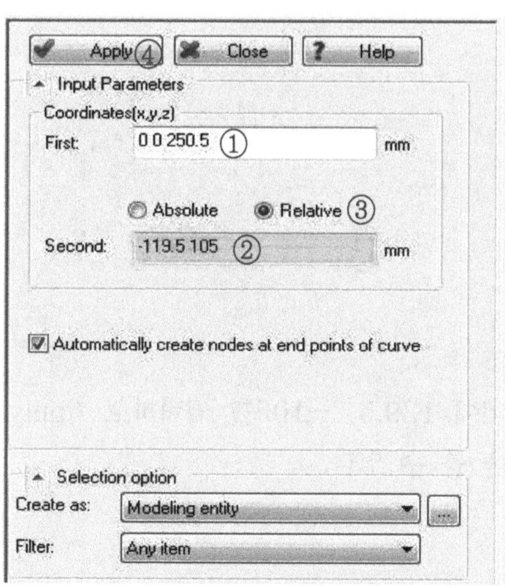

왼쪽 그림과 같이 First에 위 그림의 ① 1번 노드를 선택한다.

Second에 ② -119.5, 105를 입력한다.

③ Relative를 체크하고 ④ Apply 버튼을 클릭한다.

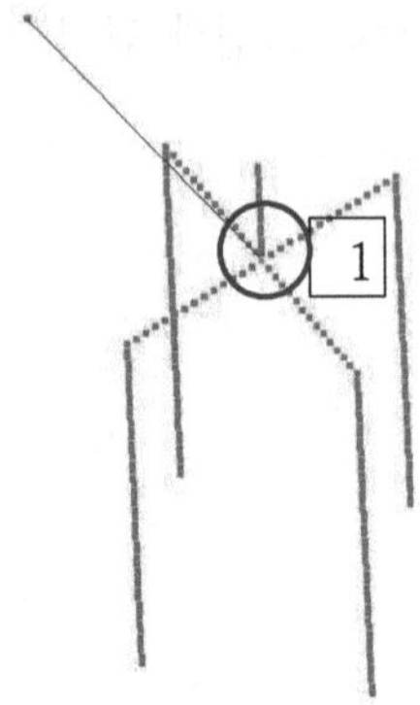

위 그림과 같이 First는 기존의 1번 노드를 선택하고 Second에 139.5, 105를 입력하고 Apply 버튼을 클릭한다.

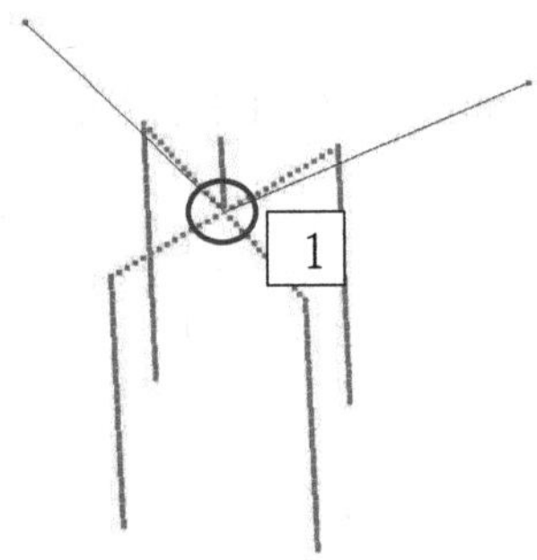

앞의 그림과 같이 First는 기존의 1번 노드를 선택하고 Second에 −119.5, −105를 입력하고 Apply 버튼을 클릭한다.

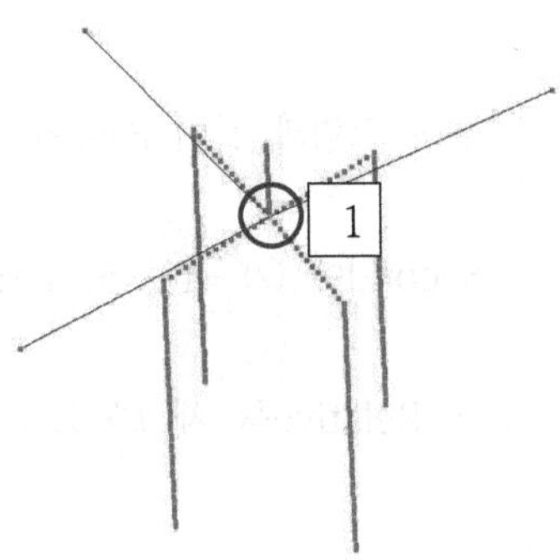

위 그림과 같이 First는 기존의 1번 노드를 선택하고 Second에 139.5, −105를 입력하고 Apply 버튼을 클릭하면 아래 그림과 같이 X자 형태의 선이 생성된 것을 볼 수 있다.

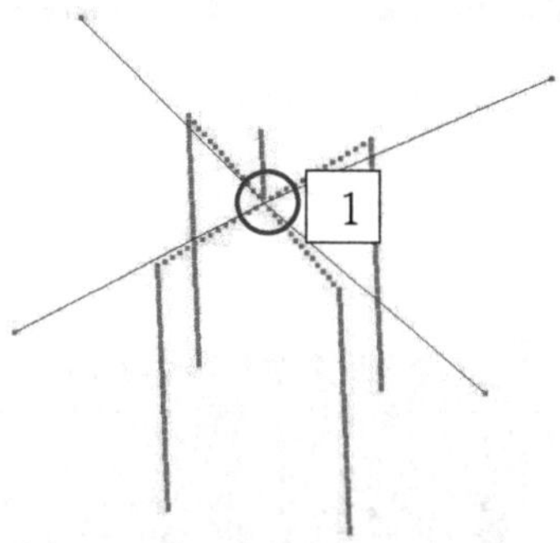

위 그림과 같이 First는 기존의 1번 노드를 선택하고 Second에 0, 0, 50을 입력하고 Apply 버튼을 클릭한다.

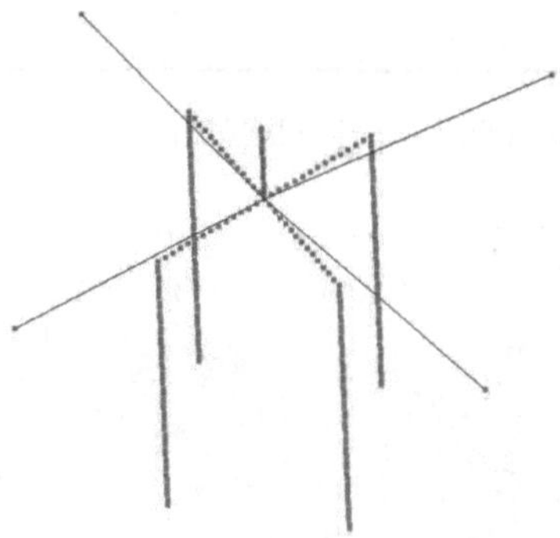

Second에 0, 0, 20을 입력하고 Apply 버튼을 클릭한다.

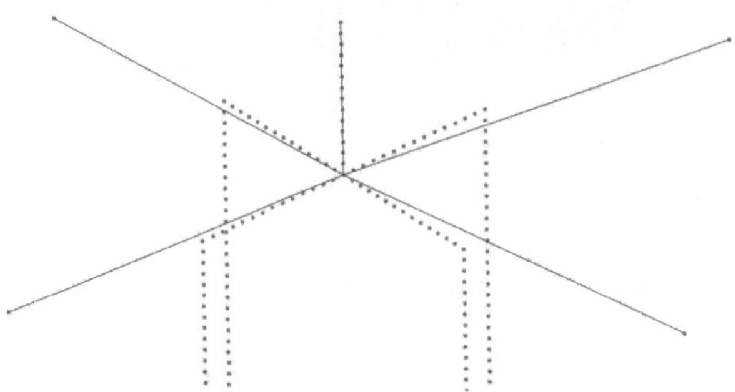

위 그림과 같이 핫 러너 시스템의 매니폴더와 스프루 부분의 선이 생성된 것을 볼 수 있다.
레이어창에서 CAD Body1을 제외한 모든 레이어를 체크한다.

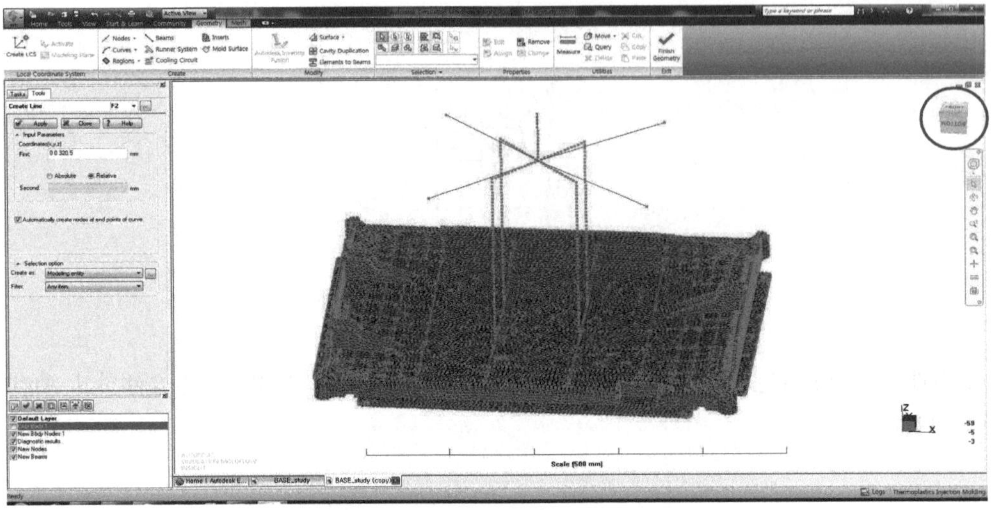

위 그림 표시부인 뷰큐브에서 FRONT 뷰를 선택한다.

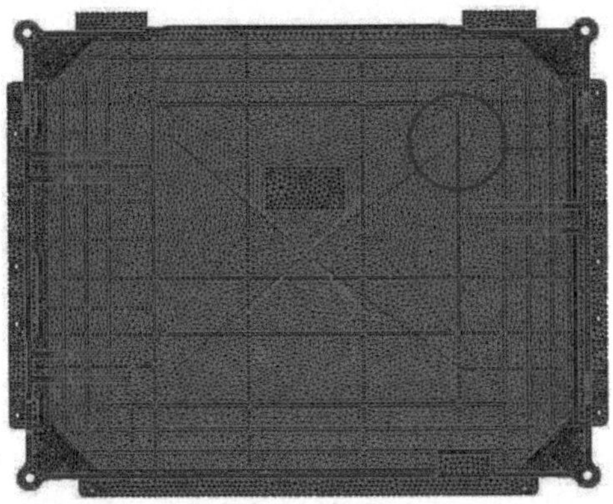

앞의 그림의 표시부를 확대한다.
메뉴창에서 Mesh를 클릭한다.

Mesh Repair의 Insert Nodes 아이콘을 실행한다.

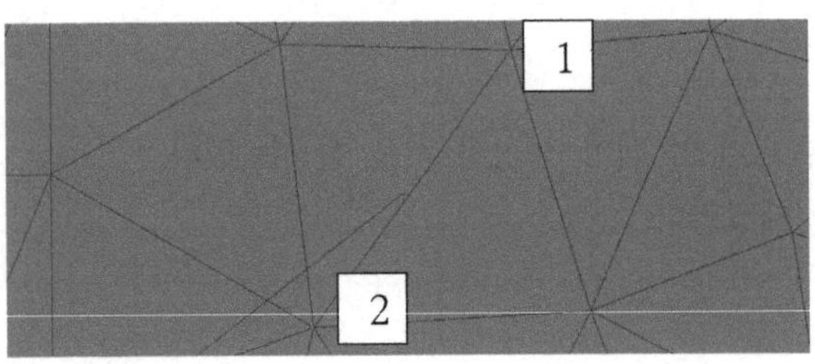

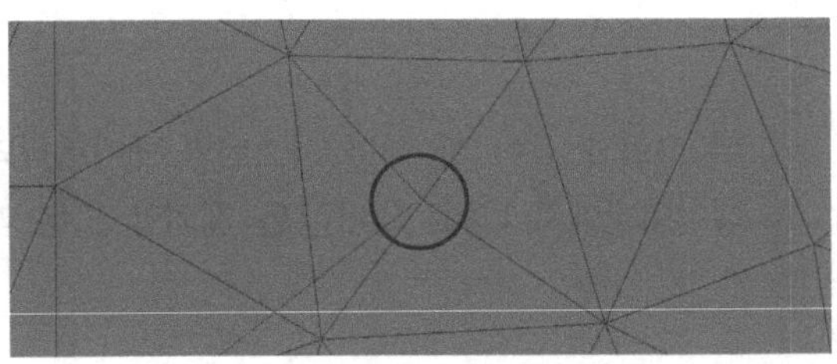

앞의 그림과 같이 1번 노드와 2번 노드를 차례로 선택한 후 Apply 버튼을 클릭한다.
메뉴창의 Geometry를 클릭한다.

Utilities의 Move  에서 Translate  아이콘을 실행한다.

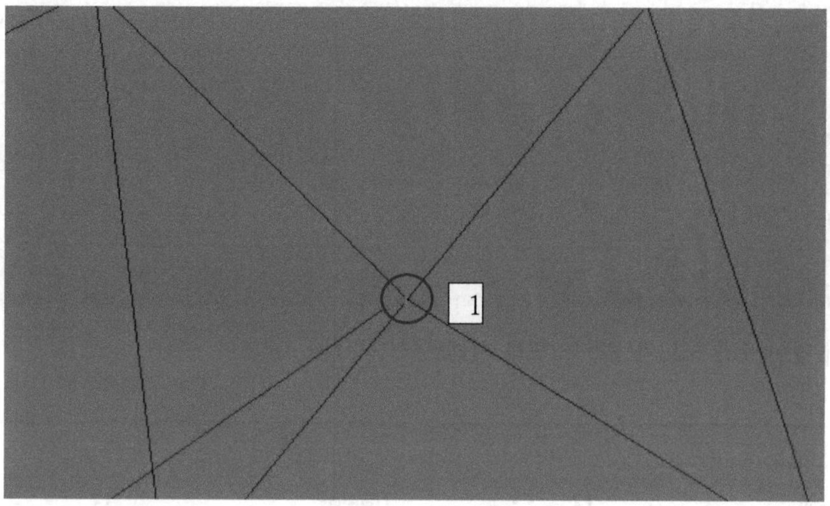

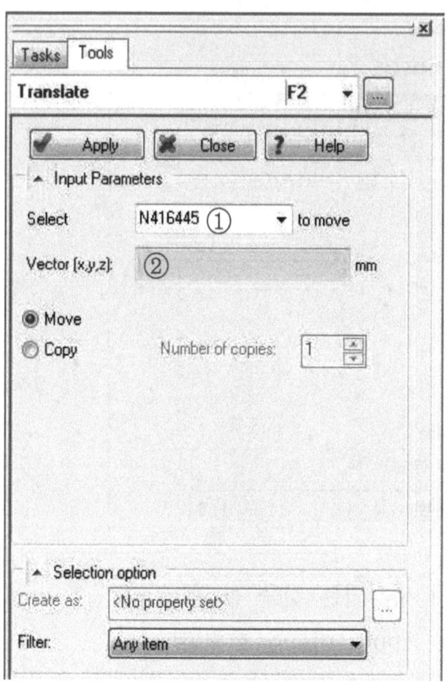

Select에서 ① 1번 노드를 선택한다.

Vector(x,y,z):의 ② 옆 빈칸을 클릭한다.

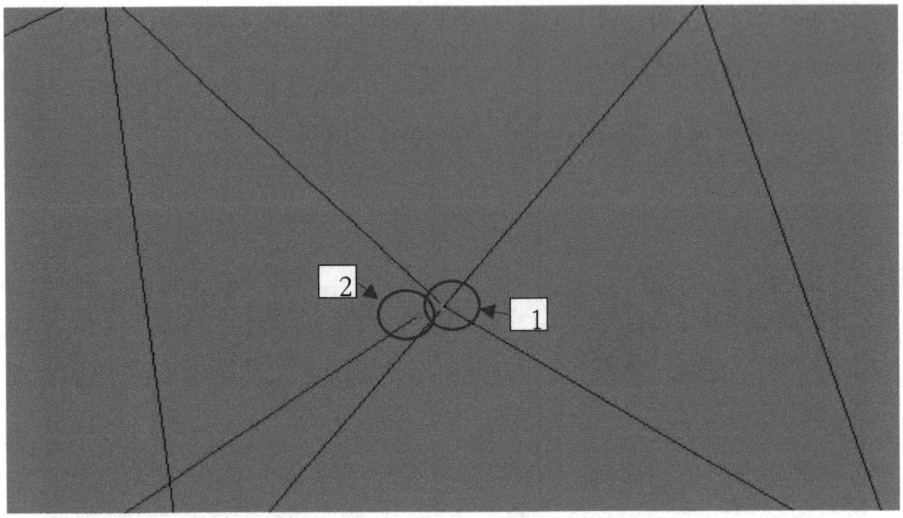

위 그림과 같이 1번 노드와 2번 노드를 차례로 선택한다.

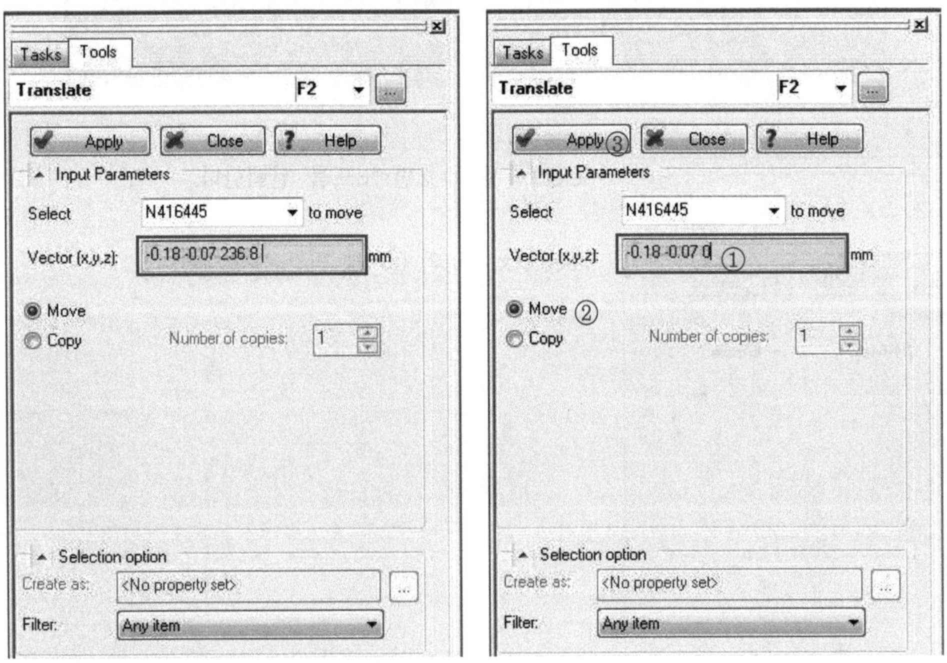

위 그림과 같이 Vector(x,y,z):에 −0.18, −0.07, 236.8㎜가 생성되는 것을 볼 수 있다. Z값인 ① 236.8을 0으로 수정한 후, ② Move를 체크하고 ③ Apply 버튼을 클릭한다.

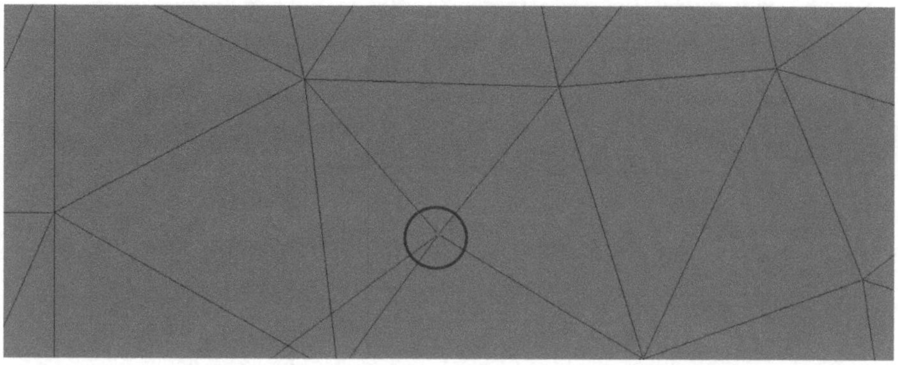

위 그림과 같이 1번 노드가 이동한 것을 볼 수 있다.

나머지 3개도 Mesh 메뉴의 Mesh Repair의 Insert Nodes 아이콘을 이용하여 메쉬를 수정한 후, Geometry 메뉴의 Utilities의 Move 의 Translate 아이콘을 이용하여 아래 그림과 같이 노드를 이동시킨다.

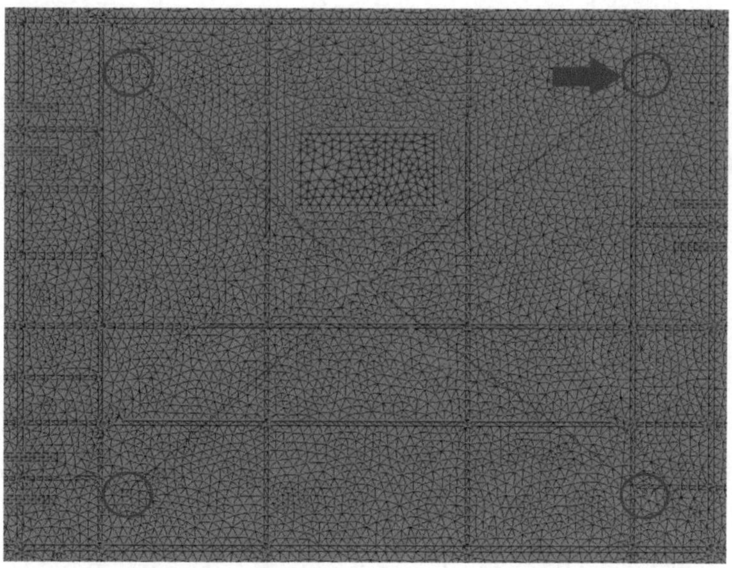

위 그림의 표시부인 우측 상단 노드를 확대한다.
다음 그림과 같이 보이도록 화면을 약간 회전시킨다.

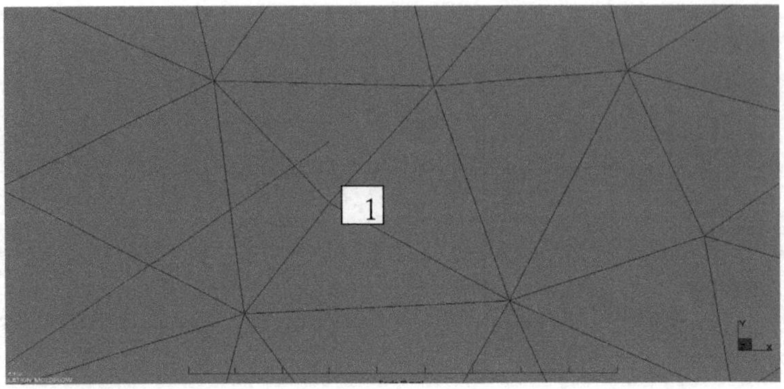

Curves 아이콘의 Create Line 아이콘을 실행한다.

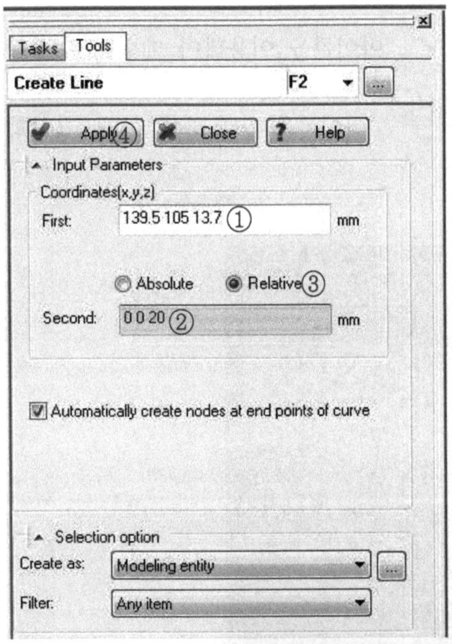

First에서 ① 1번 노드를 선택한다.

Second에서 ② 0, 0, 20을 입력하고 ③ Relative체크를 확인한 후, ④ Apply 버튼을 클릭한다.

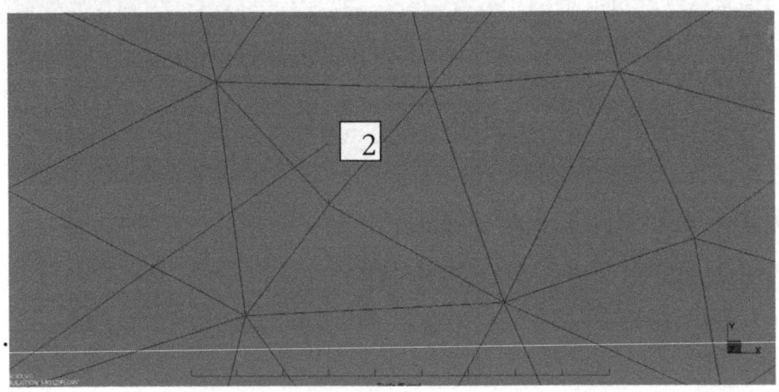

위 그림과 같이 Second에 2번 노드를 선택하고 Apply 버튼을 클릭하면 아래 그림과 같이 선이 생성된 것을 볼 수 있다.

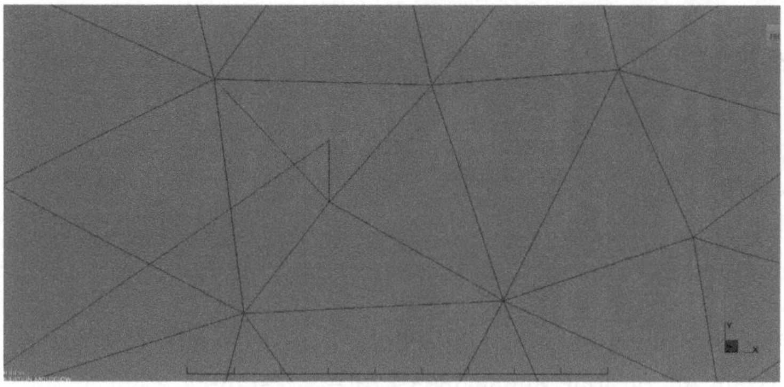

이동시킨 나머지 3개 노드에도 같은 방법으로 선을 생성시킨다.
선들을 다 생성시켰으면 Close 버튼을 클릭한다.
레이어창에서 Defualt Layer를 제외한 모든 레이어의 체크를 해제한다.

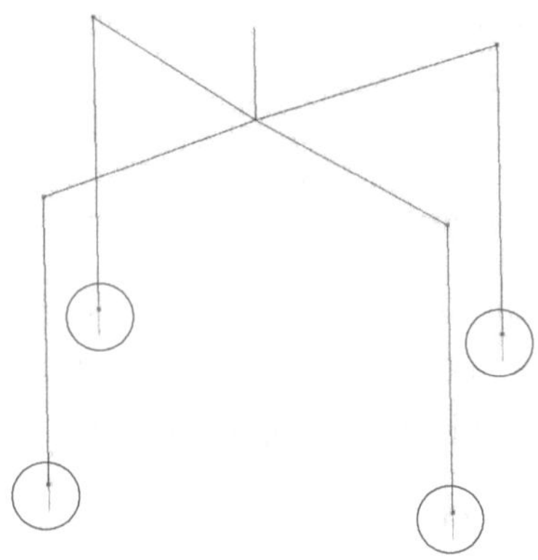

위 그림의 표시부 선 4개를 Ctrl+ 선택한다.
MB3을 클릭한 후 Properties를 실행한다.
확인창이 나타나면 예 버튼을 클릭한다.
Assign property 창이 나타나면 New 버튼을 클릭한 후 Hot gate를 선택한다.

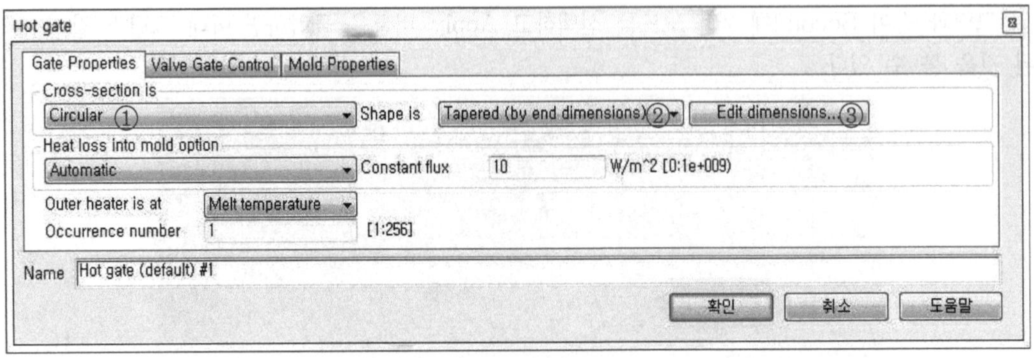

위 그림과 같이 Cross-section is에서 단면형상은 ① Circular를 선택하고 ② Tapered(by end dimensions)를 선택한 후, ③ Edit dimensions... 버튼을 클릭한다.

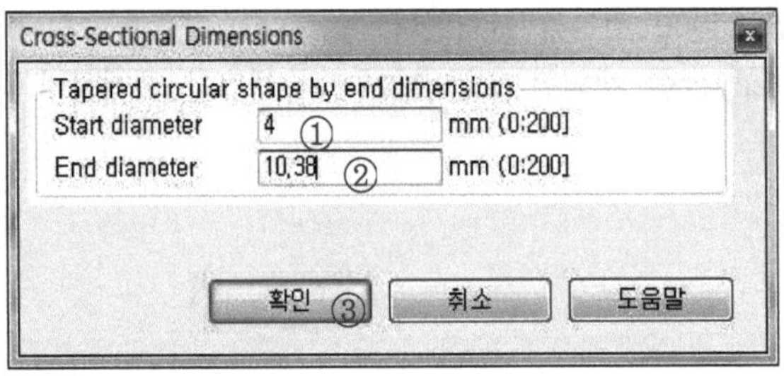

위 그림과 같이 Cross-Sectional Dimensions창이 나타나면 Start diameter에는 ① 4 ㎜를 입력하고 End diameter에는 ② 10.38 ㎜를 입력하고 확인 버튼을 클릭한다.

Hot gate창도 확인 버튼을 클릭하여 닫고 Assign property 창도 OK 버튼을 클릭하여 닫는다.

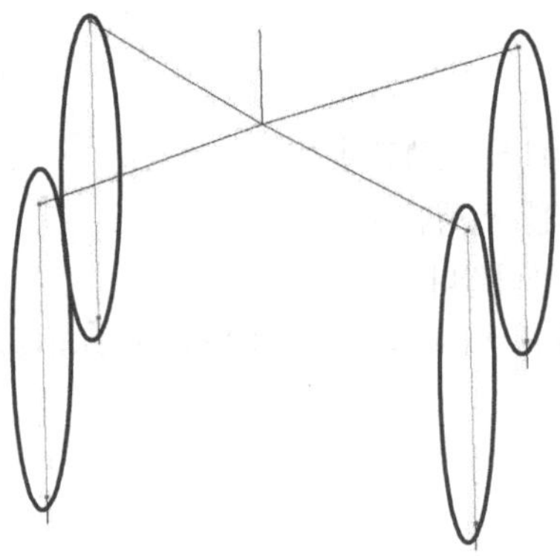

위 그림의 표시부 선 4개를 Ctrl+ 선택한다.

MB3을 클릭한 후, Properties를 실행한다.

확인창이 나타나면 예 버튼을 클릭한다.

Properties 창이 나타나면 New 버튼을 클릭한 후, 왼쪽 그림과 같이 Hot runner를 선택한다.

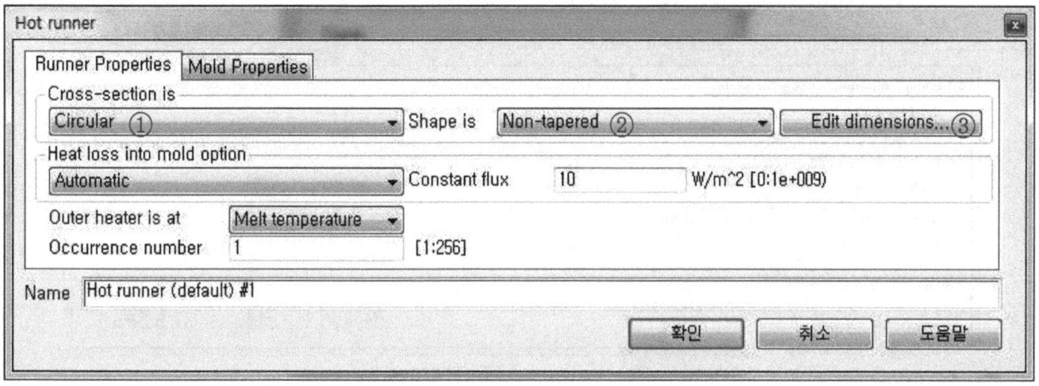

위 그림과 같이 Cross-section is에서 단면형상은 ① Circular를 선택하고 ② Non-tapered를 선택한 후, ③ Edit dimensions... 버튼을 클릭한다.

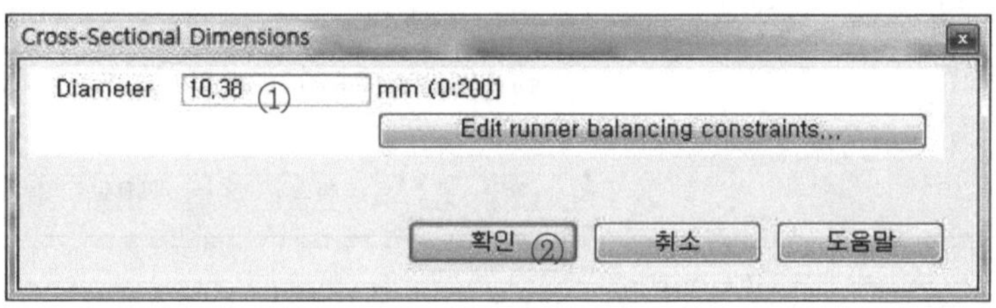

위 그림과 같이 Diameter에 ① 10.38 ㎜를 입력하고 ② 확인 버튼을 클릭한다.

Hot runner 창도 확인 버튼을 클릭하여 닫고 Assign property 창도 OK 버튼을 클릭하여 닫는다.

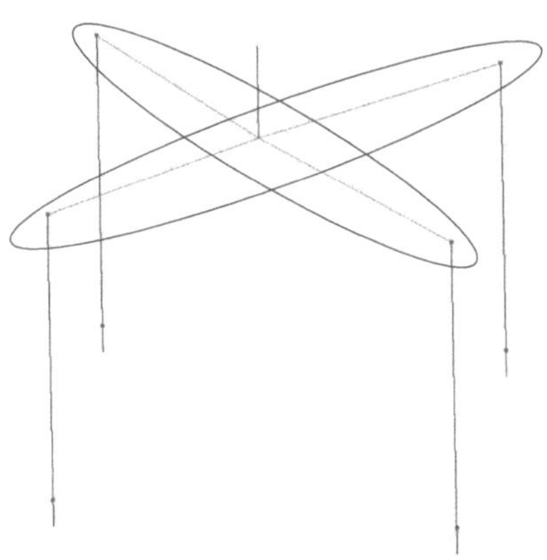

위 그림의 표시부 X자형의 선 4개를 Ctrl+ 선택한다.
MB3을 클릭한 후, Properties를 실행한다.
확인창이 나타나면 예 버튼을 클릭한다.
Properties 창이 나타나면 New 버튼을 클릭한 후, Hot runner를 선택한다.

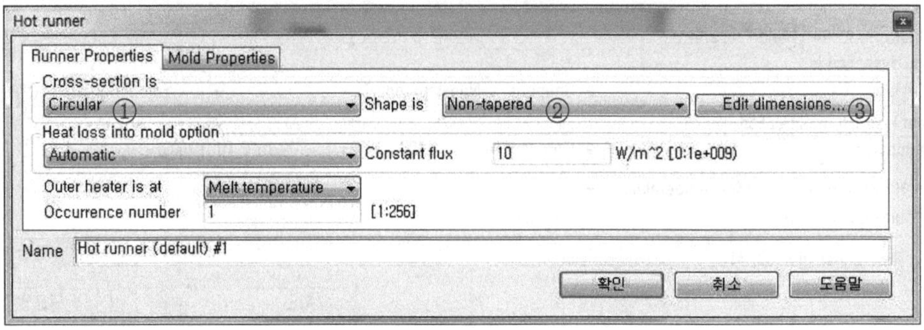

위 그림과 같이 Cross-section is에서 단면형상은 ① Circular를 선택하고 ② Non-tapered를 선택한 후, ③ Edit dimensions... 버튼을 클릭한다.

위 그림과 같이 Diameter에 ① 12 ㎜를 입력하고 ② 확인 버튼을 클릭한다.
Hot runner 창도 확인 버튼을 클릭하여 닫고 Assign property 창도 OK 버튼을 클릭하여 닫는다.

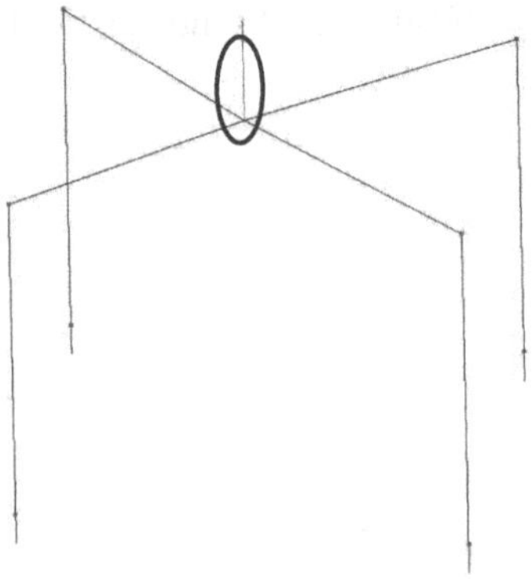

위 그림의 표시부 선 1개를 선택한다.

MB3을 클릭한 후, Properties를 실행한다.
확인창이 나타나면 예 버튼을 클릭한다.
Properties 창이 나타나면 New 버튼을 클릭한 후, Hot runner를 선택한다.

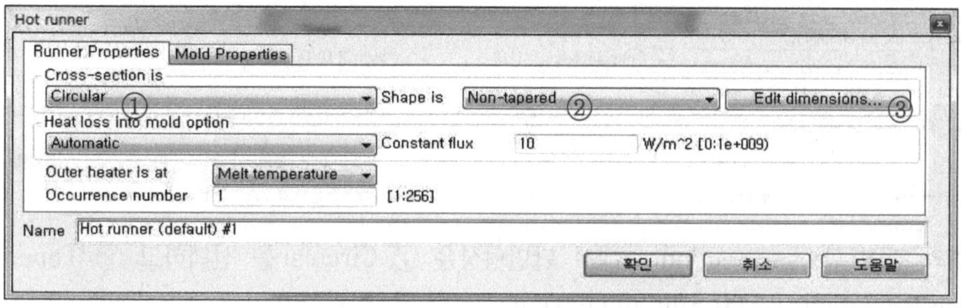

위 그림과 같이 Cross-section is에서 단면형상은 ① Circular를 선택하고 ② Non-tapered를 선택한 후, ③ Edit dimensions... 버튼을 클릭한다.

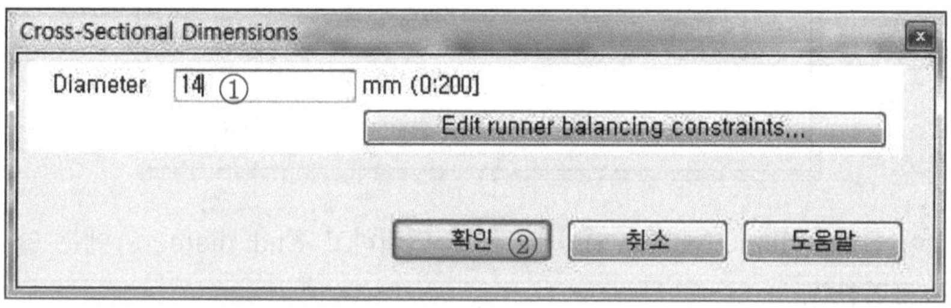

위 그림과 같이 Diameter에 ① 14 ㎜를 입력하고 ② 확인 버튼을 클릭한다.
Hot runner 창도 확인 버튼을 클릭하여 닫고 Assign property 창도 OK 버튼을 클릭하여 닫는다.

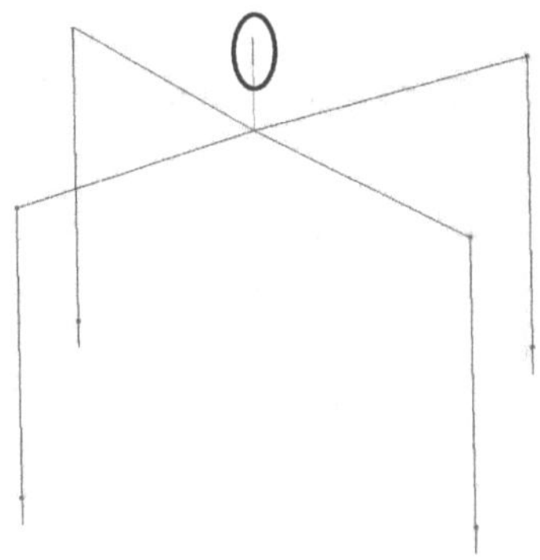

위 그림의 표시부 선 1개를 선택한다.
MB3을 클릭한 후, Properties를 실행한다.
확인창이 나타나면 예 버튼을 클릭한다.

Properties 창이 나타나면 New 버튼을 클릭한 후, Hot sprue를 선택한다.

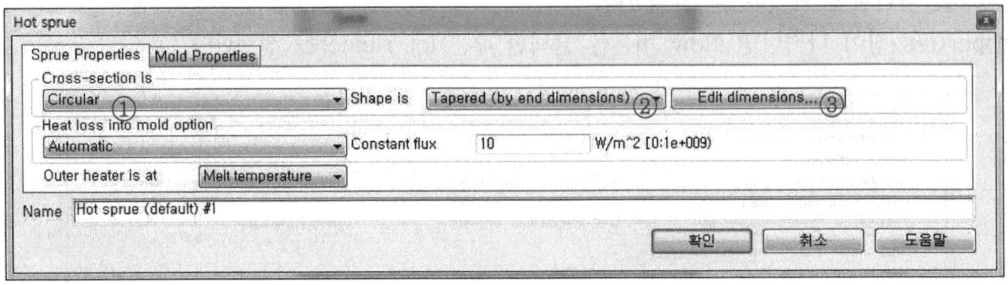

위 그림과 같이 Cross-section is에서 단면형상은 ① Circular를 선택하고 ② Tapered(by end dimensions)를 선택한 후, ③ Edit dimensions... 버튼을 클릭한다.

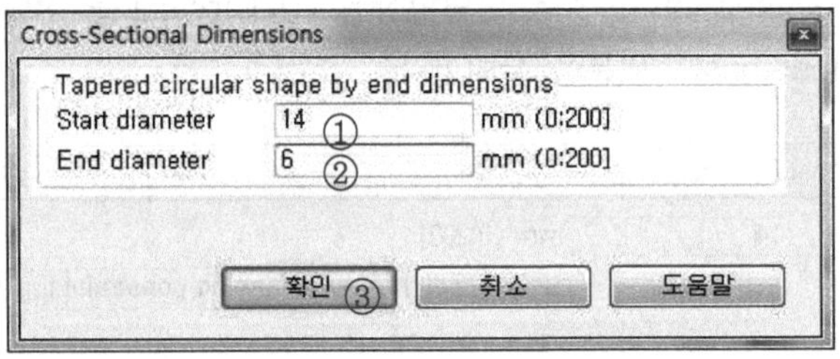

위 그림과 같이 Start diameter에는 ① 14 ㎜를 입력하고 End diameter에는 ② 6㎜를 입력하고 ③ 확인 버튼을 클릭한다.

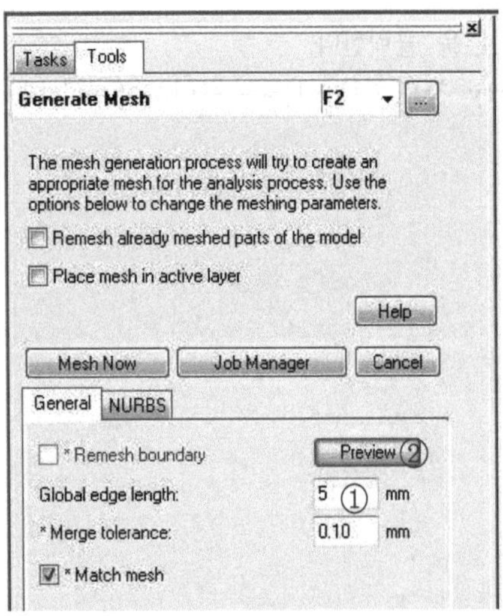

Hot gate 창도 확인 버튼을 클릭하여 닫고 Assign property 창도 OK 버튼을 클릭하여 닫는다.

Mesh메뉴의 Generate Mesh 아이콘을 클릭한다.

왼쪽 그림과 같이 Global edge length에 ① 5를 입력하고 ② Preview 버튼을 클릭하여 메쉬 사이즈를 확인한 후, Mesh Now 버튼을 클릭한다.

확인창이 나타나면 Close 버튼을 클릭한다.

러너 메쉬가 완료되어 Mesh completel 창이 나타나면 확인 버튼을 클릭한다.

레이어창에서 CAD Body1 레이어를 제외한 모든 레이어를 체크하면 아래 그림과 같이 제품 형상과 러너형상을 확인할 수 있다.

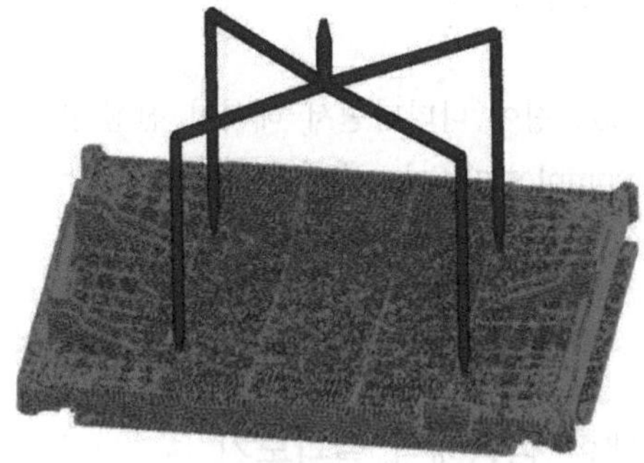

이것으로 게이트 위치 개선안 수정이 완료되었다.

(2) 해석 수행하기

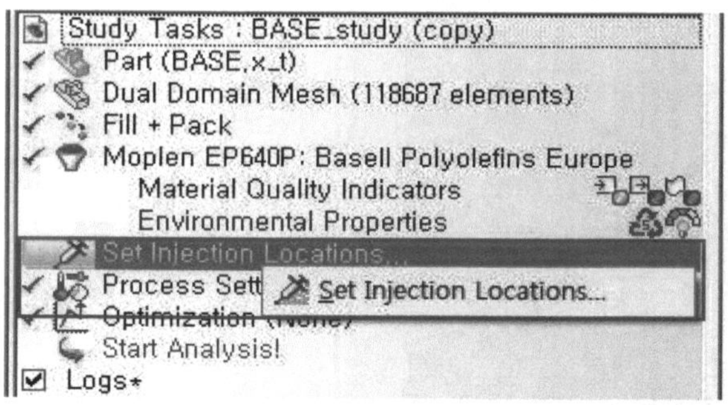

Tasks 창에서 Set Injection Locations부분에서 MB3을 클릭한다.

Set Injection Locations를 선택한다.

위 그림과 같이 스프루 제일 끝단 노드를 클릭하면 노란색 화살표가 생성되는 것을 볼 수 있다.

나머지 조건들은 기존안과의 비교를 위해 수정하지 않고 진행한다.
Tasks 창에서 Start Analysis 부분에서 더블 클릭하여 해석을 시작한다.
확인창이 나타나면 OK 버튼을 클릭한다.

모델링창 아래에 Analysis Log 창이 나타나면서 해석이 진행된다.
해석이 완료되면 Analysis complete이라는 확인창이 나타난다.
확인 버튼을 클릭하여 확인창을 닫는다.

(3) 개선후 게이트 방식에 대한 성형해석 결과보기

1) Fill time

Tasks 창 Results에서 Flow의 Fill time을 체크한다.

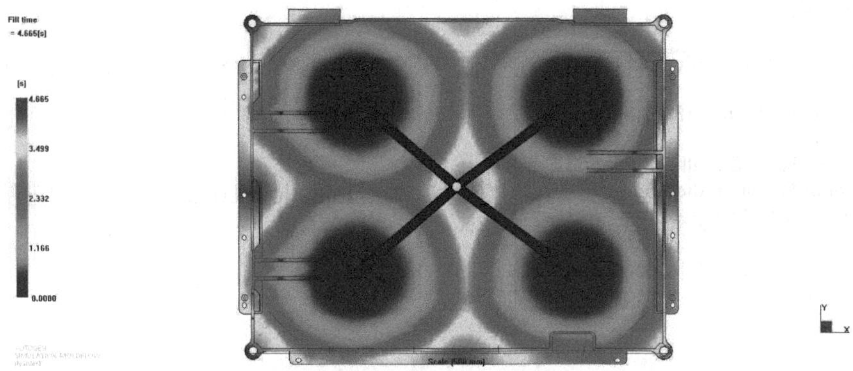

Result 메뉴의 Animation 아이콘들을 이용하여 해석결과치를 동영상으로 확인할 수 있으며, 단계별로 확인하면 아래 그림과 같다.

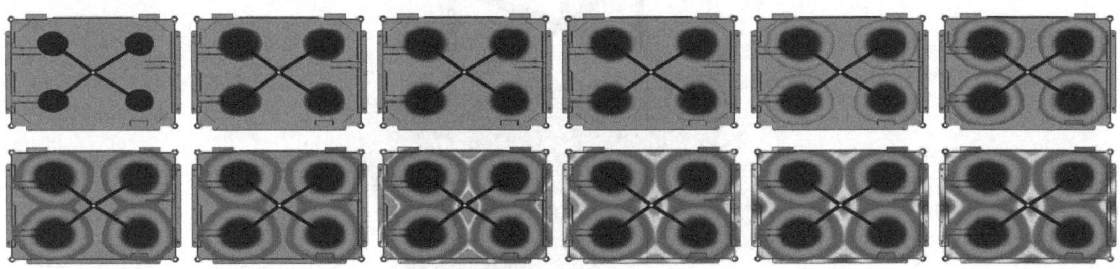

그림과 같이 재료가 가장 늦게 충전되는 구간이 기존의 게이트 위치보다 제품 끝단으로 균일하게 나타난다. 또한 100% 충전되었을 때의 시간이 기존 충전시간보다 빠르다. 이는 각 게이트에서 충전 끝단까지의 흐름이 원활하기 때문이며 보압시 기존 게이트 위치에 비해 원활한 압력전달이 가능하게 된다.

2) Pressure at V/P switchover

Tasks 창 Results에서 Flow의 Pressure at V/P switchover을 체크한다.

기존 게이트 위치의 해석에서는 보압절환시의 충전압력값이 최대 29.83 MPa로 발생하나 개선 게이트 위치에서는 23.12 MPa로 약 6.7 MPa이 감소하였다. 이는 캐비티 내에 발생하는 압력차이를 감소시키는 효과를 가져오며, 압력차이로 발생하는 휨량을 줄일 수 있다.

3) Clamp force:XY Plot

Tasks 창 Results에서 Flow의 Clamp force:XY Plot을 체크한다.

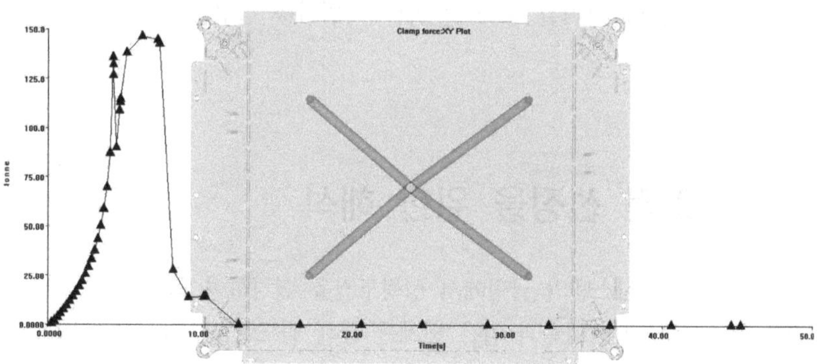

Plots의 Examine 아이콘을 실행한다.

XY그래프에서 가장 높은 지점을 클릭한다.

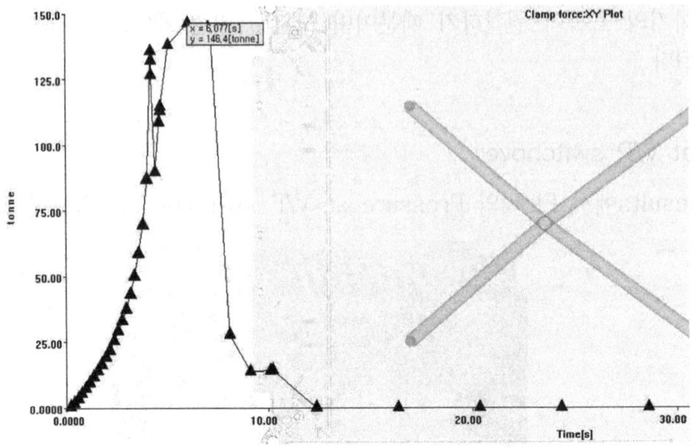

기존 게이트 위치 해석에서는 최대형체력이 220.4 ton으로 발생하였으나, 개선 게이트 위치에서는 최대형체력이 146.4 ton으로 약 74 ton이 감소하였다. 이는 각 게이트에서 충전되어지는 수지가 서로 균일하게 충전되어지면서 부분적으로 충전압력이 높아지는 부위가 감소하기 때문이다.

기존 게이트 위치로 금형을 제작한다면 300 ton 사출성형기를 사용하여야 한다. 하지만 개선 게이트 위치로 금형을 제작한다면 200 ton 사출성형기를 사용할 수 있기 때문에 사출성형비용을 절감할 수 있는 이점이 있다.

따라서 게이트 위치를 어떻게 선정하느냐에 따라 충전압력과 형체력이 변하게 되며 휨과 같은 품질과 비용 절감에 영향을 미칠 수 있다.

게이트 위치는 현재까지 금형설계자의 노하우에 의해 많이 정해져 왔으나 사출성형해석을 이용하면 불량감소와 비용절감을 동시에 가져갈 수 있는 게이트 위치를 선정할 수 있다.

4.2. 최적 사출성형조건 선정을 위한 해석

본 해석실습은 콜드 러너 시스템의 금형에서 성형조건을 변경하여 최대 사출압력을 감소시키는 방안을 도출하는 것을 목적으로 하며 다음과 같은 단계를 통해 몰드플로우의 사용방법을 익히도록 한다.

① 메쉬 생성하기

② 메쉬 품질 체크, 수정하기

③ 러너 시스템 메쉬 작성하기

④ 3D 메쉬 작성하기

⑤ 성형조건 입력 및 해석 수행하기

⑥ 해석 결과 보기

대상 제품은 세탁기용 COVER이며 3D메쉬를 사용한다. 본 실습에서는 사출시간, 다단속도제어, 수지온도 변경 등을 통해 압력 변화를 확인하고 최대 사출압력을 감소시키는 방법을 익히도록 한다.

4.2.1 대상제품 및 해석조건 소개

그림 4.4는 성형조건 변경에 의한 성형성을 비교하기 위한 제품으로 제품에 대한 일반적인 정보는 다음과 같다.

품명	COVER
재질	ABS (HG173)
크기	619.4 × 154.9 × 51.3 ㎜
평균두께	3 ㎜

세탁기용 COVER는 전면 버튼부에 위치하는 제품이며 외관에 필름이 부착된다. 따라서 웰드라인 및 게이트 자국이 전면에 있어도 무방하다. 제품 두께가 3 ㎜로 성형시 수지흐름도 원활할 것으로 판단된다. 금형구조는 3단 금형으로 게이트는 핀포인트(Pin point) 5점이다. 핀포인트 게이트 특성상 사출성형시 압력이 높게 나타날 것이다.

성형형석시 고려해야 될 점은 사출압력 및 형체력의 크기이며 최소값이 나타나도록 성형조건을 설정하여야 한다.

그림 4.5는 COVER 금형의 러너 시스템을 표시한 그림이다. 앞에서 언급한 바와 같이 3단 금형으로 핀포인트 게이트로 5점으로 구성되어있다.

러너 및 게이트 타입 : 콜드 러너 시스템

게이트 크기	∅1.5 → ∅4 (핀포인트)
1차 러너 크기	10×6 (사다리꼴)
2차 러너 크기	∅4.5 → ∅8
스프루 크기	∅5 → ∅10

기존 성형조건

사출시간	5초
보압절환시점	99% 충전시
보압조건	충전압력의 80%, 10초
냉각시간	30초
금형온도	70℃
수지온도	230℃

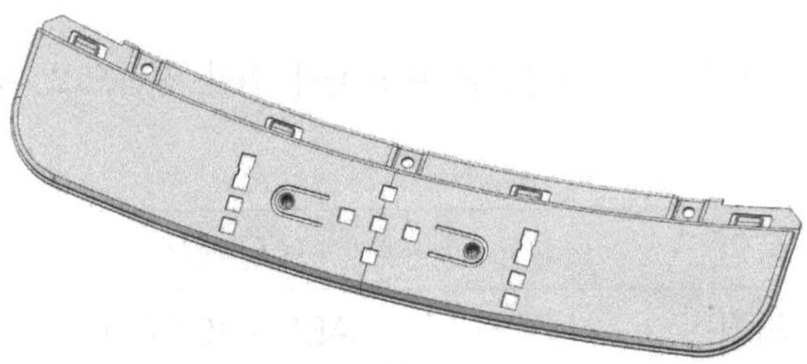

그림 4.4 COVER

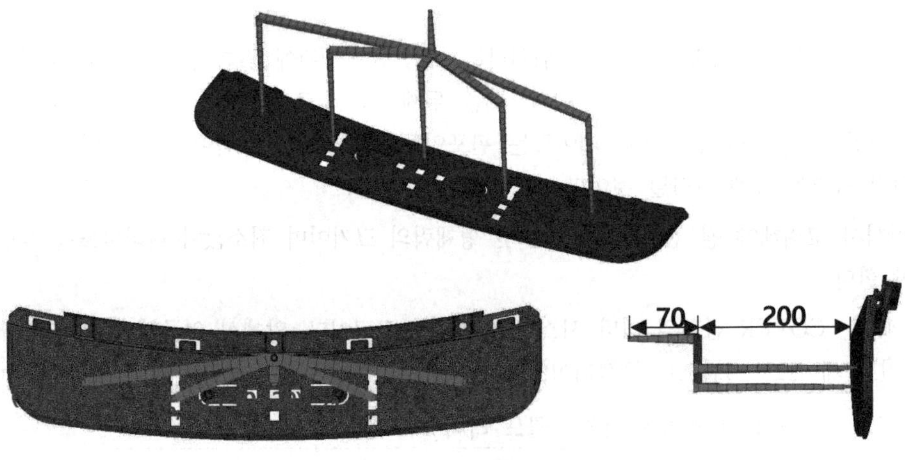

그림 4.5 게이트 위치

4.2.2 기존 성형조건을 적용한 성형해석

(1) 메쉬 생성하기

바탕화면에 있는 Autodesk Simulation Moldflow Synergy 2015  아이콘을 클릭하면 아래 그림과 같이 몰드플로우 2015가 실행이 된다.

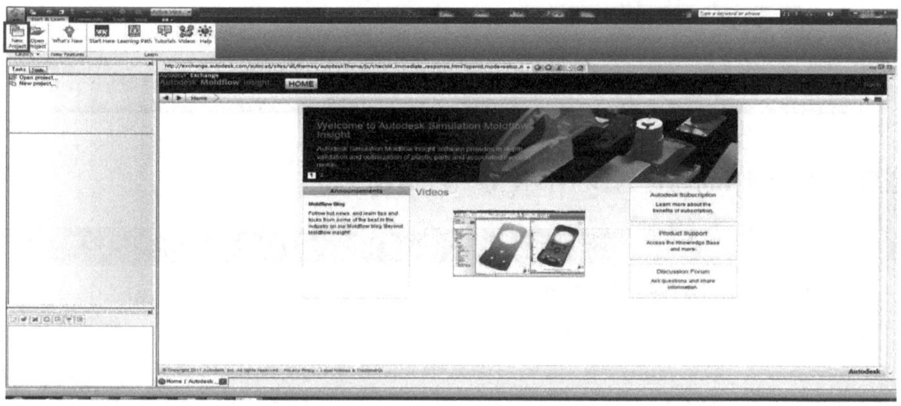

위 그림 좌측 상단의 New Project  아이콘을 클릭한다.

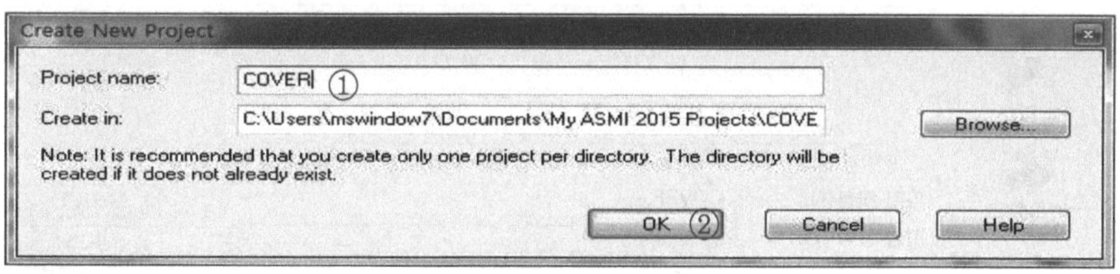

위 그림과 같이 Project name에 ① COVER라고 입력하고 ② OK 버튼을 클릭한다.

다음 그림과 같이 Tasks 창에 COVER라는 Project가 생성되는 것을 볼 수 있다.

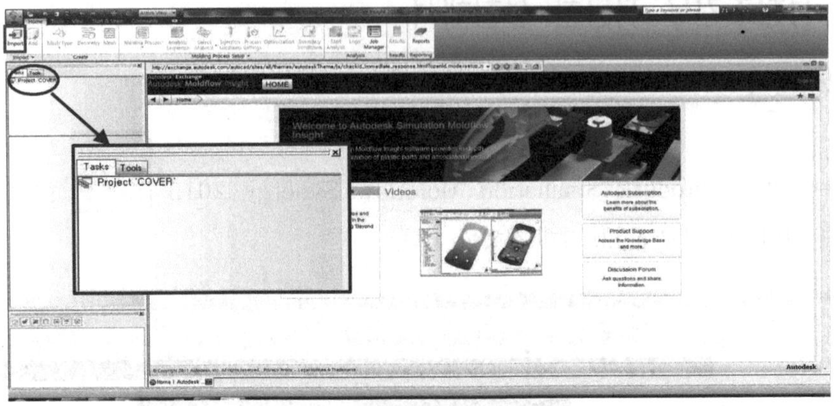

위 그림의 좌측 상단 Import  아이콘을 실행한다.

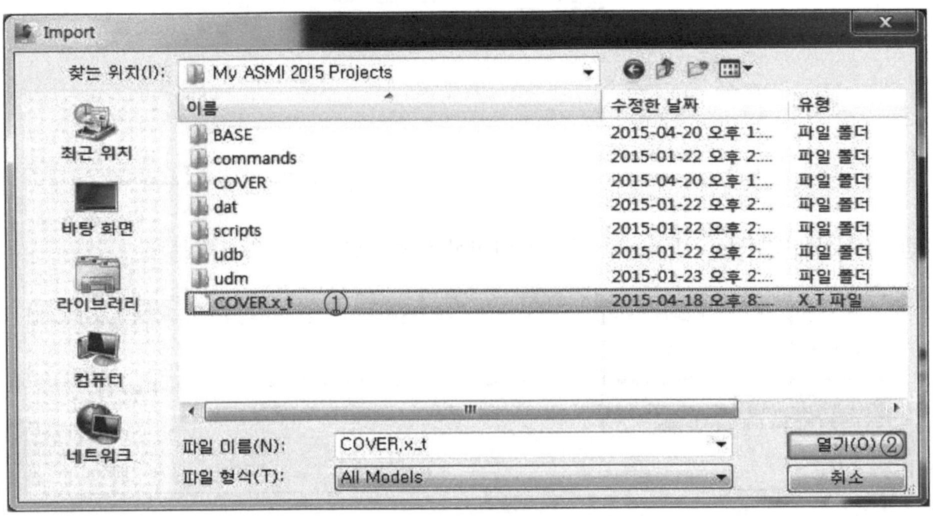

위 그림과 같이 ① COVER.x_t 파일을 선택하고 ② 열기 버튼을 클릭한다.

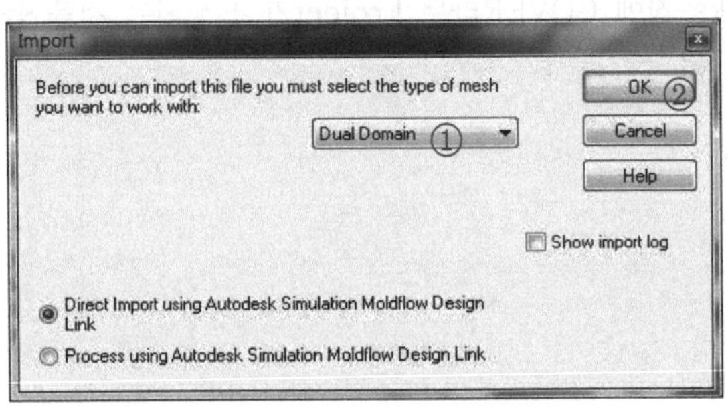

위 그림과 같이 메쉬타입은 ① Dual Domain으로 선택하고 ② OK 버튼을 클릭하면 아래 그림과 같이 모델링 화면에 COVER제품을 볼 수 있다.

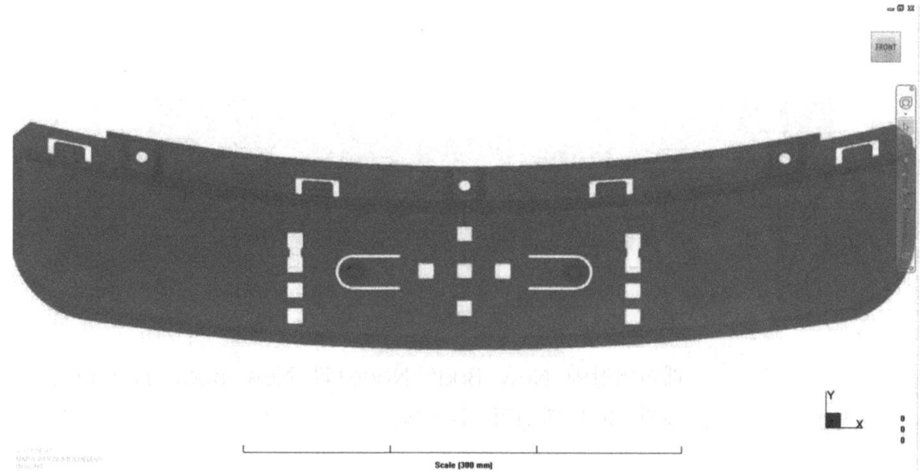

Mesh 아이콘을 클릭하고 Generate Mesh 아이콘을 클릭한다.

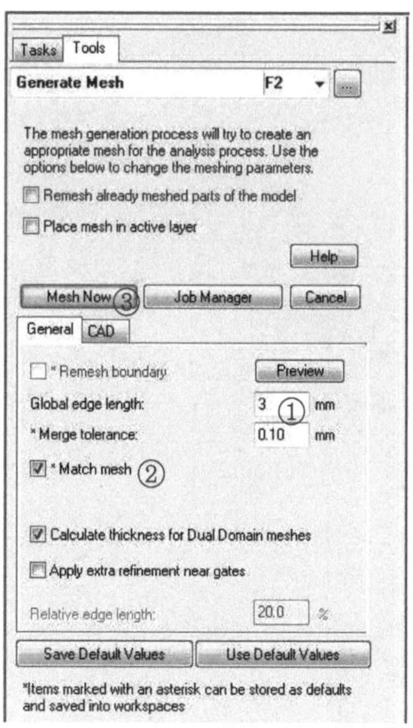

Global edge length는 ① 3㎜를 입력하고 ② Match mesh는 체크한다.

③ Mesh Now 버튼을 클릭한다.

확인창이 나타나면 Close 버튼을 클릭한다.

화면 하단에 Mesh Log창이 생성되면서 메쉬 생성 정보가 나타난다.

Mesh Log창에서 Percent 100 done이 되면 메쉬 생성이 완료되었다는 확인창이 나타난다.

확인 버튼을 클릭한다.

다음 그림과 같이 COVER제품에 메쉬가 생성된 것을 볼 수 있다.

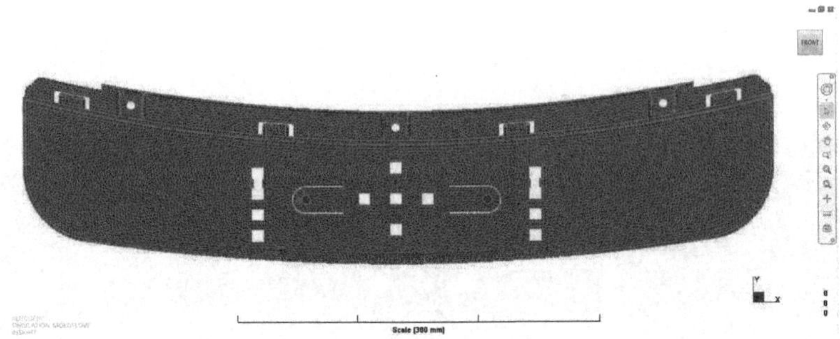

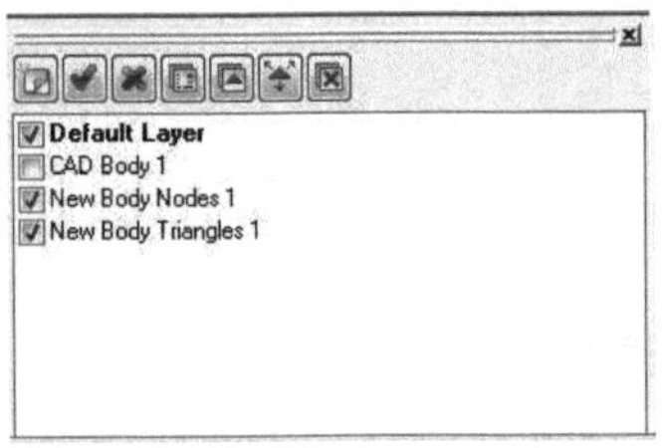

레이어창에 New Body Node1과 New Body Triangle1 레이어가 생성된 것을 확인할 수 있다.

(2) 메쉬 품질 체크, 수정하기

Mesh Statistics 아이콘을 실행한다.

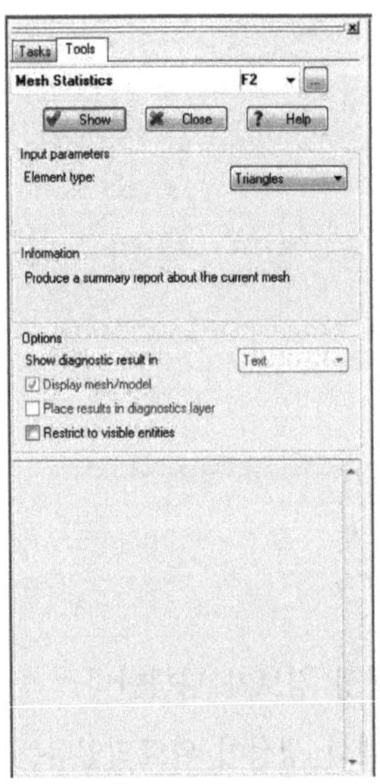

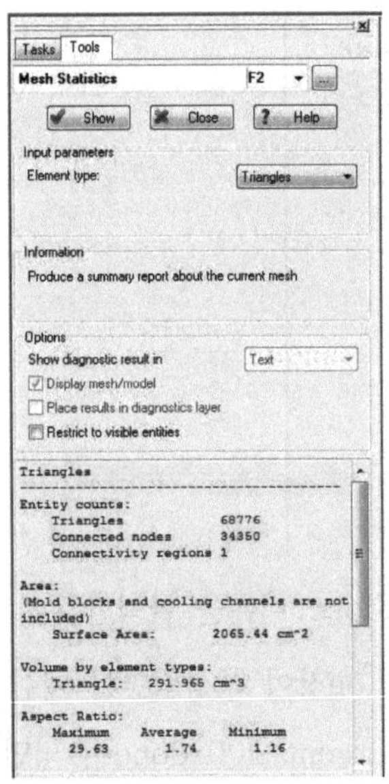

Show 버튼을 클릭하면 우측 그림과 같이 메쉬 상태 정보가 나타난다.

메쉬 상태는 다음과 같다.

```
Triangles
----------------------------------------
Entity counts:
    Triangles              68776
    Connected nodes          34350
    Connectivity regions 1

Area:
(Mold blocks and cooling channels are not included)
    Surface Area:          2065.44 cm^2

Volume by element types:
    Triangle:      291.965 cm^3

Aspect Ratio:
    Maximum     Average     Minimum
      29.63       1.74        1.16

Edge details:
    Free edges                    0
    Manifold edges                103164
    Non-manifold edges            0

Orientation details:
    Elements not oriented  0

Intersection details:
    Element intersections   0
    Fully overlapping elements      0

Match percentage:
    Match percentage              94.8%
    Reciprocal percentage 95.3%
```

최대 Aspect Ratio가 29.63로 수정이 필요하다. Aspect Ratio는 6이하를 권장하지만 본 실습에서는 메쉬 수정 작업의 편의를 위해 10까지 낮춰주는 작업을 수행한다.

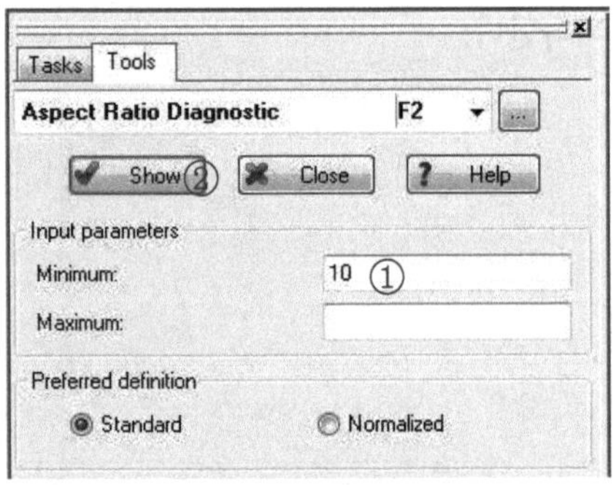

Mesh Diagnostics에서 Aspect Ratio 아이콘을 실행한다.

왼쪽 그림과 같이 Minimum에 ① 10을 입력하고 ② Show 버튼을 클릭한다.

아래 그림과 같이 모델링창 좌측에 컬러바가 생성되며 Aspect Ratio가 10이상인 메쉬에 수치별 색깔의 선으로 표시가 된다.

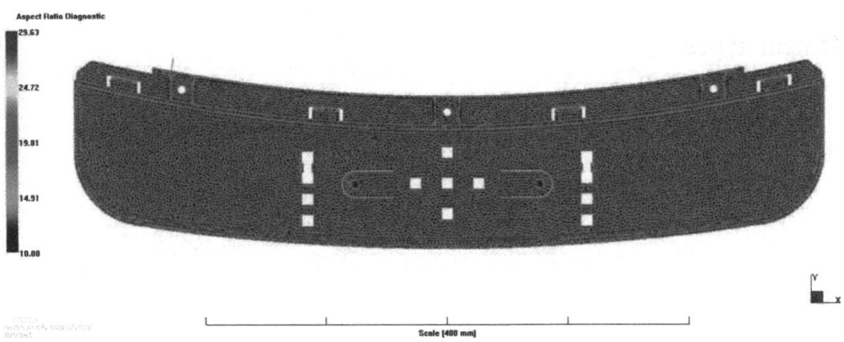

우측 상단의 Diagnostic Navigator의 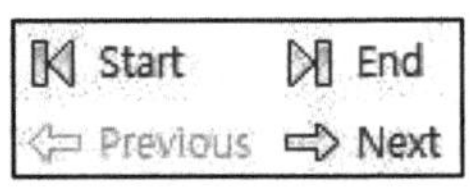 아이콘들을 이용하면 수정할 메쉬를 쉽게 찾을 수 있다.

먼저 Next 아이콘을 클릭하고 Start 아이콘을 클릭하면 가장 높은 Aspect Ratio를 가지는 메쉬가 화면상에 나타나게 된다. 만약 화면에 보이지 않는 경우는 화면을 회전하면 화면 중심에 수정할 메쉬가 보일 것이다.

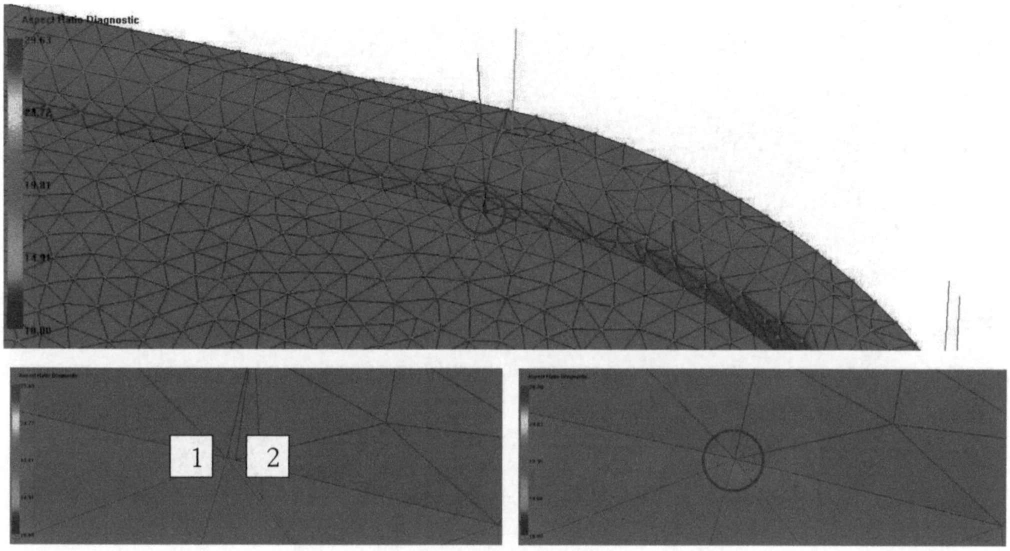

Mesh Repair의 Merge Nodes 아이콘을 실행한다.

위 그림과 같이 1번 노드와 2번 노드를 차례로 선택한 후 Apply 버튼을 클릭하면 오른쪽 그림과 같이 2번 노드가 1번 노드에 붙은 것을 확인할 수 있다.

다시 Next 아이콘을 실행하고 Start 아이콘을 실행한다.

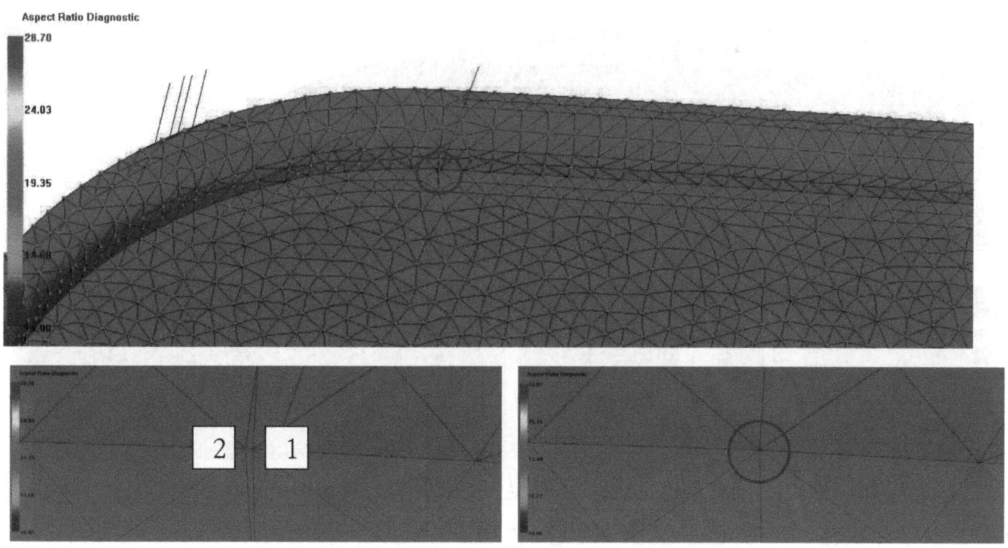

위 그림과 같이 1번 노드와 2번 노드를 차례로 선택한 후 Apply 버튼을 클릭하면 오른쪽 그림과 같이 2번 노드가 1번 노드에 붙은 것을 확인할 수 있다.

다시 Next 아이콘을 실행하고 Start 아이콘을 실행한다.

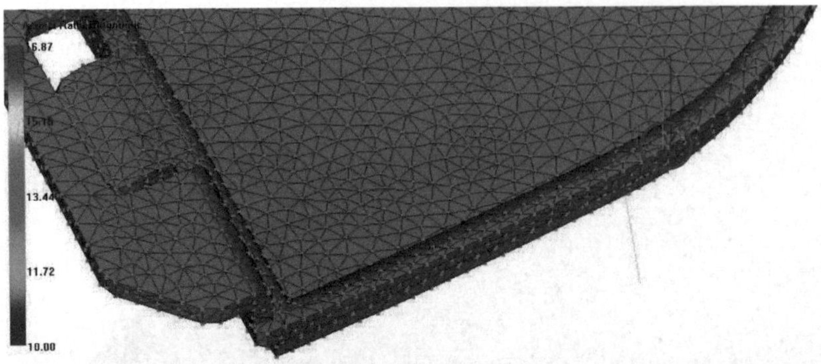

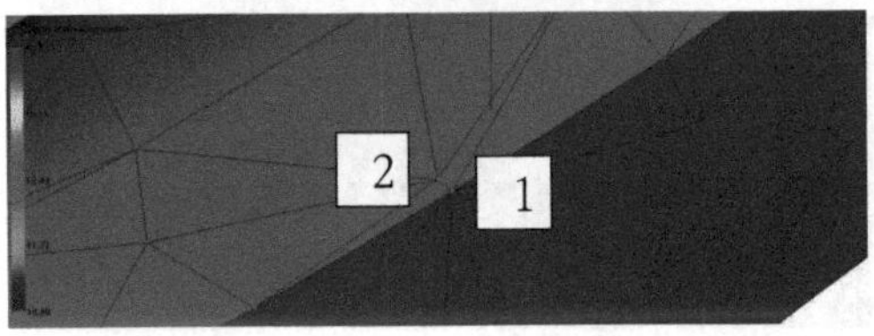

위 그림과 같이 1번 노드와 2번 노드를 차례로 선택한 후 Apply 버튼을 클릭하면 오른쪽 그림과 같이 2번 노드가 1번 노드에 붙은 것을 확인할 수 있다.

다시 Next 아이콘을 실행하고 Start 아이콘을 실행한다.

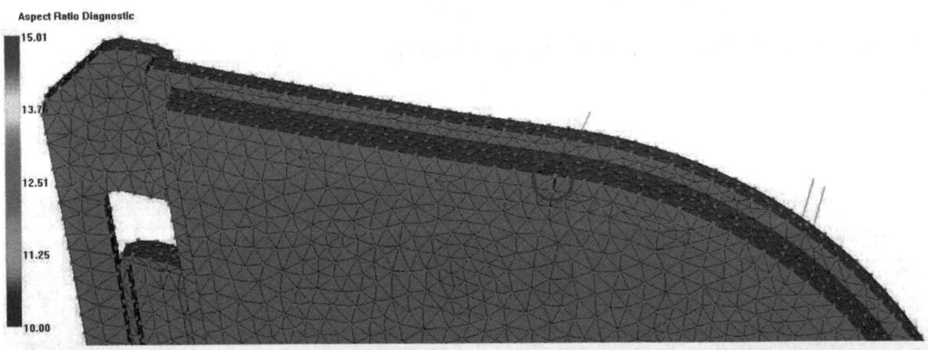

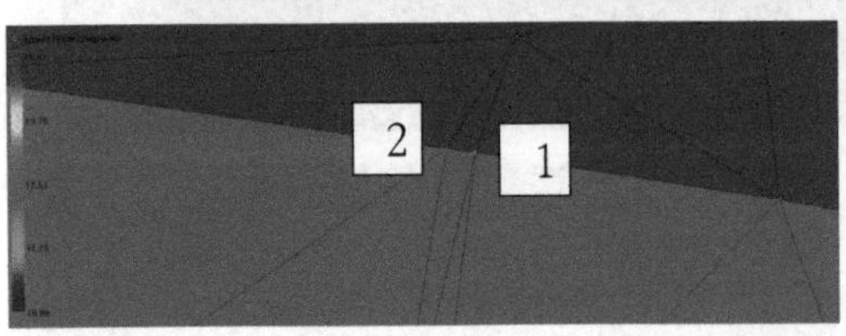

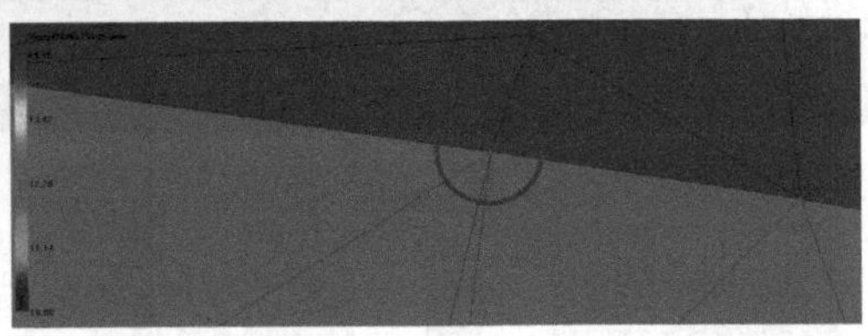

위 그림과 같이 1번 노드와 2번 노드를 차례로 선택한 후 Apply 버튼을 클릭하면 오른쪽 그림과 같이 2번 노드가 1번 노드에 붙은 것을 확인할 수 있다.

다시 Next 아이콘을 실행하고 Start 아이콘을 실행한다.

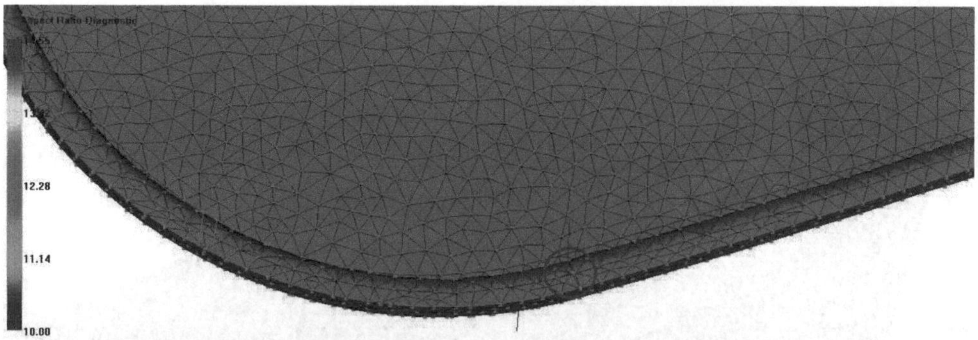

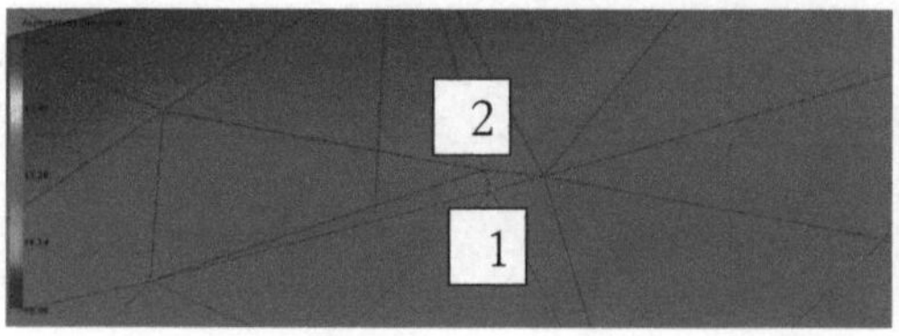

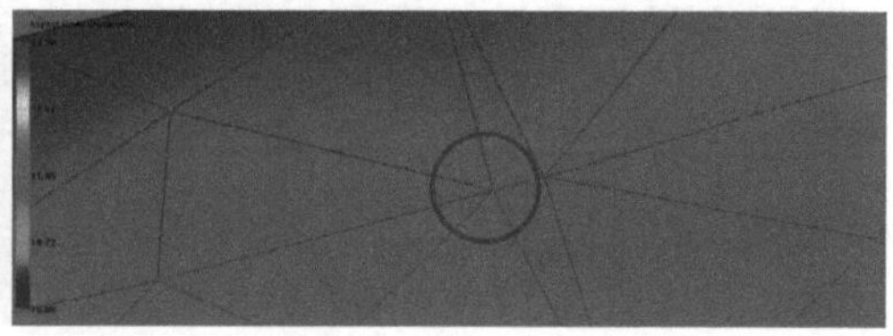

위 그림과 같이 1번 노드와 2번 노드를 차례로 선택한 후 Apply 버튼을 클릭하면 오른쪽 그림과 같이 2번 노드가 1번 노드에 붙은 것을 확인할 수 있다.

다시 Next 아이콘을 실행하고 Start 아이콘을 실행한다.

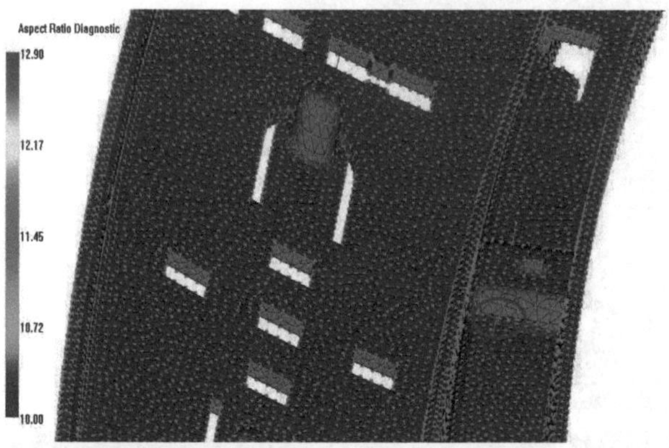

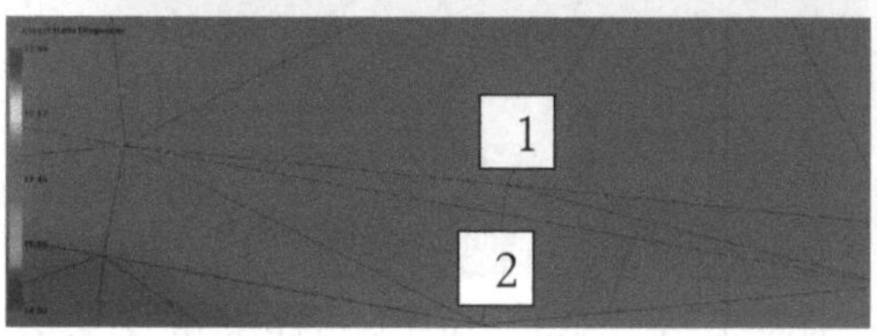

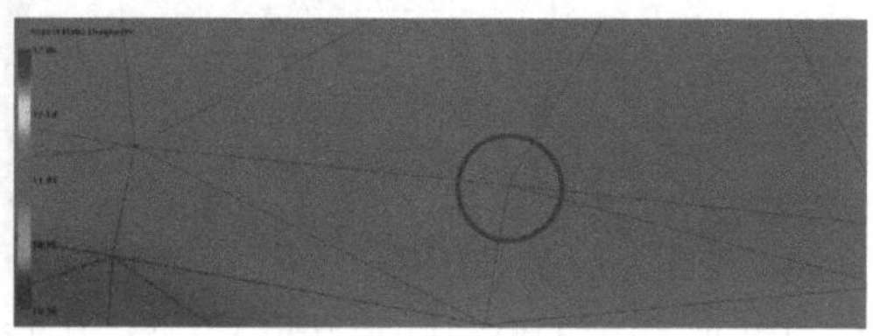

위 그림과 같이 1번 노드와 2번 노드를 차례로 선택한 후 Apply 버튼을 클릭하면 오른쪽 그림과 같이 2번 노드가 1번 노드에 붙은 것을 확인할 수 있다.

다시 Next 아이콘을 실행하고 Start 아이콘을 실행한다.

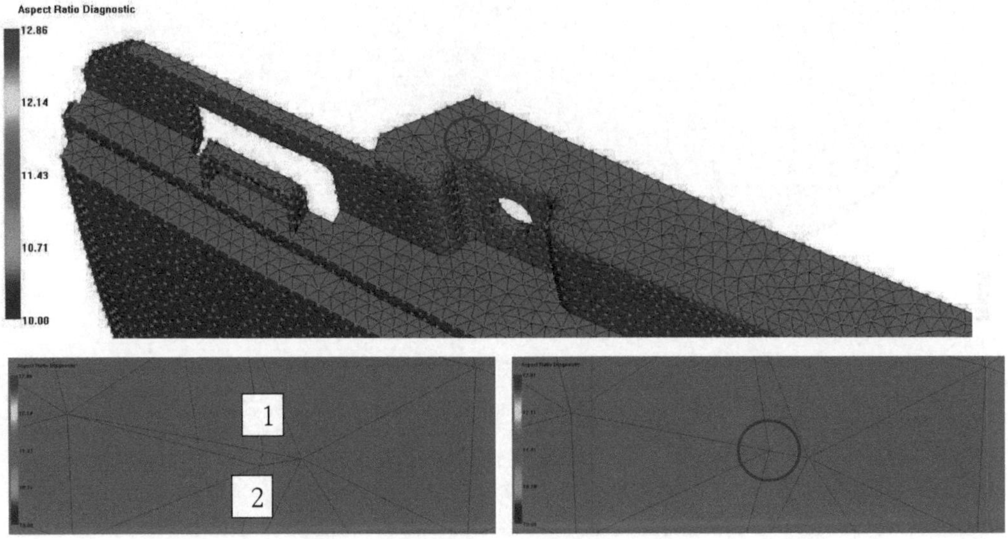

위 그림과 같이 1번 노드와 2번 노드를 차례로 선택한 후 Apply 버튼을 클릭하면 오른쪽 그림과 같이 2번 노드가 1번 노드에 붙은 것을 확인할 수 있다.

다시 Next 아이콘을 실행하고 Start 아이콘을 실행한다.

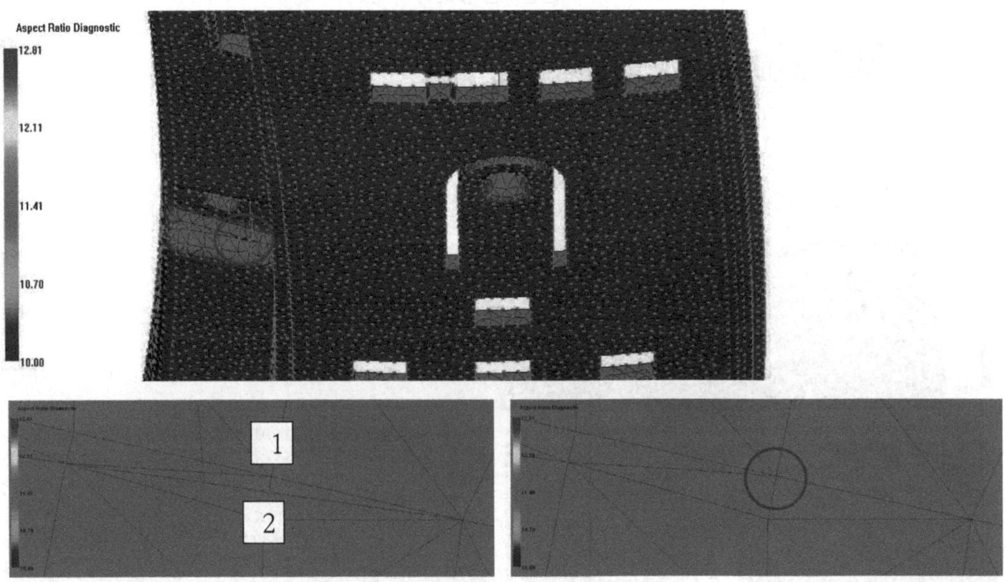

위 그림과 같이 1번 노드와 2번 노드를 차례로 선택한 후 Apply 버튼을 클릭하면 오른쪽 그림과 같이 2번 노드가 1번 노드에 붙은 것을 확인할 수 있다.

다시 Next 아이콘을 실행하고 Start 아이콘을 실행한다.

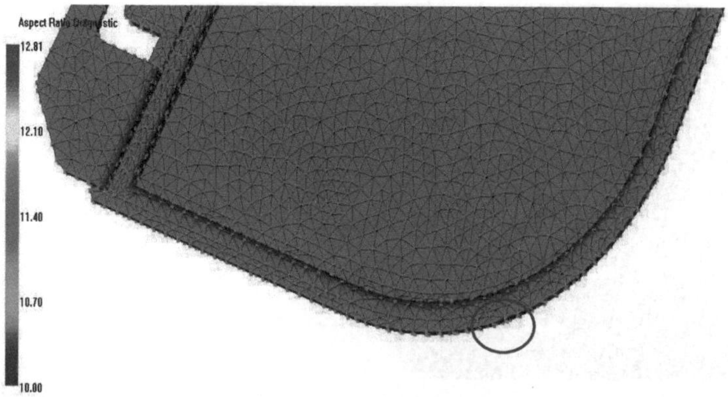

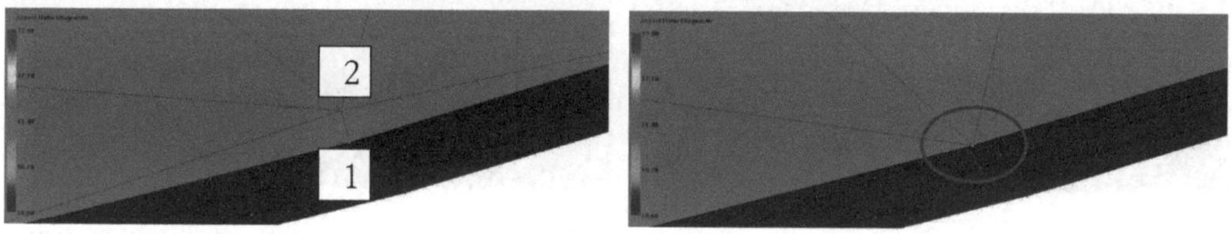

위 그림과 같이 1번 노드와 2번 노드를 차례로 선택한 후 Apply 버튼을 클릭하면 오른쪽 그림과 같이 2번 노드가 1번 노드에 붙은 것을 확인할 수 있다.

다시 Next 아이콘을 실행하고 Start 아이콘을 실행한다.

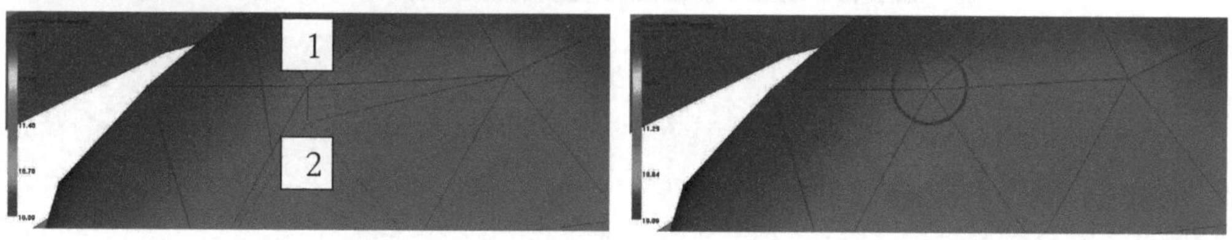

위 그림과 같이 1번 노드와 2번 노드를 차례로 선택한 후 Apply 버튼을 클릭하면 오른쪽 그림과 같이 2번 노드가 1번 노드에 붙은 것을 확인할 수 있다.

다시 Next 아이콘을 실행하고 Start 아이콘을 실행한다.

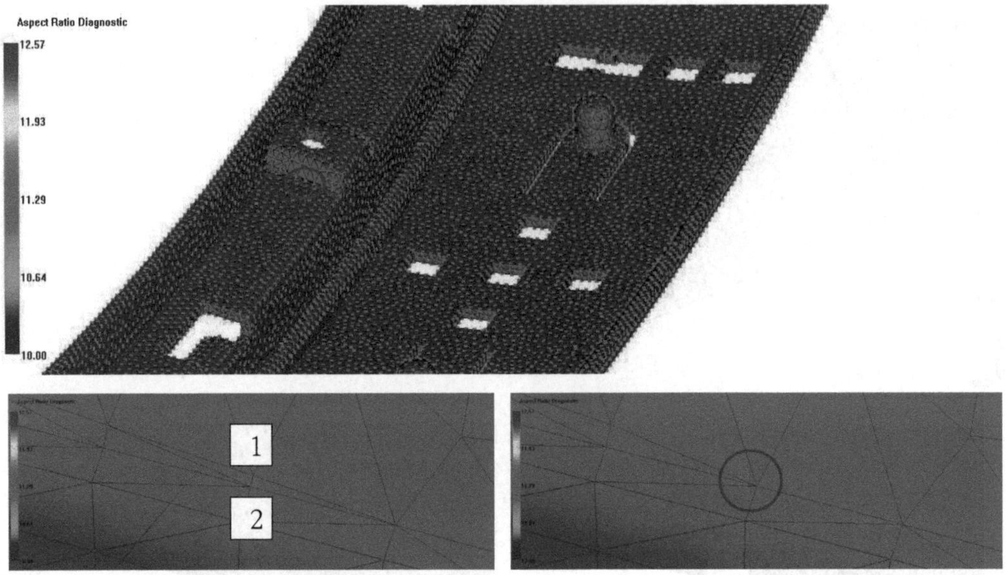

위 그림과 같이 1번 노드와 2번 노드를 차례로 선택한 후 Apply 버튼을 클릭하면 오른쪽 그림과 같이 2번 노드가 1번 노드에 붙은 것을 확인할 수 있다.

다시 Next 아이콘을 실행하고 Start 아이콘을 실행한다.

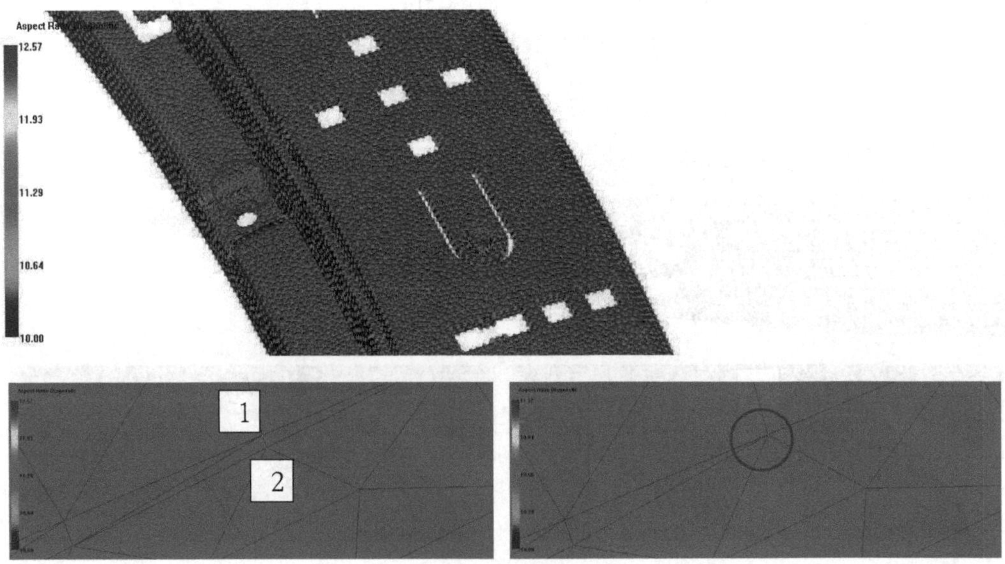

위 그림과 같이 1번 노드와 2번 노드를 차례로 선택한 후 Apply 버튼을 클릭하면 오른쪽 그림과 같이 2번 노드가 1번 노드에 붙은 것을 확인할 수 있다.

다시 Next 아이콘을 실행하고 Start 아이콘을 실행한다.

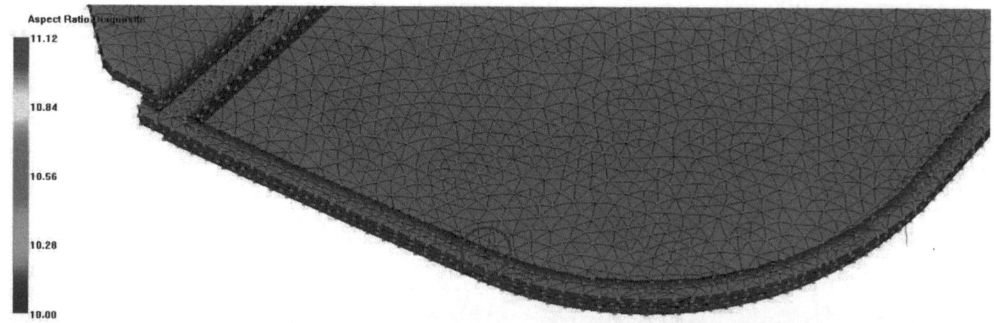

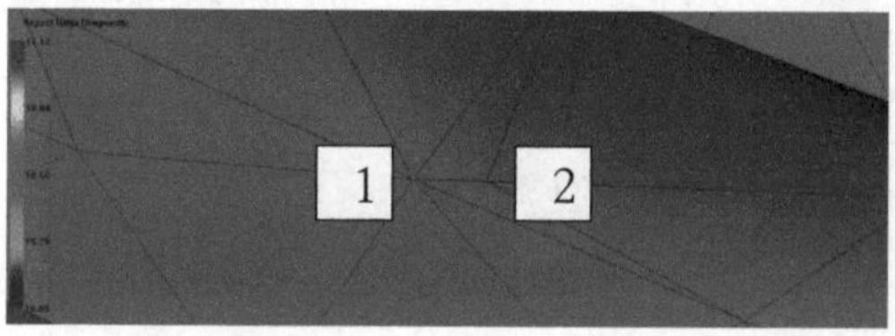

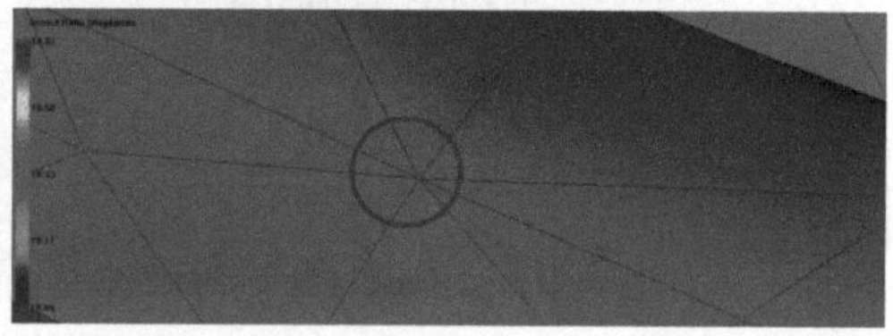

위 그림과 같이 1번 노드와 2번 노드를 차례로 선택한 후 Apply 버튼을 클릭하면 오른쪽 그림과 같이 2번 노드가 1번 노드에 붙은 것을 확인할 수 있다.

다시 Next 아이콘을 실행하고 Start 아이콘을 실행한다.

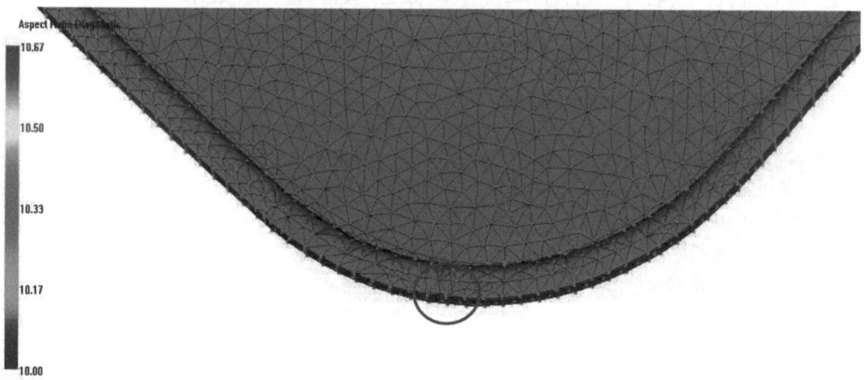

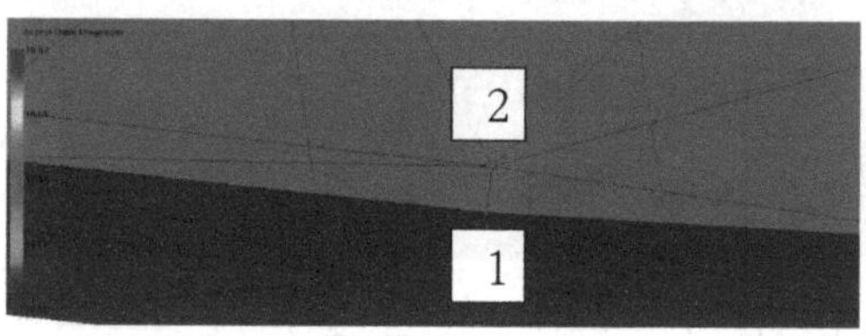

위 그림과 같이 1번 노드와 2번 노드를 차례로 선택한 후 Apply 버튼을 클릭하면 오른쪽 그림과 같이 2번 노드가 1번 노드에 붙은 것을 확인할 수 있다.

다시 Next 아이콘을 실행하고 Start 아이콘을 실행한다.

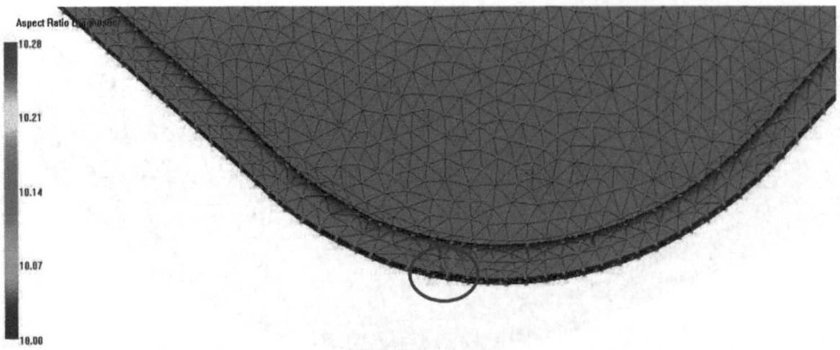

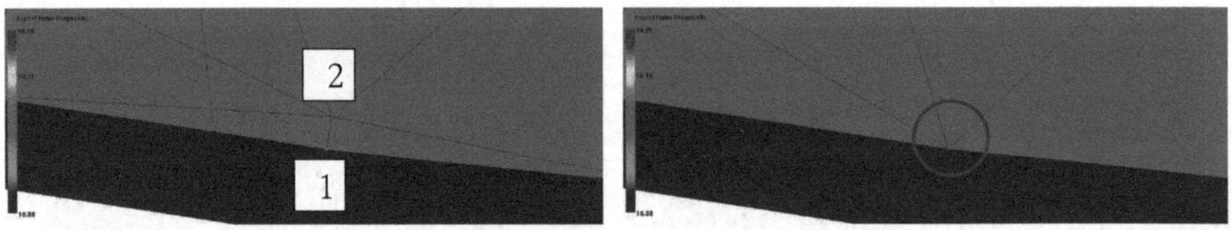

위 그림과 같이 1번 노드와 2번 노드를 차례로 선택한 후 Apply 버튼을 클릭하면 오른쪽 그림과 같이 2번 노드가 1번 노드에 붙은 것을 확인할 수 있다.

마지막 1개가 남았을 경우, Next 아이콘과 Start 아이콘들이 비활성화가 되어 직접 찾아야 된다. 아래 그림의 표시부를 보면 붉은 실선이 메쉬를 표시하고 있는 것을 볼 수 있다.

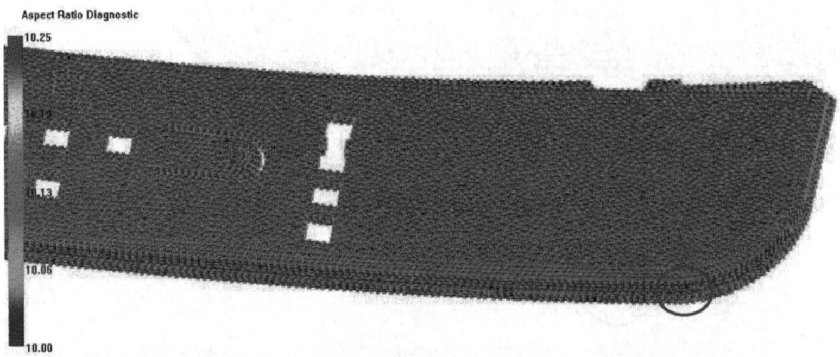

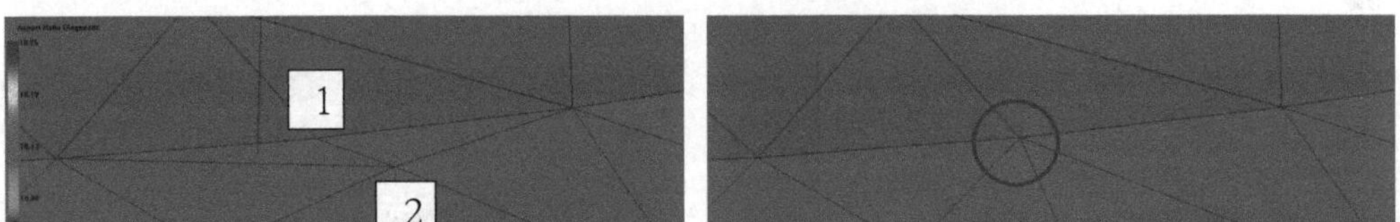

위 그림과 같이 1번 노드와 2번 노드를 차례로 선택한 후 Apply 버튼을 클릭하면 오른쪽 그림과 같이 2번 노드가 1번 노드에 붙은 것을 확인할 수 있다.

Mesh Statistics 아이콘을 클릭하고 Show 버튼을 클릭하여 메쉬상태를 확인한다.

다음과 같이 Aspect Ratio가 최초 29.63에서 9.74로 낮아진 것을 볼 수 있다.

```
Triangles
----------------------------------------
Entity counts:
    Triangles              68744
    Connected nodes          34334
    Connectivity regions 1
Area:
(Mold blocks and cooling channels are not included)
    Surface Area:          2065.44 cm^2
Volume by element types:
    Triangle:     291.964 cm^3

Aspect Ratio:
    Maximum      Average      Minimum
      9.74         1.74         1.16

Edge details:
    Free edges                      0
    Manifold edges                  103116
    Non-manifold edges              0

Orientation details:
    Elements not oriented 0

Intersection details:
    Element intersections   0
    Fully overlapping elements      0

Match percentage:
    Match percentage                94.8%
    Reciprocal percentage 95.3%
```

(3) 러너 시스템 메쉬 작성하기

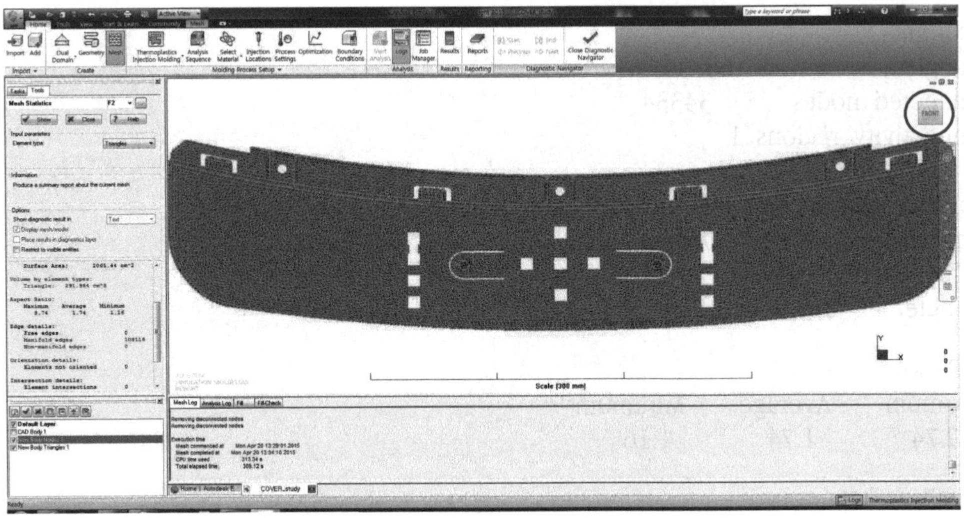

위 그림 표시부의 뷰큐브  에서 FRONT 뷰를 선택한다.

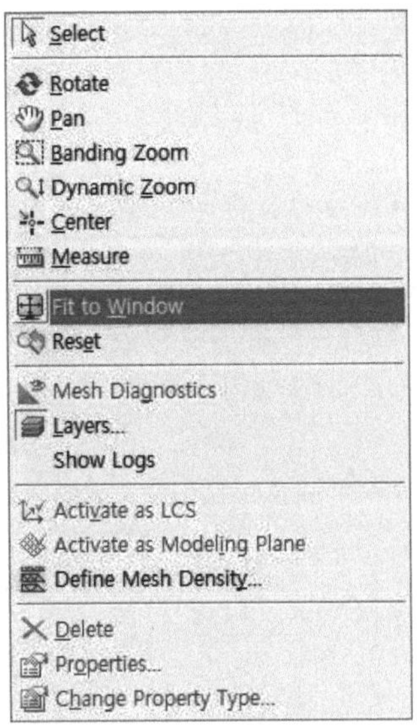

MB3을 클릭한 후, 왼쪽 그림과 같이 Fit to Window를 실행한다.

메뉴창의 Home을 클릭하고 Geometry  아이콘을 실행한다.

Curves  아이콘의 Create Line 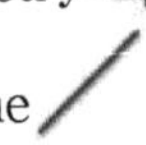 아이콘을 실행한다.

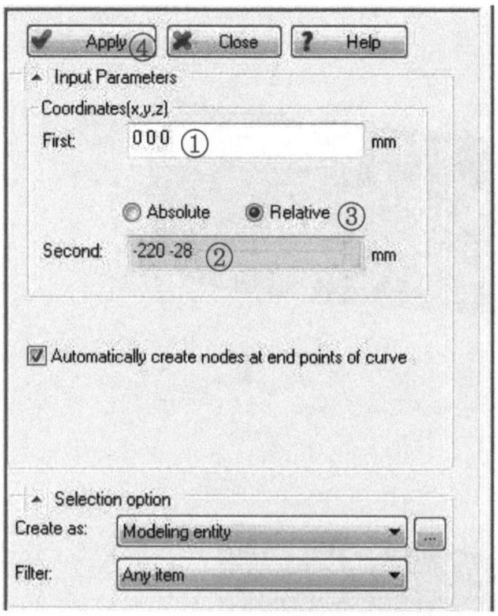

왼쪽 그림과 같이 First에 ① 0, 0, 200을 입력하고 Second에 ② -220,-28을 입력한다.
③ Relative를 체크하고 ④ Apply 버튼을 클릭한다.

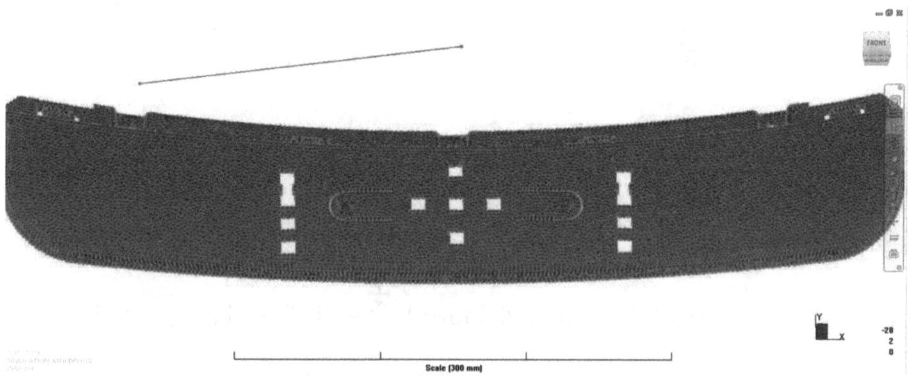

화면을 회전시켜보면 위 그림과 같이 선이 생성된 것을 볼 수 있다.

두 번째 선 생성을 위해 First에 0, 0, 200 을 입력하고, Second에는 −115, −46, 0 을 입력한다. Relative가 체크되어있는지 확인한 후 Apply 버튼을 클릭한다. 세 번째 선 생성을 위해 First에 0, 0, 200 을 입력하고, Second에는 0, −29, 0 을 입력한다. Relative가 체크되어있는지 확인한 후 Apply 버튼을 클릭한다. 네 번째 선 생성을 위해 First에 0, 0, 200 을 입력하고, Second에는 115, −46, 0 을 입력한다. Relative가 체크되어있는지 확인한 후 Apply 버튼을 클릭한다. 다섯 번째 선 생성을 위해 First에 0, 0, 200 을 입력하고, Second에는 220, −28, 0 을 입력한다.

Relative가 체크되어있는지 확인한 후 Apply 버튼을 클릭한다.
이렇게 5개의 선을 생성하면 다음 그림과 같은 모양의 선을 볼 수 있다.

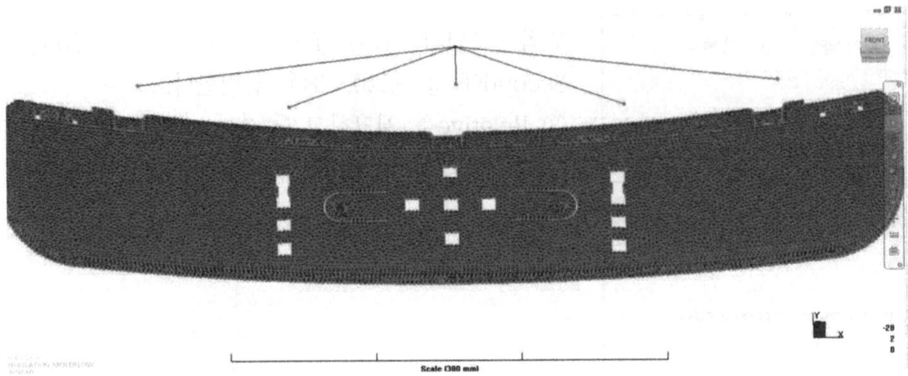

모델링창 우측 상단의 뷰큐브에서 FRONT 뷰를 선택한다.

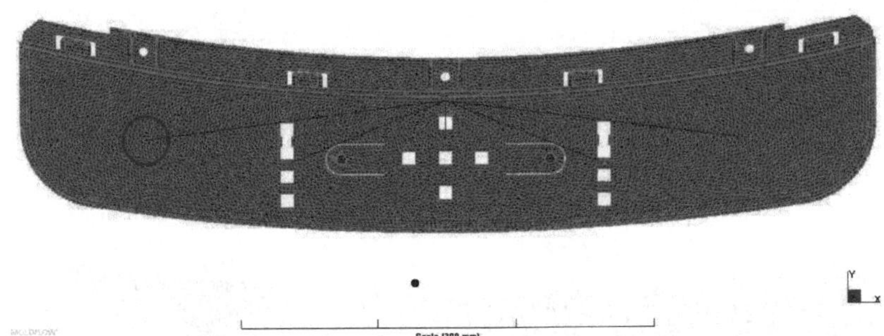

위 그림의 표시부를 확대한다.

메뉴창의 Geometry를 클릭하고 Utilities의 Move 에서 Translate 아이콘을 실행한다.

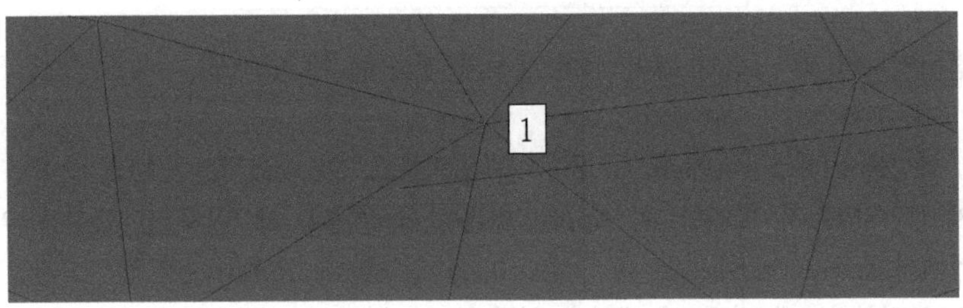

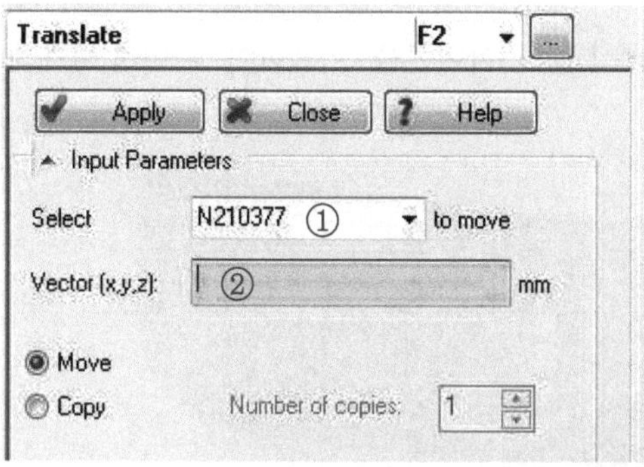

왼쪽 그림 Select에서 위 그림의 ① 1번 노드를 선택한다.

Vector(x,y,z):의 ② 옆 빈칸을 클릭한다.

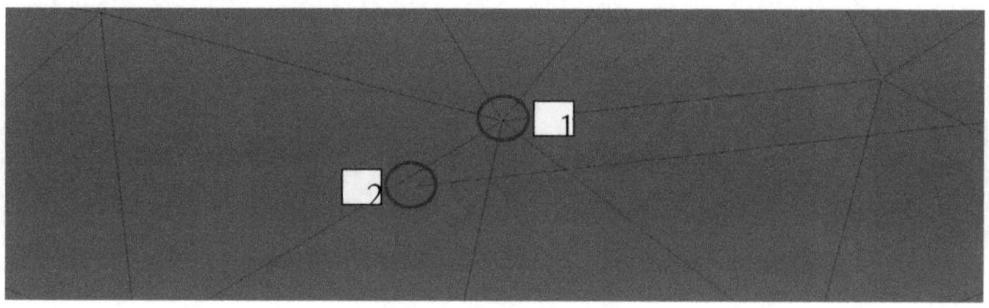

위 그림과 같이 1번 노드와 2번 노드를 차례로 선택한다.

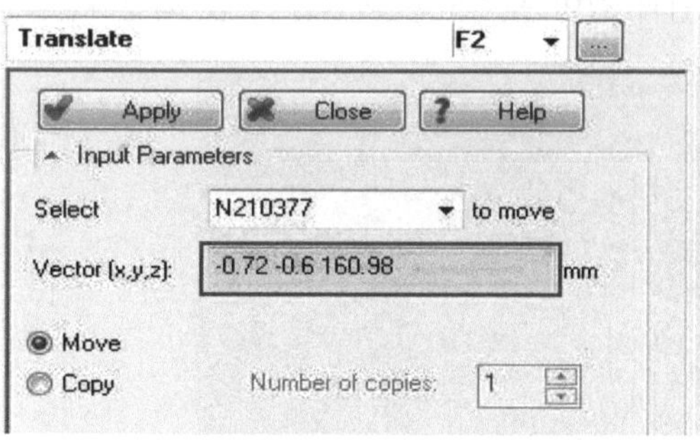

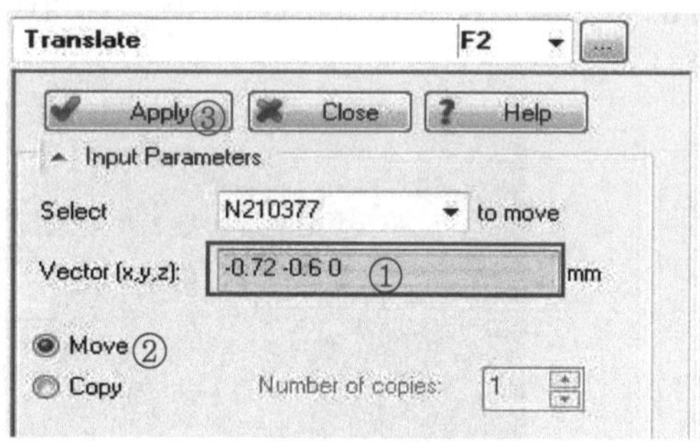

위 그림과 같이 Vector(x,y,z):에 −0.72, −0.6, 160.98 ㎜가 생성되는 것을 볼 수 있다.

Z값인 ① 160.98을 0으로 수정한 후, ② Move를 체크하고 ③ Apply 버튼을 클릭한다.

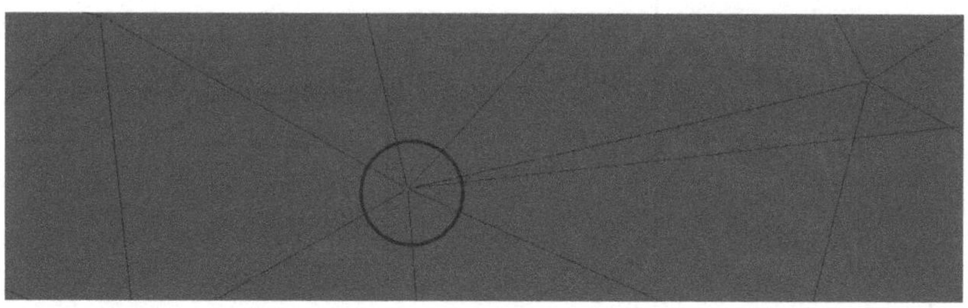

위 그림과 같이 1번 노드가 이동한 것을 볼 수 있다.

Geometry 메뉴의 Utilities의 Move 의 Translate 아이콘을 이용하여 나머지 4개의 노드도 아래 그림과 같이 이동시킨다.

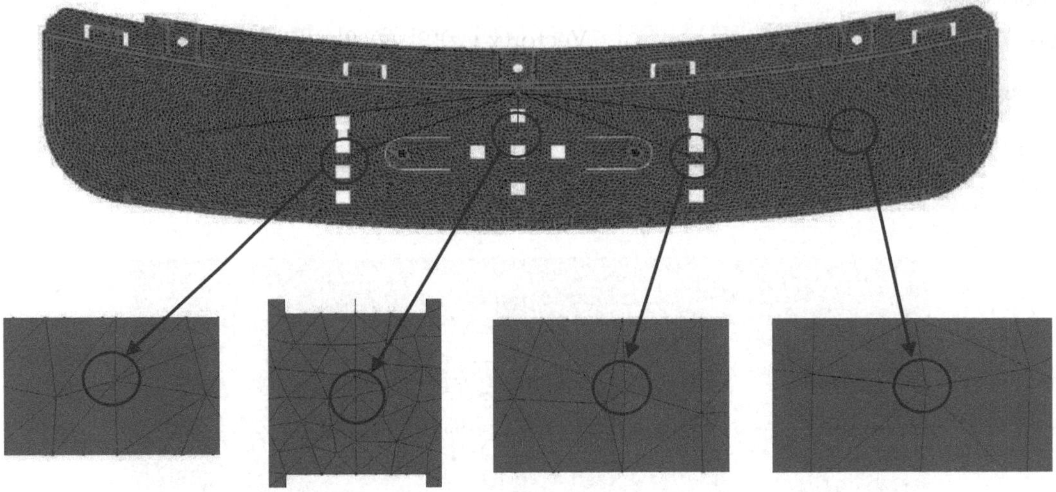

Geometry 메뉴의 Curves 아이콘의 Create Line 아이콘을 실행한다.
이동시킨 노드 중 좌측 노드를 확대한 후 아래 그림과 같이 보이도록 화면을 약간 회전시킨다.

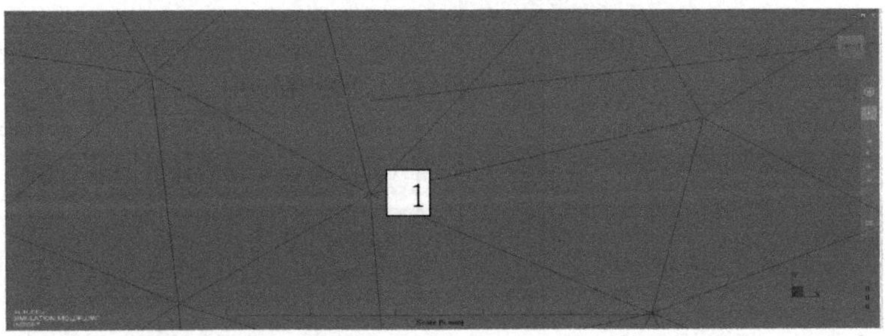

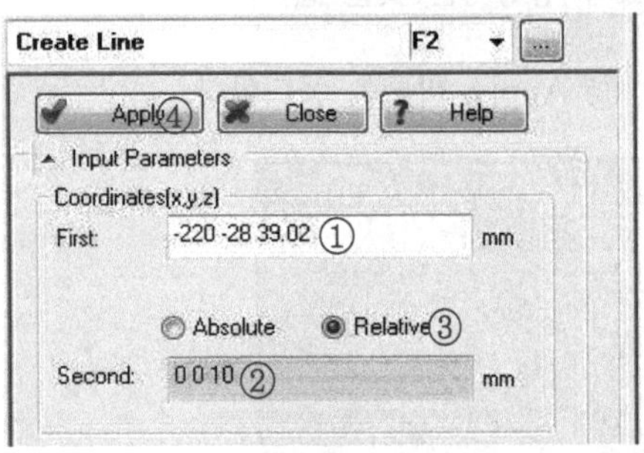

First에서 ① 1번 노드를 선택한다.

Second에서 ② 0, 0, 10을 입력하고 ③ Relative체크를 확인한 후, ④ Apply 버튼을 클릭한다.

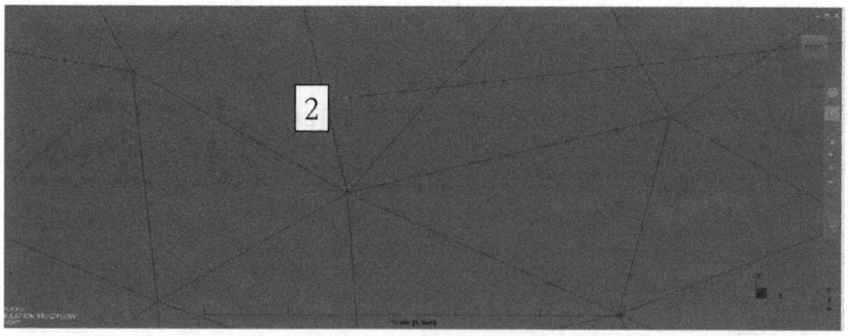

위 그림과 같이 Second에 2번 노드를 선택하고 Apply 버튼을 클릭하면 아래 그림과 같이 선이 생성된 것을 볼 수 있다.

이동시킨 나머지 4개 노드에도 같은 방법으로 선을 생성시킨다.

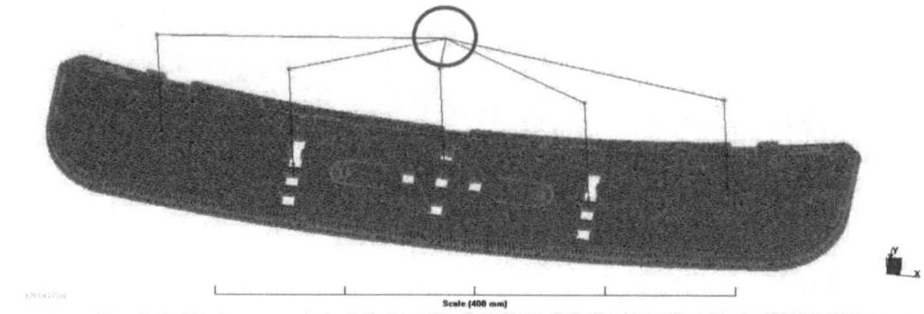

위 그림과 같이 선이 생성되었으면 First에 표시된 부분의 노드를 선택하고 Second에 0, 0, 70을 입력한다.

Relative 체크를 확인한 후, Apply 버튼을 클릭한다.

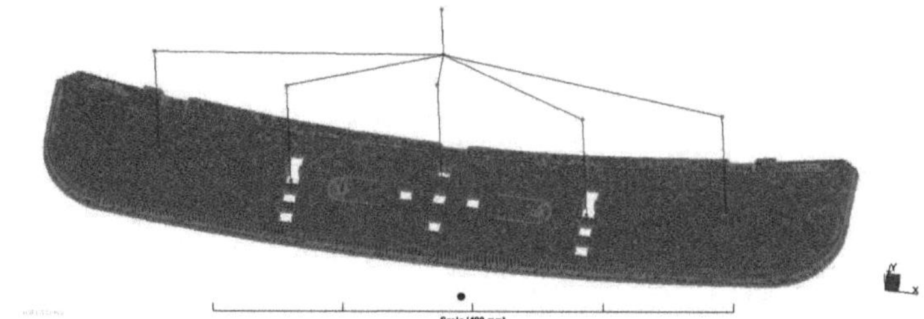

앞의 그림과 같이 러너 시스템이 될 선이 완성된 것을 볼 수 있다.

Close 버튼을 클릭하여 Create Line 창을 닫고 레이어창에서 New Body Nodes1, New Body Triangles1, Diagnostic results 레이어의 체크를 해제한다.

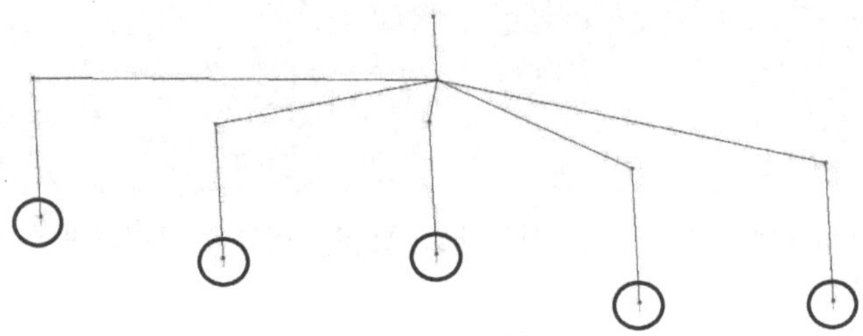

위 그림의 표시부 선 5개를 Ctrl+ 선택한다.

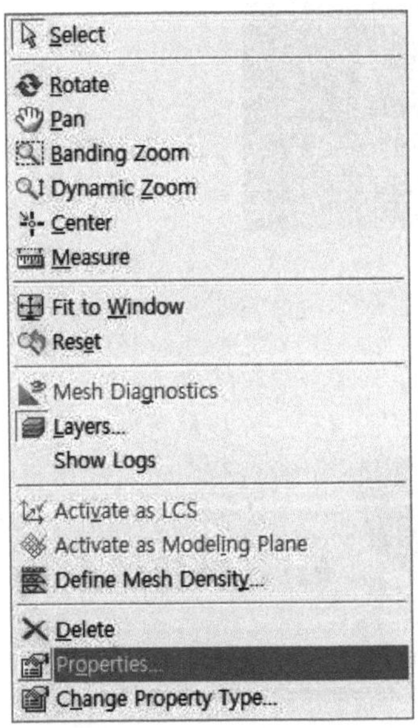

MB3을 클릭한 후, 왼쪽 그림과 같이 Properties를 실행한다.

확인창이 나타나면 예 버튼을 클릭한다.

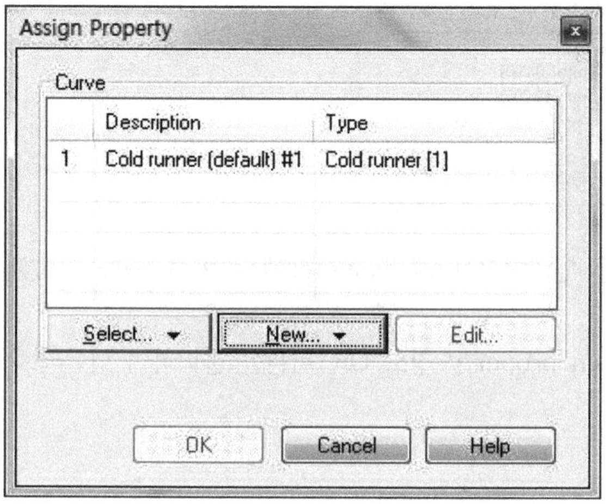

그림과 같이 Assign property 창이 나타나면 New 버튼을 클릭한다.

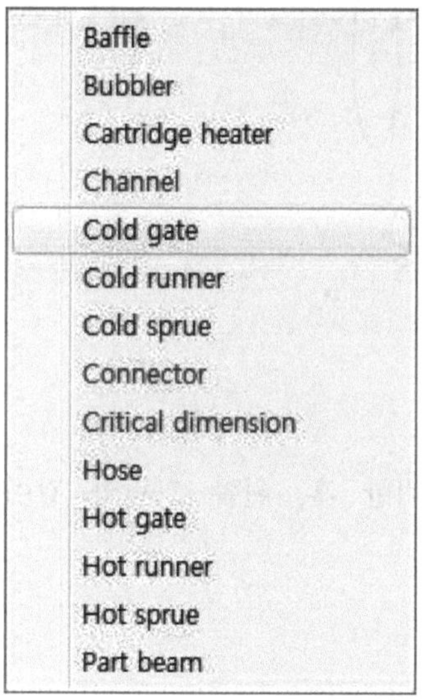

Cold gate를 선택한다.

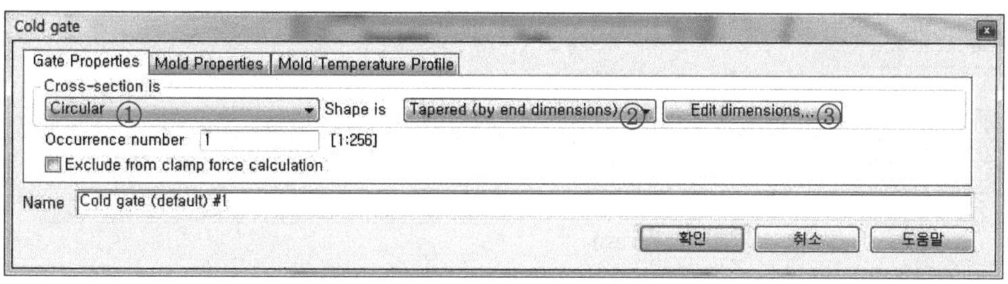

위 그림과 같이 Cross-section is에서 단면형상은 ① Circular를 선택하고 ② Tapered(by end dimensions)를 선택한 후, ③ Edit dimensions... 버튼을 클릭한다.

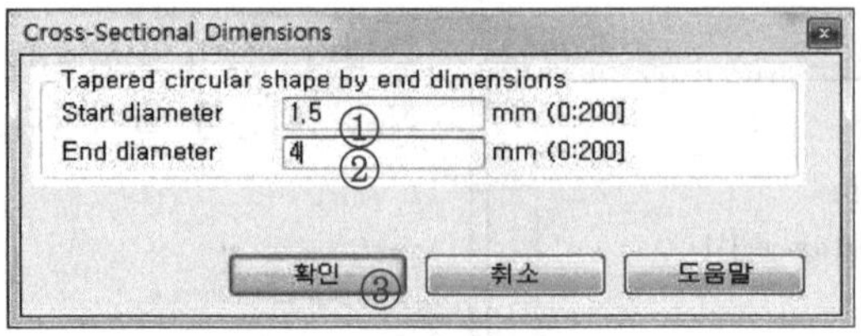

위 그림과 같이 Start diameter에는 ① 1.5 ㎜를 입력하고 End diameter에는 ② 4 ㎜를 입력하고 ③ 확인 버튼을 클릭한다.

Cold gate 창도 확인 버튼을 클릭하여 닫고 Assign property 창도 OK 버튼을 클릭하여 닫는다.

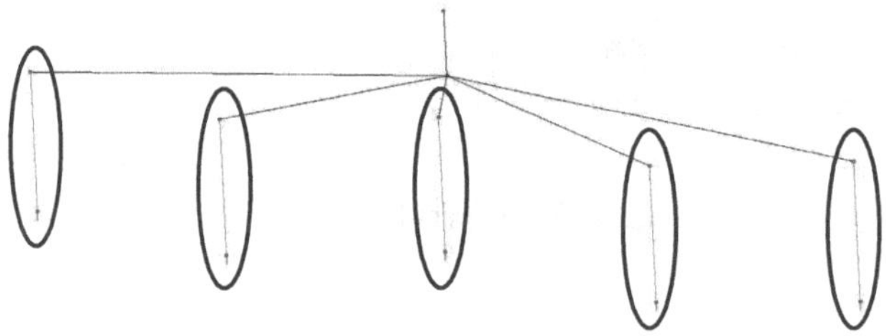

그림의 표시부 선 5개를 Ctrl+ 선택한다.

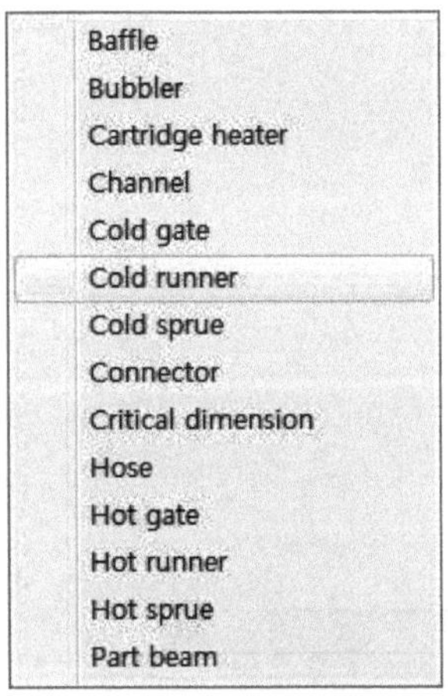

MB3을 클릭한 후, Properties를 실행한다.

확인창이 나타나면 예 버튼을 클릭한다.

Properties 창이 나타나면 New 버튼을 클릭한 후, 왼쪽 그림과 같이 Cold runner를 선택한다.

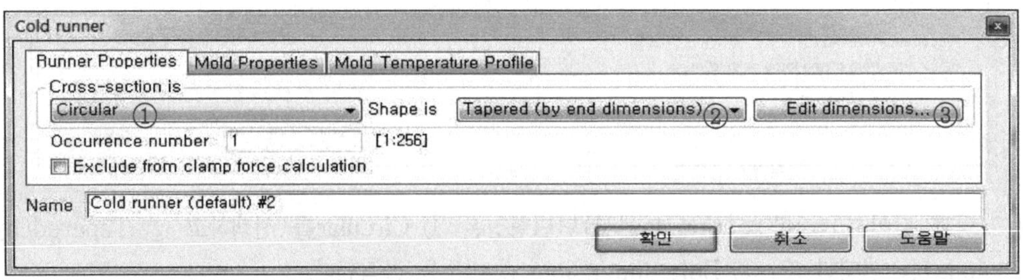

앞의 그림과 같이 Cross-section is에서 단면형상은 ① Circular를 선택하고 ② Tapered(by end dimensions)를 선택한 후, ③ Edit dimensions... 버튼을 클릭한다.

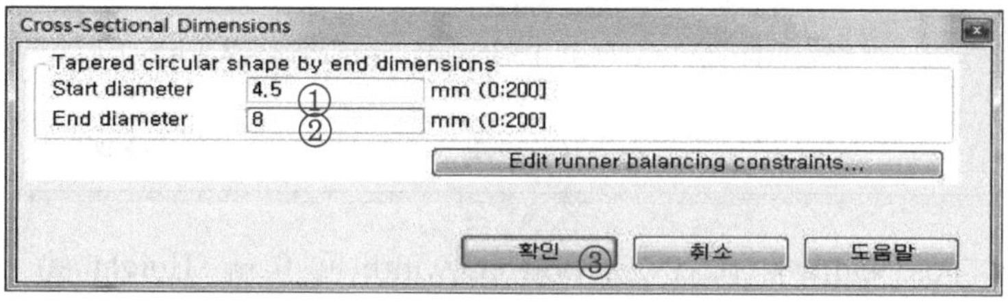

위 그림과 같이 Start diameter에는 ① 4.5 ㎜를 입력하고 End diameter에는 ② 8 ㎜를 입력하고 ③ 확인 버튼을 클릭한다.

Cold runner 창도 확인 버튼을 클릭하여 닫고 Assign property 창도 OK 버튼을 클릭하여 닫는다.

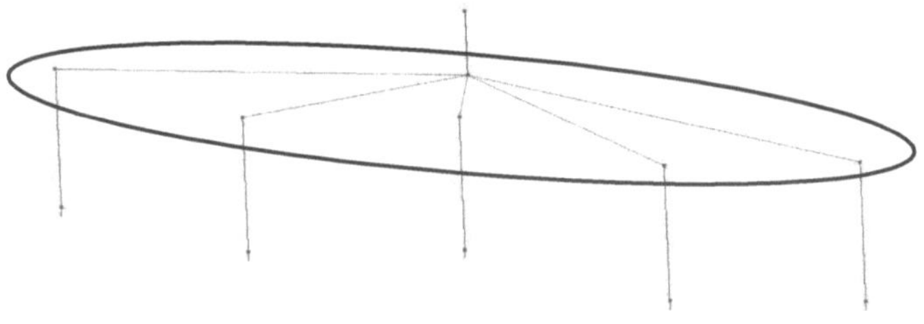

위 그림의 표시부 선 5개를 Ctrl+ 선택한다.

MB3을 클릭한 후, Properties를 실행하고 확인창이 나타나면 예 버튼을 클릭한다.

Properties 창이 나타나면 New 버튼을 클릭한 후, Cold runner를 선택한다.

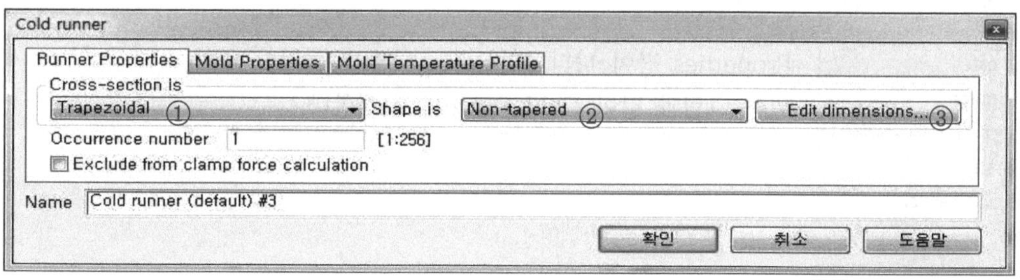

위 그림과 같이 Cross-section is에서 단면형상은 ① Trapezoidal을 선택하고 ② Non-tapered를 선택한 후, ③ Edit dimensions... 버튼을 클릭한다.

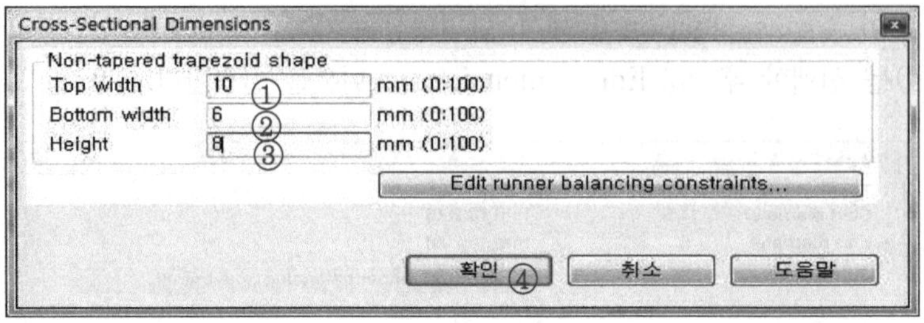

위 그림과 같이 Top width에 ① 10 ㎜, Bottom width ② 6 ㎜, Height ③ 8 ㎜를 입력하고 ④ 확인 버튼을 클릭한다.

Cold runner 창도 확인 버튼을 클릭하여 닫고 Assign property 창도 OK 버튼을 클릭하여 닫는다.

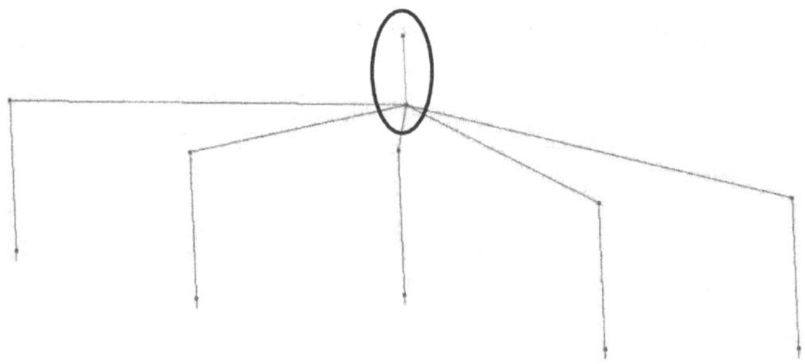

위 그림의 표시부 선 1개를 선택한다.

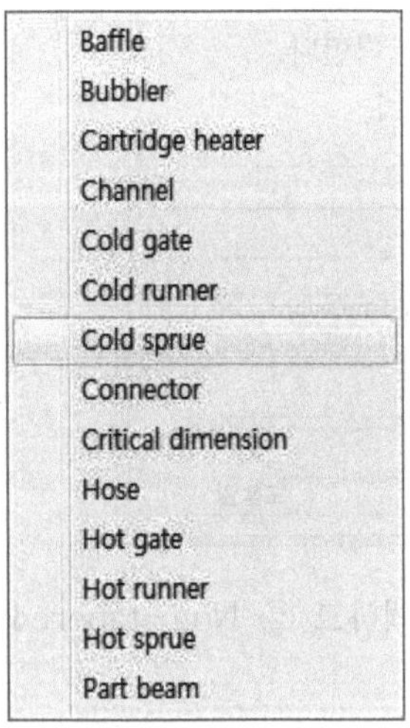

MB3을 클릭한 후, Properties를 실행하고 확인창이 나타나면 예 버튼을 클릭한다.

Properties 창이 나타나면 New 버튼을 클릭한 후,
왼쪽 그림과 같이 Cold Sprue를 선택한다.

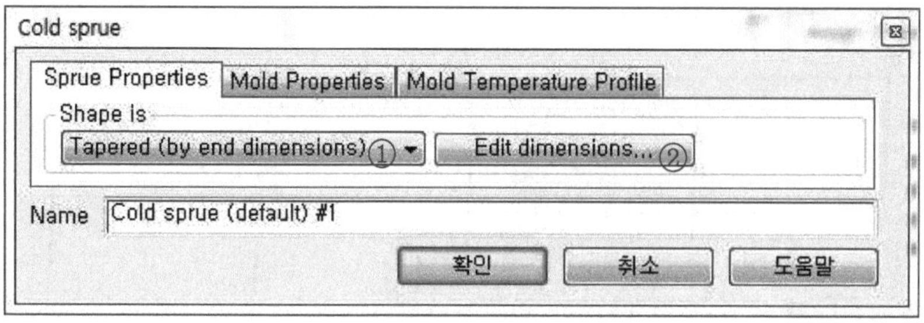

위 그림과 같이 Shape is에서 ① Tapered(by end dimensions)를 선택한 후, ② Edit dimensions... 버튼을 클릭한다.

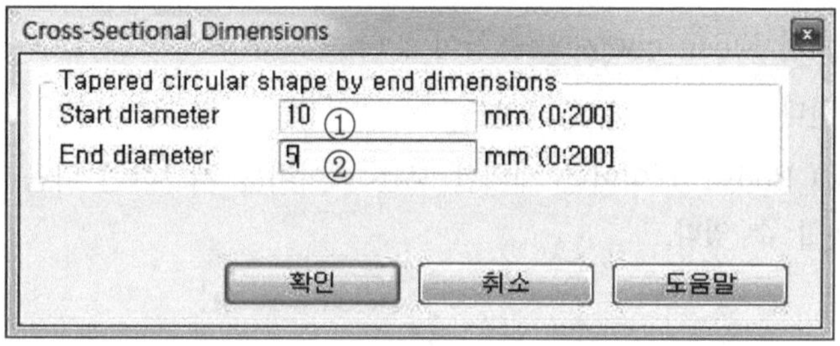

위 그림과 같이 Start diameter에는 ① 10 ㎜를 입력하고 End diameter에는 ② 5 ㎜를 입력하고 확인 버튼을 클릭한다.

Cold sprue 창도 확인 버튼을 클릭하여 닫고 Assign property 창도 OK 버튼을 클릭하여 닫는다.

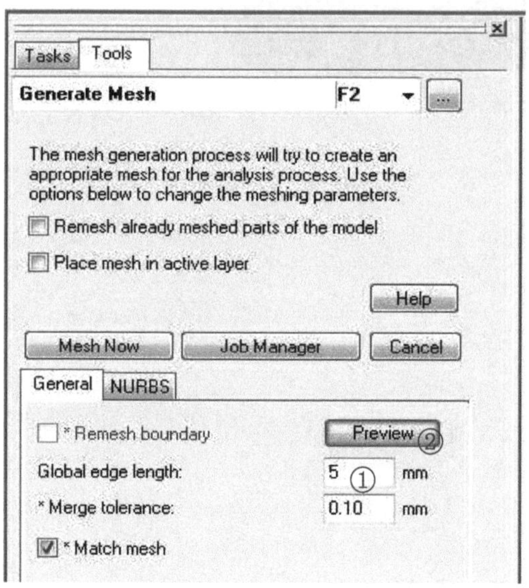

Mesh메뉴의 Generate Mesh  아이콘을 클릭한다.

왼쪽 그림과 같이 Global edge length에 ① 5를 입력하고 ② Preview 버튼을 클릭한다.

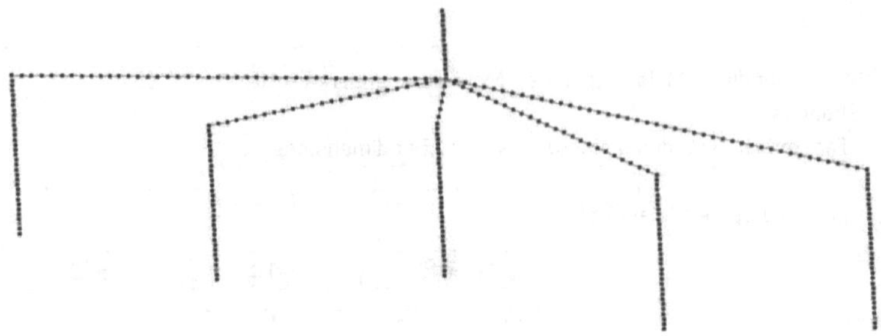

위 그림과 같이 메쉬 사이즈를 확인한 후, Mesh Now 버튼을 클릭한다.

확인창이 나타나면 Close 버튼을 클릭한다.

러너 메쉬가 완료되면 Mesh complete! 창이 뜬다.

확인 버튼을 클릭한다.

레이어창에서 CAD Body1 레이어를 제외한 모든 레이어를 체크하면 다음 그림과 같이 제품 형상과 러너 형상을 확인할 수 있다.

이것으로 러너 시스템 메쉬 작성은 모두 끝이 났다.

(4) 3D 메쉬 작성하기

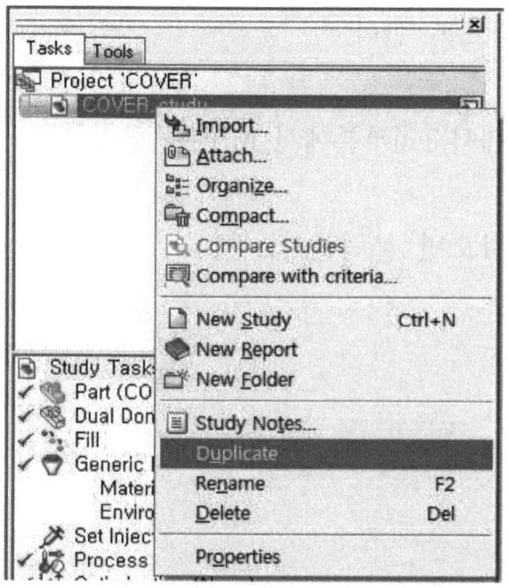

3D 해석을 위해 메쉬 타입을 3D로 변경한 후 메쉬 형성 작업을 재수행하여야 한다.

메쉬 수정이 필요할 경우를 대비하여 COVER_study를 복사하도록 한다.

왼쪽 그림과 같이 Tasks 창의 COVER_study에서 MB3을 클릭한 후, Duplicate를 실행한다.

스터디 이름을 COVER3D로 입력한 후 엔터키를 누른다.

COVER3D를 더블클릭한다.

메쉬(Mesh) 메뉴에서 화면 좌측 상단의 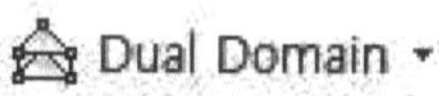

아이콘을 클릭한 후 3D를 선택하면 아이콘이 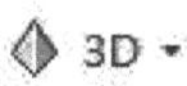

으로 변경된 것을 볼 수 있다.

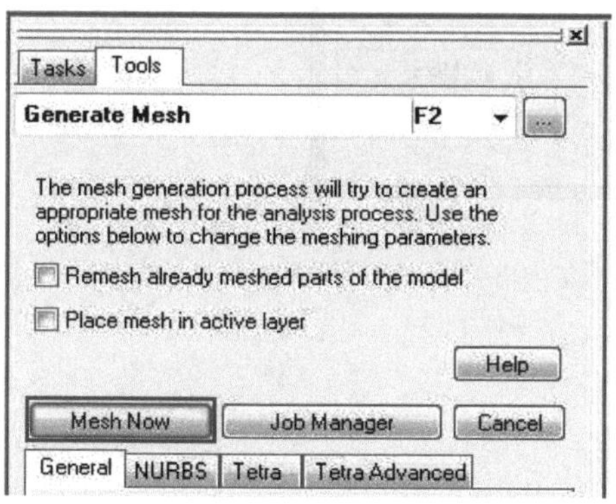

Mesh메뉴의 Generate Mesh  아이콘을 클릭한다.

왼쪽 그림의 Mesh Now 버튼을 클릭한다.

확인창이 나타나면 Close 버튼을 클릭한다.

메쉬 생성 완료창이 나타나면 확인 버튼을 클릭한다.

(5) 성형조건 입력 및 해석 수행하기

이제부터 성형조건을 입력하도록 한다.

왼쪽 그림과 같이 Tasks 창에서 Fill부분에서 MB3을 클릭한다.

Set Analysis Sequence가 나오면 클릭한다.

Select Analysis Sequence 창이 나타나면 아래 그림과 같이 Fill+Pack을 선택하고 OK 버튼을 클릭한다.

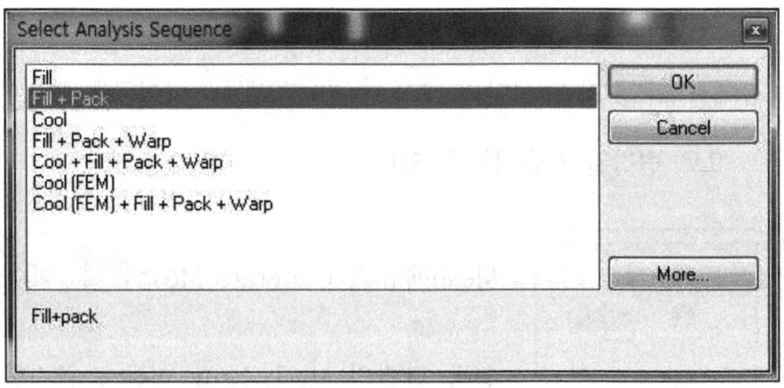

Tasks 창에서 Gemeric PP 부분에서 MB3을 클릭한다.

Select Material을 선택한다.

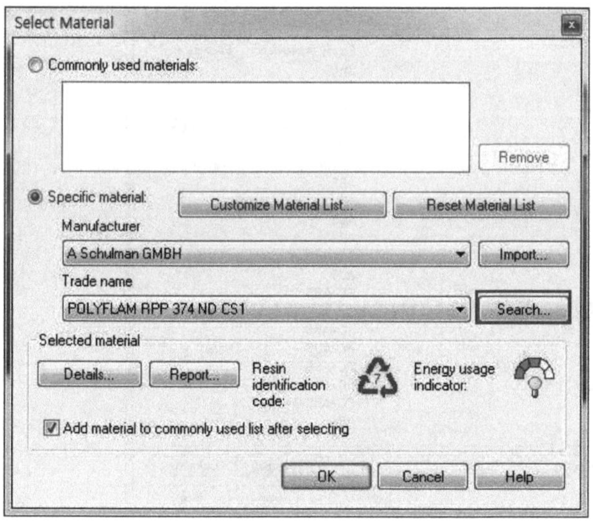

Select Material 창이 나타나면 Search버튼을 클릭한다.

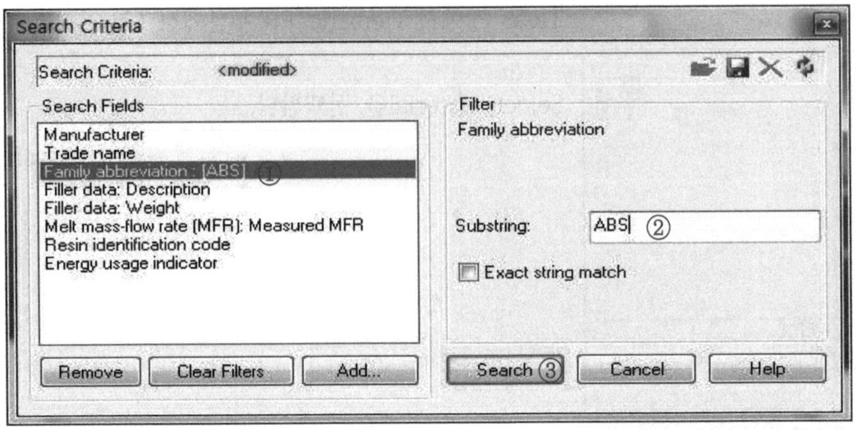

위 그림과 같이 ① Family abbreviation을 클릭하고 우측의 Substring에 ② ABS를 입력한 후, ③ Search버튼을 클릭한다.

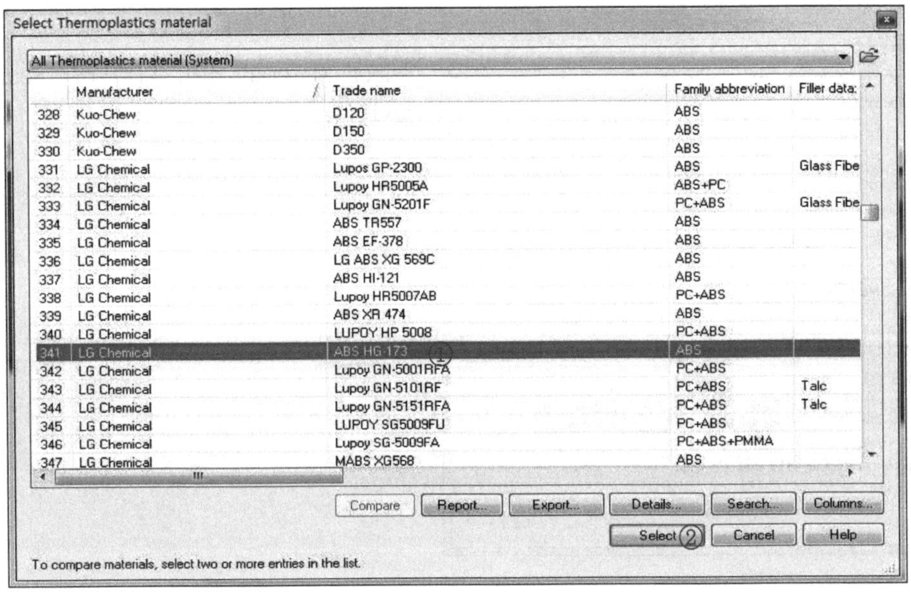

위 그림과 같이 LG Chemical 의 ① ABS HG-173 수지를 선택한 후, ② Select버튼을 클릭한다. Select Material창은 OK 버튼을 클릭하여 닫는다.

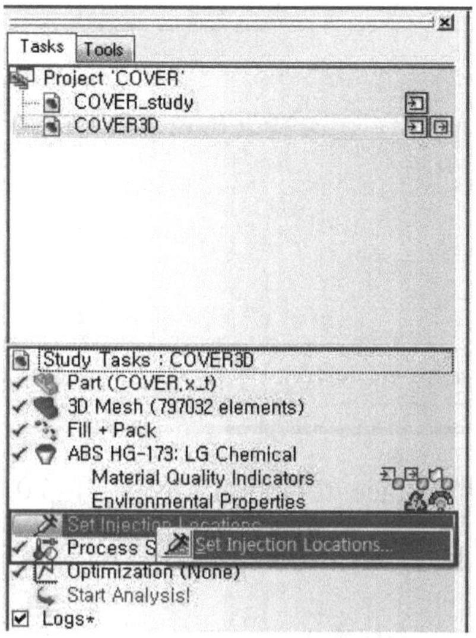

Tasks 창에서 Set Injection Locations부분에서 MB3을 클릭한다.

Set Injection Locations를 선택한다.

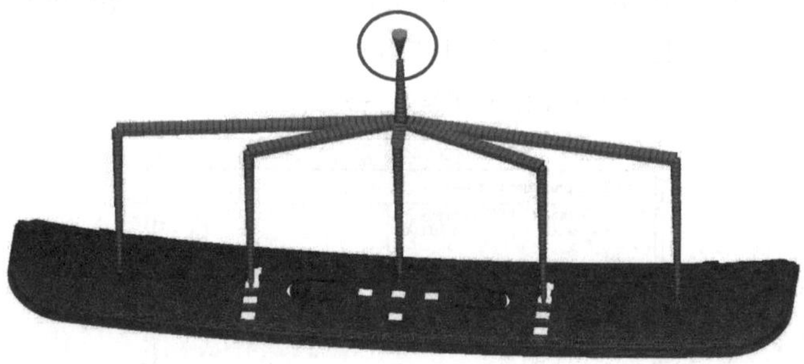

위 그림과 같이 스프루 제일 끝단 노드를 클릭하면 노란색 화살표가 생성되는 것을 볼 수 있다.

Tasks 창에서 Process Settings부분에서 MB3을 클릭한다.

Set Process Settings를 선택한다.

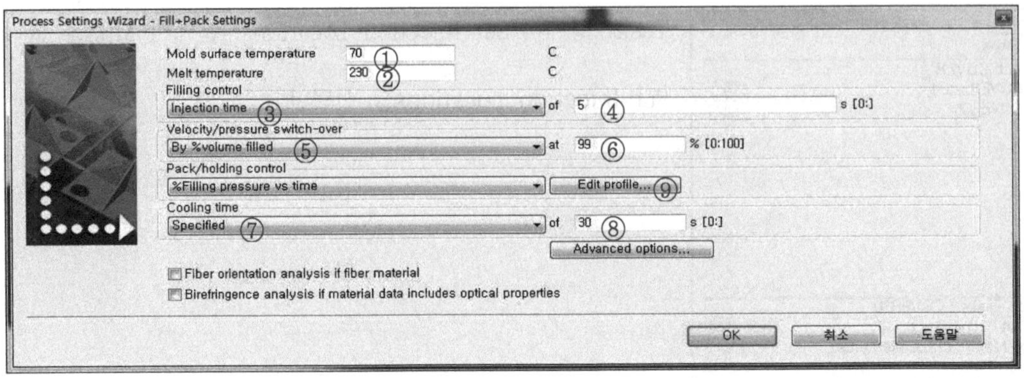

위 그림과 같이 Process Setting Wizard 창이 나타나면 Mold surface temperature에는 ① 70, Melt temperature에는 ② 230, Filling control은 ③ Injection time으로 선택하고 ④ 5초를 입력한다.

Velocity/Pressure switch-over는 ⑤ By %volume filled로 선택하고 ⑥ 99%를 입력하고 Cooling time은 ⑦ Specified로 ⑧ 30초를 입력한다.

Pack/holding control의 ⑨ Edit profile 버튼을 클릭한다.

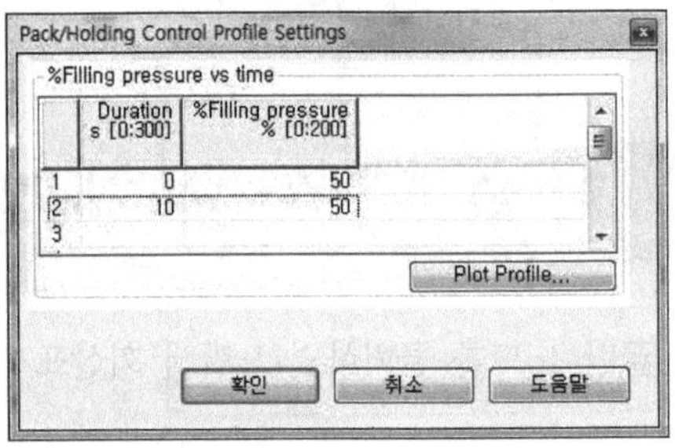

위 그림과 같이 총 10초의 보압시간으로 보압력은 50%으로 입력한다.

Pack/holding control Profile Settings 창은 확인 버튼을 클릭하여 닫는다.

Process Setting Wizard 창에서 Advanced options 버튼을 클릭한다.

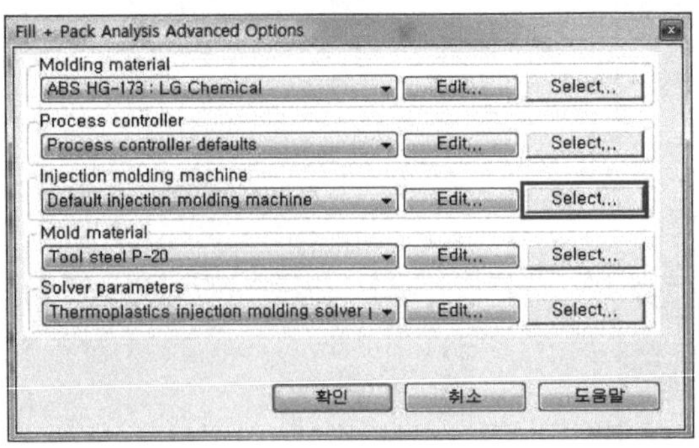

앞의 그림의 Injection molding machine에서 Select 버튼을 클릭한다.

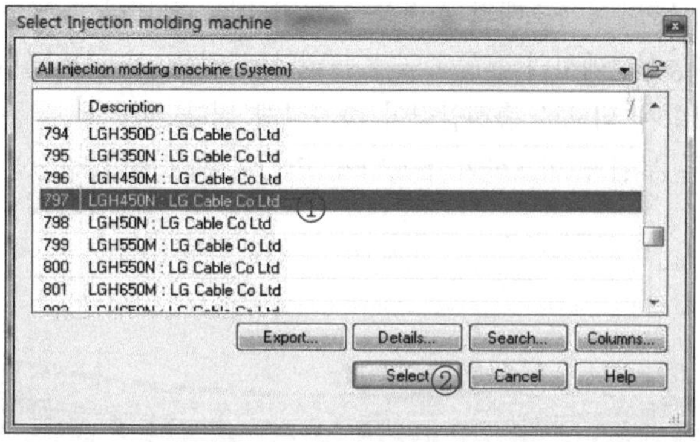

위 그림과 같이 ① LGH450N 사출성형기를 선택하고 ② Select버튼을 클릭한다.
Fill+Pack Analysis Advanced Options 창은 확인 버튼을 클릭하여 닫는다.
Fiber orientation analysis if fiber material은 체크 해제하고 Process Setting Wizard 창은 OK 버튼을 클릭하여 닫는다.

Tasks 창에서 Start Analysis 부분에서 더블 클릭하여 해석을 시작한다.
해석이 완료되면 Analysis complete이라는 확인창이 나타난다.
확인 버튼을 클릭하여 확인창을 닫는다.

(6) 해석 결과 보기

2-1) Fill time

Results에서 Fill time을 체크한다.

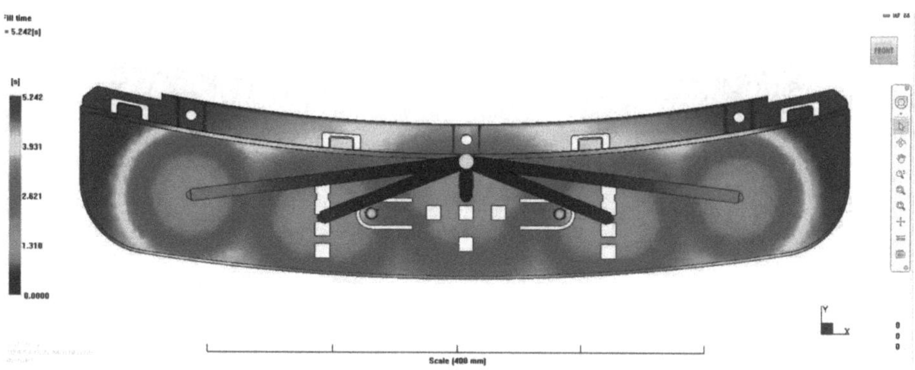

총 충전시간은 5.242초로 나타나며 좌우 끝단이 가장 마지막에 충전된다.
Fill time에서 MB3을 클릭한다.

Properties를 실행하여 Methods탭에서 Contour를 선택하고 확인 버튼을 클릭한다.

다음 그림과 같이 2초에서 4초대의 선단폭을 보면 매우 조밀하게 생성된 것을 볼 수 있다. 선단폭이 좁다는 것은 유동선단에서의 유동속도가 느리다는 것을 의미한다. 유동속도가 느리게 되면 용융된 수지가 빨리 고화가 되므로 충전압력이 증가하게 된다. 따라서 유동속도를 일정하게 유지하여 고화되는 정도를 다른 부위와 비교하여 유사하게 만들어주는 것이 충전압력을 낮추는 방법이 될 것이다.

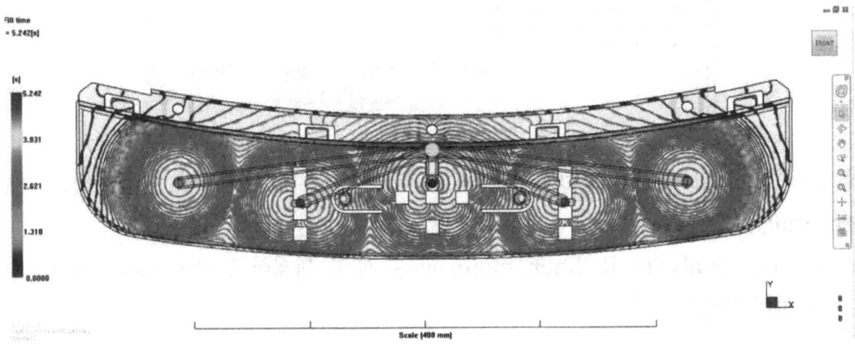

2-2) Pressure at V/P switchover

Results에서 Pressure at V/P switchover를 체크한다.

보압절환시 최대 충전압력은 71.15 MPa로 사출성형기 최대압력값인 178.5 MPa의 39.9%로 낮은 편이다. ABS수지의 경우 사출성형기 최대압력값의 50%이하로 충전압력이 발생하는 것을 권장하고 있다. 하지만 충전압력은 낮을수록 캐비티내에 발생하는 압력차이가 감소하므로 휨발생의 원인이 되는 압력차이를 감소시키는 성형조건을 찾아내는 것이 중요하다.

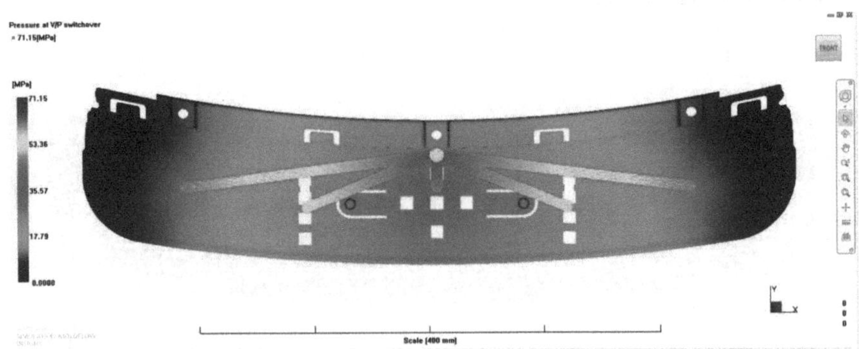

2-3) Clamp force : XY Plot

Results에서 Clamp force : XY Plot을 체크한다.

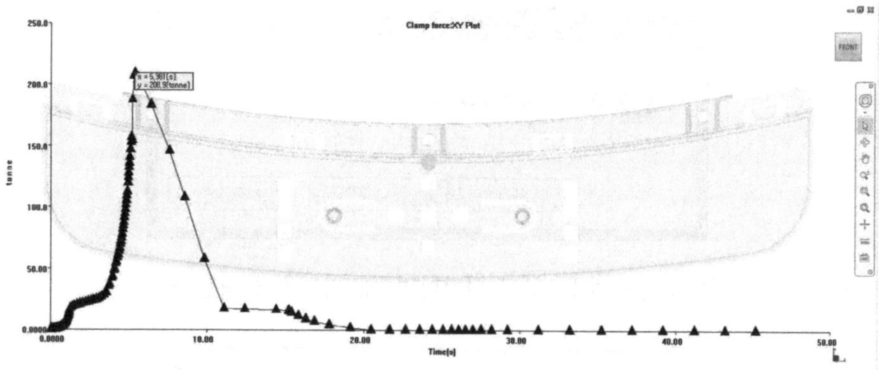

Results메뉴에서 Examine 아이콘을 실행한다. 가장 높은 점을 클릭한다.
최대형체력이 5.381초에서 208.9 ton이 발생함을 알 수 있다.

4.2.3 성형조건 수정에 의한 사출압력 최적화 해석

(1) 사출시간에 의한 사출압력 변화

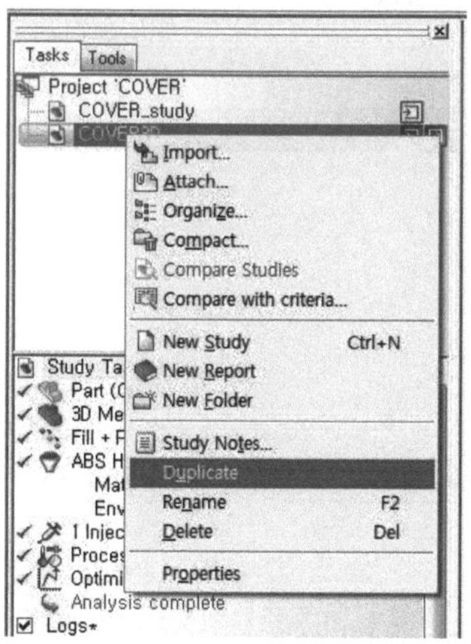

Tasks 창의 COVER3D에서 MB3을 클릭한다.

Duplicate를 실행한다.

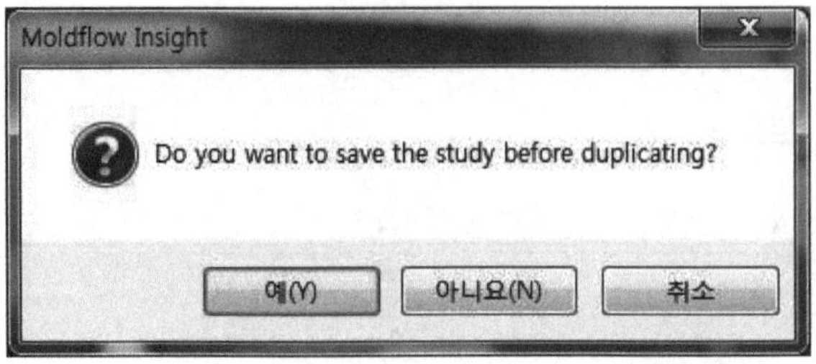

위 그림과 같이 저장할 것인지 묻는 창이 나타나면 예 버튼을 클릭한다.

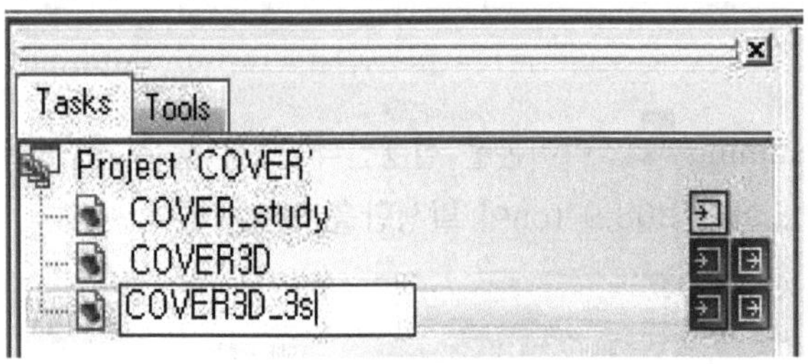

위 그림과 같이 스터디 이름을 COVER3D_3s로 변경한다.

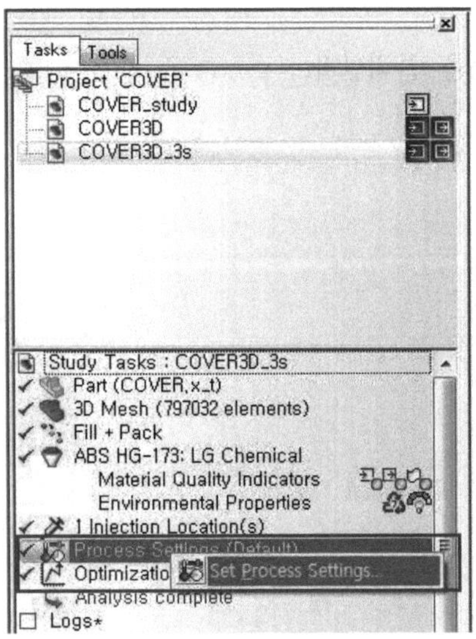

Process Settings에서 MB3을 클릭 한다.

Set Process settings를 실행한다.

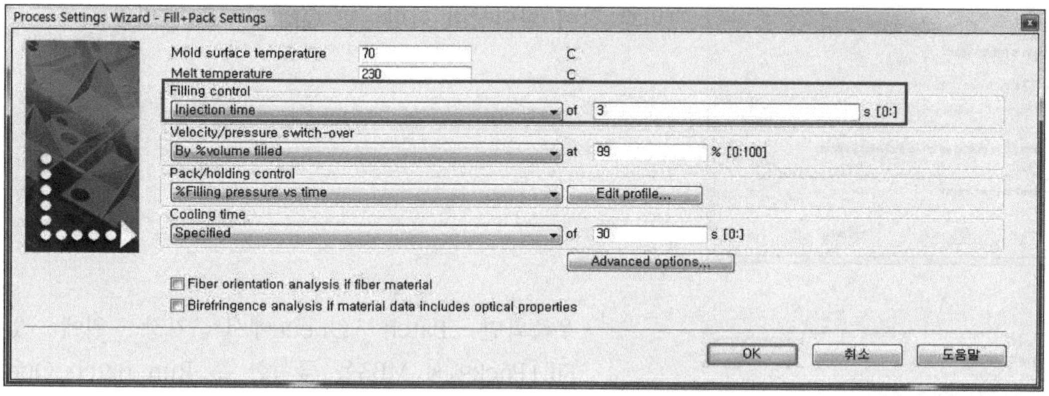

위 그림과 같이 Injection time을 3초로 변경하고 OK 버튼을 클릭한다.

Duplicate를 이용하여 스터디를 2개 더 복사한 후 같은 방법으로 Injection time을 2초, 4초인 스터디 2개를 추가로 만든다.

Home메뉴의 Job Manager  아이콘을 클릭한다.

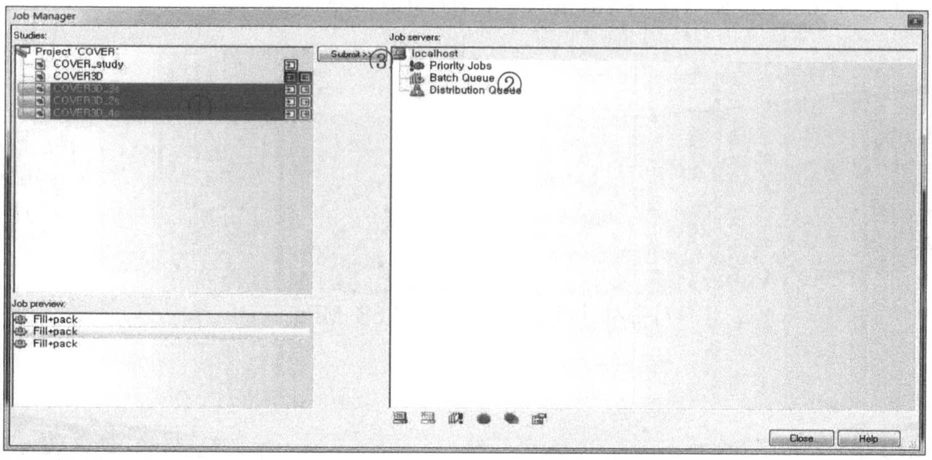

위 그림과 같이 Job Manager 창이 나타나면 좌측의 ① COVER3D_3s, COVER3D_2s, COVER3D_4s를 선택하고 우측의 ② Batch Queue를 선택한 후 중간의 ③ Submit 버튼을 클릭한다.

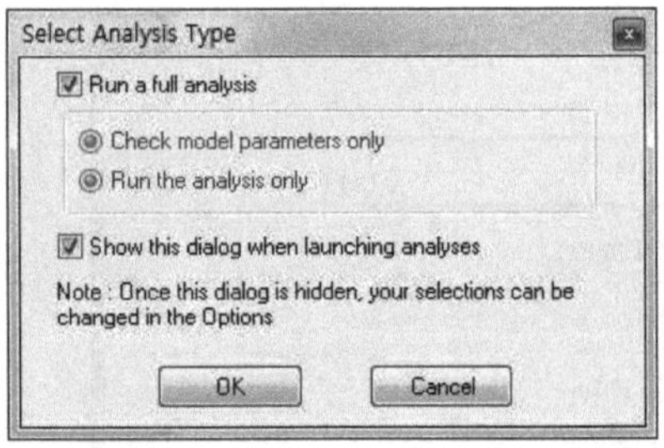

그림과 같이 확인창이 나타나면 OK 버튼을 클릭한다.

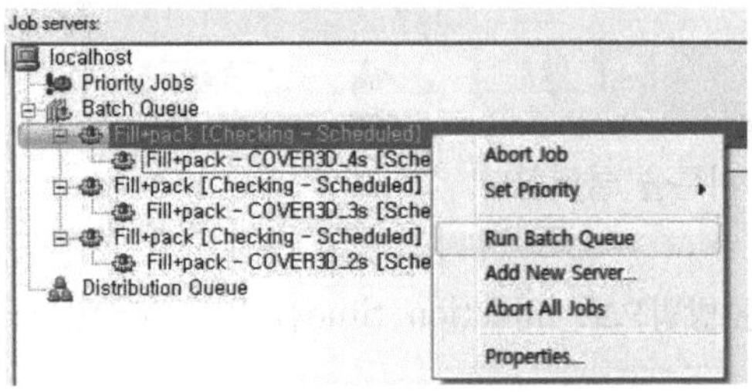

우측화면 Batch Queue에서 가장 위에 있는 Fill+Pack에서 MB3을 클릭한 후 Run Batch Queue를 실행한다.

(2) 사출시간에 의한 사출압력 변화 결과보기

각 스터디의 Pressure at V/P Switchover의 결과값을 보면

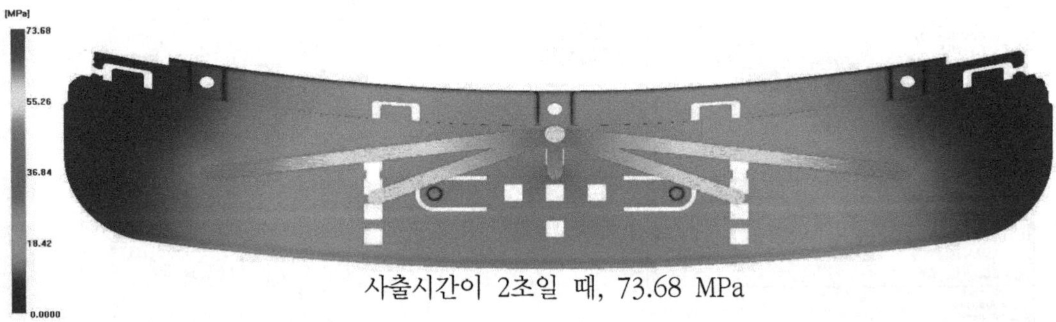

사출시간이 2초일 때, 73.68 MPa

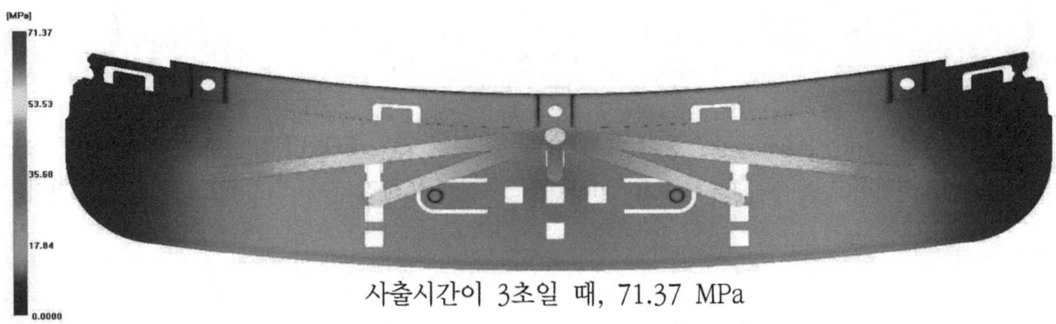

사출시간이 3초일 때, 71.37 MPa

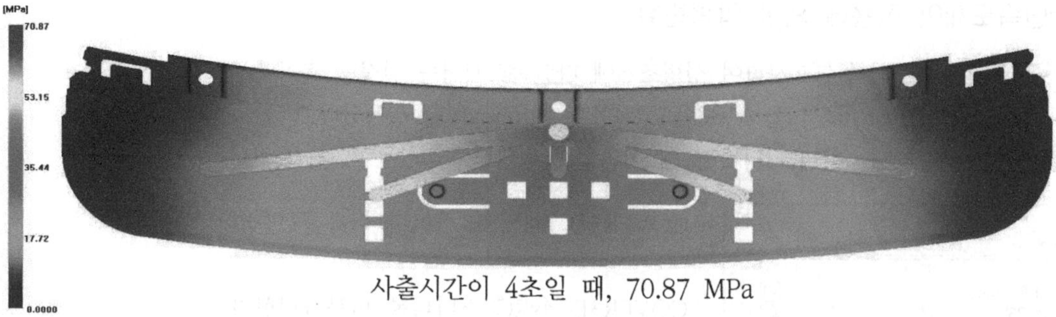

사출시간이 4초일 때, 70.87 MPa

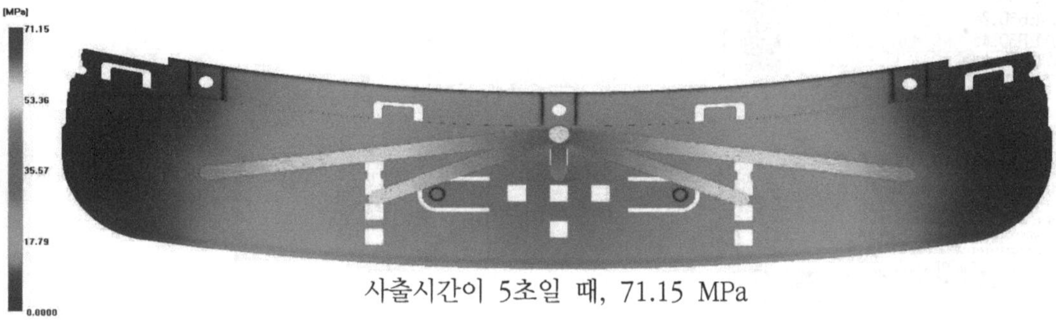

사출시간이 5초일 때, 71.15 MPa

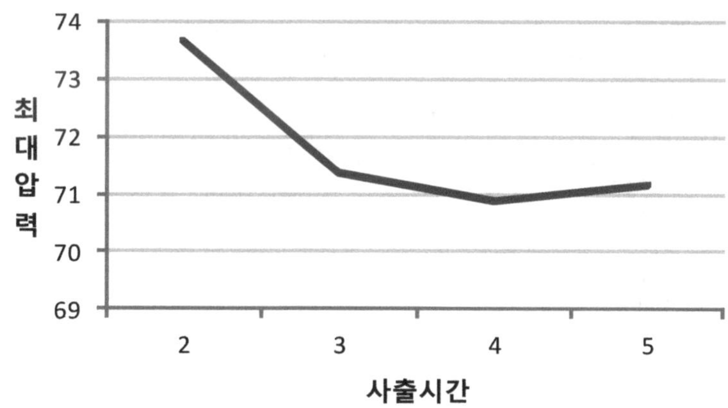

위 그래프는 사출시간별 최대압력을 정리해 놓은 것이다. 사출시간이 4초일때, 최대압력이 가장 낮게 나타난다. 최대압력을 낮추기 위해서는 사출시간을 4초로 지정하고 다단속도제어를 통해 최대압력을 더 감소시키는 조건을 찾아야 한다.

(3) 다단속도제어 적용에 의한 압력변화

COVER3D_4s 스터디를 복사하여 성형조건에 다단속도제어를 설정할 것이다.
Tasks 창의 COVER3D_4s를 MB3을 클릭한후 Duplicate를 실행한다.
저장할 것인지를 묻는 창이 나타나면 예 버튼을 클릭한다.

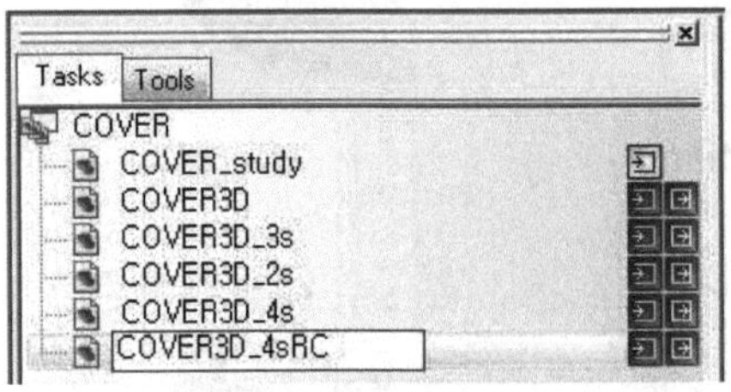

COVER3D_4sRC로 스터디 이름을 변경한다.

COVER3D_4sRC 스터디를 더블클릭한다.

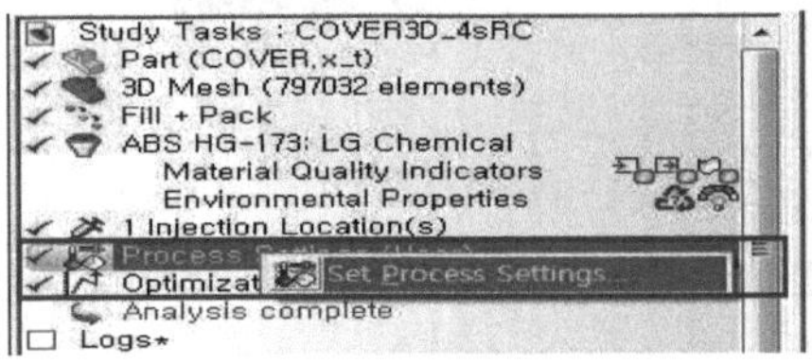

Process Settings에서 마우스 MB3을 클릭한 후 Set Process Settings를 실행한다.

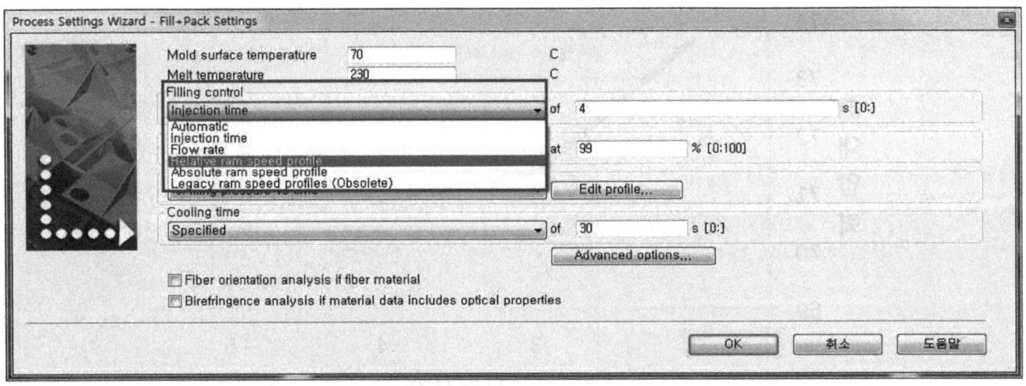

위 그림과 같이 Filling control에서 Relative ram speed profile을 선택한다.
좌측에 있는 Edit profile 버튼을 클릭한다.

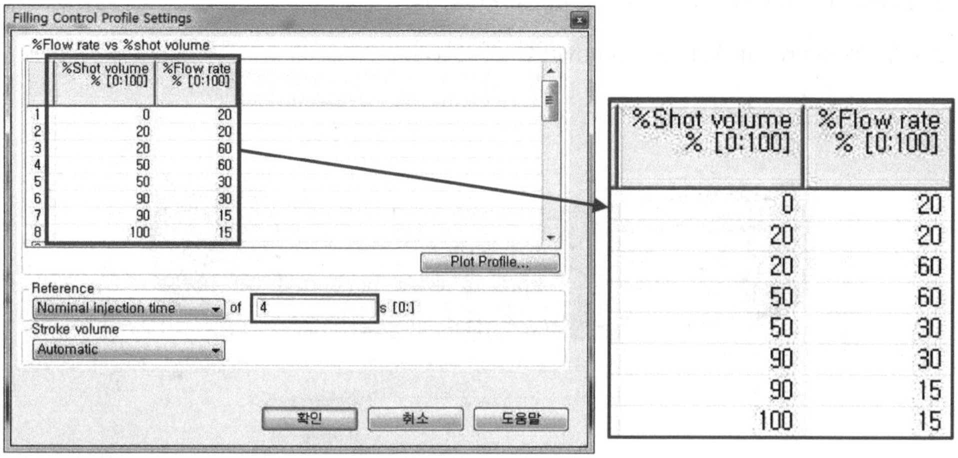

위 그림과 같이 %Shot Volume과 %Flow rate 값을 입력하고 Reference의 Nomial injection time은 4초로 입력한다.

Plot Profile 버튼을 클릭하면 아래 그림과 같이 사출성형기의 다단속도 그래프를 볼 수 있다. 확인 후 Close 버튼을 클릭한다.

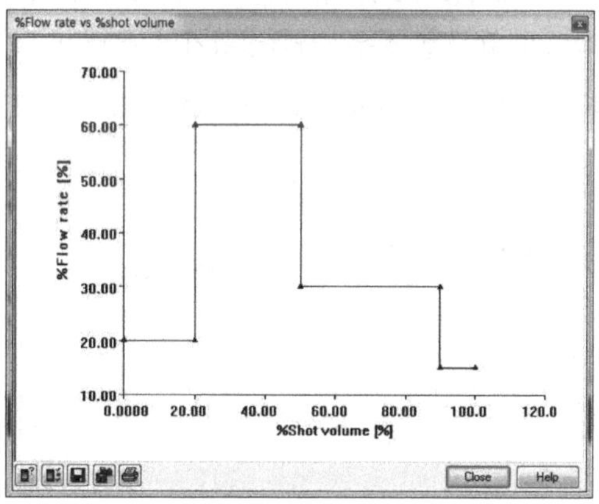

Filling Control Profile Settings창도 확인 버튼을 클릭하여 닫고 Process Setting Wizard 창은 OK 버튼을 클릭한다.

Tasks 창의 Start Analysis를 더블클릭하여 해석을 시작한다.

확인창이 나타나면 OK 버튼을 클릭한다.

(4) 다단속도제어 적용에 의한 압력변화 결과보기

Results의 Pressure at V/P Switchover를 체크한다.

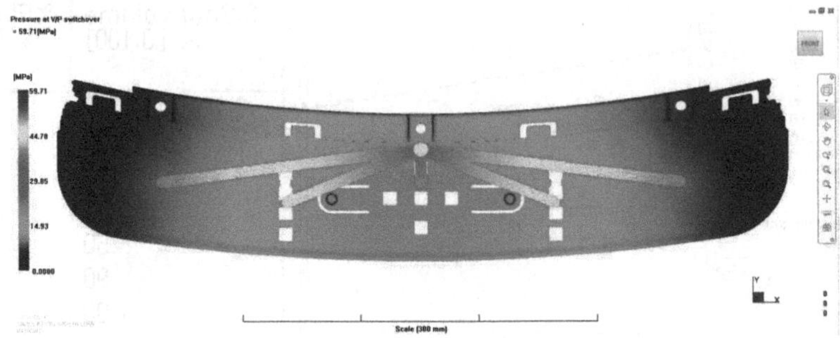

최대압력이 59.71 MPa로 발생한다. 기존 사출압력인 71.15 MPa의 84%로 약 16%의 압력감소가 발생했다.

이와 같이 사출시간과 다단속도제어를 통해 압력을 감소시킬 수 있다.

다단속도제어에서 사출속도는 사출성형기의 최대사출속도의 80%보다 느리게 설정하여야 한다. 사출성형기가 노후되었을 경우, 최대사출속도를 유지할 수 없으며 관리가 잘된 사출성형기일지라도 최대사출속도의 80%이상의 속도가 요구될 경우, 사출성형기의 무리가 발생할 수도 있기 때문이다.

사출속도를 확인하기 위해서 Results의 Flow rate, Beams를 체크한다.

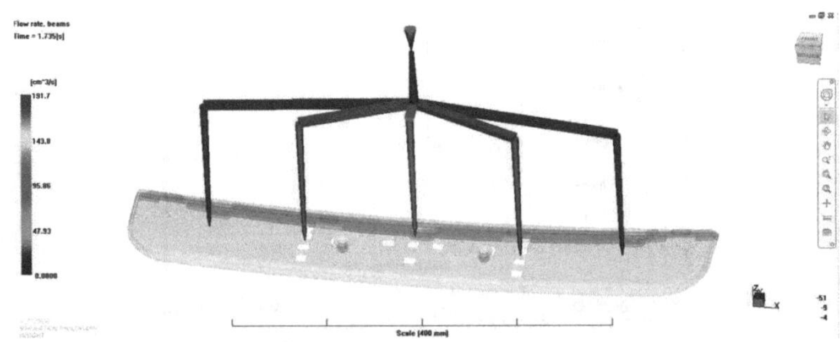

다단속도제어에서 최대사출속도는 1.735초에서 191.7 ㎤/s가 발생한다.

LGH450N 사출성형기의 최대사출속도를 확인하기 위해서는 Tasks 창의 Process Settings을 더블클릭한다. Process Settings 창이 나타나면 Advanced options 버튼을 클릭한다.

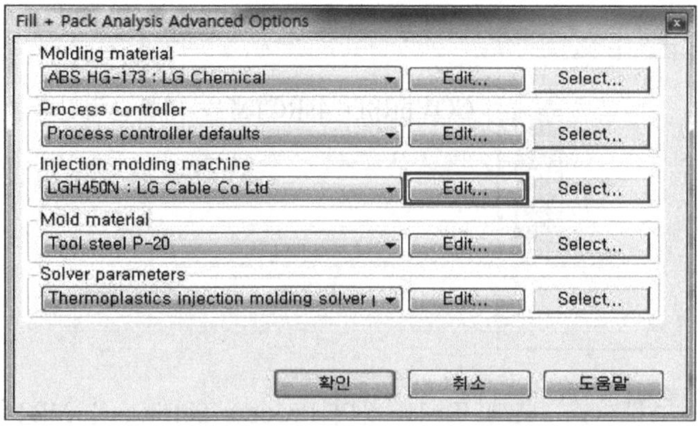

위 그림과 같이 Injection molding machine에서 Edit 버튼을 클릭한다.

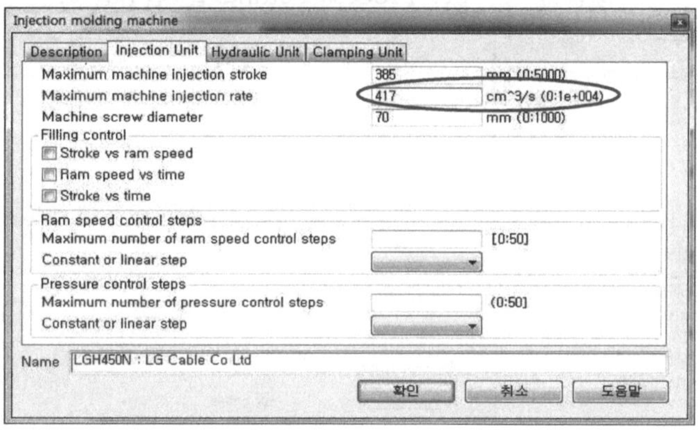

Injection Unit 탭에서 Maxium machine injection rate를 확인한다.
LGH450N 사출성형기의 최대사출속도는 417 ㎤/s임을 알 수 있다.

다단속도제어에서 발생한 최대사출속도가 사출성형기 최대사출속도의 46%임을 알 수 있다.

(5) 수지온도 설정에 의한 압력변화

일반적으로 플라스틱재료는 온도에 민감하다. 플라스틱재료의 용융온도가 높을수록 사출성형시 흐름성이 좋아지는 특성을 가지고 있다. 따라서 수지온도를 권장 수지온도 내에서 높여준다면 압력이 감소할 것이다.

Tasks 창의 COVER3D_4sRC 스터디에서 MB3을 클릭한다.

Duplicate를 실행한다.

저장할 것인지 묻는 창이 나타나면 예 버튼을 클릭한다.

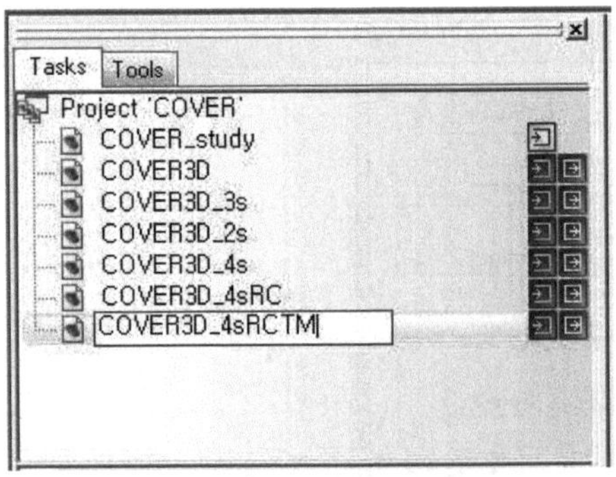

스터디이름을 COVER3D_4sRCTM으로 변경한다.

COVER3D_4sRCTM을 더블클릭한다.

Tasks 창의 Process Settings을 MB3을 클릭한다.

Set Process Settings를 실행한다.

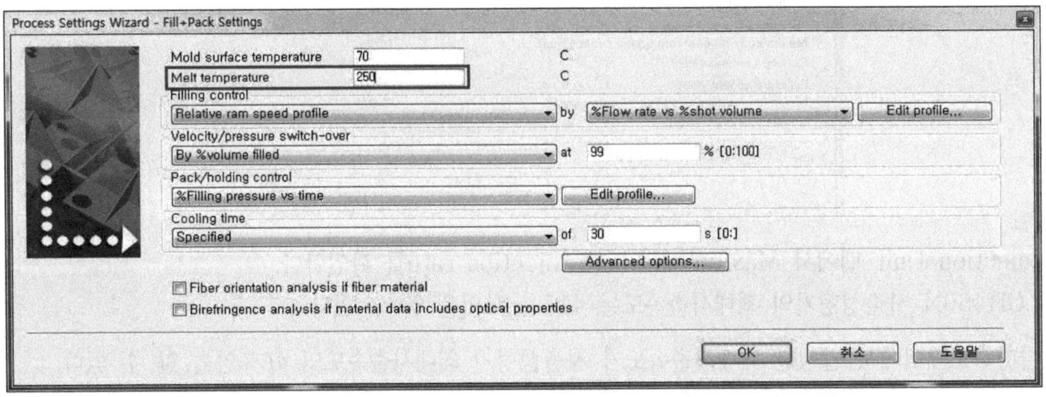

위 그림과 같이 Melt temperature를 250℃로 변경한 후 OK 버튼을 클릭한다.
Tasks 창의 Start Analysis를 더블클릭한 후 확인창이 나타나면 OK 버튼을 클릭한다.

(6) 수지온도 설정에 의한 압력변화 결과보기

Results의 Pressure at V/P Switchover를 체크한다.

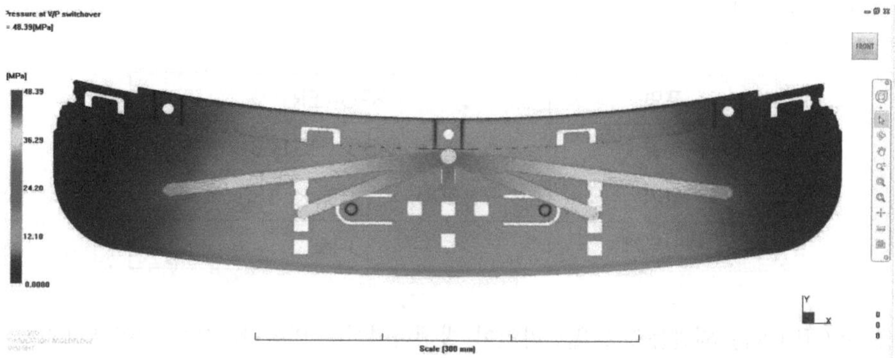

최대압력이 48.39 MPa로 발생한다. 기존 충전압력인 71.15 MPa의 68%로 약 32%의 압력감소가 발생했다.

수지온도를 높임으로서 최대압력이 감소하는 것을 알 수 있다. 하지만 수지온도를 높이는 것은 캐비티내 온도를 증가시킴으로서 냉각시간을 증가시키는 단점이 있기 때문에 권장하지는 않는다.

수지온도를 높이는 것은 게이트 위치나 러너사이즈를 변경할 수 없고 최적 사출성형조건으로도 압력이 높게 나오거나 미성형이 발생하여 문제를 해결할 수 없을 때에만 사용하는 것이 좋다.

4.3. 냉각 시스템 개선을 위한 성형해석

본 해석실습은 시퀀스 핫 러너 시스템의 금형에서 냉각 시스템을 변경하여 냉각시간을 감소시키는 방안을 도출하는 것을 목적으로 하며 다음과 같은 단계를 통해 몰드플로우의 사용방법을 익히도록 한다.

① 메쉬 불러오기 및 품질 체크하기

② 러너 시스템 메쉬 작성하기

③ 냉각 시스템 메쉬 작성하기

④ 성형조건 입력 및 해석 수행하기

⑤ 해석 결과 보기

대상 제품은 자동차용 SPOILER이며 Midplane 메쉬를 사용한다. 본 실습에서는 냉각 시스템 개선을 통해 냉각시간을 감소시키는 방법을 익히도록 한다.

4.3.1 대상제품 및 해석조건 소개

그림 4.6은 냉각채널 및 냉각조건 변경에 의한 성형성을 비교하기 위한 제품으로 제품에 대한 일반적인 정보는 다음과 같다.

품명	SPOILER
재질	PC+ABS (HG173)
크기	1290 × 103 × 186 ㎜
평균두께	3 ㎜

자동차용 SPOILER는 외관품으로 웰드라인이 발생하여서는 안된다. 제품 길이가 1290 ㎜로 긴 편이기 때문에 제품 끝단의 휨 발생을 최소로 가져가야 된다. 금형구조는 2단 금형으로 핫 러너와 사이드 게이트로 총 3점이며 웰드라인 제거를 위해 밸브 게이트를 이용한 시퀀스 제어가 필요하다.

성형형석시 고려해야 될 점은 금형온도분포를 균일하게 유지하는 것이다.

그림 4.7은 SPOILER 금형의 냉각 시스템을 표시한 그림이다.

그림 4.6 SPOILER

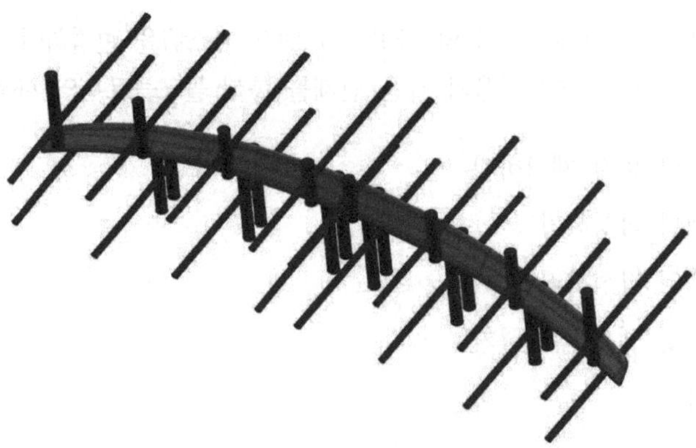

그림 4.7 냉각 시스템

러너 및 게이트 타입 : 핫 러너 시스템

게이트 크기	10×1 (사이드 게이트)
러너 크기	10×6 (사다리꼴)
밸브 게이트 크기	∅4
핫 러너 크기	∅10.39
매니폴드 러너 크기	∅12
스프루 크기	∅6

기존 성형조건

사출시간	4초
보압절환시점	99% 충전시
보압조건	충전압력의 80%/40%, 14초
냉각시간	30초
금형온도	70℃
수지온도	230℃

4.3.2 개선전 냉각 시스템에서에 대한 성형해석

(1) 메쉬 불러오기 및 품질 체크하기

바탕화면에 있는 Autodesk Simulation Moldflow Synergy 2015 아이콘을 클릭하면 아래 그림과 같이 몰드플로우 2015가 실행이 된다.

좌측 상단의 New Project 아이콘을 클릭한다.

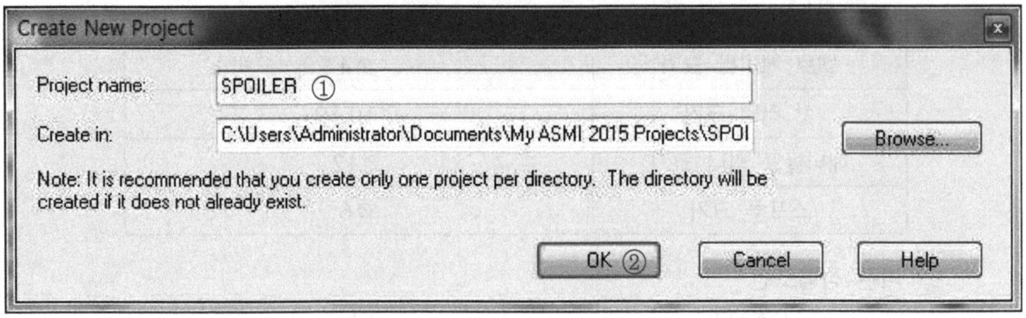

위 그림과 같이 Project name에 ① SPOILER라고 입력하고 ② OK 버튼을 클릭한다.
Tasks 창에 SPOILER라는 Project가 생성되는 것을 볼 수 있다.

좌측 상단 Import 아이콘을 실행한다.

위 그림과 같이 ① SPOILER.sdy 파일을 선택하고 ② 열기 버튼을 클릭하면 아래 그림과 같이 모델링 화면에 SPOILER제품을 볼 수 있다.

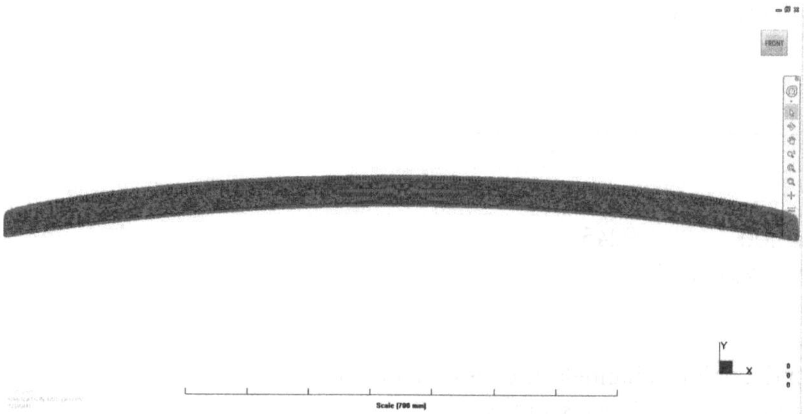

Mesh 메뉴의 Mesh Statistics  아이콘을 실행한다.

Show 버튼을 클릭하면 아래 그림과 같이 메쉬 상태 정보가 나타난다.

SPOILER해석은 Midplane 메쉬 해석으로 Free edges와 Non-manifold edges가 0이 아니어도 된다. 다만 각각에 해당하는 element를 확인할 필요는 있다.

Element intersections 및 Fully overlapping elements는 0이므로 양호하며 Aspect Ratio의 최대값도 5.87로 양호하다.

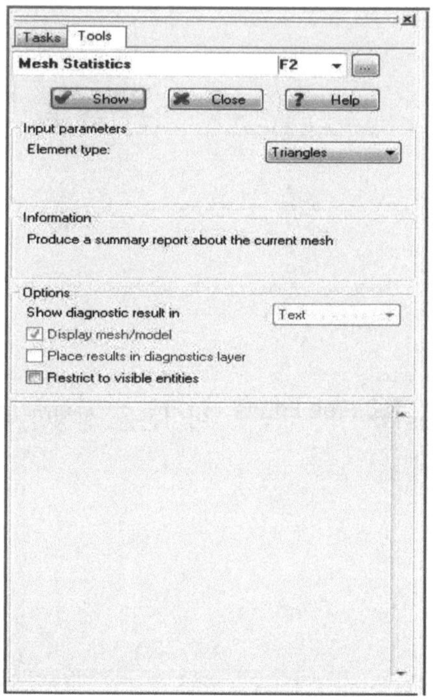

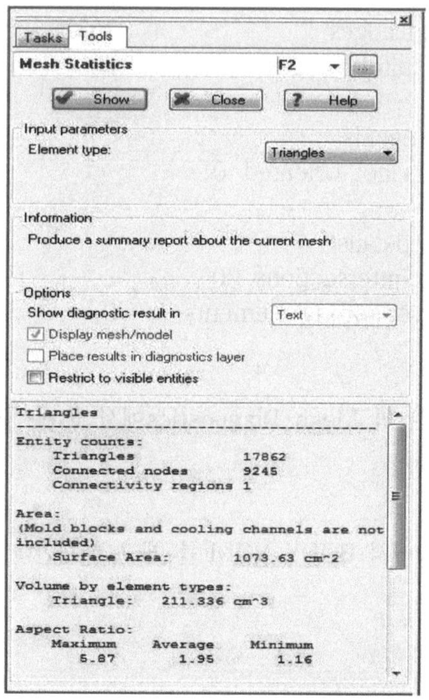

메쉬 상태는 다음과 같다.

```
Triangles
----------------------------------------
Entity counts:
    Triangles                17862
    Connected nodes           9245
    Connectivity regions 1

Area:
(Mold blocks and cooling channels are not included)
    Surface Area:            1073.63 cm^2

Volume by element types:
    Triangle:      211.336 cm^3

Aspect Ratio:
    Maximum      Average      Minimum
      5.87         1.95         1.16

Edge details:
    Free edges                        702
    Manifold edges                    26328
    Non-manifold edges                76

Orientation details:
    Elements not oriented 0

Intersection details:
    Element intersections   0
    Fully overlapping elements        0
```

Mesh메뉴의 Mesh Diagnostics에서 Free Edges Free Edges 아이콘을 실행한 후 Show 버튼을 클릭한다.

레이어창에서 BODY NODE를 체크 해제한다.

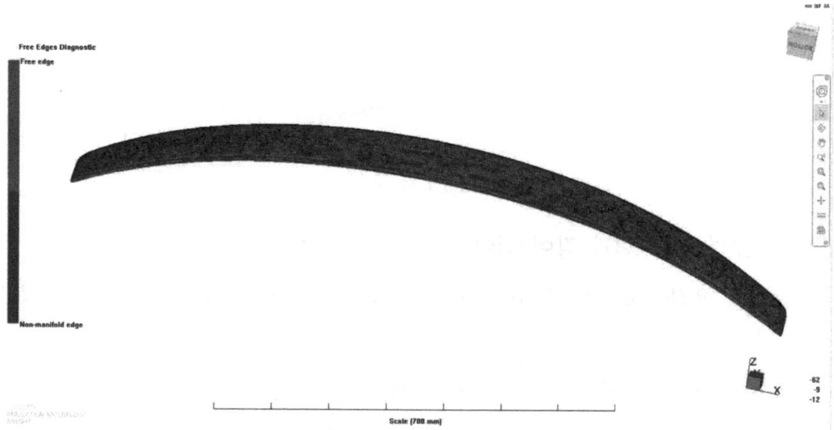

위 그림과 같이 Free edge는 제품 끝단에 Non-manifold edge는 후크걸이부와 제품전면의 연결된 부분만 표시되므로 메쉬에 문제는 없다.

Close 버튼을 클릭한다.

Mesh메뉴의 Mesh Diagnostics에서 Show Show 아이콘을 클릭하면 좌측의 컬러바가 사라진다.

레이어창에서 BODY NODE를 체크한다.

메쉬의 상태가 양호하므로 이제부터 러너 시스템을 생성할 것이다.

(2) 러너 시스템 메쉬 작성하기

메뉴창의 Home을 클릭한다.

Geometry 아이콘을 클릭하고 Curves 아이콘의 Create Line 아이콘을 실행한다.

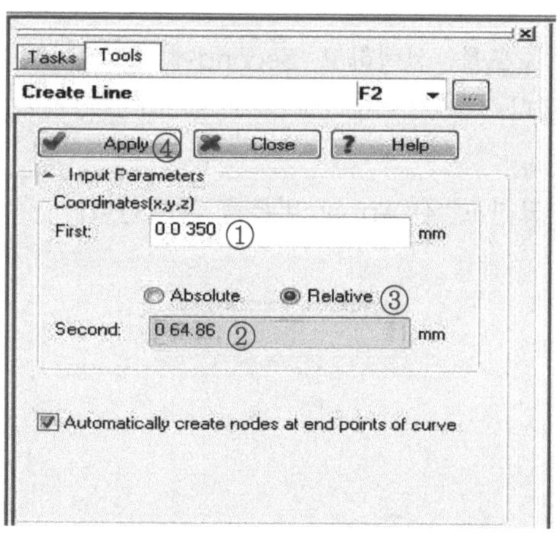

Fist에 ① 0, 0, 350을 입력하고 Second에 ② 0,-64.86을 입력한다.

③ Relative를 체크하고 ④Apply 버튼을 클릭한다.

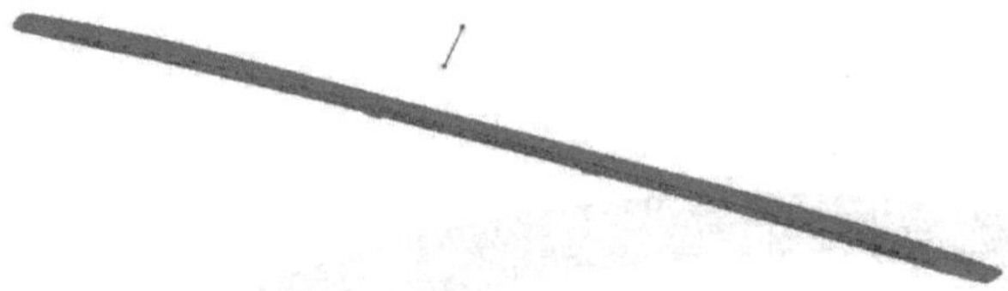

화면을 회전시켜보면 위 그림과 같이 선이 생성된 것을 볼 수 있다.

두 번째 선 생성을 위해 First에 0, 0, 350 을 입력하고, Second에는 −300, −53.94, 0 을 입력한다.

Relative가 체크되어있는지 확인한 후 Apply 버튼을 클릭한다.

세 번째 선 생성을 위해 First에 0, 0, 350 을 입력하고, Second에는 300, −53.94, 0 을 입력한다.

Relative가 체크되어있는지 확인한 후 Apply 버튼을 클릭한다.

이렇게 2개의 선을 생성하면 아래 그림과 같은 모양의 선을 볼 수 있다.

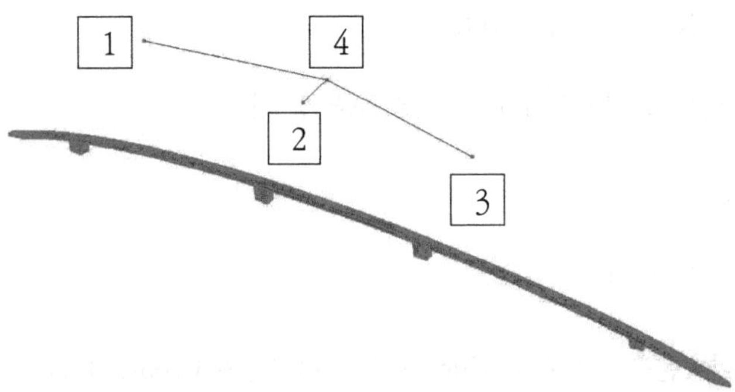

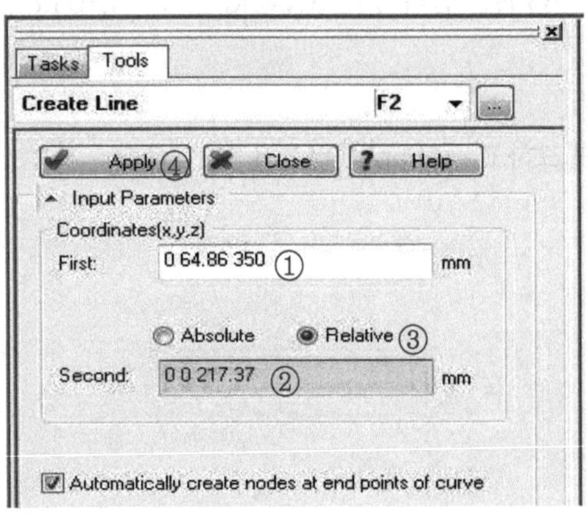

First에 ① 1번 노드를 선택하고 Second에 ② 0, 0, -242.67을 입력한다.

③ Relative를 체크하고 ④ Apply 버튼을 클릭한다.

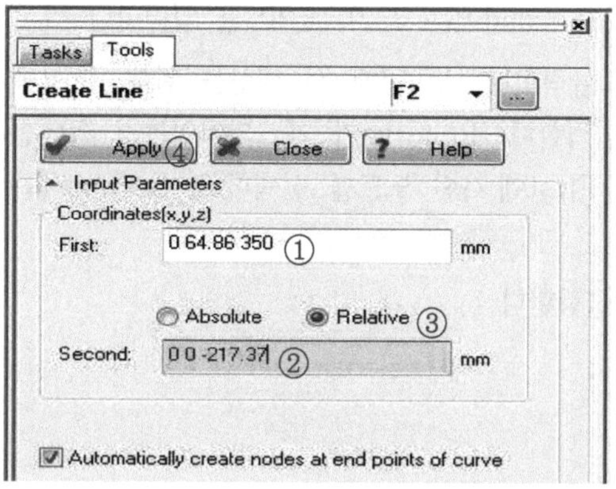

First에 ① 2번 노드를 선택하고 Second에 ② 0, 0, -217.37을 입력한다.

③ Relative를 체크하고 ④ Apply 버튼을 클릭한다.

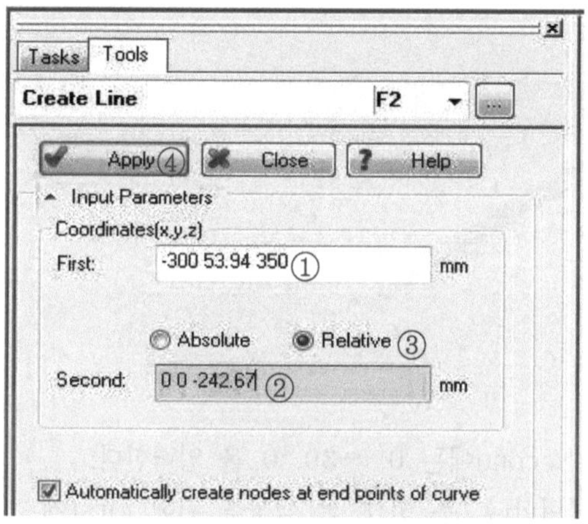

First에 ①3번 노드를 선택하고 Second에 ② 0, 0, -242.67을 입력한다.

③ Relative를 체크하고 ④ Apply 버튼을 클릭한다.

아래 그림과 같이 선이 생성된다.

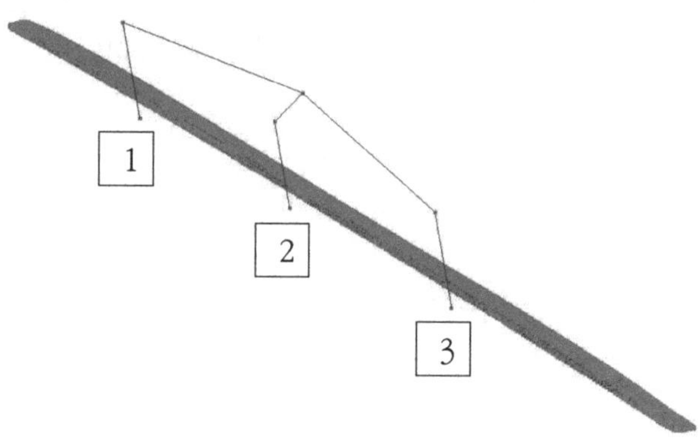

밸브 게이트 속성을 부여할 선을 생성하도록 한다.

첫 번째 선 생성을 위해 First에 1번 노드를 선택하고, Second에는 0, 0, −20 을 입력한다.

Relative가 체크되어있는지 확인한 후 Apply 버튼을 클릭한다. 두 번째 선 생성을 위해 First에 2번 노드를 선택하고, Second에는 0, 0, −20 을 입력한다. Relative가 체크되어있는지 확인한 후 Apply 버튼을 클릭한다. 세 번째 선 생성을 위해 First에 3번 노드를 선택하고, Second에는 0, 0, −20 을 입력한다.

Relative가 체크되어있는지 확인한 후 Apply 버튼을 클릭한다.

아래 그림과 같이 3개의 선이 생성되었다.

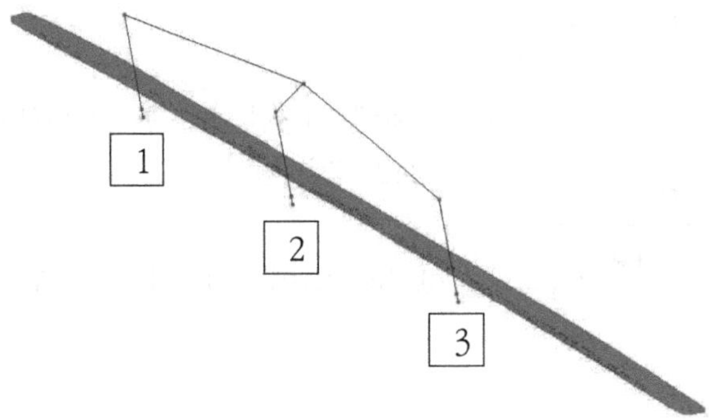

콜드 러너 속성을 부여할 선을 생성하도록 한다.

첫 번째 선 생성을 위해 First에 1번 노드를 선택하고, Second에는 0, −30, 0 을 입력한다.

Relative가 체크되어있는지 확인한 후 Apply 버튼을 클릭한다. 두 번째 선 생성을 위해 First에 2번 노드를 선택하고, Second에는 0, −30, 0 을 입력한다. Relative가 체크되어있는지 확인한 후 Apply 버튼을 클릭한다. 세 번째 선 생성을 위해 First에 3번 노드를 선택하고, Second에는 0, −30, 0 을 입력한다. Relative가 체크되어있는지 확인한 후 Apply 버튼을 클릭한다.

아래 그림과 같이 3개의 선이 생성되었다.

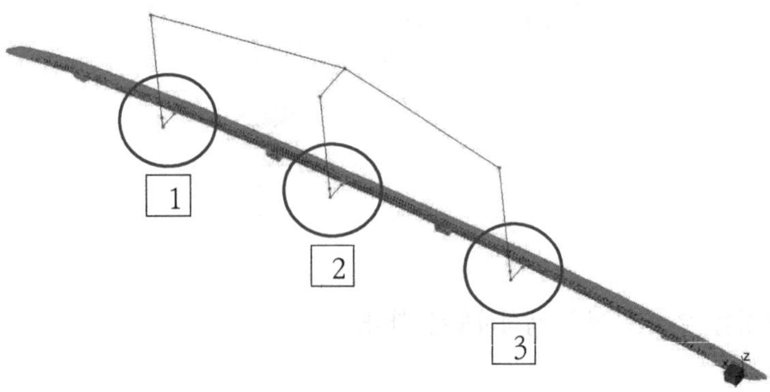

콜드 게이트 속성을 부여할 선을 생성하도록 한다.

1번 부위를 확대한다.

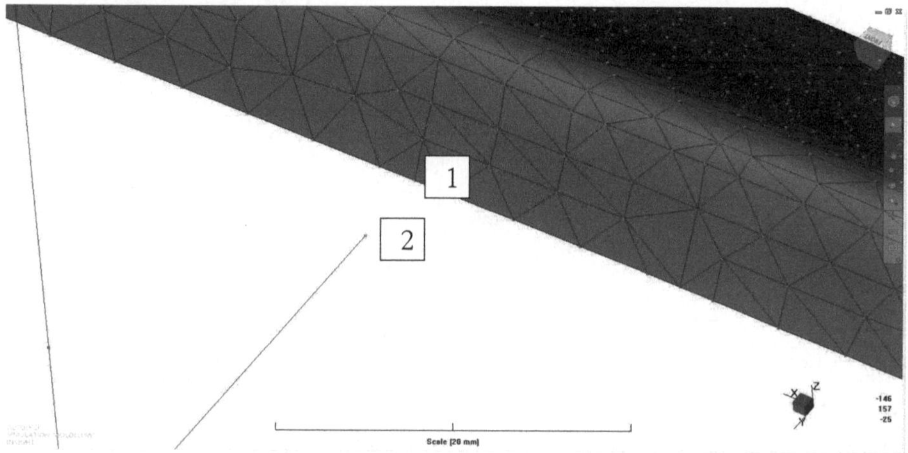

위 그림과 같이 First에 1번 노드를 선택하고, Second에는 2번 노드를 선택한다.

2번, 3번 부위도 확대하여 같은 방법으로 선을 생성한다.
아래 그림과 같이 3개의 선이 생성되었다.

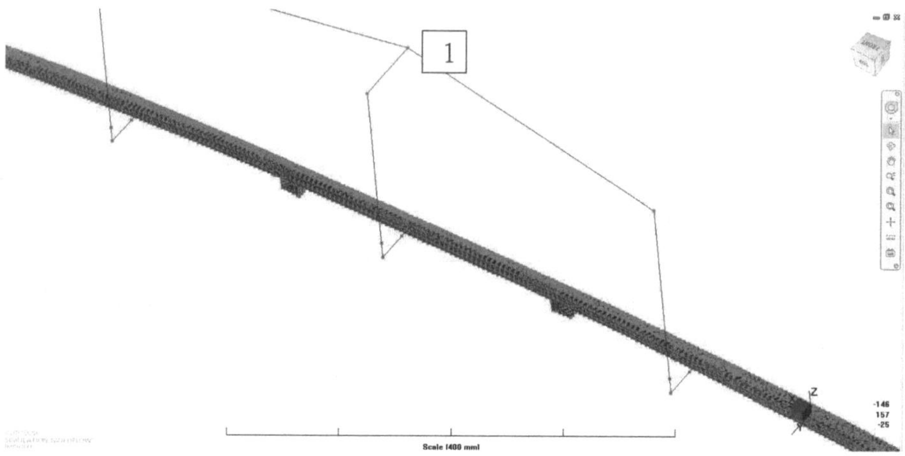

스프루 속성을 부여할 선을 생성하도록 한다.
First에 1번 노드를 선택하고, Second에는 0, 0, 50 을 입력한다.
Relative가 체크되어있는지 확인한 후 Apply 버튼을 클릭한다.
Second에는 0, 0, 20 을 입력하고 Apply 버튼을 클릭한다.

아래 그림과 같이 러너 시스템이 될 선들이 완성된 것을 볼 수 있다.

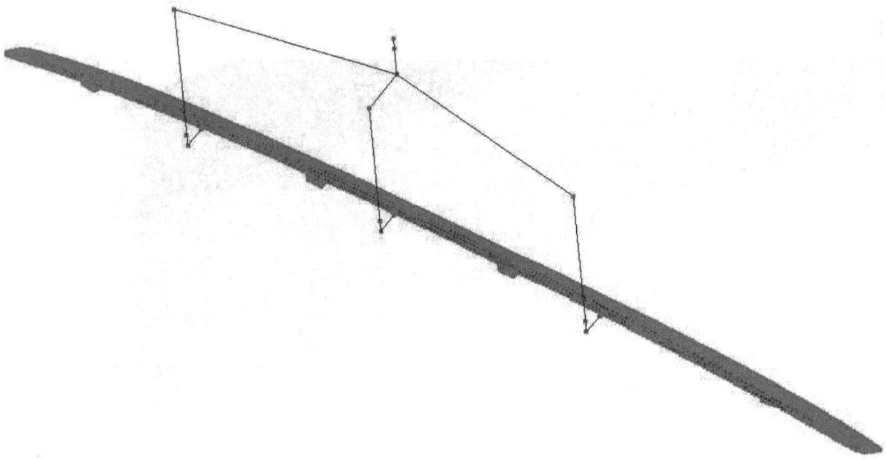

레이어창에서 Default layer를 제외한 모든 레이어를 체크 해제한다.

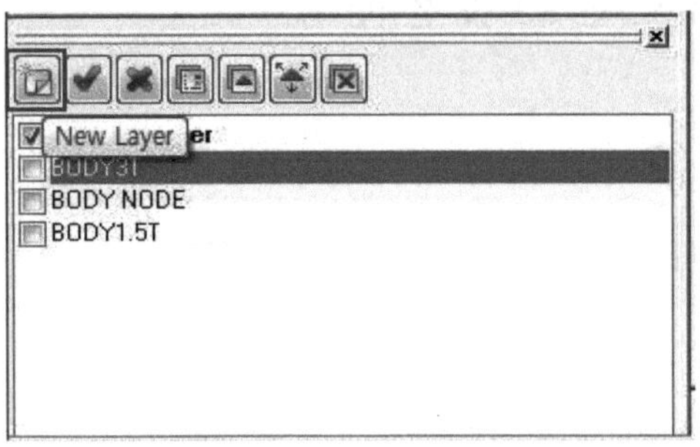

레이어창에서 New layer아이콘을 실행한다.

레이어 이름을 RUNNER CURVE로 변경한다.

아래 그림과 같이 모델링창에서 전체 선택한다.

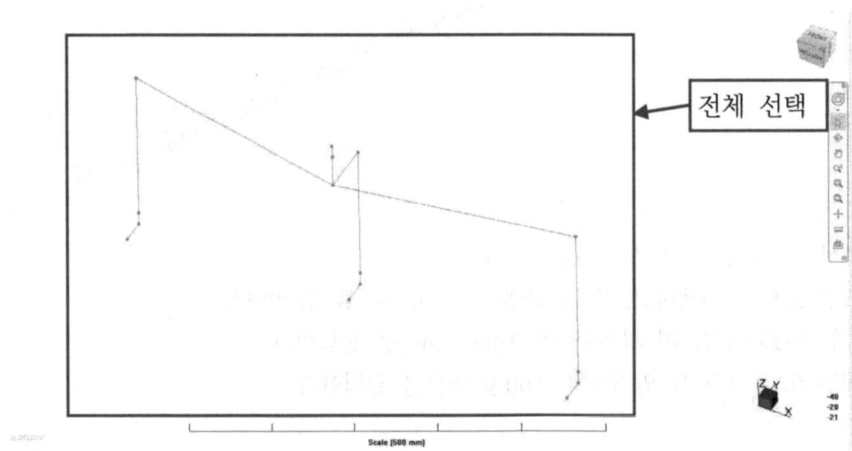

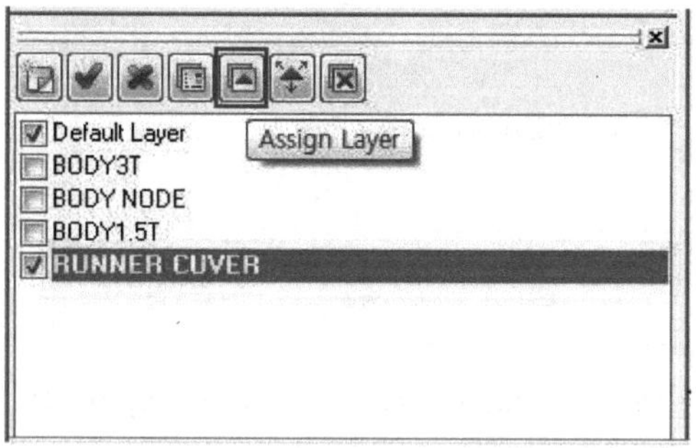

레이어창에서 Assign Layer 아이콘을 실행한다.

모델링창의 여백 아무 곳에나 클릭하여 선택 해제한다.

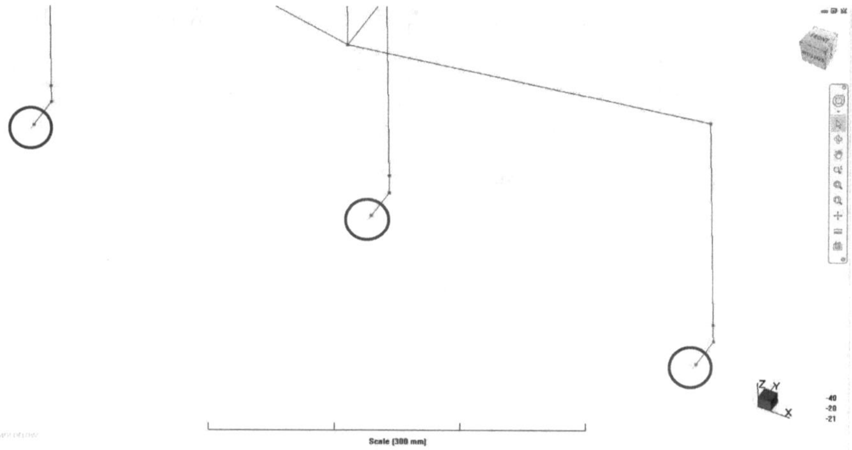

위 그림과 같이 콜드 게이트가 될 선 3개를 Ctrl+ 선택한다.

MB3을 클릭한 후 Properties를 실행한다. 확인창이 나타나면 OK 버튼을 클릭한다.

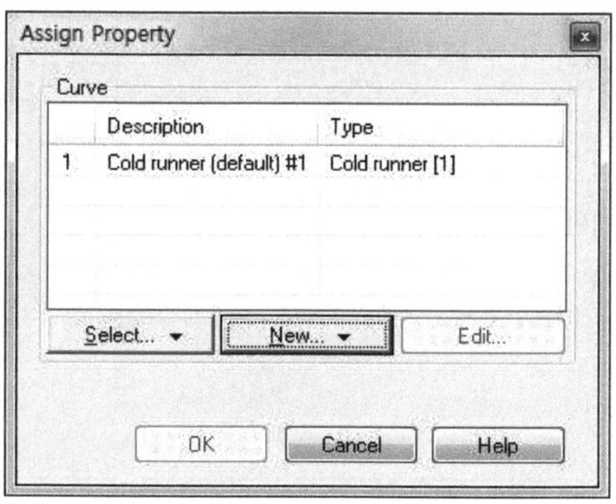

왼쪽 그림과 같이 Assign Property 창이 나타나면 New 버튼을 클릭한다.

Cold gate를 선택한다.

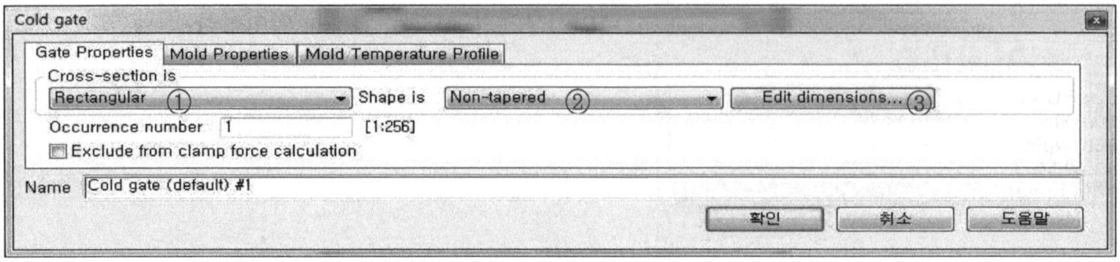

위 그림과 같이 Cross-section은 ① Rectangular로 선택하고 Shape is는 ② Non-tapered로 선택하고 ③ Edit dimensions 버튼을 클릭한다.

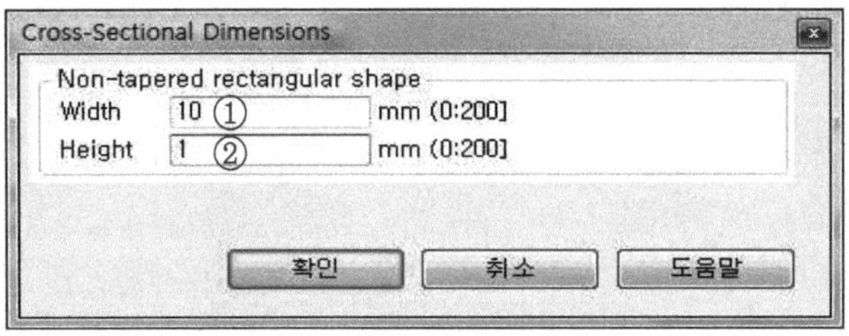

그림과 같이 Width는 ① 10, Height는 ② 1을 입력하고 확인 버튼을 클릭한다.

Cold gate 창은 확인 버튼을 클릭하고 Assign property 창은 OK 버튼을 클릭하여 창을 닫는다.

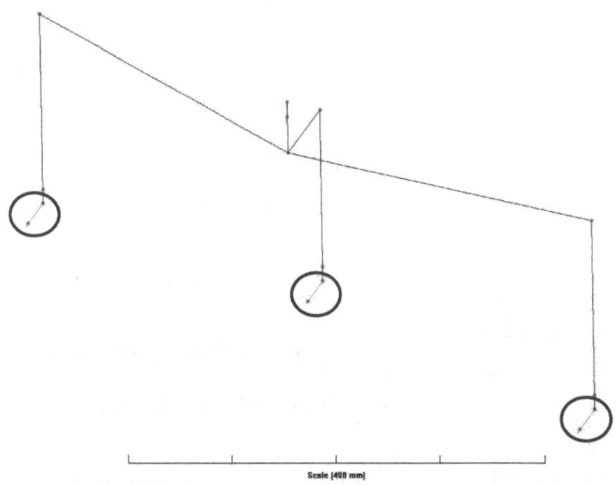

위 그림과 같이 콜드러너가 될 선 3개를 Ctrl+ 선택한다.

MB3을 클릭한 후 Properties를 실행한다.

확인창이 나타나면 OK 버튼을 클릭한다.

New 버튼을 클릭한 후 Cold runner를 선택한다.

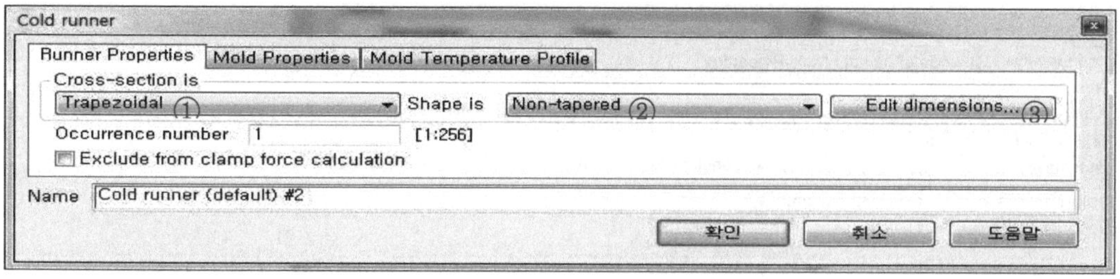

위 그림과 같이 Cross-section은 ① Trapezoidal로 선택하고 Shape is는 ② Non-tapered로 선택한다. ③ Edit dimensions 버튼을 클릭한다.

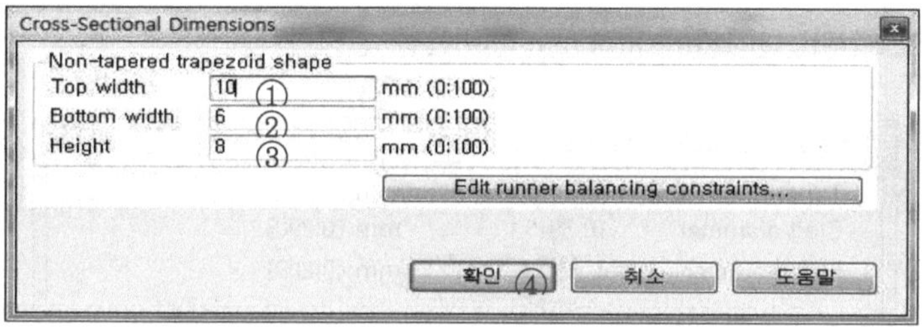

위 그림과 같이 Top width는 ① 10, Bottom width는 ② 6, Height는 ③ 8을 입력하고 ④ 확인 버튼을 클릭한다.

Cold runner창은 확인 버튼을 클릭하고 Assign property 창은 OK 버튼을 클릭하여 창을 닫는다.

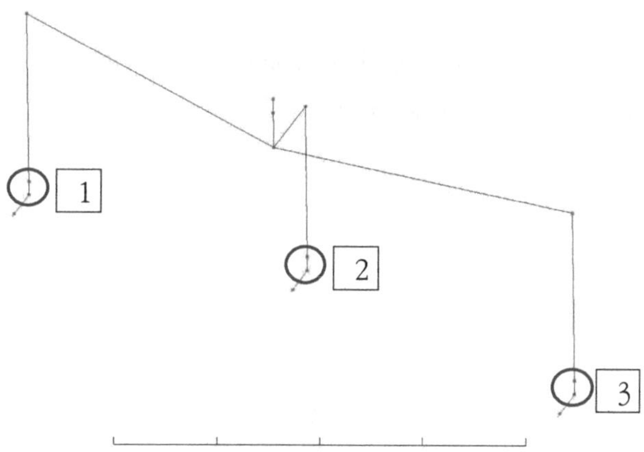

위 그림에 표시된 1번 선을 선택한 후 MB3을 클릭하고 Properties를 실행한다.
확인창이 나타나면 OK 버튼을 클릭한다.

Assign property 창에서 New 버튼을 클릭한 후 Hot gate를 선택한다.

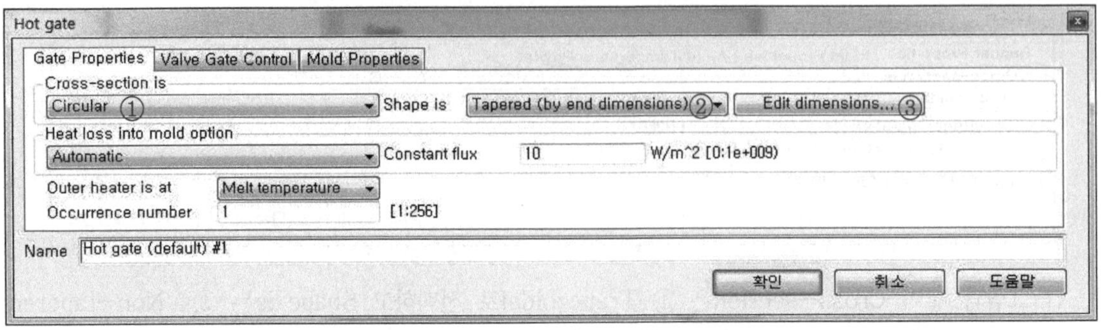

위 그림과 같이 Cross−section은 ① Circular로 선택하고 Shape is는 ② Tapered(by end dimensions)로 선택한다. ③ Edit dimensions버튼을 클릭한다.

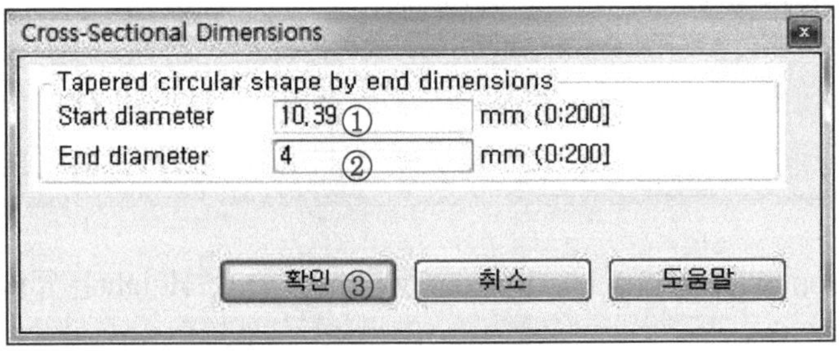

위 그림과 같이 Start diameter는 ① 10.39, End diameter는 ② 4를 입력하고 ③ 확인 버튼을 클릭한다.

Hot gate 창은 확인 버튼을 클릭하고 Assign property 창은 OK 버튼을 클릭하여 창을 닫는다.

2, 3번 선도 같은 방법으로 Hot gate로 속성을 부여한다.

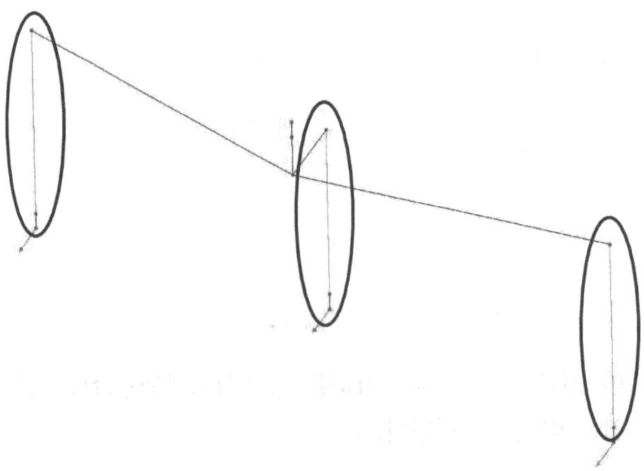

위 그림과 같이 핫 러너가 될 선 3개를 Ctrl+ 선택한다.

MB3을 클릭한 후 Properties를 실행하고 확인창이 나타나면 OK 버튼을 클릭한다.

Assign property 창에서 New 버튼을 클릭한 후 Hot runner를 선택한다.

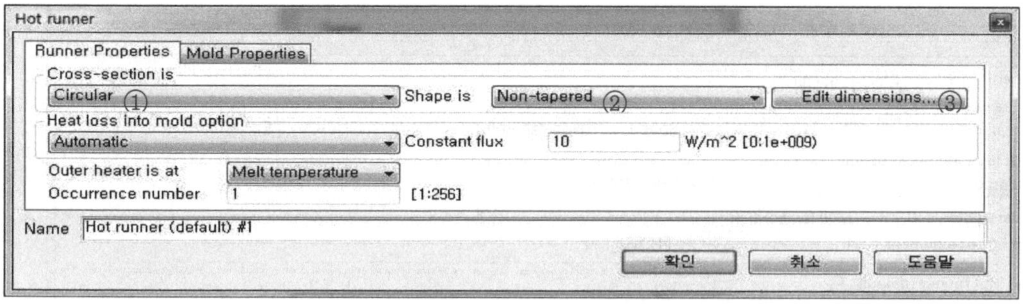

위 그림과 같이 Cross-section은 ① Circular로 선택하고 Shape is는 ② Non-tapered로 선택한다. ③ Edit dimensions 버튼을 클릭한다.

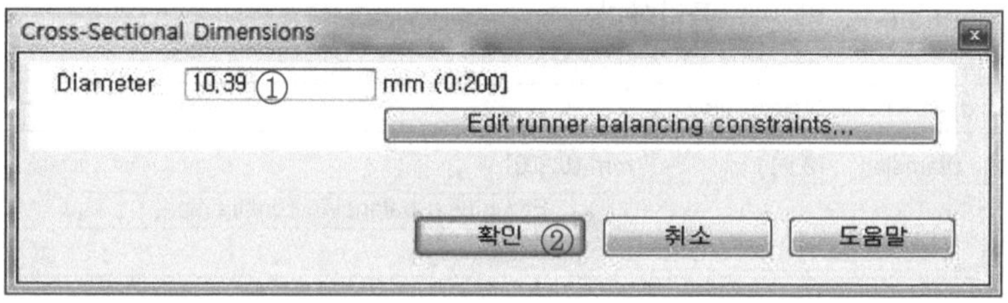

위 그림과 같이 Diameter에 ① 10.39를 입력하고 ② 확인 버튼을 클릭한다.

Hot runner 창은 확인 버튼을 클릭하고 Assign property 창은 OK 버튼을 클릭하여 창을 닫는다.

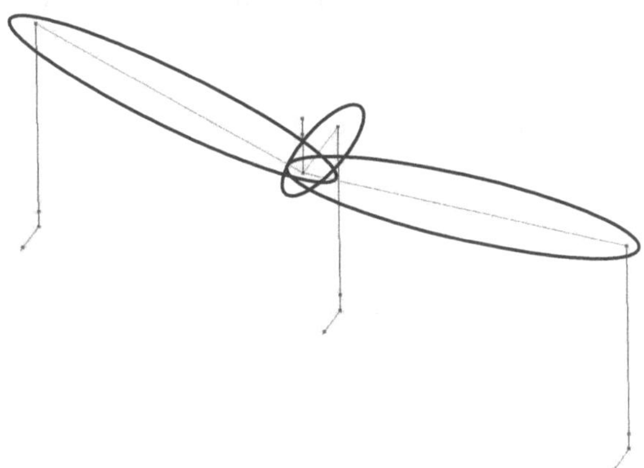

위 그림과 같이 핫 러너가 될 선 3개를 Ctrl+ 선택한다.

MB3을 클릭한 후 Properties를 실행한 후 확인창이 나타나면 OK 버튼을 클릭한다.

Assign property 창에서 New 버튼을 클릭한 후 핫 러너를 선택한다.

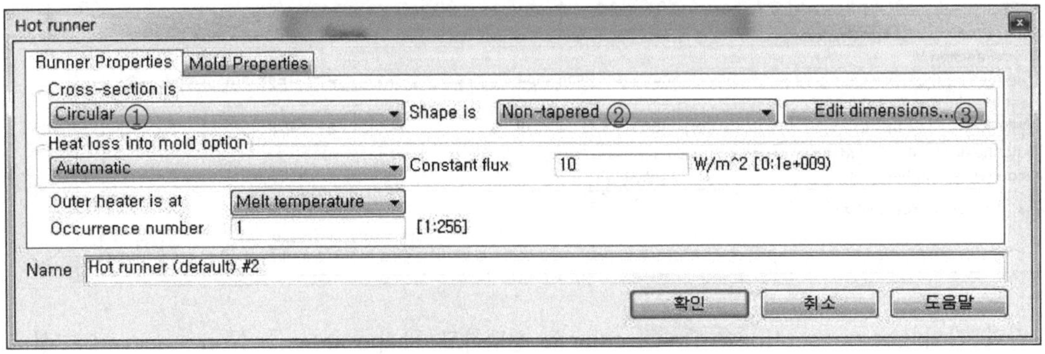

위 그림과 같이 Cross-section은 ① Circular로 선택하고 Shape is는 ② Non-tapered로 선택한다. ③ Edit dimensions 버튼을 클릭한다.

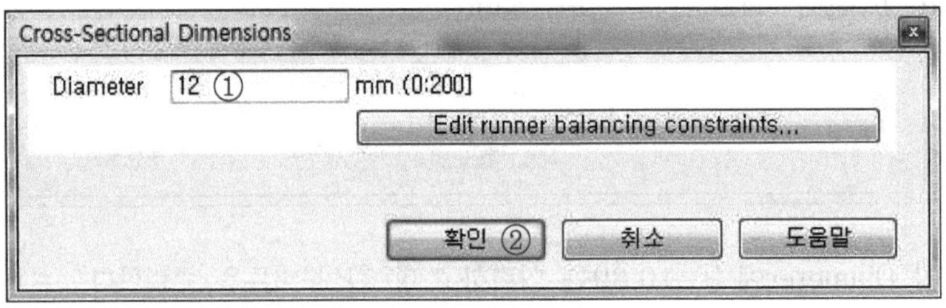

위 그림과 같이 Diameter에 ① 12를 입력하고 ② 확인 버튼을 클릭한다.
Hot runner 창은 확인 버튼을 클릭하고 Assign property 창은 OK 버튼을 클릭하여 창을 닫는다.

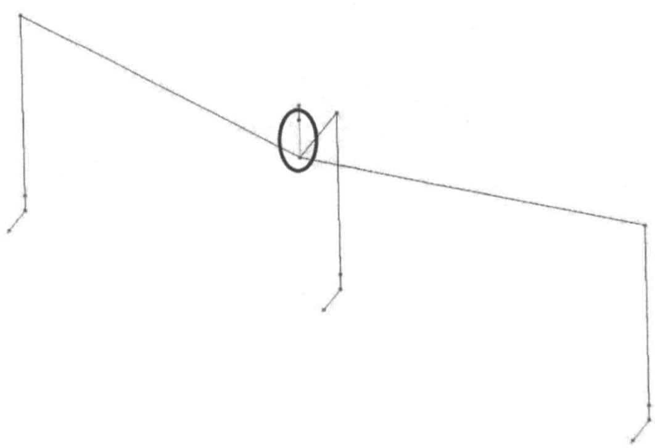

위 그림과 같이 핫 러너가 될 선을 선택한다. MB3을 클릭한 후 Properties를 실행한다. 확인창이 나타나면 OK 버튼을 클릭한다.

Assign property 창에서 New 버튼을 클릭한 후 Hot runner를 선택한다.

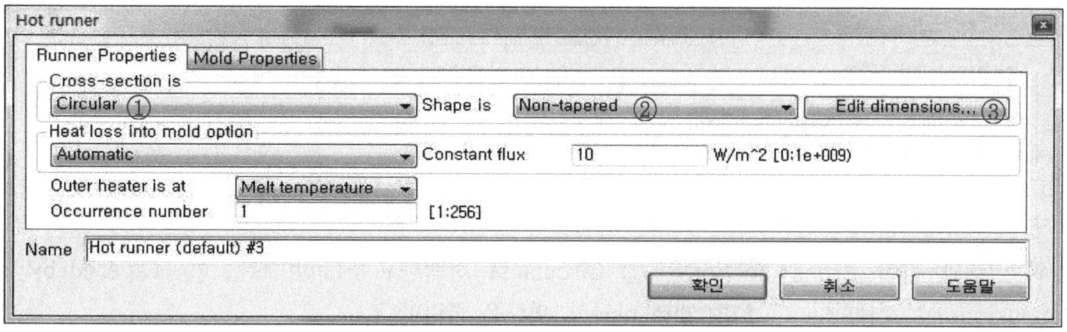

위 그림과 같이 Cross-section은 ① Circular로 선택하고 Shape is는 ② Non-tapered로 선택한다. ③ Edit dimensions버튼을 클릭한다.

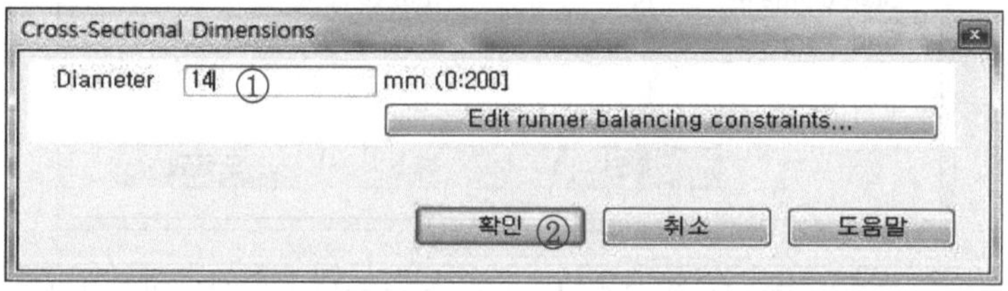

위 그림과 같이 Diameter에 ① 14를 입력하고 ② 확인 버튼을 클릭한다.

Hot runner 창은 확인 버튼을 클릭하고 Assign property 창은 OK 버튼을 클릭하여 창을 닫는다.

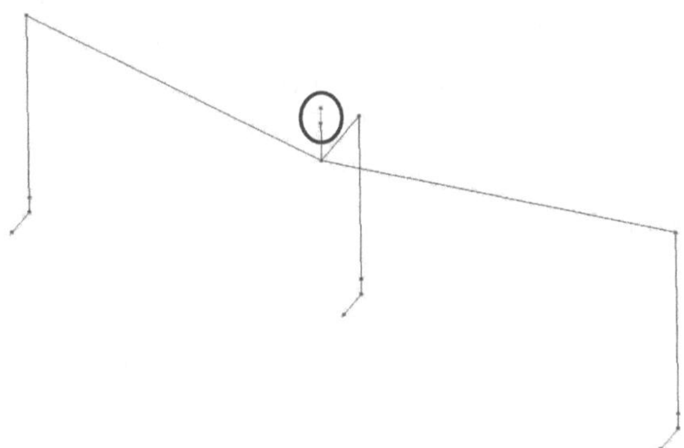

그림과 같이 핫 스프루가 될 선을 선택한다. MB3을 클릭한 후 Properties를 실행한다. 확인창이 나타나면 OK 버튼을 클릭한다.

Assign property 창에서 New 버튼을 클릭한 후 Hot runner를 선택한다.

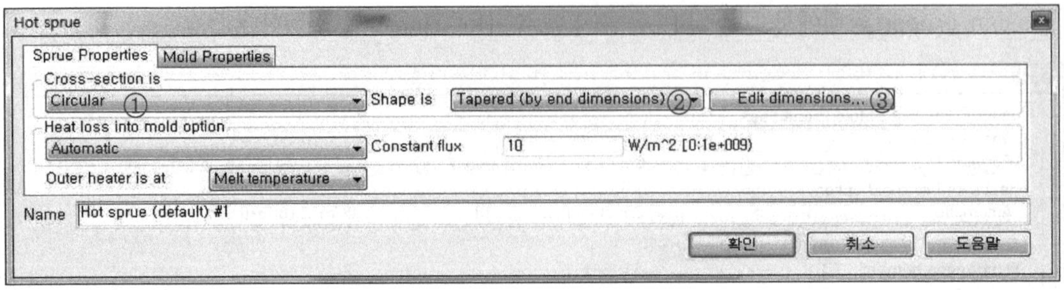

위 그림과 같이 Cross-section은 ① Circular로 선택하고 Shape is는 ② Tapered(by end dimensions)로 선택한다. ③ Edit dimensions 버튼을 클릭한다.

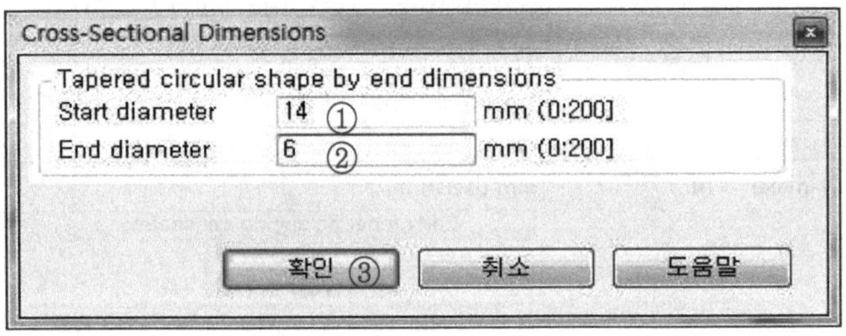

위 그림과 같이 Start diameter는 ① 14, End diameter는 ② 6을 입력하고 ③ 확인 버튼을 클릭한다.

Hot gate 창은 확인 버튼을 클릭하고 Assign property 창은 OK 버튼을 클릭하여 창을 닫는다.

Mesh메뉴의 Generate Mesh  아이콘을 실행한다.

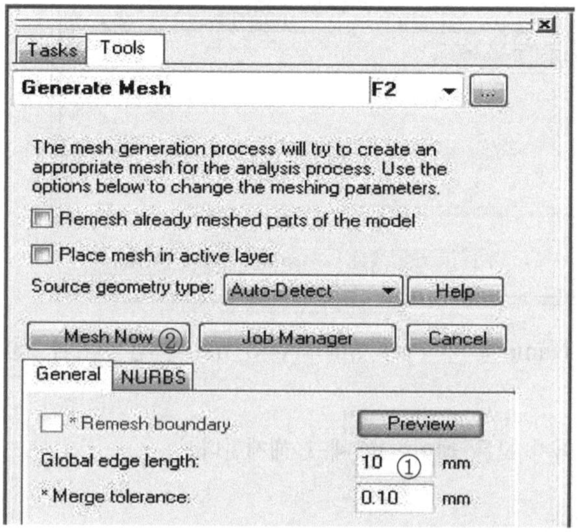

Global edge length에 ① 10을 입력하고 ② Mesh Now 버튼을 클릭한다.

러너 메쉬가 완료되어 Mesh complete! 창이 나타나면 확인 버튼을 클릭하면 아래 그림과 같이 러너 시스템이 완료된 것을 볼 수 있다.

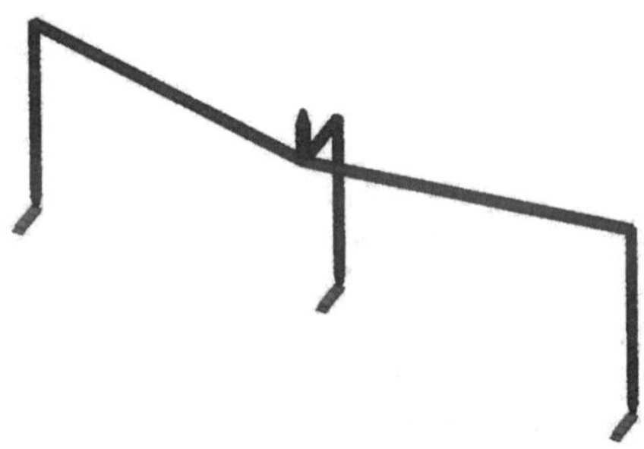

레이어창에서 BODY3T 레이어를 제외한 모든 레이어를 체크 해제한다.
아래 그림과 같이 두께 3 mm인 부분만 나타난다.

MB3을 클릭한 후 Properties를 실행한다. Select property 창이 나타나면 OK 버튼을 클릭한다.

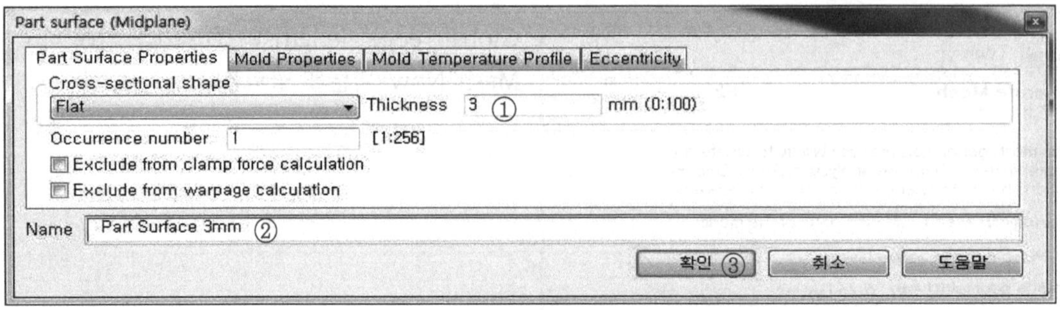

위 그림과 같이 Thickness에 ① 3을 입력하고 Name에 ② Part Surface 3 mm를 입력한 후 ③ 확인 버튼을 클릭한다.

레이어창에서 BODY1.5T 레이어만 체크하고 나머지 모든 레이어를 체크 해제한다.

아래 그림과 같이 두께 1.5mm인 부분만 나타난다.

MB3을 클릭한 후 Properties를 실행한다. Select property 창이 나타나면 OK 버튼을 클릭한다.

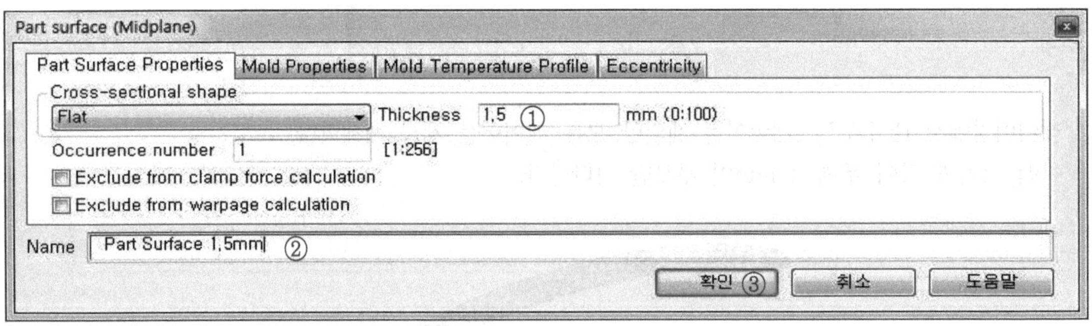

위 그림과 같이 Thickness에 ① 1.5를 입력하고 Name에 ② Part Surface 1.5 mm를 입력한 후 ③ 확인 버튼을 클릭한다.

레이어창에서 Default Layer, BODY3T, BODY1.5T, New Nodes, New Beams 레이어만 체크한다.

New Nodes 레이어를 RUNNER NODE로, New Beams 레이어를 RUNNER로 이름을 변경한다.

Default Layer 레이어를 Activate Layer로 변경한다.

웰드라인을 제거하기 위해서는 밸브 게이트에 시퀀스 제어 기능을 부여하여 순차열림 기능을 추가하도록 하여야 한다.

위 그림의 표시부에서 콜드 게이트 끝부분의 노드를 선택하면 메뉴바의 Selection에 노드번호가 그림과 같이 표현된다.

각 노드번호는 충전시 밸브 게이트가 열릴 순간을 정하기 때문에 잘 기억하도록 해야 한다. 그림의 노드번호는 메쉬생성시 바뀔수도 있기 때문에 위 그림의 번호와 다를 수도 있다.

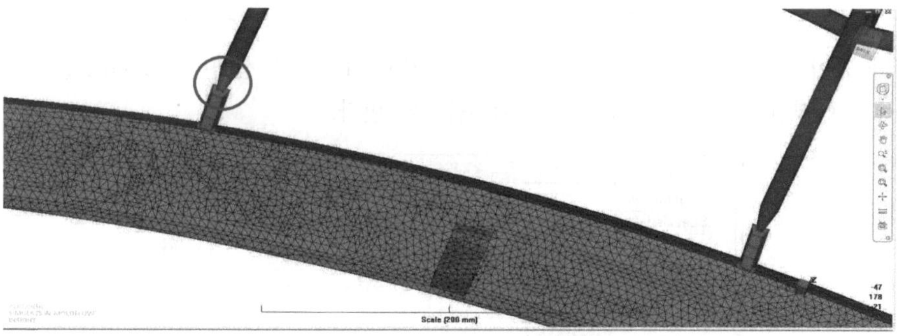

위 그림의 표시부인 핫 게이트를 선택한다.

MB3을 클릭한 후 Properties를 실행한다.

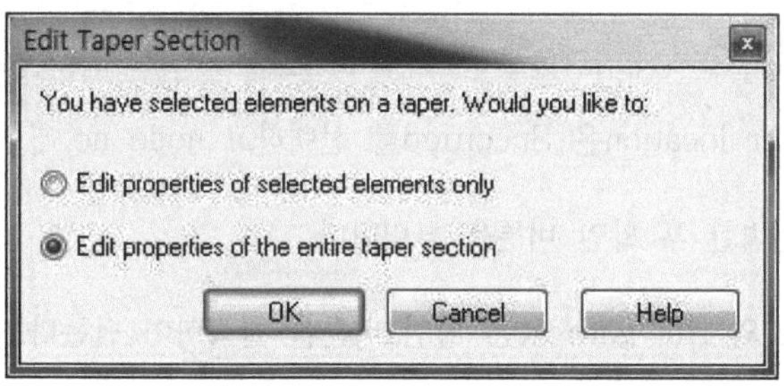

위 그림과 같이 창이 나타나면 Edit properties of the entire taper section을 체크하고 OK 버튼을 클릭한다.

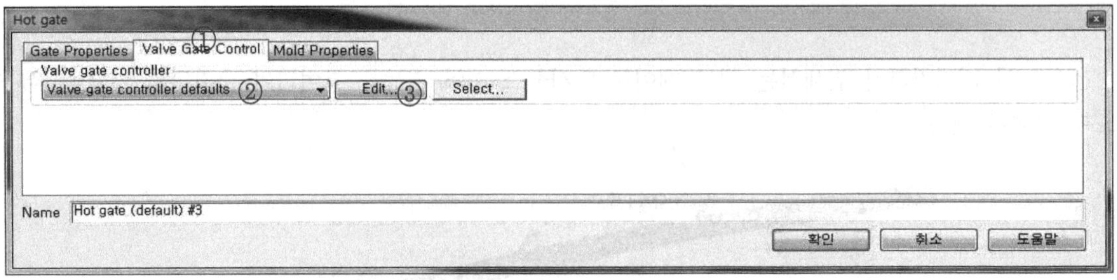

위 그림과 같이 ① Valve Gate Control 탭을 클릭한다. Valve gate controller에서 ② Valve gate controller defaults를 선택한고 ③ Edit 버튼을 클릭한다.

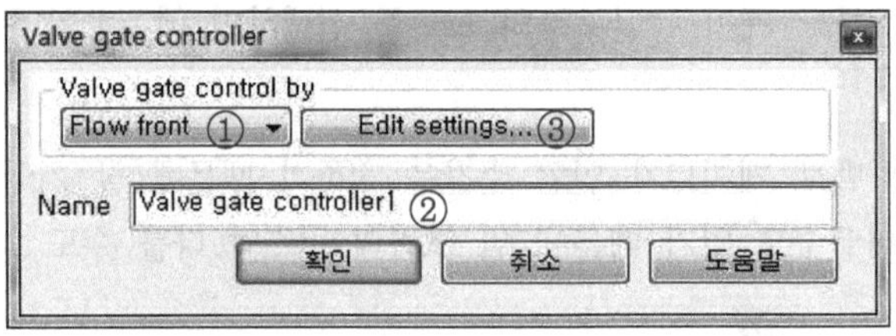

위 그림과 같이 Valve gate control by에서 ① Flow front를 선택하고 Name을 ② Valve gate controller1로 변경한 후 ③ Edit settings 버튼을 클릭한다.

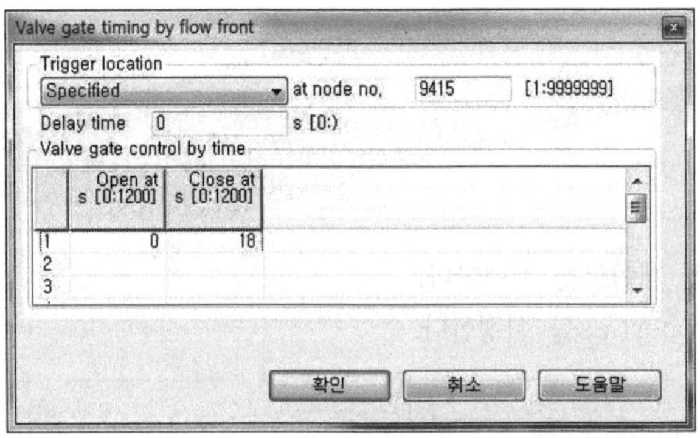

위 그림과 같이 Trigger location은 Specified를 선택하고 node no.에 9415를 입력한다.

Close at에 18초를 입력한 후 확인 버튼을 클릭한다.

Valve gate controller와 Hot gate 창은 확인 버튼을 클릭하여 닫는다.

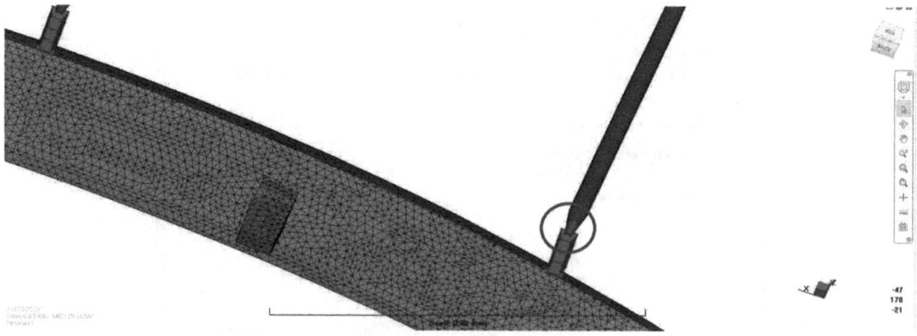

위 그림의 표시부인 핫 게이트를 선택한다.

MB3을 클릭한 후 Properties를 실행한다.

Edit properties of the entire taper section을 체크하고 OK 버튼을 클릭한다.

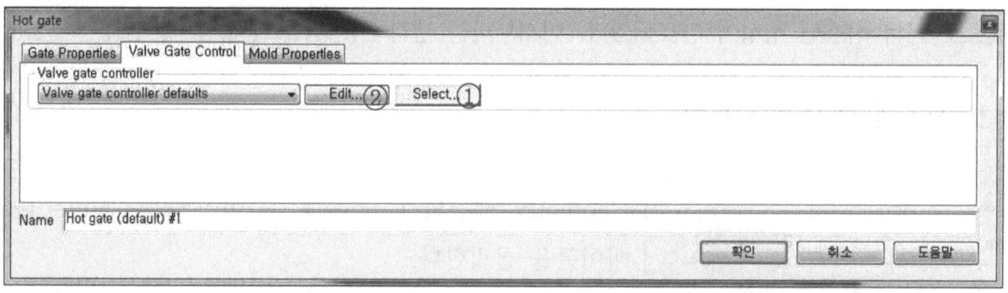

위 그림과 같이 ① Select버튼을 클릭한 후 Valve gate controller defaults를 선택하고 ② Edit 버튼을 클릭한다.

위 그림과 같이 Valve gate control by에서 ① Flow front를 선택하고 Name을 ② Valve gate controller2로 변경한 후 ③ Edit settings 버튼을 클릭한다.

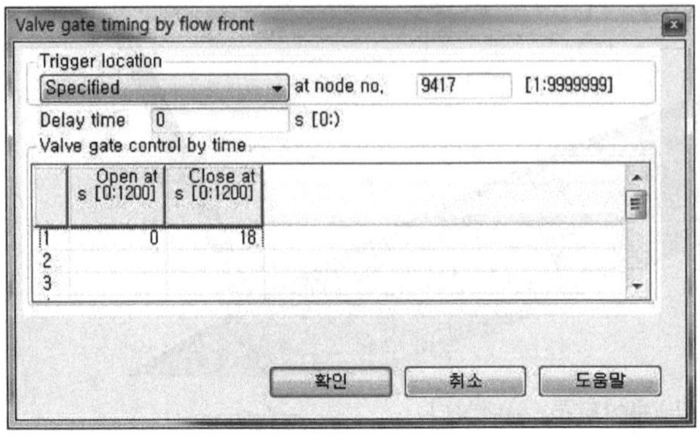

위 그림과 같이 Trigger location은 Specified를 선택하고 node no.에 9417을 입력한다.

Close at에 18초를 입력한 후 확인 버튼을 클릭한다.
Valve gate controller와 Hot gate 창은 확인 버튼을 클릭하여 닫는다.

이것으로 러너 시스템 생성이 완료되었다. 이제부터는 냉각 시스템을 생성할 것이다.

(3) 냉각 시스템 메쉬 작성하기

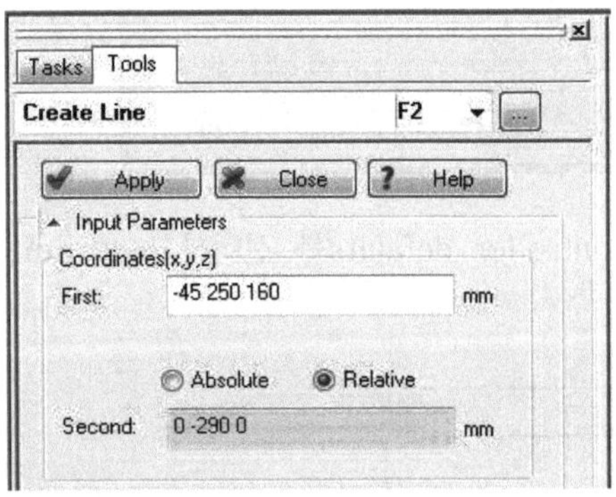

Geometry 메뉴의 Curves 아이콘의 Create Line 아이콘을 클릭한다.
왼쪽 그림과 같이 First에 -45, 250, 160을 입력하고 Second에 0, -290, 0을 입력한다.
Relative를 체크하고 Apply 버튼을 클릭한다.

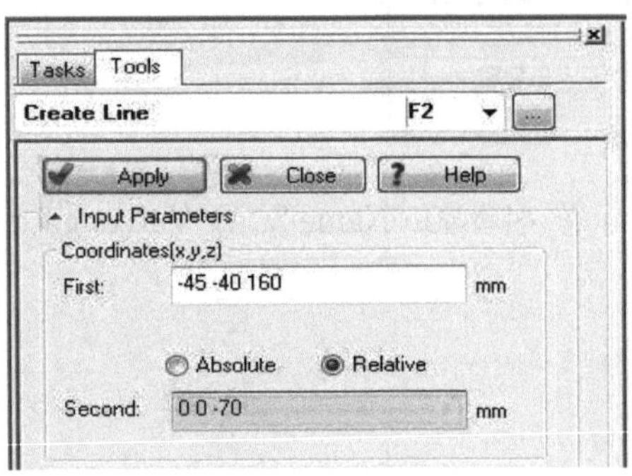

Second에 0, 0, -70을 입력한다.

Relative를 체크하고 Apply 버튼을 클릭한다.

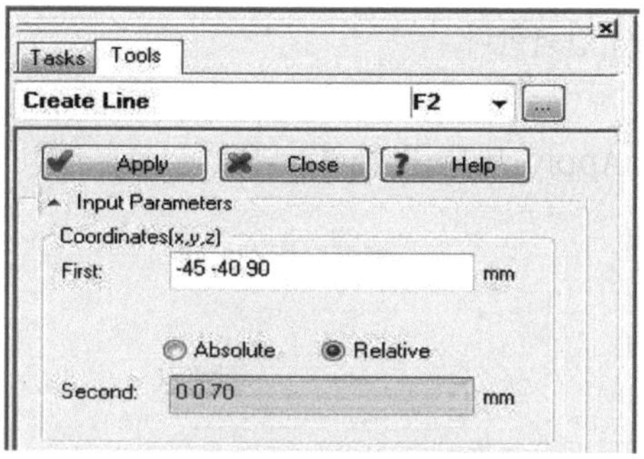

Second에 0, 0, 70을 입력한다.

Relative를 체크하고 Apply 버튼을 클릭한다.

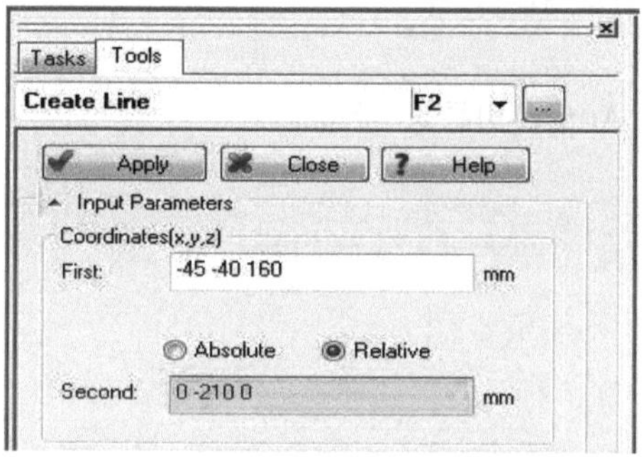

Second에 0, -210, 0을 입력한다.

Relative를 체크하고 Apply 버튼을 클릭한다.

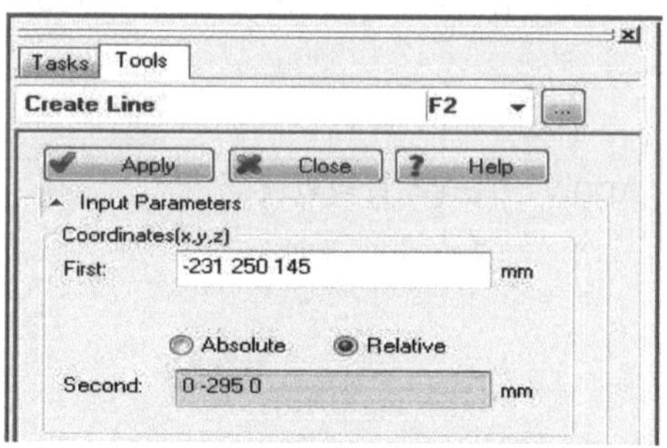

First에 -231, 250, 145를 입력하고 Second에 0, -295, 0을 입력한다.

Relative를 체크하고 Apply 버튼을 클릭한다.

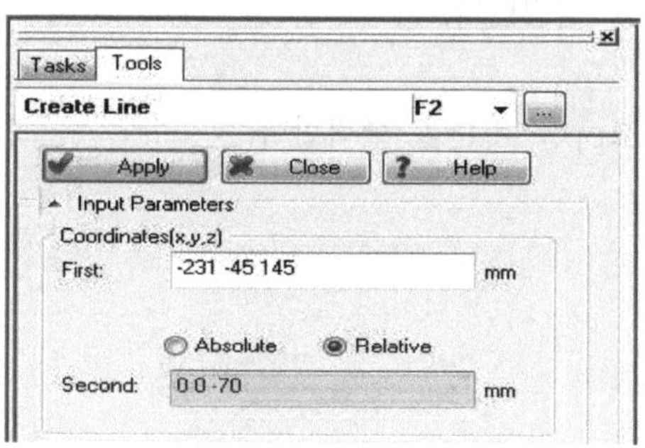

Second에 0, 0, -70을 입력한다.

Relative를 체크하고 Apply 버튼을 클릭한다.

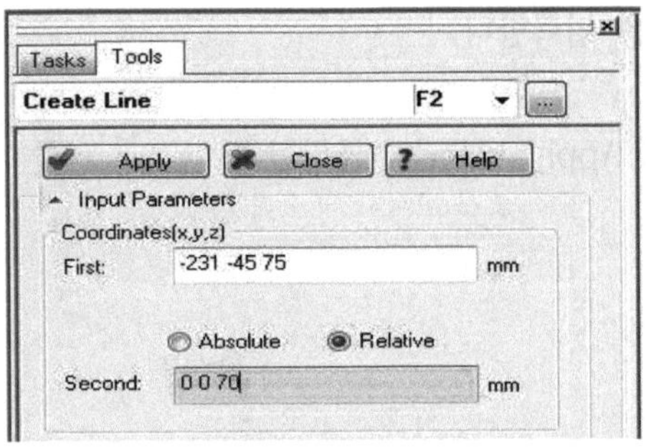

Second에 0, 0, 70을 입력한다.

Relative를 체크하고 Apply 버튼을 클릭한다.

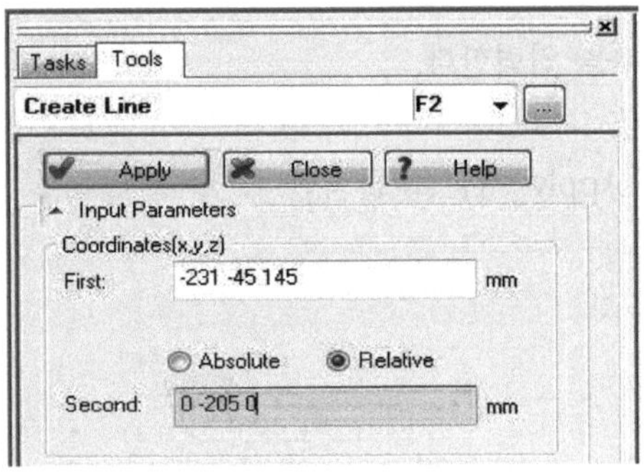

Second에 0, -205, 0을 입력한다.

Relative를 체크하고 Apply 버튼을 클릭한다.

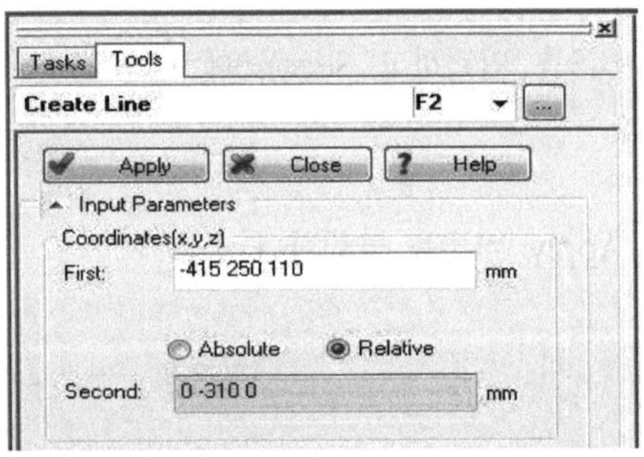

First에 -415, 250, 110를 입력하고 Second에 0, -310, 0을 입력한다.

Relative를 체크하고 Apply 버튼을 클릭한다.

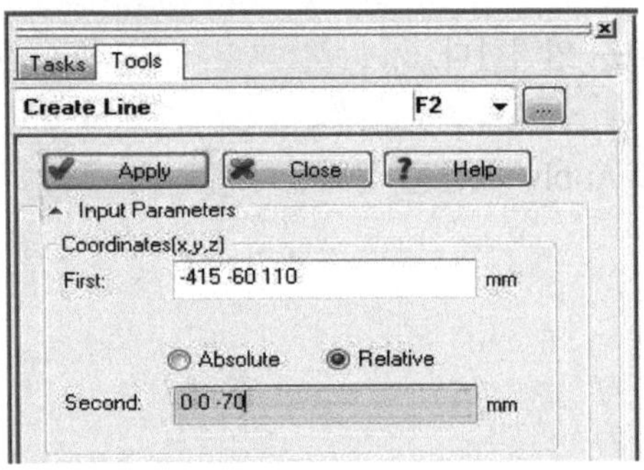

Second에 0, 0, -70을 입력한다.

Relative를 체크하고 Apply 버튼을 클릭한다.

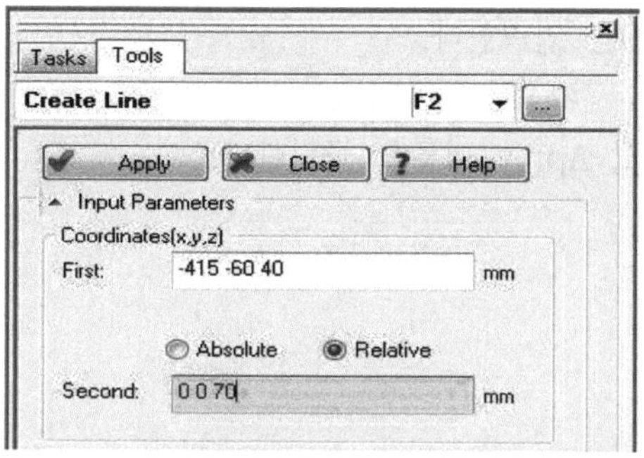

Second에 0, 0, 70을 입력한다.

Relative를 체크하고 Apply 버튼을 클릭한다.

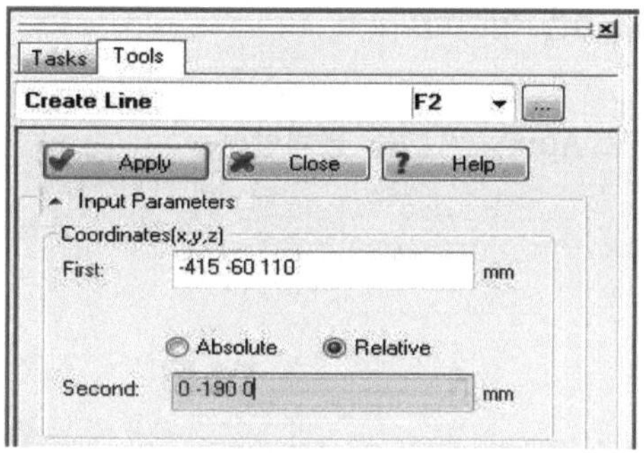

Second에 0, -190, 0을 입력한다.

Relative를 체크하고 Apply 버튼을 클릭한다.

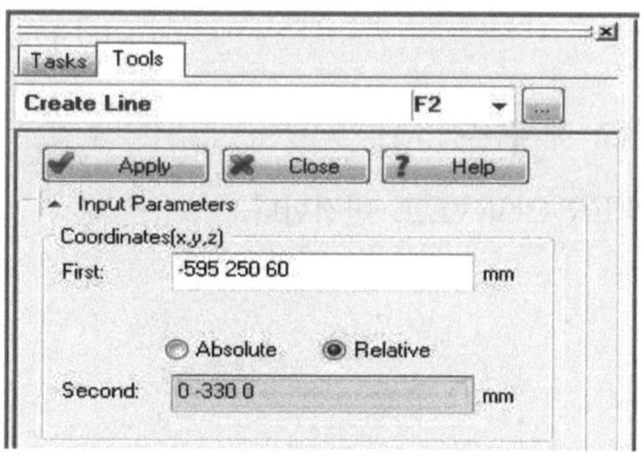

First에 -595, 250, 60를 입력하고 Second에 0, -330, 0을 입력한다.

Relative를 체크하고 Apply 버튼을 클릭한다.

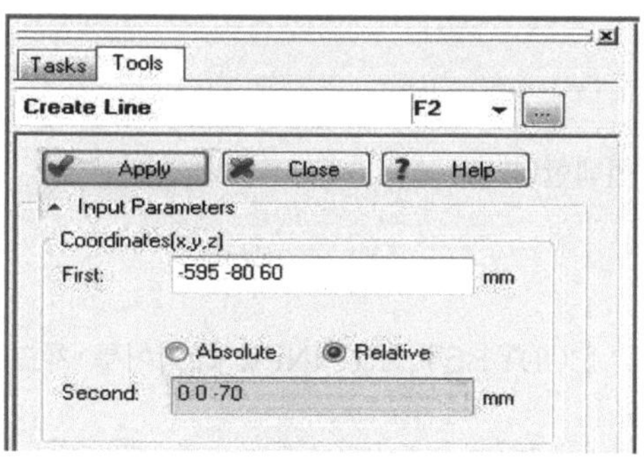

Second에 0, 0, -70을 입력한다.

Relative를 체크하고 Apply 버튼을 클릭한다.

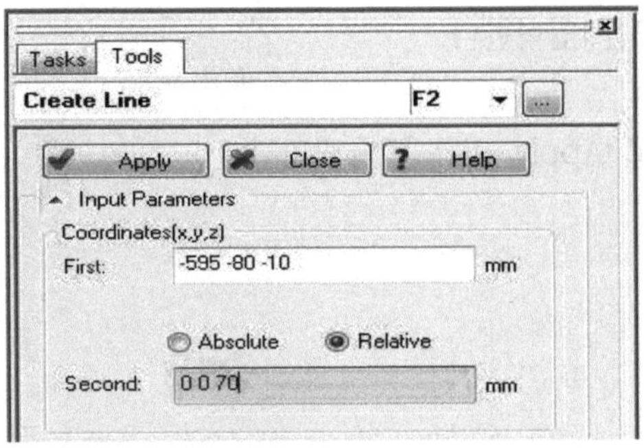

Second에 0, 0, 70을 입력한다.

Relative를 체크하고 Apply 버튼을 클릭한다.

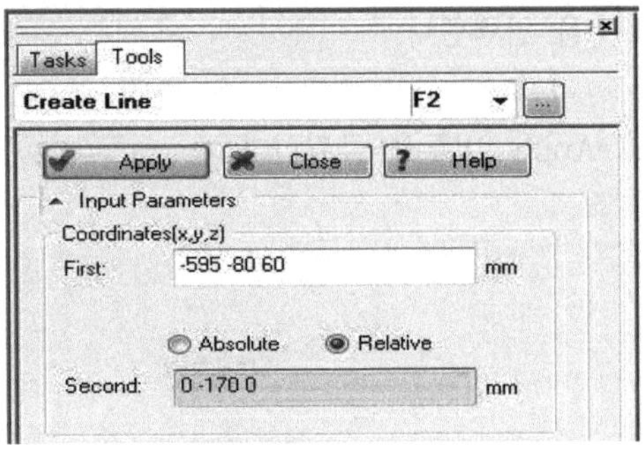

Second에 0, -170, 0을 입력한다.

Relative를 체크하고 Apply 버튼을 클릭한다.

Create Line창은 Close 버튼을 클릭하여 닫는다.

레이어창에서 Default 레이어를 제외한 나머지 레이어를 체크 해제한다.

New Layer 아이콘을 클릭한 후 레이어 이름을 COOLUPPER CURVE로 변경한다.

위 그림과 같이 모델링 창에 남아있는 선 및 노드를 모두 선택한다.
Assign Layer 아이콘을 클릭한다.

COOLUPPER CURVE 레이어를 체크 해제하고 BODY3T, BODY1.5T, RUNNER 레이어를 체크 한다.

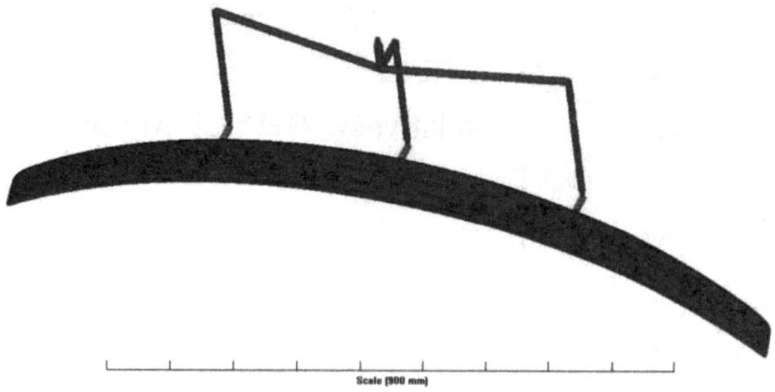

Geometry 메뉴의 Curves 아이콘의 Create Line 아이콘을 실행한다.

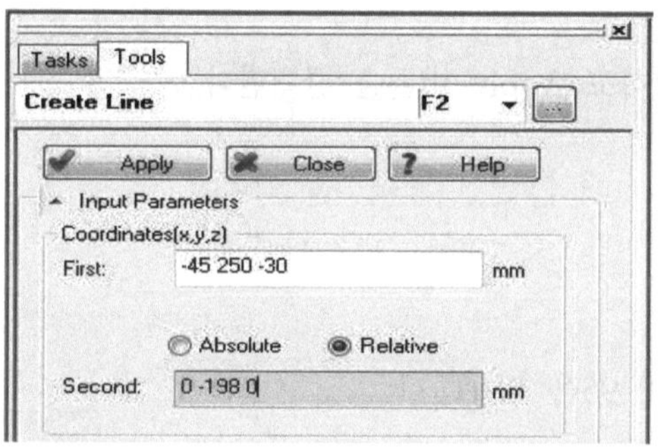

First에 -45, 250, -30를 입력하고 Second에 0, -198, 0을 입력한다.

Relative를 체크하고 Apply 버튼을 클릭한다.

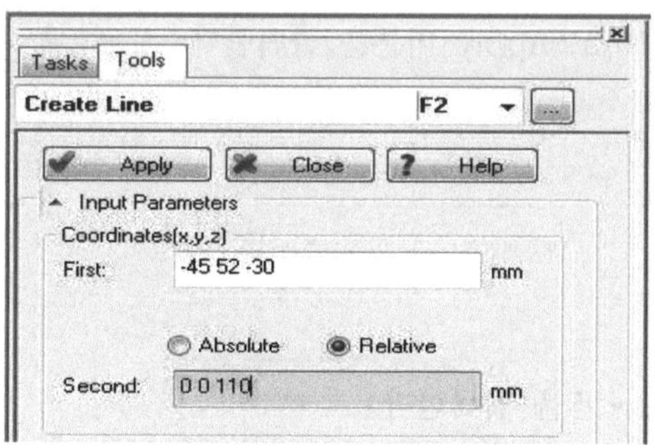

Second에 0, 0, 110을 입력한다.

Relative를 체크하고 Apply 버튼을 클릭한다.

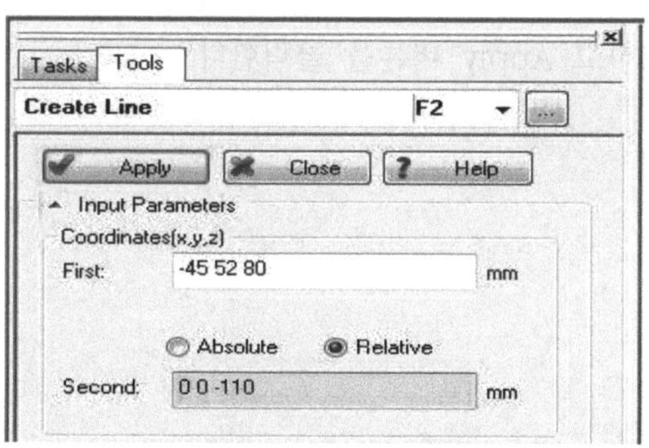

Second에 0, 0, -110을 입력한다.

Relative를 체크하고 Apply 버튼을 클릭한다.

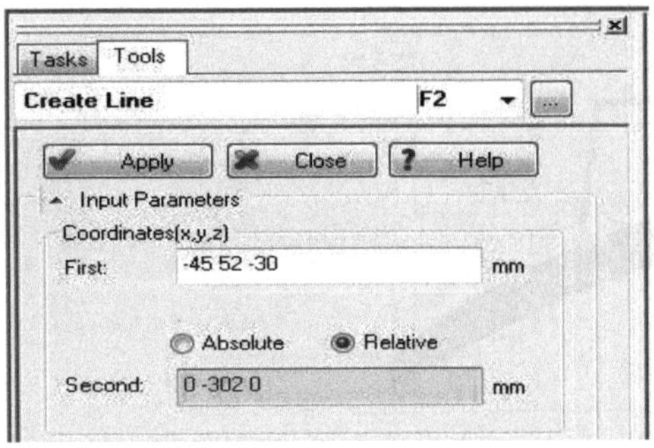

Second에 0, -302, 0을 입력한다.

Relative를 체크하고 Apply 버튼을 클릭한다.

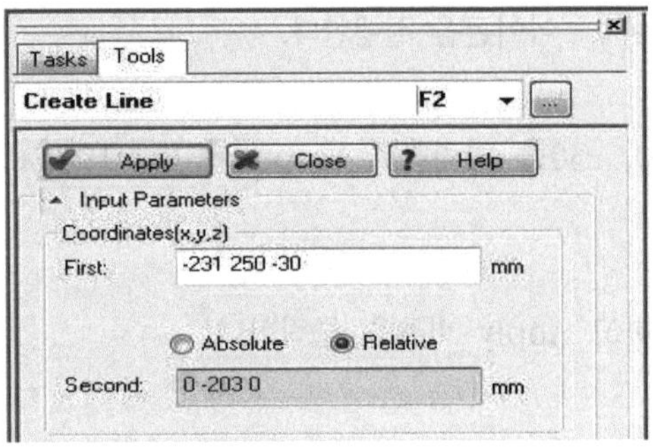

First에 -231, 250, -30를 입력하고 Second에 0, -203, 0을 입력한다.

Relative를 체크하고 Apply 버튼을 클릭한다.

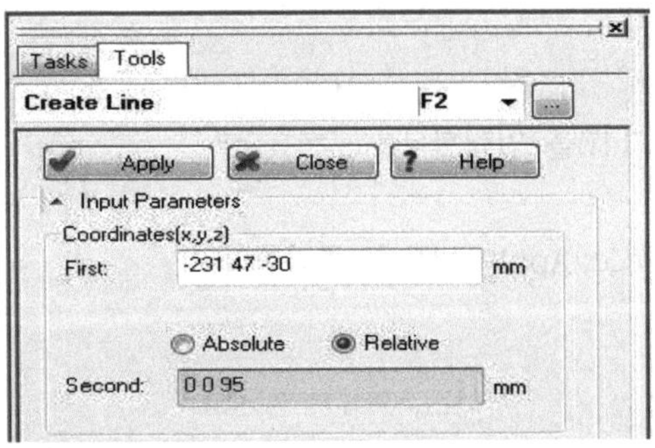

Second에 0, 0, 95을 입력한다.

Relative를 체크하고 Apply 버튼을 클릭한다.

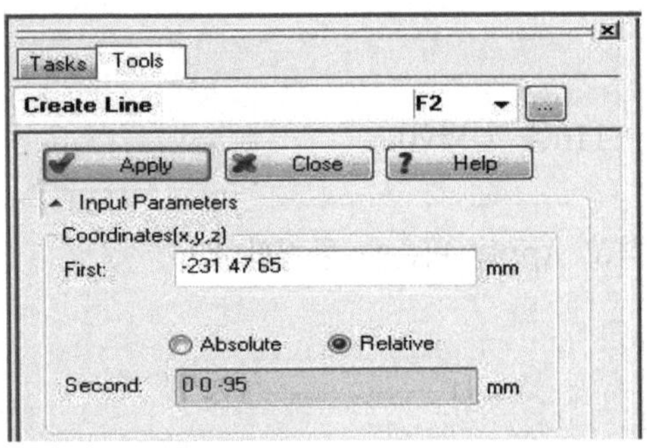

Second에 0, 0, -95을 입력한다.

Relative를 체크하고 Apply 버튼을 클릭한다.

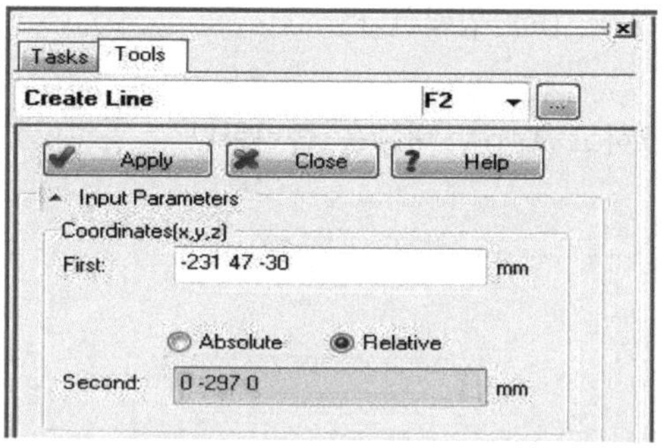

Second에 0, -297, 0을 입력한다.

Relative를 체크하고 Apply 버튼을 클릭한다.

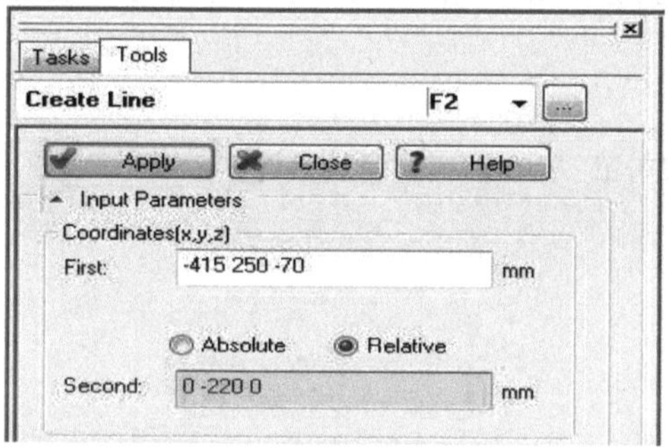

First에 -415, 250, -70을 입력하고 Second에 0, -220, 0을 입력한다.

Relative를 체크하고 Apply 버튼을 클릭한다.

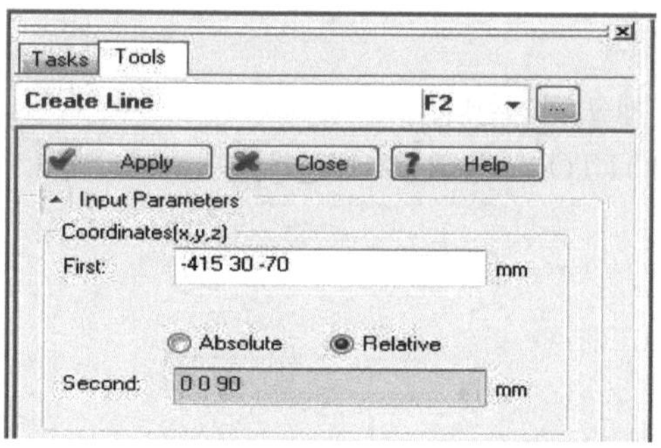

Second에 0, 0, 90을 입력한다.

Relative를 체크하고 Apply 버튼을 클릭한다.

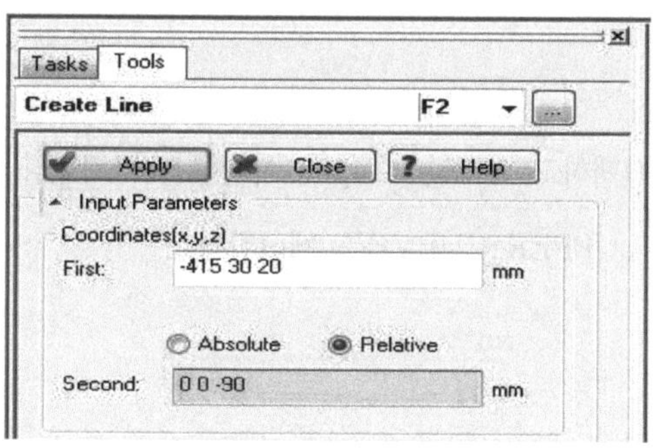

Second에 0, 0, -90을 입력한다.

Relative를 체크하고 Apply 버튼을 클릭한다.

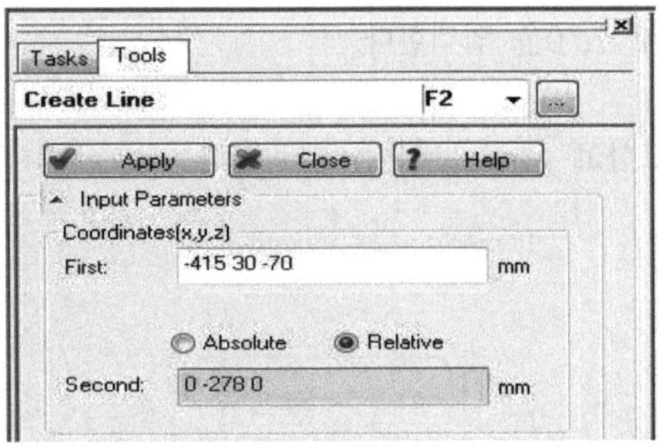

Second에 0, -278, 0을 입력한다.

Relative를 체크하고 Apply 버튼을 클릭한다.

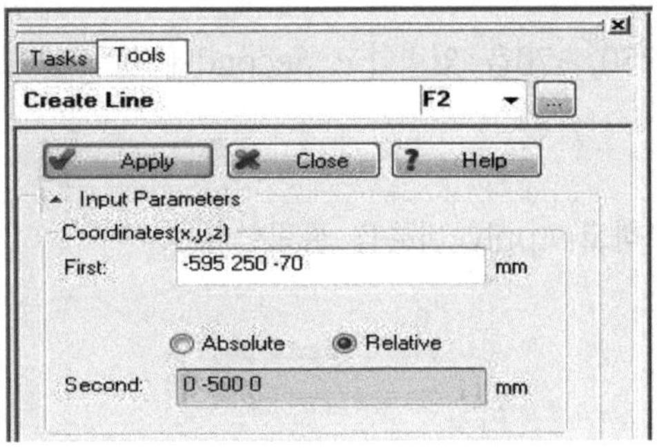

First에 -595, 250, -70을 입력하고 Second에 0, -500, 0을 입력한다.

Relative를 체크하고 Apply 버튼을 클릭한다.

Create Line창은 Close 버튼을 클릭하여 닫는다.

레이어창에서 Default 레이어를 제외한 나머지 레이어를 체크 해제한다.
New Layer 아이콘을 클릭한 후 레이어 이름을 COOLBOTTOM CURVE로 변경한다.

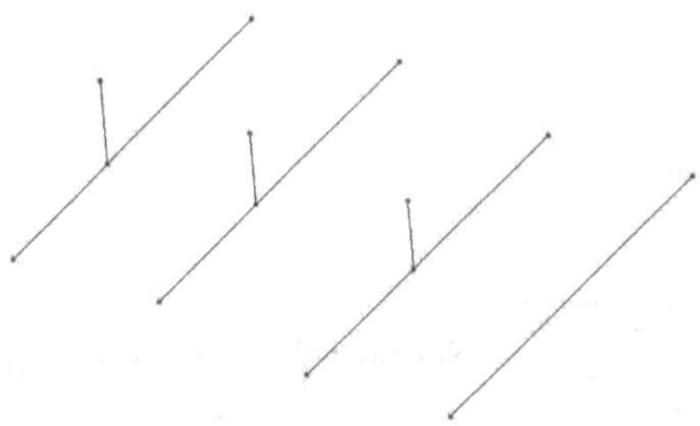

위 그림과 같이 모델링창에 남아있는 선 및 노드를 모두 선택하고 Assign Layer 아이콘을 클릭한다.

COOLBOTTOM CURVE 레이어를 체크 해제하고 COOLUPPER CURVE를 체크한다.

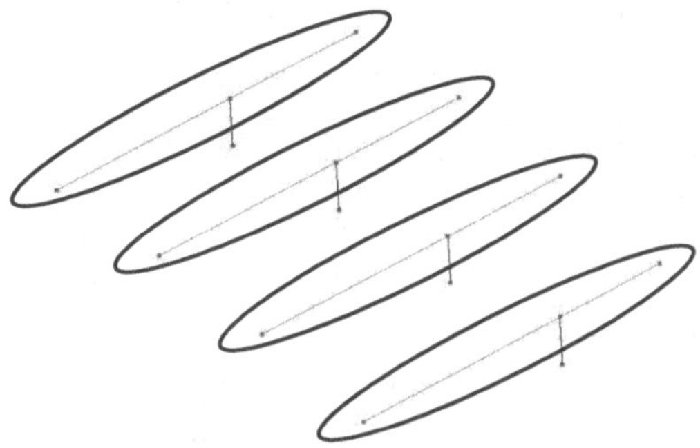

위 그림의 표시부 선 8개를 Crtl+ 선택한다.

MB3을 클릭한 후 Properties를 실행한 후 확인창이 나타나면 OK 버튼을 클릭한다.

Assign property 창이 나타나면 New 버튼을 클릭한 후 Channel을 선택한다.

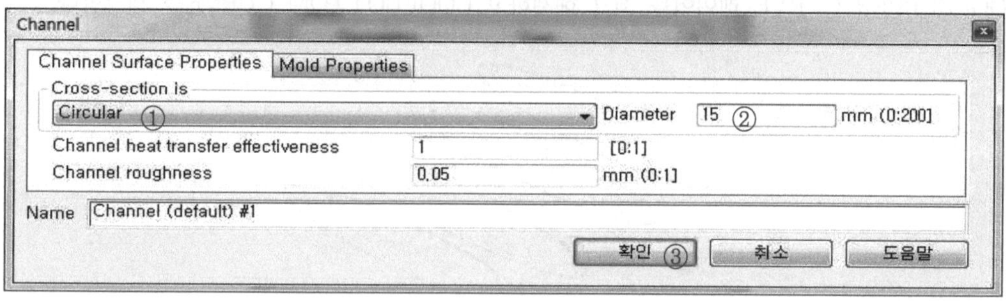

위 그림과 같이 Cross-section is는 ① Circular로 선택하고 Diameter는 ② 15를 입력한 후 ③ 확인 버튼을 클릭한다.

Assign property 창은 OK 버튼을 클릭하여 닫는다.

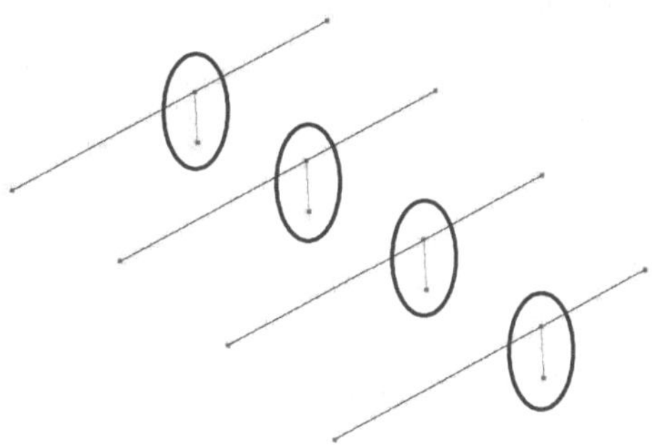

위 그림의 표시부 선 8개를 Ctrl+ 선택한다. 반드시 선 8개를 선택하여야 한다. 선택된 선들은 메뉴바 Selection에 표시가 되며 겹쳐있는 선들은 선택시 마우스를 드래그하여 선택하면 된다.

MB3을 클릭한 후 Properties를 실행한 후 확인창이 나타나면 OK 버튼을 클릭한다.

Assign property 창이 나타나면 New 버튼을 클릭한 후 Baffle을 선택한다.

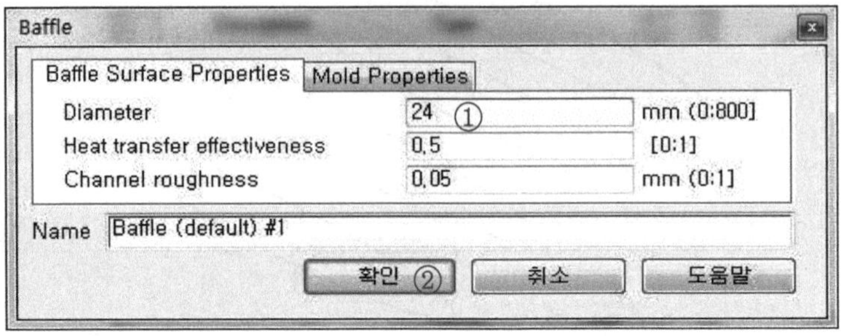

위 그림과 같이 Diameter에 ① 24를 입력한 후 ② 확인 버튼을 클릭한다.

Assign property 창은 OK 버튼을 클릭하여 닫는다.
COOLBUPPER CURVE 레이어를 체크 해제하고 COOLBOTTOM CURVE를 체크한다.

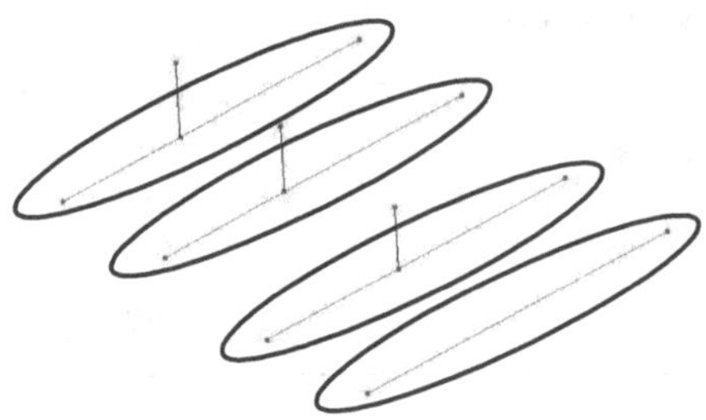

위 그림의 표시부 선 7개를 2 클릭한 후 Channel을 선택한다.

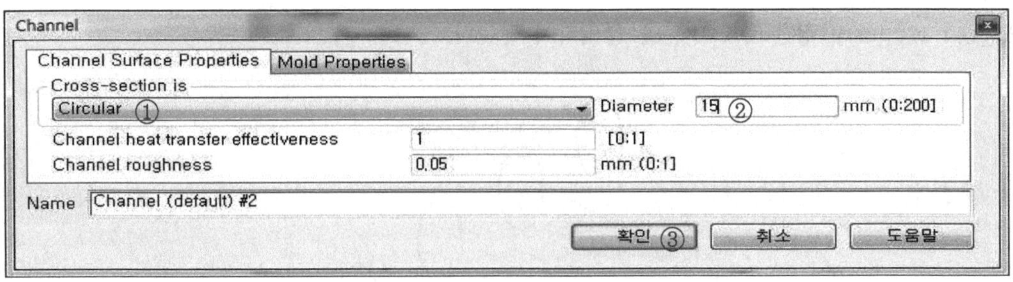

위 그림과 같이 Cross-section is는 ① Circular로 선택하고 Diameter는 ② 15를 입력한 후 ③ 확인 버튼을 클릭한다.

Assign property 창은 OK 버튼을 클릭하여 닫는다.

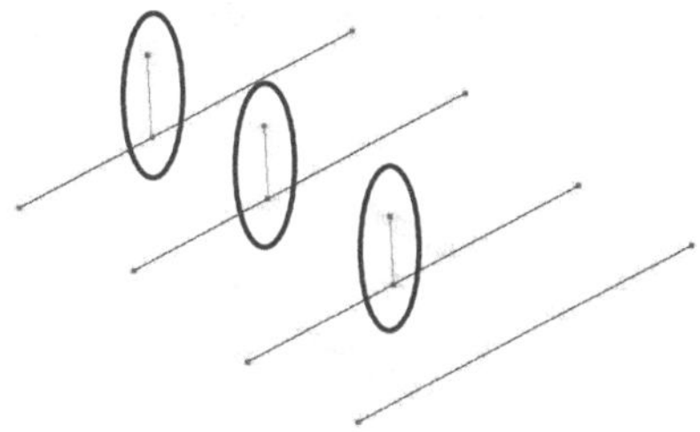

위 그림의 표시부 선 6개를 Ctrl+ 선택한다. 반드시 선 6개를 선택하여야 한다.

MB3을 클릭한 후 Properties를 실행한 후 확인창이 나타나면 OK 버튼을 클릭한다.

Assign property 창이 나타나면 New 버튼을 클릭한 후 Baffle을 선택한다.

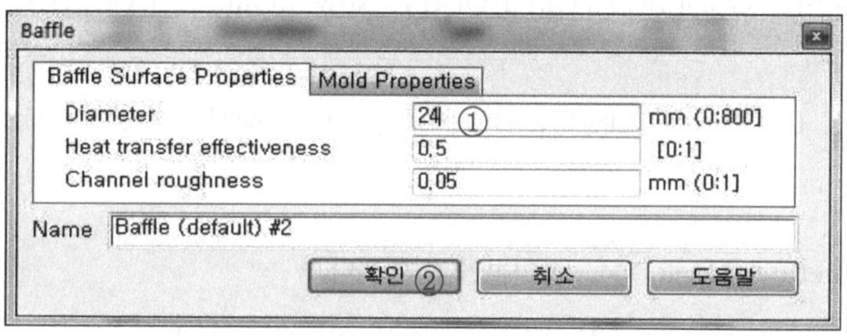

위 그림과 같이 Diameter에 ① 24를 입력한 후 ② 확인 버튼을 클릭한다.

Assign property 창은 OK 버튼을 클릭하여 닫는다.

Mesh메뉴의 Generate Mesh  아이콘을 실행한다.

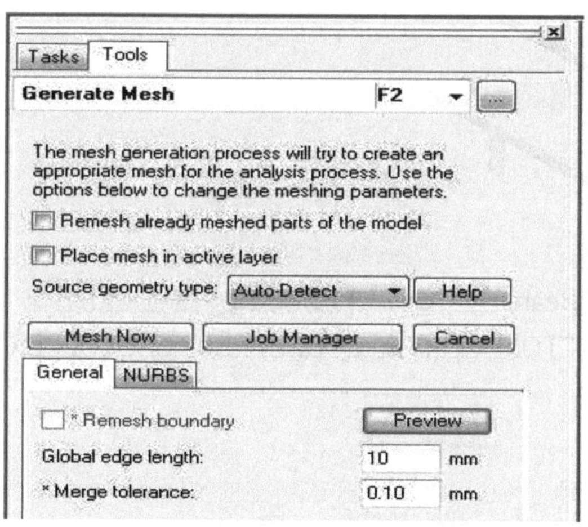

Global edge length에 10을 입력하고 Mesh Now 버튼을클릭한다.

냉각채널 메쉬가 완료되어 Mesh complete! 창이 나타나면 확인 버튼을 클릭한다.

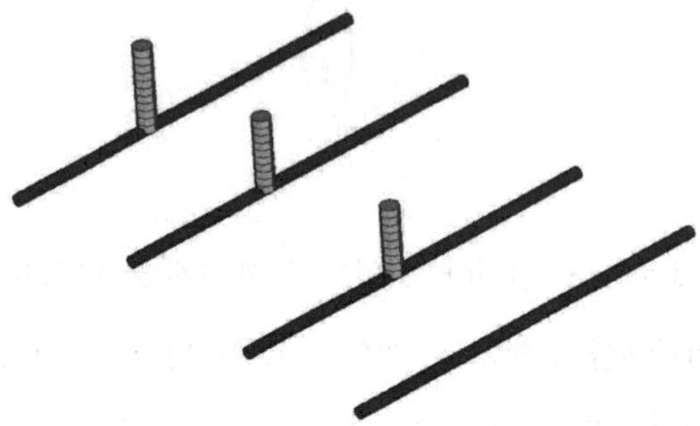

New nodes 레이어를 COOLBOTTOM NODE로 New Beams는 COOLBOTTOM으로 이름을 변경한다.

COOLBOTTOM, COOLBOTTOM NODE레이어를 체크 해제하고 COOLUPPER CURVE레이어를 체크한다.

Mesh메뉴의 Generate Mesh  아이콘을 실행한다.

Global edge length에 10을 입력하고 Mesh Now 버튼을 클릭한다.

냉각채널 메쉬가 완료되어 Mesh complete! 창이 나타나면 확인 버튼을 클릭한다.

New nodes 레이어를 COOLUPPER NODE로 New Beams는 COOLUPPER으로 이름을 변경한다.

COOLBOTTOM, COOLBOTTOM NODE, COOLBOTTOM CURVE, COOLUPPER, COOLUPPER NODE, COOLUPPER CURVE 레이어를 체크한다.

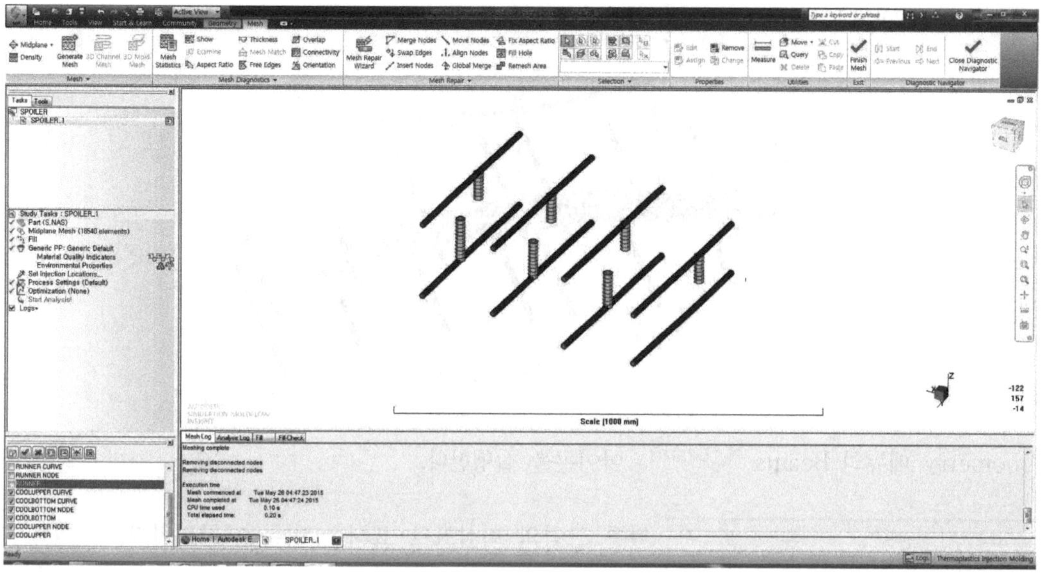

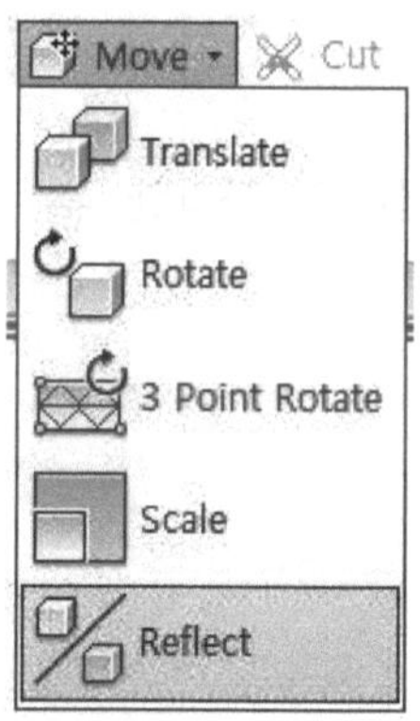

Utility에서 Move 아이콘을 클릭한다.

Reflect 아이콘을 클릭한다.

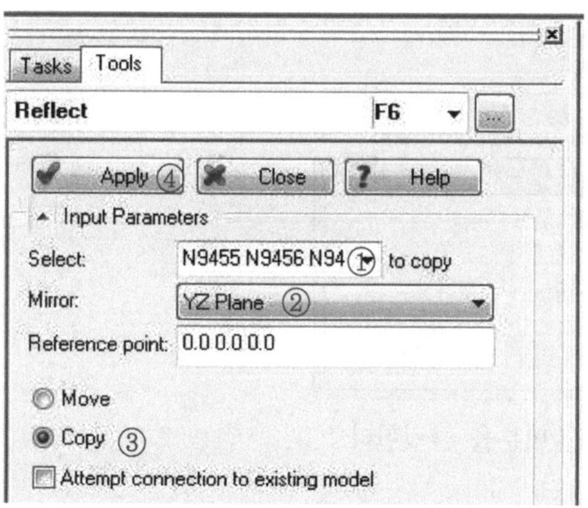

① 모델링창에 있는 메쉬, 노드, 선들을 모두 선택한다. Mirror는 ② YZ Plane을 선택한다. Reference point는 0, 0, 0을 입력하고 ③ Copy를 체크한 후 ④Apply 버튼을 클릭한다.

Reflect 창은 Close 버튼을 클릭하여 닫는다.

BODY3T, BODY1.5T, RUNNER 레이어를 체크한다.

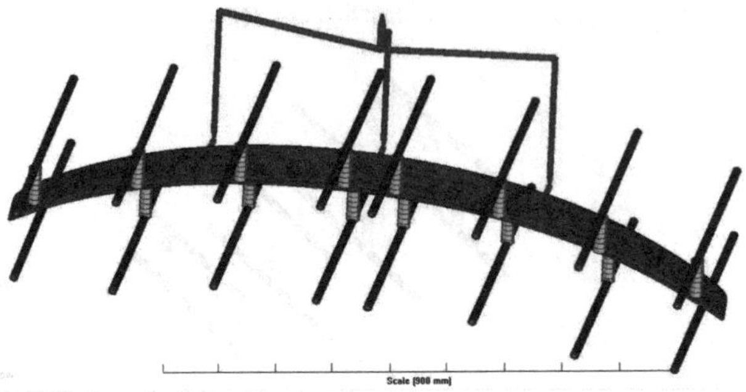

Geometry 메뉴의 Beams 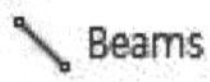 아이콘을 실행한다.

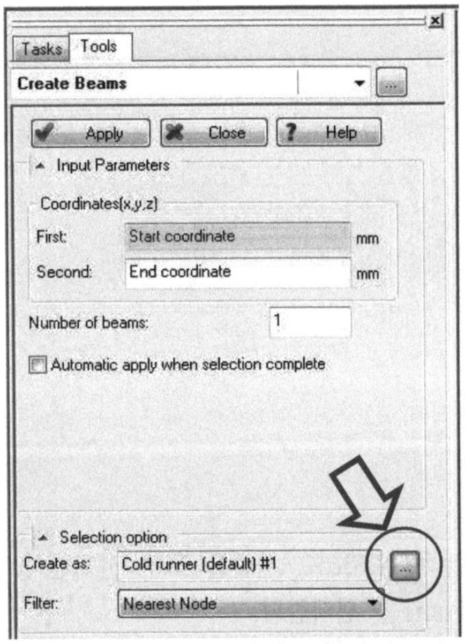

왼쪽 그림의 화살표로 표시한 버튼을 클릭한다.

확인창이 나타나면 OK 버튼을 클릭한다.

Assign property 창이 나타나면 New 버튼을 클릭한 후 Hose를 선택한다.

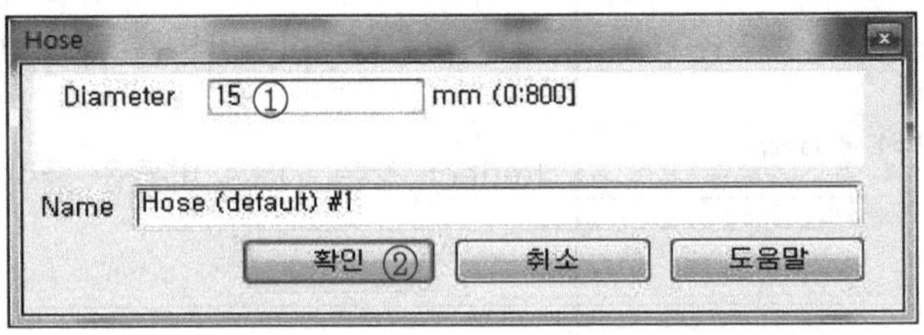

위 그림과 같이 Diameter에 ① 15를 입력하고 ② 확인 버튼을 클릭한다.
Assign property 창은 OK 버튼을 클릭하여 닫는다.

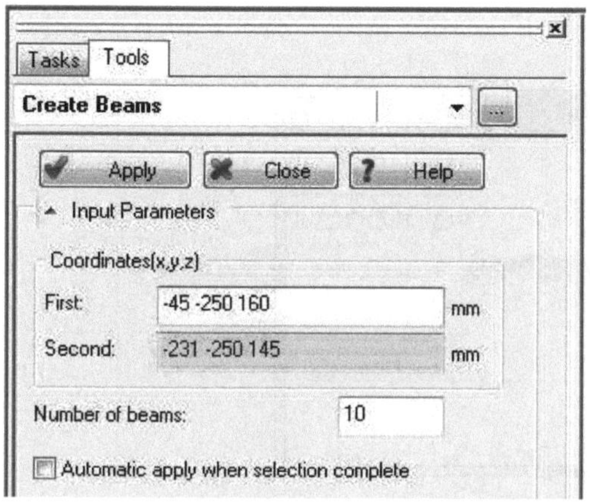

First는 다음 그림에서 표시된 냉각채널의 가장 끝부분인 1번 노드를 Second는 2번 노드를 선택한다.

Number of beams는 10을 입력하고 Apply 버튼을 클릭한다.

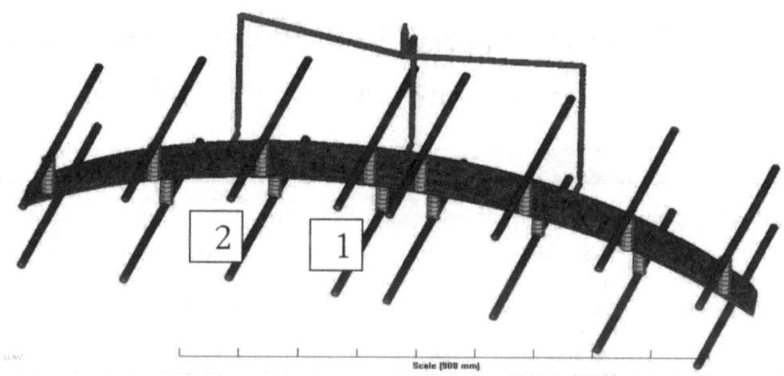

같은 방법으로 나머지 냉각채널의 끝부분을 연결하면 아래 그림과 같이 호스가 생성이 된다.

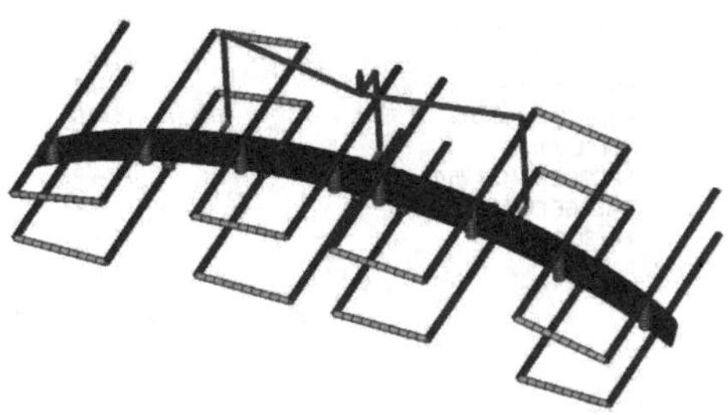

Create Beams 창은 Close 버튼을 클릭하여 닫는다.

이것으로 냉각 시스템 메쉬 작성이 완료되었다.

(4) 성형조건 입력 및 해석 수행하기

Tasks 창의 Fill을 더블클릭한다.

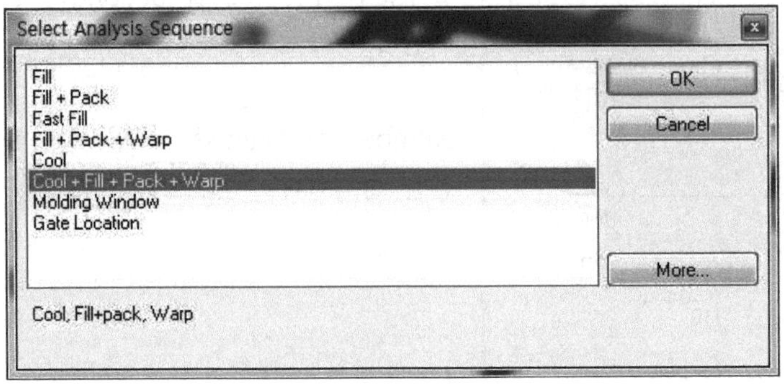

위 그림과 같이 Cool+Fill+Pack+Warp을 선택한 후 OK 버튼을 클릭한다.

Generic PP를 더블클릭한 후 Select Material 창이 나타나면 Search 버튼을 클릭한다. Family abbreviation을 선택한 후 Substring에 PC+ABS를 입력한다.

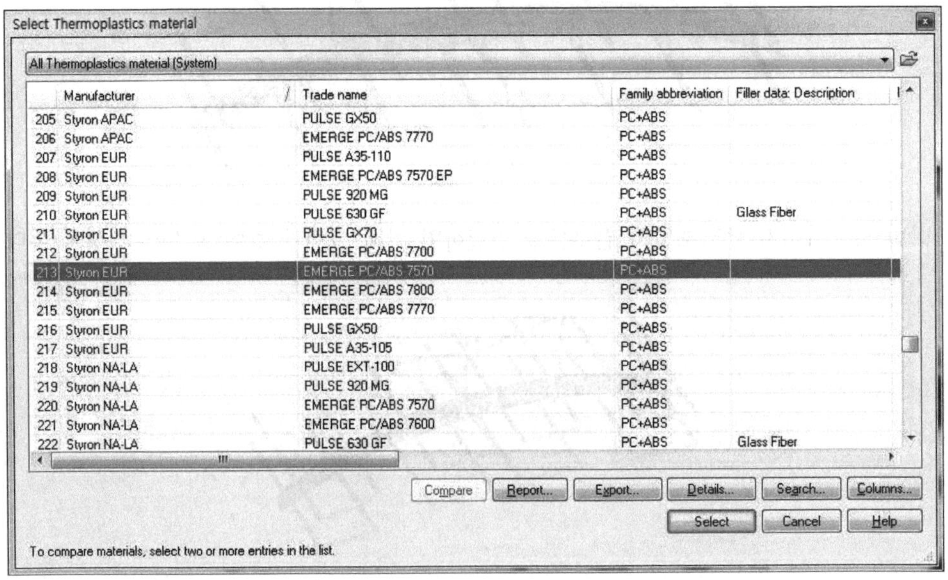

	Manufacturer	Trade name	Family abbreviation	Filler data: Description
205	Styron APAC	PULSE GX50	PC+ABS	
206	Styron APAC	EMERGE PC/ABS 7770	PC+ABS	
207	Styron EUR	PULSE A35-110	PC+ABS	
208	Styron EUR	EMERGE PC/ABS 7570 EP	PC+ABS	
209	Styron EUR	PULSE 920 MG	PC+ABS	
210	Styron EUR	PULSE 630 GF	PC+ABS	Glass Fiber
211	Styron EUR	PULSE GX70	PC+ABS	
212	Styron EUR	EMERGE PC/ABS 7700	PC+ABS	
213	Styron EUR	EMERGE PC/ABS 7570	PC+ABS	
214	Styron EUR	EMERGE PC/ABS 7800	PC+ABS	
215	Styron EUR	EMERGE PC/ABS 7770	PC+ABS	
216	Styron EUR	PULSE GX50	PC+ABS	
217	Styron EUR	PULSE A35-105	PC+ABS	
218	Styron NA-LA	PULSE EXT-100	PC+ABS	
219	Styron NA-LA	PULSE 920 MG	PC+ABS	
220	Styron NA-LA	EMERGE PC/ABS 7570	PC+ABS	
221	Styron NA-LA	EMERGE PC/ABS 7600	PC+ABS	
222	Styron NA-LA	PULSE 630 GF	PC+ABS	Glass Fiber

위 그림과 같이 Styron EUR사의 EMERGE PC/ABS 7570을 선택한 후 Select 버튼을 클릭한다. Select Material 창은 OK 버튼을 클릭하여 닫는다.

Set Injection Location을 더블클릭한 후 아래 그림과 같이 모델링창의 스프루 끝단 노드를 클릭한다.

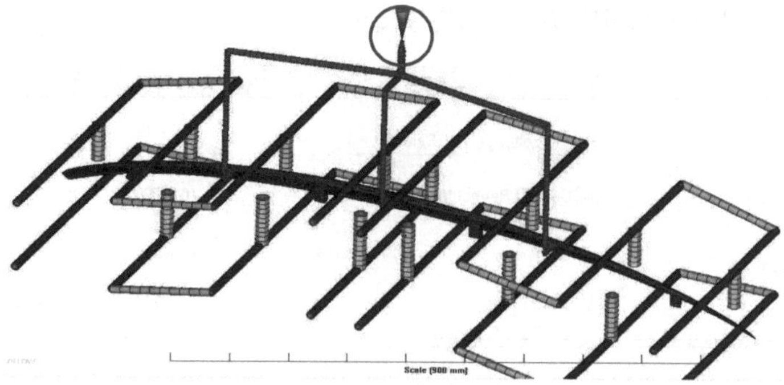

Coolant Inlets/Outlets을 더블클릭한다.

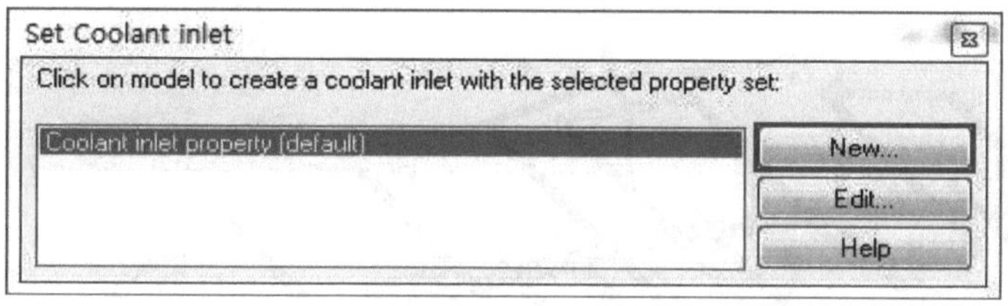

위 그림과 같이 Set Coolant inlet 창이 나타나면 New 버튼을 클릭한다.

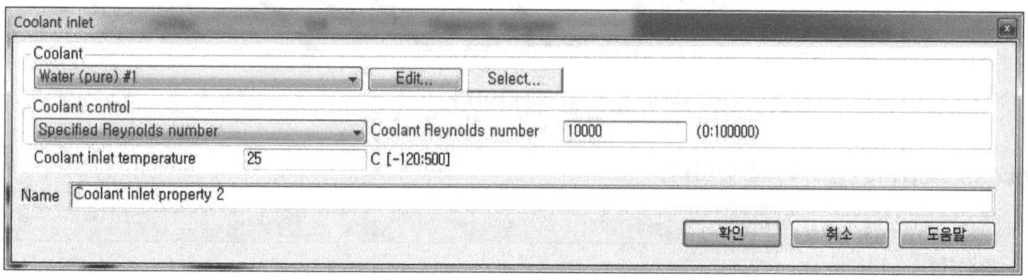

위 그림과 같이 설정이 되었는지 확인 후 확인 버튼을 클릭한다.

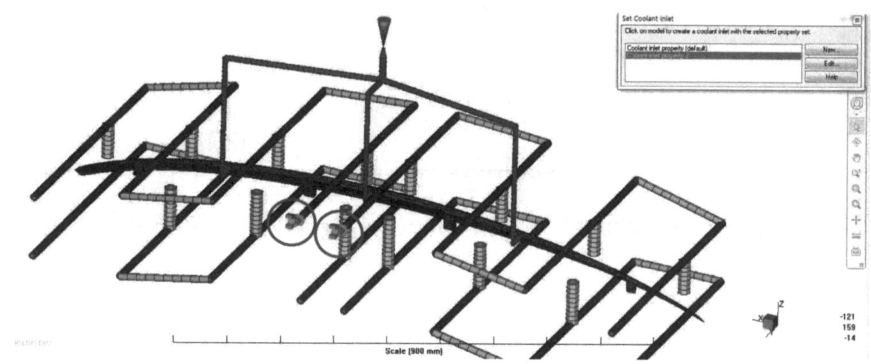

위 그림의 표시된 냉각채널 끝부분의 노드를 클릭한다.

Set Coolant inlet 창이 나타나면 New 버튼을 클릭한다.

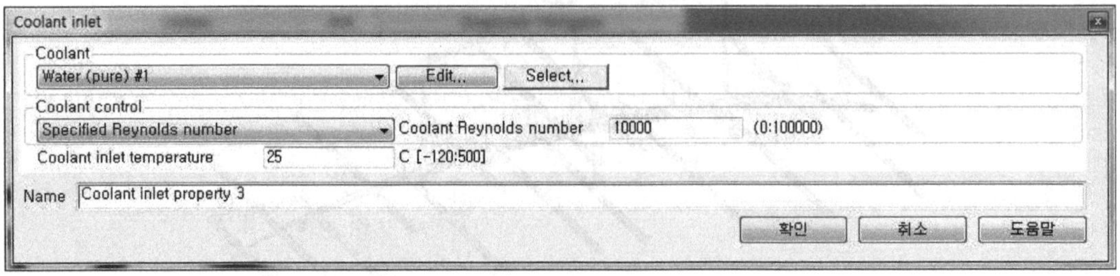

위 그림과 같이 설정이 되었는지 확인 후 확인 버튼을 클릭한다.

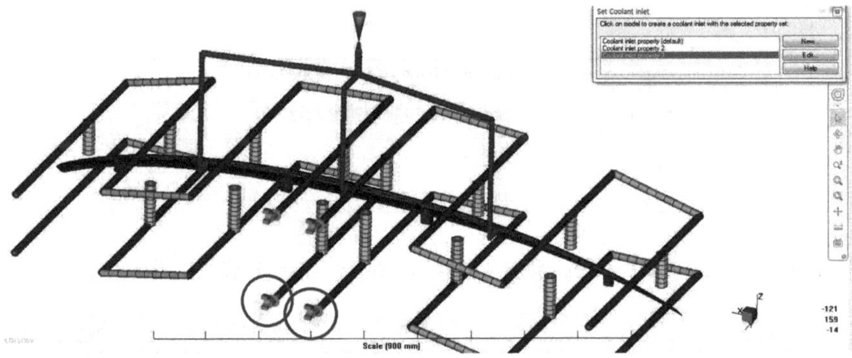

위 그림의 표시된 냉각채널 끝부분의 노드를 클릭한다.

Process Settings를 더블클릭한다.

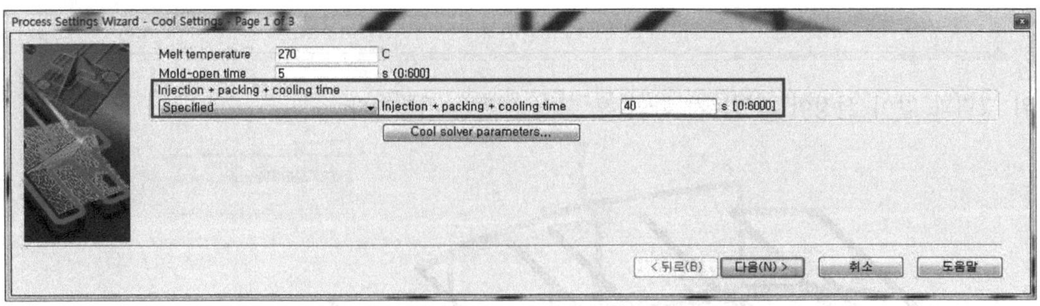

위 그림과 같이 Injection+packing+cooling time은 40을 입력하고 다음 버튼을 클릭한다.

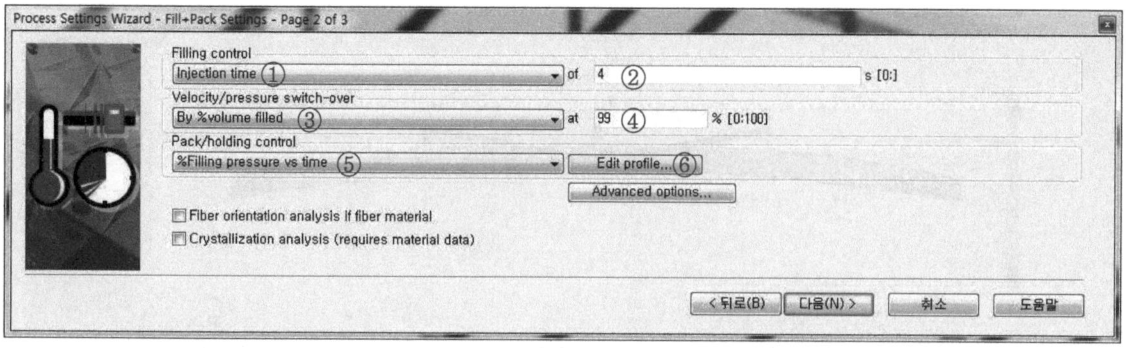

위 그림과 같이 Filling control에서 ① Injection time을 선택하고 ② 4초를 입력한다. Velocity/pressure switch-over는 ③ By %volume filled를 선택하고 ④ 99%를 입력한다. Pack/holding control는 ⑤ %Filling pressure vs time을 선택하고 ⑥ Edit profile 버튼을 클릭한다.

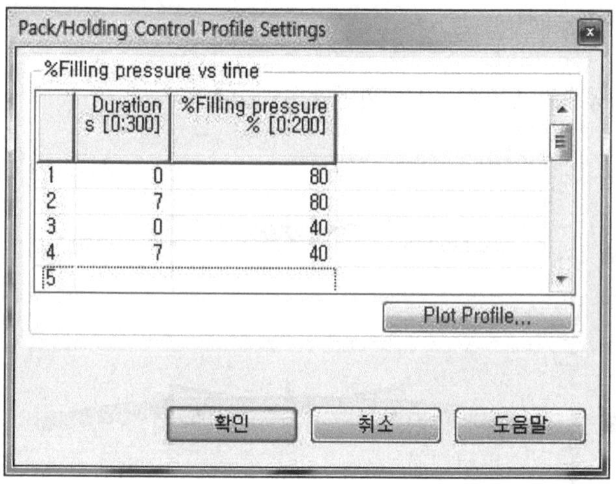

좌측 그림과 같이 입력하고 확인 버튼을 클릭한다.

다음 버튼을 클릭한 후 마침 버튼을 클릭한다.

Start Analysis를 더블클릭하여 해석을 시작한다.

(5) 개선전 냉각 시스템에서에 대한 성형해석 결과보기

5-1) Fill time

레이어창에서 Default Layer, COOLUPPER CURVE, COOLBOTTOM CURVE, COOLBOTTOM NODE, COOLBOTTOM, COOLUPPER NODE, COOLUPPER 레이어를 체크 해제한다.

Results의 Flow에서 Fill time을 체크한다.

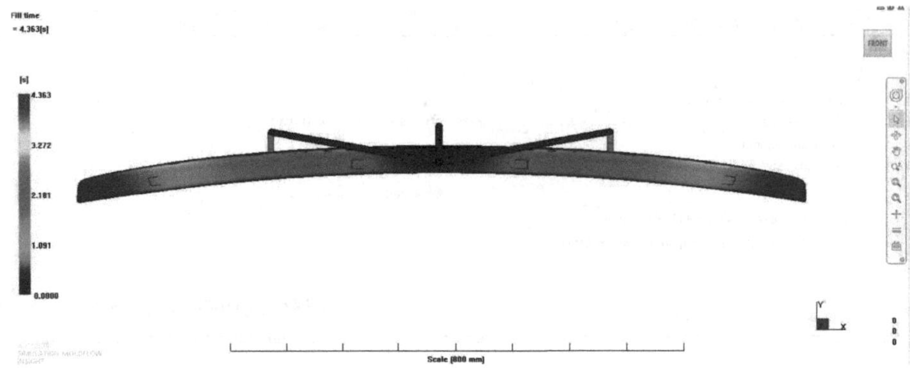

Mome 메뉴에서 Results  아이콘을 클릭한다.

메뉴창의 Animation  아이콘들을 이용하여 해석결과치를 동영상으로 확인할 수 있다.

좌우에 있는 밸브 게이트가 2.2초에서 자동으로 열리는 것을 확인할 수 있다.

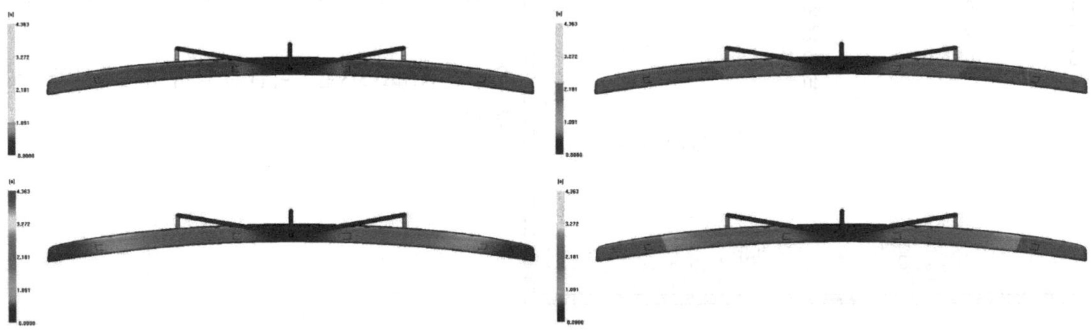

5-2) Weld lines

Results의 Flow에서 Weld lines를 체크한다.

밸브 게이트의 시퀀스 제어를 통해 웰드라인이 발생하지 않는다.

SPOILER 제품의 경우, 웰드라인이 발생하면 외관불량이기 때문에 밸브 게이트의 시퀀스 제어를 통해 밸브가 열리는 시간을 받드시 확인해야 한다.

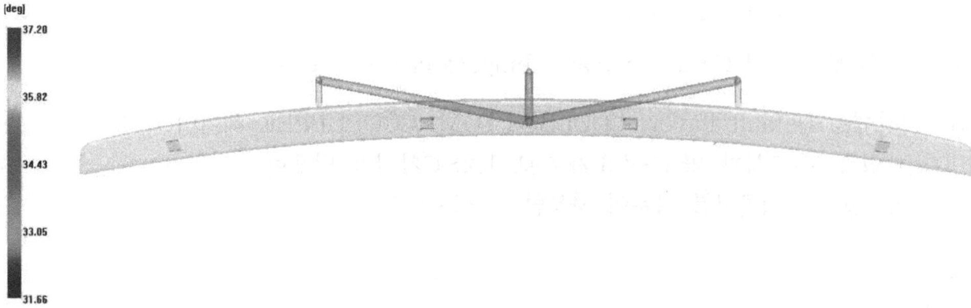

5-3) Pressure at V/P switchover

Results의 Flow에서 Pressure at V/P switchover를 체크한다.

최대사출압력이 44.67 MPa로 양호하며 사출성형시 미성형 및 플래쉬는 발생하지 않을 것으로 나타난다.

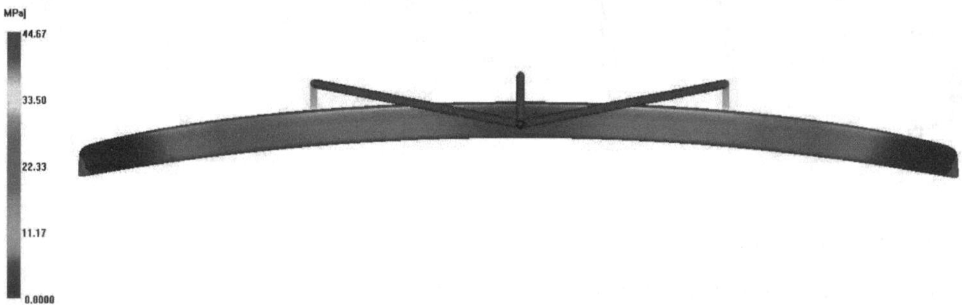

5-4) Clamp force : XY Plot

Results의 Flow에서 Clamp force : XY Plot을 체크한다.

최대형체력은 5.023초에서 214.6 ton으로 발생한다. SPOILER 금형은 850 ton 사출성형기에서 성형되므로 형체력에 의한 금형열림은 발생하지 않을 것으로 나타난다.

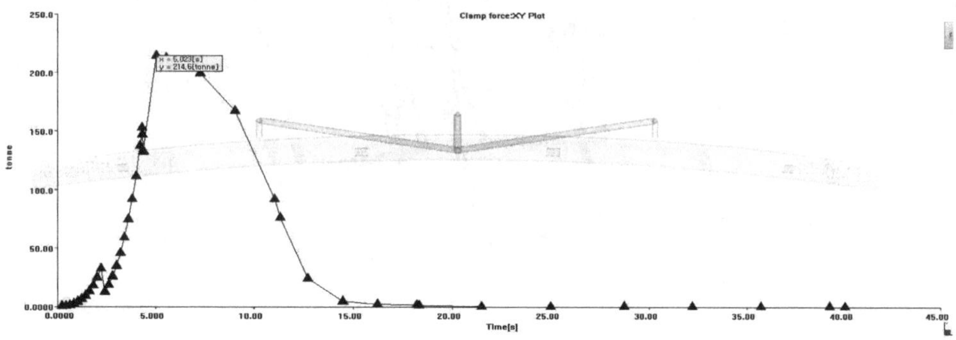

5-5) Circuit coolant temperature

Results의 Cool에서 Circuit coolant temperature를 체크한다.

레이어창에서 Default Layer, COOLBOTTOM, COOLUPPER 레이어를 체크한다.

냉각수 입출구온도차가 25℃~26.28℃로 1.28℃차이가 발생한다. 냉각수 입출구온도차가 3℃ 이내이므로 냉각수 입출구를 나누어 사용할 필요는 없다.

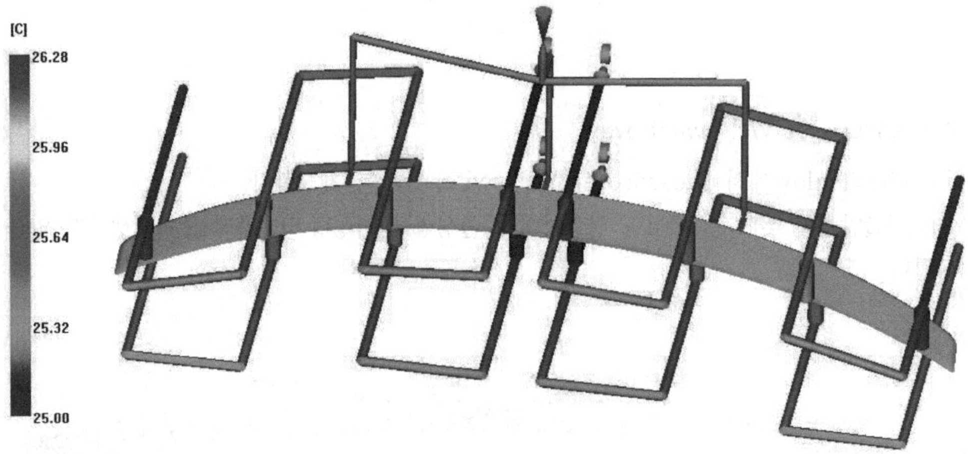

5-6) Circuit flow rate

Results의 Cool에서 Circuit flow rate를 체크한다.

냉각수 유속은 8.310 lit/min 이상으로 설정하여야 Re값이 10000이상으로 발생하여 냉각효율을 높일 수 있다.

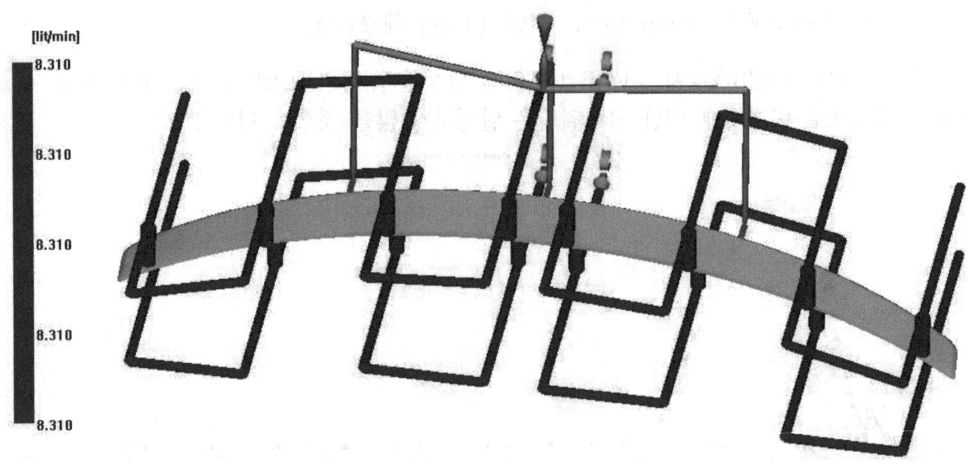

5-7) Circuit pressure

Results의 Cool에서 Circuit pressure를 체크한다.

냉각수 수압은 7.916 kPa 이상으로 설정하여야 냉각수 유속을 일정하게 유지할 수 있다.

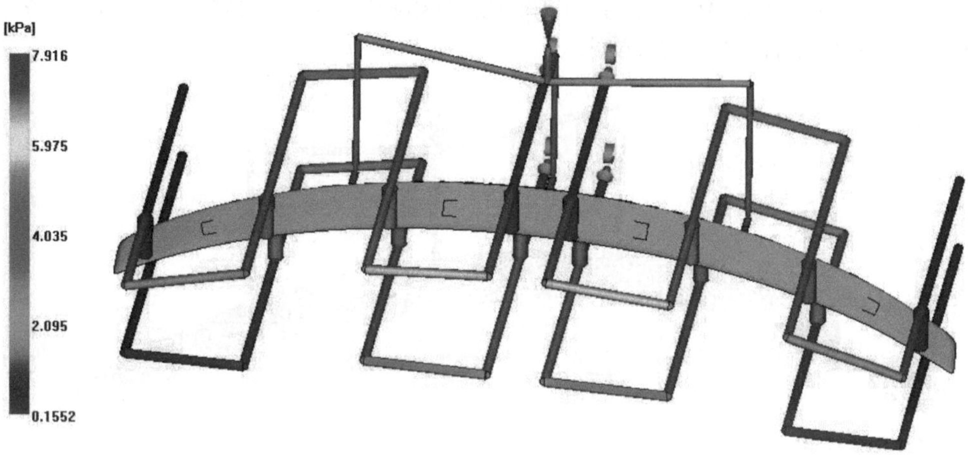

5-8) Temperature, part(top)

Results의 Cool에서 Temperature, part(top)를 체크한다.

레이어창에서 Default Layer, COOLBOTTOM, COOLUPPER 레이어를 체크 해제한다.

성형품 상측 온도 분포를 보면 게이트 앞부분과 후크걸이부의 온도가 상대적으로 높게 발생하므로 이 부분에 냉각채널이 필요하다.

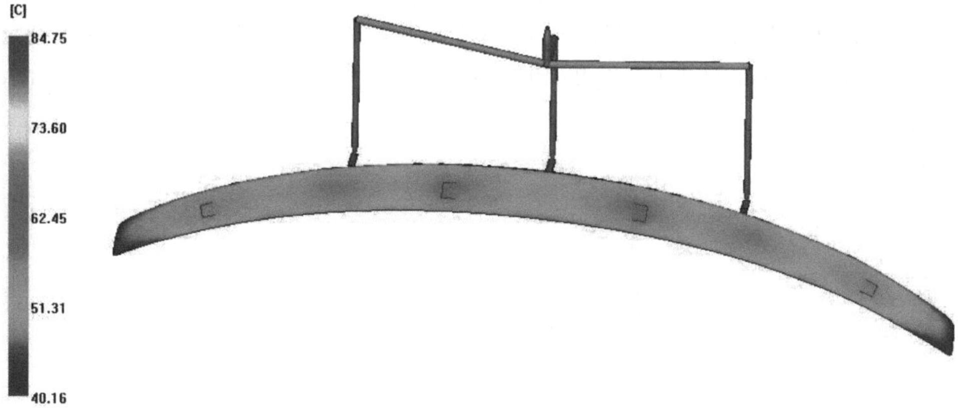

5-9) Temperature, part(bottom)

Results의 Cool에서 Temperature, part(bottom)를 체크한다.

성형품 하측 온도 분포를 보면 상측에 비해 온도가 높으며 후크걸이부의 온도가 상대적으로 높게 발생한다. 이 부분은 냉각채널을 직접적으로 설치하지 못하는 부분으로 금형재질을 열전도도가 높은 재질로 변경하는 것이 필요하다.

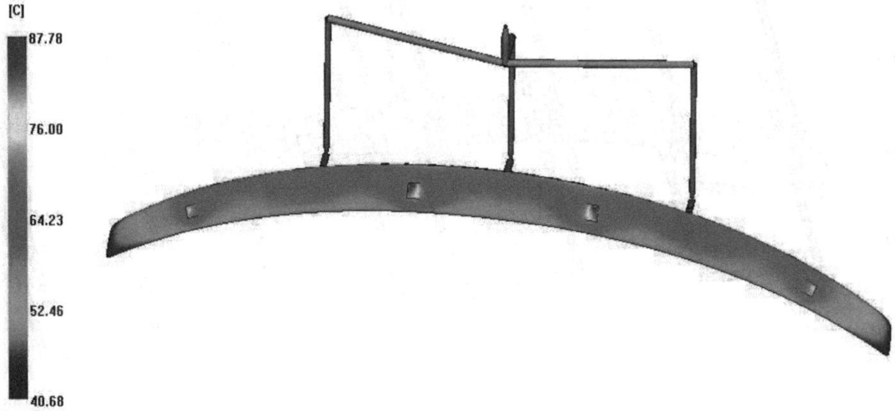

5-10) Time to reach ejection temperature, part

Results의 Cool에서 Time to reach ejection temperature, part를 체크한다.

취출가능시간은 33초로 나타났다. 취출가능시간은 성형품의 온도가 취출가능온도까지 내려갔을 때까지의 시간을 나타내는 것이다.

하측 성형품온도 결과에서 보았듯이 후크걸이의 안쪽의 열이 밖으로 빠져나가지 못하여 그 부분의 온도가 상대적으로 높게 발생한다. 취출가능시간도 같은 부위에서 가장 많은 시간을 소요하므로 이 부분의 냉각을 보강하는 개선안이 필요하다.

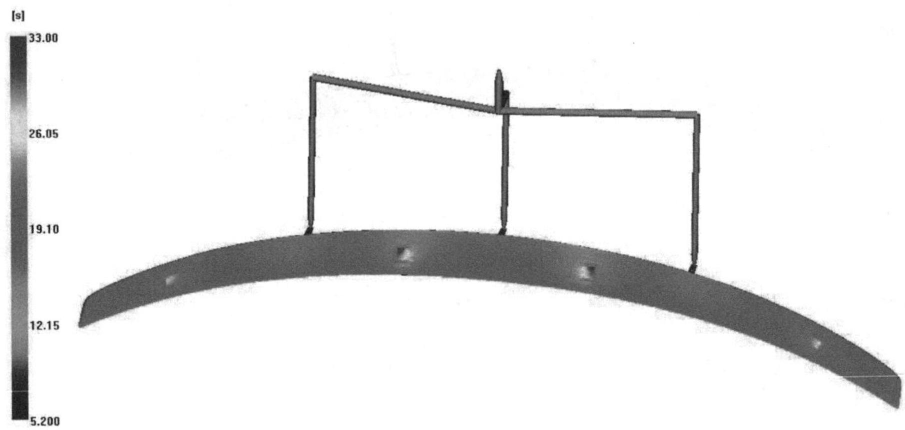

5-11) Deflection, all effects:Deflection

Results의 Warp에서 Deflection, all effects:Deflection을 체크한다.
최대 휨량은 2.823 ㎜로 제품 길이 방향으로 수축한다.

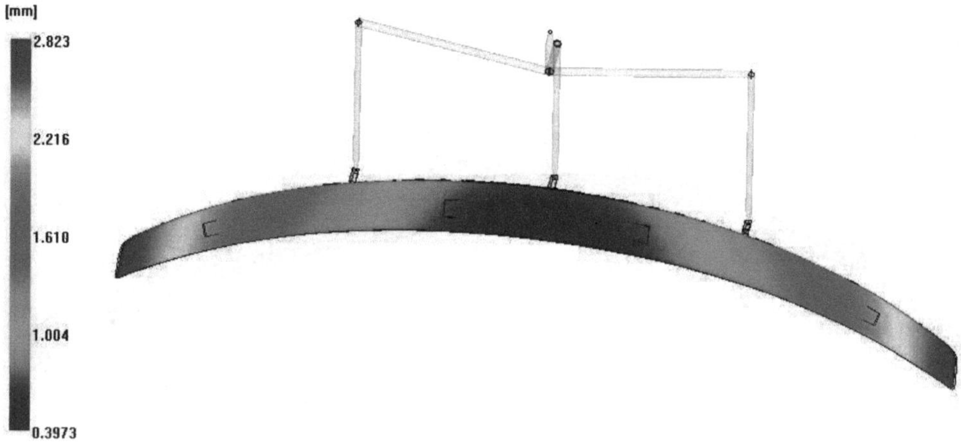

5-12) Deflection, all effects:X Component

Results의 Warp에서 Deflection, all effects:X Component를 체크한다.

X방향 최대 휨량은 2.499 ㎜로 SPOILER 제품 형상 특성상 길이방향이 1290 ㎜로 긴 제품이기 때문에 X방향의 휨량이 높게 발생한다.

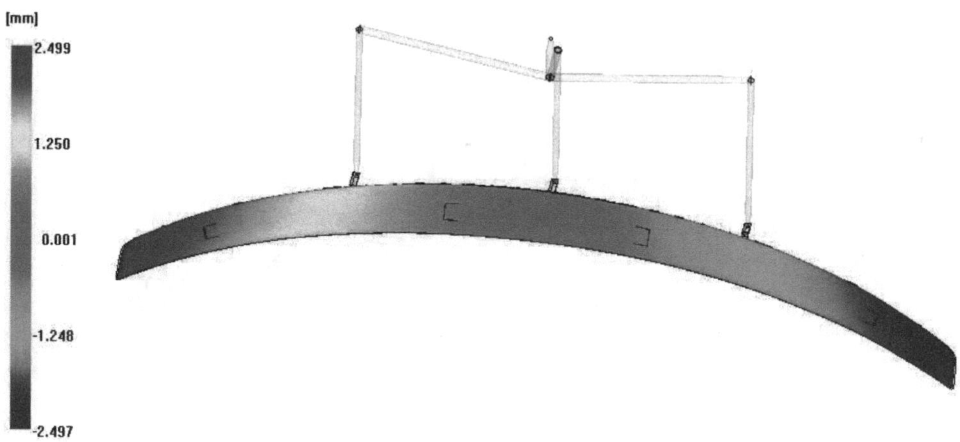

5-13) Deflection, all effects:Y Component

Results의 Warp에서 Deflection, all effects:Y Component를 체크한다.

Y방향 최대 휨량은 0.4201 ㎜로 제품 폭이 좁기 때문에 휨량이 적게 발생한다.

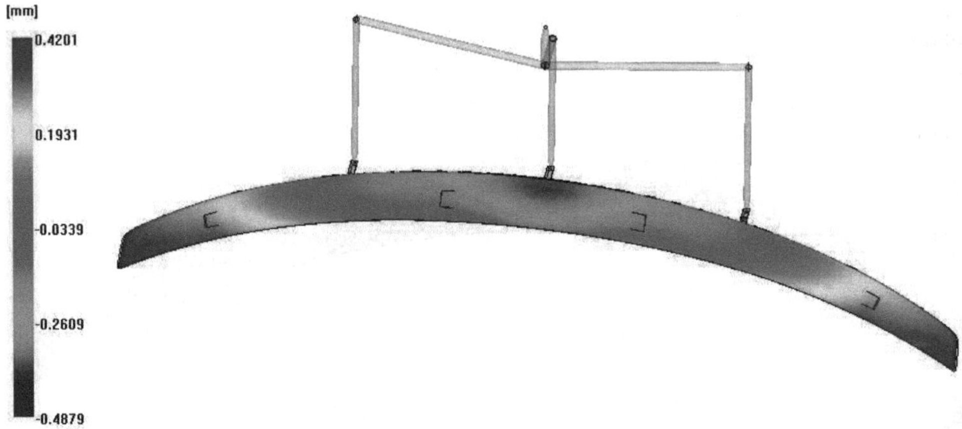

5-14) Deflection, all effects:Z Component

Results의 Warp에서 Deflection, all effects:Z Component를 체크한다.

Z방향 최대 휨량은 1.524 ㎜로 제품 양단이 윗방향으로 휨이 발생한다. 일반적으로 온도가 높은 부위 쪽으로 휨이 발생하므로 상측 냉각수의 온도를 낮추면 휨량이 감소할 것이다.

4.3.3 개선후 냉각 시스템 적용에 대한 성형해석

(1) 냉각채널 추가 및 금형 재질 변경

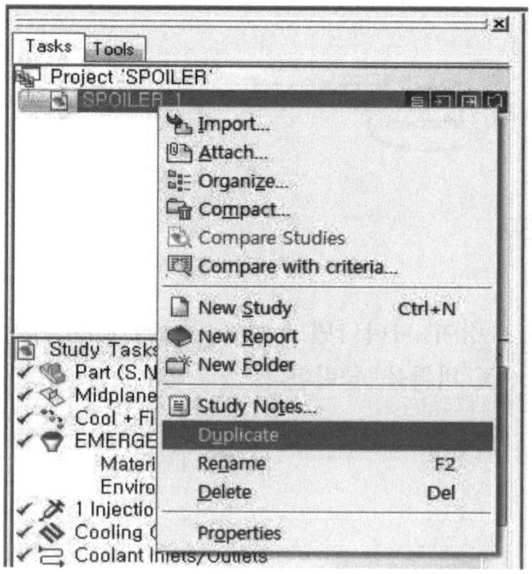

Tasks 창의 SPOILER_1에서 MB3을 클릭을 한다.

Duplicate를 실행한다.

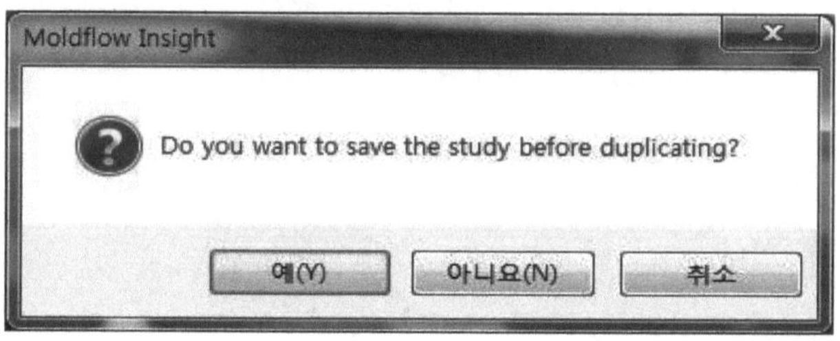

저장할 것인지 묻는 창이 나타나면 예 버튼을 클릭한다.

스터디 이름을 SPOILER_2로 변경한다.

SPOILER_2를 더블클릭한다.

레이어창에서 Default Layer를 제외하고 나머지 레이어를 체크 해제한다.

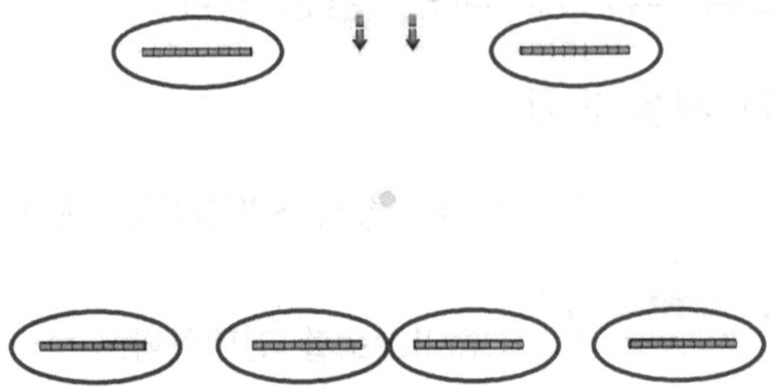

위 그림에 표시된 호스를 선택하고 Del를 눌러 삭제한다.

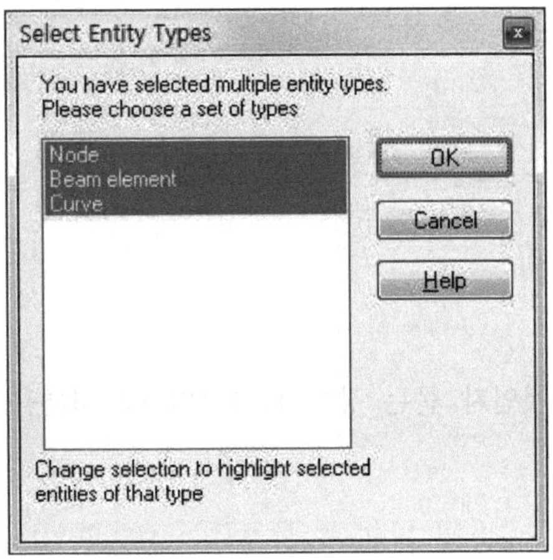

Select Entity Types 창이 나타나면 Node, Beam element, Curve를 선택하고 OK 버튼을 클릭한다.

새로 추가할 냉각채널이 될 선들을 생성하도록 한다.

Geometry 메뉴의 Curves 아이콘의 Create Line 아이콘을 실행한다.

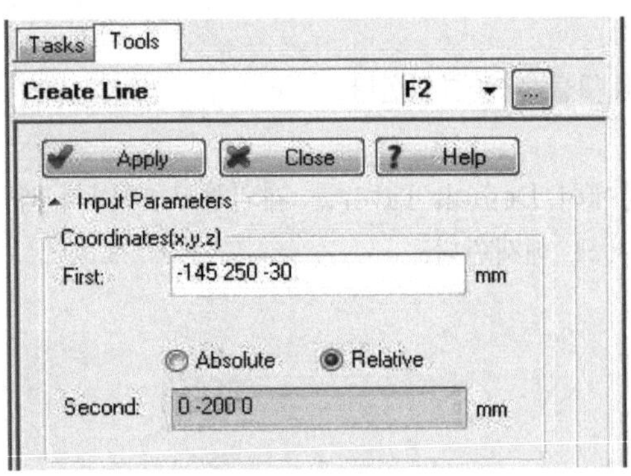

First에 -145, 250, -30를 입력하고 Second에 0, -200, 0을 입력한다.

Relative를 체크하고 Apply 버튼을 클릭한다.

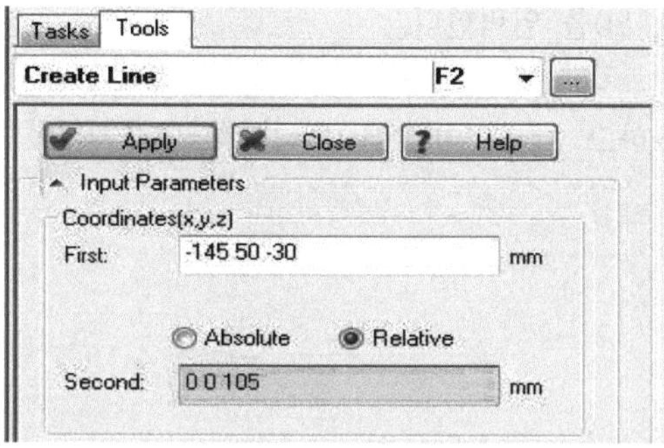

Second에 0, 0, 105을 입력한다.

Relative를 체크하고 Apply 버튼을 클릭한다.

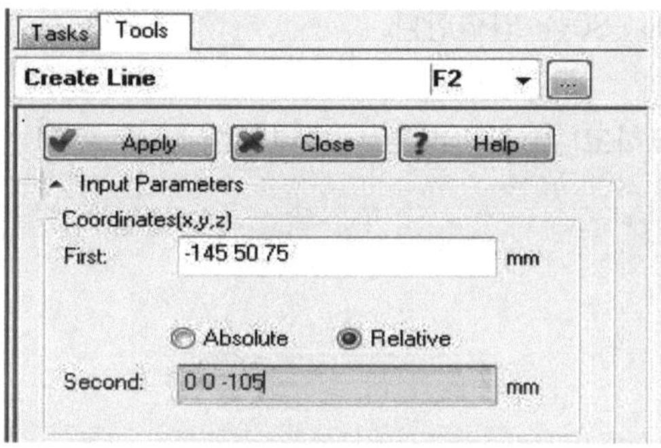

Second에 0, 0, -105을 입력한다.

Relative를 체크하고 Apply 버튼을 클릭한다.

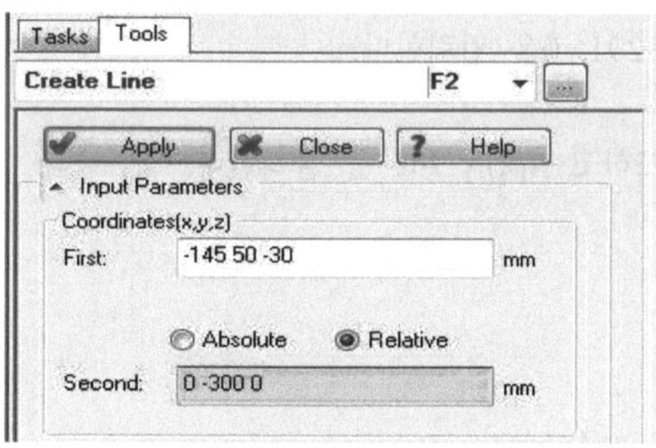

Second에 0, -300, 0을 입력한다.

Relative를 체크하고 Apply 버튼을 클릭한다

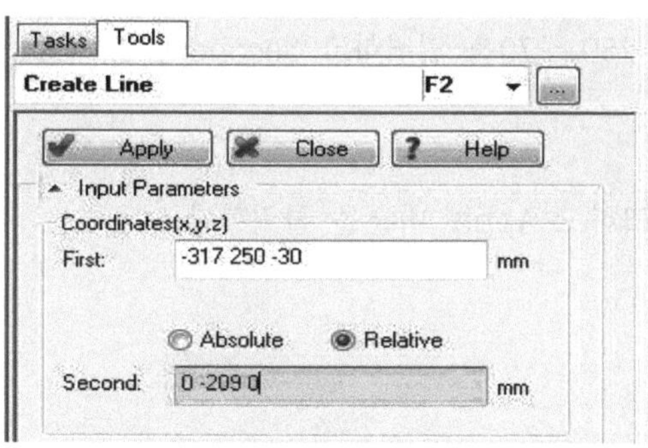

Second에 0, 0, 105을 입력한다.

Relative를 체크하고 Apply 버튼을 클릭한다.

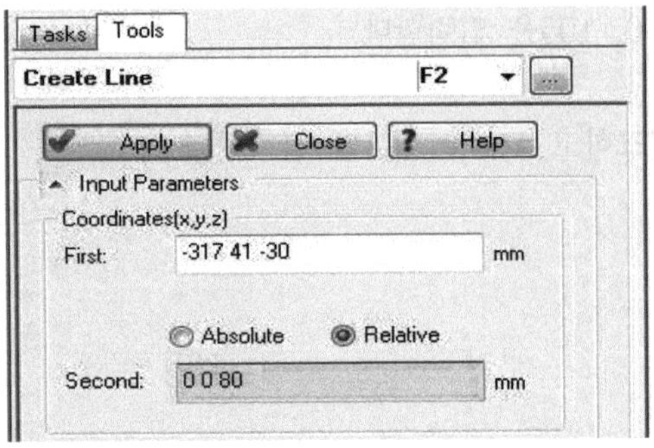

Second에 0, 0, 80을 입력한다.

Relative를 체크하고 Apply 버튼을 클릭한다.

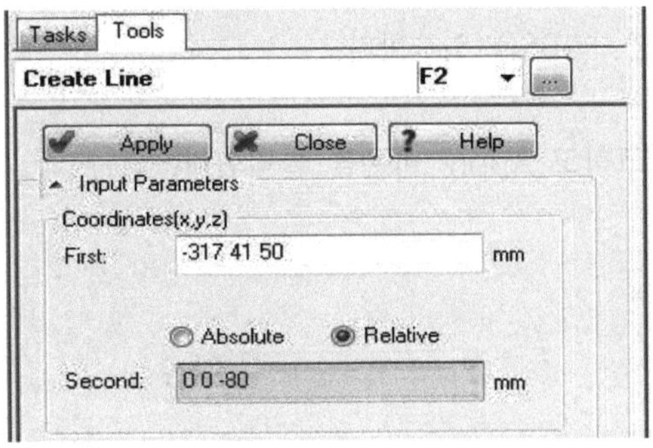

Second에 0, 0, -80을 입력한다.

Relative를 체크하고 Apply 버튼을 클릭한다.

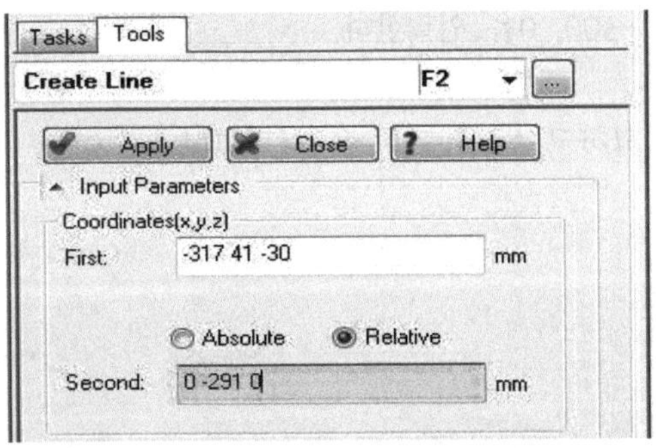

Second에 0, -291, 0을 입력한다.

Relative를 체크하고 Apply 버튼을 클릭한다.

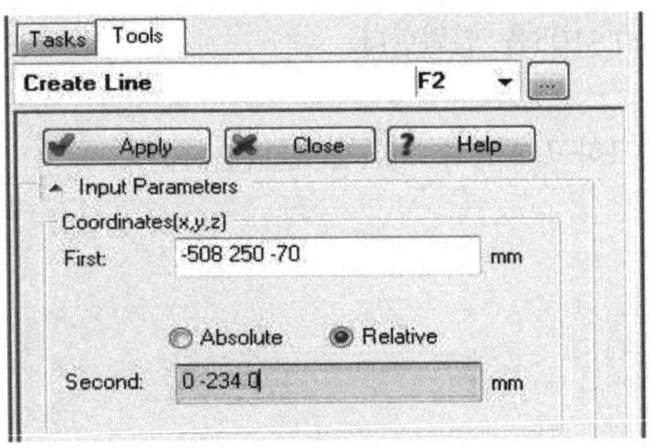

First에 -508, 250, -70을 입력하고 Second에 0, -234, 0을 입력한다.

Relative를 체크하고 Apply 버튼을 클릭한다.

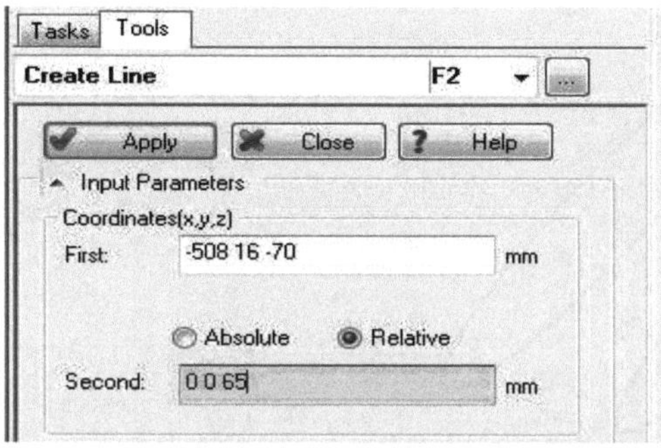

Second에 0, 0, 65을 입력한다.

Relative를 체크하고 Apply 버튼을 클릭한다.

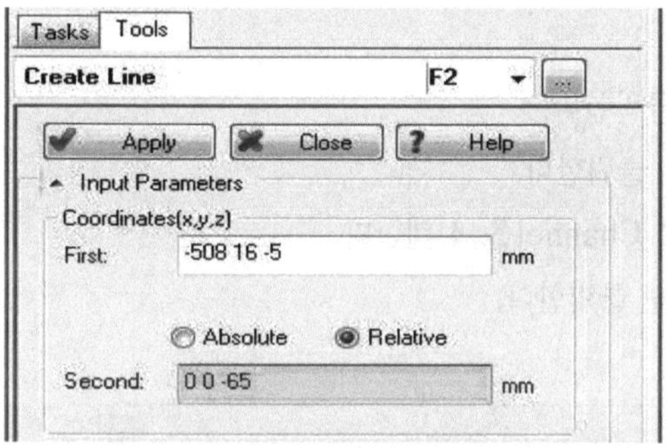

Second에 0, 0, -65을 입력한다.

Relative를 체크하고 Apply 버튼을 클릭한다.

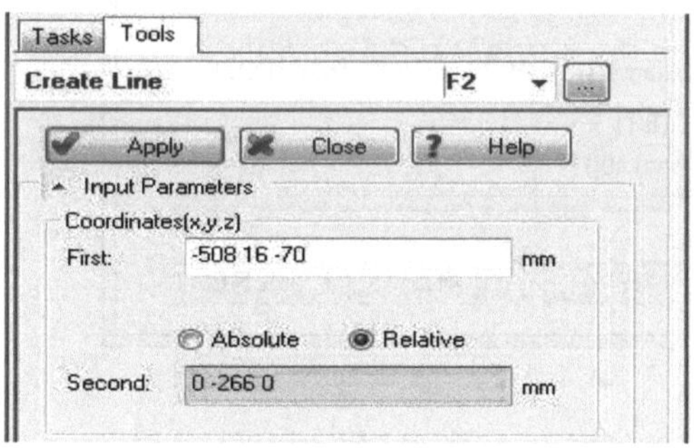

Second에 0, -266, 0을 입력한다.

Relative를 체크하고 Apply 버튼을 클릭한다.

Create Line 창은 Close 버튼을 클릭하여 닫는다.

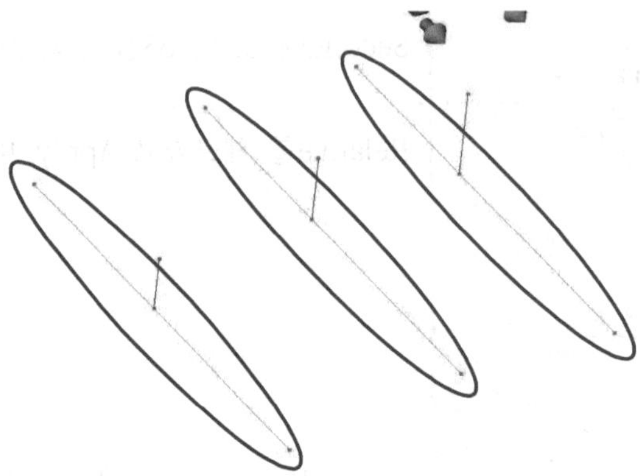

위 그림에 표시된 선 6개를 Ctrl+ 선택한 후 MB3을 클릭한다.
Properties를 실행한 후 확인창이 나타나면 OK 버튼을 클릭한다.
Assign property 창이 나타나면 New 버튼을 클릭하고 Channel을 선택한다.
위 그림과 같이 Diameter에 15를 입력하고 확인 버튼을 클릭한다.
Assign property 창은 OK 버튼을 클릭하여 닫는다.

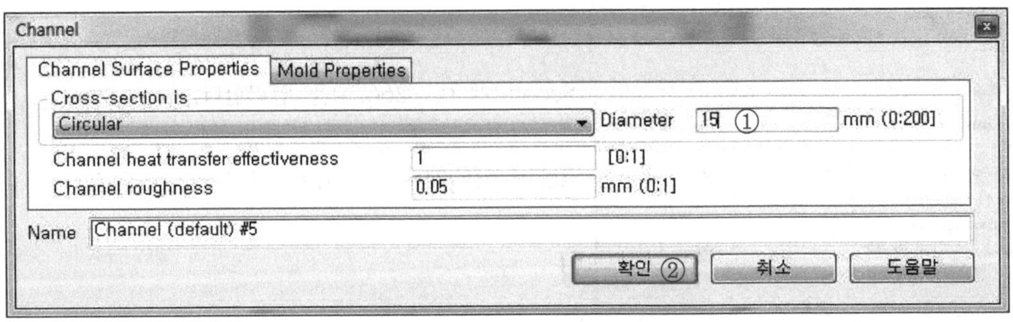

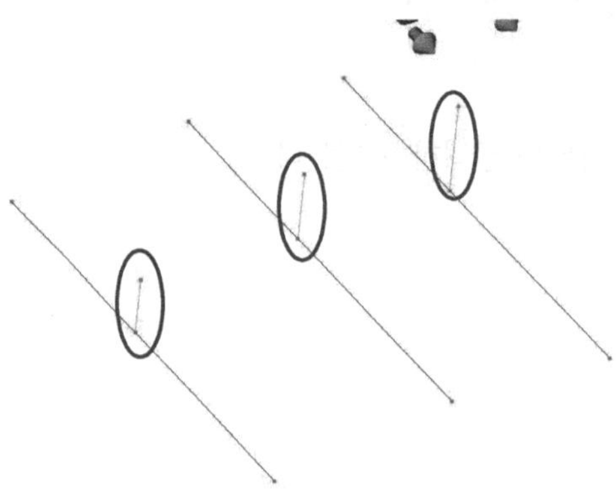

위 그림에 표시된 선 6개를 Ctrl+ 선택한 후 MB3을 클릭한다. 반드시 6개를 선택하였는지 확인하여야 한다.

Properties를 실행한 후 확인창이 나타나면 OK 버튼을 클릭한다.

Assign property 창이 나타나면 New 버튼을 클릭하고 Baffle을 선택한다.

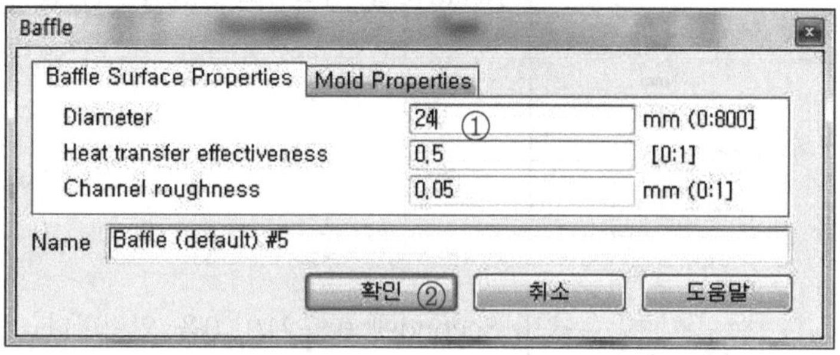

위 그림과 같이 Diameter에 24를 입력하고 확인 버튼을 클릭한다.

Assign property 창은 OK 버튼을 클릭하여 닫는다.

모든 선을 선택한 후 레이어창에서 COOLBOTTOM CURVE레이어를 클릭하고 레이어창의 Assign Layer아이콘을 실행한다.

Geometry 메뉴의 Curves  아이콘의 Create Line  아이콘을 실행한다.

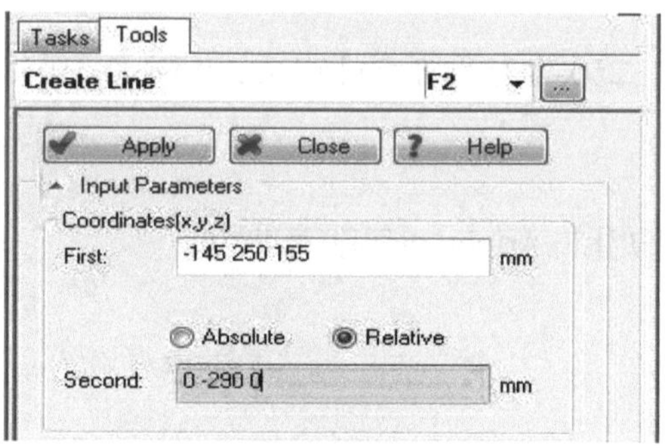

First에 -145, 250, 155을 입력하고 Second에 0, -290, 0을 입력한다.

Relative를 체크하고 Apply 버튼을 클릭한다.

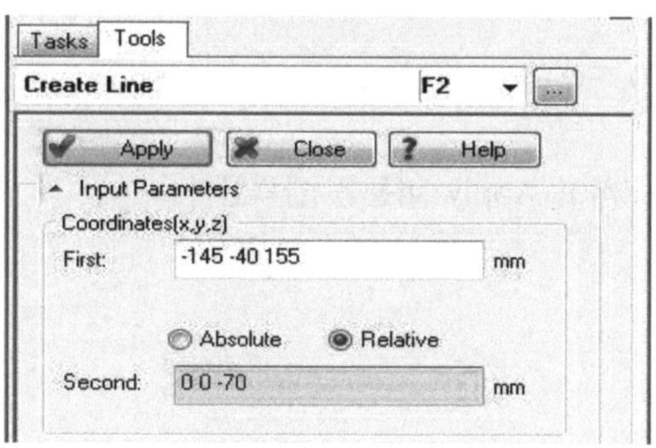

Second에 0, 0, -70을 입력한다.

Relative를 체크하고 Apply 버튼을 클릭한다.

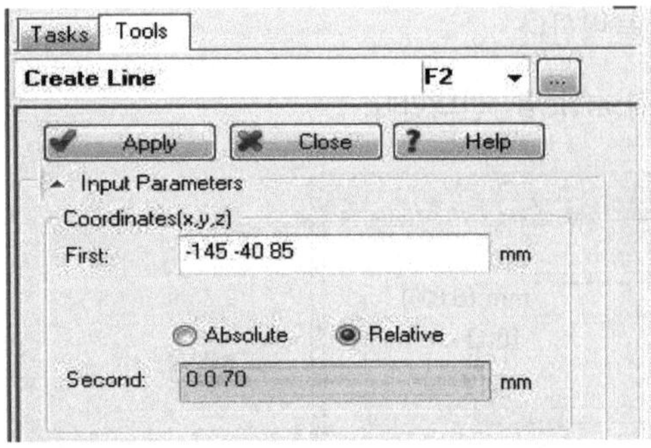

Second에0, 0, 70을 입력한다.

Relative를 체크하고 Apply 버튼을 클릭한다.

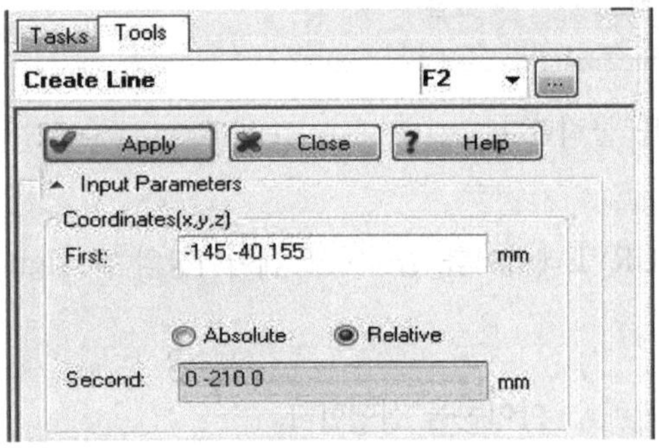

Second에 0, -210, 0을 입력한다.

Relative를 체크하고 Apply 버튼을 클릭한다.

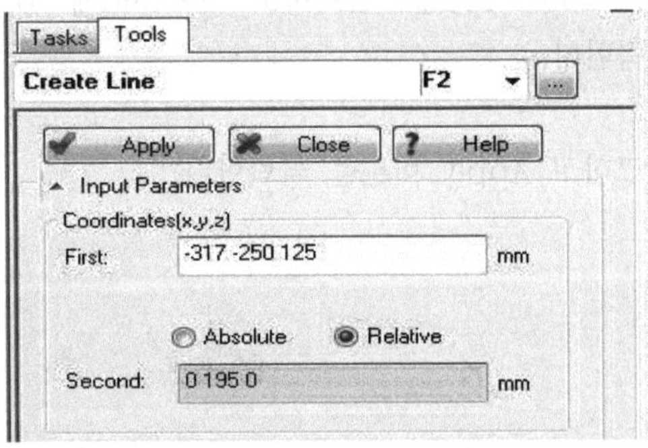

First에 -317, -250, 125을 입력하고 Second에 0, 195, 0을 입력한다.

Relative를 체크하고 Apply 버튼을 클릭한다.

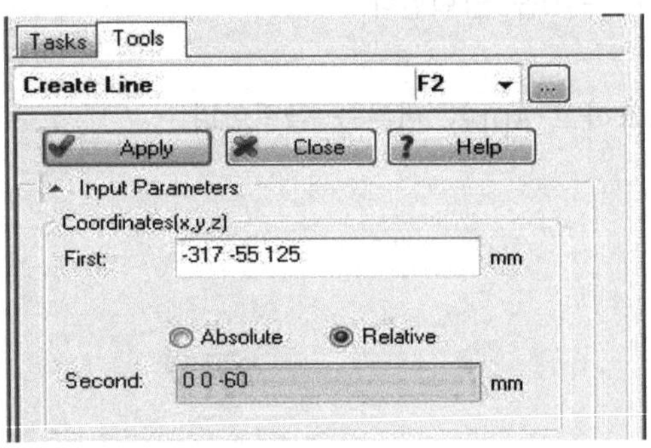

Second에 0, 0, -60을 입력한다.

Relative를 체크하고 Apply 버튼을 클릭한다.

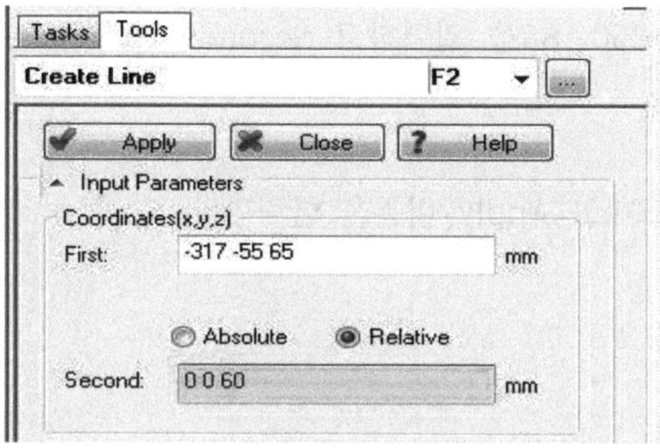

Second에 0, 0, 60을 입력한다.

Relative를 체크하고 Apply 버튼을 클릭한다.

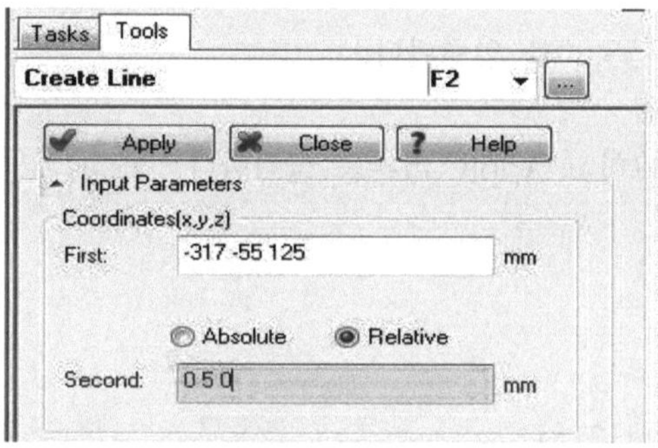

Second에 0, 5, 0을 입력한다.

Relative를 체크하고 Apply 버튼을 클릭한다.

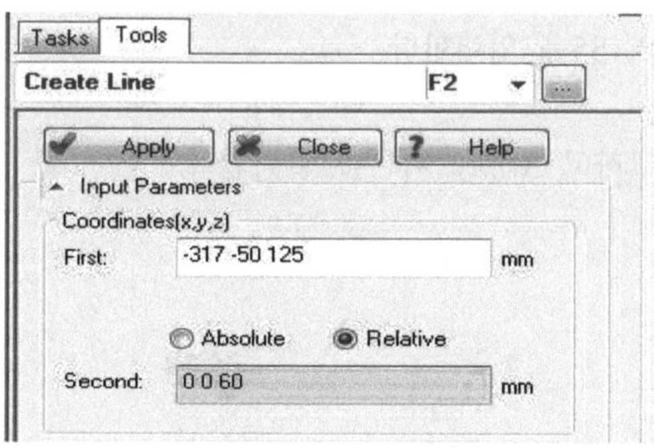

Second에 0, 60, 0을 입력한다.

Relative를 체크하고 Apply 버튼을 클릭한다.

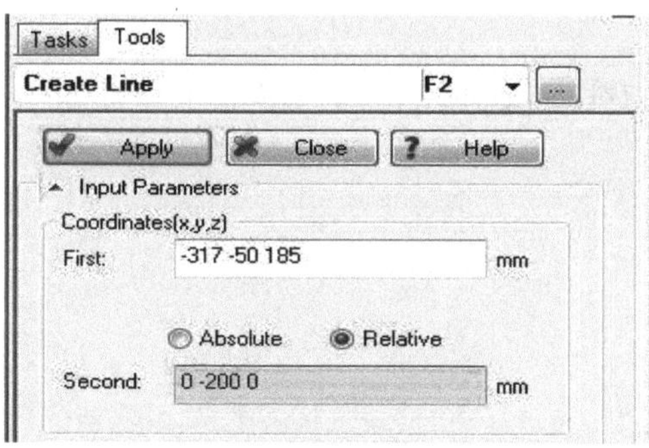

Second에 0, -200, 0을 입력한다.

Relative를 체크하고 Apply 버튼을 클릭한다.

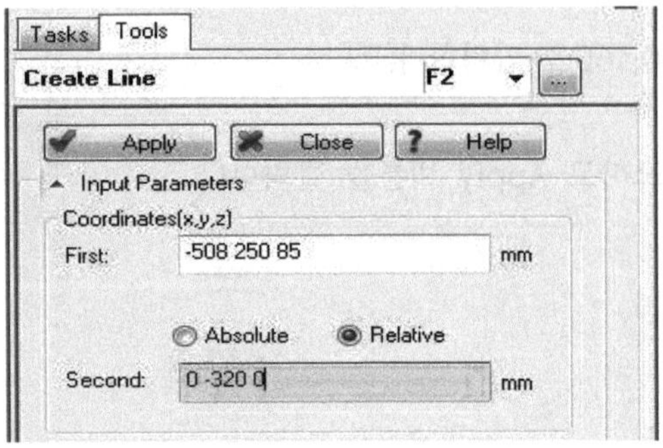

First에 -508, 250, 85을 입력하고 Second에 0, -320, 0을 입력한다.

Relative를 체크하고 Apply 버튼을 클릭한다.

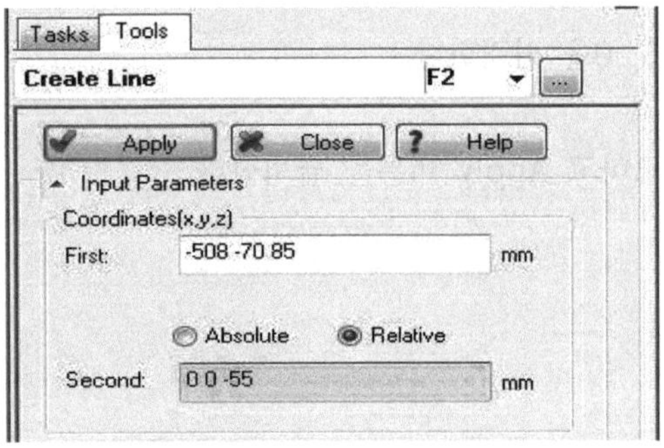

Second에 0, -55, 0을 입력한다.

Relative를 체크하고 Apply 버튼을 클릭한다.

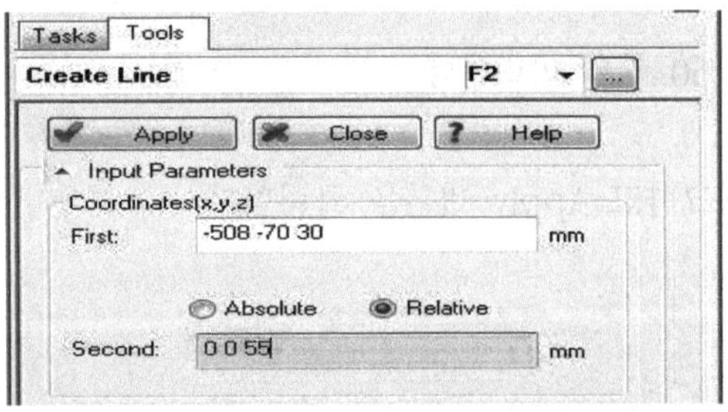

Second에 0, 0, 55을 입력한다.

Relative를 체크하고 Apply 버튼을 클릭한다.

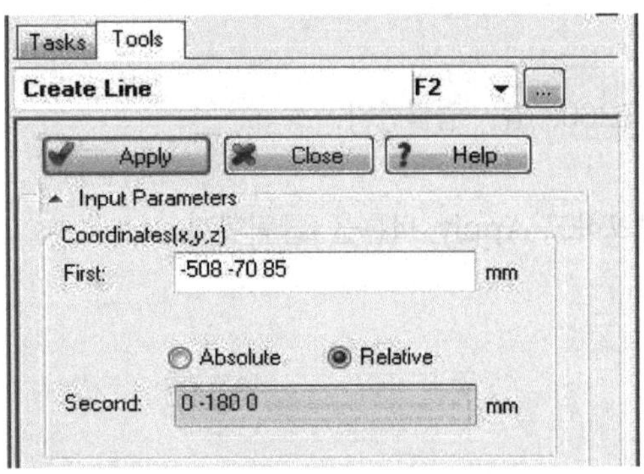

Second에 0, -180, 0을 입력한다.

Relative를 체크하고 Apply 버튼을 클릭한다.

Create Line창은 Close 버튼을 클릭하여 닫는다.

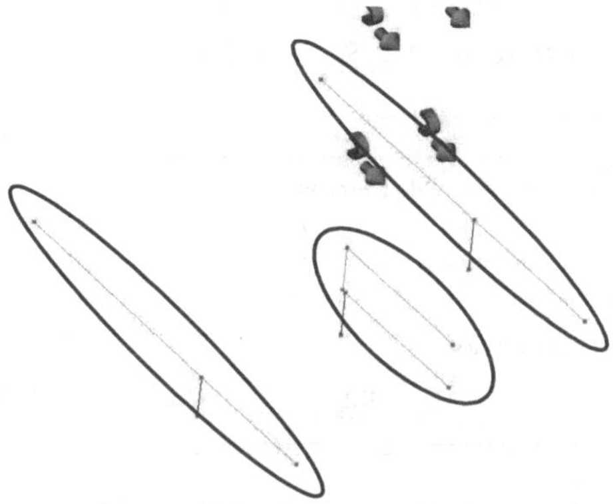

위 그림에 표시된 선 8개를 Ctrl+ 선택한 후 MB3을 클릭한다.
Properties를 실행한 후 확인창이 나타나면 OK 버튼을 클릭한다.
Assign property 창이 나타나면 New 버튼을 클릭하고 Channel을 선택한다.

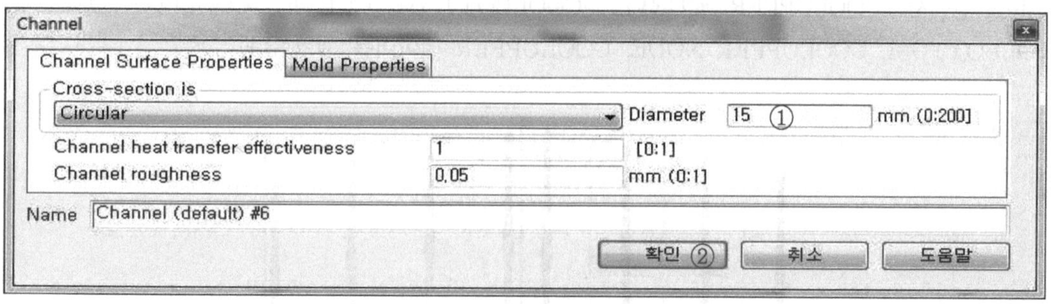

위 그림과 같이 Diameter에 ① 15를 입력하고 ② 확인 버튼을 클릭한다.
Assign property 창은 OK 버튼을 클릭하여 닫는다.

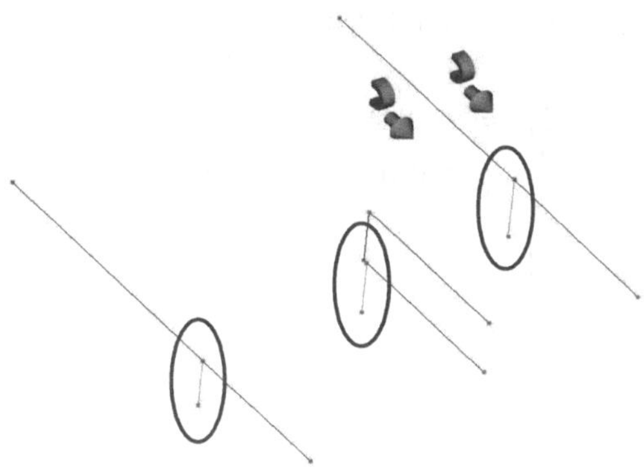

위 그림에 표시된 선 6개를 Ctrl+ 선택한 후 MB3을 클릭한다. 반드시 6개를 선택하였는지 확인하여야 한다.

Properties를 실행한 후 확인창이 나타나면 OK 버튼을 클릭한다.
Assign property 창이 나타나면 New 버튼을 클릭하고 Baffle을 선택한다.

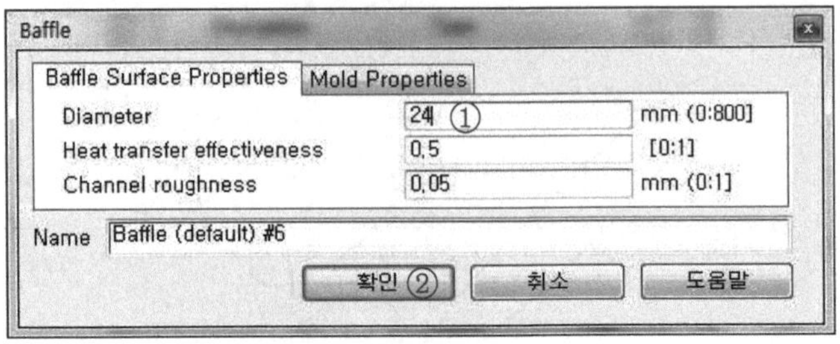

위 그림과 같이 Diameter에 ① 24를 입력하고 ② 확인 버튼을 클릭한다.
Assign property 창은 OK 버튼을 클릭하여 닫는다.
모든 선을 선택한 후 레이어창에서 COOLUPPER CURVE레이어를 클릭하고 레이어창의 Assign Layer아이콘을 실행한다.
레이어창에서 COOLUPPER CURVE, COOLBOTTOM CURVE, COOLBOTTOM NODE, COOLBOTTOM, COOLUPPER NODE, COOLUPPER 레이어를 체크한다.

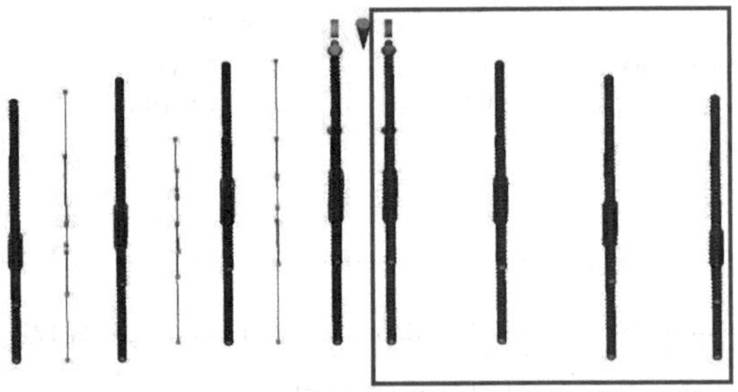

위 그림에서 표시된 부분을 선택하고 Del를 누른다.

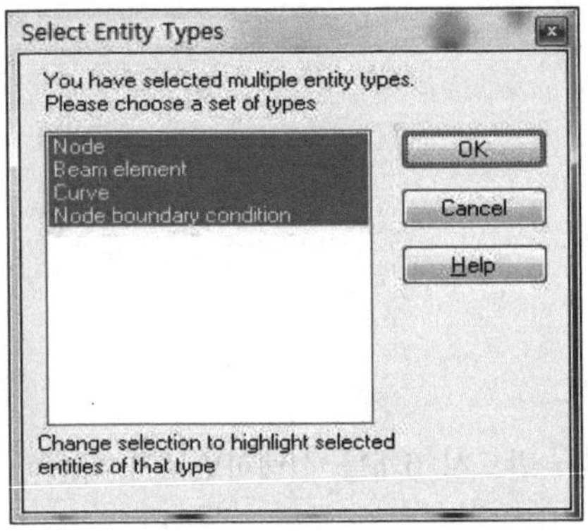

왼쪽 그림과 같이 Select Entity Types 창이 나타나면 모두 선택하고 OK 버튼을 클릭한다.

모델링창에 남아있는 모두를 선택한다.

Del를 누른다.

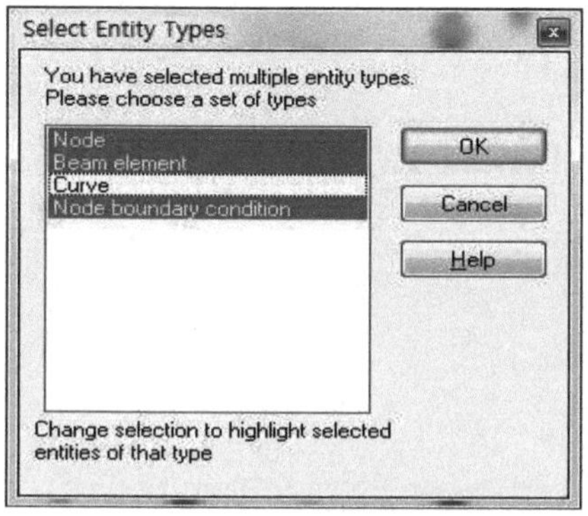

왼쪽 그림과 같이 Select Entity Types 창이 나타나면 Curve를 제외한 모두 선택하고 OK 버튼을 클릭한다.

레이어창에서 COOLBOTTOM CURVE 레이어를 체크 해제한다.

COOLBOTTOM NODE, COOLBOTTOM, COOLUPPER NODE, COOLUPPER 레이어를 삭제한다.

Mesh메뉴의 Generate Mesh 아이콘을 실행한다.

Global edge length에 10을 입력하고 Mesh Now 버튼을 클릭한다.

메쉬생성이 완료되면 레이어창에서 New Nodes는 COOLUPPER NODE, New Beams는 COOLUPPER로 이름을 변경한다.

COOLBOTTOM CURVE레이어를 체크하고 나머지는 체크 해제한다.

Mesh메뉴의 Generate Mesh 아이콘을 실행한다.

Global edge length에 10을 입력하고 Mesh Now 버튼을 클릭한다.

메쉬생성이 완료되면 레이어창에서 New Nodes는 COOLBOTTOM NODE, New Beams는 COOLBOTTOM로 이름을 변경한다.

COOLBOTTOM, COOLBOTTOM NODE, COOLBOTTOM CURVE, COOLUPPER, COOLUPPER NODE, COOLUPPER CURVE 레이어를 체크한다.

아래 그림과 같이 냉각채널을 확인할 수 있다.

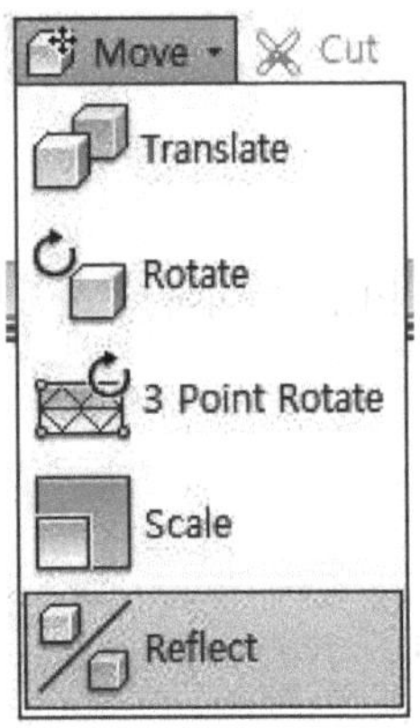

Utility에서 Move 아이콘을 클릭한다.

Reflect 아이콘을 클릭한다.

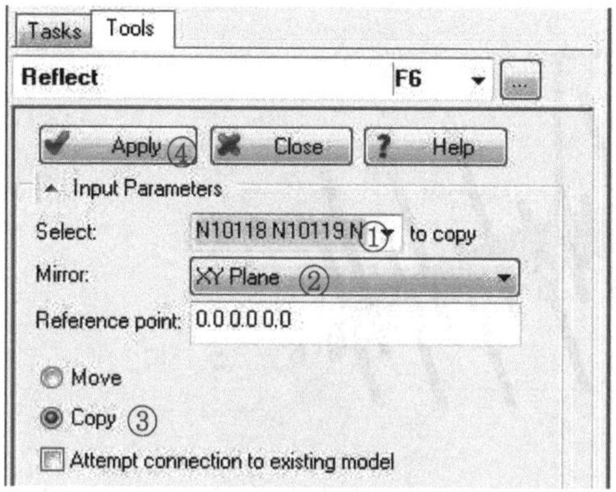

① 모델링창에 있는 메쉬, 노드, 선을 모두 선택한다.

Mirror는 ② YZ Plane을 선택한다.
Reference point는 0, 0, 0을 입력하고 ③ Copy를 체크한 후 ④ Apply 버튼을 클릭한다.

Reflect 창은 Close 버튼을 클릭하여 닫는다

Default Layer, BODY3T, BODY1.5T, RUNNER 레이어를 체크한다.
Default Layer레이어를 클릭한 후 Activate Layer아이콘을 실행한다.

아래 그림과 같이 해석에 필요한 모든 형상을 확인할 수 있다.

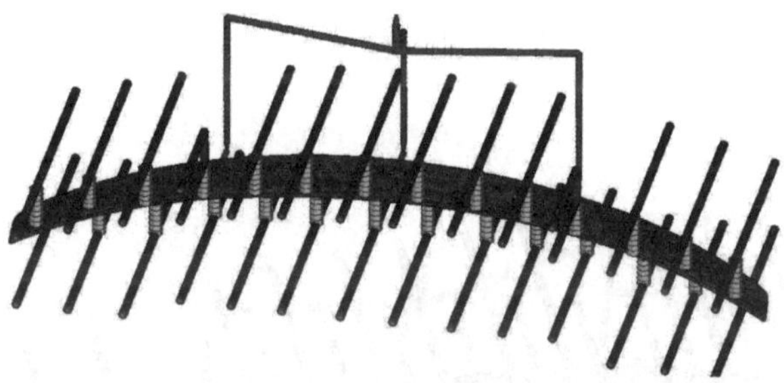

Geometry 메뉴의 Beams 

아이콘을 실행한다.
... 버튼을 클릭한다.
확인창이 나타나면 OK 버튼을 클릭한다.
Assign property 창이 나타나면 New 버튼을 클릭한 후 Hose를 선택한다.

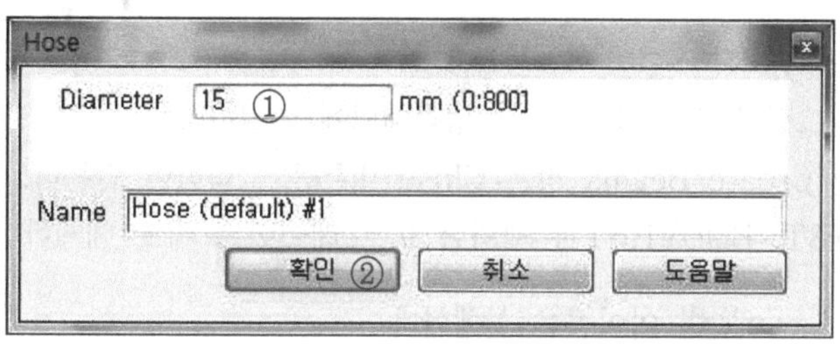

위 그림과 같이 Diameter에 ① 15를 입력하고 ② 확인 버튼을 클릭한다. Assign property 창은 OK 버튼을 클릭하여 닫는다.

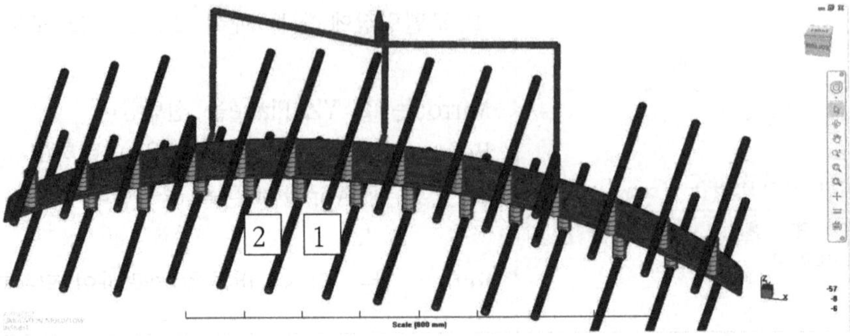

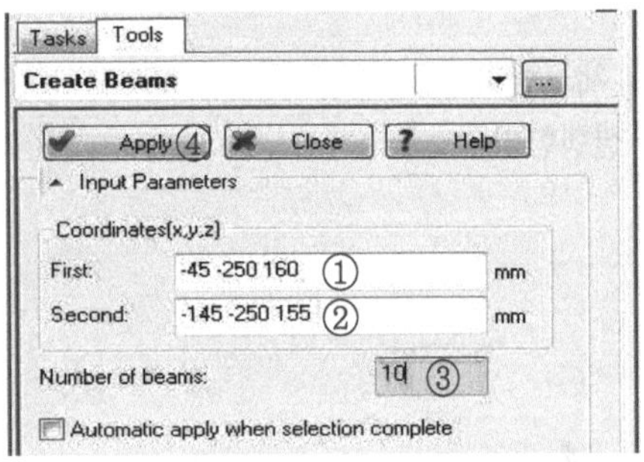

왼쪽 그림과 같이 First는 다음 그림에서 표시된 냉각채널의 가장 끝부분인 ① 1번 노드를 Second는 ② 2번 노드를 선택한다.

Number of beams는 ③ 10을 입력하고 ④ Apply 버튼을 클릭한다.

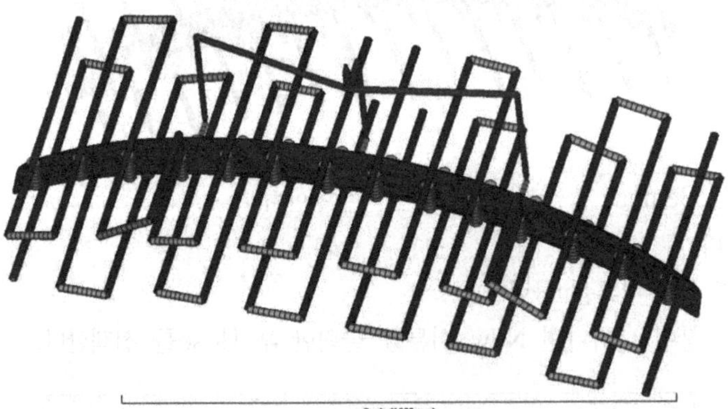

동일한 방법으로 위 그림과 같이 호스를 각 냉각채널에 연결한다.
호스연결이 완료되면 Create Beams 창은 Close 버튼을 클릭하여 닫는다.
레이어창에서 BODY3T, BODY1.5T를 제외한 모든 레이어는 체크 해제한다.

레이어창에서 New Layer 아이콘을 실행한다.
새로운 레이어 이름을 BODY3T2로 입력한다.

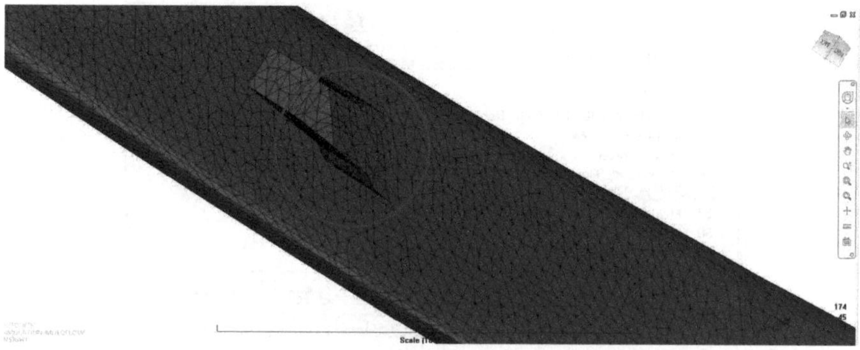

앞의 그림과 같이 후크걸이와 제품표면이 맞닿는 부위의 안쪽 메쉬를 선택한다.

BODY3T2 레이어를 클릭한 후 레이어창에서 Assign Layer 아이콘을 실행한다. 나머지 3부분도 동일한 방법으로 BODY3T2 레이어에 넣는다.

BODY3T2 레이어를 제외한 모든 레이어는 체크 해제한다.

모델링창에 나와있는 모든 메쉬를 선택한 후 MB3을 클릭한다.

Properties를 실행한다.

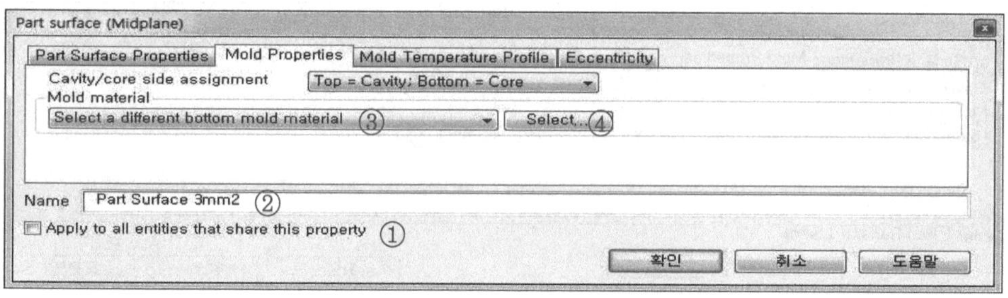

위 그림과 같이 Apply to all entities that share this property의 체크를 해제하고 Name을 Part Surface 3mm2로 변경한다.

Mold Properties 탭의 Mold material에서 Select a different bottom mold material을 선택하고 Select 버튼을 클릭한다.

Select Local mold Material 창이 나타나면 Select 버튼을 클릭한다.

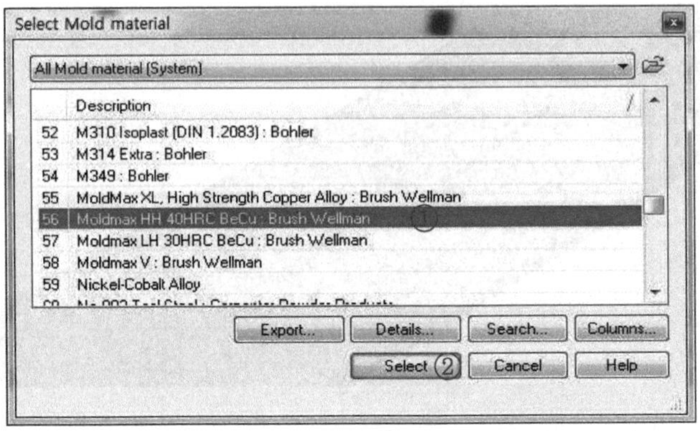

위 그림과 같이 Moldmax HH를 선택하고 Select버튼을 클릭한다.
Select Local mold Material창과 Part surface (Midplane)창은 확인 버튼을 클릭하여 닫는다.
레이어창에서 BODY1.5T를 체크하고 나머지 모든 레이어는 체크 해제한다.
모델링창에 나와있는 모든 메쉬를 선택한 후 MB3을 클릭한다.
Properties를 실행한다.

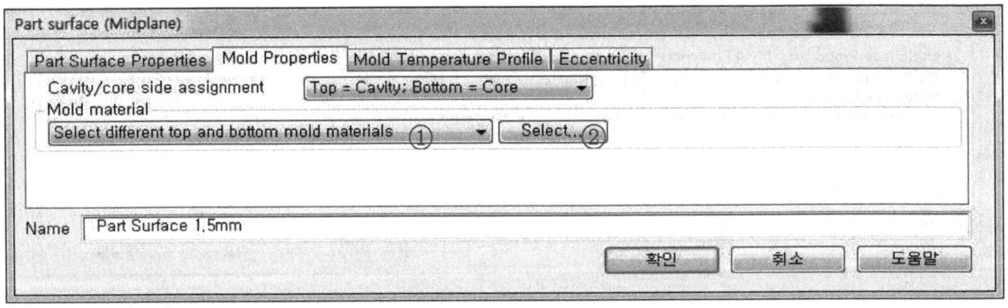

위 그림과 같이 Mold Properties 탭의 Mold material에서 Select a different top and bottom mold materials을 선택하고 Select 버튼을 클릭한다.

위 그림과 같이 Select Local mold Material창이 나타나면 Select 버튼을 클릭하여 둘다 Moldmax HH를 선택한다.

Select Local mold Material창과 Part surface (Midplane) 창은 확인 버튼을 클릭하여 닫는다.

레이어창에서 Default Layer, BODY3T, BODY1.5T, BODY3T2, RUNNER, COOLUPPER, COOLBOTTOM 레이어를 체크하고 Default Layer를 Activate Layer로 만든다.

Tasks 창에서 Set Injection Locations를 더블클릭하고 아래 그림과 같이 스프루 끝단 노드를 선택한다.

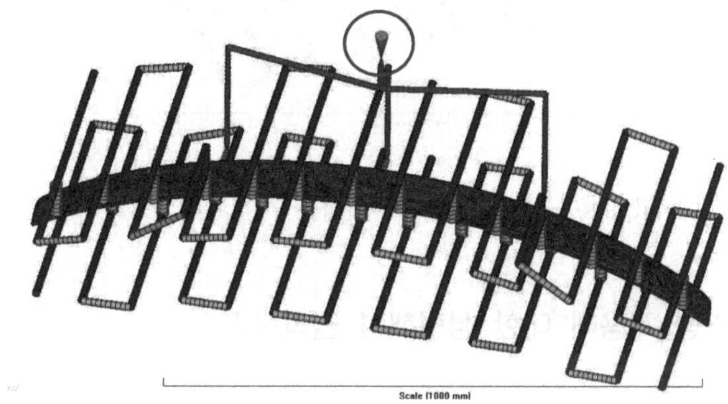

Coolant Inlet/Outlets를 더블클릭한다.

Set Coolant inlet 창에서 Coolant inlet property2를 선택하고 아래 그림과 같이 상측 냉각 입구를 지정한다.

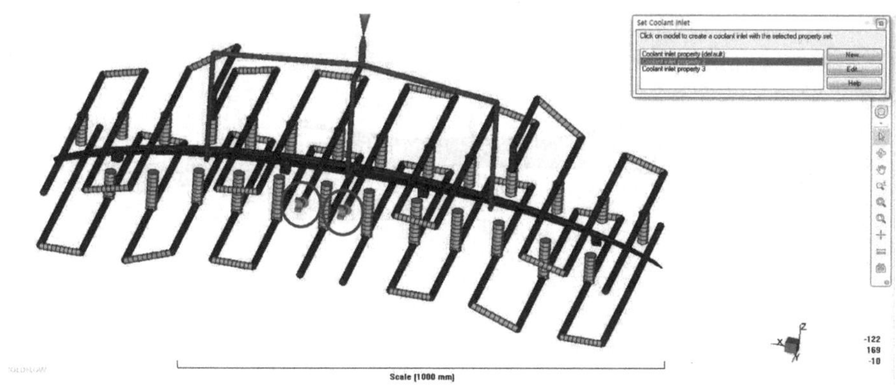

Set Coolant inlet 창에서 Coolant inlet property3을 선택하고 아래 그림과 같이 하측 냉각 입구를 지정한다.

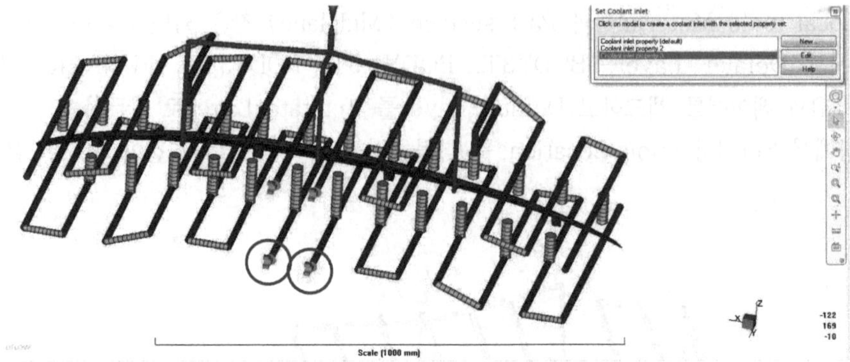

Tasks 창에서 Start Analysis를 더블클릭하여 해석을 시작한다.

(2) 개선후 냉각 시스템 적용에 대한 성형해석 결과보기

2-1) Fill time

레이어창에서 Default Layer, COOLUPPER CURVE, COOLBOTTOM CURVE, COOLBOTTOM NODE, COOLBOTTOM, COOLUPPER NODE, COOLUPPER 레이어를 체크 해제한다.

Results의 Flow에서 Fill time을 체크한다.

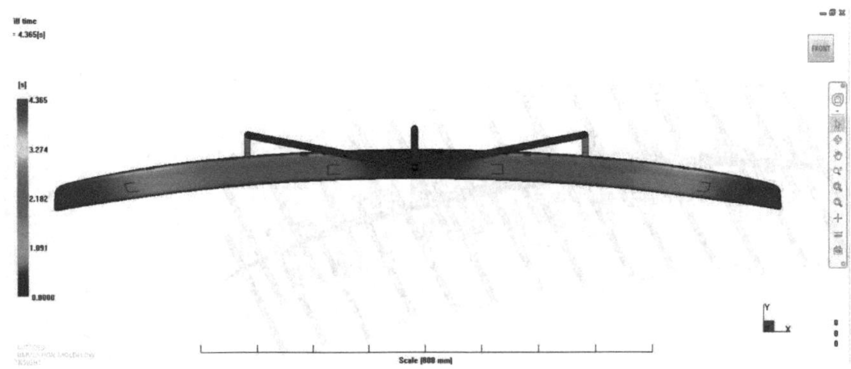

Home 메뉴에서 Results 아이콘을 클릭한다.

메뉴창의 Animation 아이콘들을 이용하여 해석결과치를 동영상으로 확인할 수 있다.

기존 냉각 시스템에서와 동일하게 좌우에 있는 밸브 게이트가 2.2초에서 자동으로 열리는 것을 확인할 수 있다.

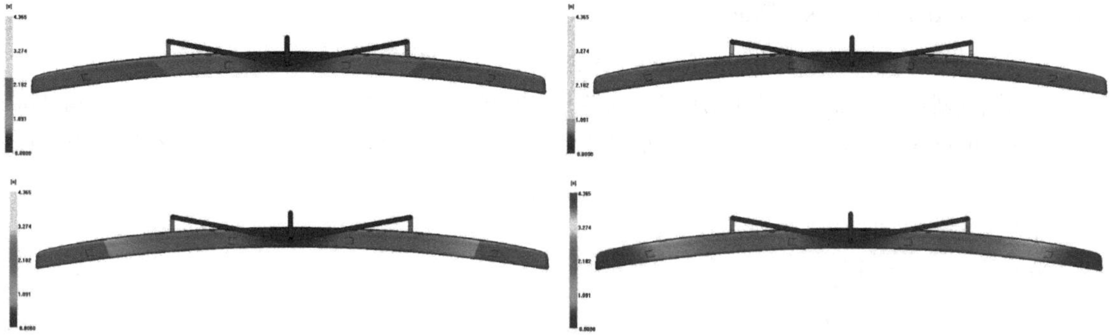

2-2) Weld lines

Results의 Flow에서 Weld lines를 체크한다.

기존안과 동일하게 밸브 게이트의 시퀀스 제어를 사용하였으므로 웰드라인이 발생하지 않는다.

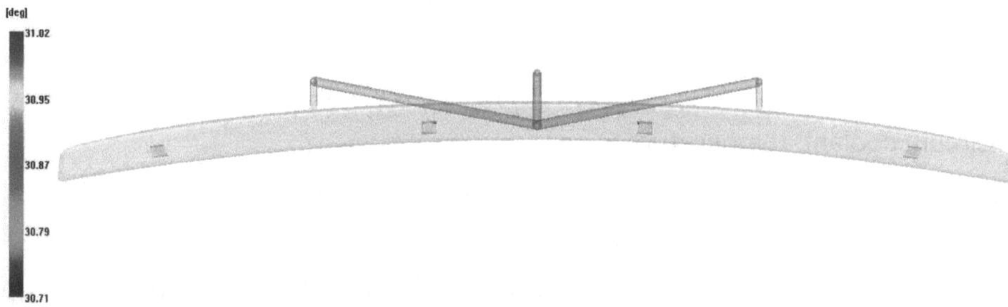

2-3) Pressure at V/P switchover

Results의 Flow에서 Pressure at V/P switchover를 체크한다.

최대사출압력이 44.97 MPa로 기존안에 비해 0.3 MPa 높게 발생한다. 이는 기존안에 비해 냉각속도가 빨라 고화층이 만들어지는 시간이 빨라지기 때문이다.

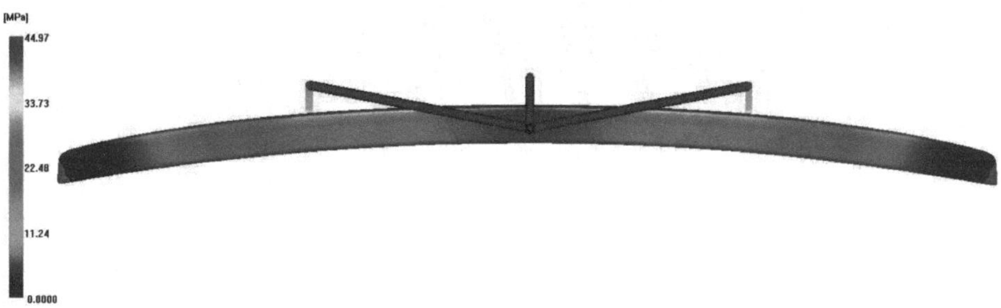

2-4) Clamp force : XY Plot

Results의 Flow에서 Clamp force : XY Plot을 체크한다.

최대형체력은 5.024초에서 215.7 ton으로 발생한다. 기존안에 비해 1.1 ton 크게 발생하나 850ton 사출성형기에서 성형되므로 형체력에 의한 금형열림은 발생하지 않는 것으로 나타난다.

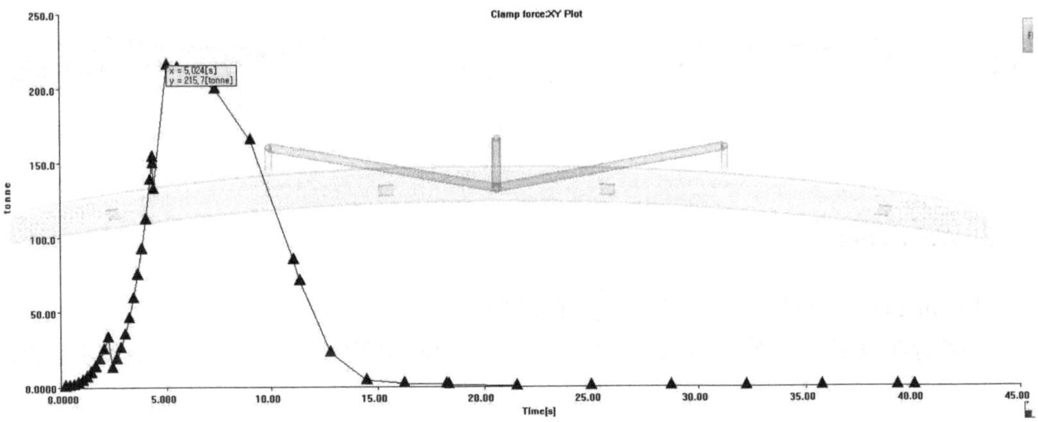

2-5) Circuit coolant temperature

Results의 Cool에서 Circuit coolant temperature를 체크한다.

레이어창에서 Default Layer, COOLBOTTOM, COOLUPPER 레이어를 체크한다.

냉각수 입출구온도차가 25℃~26.34℃로 1.34℃차이가 발생한다. 기존안에 비해 입출구온도차가 0.06℃ 크게 나타나지만 미비한 수준으로 냉각수 입출구를 나누어 사용할 필요는 없다.

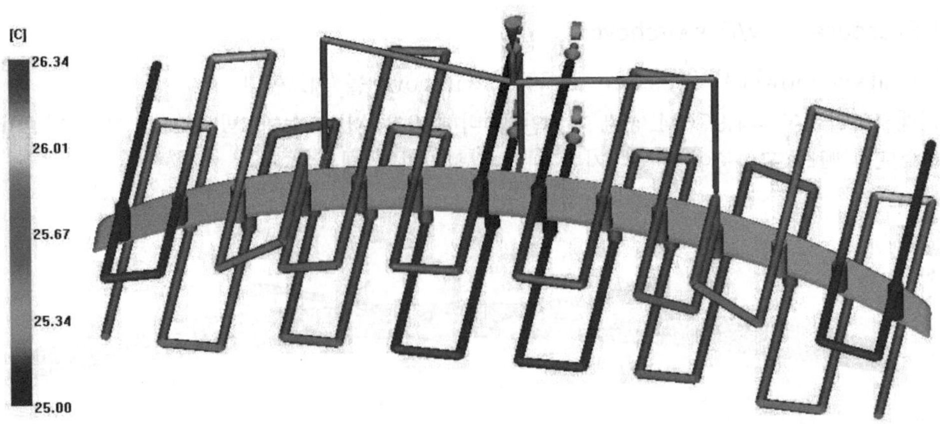

2-6) Circuit flow rate

Results의 Cool에서 Circuit flow rate를 체크한다.

냉각수 유속은 8.310 lit/min으로 기존안과 동일하다.

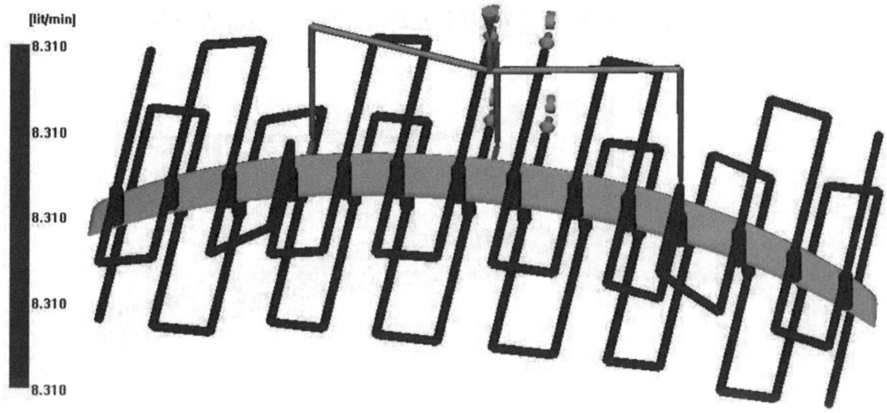

2-7) Circuit pressure

Results의 Cool에서 Circuit pressure를 체크한다.

냉각수 수압은 14.16 kPa 으로 기존안에 비해 약 2배정도로 높게 발생한다. 이는 냉각채널이 길이가 길어짐에 따른 것이다.

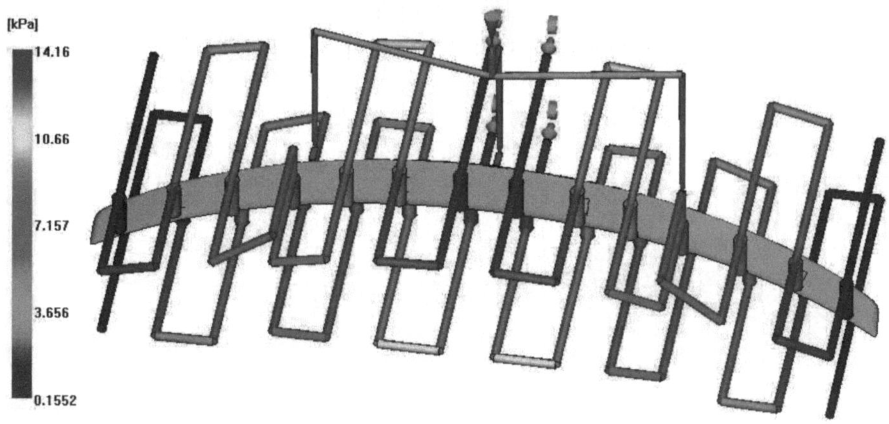

2-8) Temperature, part(top)

Results의 Cool에서 Temperature, part(top)를 체크한다.

레이어창에서 Default Layer, COOLBOTTOM, COOLUPPER 레이어를 체크 해제한다.

성형품 상측 최고온도가 58.69℃로 기존안에 비해 26.06℃가 낮아졌다. 기존에 비해 냉각채널 사이 간격을 줄이고 추가로 설치한 냉각채널의 효과가 크다는 것을 알 수 있다.

2-9) Temperature, part(bottom)

Results의 Cool에서 Temperature, part(bottom)를 체크한다.

성형품 하측 최고온도가 68.28℃로 기존안에 비해 19.5℃가 낮아졌으며 후크걸이 부위의 온도도 주변온도와 유사하게 발생함에 따라 냉각시간이 많이 감소할 것이다.

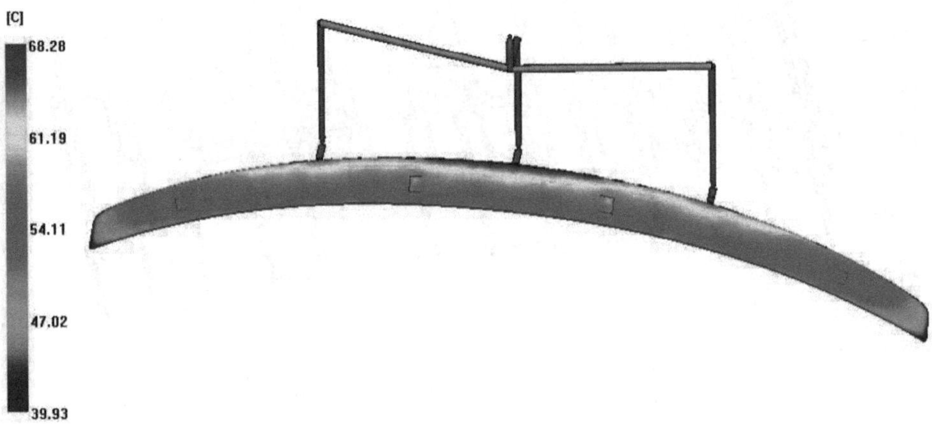

2-10) Time to reach ejection temperature, part

Results의 Cool에서 Time to reach ejection temperature, part를 체크한다.

취출가능시간은 22초로 나타났으며 기존안에 비해 약 11초가 빨라졌다. 이는 사이클타임의 1/3이 감소하는 것으로 생산성이 매우 증가할 것이다.

후크걸이와 같이 열이 밖으로 빠져나가지 못하여 냉각시간이 길어질 경우, 열전도도가 좋은 금형재질로 변경하면 냉각시간을 감소시킬 수 있다.

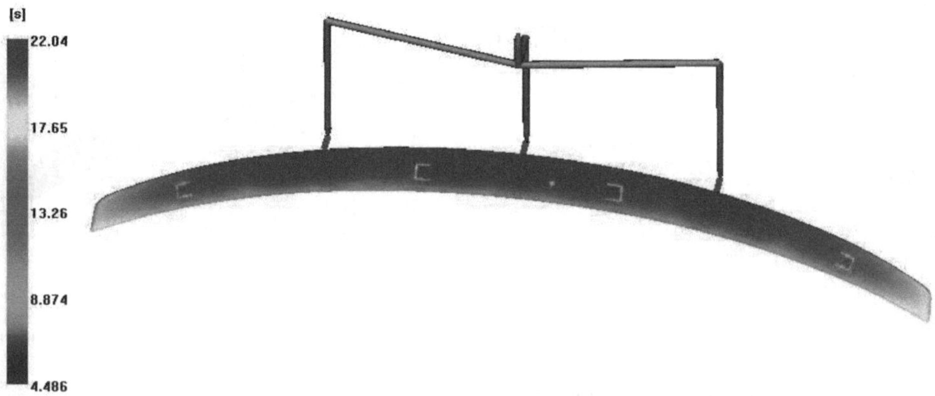

2-11) Deflection, all effects:Deflection

Results의 Warp에서 Deflection, all effects:Deflection을 체크한다.

최대 휨량은 2.781㎜로 기존안에 비해 0.042㎜가 감소하였다.

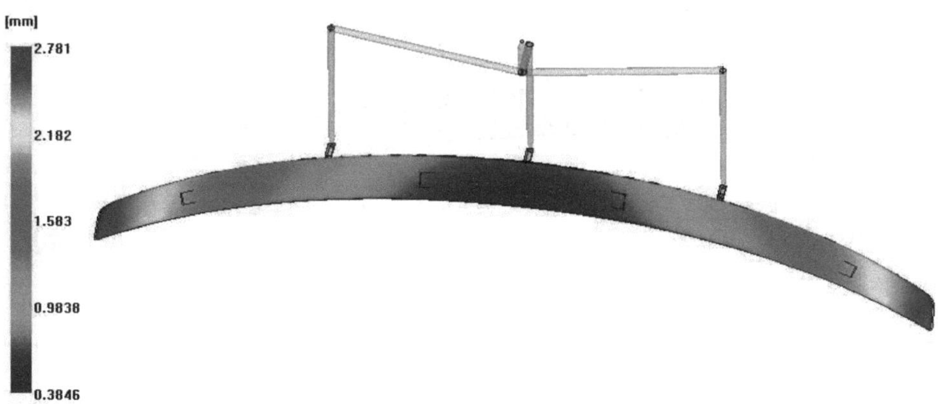

2-12) Deflection, all effects:X Component

Results의 Warp에서 Deflection, all effects:X Component를 체크한다.

X방향 최대 휨량은 2.458 ㎜로 기존안에 비해 0.041 ㎜ 감소하였다.

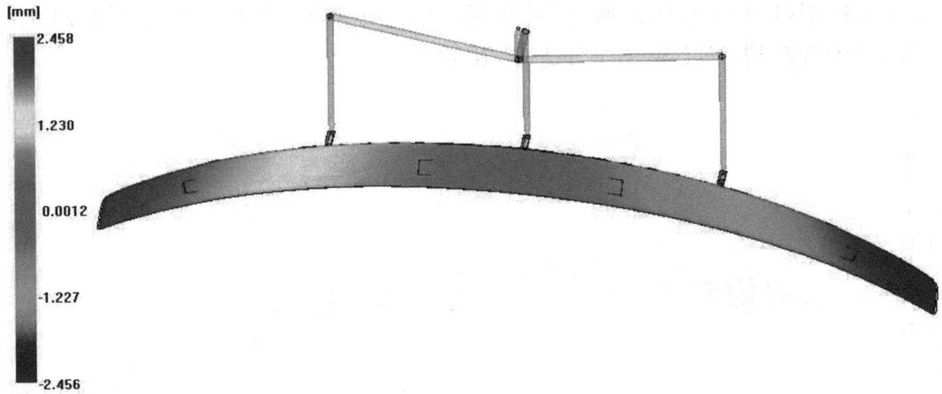

2-13) Deflection, all effects:Y Component

Results의 Warp에서 Deflection, all effects:Y Component를 체크한다.

Y방향 최대 휨량은 0.4263 ㎜로 0.0062 ㎜ 증가하였으나 -Y방향으로는 0.4620 ㎜로 기존안에 비해 0.0259 ㎜ 감소하였다.

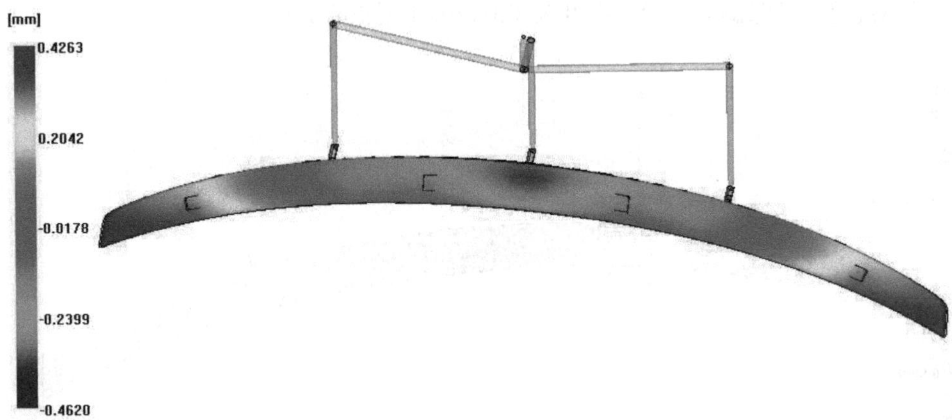

2-14) Deflection, all effects:Z Component

Results의 Warp에서 Deflection, all effects:Z Component를 체크한다.

Z방향 최대 휨량은 1.515 ㎜로 기존안에 비해 0.009 ㎜ 감소하였다.

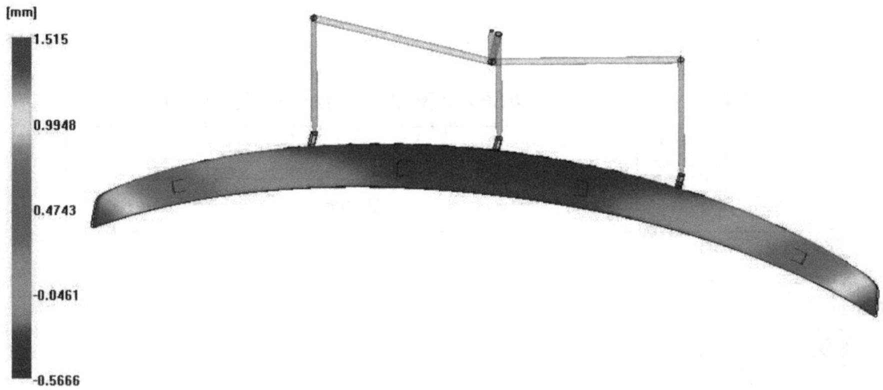

이와 같이 냉각채널을 추가하고 금형 재질을 열전도도가 높은 재질로 변경하게 되면 냉각시간과 휨량을 감소시킬 수 있다.

특히 후크부와 같이 냉각 시스템을 추가할 수 없는 부위의 경우는 금형 재질을 변경하는 것이 중요하다.

4.4 변형 최소화를 위한 성형해석

본 해석실습은 냉각 시스템과 성형조건을 변경하여 변형량을 감소시키는 방안을 도출하는 것을 목적으로 하며 다음과 같은 단계를 통해 몰드플로우의 사용방법을 익히도록 한다.

① 메쉬 불러오기 및 품질 체크하기

② 냉각 시스템 메쉬 불러오기

③ 성형조건 입력 및 해석 수행하기

④ 해석 결과 보기

대상제품은 자동차용 DUCT COVER이며 Dual Domain 메쉬를 사용한다. 본 실습에서는 냉각 시스템과 성형조건 개선을 통해 변형량을 감소시키는 방법을 익히도록 하며 해석시간이 길기 때문에 앞서 실습한 메쉬 작성 및 수정은 생략하도록 한다.

4.4.1 대상제품 및 해석조건 소개

그림 4.8은 냉각채널 및 성형조건 변경에 의한 성형품 변형을 비교하기 위한 제품으로 제품에 대한 일반적인 정보는 다음과 같다.

품명	DUCT COVER
재질	PA66+GF30% (Ultramid A3WG6)
크기	30 × 71.6 × 67.5㎜
평균두께	2.7㎜

그림 4.8 DUCT COVER

자동차용 DUCT COVER는 엔진룸 내부에 부착되며 성형품 내부로 뜨거운 가스가 유동되기 때문에 내열성이 중요한 부품이다. 따라서 열과 강도에 적합하도록 PA66에 Glass fiber가 30% 첨가된 재료를 사용한다. PA66+GF30% 재질의 성형품에 휨이 발생할 경우, 지그 등을 이용한 추가공정으로 휨량을 감소시킬 수 없기 때문에 사출성형시 성형품의 휨을 최소로 가져가야 한다. 금형구조는 2단 금형으로 핫 게이트 총 1점이다.

성형형석시 고려해야 될 점은 금형온도분포와 수축량을 균일하게 유지하는 것이다.

러너 및 게이트 타입 : 핫 러너 시스템

게이트 크기	∅2 (핫 게이트)
러너 크기	∅9.17 (원형)
스프루 크기	∅4

기존 성형조건

사출시간	3초
보압절환시점	99% 충전시
보압조건	충전압력의 50%, 3초
냉각시간	44초
금형온도	70℃
수지온도	290℃

4.4.2 개선전 냉각 시스템에 대한 성형해석

(1) 메쉬 불러오기 및 품질 체크하기

바탕화면에 있는 Autodesk Simulation Moldflow Synergy 2015  아이콘을 클릭하면 아래 그림과 같이 몰드플로우 2015가 실행이 된다.

좌측 상단의 New Project  아이콘을 클릭한다.

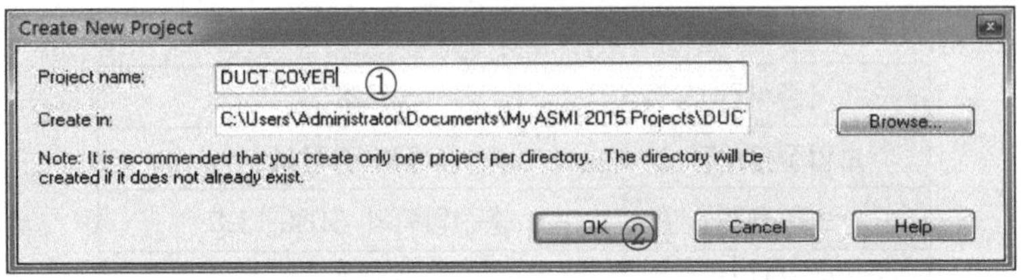

위의 그림과 같이 Project name에 ① DUCT COVER라고 입력하고 ② OK 버튼을 클릭한다. Tasks 창에 DUCT_COVER라는 Project가 생성되는 것을 볼 수 있다.

좌측 상단 Import  아이콘을 실행한다.

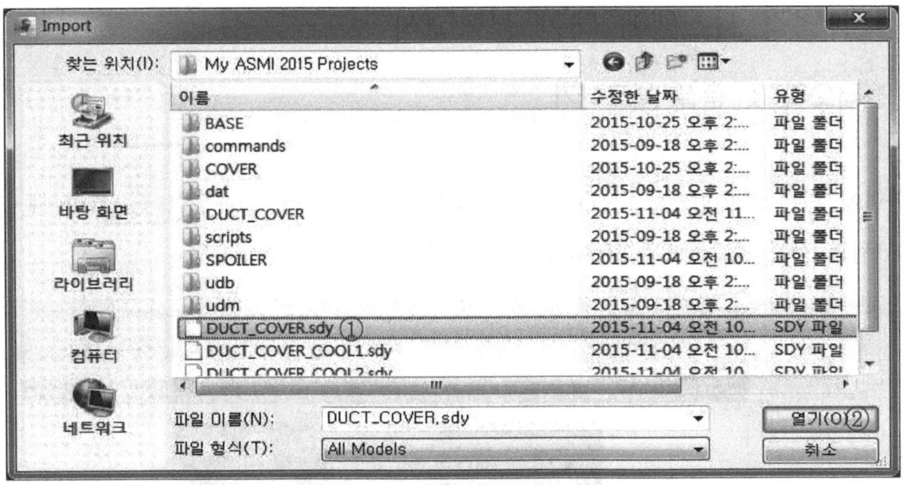

위 그림과 같이 ① DUCT_COVER.sdy 파일을 선택하고 ② 열기 버튼을 클릭하면 아래 그림과 같이 모델링 화면에 DUCT COVER 제품을 볼 수 있다.

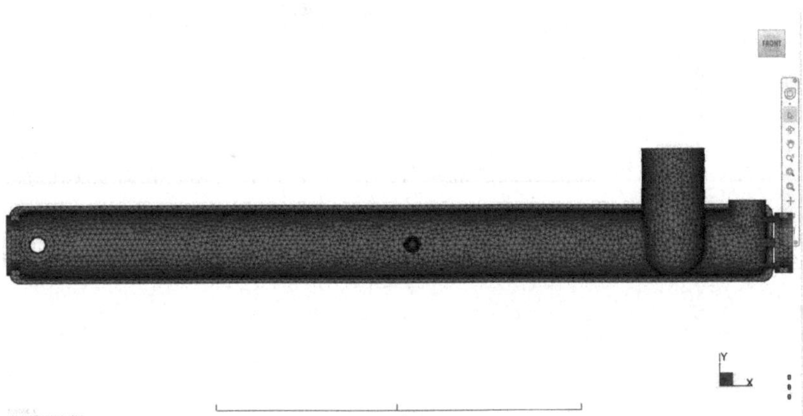

Mesh 메뉴의 Mesh Statistics 아이콘을 실행한다.

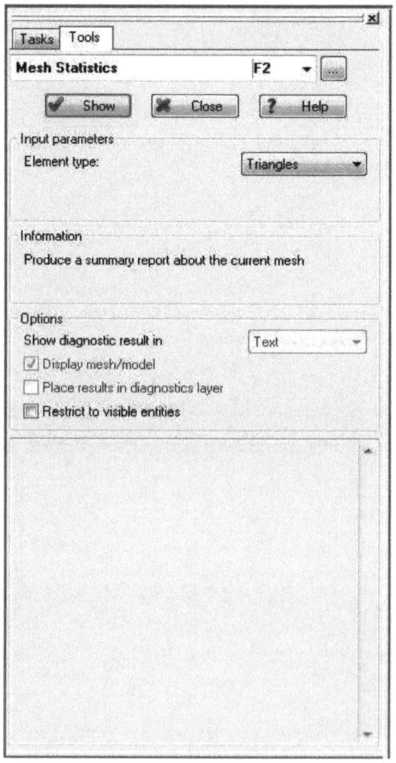

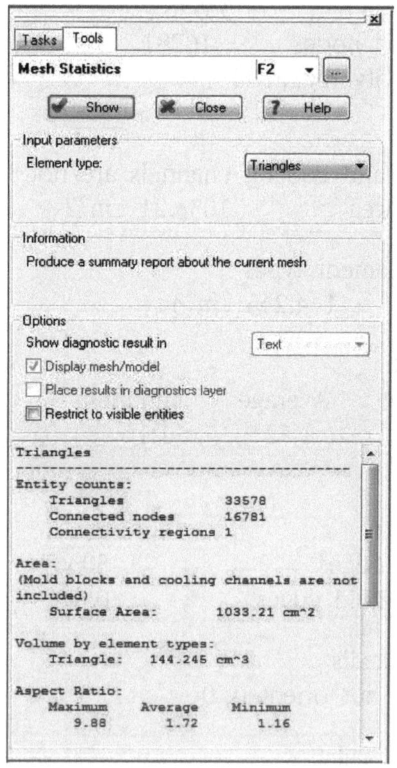

Show 버튼을 클릭하면 위 그림과 같이 메쉬 상태 정보가 나타난다.

DUCT COVER해석은 Dual Domain 메쉬 해석으로 Free edges와 Non-manifold edges는 0이 되어야 한다.

Element intersections 및 Fully overlapping elements는 0이므로 양호하며 Aspect Ratio의 최대값도 9.88로 양호하다.

Match percentage도 90.8%로 양호하게 나타난다.

메쉬 상태는 다음과 같다.

Triangles
Entity counts:
  Triangles 33578
  Connected nodes 16781
  Connectivity regions 1

Area:
(Mold blocks and cooling channels are not included)
  Surface Area: 1033.21 cm^2

Volume by element types:
  Triangle: 144.245 cm^3

Aspect Ratio:

Maximum	Average	Minimum
9.88	1.72	1.16

Edge details:
  Free edges 0
  Manifold edges 50367
  Non-manifold edges 0

Orientation details:
  Elements not oriented 0

Intersection details:
  Element intersections 0
  Fully overlapping elements 0

Match percentage:
  Match percentage 90.8%
  Reciprocal percentage 89.2%

Close 버튼을 클릭한다.

(2) 냉각 시스템 메쉬 불러오기

기존 냉각 채널 메쉬를 생성하기 위해 작성된 메쉬 파일을 불러오도록 한다.

Home 메뉴의 Add Add 아이콘을 실행한다.

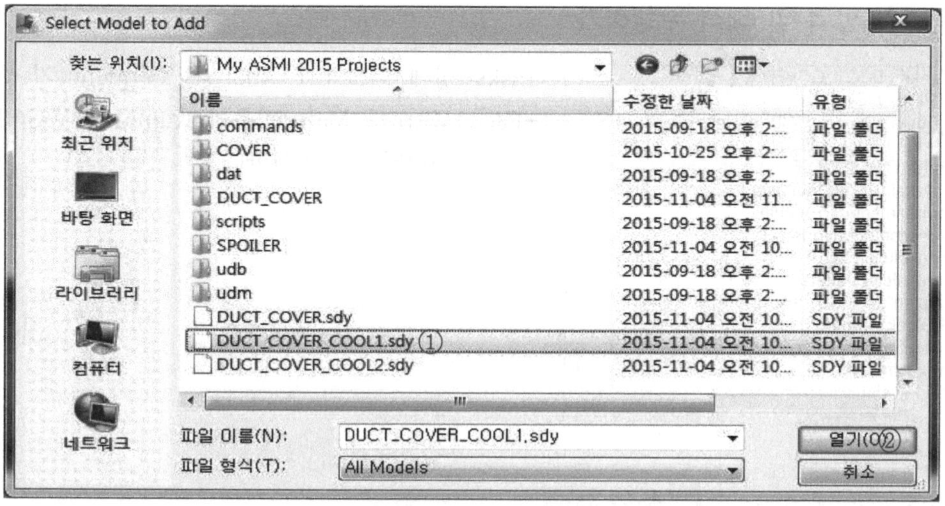

위 그림과 같이 ① DUCT_COVER_COOL1.sdy 파일을 선택하고 ② 열기 버튼을 클릭하면 아래 그림과 같이 모델링 창에 기존 냉각채널 형상을 볼 수 있다.

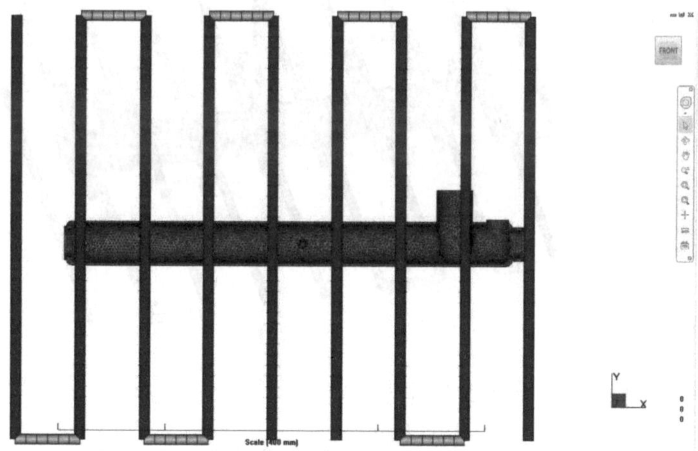

(3) 성형조건 입력 및 해석 수행하기

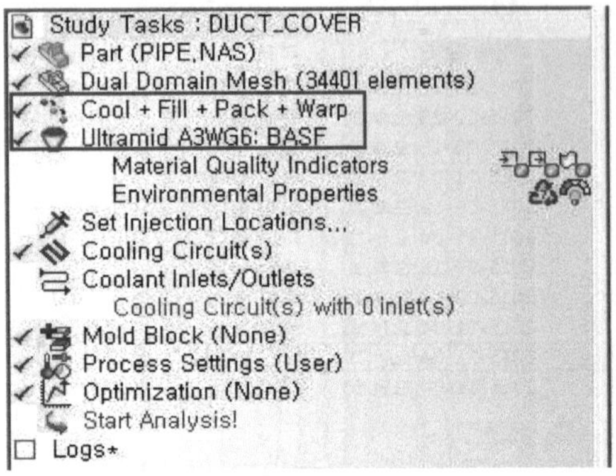

Tasks 창에서 Select Analysis Sequence가 Cool+Fill+Pack+Warp로 Material은 Ultramid A3WG6:BASF 로 설정이 되어있는지 확인한다.

Set Injection Locations를 더블클릭한다.

위 그림과 같이 스프루 끝단 노드를 클릭한다.
Coolant Inlets/Outlets을 더블클릭한다.

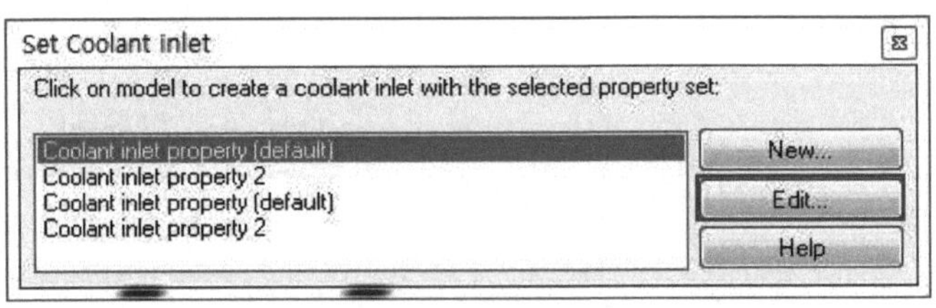

위 그림과 같이 Set Coolant inlet 창이 나타나면 Edit 버튼을 클릭한다.

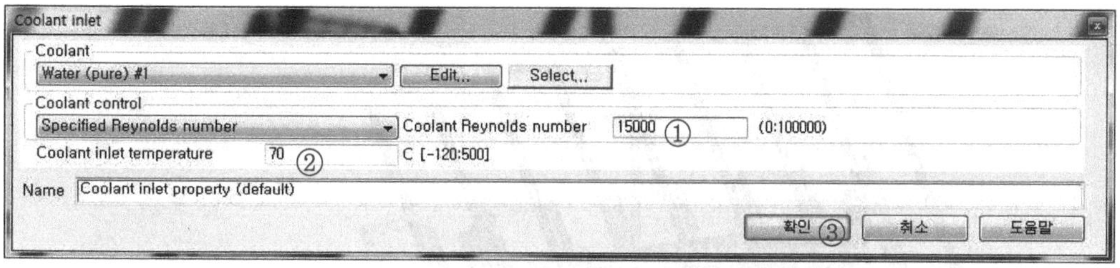

위 그림과 같이 Coolant Reynolds number은 ① 15000을 입력하고 Coolant inlet temperature는 ② 70을 입력한 후 ③ 확인 버튼을 클릭한다.

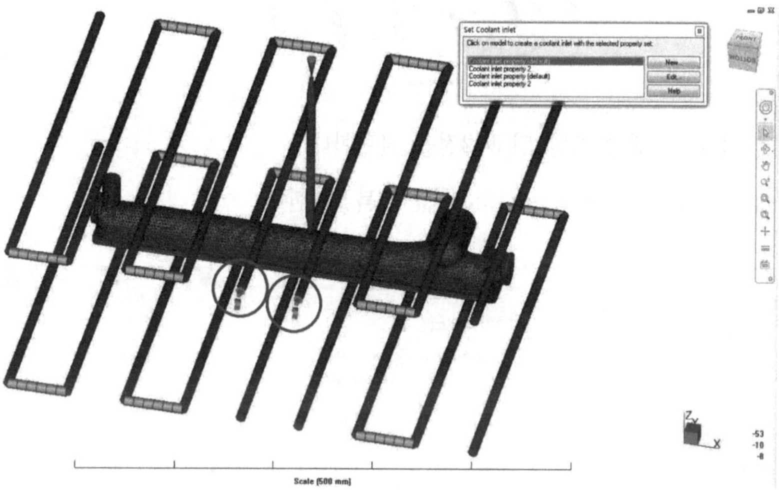

위 그림과 같이 상측 냉각 채널 입구 2점을 클릭한다.

Set Coolant inlet 창의 Coolant inlet property2를 선택하고 Edit 버튼을 클릭한다.

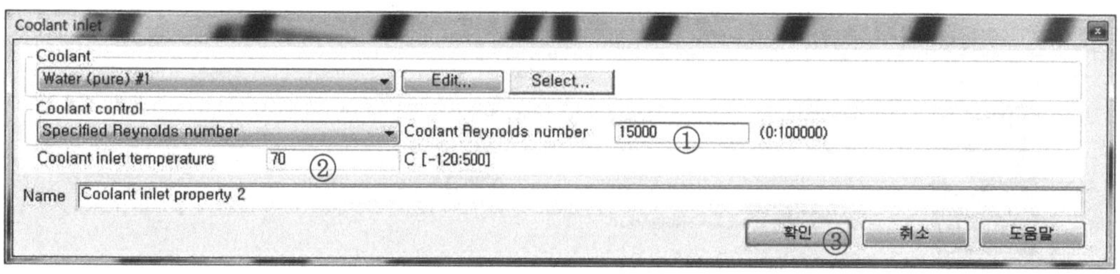

위 그림과 같이 Coolant Reynolds number은 ① 15000을 입력하고 Coolant inlet temperature는 ② 70을 입력한 후 ③ 확인 버튼을 클릭한다.

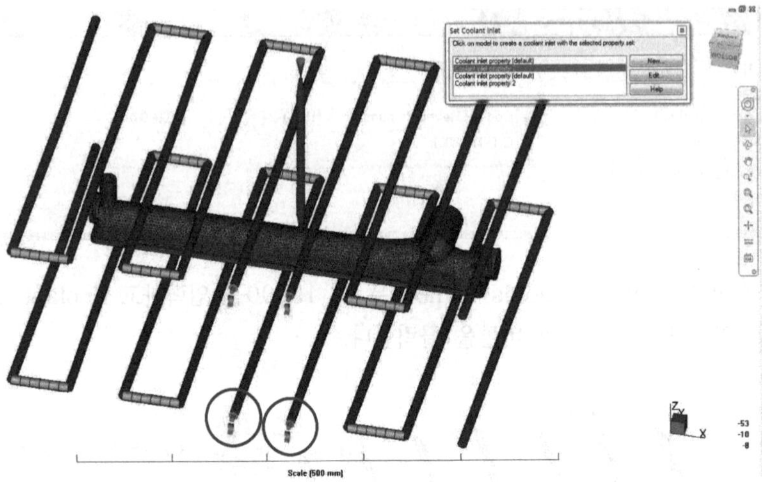

위 그림과 같이 하측 냉각 채널 입구 2점을 클릭한다.

Tasks 창에서 Process Settings(User)를 더블클릭한다.

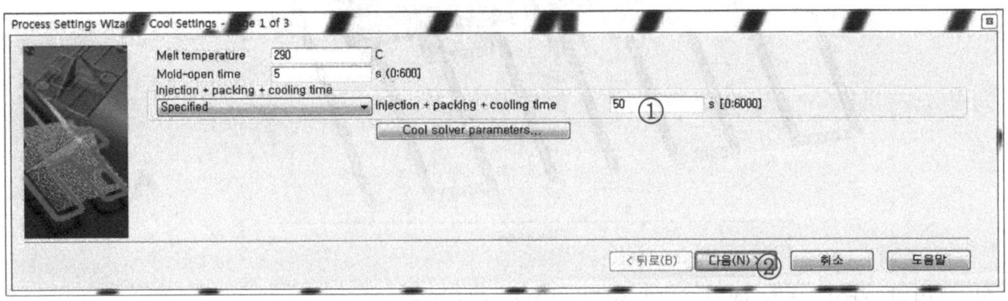

위 그림과 같이 Injection+packing+cooling time에 ① 50을 입력한 후 ② 다음 버튼을 클릭한다.

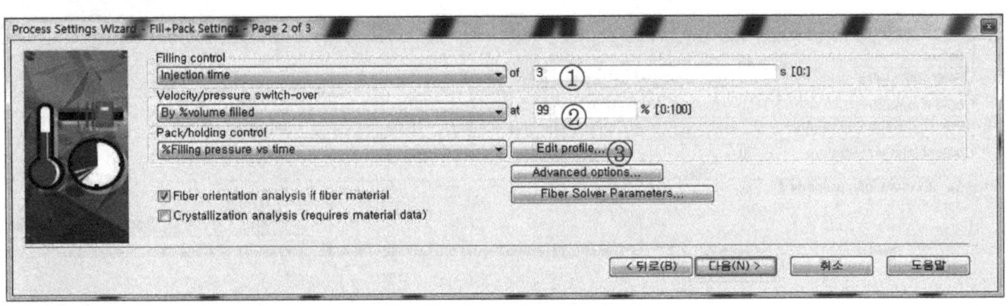

위 그림과 같이 Injection time에 ① 3, By %volume filled에 ② 99를 입력하고 ③ Edit profile 버튼을 클릭한다.

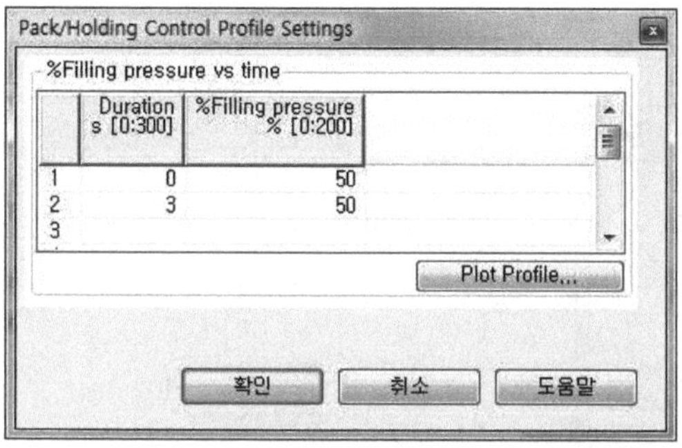

Pack/Holding Control Profile Settings창에 Duration에 3초, %Fill pressure에 각각 50%를 입력한 후 확인 버튼을 클릭한다.

다음 버튼을 클릭한다.

위 그림과 같이 Consider mold thermal expansion, Isolate cause of warpage, Consider corner effects에 체크를 하고 마침 버튼을 클릭한다.

Tasks 창에서 Start Analysis!를 더블클릭하고 확인창이 나타나면 OK 버튼을 클릭하여 해석을 시작한다.

Home메뉴의 Job Manager Job Manager 아이콘을 실행하면 아래 그림과 같이 해석 진행률을 확인할 수 있다.

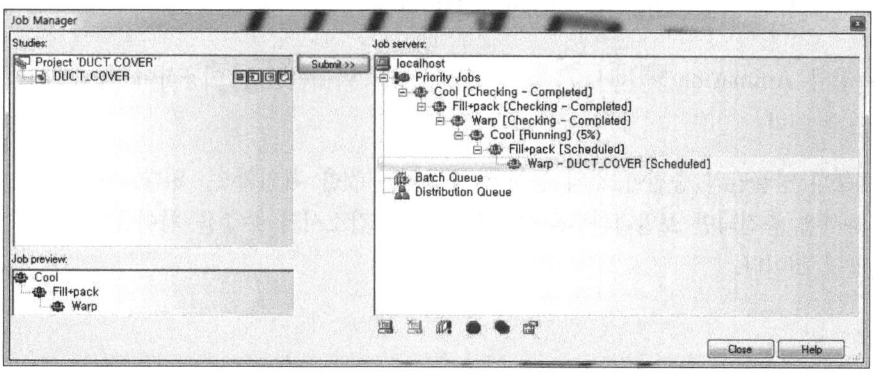

해석이 완료되면 아래 그림과 같은 창이 나타난다.

(4) 개선전 냉각 시스템에 대한 성형해석 결과보기

4-1) Fill time

레이어창에서 Default Layer, COOL1, COOL1 NODE, COOL1-C 레이어를 체크 해제한다. Results의 Flow에서 Fill time을 체크한다.

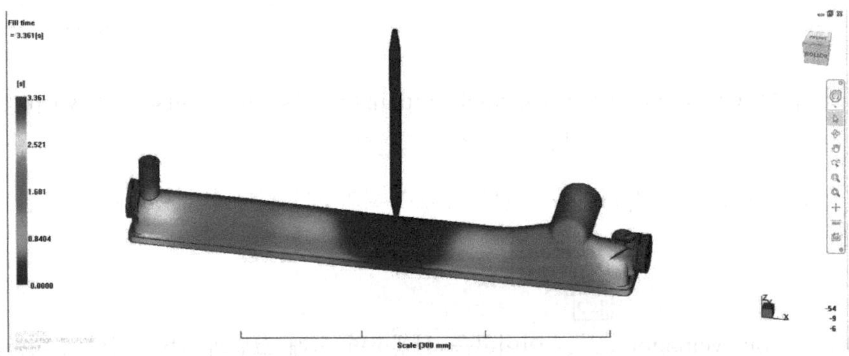

Home 메뉴에서 Results 아이콘을 클릭한다.

메뉴창의 Animation 아이콘들을 이용하여 해석결과를 동영상으로 확인할 수 있다.

성형품의 양끝단의 충전이 거의 동시에 충전되는 것을 확인할 수 있다. 이와 같이 양끝단의 충전이 동시에 충전되면 보압절환 후 보압력 차이를 감소시켜 수축율 차이를 줄일 수 있는 장점으로 작용될 것이다.

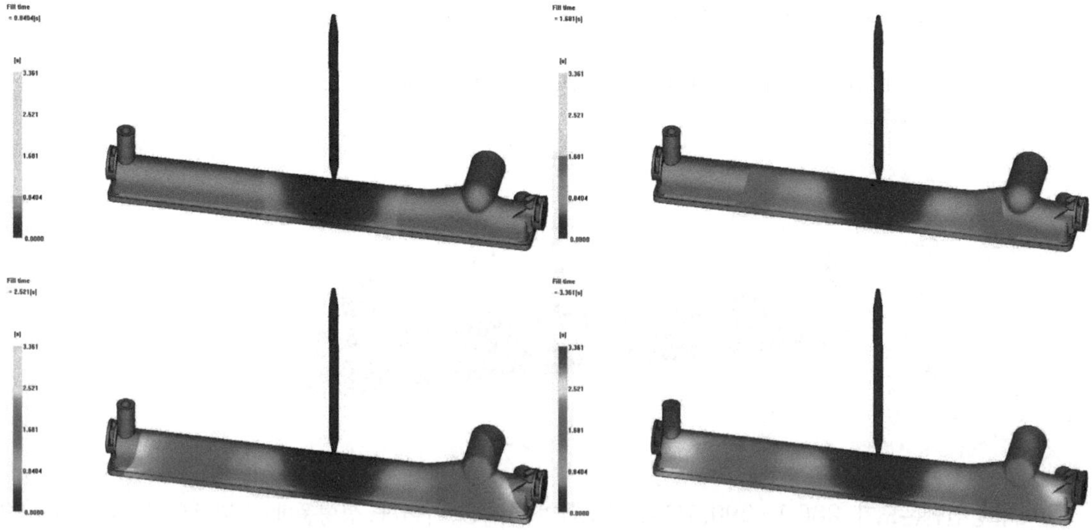

4-2) Pressure at V/P switchover

Results의 Flow에서 Pressure at V/P switchover를 체크한다.

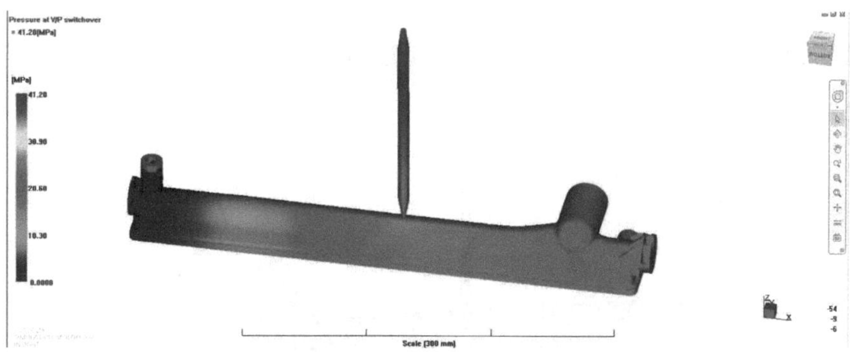

Fill time 결과에서 성형품 양끝단의 충전이 거의 동시에 이루어지는 것 같지만 Pressure at V/P switchover결과에서 확인하게 되면 성형품 우측이 더 빨리 충전되는 것을 확인할 수 있다.

그림과 같이 성형품 우측이 빨리 충전됨에 따라 좌측에 비해 보압절환시 발생하는 압력이 약 20MPa 높게 발생함을 알 수 있다.

4-3) Temperature at flow front

Results의 Flow에서 Temperature at flow front를 체크한다.

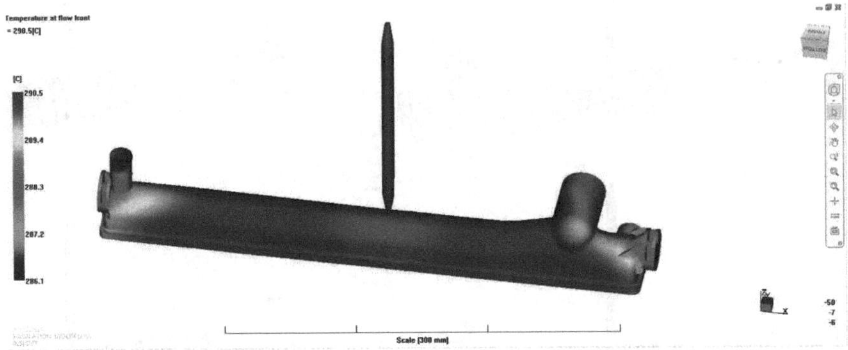

유동선단온도가 286.1~290.5℃로 분포하며 4.4℃ 차이가 성형품에서 발생한다. 유동선단온도 차이가 5℃이내이므로 용융수지가 캐비티 충전시 멈추게 되는 유동정체현상은 발생하지 않을 것임을 알 수 있다.

성형품 좌측의 보스형상의 부분이 게이트에서 가장 멀고 두께가 상대적으로 두껍기 때문에 유동선단온도가 가장 낮게 발생한다.

4-4) Bulk temperature

Results의 Flow에서 Bulk temperature를 체크한다.

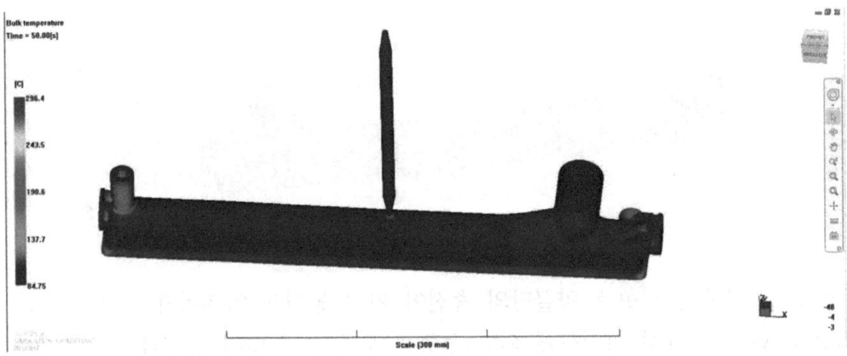

성형품의 온도변화를 메뉴창의 Animation 아이콘들을 이용하여 시간 순으로 확인할 수 있다.

총 사이클시간인 50초에서의 온도분포를 확인하면 성형품의 온도가 140℃ 이하로 본 수지인

Ultramid A3WG6의 취출온도인 195℃보다 낮게 발생하므로 냉각시간은 충분하다.

4-5) Pressure at injection location:XY Plot

Results의 Flow에서 Pressure at injection location:XY Plot를 체크한다.

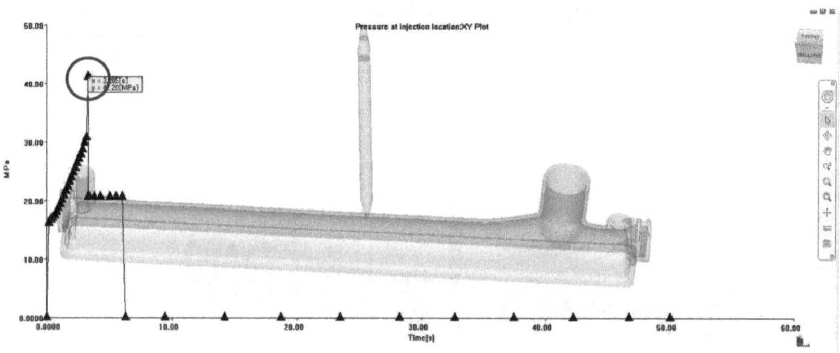

메뉴바에서 Examine 아이콘을 실행하여 위 그림의 표시부를 클릭한다.

X값은 시간을 나타내며, Y값은 압력값을 나타난다. 즉, 3.285초에서 최대압력값인 41.2MPa이 발생함을 알 수 있다.

PA66+GF30% 수지의 경우, 사출성형기 최대압력의 70% 이내에서 사출하는 것이 고품질의 성형품을 양산할 수 있기 때문에 본 해석에서 발생하는 최대압력값은 24%로 양호하다는 것을 나타난다.

4-6) Volumetric shrinkage at ejection

Results의 Flow에서 Volumetric shrinkage at ejection를 체크한다.

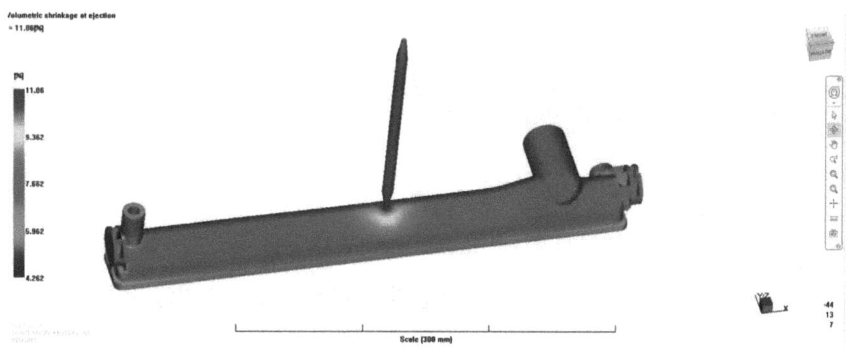

취출시 체적수축율을 확인할 수 있다. 최대 수축율은 11.06%이며 게이트 앞부분과 성형품의 최종 충전구간이 높게 발생함을 알 수 있다.

게이트 앞부분은 온도가 높기 때문에 수축율이 크게 발생하며, 성형품의 최종 충전구간은 보압의 전달량이 적음으로 인해 수축율이 크게 발생한다.

메뉴바의 Scaling을 8~11.06%로 조정하면 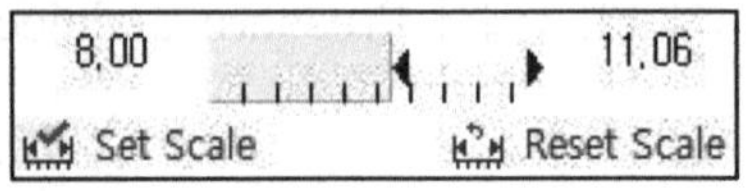

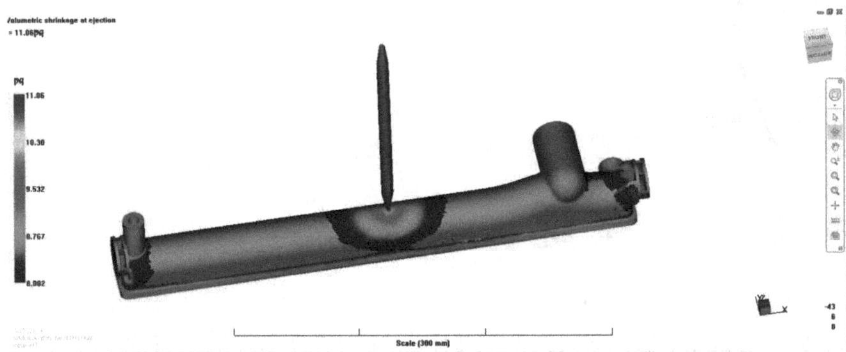

위 그림과 같이 수축율이 높게 발생하는 부위들을 확인 할 수 있다. 이런 부위들 근처에 냉각 채널을 추가하여 수축율을 낮출 수 있도록 조치하는 것이 중요하다.

4-7) Average fiber orientation

Results의 Flow에서 Average fiber orientation를 체크한다.

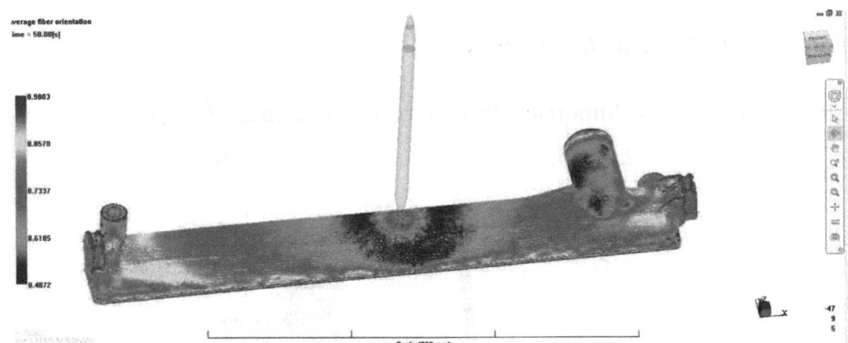

Glass fiber가 30% 첨가된 재질로 Glass fiber의 배향을 확인할 수 있다.

Glass fiber가 첨가된 성형품은 일반 성형품과는 다르게 용융수지의 흐름방향의 수축량이 흐름

직각방향보다 낮게 나타난다. 따라서 빨강색으로 표시된 부분이 파랑색 부분보다 휨량이 높게 발생할 가능성이 높다.

메뉴바의 Scaling을 0.8~0.98%로 조정하면 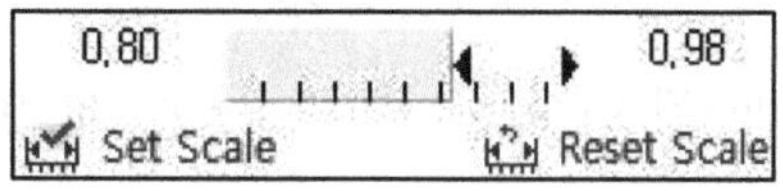

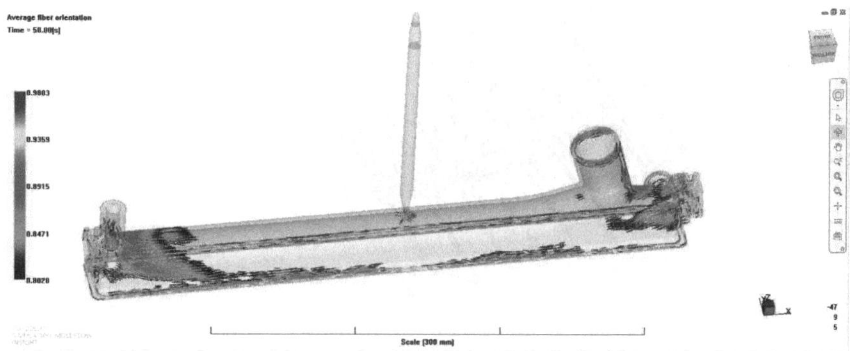

위 그림과 같이 나타나며 표시된 부분의 휨량이 높게 발생할 가능성이 높다.

4-8) Clamp force:XY Plot

Results의 Flow에서 Clamp force:XY Plot를 체크한다.

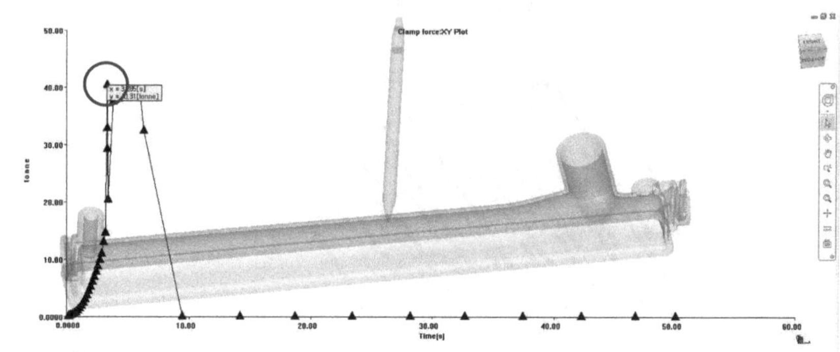

메뉴바에서 Examine 아이콘을 실행하여 위 그림의 표시부를 클릭한다.

X값은 시간을 나타내며, Y값은 형체력값을 나타난다. 즉, 3.285초에서 최대형체력인 40.31ton이 발생함을 알 수 있다. 이는 50ton 사출성형기 이상에서 사출이 가능함을 나타난다.

4-9) Circuit coolant temperature

레이어창에서 COOL1 레이어를 체크한다.

Results의 Cool에서 Circuit coolant temperature를 체크한다.

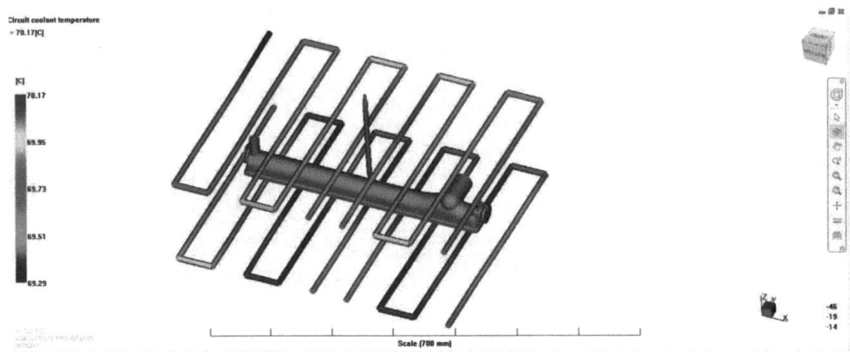

냉각채널온도가 69.29~70.17℃로 나타나며 냉각수온도가 설정온도인 70℃보다 낮게 발생하는 것은 외부온도가 25℃로 설정되어있기 때문이다.

즉 냉각채널을 통해 상승되는 온도는 0.17℃로 냉각채널의 입출구 온도는 양호하다.

4-10) Circuit flow rate

Results의 Cool에서 Circuit flow rate를 체크한다.

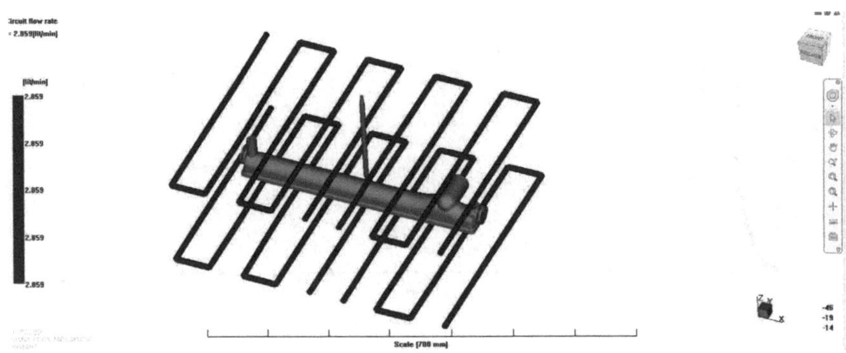

냉각수의 유속을 확인할 수 있으며 2.859 lit/min 이상으로 냉각수 유속을 설정하여야 냉각수가 난류로 유동되면서 냉각효율을 증가시킬 수 있다.

4-11) Circuit metal temperature

Results의 Cool에서 Circuit metal temperature를 체크한다.

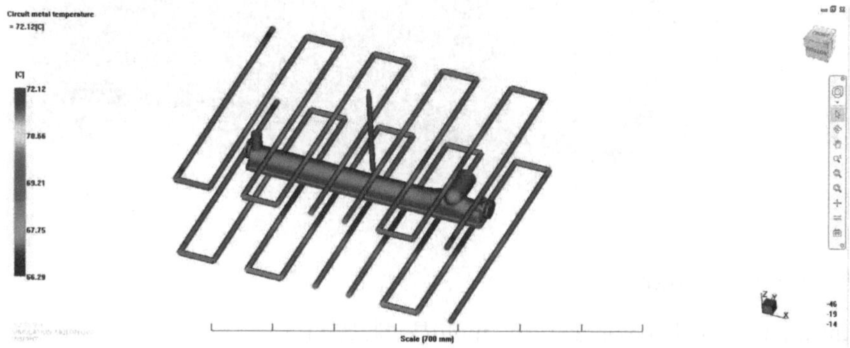

냉각채널의 표면온도를 확인할 수 있다. 표면온도가 가장 높게 나타나는 부위는 하코어 부분이 72.12℃로 가장 높게 나타나며 이 부분의 냉각채널을 추가하여야 할 것으로 판단된다.

4-12) Time to reach ejection temperature

레이어창에서 COOL1 레이어를 체크 해제한다.

Results의 Cool에서 Time to reach ejection temperature를 체크한다.

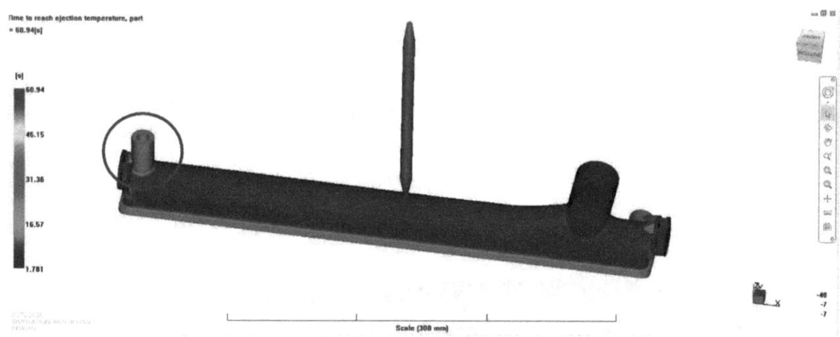

취출가능온도에 도달하는 시간을 확인할 수 있으며 최대 시간은 60.94로 표시부에서 취출시간이 길게 나타난다. 이 부위의 금형재질을 열전도가 높은 재질로 변경하면 취출시간을 감소시킬 수 있다.

4-13) Temperature, mold

Results의 Cool에서 Temperature, mold를 체크한다.

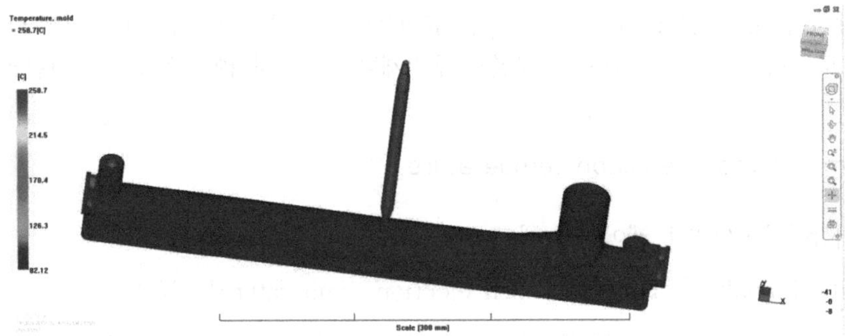

금형온도분포를 확인할 수 있다.

아래 그림과 같이 메뉴바에서 Examine 아이콘을 실행하여 하코어온도를 확인한다.

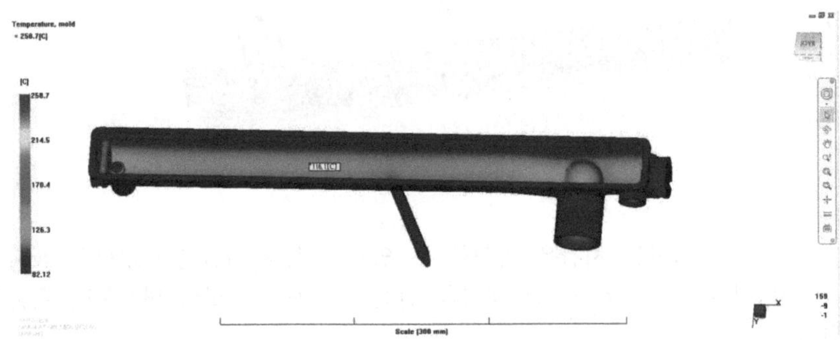

약 116℃로 상하측 온도차가 약 34℃로 높게 발생한다. 따라서, 하코어 냉각채널을 추가하여야 한다.

4-14) Deflection, all effects:Deflection

Results의 Cool에서 Deflection, all effects:Deflection를 체크한다.

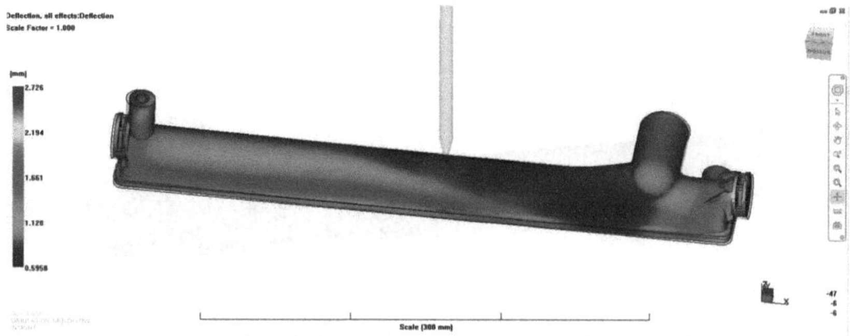

최대 휨량이 2.726㎜로 성형품의 상측 보스형상에서 발생하는 것을 알 수 있다.

4-15) Deflection, differential cooling:Deflection

Results의 Cool에서 Deflection, differential cooling:Deflection를 체크한다.

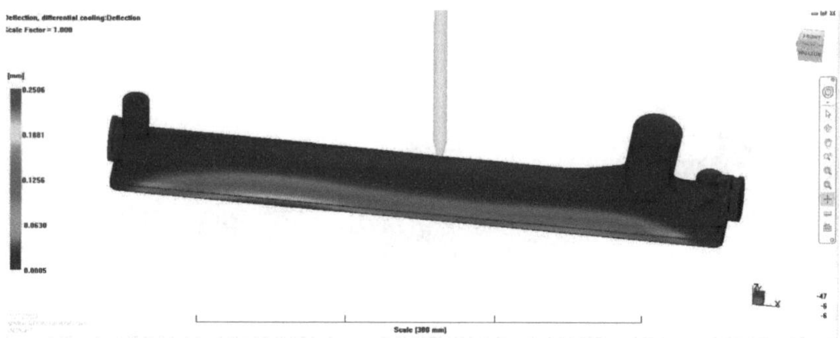

온도차에 의한 휨량은 최대 0.2506㎜로 큰 영향을 미치지 못한다.

4-16) Deflection, differential shrinkage:Deflection

Results의 Cool에서 Deflection, differential shrinkage:Deflection를 체크한다.

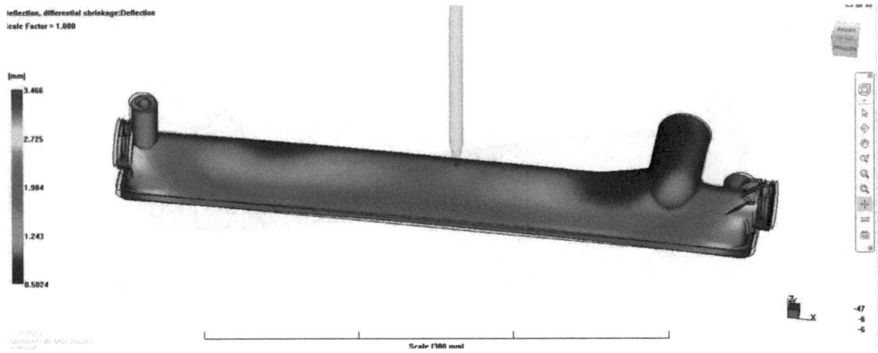

수축율 차이에 의한 휨량은 최대 3.466㎜로 미치는 영향이 크다는 것을 알 수 있다.

4-17) Deflection, orientation effects:Deflection

Results의 Cool에서 Deflection, orientation effects:Deflection를 체크한다.

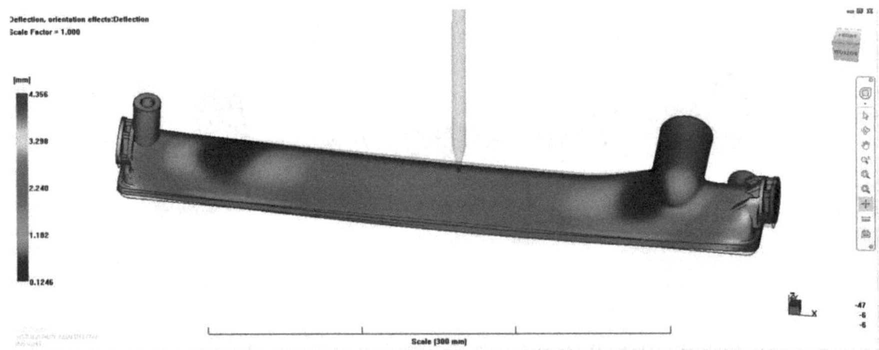

배향에 의한 휨량은 최대 4.356㎜로 Glass fiber가 첨가된 성형품으로 큰 영향을 미치는 것을 알 수 있다.

4-18) Deflection, corner effects:Deflection

Results의 Cool에서 Deflection, corner effects:Deflection를 체크한다.

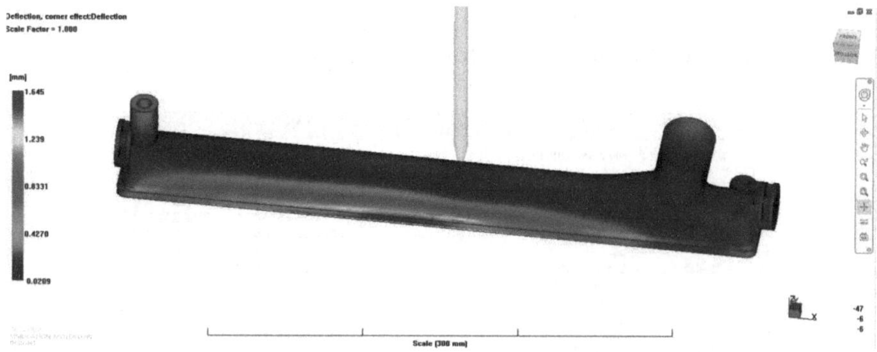

코너 효과에 의한 휨량은 최대 1.645㎜로 미치는 영향은 크지 않으나 온도차에 의한 휨량보다는 크게 나타난다.

원인별 휨량 결과를 보면 배향과 수축차이에 의한 영향이 크다는 것을 알 수 있다. 배향의 경우 게이트 위치 및 성형품 형상에 의한 영향이 크기 때문에 개선 방법이 쉽지 않다. 따라서, 수축차이를 감소시켜 휨량을 감소시키는 방안이 필요할 것으로 판단된다.

수축차이를 감소시키는 방안으로는 캐비티내에 발생하는 압력분포를 유사하게 가져가거나 금형온도분포차이를 감소시켜 수축량을 일정하게 유지하는 것이다.

금형 구조적으로 휨량을 감소시키는 방법은 균형충전을 발생시킬 수 있는 게이트 위치와 금형온도분포를 일정하게 나타낼 수 있는 냉각채널구조이다.

본 해석의 개선안은 냉각채널구조 개선을 통해 금형온도분포를 일정하게 유지하고 성형조건 변경을 통해 수축율을 감소시켜 휨량을 감소시키는 방안을 찾는 것이 중요하다.

4.4.3 개선 냉각 시스템에 대한 성형해석

(1) 냉각채널 및 성형조건 변경

Home 메뉴의 좌측 상단 Import 아이콘을 실행한다.

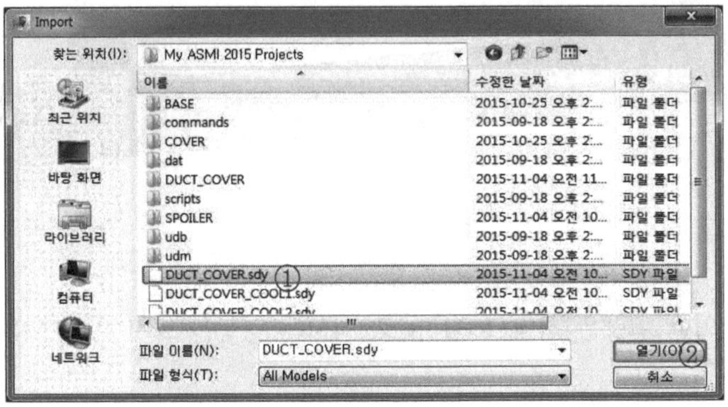

위 그림과 같이 DUCT_COVER.sdy 파일을 선택하고 열기 버튼을 클릭한다.
Tasks 창 화면에 DUCT_COVER_1이라는 스터디가 생성된 것을 볼 수 있다.

Home 메뉴의 Add Add 아이콘을 실행한다.

위 그림과 같이 ① DUCT_COVER_COOL2.sdy 파일을 선택하고 ② 열기 버튼을 클릭한다.

다음 그림과 같이 기존 냉각채널보다 간격이 줄어들고 배플을 이용하여 성형품 내부까지 냉각이 가능하도록 냉각구조를 변경했다.

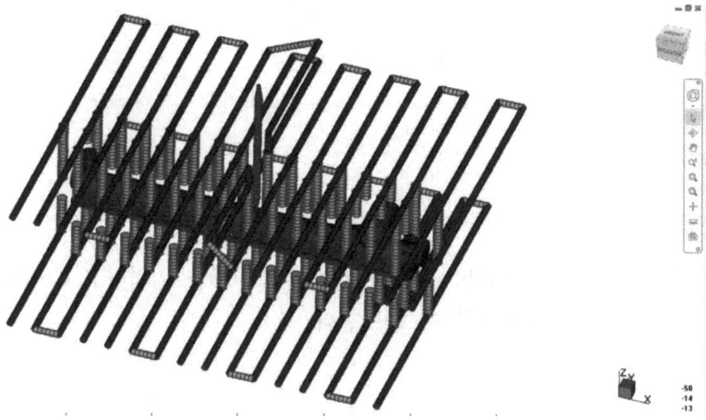

Set Injection Locations를 더블클릭한다.

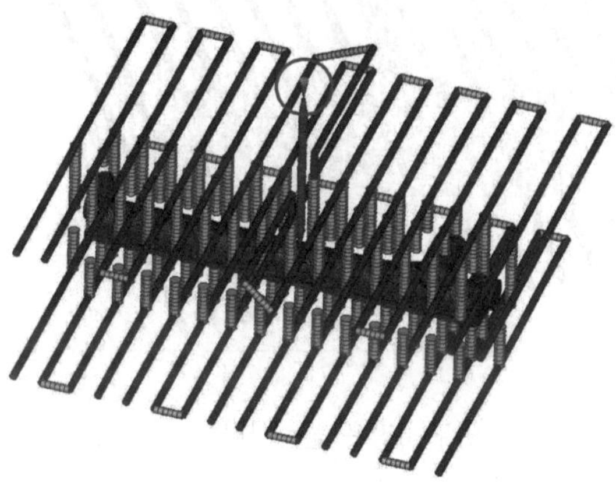

위 그림과 같이 스프루 끝단 노드를 클릭한다.

Coolant Inlets/Outlets을 더블클릭한다.

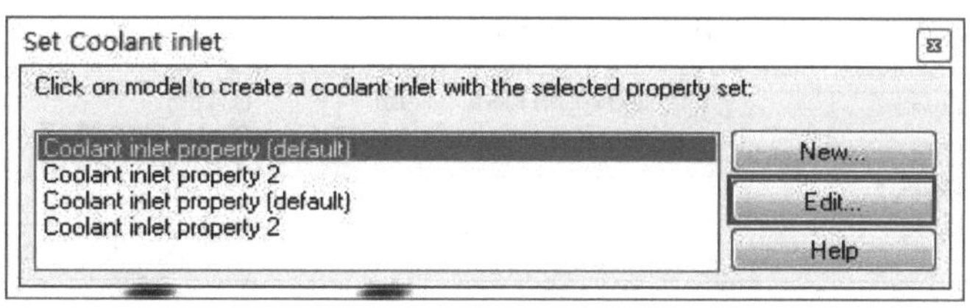

위 그림과 같이 Set Coolant inlet 창이 나타나면 Edit 버튼을 클릭한다.

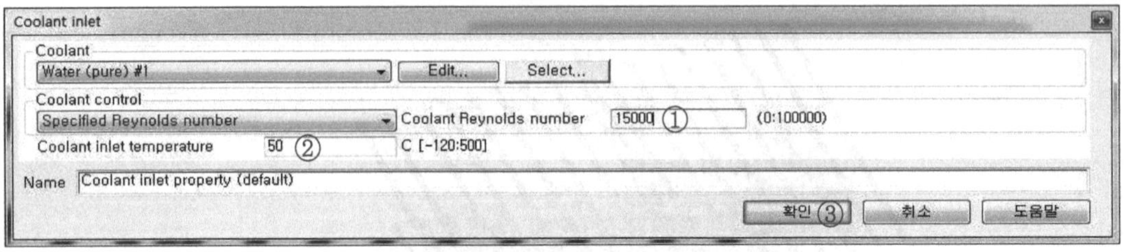

위 그림과 같이 Coolant Reynolds number은 ① 15000을 입력하고 Coolant inlet temperature는 ② 50을 입력한 후 ③ 확인 버튼을 클릭한다.

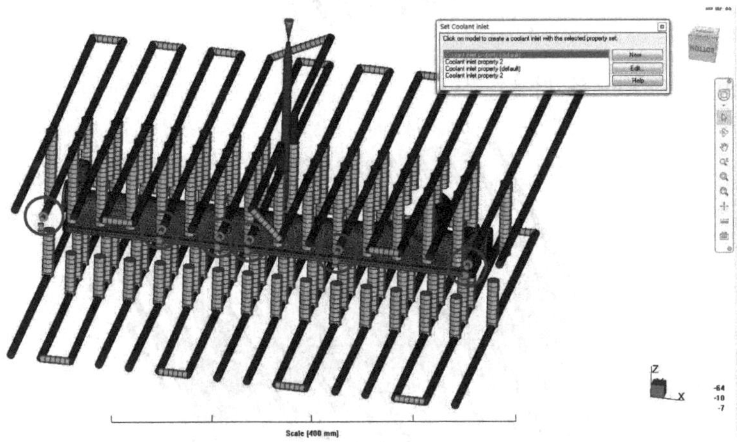

위 그림과 같이 상측 냉각 채널 입구 6점을 클릭한다.

Set Coolant inlet 창의 Coolant inlet property2를 선택하고 Edit 버튼을 클릭한다.

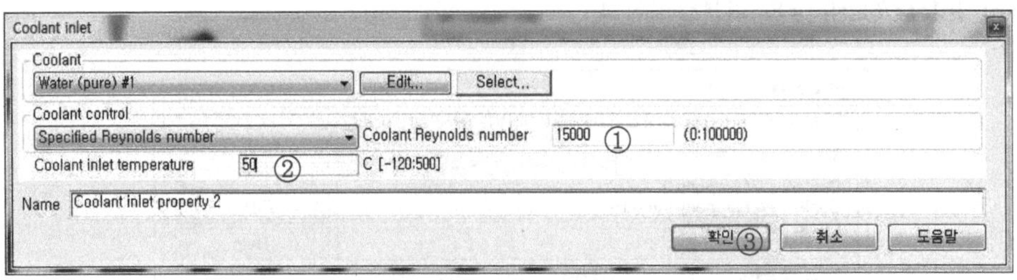

위 그림과 같이 Coolant Reynolds number은 ① 15000을 입력하고 Coolant inlet temperature는 ② 50을 입력한 후 ③ 확인 버튼을 클릭한다.

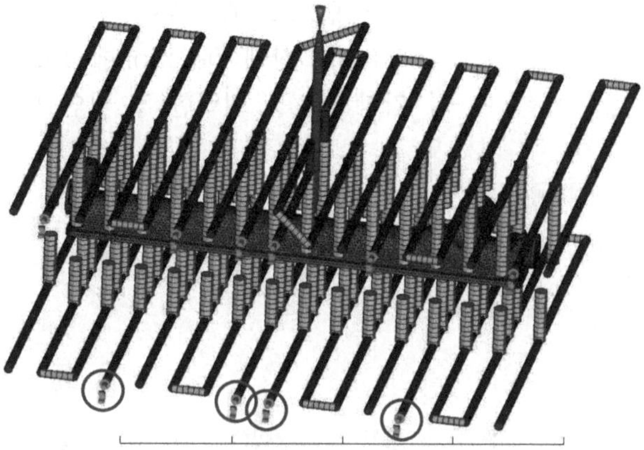

위 그림과 같이 하측 냉각 채널 입구 4점을 클릭한다.

Tasks 창에서 Process Settings(User)를 더블클릭한다.

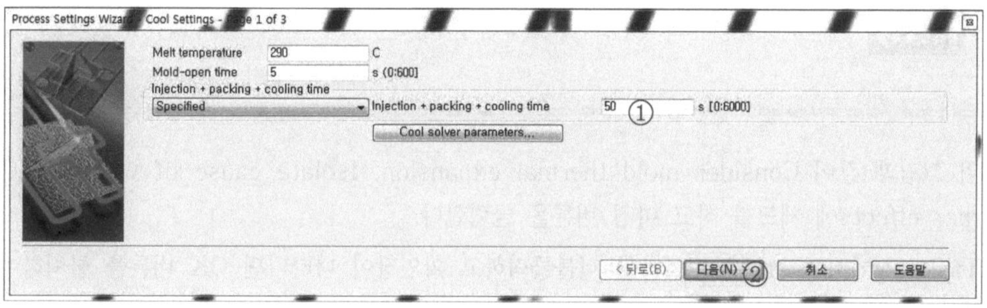

위 그림과 같이 Injection+packing+cooling time에 ① 50을 입력한 후 ② 다음 버튼을 클릭한다.

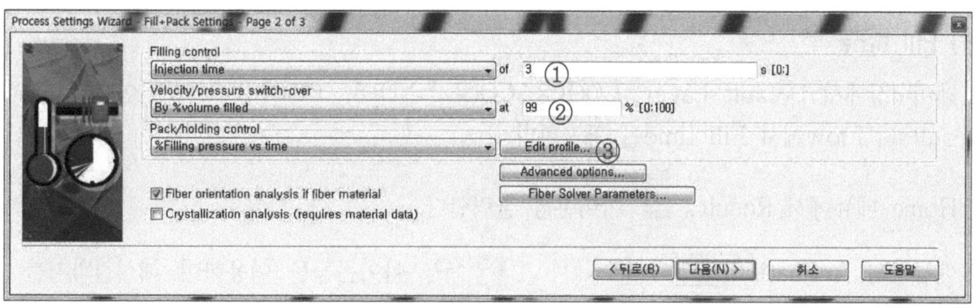

위 그림과 같이 Injection time에 3초를 ① 2초로 변경하고 By %volume filled에 ② 99를 입력하고 ③ Edit profile 버튼을 클릭한다.

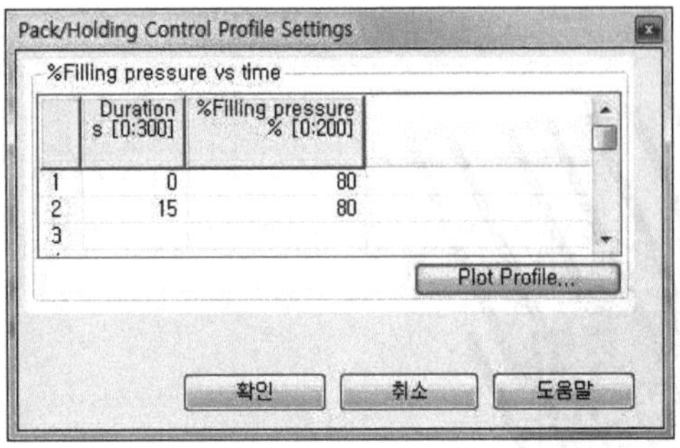

왼쪽 그림과 같이 Pack/Holding Control Profile Settings 창에 Duration에 15초, %Fill pressure에 각각 80%를 입력한 후 확인 버튼을 클릭한다.

다음 버튼을 클릭한다.

위 그림과 같이 Consider mold thermal expansion, Isolate cause of warpage, Consider corner effects에 체크를 하고 마침 버튼을 클릭한다.

Tasks 창에서 Start Analyis!를 더블클릭하고 확인창이 나타나면 OK 버튼을 클릭하여 해석을 시작한다.

(2) 개선 냉각 시스템에 대한 성형해석 결과보기

2-1) Fill time

레이어창에서 Default Layer, COOL2, COOL2 NODE, COOL2-C 레이어를 체크 해제한다. Results의 Flow에서 Fill time을 체크한다.

Home 메뉴에서 Results 아이콘을 클릭한다.

메뉴창의 Animation 아이콘들을 이용하여 해석결과치를 동영상으로 확인할 수 있다.

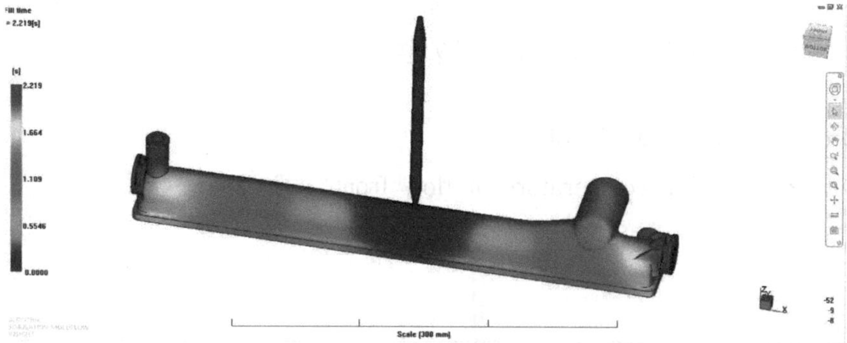

기존안과 동일하게 성형품의 양끝단의 충전이 거의 동시에 충전되는 것을 확인할 수 있다. 성형조건에서 Fill time을 3초에서 2초로 변경함에 따라 충전시간이 2.219초로 나타나는 것을 알 수 있다.

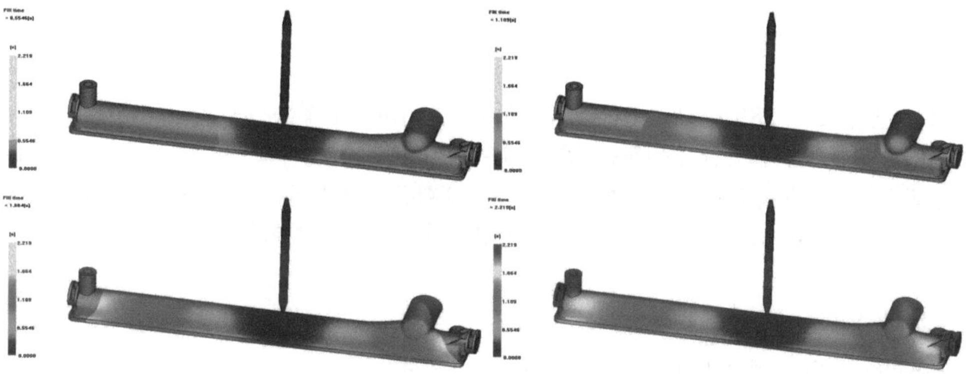

2-2) Pressure at V/P switchover

Results의 Flow에서 Pressure at V/P switchover를 체크한다.

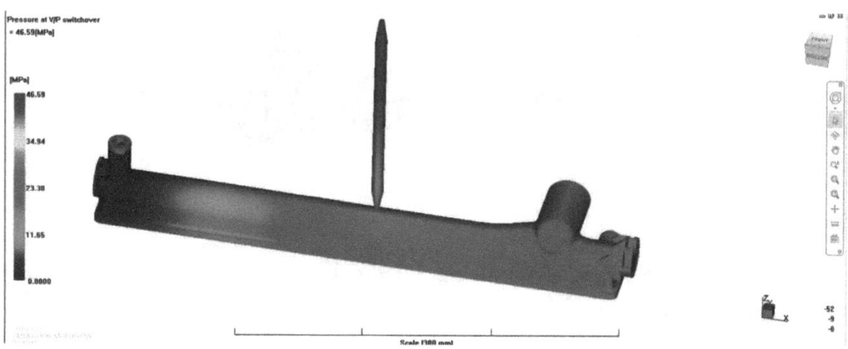

보압절환시 최대압력이 46.59MPa로 발생하는 것을 알 수 있다. 성형품 좌측이 우측에 비해 충전이 느리며 압력차이가 약 23MPa이 발생한다.

2-3) Temperature at flow front

Results의 Flow에서 Temperature at flow front를 체크한다.

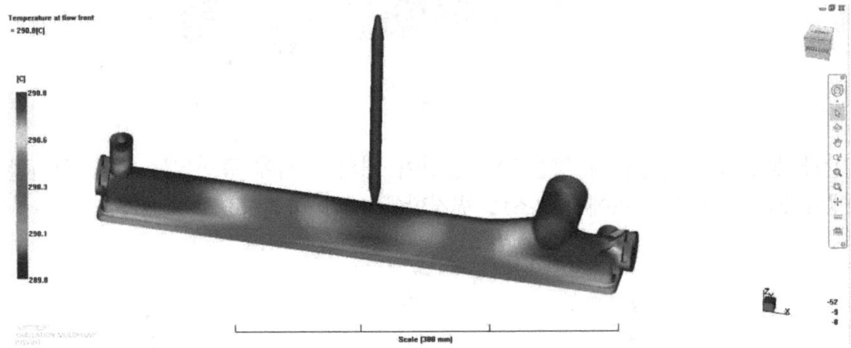

유동선단온도가 289.8~290.8℃로 분포하며 Fill time이 짧아짐에 따라 유동속도가 빨라져 기존 유동선단온도보다 약간 증가하는 것을 알 수 있다.

일반적으로 유동속도가 빨라지면 유동시 온도변화를 감소시켜 성형품의 온도차이를 줄일 수 있다. 이는 성형품내 냉각시간분포을 유사하게 유지시켜 수축율 차이를 줄일 수 있다.

2-4) Bulk temperature

Results의 Flow에서 Bulk temperature를 체크한다.

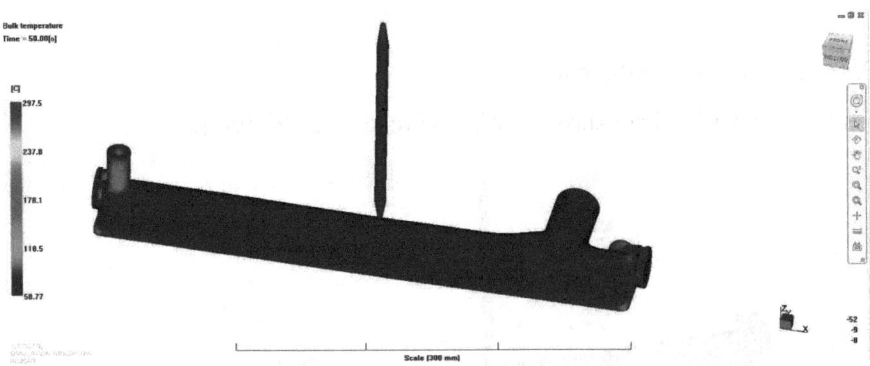

성형품의 온도변화를 메뉴창의 Animation 아이콘들을 이용하여 시간 순으로 확인할 수 있다.

기존안과 동일하게 총 사이클시간인 50초에서의 온도분포가 본 수지인 Ultramid A3WG6의 취출온도인 195℃보다 낮게 발생하므로 냉각시간은 충분하다.

2-5) Pressure at injection location:XY Plot

Results의 Flow에서 Pressure at injection location:XY Plot를 체크한다.

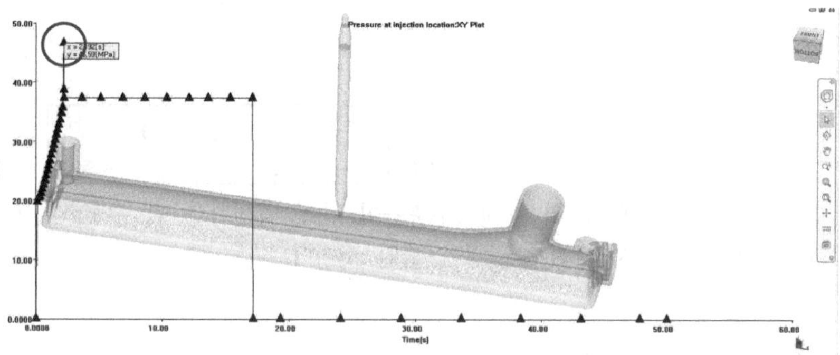

메뉴바에서 Examine 아이콘을 실행하여 앞 그림의 표시부를 클릭한다.

보압절환 시간인 2.192초에서 최대압력값인 46.59MPa이 발생함을 알 수 있다. 기존안에 비해 높게 발생하는 것은 Fill time이 3초에서 2초로 빨라져 충전시 압력이 증가하는 것이다. 하지만 사출성형기 최대압력값의 27%로 양호하게 나타난다.

2-6) Volumetric shrinkage at ejection

Results의 Flow에서 Volumetric shrinkage at ejection를 체크한다.

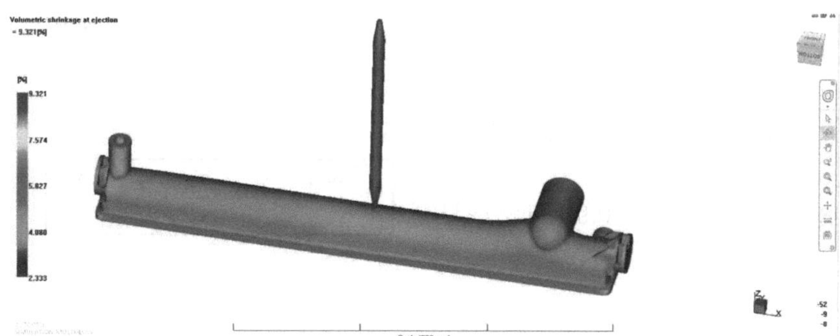

취출시 체적수축율은 9.321%로 기존안인 11.06%보다 약 2%가 감소되었다. 이는 냉각채널의 밀도가 증가함에 따라 냉각시간이 감소하여 수축율이 감소된 것이다.

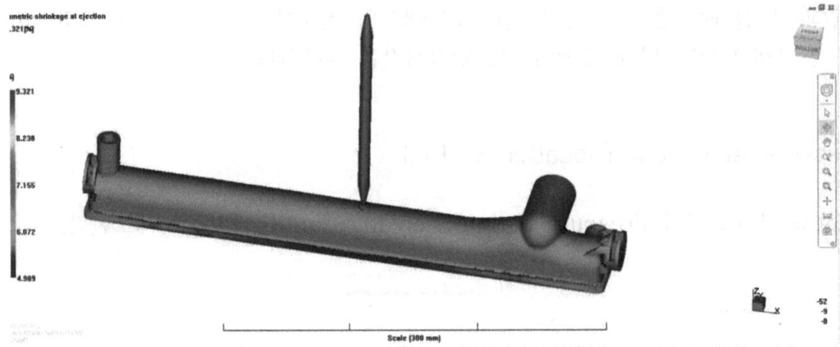

메뉴바의 Scaling을 5~9.32%로 조정하면 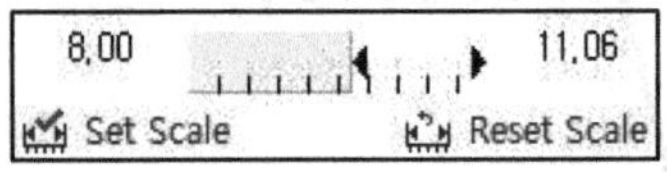

앞의 그림과 같이 기존안에 비해 체적수축율이 낮게 발생함을 알 수 있다. 이는 수축차이에 의해 발생하는 휨량을 감소시켜 전체 휨량을 줄일 것이다.

2-7) Average fiber orientation

Results의 Flow에서 Average fiber orientation를 체크한다.

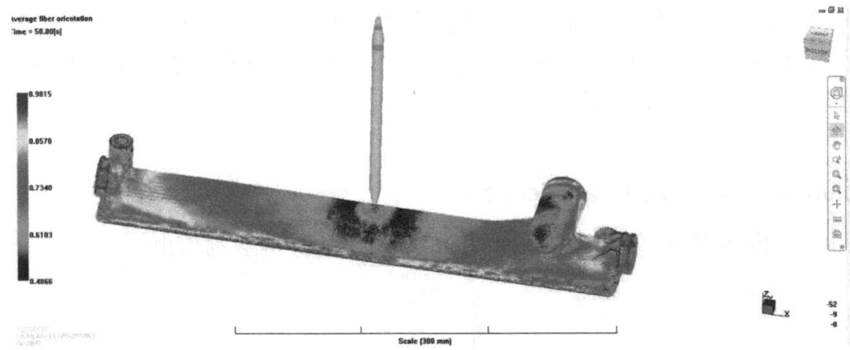

Glass fiber의 배향을 확인할 수 있다.

메뉴바의 Scaling을 0.8~0.98%로 조정하면 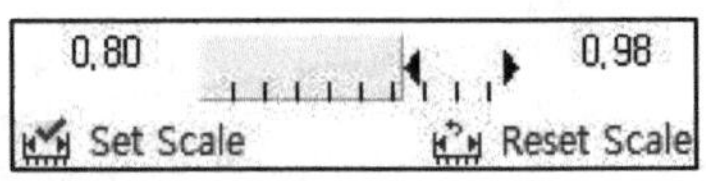

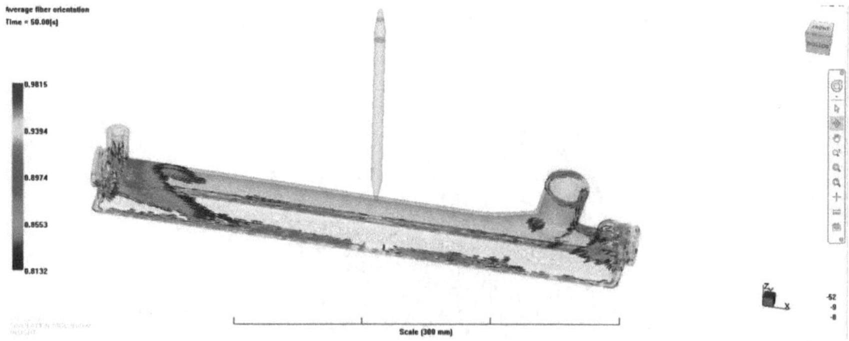

위 그림과 같이 나타나며 기존안과 유사하게 나타난다. 이는 게이트 위치 변경이 없기 때문에 흐름의 변화가 없어 배향에 영향을 미치지 못한다.

2-8) Clamp force:XY Plot

Results의 Flow에서 Clamp force:XY Plot를 체크한다.

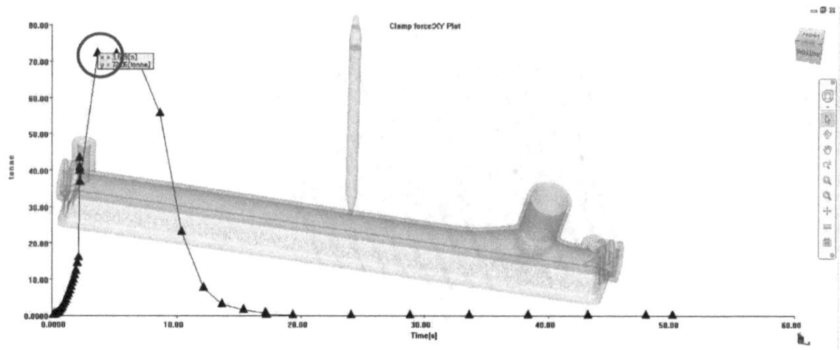

메뉴바에서 Examine 아이콘을 실행하여 위 그림의 표시부를 클릭한다.

3.629초에서 최대형체력인 72.06ton이 발생함을 알 수 있다. 이는 100ton 사출성형기 이상에서 사출이 가능함을 나타낸다.

기존안에 비해 형체력이 높게 나타나며, 이는 보압을 50%에서 80%로 증가함에 따라 보압구간에서의 형체력이 증가하는 것이다.

2-9) Circuit coolant temperature

레이어창에서 COOL2 레이어를 체크한다.

Results의 Cool에서 Circuit coolant temperature를 체크한다.

냉각채널온도가 49.8~50.56℃로 나타나며 즉 냉각채널을 통해 상승되는 온도는 0.7℃로 냉각채널의 입출구 온도는 양호하다.

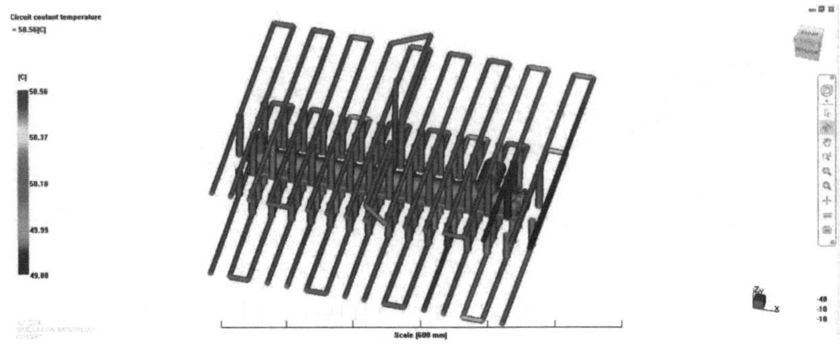

2-10) Circuit flow rate

Results의 Cool에서 Circuit flow rate를 체크한다.

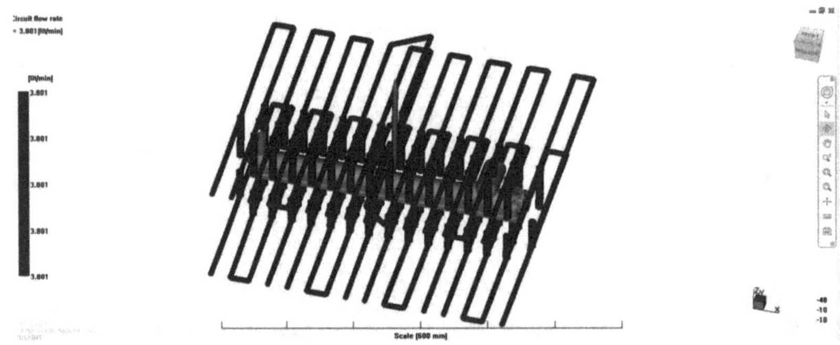

냉각수의 유속을 확인할 수 있으며 3.801 lit/min 이상으로 냉각수 유속을 설정하여야 냉각수가 난류로 유동되면서 냉각효율을 증가시킬 수 있다.

기존안에 비해 냉각채널의 길이가 길어짐에 따라 유속 속도를 증가시켜야 하며 냉각채널 입구수도 증가시켜야 한다.

2-11) Circuit metal temperature

Results의 Cool에서 Circuit metal temperature를 체크한다.

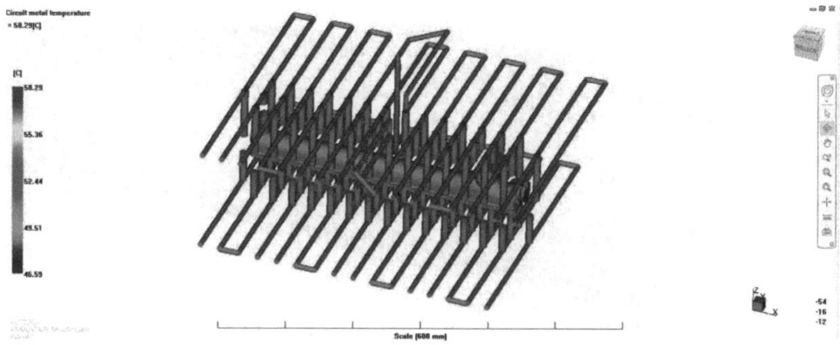

냉각채널의 표면온도를 확인할 수 있다. 표면온도가 가장 높게 나타나는 부위는 다음 그림과 같이 하코어 부분 배플에서 58.29℃로 가장 높게 나타난다.

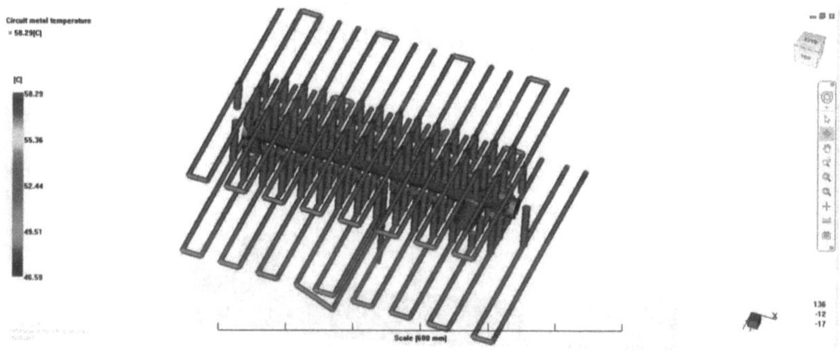

2-12) Time to reach ejection temperature

레이어창에서 COOL1 레이어를 체크 해제한다.
Results의 Cool에서 Time to reach ejection temperature를 체크한다.

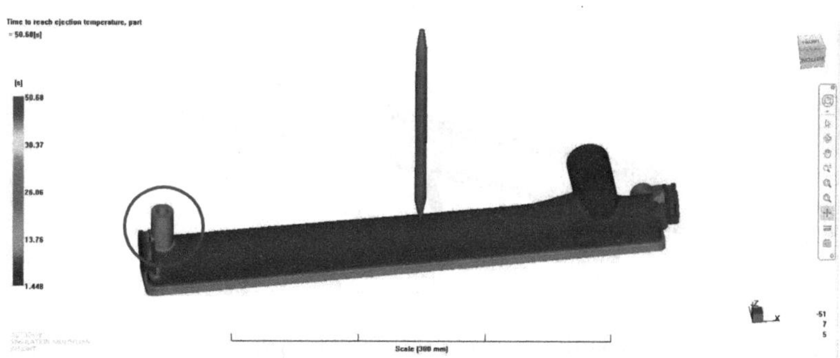

취출가능온도에 도달하는 시간을 확인할 수 있으며 최대 시간은 50.68로 표시부에서 취출시간이 길게 나타난다. 이 부위의 금형재질을 열전도가 높은 재질로 변경하면 취출시간을 감소시킬 수 있다.

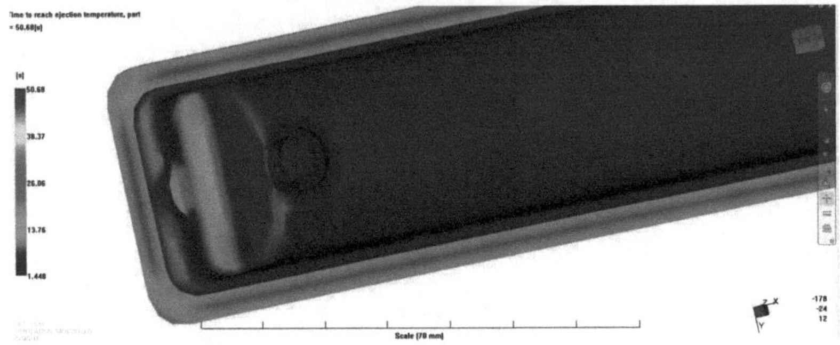

2-13) Temperature, mold

Results의 Cool에서 Temperature, mold를 체크한다.

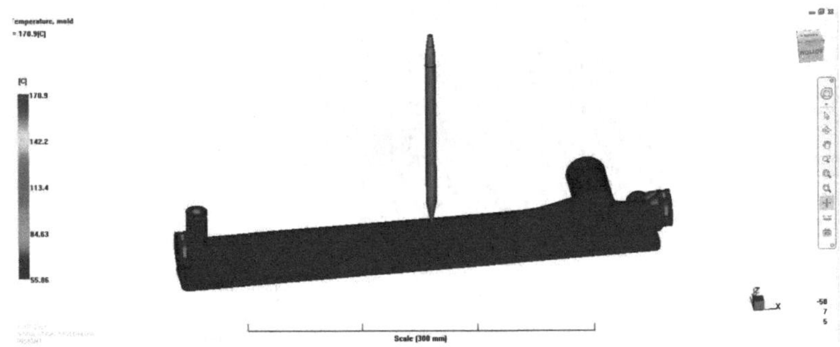

금형온도분포를 확인할 수 있다.

다음 그림과 같이 메뉴바에서 Examine 아이콘을 실행하여 하코어온도를 확인한다.

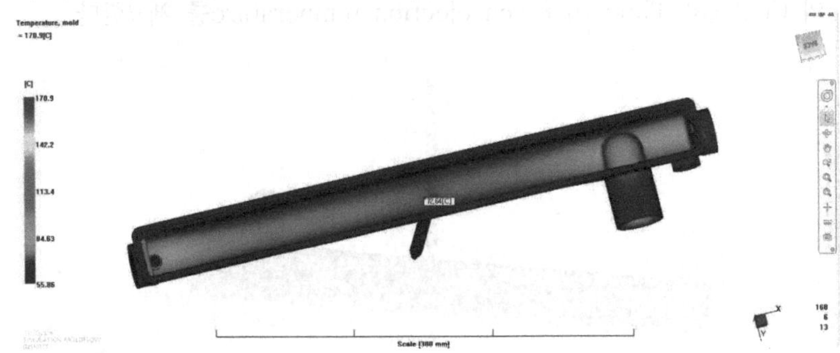

약 72.64℃로 상하측 온도차가 약 17℃로 기존안에 비해 감소하였다.

2-14) Deflection, all effects:Deflection

Results의 Cool에서 Deflection, all effects:Deflection를 체크한다.

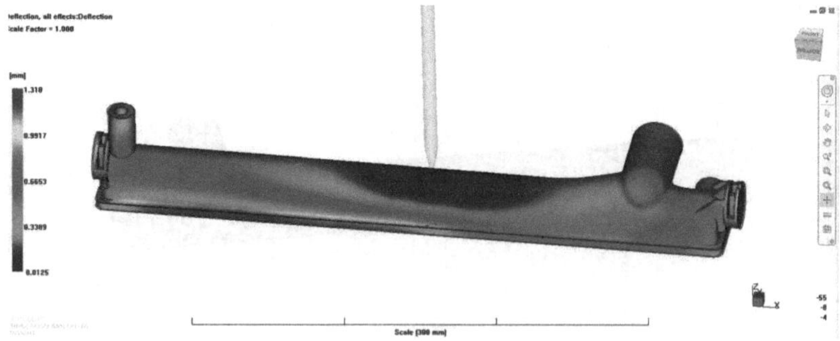

최대 휨량은 1.318㎜로 기존안에 비해 1.4㎜ 감소하였다.

2-15) Deflection, differential cooling:Deflection

Results의 Cool에서 Deflection, differential cooling:Deflection를 체크한다.

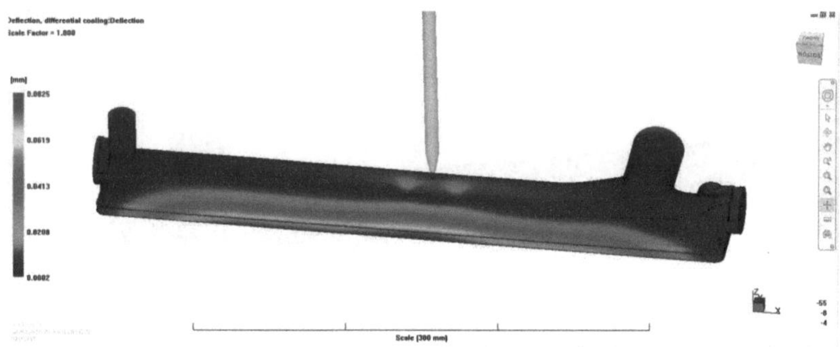

온도차에 의한 휨량은 최대 0.0825㎜로 기존안에 비해 0.17㎜ 감소하였다.

2-16) Deflection, differential shrinkage:Deflection

Results의 Cool에서 Deflection, differential shrinkage:Deflection를 체크한다.

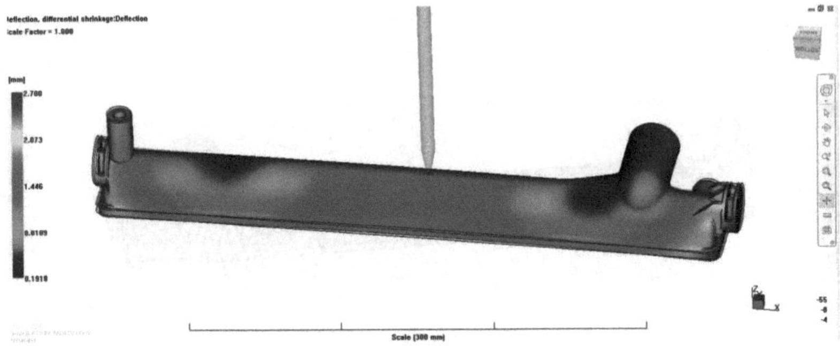

수축율 차이에 의한 휨량은 최대 2.7㎜로 기존안에 비해 0.7㎜ 감소하였다.

2-17) Deflection, orientation effects:Deflection

Results의 Cool에서 Deflection, orientation effects:Deflection를 체크한다.

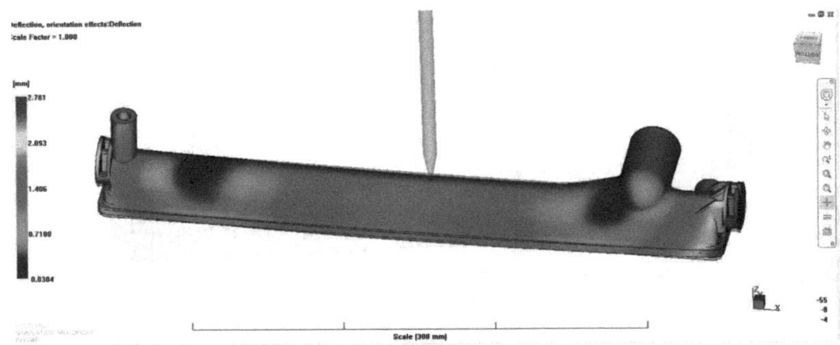

배향에 의한 휨량은 최대 2.781㎜로 기존안에 비해 1.6㎜가 감소하였다.

2-18) Deflection, corner effects:Deflection

Results의 Cool에서 Deflection, corner effects:Deflection를 체크한다.

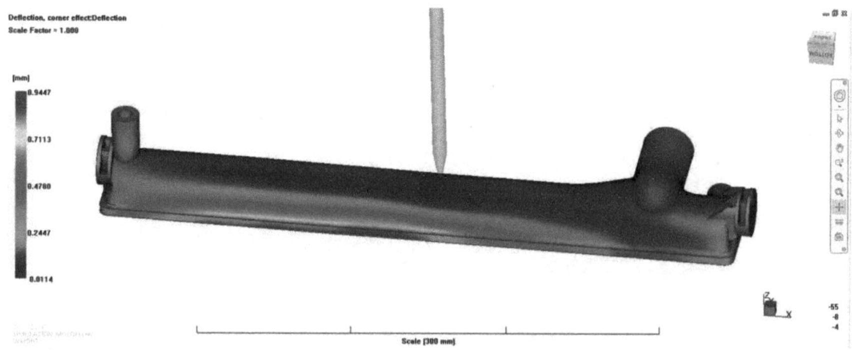

코너 효과에 의한 휨량은 최대 0.9447㎜로 기존안에 비해 0.7㎜ 감소하였다.

냉각채널을 추가하고 성형조건을 변경함에 따라 휨량이 1.4㎜가 감소하였으며, 원인별 휨량도 각각 감소하였다.

냉각채널의 밀도가 증가함에 따라 성형품내 온도분포 및 수축율 차이가 감소하고 결과적으로 휨량이 감소하는 것을 알 수 있다.

따라서, 금형설계시 냉각채널의 밀도를 최대한 조밀하게 설계하는 것이 중요하며, 성형조건 설정에서 보압이 충분히 캐비티 전체에 전달될 수 있도록 압력 및 시간을 설정하여야 한다.

예제와 함께하는 사출성형해석

2016년 05월 01일 초판 인쇄

2023년 05월 01일 2쇄 발행

저 자 한성렬, 박태원, 권윤숙, 문영배

감 수 정영득, 강승규

발 행 인 송기수

발 행 처 도서출판 GS인터비전

인 쇄 처 트윈벨미디어

등 록 번 호 제 25100-2016-000050 호

I S B N 979-11-5576-120-5(93560)

주 소 서울시 은평구 증산로15길 69 2층

전 화 02-976-7898

팩 스 02-6468-7898

홈 페 이 지 gsintervision.co.kr

E - M a i l gsinter7@gmail.com

정가 35,000원

예제 파일은 웹하드에서 다운 받으실 수 있습니다.

1. webhard.co.kr에 접속
2. ID : gsinter7 PW : 1111 로그인 합니다.
3. [내리기전용]에서 [예제와 함께하는 사출성형해석]을 클릭
4. 폴더 비밀번호 7898을 입력하신 후 내려 받으십시오